中国电子教育学会高教分会推荐
普通高等教育电子信息类“十三五”课改规划教材

天线工程设计基础

主　编　郑会利　陈　瑾
参　编　张鹏飞　弓树宏　张志亚

西安电子科技大学出版社

内 容 简 介

本书主要讲述天线工程设计的基本理论和设计方法。全书共分10章：第1章简要介绍了天线的基本原理、概念和表征天线性能的技术参数；第2章重点对电磁仿真算法进行了分析，对基于矩量法、有限元法和有限积分法的几种仿真软件进行了介绍；第3章讲述了无线通信系统中常用线天线的设计及仿真问题；第4章介绍在天线工程设计中有着重要用途的宽频带天线，包括加载鞭天线、对数周期天线、锥削槽天线等；第5章简要介绍微带天线的理论及设计实例；第6章讲述阵列天线问题，包括直线阵列天线、平面阵列天线、相控阵天线及设计实例；第7章对用于卫星通信系统的圆极化天线设计进行了分析；第8章讨论了口径天线的基本概念和相应的设计问题；第9章综述天线测量的基本知识；第10章对天线的新技术发展进行了介绍。

本书内容偏重工程设计，可以为天线设计人员提供各种常用类型天线的设计思路和方法，也能够为他们的科研实践提供帮助。

本书适合作为电磁场和微波技术相关专业的教材，也可作为专业技术人员的参考资料。

图书在版编目(CIP)数据

天线工程设计基础/郑会利，陈瑾主编．—西安：西安电子科技大学出版社，2018.9
ISBN 978-7-5606-4789-0

Ⅰ．①天…　Ⅱ．①郑…　②陈…　Ⅲ．①天线设计—高等学校—教材　Ⅳ．①TN82

中国版本图书馆CIP数据核字(2017)第320939号

策划编辑　毛红兵
责任编辑　师　彬　毛红兵
出版发行　西安电子科技大学出版社(西安市太白南路2号)
电　　话　(029)88242885　88201467　　邮　　编　710071
网　　址　www.xduph.com　　电子邮箱　xdupfxb001@163.com
经　　销　新华书店
印刷单位　陕西天意印务有限责任公司
版　　次　2018年9月第1版　2018年9月第1次印刷
开　　本　787毫米×1092毫米　1/16　印张21
字　　数　494千字
印　　数　1～3000册
定　　价　52.00元
ISBN 978-7-5606-4789-0/TN

XDUP　5091001-1

中国电子教育学会高教分会

教材建设指导委员会名单

前言

QIANYAN

天线是无线电通信和雷达探测设备的重要组成部分。天线工程设计涉及电磁场基本理论、天线原理、微波技术和电波传播等方面的知识。对天线相关知识的介绍通常分为天线原理、常用天线和天线阵列等几方面的内容，并分几门课程讲授。随着高等教育教学方式的改革发展和专业内涵的变化，为适应现代化建设人才培养的需求，高校对专业课程设置进行了调整和整合，专业培养方案和课程设置出现了相应的变化，更注重专业知识面的拓展。对于电磁场和微波技术专业来讲，学生在学习了基本理论的基础上，对天线工程设计和科研实践知识的掌握相对较弱。针对目前的教学实际情况，本书编者抱着避免书中内容与专业基础理论重复，但与工程设计实践贴合更紧密，并有一定深度，尽可能拓展专业知识面，便于教学和学生理解的想法，将天线工程设计问题所涉及的相关内容综合在本书中，希望本书能全面系统地介绍天线工程设计各个方面的内容，尽可能在基本概念的基础上介绍各种天线的工程设计方法，以满足电磁场相关专业教学科研的需求。

在本书的编写过程中，编者力求做到：

（1）对电磁场基本理论知识、天线原理、微波技术、电波传播等基础知识进行简单的介绍，并从电磁场工程的整体性方面让学生了解天线设计的相关知识，避免与专业基础课程内容重复。

（2）不追求定律和公式的详细推导与严格证明，而注重基本概念、设计应用及解决工程设计问题的基本思路和方法的介绍。

（3）在讲述各种类型天线时，重点介绍天线的应用需求、工作原理、设计方法、结构及特性，并对各种类型天线给出实际设计的例子和设计结果。

本书的读者对象是学习过电磁场理论和天线原理的大学本科生和电磁场专业的研究生，相关专业技术人员也可阅读和参考。

编　者

2018 年 3 月

目录

MULU

第 1 章　天线基础知识

1.1　天线的用途及发展历史

天线是无线电通信、无线广播、导航、雷达探测、遥测遥控等各种无线电系统中不可缺少的设备。世界上第一副天线设备是德国物理学家赫兹在 1887 年为验证英国数学家麦克斯韦预言的电磁波的存在性而设计的。其发射天线是两根 3 厘米长的金属杆，杆的终端连接两块 4 厘米见方的金属板，采用火花放电激励电磁波，接收天线是环天线。后来，意大利物理学家马可尼采用一种大型天线实现了远洋通信，其发射天线为 50 根下垂铜线组成的扇形结构，顶部用水平横线连在一起，横线挂在两个高 15 英尺，相距 2 英尺的塔上，电火花放电式发射机接在天线和地之间。通常人们认为这是真正付诸实用的第一副单极天线。

早期无线电的主要应用是长波远洋通信，因此天线的发展也主要集中在长波波段上。1925 年以后，中、短波无线电广播和通信开始实际应用，各种中、短波天线得到迅速发展。1940 年前后，有关长、中、短波线天线的理论基本成熟，这些波段上主要的天线形式一直沿用至今。第二次世界大战中，雷达的应用促进了微波天线特别是反射面天线的发展。以后的 30 多年是无线电电子学飞速发展的时代，微波中继通信、散射通信、电视广播的迅速发展，特别是 20 世纪 50 年代后期，人类进入太空时代，对天线提出了更多新的要求，出现了许多新型天线。

随着天线应用的发展，天线理论基础也在不断发展。早期对线天线的计算方法是先根据传输线理论，假设天线上的电流分布，然后由矢量位求其辐射场，由坡印廷矢量在空间积分求其辐射功率，从而求出辐射电阻。自 20 世纪 30 年代中期开始，为了较精确地求出天线上的电流分布及输入阻抗，很多人从边值问题的角度来研究典型的对称振子天线，提出用积分方程法来求解天线上的电流分布。20 世纪 30 年代以后，随着喇叭和抛物面天线的应用，用于分析口径天线用的各种方法，如等效原理、电磁场矢量积分方法等得到发展。

天线种类繁多，我们可以从不同的角度对天线进行分类。如按工作性质分，可将天线分为发射天线和接收天线；按用途分，可将天线分为通信天线、雷达天线、导航天线、电视天线和广播天线等；按工作频段分，可将天线分为长波天线、中波天线、短波天线、超短波天线和微波天线等。这些分类方法并不是绝对的。如在通信和雷达系统中接收天线和发射天线通常是合二为一的，雷达天线和微波通信天线通常采用相同的结构，有些天线(如偶极天线、单极天线等)可用于从长波到超短波的各个频段，等等。一般天线手册上常采用上述的一些分类方法，而作为教材通常按其结构和分析方法将天线大致分为线天线和口径天线两大类。线天线基本由金属导线构成，这类天线包括各种偶极天线和单极天线、螺旋天线、八木天线、对数周期天线、行波天线等。口径天线也称为面天线，通常是由一个平面或曲面上的口径构成的，这类天线包括喇叭天线、反射面天线、缝隙天线、微带天线等。线天线的辐射场通常由导线上的电流分布来计算，而口径天线的辐射场一般由口径上的电场和磁场的切向分量来计算。这种分类方法也不是绝对的，如反射面天线的辐射场既可以用口径场计算，也可以由反射面上的电流分布计算。

天线阵理论是天线理论的重要组成部分。自适应天线及智能天线是根据不同的应用需要对天线阵的零点及主瓣进行自适应控制的天线阵，其基础理论属于信号处理学科的范畴。由于自适应天线阵的理论极大地改变了天线阵的传统概念和设计方法，因此它已成为天线理论的重要前沿分支。频率无关天线与行波天线是两类不同的天线，前者不论方向图还是阻抗都具有宽带特性，后者一般来说仅阻抗特性是宽带的。在实际应用中阻抗特性通常是限制天线带宽的主要因素，从这个意义上说，行波天线也属于宽带天线。超宽带天线(或称时域天线)是一种用于超宽带通信和超宽带雷达的天线，其工作原理和分析方法完全不同于常规的天线，对这种天线工作性能的研究具有其特殊的方法。

1.2 天线辐射电磁波的机理

辐射是指电磁场能量由扰动源向外的传播，可以类比于将一颗石子丢进平静的湖中所激起的瞬态波动，在石子消失以后很长时间内，从受击点出发的湖表面的扰动不停地沿径向传播开去。辐射是一种扰动，扰动是由一个时变电流源产生的，而电流源是由一个变速的电荷分布伴随着。我们先从单个变速电荷产生的辐射开始讨论，而后进一步讨论传输线是如何辐射的。

考虑单个电荷的匀速运动的情况。如图1.1所示，电荷向$+z$方向运动，图中所示的电力线是电荷通过B点之后的。在到达A点前，电荷匀速运动，静电场力线从电荷出发，沿径向延伸到无穷远，并且随着电荷的运动而运动。在A点电荷开始加速直到到达B点，之后继续匀速前进。图中半径为r_A的圆以外的径向电场力发自处于A点的电荷，半径为r_B的圆其圆心在加速度时间段Δt到达B点。在r_B以内，电场电力线从B点沿径向延伸出去。两圆之间的距离等于光在Δt时间内所行进的距离，即$\Delta r = r_B - r_A = \Delta tc$。由于点电荷运动的速度小于光速，则$\Delta z \ll \Delta r$，两圆几乎同心。图中为了看得清楚，将距离$\Delta z$相对于$\Delta r$经过了放大。由于在无电荷处电场电力线必须连续，所以在Δr区域内的电力线被连接起来，这是场结构被扰动的区域之一。此扰动是由于电荷加速所致，它的结束时间比图中所表达的时刻早r_B/c。这一扰动向外扩散，且具有一个横向分量E_t。当扰动向无穷远处传播的同时，该横向分量持续存在。

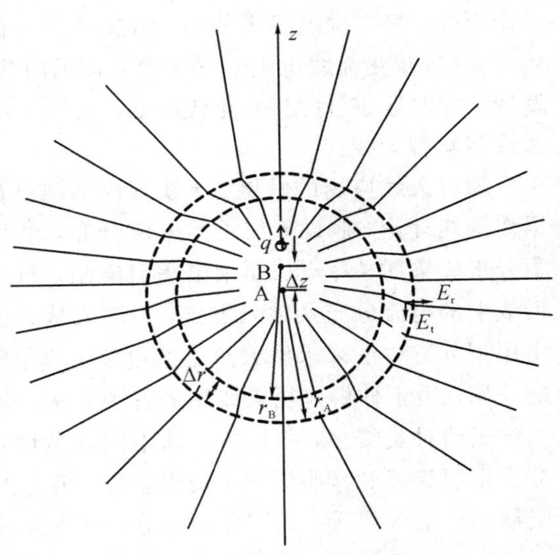

图1.1 一个被加速的电荷粒子的辐射情况

从上例中可以明显看出，辐射具有方向性。图1.1中，在垂直于电荷加速度方向上扰动最大，即垂直于直线天线方向产生最大辐射。

1.3　天线电磁学基础及辐射问题求解

电磁场理论的核心是描述空间电场、磁场间以及场与电荷、电流间相互关系普遍规律的电磁场基本方程。

1.3.1　麦克斯韦方程

Maxwell 方程有两种形式，即微分形式和积分形式。

微分形式：

$$\begin{cases}\nabla\times\boldsymbol{H}=\boldsymbol{J}+\dfrac{\partial\boldsymbol{D}}{\partial\boldsymbol{t}}\\\nabla\times\boldsymbol{E}=-\dfrac{\partial\boldsymbol{B}}{\partial\boldsymbol{t}}\\\nabla\cdot\boldsymbol{B}=0\\\nabla\cdot\boldsymbol{D}=\rho\end{cases}\tag{1-1}$$

积分形式：

$$\begin{cases}\oint_l\boldsymbol{H}\cdot\mathrm{d}\boldsymbol{l}=\int_{\mathrm{S}}\left(\boldsymbol{J}+\dfrac{\partial\boldsymbol{D}}{\partial\boldsymbol{t}}\right)\cdot\mathrm{d}\boldsymbol{S}\\\oint_l\boldsymbol{E}\cdot\mathrm{d}\boldsymbol{l}=-\int_{\mathrm{S}}\dfrac{\partial\boldsymbol{B}}{\partial\boldsymbol{t}}\cdot\mathrm{d}\boldsymbol{S}\\\oint_S\boldsymbol{B}\cdot\mathrm{d}\boldsymbol{s}=0\\\oint_S\boldsymbol{D}\cdot\mathrm{d}\boldsymbol{s}=Q\end{cases}\tag{1-2}$$

式中：$\boldsymbol{E}$ 为电场强度矢量（V/m）；$\boldsymbol{H}$ 为磁场强度矢量（A/m）；$\boldsymbol{D}$ 为电感应强度矢量（C/m^2）；$\boldsymbol{B}$ 为磁感应强度矢量（T）；$\boldsymbol{J}$ 为体电流密度矢量（A/m^2）；ρ 为体电荷密度（C/m^2）；Q 为电荷量（C）。

麦克斯韦方程表明，不仅电荷能产生电场，电流能产生磁场，而且变化的电场也能产生磁场，变化的磁场又能产生电场，从而揭示出电磁波的存在。

1.3.2　边界条件

经过两种不同媒质的分界面时，媒质参数要发生突变（如图 1.2 所示），从而引起某些场分量的不连续，它们的空间导数不存在，麦克斯韦方程的微分形式不再适用。这时可以导出媒质分界面上电磁场的边界条件：

$$\begin{cases}\hat{\boldsymbol{n}}\times(\boldsymbol{H}_2-\boldsymbol{H}_1)=\boldsymbol{J}_s\\\hat{\boldsymbol{n}}\times(\boldsymbol{E}_2-\boldsymbol{E}_1)=0\\\hat{\boldsymbol{n}}\cdot(\boldsymbol{B}_2-\boldsymbol{B}_1)=0\\\hat{\boldsymbol{n}}\cdot(\boldsymbol{D}_2-\boldsymbol{D}_1)=\rho_s\end{cases}\tag{1-3}$$

式中：$\boldsymbol{H}_1$、$\boldsymbol{E}_1$、$\boldsymbol{B}_1$、$\boldsymbol{D}_1$ 和 $\boldsymbol{H}_2$、$\boldsymbol{E}_2$、$\boldsymbol{B}_2$、$\boldsymbol{D}_2$ 分别是媒质 1 和 2 中的磁场强度矢量、电场强度矢量、磁感应强度矢量、电感应强度矢量；$\boldsymbol{J}_s$ 和 ρ_s 分别为分界面上的面电流密度和面电荷密度；$\hat{\boldsymbol{n}}$ 为分界面的法线方向单位矢量，方向从媒质 1 指向媒质 2。

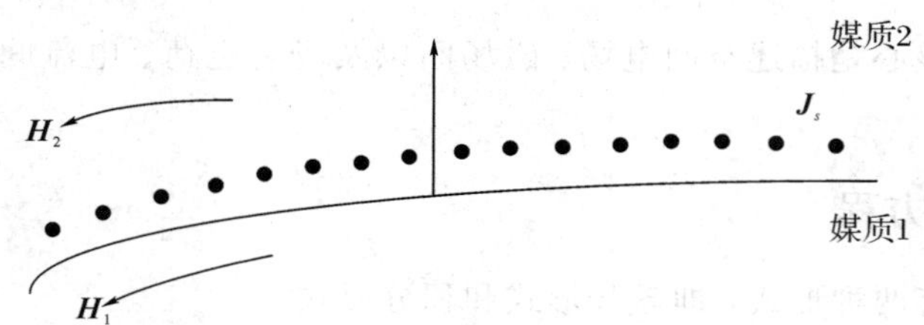

图 1.2　两种不同介质边界条件

如果媒质 1 是理想导体，由于导体内部的场量为零，式(1－3)变为

$$\begin{cases}\hat{\boldsymbol{n}}\times\boldsymbol{H}_2=\boldsymbol{J}_s\\ \hat{\boldsymbol{n}}\times\boldsymbol{E}_2=0\\ \hat{\boldsymbol{n}}\cdot\boldsymbol{B}_2=0\\ \hat{\boldsymbol{n}}\cdot\boldsymbol{D}_2=\rho_s\end{cases}\tag{1-4}$$

1.3.3　连续性方程和媒质特性方程

根据电荷守恒定律，连续性方程的积分形式与微分形式如下：

$$\oint_S\boldsymbol{J}\cdot\mathrm{d}\boldsymbol{s}=-\frac{\partial Q}{\partial t}\tag{1-5}$$

$$\nabla\cdot\boldsymbol{J}=-\frac{\partial\rho}{\partial t}\tag{1-6}$$

要得到麦克斯韦方程的解，尚需以下三个方程，它们是反映媒质特性的，称为媒质的特性方程。

$$\begin{cases}\boldsymbol{D}=\varepsilon\boldsymbol{E}\\ \boldsymbol{B}=\mu\boldsymbol{H}\\ \boldsymbol{J}=\sigma\boldsymbol{E}+\boldsymbol{J}_0\end{cases}\tag{1-7}$$

式中：$\boldsymbol{J}_0$ 为外加电流密度；ε、μ、σ 分别为媒质的介电常数(F/m)、磁导率(H/m)、电导率(S/m)。最一般情况下，这三个媒质参数是张量。在线性各向同性媒质中，这些媒质参数不是时间的函数。将式(1－7)代入麦克斯韦方程中，可得如下方程：

$$\begin{cases}\nabla\times\boldsymbol{H}=\boldsymbol{J}+\varepsilon\dfrac{\partial\boldsymbol{E}}{\partial t}\\ \nabla\times\boldsymbol{E}=-\mu\dfrac{\partial\boldsymbol{H}}{\partial t}\\ \nabla\cdot\boldsymbol{H}=0\\ \nabla\cdot\boldsymbol{E}=\dfrac{\rho}{\varepsilon}\end{cases}\tag{1-8}$$

在真空(空气)中，$\varepsilon=\varepsilon_0=(1/36\pi)\times10^{-9}$ F/m，$\mu=\mu_0=4\pi\times10^{-7}$ H/m，$\sigma=\sigma_0=0$。

将式(1-8)的第一方程和第二方程取旋度，考虑到该式的第三方程和第四方程，利用矢量公式$\nabla\times(\nabla\times\boldsymbol{A})=\nabla(\nabla\cdot\boldsymbol{A})-\nabla^2\boldsymbol{A}$和$\boldsymbol{J}=\sigma\boldsymbol{E}+\boldsymbol{J}_0$，可以得到电磁场的矢量波动方程：

$$\begin{cases}\nabla^2\boldsymbol{E}-\mu\varepsilon\dfrac{\partial^2\boldsymbol{E}}{\partial t^2}-\mu\sigma\dfrac{\partial\boldsymbol{E}}{\partial t}=\mu\dfrac{\partial\boldsymbol{J}_0}{\partial t}+\dfrac{1}{\varepsilon}\nabla\rho\\\nabla^2\boldsymbol{H}-\mu\varepsilon\dfrac{\partial^2\boldsymbol{H}}{\partial t^2}-\mu\sigma\dfrac{\partial\boldsymbol{H}}{\partial t}=-\nabla\times\boldsymbol{J}_0\end{cases}\tag{1-9}$$

对于时谐场源，用 $\mathrm{j}\omega$ 代替$\dfrac{\partial}{\partial t}$，式(1-9)变为

$$\begin{cases}\nabla^2\boldsymbol{E}+k^2\boldsymbol{E}=\mathrm{j}\omega\mu\boldsymbol{J}_0+\dfrac{1}{\varepsilon}\nabla\rho\\\nabla^2\boldsymbol{H}+k^2\boldsymbol{H}=-\nabla\times\boldsymbol{J}_0\end{cases}\tag{1-10}$$

式中

$$k^2=\omega^2\mu\varepsilon-\mathrm{j}\omega\mu\sigma\tag{1-11}$$

在非导电媒质中，$\sigma=0$，则有$k^2=\omega^2\mu\varepsilon$，$k$ 称为波数。式(1-9)称为矢量形式的非齐次亥姆霍兹方程。在无源区域，它化为齐次亥姆霍兹方程：

$$\begin{cases}\nabla^2\boldsymbol{E}+k^2\boldsymbol{E}=0\\\nabla^2\boldsymbol{H}+k^2\boldsymbol{H}=0\end{cases}\tag{1-12}$$

1.3.4 坡印廷定理

被一个封闭面 S 包围的体积 V_0 源供给体积 V 的平均功率 $\boldsymbol{P}_s$ 等于从面 S 流出的功率 $\boldsymbol{P}_\mathrm{f}$、$V$ 内散耗的平均功率 $\boldsymbol{P}_{\mathrm{d_{av}}}$ 加上 V 内储存的时间平均功率的总和：

$$\boldsymbol{P}_s=\boldsymbol{P}_\mathrm{f}+\boldsymbol{P}_{\mathrm{d_{av}}}+\mathrm{j}2\omega(\boldsymbol{W}_{\mathrm{m_{av}}}-\boldsymbol{W}_{\mathrm{e_{av}}})\tag{1-13}$$

式中，$\boldsymbol{W}_{\mathrm{m_{av}}}$、$\boldsymbol{W}_{\mathrm{e_{av}}}$ 分别为储存的时间平均磁能和时间平均电能。式(1-13)即为坡印廷定理。

从封闭面流出的复功率可由下式求得

$$\boldsymbol{P}_\mathrm{f}=\frac{1}{2}\oiint\boldsymbol{E}\times\boldsymbol{H}^*\,\mathrm{d}\boldsymbol{s}\tag{1-14}$$

其中，$\mathrm{d}\boldsymbol{s}=\mathrm{d}s\cdot\hat{\boldsymbol{n}}$，$\hat{\boldsymbol{n}}$ 是垂直于表面且从表面外指向表面内的单位矢量。把积分号内的被积函数称为坡印廷矢量 $\boldsymbol{S}=\dfrac{1}{2}\boldsymbol{E}\times\boldsymbol{H}^*$，这是一个功率密度，单位是 $\mathrm{W/m^2}$。

天线问题包括求解外加电流分布 $\boldsymbol{J}$ 所产生的场，目前假定电流分布已知而希望确定 $\boldsymbol{E}$ 和 $\boldsymbol{H}$。在很多情况下直接求解电磁场有很多不便之处，因此往往采取间接方法，即引入辅助函数——矢量磁位 $\boldsymbol{A}$(简称磁矢位)和标量电位 ϕ(简称标位)，通过求解辅助函数得到电磁场。

麦克斯韦方程组：

$$\nabla\times\boldsymbol{H}=\boldsymbol{J}+\frac{\partial\boldsymbol{D}}{\partial t}\tag{1-15}$$

$$\nabla\times\boldsymbol{E}=-\frac{\partial\boldsymbol{B}}{\partial t}\tag{1-16}$$

$$\nabla\cdot\boldsymbol{B}=0\tag{1-17}$$

$$\nabla\cdot\boldsymbol{D}=\rho\tag{1-18}$$

由式(1-17)可知矢量场 $\boldsymbol{B}$ 仅仅有旋度，根据$\nabla\cdot(\nabla\times\boldsymbol{A})=0$，它还可以表示成矢量函

数 $\boldsymbol{A}$ 的旋度：

$$\boldsymbol{B}=\nabla\times\boldsymbol{A} \tag{1-19}$$

式中 $\boldsymbol{A}$ 即为磁矢位，将式(1－19)代入式(1－16)得

$$\nabla\times\left(\boldsymbol{E}+\frac{\partial \boldsymbol{A}}{\partial t}\right)=0 \tag{1-20}$$

圆括号中的表示式是一个电场，而且由于其旋度为零，因此它是一个保守场，行为如同静电场。再引入标量电位 ϕ，令

$$\boldsymbol{E}+\frac{\partial \boldsymbol{A}}{\partial t}=-\nabla\phi \tag{1-21}$$

得

$$\boldsymbol{E}=-\nabla\phi-\frac{\partial \boldsymbol{A}}{\partial t} \tag{1-22}$$

求解 $\boldsymbol{A}$ 和 ϕ 后，从式(1－19)和式(1－22)即可求得电磁场。将式(1－19)和式(1－22)代入式(1－15)，并考虑 $\nabla\times\nabla\times\boldsymbol{A}\equiv\nabla(\nabla\cdot\boldsymbol{A})-\nabla^2\boldsymbol{A}$，得

$$\nabla^2\boldsymbol{A}-\mu\varepsilon\frac{\partial^2\boldsymbol{A}}{\partial^2 t}-\mu\sigma\frac{\partial \boldsymbol{A}}{\partial t}=-\mu\boldsymbol{J}_0+\nabla\left(\nabla\cdot\boldsymbol{A}+\mu\varepsilon\frac{\partial\phi}{\partial t}+\mu\sigma\phi\right) \tag{1-23}$$

只给出一个矢量的旋度并不能单值地确定该矢量。例如，若 $\boldsymbol{A}$ 满足式(1－19)，则 $\boldsymbol{A}_0=\boldsymbol{A}+\nabla\psi$ 也满足该式，场的这种性质称为规范不变性。为了单值地确定 $\boldsymbol{A}$ 和 ϕ，可以引入一个附加条件，即洛伦兹条件：

$$\nabla\cdot\boldsymbol{A}+\mu\varepsilon\frac{\partial\phi}{\partial t}+\mu\sigma\phi=0 \tag{1-24}$$

式(1－24)称为洛伦兹条件，它表达了 $\boldsymbol{A}$ 与 ϕ 的关系，实质上反映了交变场中的连续性原理。将式(1－24)代入式(1－23)，得到磁矢位 $\boldsymbol{A}$ 的波动方程：

$$\nabla^2\boldsymbol{A}-\mu\varepsilon\frac{\partial^2\boldsymbol{A}}{\partial^2 t}-\mu\sigma\frac{\partial \boldsymbol{A}}{\partial t}=-\mu\boldsymbol{J}_0 \tag{1-25}$$

将式(1－22)两边取散度，利用洛伦兹条件和式(1－18)，得到标位 ϕ 的波动方程：

$$\nabla^2\phi-\mu\varepsilon\frac{\partial^2\phi}{\partial^2 t}-\mu\sigma\frac{\partial\phi}{\partial t}=-\frac{\rho}{\varepsilon} \tag{1-26}$$

对于时谐场，如果观察点处的 $\sigma=0$，而 $\boldsymbol{A}$ 和 ϕ 所满足的波动方程变为

$$\nabla^2\boldsymbol{A}+\beta^2\boldsymbol{A}=-\mu\boldsymbol{J}_0 \tag{1-27}$$

$$\nabla^2\phi+\beta^2\phi=-\frac{\rho}{\varepsilon} \tag{1-28}$$

其中，$\beta^2=\omega^2\mu\varepsilon_0$，实际可以只求解磁矢位 $\boldsymbol{A}$，利用洛伦兹条件即可得到电磁场解。矢量波动方程可以分解为三个标量方程来求解。将 $\boldsymbol{A}$ 分解成直角坐标分量：$\nabla^2\boldsymbol{A}=\hat{\boldsymbol{x}}\nabla^2 A_x+\hat{\boldsymbol{y}}\nabla^2 A_y+\hat{\boldsymbol{z}}\nabla^2 A_z$，即可在直角坐标系下写为三个标量波动方程：

$$\nabla^2 A_x+\beta^2 A_x=-\mu J_x \tag{1-29a}$$

$$\nabla^2 A_y+\beta^2 A_y=-\mu J_y \tag{1-29b}$$

$$\nabla^2 A_z+\beta^2 A_z=-\mu J_z \tag{1-29c}$$

标量波动方程可以用格林定理和本征函数法求解。首先求出点源的解为 $\psi=\mathrm{e}^{-\mathrm{j}\beta r}/4\pi r$，对任意的 z 向电流密度，其矢量位也沿 z 向，如果考虑到源是点源的集合，按分布电流 J_z

加权，则可以表示成包围点源体积 V' 的积分：

$$A_z = \iiint_{\nabla^2} \mu J_z \frac{e^{-j\beta R}}{4\pi R} dV' \tag{1-30}$$

对于 x 和 y 分量，类似的方程也成立。因而，总的解是全部分量的和，为

$$\boldsymbol{A} = \iiint_{\nabla^2} \mu J \frac{e^{-j\beta R}}{4\pi R} dV' \tag{1-31}$$

将 $\boldsymbol{A}$ 代入式(1-19)和式(1-22)，再利用洛伦兹条件得

$$\boldsymbol{H} = \frac{1}{\mu} \nabla \times \boldsymbol{A} \tag{1-32}$$

$$\boldsymbol{E} = -j\omega \boldsymbol{A} + \frac{1}{j\omega\mu\varepsilon} \nabla(\nabla \cdot \boldsymbol{A}) \tag{1-33}$$

从而求得空间的电磁场。

辐射条件实质上是无限远处的边界条件。由于场源分布于无限均匀媒质的有限空间中，对于无限远处的场分量或位函数而言，不应该存在反射波，如果用 U 表示无限远处的位函数或磁矢位 $\boldsymbol{A}$(或场量 $\boldsymbol{E}$ 或 $\boldsymbol{H}$)的任意直角坐标分量，R 是径向坐标分量，则辐射条件

$$\lim_{R \to \infty} R\left(\frac{dU}{dR} + jkU\right) = 0$$

即保证了当 $R \to \infty$ 时，有限场源在无限远处的位函数或场为零，仅有出射波(相对于场源而言)。

1.4　天线特性参数

1.4.1　方向图

一个天线本质上是一个空间放大器，而方向性则表示一个天线的辐射功率密度的峰值比辐射功率绕天线均匀分布时的功率密度大多少。

天线的方向性是指天线向一定方向辐射电磁波的能力。对于接收天线而言，方向性表示天线对不同方向传来的电波所具有的接收能力。天线的方向性的特性曲线通常用方向图来表示。方向图可用来说明天线在空间各个方向上所具有的发射或接收电磁波的能力。单一的对称振子具有“面包圈”形的方向图，如图 1.3 所示。

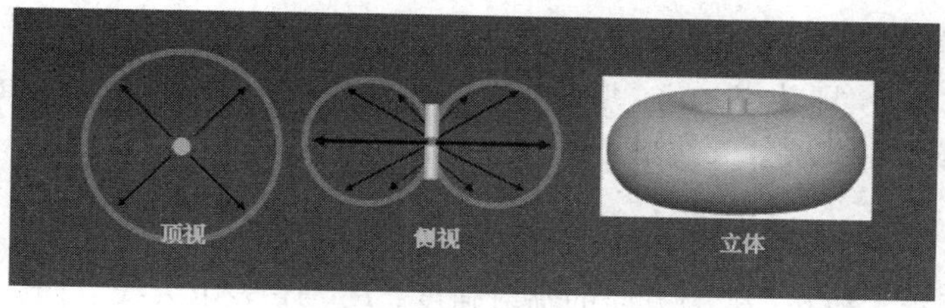

图 1.3　单个对称振子方向图

1.4.2　波瓣宽度和前后比

方向图通常都有两个或多个瓣，其中辐射强度最大的瓣称为主瓣，其余的瓣称为副瓣

或旁瓣。在主瓣最大辐射方向两侧，辐射强度降低 3 dB(功率密度降低一半)的两点间的夹角定义为波瓣宽度(又称波束宽度或主瓣宽度或半功率角)。波瓣宽度越窄，方向性越好，作用距离越远，抗干扰能力越强。图 1.4 所示为辐射强度不同的天线的波瓣宽度。

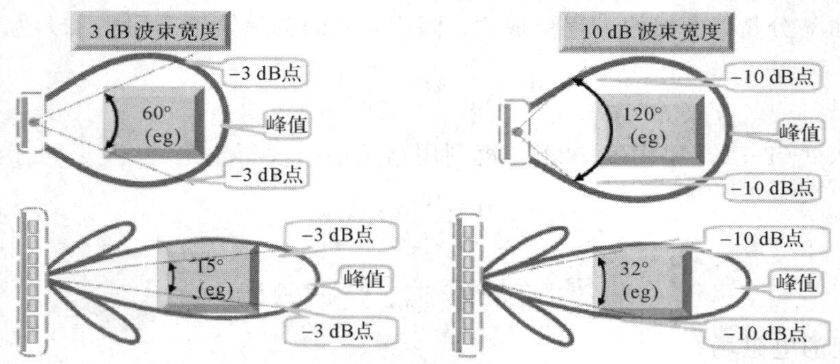

图 1.4　不同辐射强度的波束宽度

方向图中，前后瓣最大值之比称为前后比，记为 F/B。前后比越大，天线的后向辐射(或接收)越小，则天线定向接收性能就越好。前后比 F/B 的计算十分简单，即

$$F/B=10\lg\frac{\text{前向功率密度}}{\text{后向功率密度}} \tag{1-34}$$

对天线的前后比 F/B 有要求时，其典型值为 18～30 dB，特殊情况下则要求达到 35～40 dB 。可以简单地把天线发射的能量定义为一个气球，如果前后比小了，则意味着后面的发射功率大了，覆盖方向上的能量小了，造成覆盖变差，同时可能引起干扰。基本半波振子天线的前后比为 1，所以对来自振子前后的相同信号电波具有相同的接收能力。天线的前后比如图 1.5 所示。

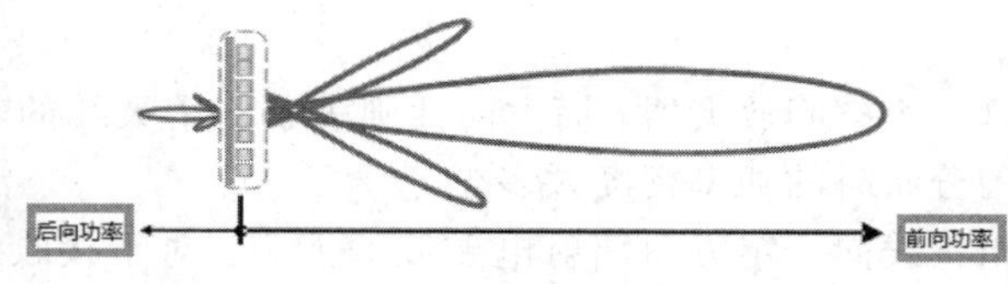

图 1.5　天线的前后比

1.4.3　增益

增益是指在输入功率相等的条件下，实际天线与理想的辐射单元在空间同一点处所产生的场强的平方之比，即功率之比。增益一般与天线的方向图有关，方向图的主瓣越窄，后瓣、副瓣越小，则增益越高。天线增益的计算公式为

$$G(\theta,\ \phi)=\frac{U(\theta,\ \phi)}{P_A/4\pi} \tag{1-35}$$

其中，$U(\theta,\ \phi)$表示天线在$(\theta,\ \phi)$方向的辐射强度；$P_A/4\pi$ 表示天线以同一输入功率向空间均匀辐射的辐射强度。

天线增益用来衡量天线朝一个特定方向收发信号的能力，它是选择基站天线最重要的参数之一。一般来说，增益的提高主要依靠减小垂直方向辐射的波瓣宽度，而在水平面上保持全向的辐射性能。天线增益对移动通信系统的运行质量极为重要，因为它决定蜂窝边

缘的信号电平。增加增益就可以在一个确定方向上增大网络的覆盖范围，或者在确定范围内增大增益余量。表征天线增益的参数有 dBd 和 dBi。dBi 是被测天线相对于点源天线的增益，在各方向的辐射是均匀的；dBd 是被测天线相对于对称振子天线的增益，dBi＝dBd＋2.15。相同的条件下，增益越高，电波传播的距离越远。一般地，GSM 定向基站的天线增益为 15.5 dBi/18.5 dBi，全向的为 11 dBi。

一个单一对称振子具有面包圈形的辐射方向图，如图 1.6(a)所示；一个各向同性的辐射器在所有方向具有相同的辐射，如图 1.6(b)所示；图 1.6(c)为对称振子的方向图，其增益为 2.15 dB。

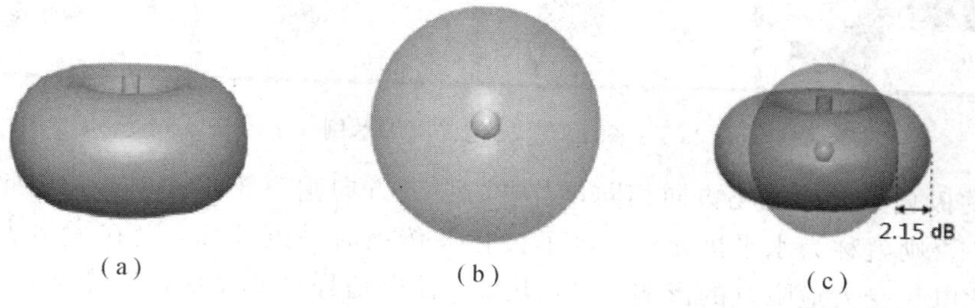

(a)　　(b)　　(c)

图 1.6　不同天线的辐射方向图

一般来说，天线的主瓣波束宽度越窄，天线增益越高。当旁瓣电平及前后比正常的情况下，增益可用下式近似表示：

$$G=10\log\frac{32000}{2\theta_{0.5E}2\theta_{0.5H}}(\text{dBi}) \tag{1-36}$$

对于反射面天线，由于有效照射效率因素的影响，其增益可用下式表示：

$$G=10\log\frac{27000}{2\theta_{0.5E}2\theta_{0.5H}}(\text{dBi}) \tag{1-37}$$

1.4.4　输入阻抗和驻波比

天线和馈线的连接端，即馈电点两端感应的信号电压与信号电流之比，称为天线的输入阻抗。通常的目标是使天线的输入阻抗与所接传输线的特性阻抗相匹配。输入阻抗有电阻分量和电抗分量。电抗分量会减少从天线进入馈线的有效功率，因此必须使电抗分量尽可能为零，使天线的输入阻抗为纯电阻。输入阻抗与天线的结构和工作波长有关，基本半波振子(即中间对称馈电的半波长导线)的输入阻抗为 73.1＋j42.5 Ω。当把振子长度缩短 3%～5%时，就可以消除其中的电抗分量，使天线的输入阻抗为纯电阻，即使半波振子的输入阻抗为 73.1 Ω(标称 75 Ω)。全长约为一个波长，且折合弯成 U 形管形状、中间对称馈电的折合半波振子，可看成是两个基本半波振子的并联，而输入阻抗为基本半波振子输入阻抗的四倍，即 292 Ω(标称 300 Ω)。

由于入射波能量传输到天线输入端未被全部吸收(辐射)，会产生反射波，叠加就会形成驻波比，即 VSWR。VSWR 越大，反射越大，匹配越差。那么，驻波比大，到底有哪些坏处？在工程上可以接受的驻波比是多少？一个适当的驻波比指标是要在损失能量的多少与制造成本之间进行折中权衡的。VSWR＞1，说明输入天线的功率有一部分被反射回来，从而降低了天线的辐射功率，增大了馈线的损耗。有了反射功率，就增大了能量损耗，从而降低了馈线向天线的输入功率。

1.4.5 天线的极化

天线向周围空间辐射电磁波。电磁波由电场和磁场构成。人们规定：电场的方向就是天线极化方向。图 1.7 所示给出了两种基本的单极化的情况：垂直极化(电场垂直于地面)是最常用的；水平极化也是要被用到的。

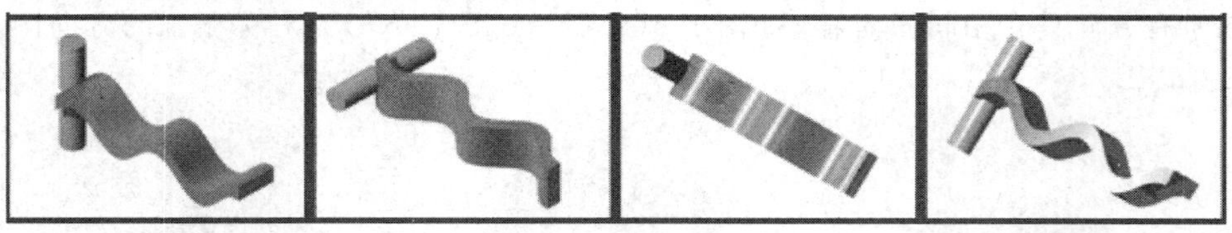

图 1.7 极化方向图示例

天线的极化方向与电场方向相同，当电场强度方向垂直于地面时，就称此电磁波为垂直极化波，否则就称为水平极化波。水平极化波传播时贴近地面，会在大地表面形成极化电流，极化电流受大地阻抗的影响，产生热能，使电信号迅速衰落，覆盖距离变短。垂直极化波覆盖距离更远。

给定方向上的主极化分量与正交极化分量之比称为交叉极化比。图 1.7 所示为极化方向图示例。

1.4.6 天线效率与等效各向同性辐射功率

天线效率用来度量天线转换能量的有效性，数值上等于增益与方向系数的比值。天线输入功率一部分转化为辐射功率，另一部分即为损耗功率，包括天线系统中的导体损耗、介质损耗、网络损耗，以及在天线支架、周围物体和大地中的电磁感应所引起的损耗等。

等效各向同性辐射功率(EIRP)用来表征在某一特定方向上天线的净辐射功率，它等于施加在天线端口的输入功率与天线增益的乘积。

1.4.7 噪声温度与增益噪声比

天线的噪声温度 T_a 用来描述天线在特定功率上所接收的噪声功率，其数学定义如下：

$$T_a = \frac{\iint D(\theta,\ \phi)F(\theta,\ \phi)\mathrm{d}s}{K \cdot B} \tag{1-38}$$

其中：D 为方向系数；F 为亮度分布函数(与来自宇宙、大气、人体及地表等噪声源有关)；s 为包围天线的空间；K 为玻尔兹曼常数；B 为工作频率带宽。

增益噪声比是天线增益 G 与噪声温度 T 的比值；T 是天线噪声温度 T_a 与天线到接收机端口的 RF 链所产生的噪声温度之和。

1.4.8 端口隔离度与天线交调产物

多端口天线的一个端口上的入射功率与该入射功率在其他端口上可得到的功率之比称为端口隔离度，如图 1.8 所示。

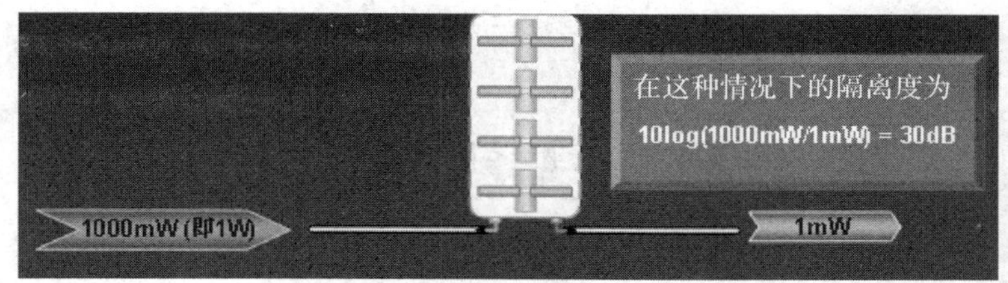

图 1.8 端口隔离度的一个实例

天线交调产物是指当两个或多个频率信号经过天线时，由天线的非线性引起的与原信号有和差关系的射频信号。

1.5 天线的发展

天线最早由一位名叫 Whire 的实验家无意中发现的。Whire 根据火花放电原理发明了火花放电发射机，但是在实验过程中试用了无数的方法也无法很清楚地接收到这部火花发射机所发射出来的信号。后来，他意外地发现连接在接收机上的导线竟然使接收机的效率好了许多，这根导线即为天线的雏形，从此他的接收机被称为无线电接收机。

1864 年，麦克斯韦预言，光可以用电磁学来解释，光与电磁扰动以同样的速度传播。1887 年，物理学家 H. R 赫兹从实验中证明了麦克斯韦的预言，即电磁作用通过空气传播。

天线的发展大致分为四个历史时期。

① 线天线时期。在这一时期各种不对称天线开始得到应用，如倒 L 形、T 形、伞形天线等。由于高度受到结构上的限制，这些天线的尺寸比波长小很多，因而都属于电小天线的范畴。后来，A. E. 肯内利和 O. 亥维赛发现了电离层的存在和它对短波的反射作用，从而开辟了天线在短波波段和中波波段领域的应用。在这一时期，天线理论也得到了发展。

② 面天线时期。在 20 世纪 30 年代，随着微波电子管的出现，各种面天线被陆续研制出来。这些天线利用波的扩散、干涉、反射、折射和聚焦等原理获得窄波束和高增益。第二次世界大战期间出现了雷达，为了迅速捕捉目标，研制出了波束扫描天线，并且利用金属波导和介质波导研制出波导缝隙天线和介质棒天线以及由它们组成的天线阵。在面天线基本理论方面，建立了几何光学法、物理光学法和口径场法等理论。

③ 从第二次世界大战结束到 20 世纪 50 年代末期。这一时期微波中继通信、对流层散射通信、射电天文和电视广播等工程技术的天线设备有了很大发展，建立了大型反射面天线，还出现了分析天线公差的统计理论。在 20 世纪 50 年代，宽频带天线的研究有所突破，产生了非频变天线理论，出现了宽频带或超宽频带天线。

④ 50 年代以后。从 20 世纪 60 年代到 70 年代初期，一方面是大型地面站天线得到修建和改进；另一方面，由于新型移相器和电子计算机的问世，相控阵天线重新受到重视并获得了广泛应用和发展。到 70 年代，出现了介质波导、表面波和漏波天线等新型毫米波天线。此外，在阵列天线方面，由线阵发展到圆阵，由平面阵发展到共形阵。信号处理天线、自适应天线、合成孔径天线等技术也都进入了实用阶段。同时，微带天线也引起了广泛的关注和研究。在天线测量技术方面，这一时期出现了微波暗室和近场测量技术，以及利用天体射电源测量天线的技术，并创立了由计算机控制的自动化测量系统等。

第 2 章　天线仿真技术

在天线工程设计中，借助软件的建模和仿真计算技术可以相对准确地对天线的设计效果和主要的技术指标进行预测，从而可以在天线加工之前验证天线设计方案的可行性，避免盲目地加工测试；同时还可以基于仿真计算对天线的设计方案进行进一步优化，提升天线设计的效率和效果。基于计算仿真技术还可以使许多在实际工程中难以通过测量得到的天线特性以更加直观的方式显示，例如天线结构表面的电流分布等，从而更加有利于对天线的工作机理进行清晰的理解和对设计方案的进一步优化。因此，基于电磁计算的天线仿真技术已经成为目前天线工程设计的最重要的一个步骤。本章将首先对天线设计中的电磁仿真计算的基本步骤、基本原理、算法进行简单介绍，然后对目前主流的商业电磁计算软件的特征和使用进行介绍，从而为后续的各类天线仿真计算提供基础。

2.1　天线仿真计算的主要步骤

借助电磁仿真软件进行仿真计算主要包括以下几个步骤，如图 2.1 所示。

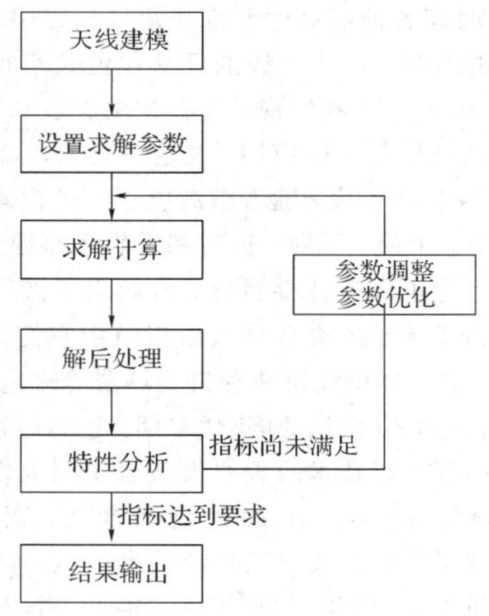

图 2.1　软件电磁仿真步骤

(1) 天线建模。天线建模的主要任务是将已经形成的天线设计方案中的天线结构以虚拟的方式在计算机中进行模型的描述。通常，天线建模首先需要通过准备工作明确天线由哪几部分构成、每一部分的几何结构和具体尺寸以及材质、各部分的相对安装方式，然后就可以借助软件提供的建模工具在计算机中得到一个虚拟的天线模型。当然这样的建模不可能、也往往不需要完全再现天线的实际结构，在天线的电特性可以得到正确模拟的前提下可以做一定的近似处理。例如，由铜或者其他良导体金属构成的薄片结构(微带贴片等)通常会由理想导体且不考虑厚度的面来构成。

这里需要对馈电结构进行一个单独的说明，天线的实际馈电结构在软件中往往用理想的端口来代替，对此不同的软件和算法有不同的处理方式。但是，在端口的设置中必须明确端口的类别、激励方式、计算的模式以及归算的特性阻抗、端口的积分路径。最要注意的是，由于端口特性往往决定了天线的驻波比特性，因此合理地选择激励端口类型和设置端口参数也是非常重要的。

软件在几何建模完成后，会根据实际的算法对几何模型进行网格剖分处理，并且以剖分以后的网格化模型代替原有的几何模型作为天线的结构来进行计算。有的计算软件如 FEKO 需要明确设定网格的特性，如网格的棱边电长度、三角形网格的内角等。

(2) 设置求解参数。求解设置需要依据天线仿真计算中所需要得到的特性来具体进行。首先是频率的设定，包括中心频点、扫描的频带、频点的间隔、扫描的方式等；其次是计算精度的控制，包括收敛控制的要求、迭代的最小和最大步骤；其他的设置还包括是否使用并行、多线程、远程控制、虚拟内存等。

(3) 解后处理。大部分电磁计算软件计算所得的结果是基于算法所获得的用基函数表示的电流分布，这些结果必须经过解后处理来转换成设计人员所需要的参数。解后处理的主要任务就是依据想获取的天线特性通过解后处理层面的设置来要求软件提供对应的参数。

这里我们需要解释天线的主要电磁特性参数。天线是馈电系统中的导行波和空间传播电磁波之间的转换器，因此天线的工程设计涉及两种基本的电磁问题：主要用于分析馈电导行波系统的内问题和主要用于分析空间电磁波辐射特性的外问题。

当电磁能量受制于一定边界条件时，其在金属导体或介质导体中的传播路径被限制在一定的封闭或相对有限的区域中以导行波的方式进行传播时，形成内问题。天线的内问题主要是指馈电系统的问题。馈电系统的主要目标是将能量进行高效的传输，因此仿真计算的目标参数往往是用于表征传输特性的，如表示传输线自身特性和传输过程匹配特性的相关参数有特性阻抗、驻波比、S 参数等。当电磁能量由电流激励离开源向外辐射和传播时，形成外问题，也可被称为“场”。天线辐射所产生的空间辐射场的特性属于外问题，因此仿真计算的目标参数往往是用于表征天线所产生的辐射场特性的，如增益、幅度及相位方向图、副瓣电平、轴比等参数。一个天线设计成功与否主要取决于对内外问题所提指标是否已经被满足。

因此，解后处理作为重要的一个步骤是由计算软件或程序所获得的电流分布来间接推算上述的各种指标参数。对天线而言，通常需要通过设置来获取输入阻抗、驻波比、S 参数、辐射方向图等。必要的时候，还可以通过软件给出特定的几何位置和截面电流分布、场分布、幅相特性等。

(4) 特性分析。解后处理给出的天线特性是软件给出的直接计算结果，通常与实际天线特性还有一定的距离，这时需要通过对已获得的天线特性进行分析，明确哪些技术指标已经达到要求，哪些技术性指标尚未满足，哪些几何结构参数、介质特性与哪些天线特性具有对应关系，如何通过进一步调整参数来改进设计等。

(5) 参数调整和参数优化。天线初步设计的结果往往不能满足要求，这就需要在天线模型上不断地调整天线的各种参数，并根据计算结果优化天线具体参数，直到仿真计算的结果完全满足天线设计的要求为止。必要的时候，需要借助参数的扫描、敏感度分析、优化算法等手段来寻求最佳参数。因此，这是一个反复的过程。

(6) 结果输出。在通过仿真和调试得到合适的设计模型之后，需要借助软件的输出功能，将设计的模型以标准格式输出，并借助 CAD 等模型处理软件来转换成适合进行实际加工的图形格式。同时，天线的各种仿真计算特性如输入阻抗、驻波比、S 参数、辐射方向图等也要导出并存储，以备和加工测试结果比对。

2.2 主要的电磁计算算法以及对应的仿真软件

此部分内容是为深入理解电磁计算和软件计算的基本操作流程而提供的。熟悉此部分内容的读者可以跳过此节。初学者也可以大致地进行浏览以便于必要的了解。另外，本教材的主要目的是为初学天线的设计者提供参考，而目前主流的商业软件虽然界面各不相同，但其基本的求解过程大致上都是按照图 2.1 的流程进行的。因此在软件的介绍中，会首先针对基于 MoM 的 IE3D 软件进行详细的介绍，而后续的其他软件因受篇幅的限制介绍会相对简略。

2.2.1 矩量法以及基于矩量法的软件

1. 矩量法

1968 年，Harrington 提出了一种数值计算方法称之为矩量法(Method of Moment, MoM)。经过多年的发展和完善，矩量法已经成为电磁计算和天线设计中非常重要的算法之一。矩量法是一种将连续方程离散化成代数方程组的方法，目前该方法大都用来求解积分方程。对于不同的问题采用不同形式的矩量法才有效。

1) 基础理论

根据线性空间理论，N 个线性方程的联立方程组、微分方程、差分方程、积分方程等均属于希尔伯特空间的算子方程，这类算子可以转化为矩阵方程进行求解。在计算过程中用到广义矩量，这种方法就是矩量法。

现有算子方程如下：

$$L(f)=g \tag{2-1}$$

式中：L 为算子，算子可以是微分方程、差分方程或积分方程；g 是已知函数，如激励源；f 是未知函数，如电流。假定方程的解唯一，于是逆算子存在 L^{-1}，则 $f=L^{-1}$ 成立。算子 L 的定义域为算子作用于其上的函数 f 的集合，算子 L 的值域为算子在其定义域上运算而得的函数 g 的集合。

假定两个函数 f_1 和 f_2 以及两个任意常数 a_1 和 a_2 有下列关系：

$$L(a_1 f_1+a_2 f_2)=a_1 L(f_1)+a_2 L(f_2) \tag{2-2}$$

则称 L 为线性算子。

在矩量法处理问题的过程中，需要求内积$\langle f, g\rangle$的运算。内积的定义为：在希尔伯特空间 H 中的两个元素 f 和 g 的内积是一个标量，记为$\langle f, g\rangle$，内积运算满足下列关系：

$$\langle f, g\rangle = \langle g, f\rangle \tag{2-3}$$

$$\langle a_1 f + a_2 g, h\rangle = a_1\langle f, h\rangle + a_2\langle g, h\rangle \tag{2-4}$$

式中：a_1 和 a_2 为标量。

下面就线性空间和算子的概念来解释矩量法的含义。假定有一算子方程为积分方程如下：

$$\int_a^b G(z,z')f(z')\mathrm{d}z' = g(z) \tag{2-5}$$

式中：$G(z, z')$为核；$g(z)$为已知函数；$f(z')$为未知函数；a、b 表示积分算子的定义域，一般根据实际应用背景而定。

首先，用线性的独立的函数 $f_n(z')$来近似表示未知函数，即

$$f(z') \approx \sum_{n=1}^{N} a_n f_n(z') \tag{2-6}$$

式中：a_n 为待定系数；$f_n(z')$为算子域内的基函数；N 为正整数，其大小根据需要的计算精度来确定。将 $f(z')$的近似表达式代入算子的左端，则得到：

$$\sum_{n=1}^{N} a_n L[f_n(z')] \approx g(z) \tag{2-7}$$

由于 $f(z')$是用近似式表示的，所以方程左右两端存在一个偏差：

$$\varepsilon(z) = \sum_{n=1}^{N} a_n L[f_n(z')] - g(z) \tag{2-8}$$

$\varepsilon(z)$称为余量。如果令余量的加权平均值为零，即

$$\langle \varepsilon(z), W_m\rangle = 0 \quad (m=1, 2, \cdots, N) \tag{2-9}$$

式中：W_m 是权函数序列。这就是加权余量法。将上式展开可得矩量方程。

2）求解过程

对算子方程的求解过程如下：

（1）离散化过程：目的在于将算子方程化为代数方程。在算子 L 的定义域内适当选择基函数 f_1，f_2，…，f_n，且它们是线性无关的。将未知函数 $f(x)$表示为该基的线性组合，并取得有限项近似，即

$$f(x) = \sum_{n=1}^{\infty} a_n f_n \approx f_N(x) = \sum_{n=1}^{N} a_n f_n \tag{2-10}$$

将上式代入算子方程式中，利用算子的线性将算子转化为代数方程：

$$\sum_{n=1}^{N} a_n L(f_n) = g \tag{2-11}$$

于是，求解 $f(x)$的问题转化为求解 f_n 的系数 a_n 的问题。

（2）取样检验过程：为了使 $f(x)$的近似函数 $f_N(x)$与 $f(x)$之间的误差极小，必须进行取样检验，在抽样点上使加权平均误差为零，从而确定未知系数 a_n。在算子 L 的值域内适当选择一组权函数（检验函数 W_1，W_2，…，W_m），它们也是线性无关的。将 W_m 与式 $\sum_{n=1}^{N} a_n L(f_n) = g$ 取内积进行抽样检验，因为要确定 N 个未知数，需要进行 N 次抽样检验，则

$$\langle L(f_n), W_m\rangle = \langle g, W_m\rangle \quad (m=1, 2, \cdots, N) \tag{2-12}$$

利用算子的线性和内积的性质，将上式转化为矩阵方程，即

$$\sum_{n=1}^{N} a_n \langle L(f_n), W_m \rangle = \langle g, W_m \rangle \quad (m = 1, 2, \cdots, N) \tag{2-13}$$

将它写成矩阵形式，即

$$[l_{mn}][a_n]=[g_m] \quad (m=1, 2, \cdots, N) \tag{2-14}$$

式中

$$[a_n]=\begin{bmatrix} a_1 \\ a_2 \\ \vdots \\ a_n \end{bmatrix} \tag{2-15}$$

$$[g_m]=\begin{bmatrix} \langle g, W_1 \rangle \\ \langle g, W_2 \rangle \\ \vdots \\ \langle g, W_N \rangle \end{bmatrix} \tag{2-16}$$

$$[l_{mn}]=\begin{bmatrix} \langle L(f_1), W_1 \rangle \langle L(f_2), W_1 \rangle \cdots \langle L(f_N), W_1 \rangle \\ \langle L(f_1), W_2 \rangle \langle L(f_2), W_2 \rangle \cdots \langle L(f_N), W_2 \rangle \\ \vdots \\ \langle L(f_1), W_N \rangle \langle L(f_2), W_N \rangle \cdots \langle L(f_N), W_N \rangle \end{bmatrix} \tag{2-17}$$

于是，求解代数方程问题转化为求解矩阵方程的问题。

(3) 矩阵求逆过程：一旦得到了矩阵方程，通过常规的矩阵求逆或求解线性方程组，就可得到矩阵方程的解：

$$[a_n]=[l_{mn}]^{-1}[g_m] \tag{2-18}$$

式中：$[l_{mn}]^{-1}$是矩阵$[l_{mn}]$的逆矩阵。将求得的展开系数 a_n 代入到 $f(x) = \sum_{n=1}^{N} a_n f_n \approx f_N(x) = \sum_{n=1}^{N} a_n f_n$，便得到原来算子的近似解：

$$f(x) = \sum_{n=1}^{N} a_n f_n(x) \tag{2-19}$$

在计算中要用到基函数和权函数。基函数常用全基域基函数，是算子定义域内的全域上的一组基函数。在算子的值域内选择一组权函数，如果权函数等于基函数，则称为迦辽金法。它是一种常用的求解方法。对于比较复杂的基函数，为简化计算，利用函数的筛选性产生了点选配。

如果研究问题目标体仅为 PEC 时，矩量法事实上是通过三维对象解决二维问题。对于涉及电介质的问题，由于未知函数会在三维区域分离，此时矩量法将会失效。一般来说，矩量法比较适用于研究对象为纯 PEC 的散射问题。

在矩量法中，在未知量数为 N 时内存的利用率正比于N^2，即 $O(N^2)$。使用高斯排除算法用于求解模型方程的浮点运算的数量正比于N^3，即 $O(N^3)$。然而，使用结合法或其他迭代技术用于求解模型方程的浮点运算量为 $O(N_i N^2)$，其中下标 i 是用于误差控制的预设数集。与有限差分相比，MoM 仿真时间和内存都耗费较大。

目前，主流的基于矩量法的电磁仿真软件主要有 ADS、Ansoft Designer、Microwave

Office、IE3D、FEKO。这里重点介绍天线设计中常用的软件 IE3D 和 FEKO。下面首先对 IE3D 进行详细的介绍。

2. IE3D 软件介绍

1）基本介绍

IE3D 是一个基于全波分析的矩量法电磁场仿真工具，可以解决多层介质环境下的三维金属结构的电流分布问题。它是通过各界面的边界条件和分层媒质中的并矢格林函数建立起积分方程，然后导出阻抗矩阵和激励矩阵来求得电流系数，并求解 Maxwell 方程组，从而解决电磁波辐射效应等问题。仿真结果包括 S、Y、Z 参数，VSWR，RLC 等效电路，电流分布，近场分布和辐射方向图，方向性，效率等。IE3D 具有强大的功能，具体来说具有以下特点：

◇ 基于 MS－WINDOWS，鼠标驱动的图形界面。

◇ 可在多层媒质中对三维金属结构进行建模。

◇ 具有高效、高准确度及灵活的仿真引擎。

◇ 可利用草图、内在库及强大的编辑工具创建平面和三维金属结构。

◇ 可自动生成适于所分析的几何形体的非均匀的矩形、三角形网格。

◇ 具有自动边缘网格的特点，使初学者得到准确的专业结果。

◇ 可对具有无限和有限接地面的结构进行建模。

◇ 可对局部的去嵌入和差分馈源设计进行准确和灵活的电路参数提取。

◇ 能精确地对金属厚度、极薄的介质、损耗介质等进行建模。

◇ 可利用可靠、高效的优化器自动灵活地对电磁场进行优化。

◇ 可对大规模集成电路的混合电磁仿真和节点分析。

◇ 可对 CPW（共面微带线）结构和口径耦合结构进行磁流建模。

◇ 具有自适应功能，利用较少的仿真可快速准确地得到宽频带分析结果。

◇ 具有仿真和探求激励功能，允许监视馈电网络中的天线阵列的功率分布。

◇ 可利用对称矩阵求解器、微分矩阵求解器和迭代矩阵求解器提高仿真效率。

◇ 可以笛卡尔和史密斯圆图方式显示 S、Y、Z 参数，VSWR 和辐射方向图。

◇ 可进行辐射参数的计算，包括方向性、效率和辐射功率。

◇ 可以二维和三维方式显示电流分布、辐射方向图和近场分布。

IE3D 在微波/毫米波集成电路（MMIC）、RF 印制板电路、微带天线、线天线和其他形式的 RF 天线、滤波器、IC 的内部连接和高速数字电路封装方面是一个非常有用的工具。

2）软件与算法介绍

矩量法在 IE3D 的应用如下：

① 依据。IE3D 主要是依据并矢格林函数在金属层上建立磁流和电流模型。对于一般的电磁分布问题，假设有一个导体存在导电性的环境，一个入射电场加在其上，则产生感应电场。感应电流分布在导体表面，则边界条件如下：

$$\boldsymbol{E}(\boldsymbol{r})=\boldsymbol{Z}_s(\boldsymbol{r})\boldsymbol{J}(\boldsymbol{r}), \quad \boldsymbol{r}\in \boldsymbol{S} \tag{2-20}$$

式中：$\boldsymbol{S}$ 是导体表面积；$\boldsymbol{E}(\boldsymbol{r})$ 是在表面切向电场；$\boldsymbol{J}(\boldsymbol{r})$ 是表面电流分布；$\boldsymbol{Z}_s(\boldsymbol{r})$ 是导体的表面阻抗。

介质层的总电场为

$$\boldsymbol{E}(\boldsymbol{r})=\boldsymbol{E}_i(\boldsymbol{r})+\int_s \boldsymbol{G}(\boldsymbol{r}|\boldsymbol{r}')\boldsymbol{J}(\boldsymbol{r}')\mathrm{d}s' \tag{2-21}$$

式中：$\boldsymbol{G}(\boldsymbol{r}|\boldsymbol{r}')$是介质的并矢格林函数；$\boldsymbol{E}_i(\boldsymbol{r})$是导体表面的入射电场。$\boldsymbol{G}(\boldsymbol{r}|\boldsymbol{r}')$除了满足导体$\boldsymbol{S}$的边界条件还满足分层介质的边界条件。

将式(2－21)代入式(2－20)得到：

$$\boldsymbol{Z}(\boldsymbol{r})\boldsymbol{J}(\boldsymbol{r})=\boldsymbol{E}_i(\boldsymbol{r})+\int_s \boldsymbol{G}(\boldsymbol{r}|\boldsymbol{r}')\boldsymbol{J}(\boldsymbol{r}')\mathrm{d}s' \tag{2-22}$$

给定入射电场和表面阻抗就可得到格林函数，未知数是电流分布$\boldsymbol{J}(\boldsymbol{r}')$。假定电流分布由一组全域基函数表示：

$$\boldsymbol{J}(\boldsymbol{r})=\sum_{n=1}^{N}\boldsymbol{I}_n\boldsymbol{B}_n(\boldsymbol{r}),\ n=1,\ 2,\ \cdots \tag{2-23}$$

得到：

$$\boldsymbol{Z}(\boldsymbol{r})\sum_{n=1}^{\infty}\boldsymbol{I}_n\boldsymbol{B}_n(\boldsymbol{r})=\boldsymbol{E}_i(\boldsymbol{r})+\sum_{n=1}^{\infty}\boldsymbol{I}_n\int_s \boldsymbol{G}(\boldsymbol{r}|\boldsymbol{r}')\cdot\boldsymbol{B}_n(\boldsymbol{r}')\mathrm{d}s' \tag{2-24}$$

将式(2－24)转换为一个矩阵，则

$$\int_s \mathrm{d}sE_i(\boldsymbol{r})\boldsymbol{B}_n(\boldsymbol{r})=\boldsymbol{S}_n\boldsymbol{I}_n\left\{\int_s \mathrm{d}s\boldsymbol{Z}_s(\boldsymbol{r})\boldsymbol{B}_m(\boldsymbol{r})\boldsymbol{B}_n(\boldsymbol{r})+\int_s \mathrm{d}s\int_s \mathrm{d}s'\boldsymbol{B}_m(\boldsymbol{r})\boldsymbol{G}(\boldsymbol{r}|\boldsymbol{r}')\boldsymbol{B}_n(\boldsymbol{r}')\right\} \tag{2-25}$$

上述过程采用一组检验函数即权函数(2－24)，它由无穷个函数组成。因此，式(2－25)是一个无穷的空间问题，实际应用中只能得到近似解。在有限空间条件下，得到：

$$[Z_{mn}][I_{mn}]=[V_m] \tag{2-26}$$

式中

$$Z_{mn}=\int_s \mathrm{d}s\boldsymbol{Z}(\boldsymbol{r})\boldsymbol{B}_m(\boldsymbol{r})\cdot\boldsymbol{B}_n(\boldsymbol{r})-\int_s \mathrm{d}s\int_s \mathrm{d}s\boldsymbol{B}_m(\boldsymbol{r})\cdot\boldsymbol{G}(\boldsymbol{r}|\boldsymbol{r}')\cdot\boldsymbol{B}_n(\boldsymbol{r}') \tag{2-27}$$

$$V_m=\int_s \mathrm{d}s\boldsymbol{E}_i(\boldsymbol{r})\cdot\boldsymbol{B}_n(\boldsymbol{r}) \tag{2-28}$$

由式(2－26)求得电流分配系数。知道电流分配系数之后，可计算相关参数。

② 网格与面元。一般的电磁仿真，常用网格作为基函数，网格可分为规格化和非规格化。在 IE3D 中，采用三角形和矩形混合网格结构，这是一种非规格化的网格方法，产生的面元数目少且适配灵活，它的计算效率和精度比规格化网格好。网格结构如图 2.2 和图 2.3 所示。

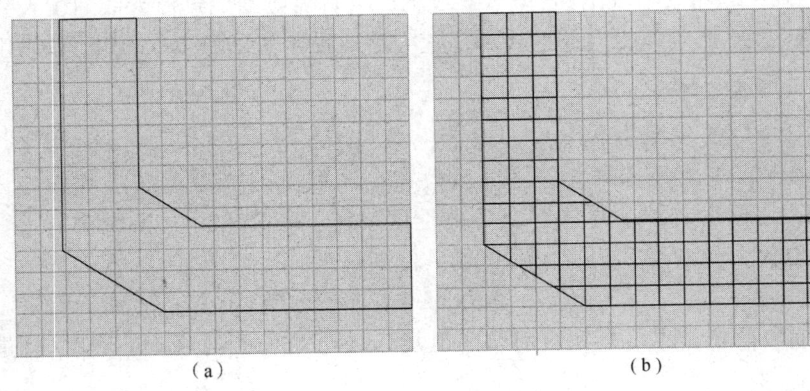

(a)　　(b)

图 2.2　规格化网格

图 2.2 所示为规格网格，可以看到微带线上分割了较多的面元。图 2.2(a)所示为微带结构；如图 2.2(b)所示，为了网格适配，改变了原微带结构。

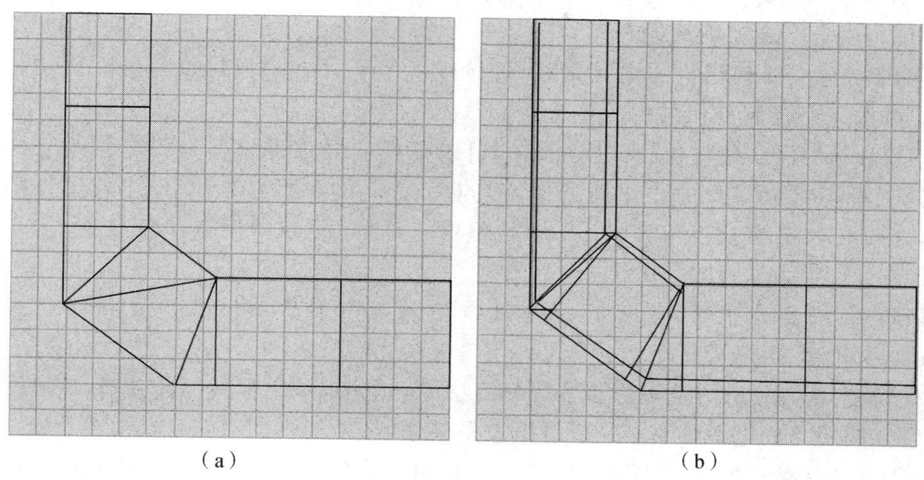

图 2.3　非规格化网格

图 2.3 所示为非规格网格，可以看到灵活地建立了面元。图 2.3(a)所示为比较粗略的网格的微带结构；如图 2.3(b)所示，为了网格的适配产生了小的边界元。

比较规格化网格和非规格化网格产生的面元数目，规格化产生的面元数为 83 格，非规格化产生的面元数为 29 格。

IE3D 中电流密度由面元来表示，如图 2.4 所示的横截面上的面元代表微带线上的电流密度分布情况。

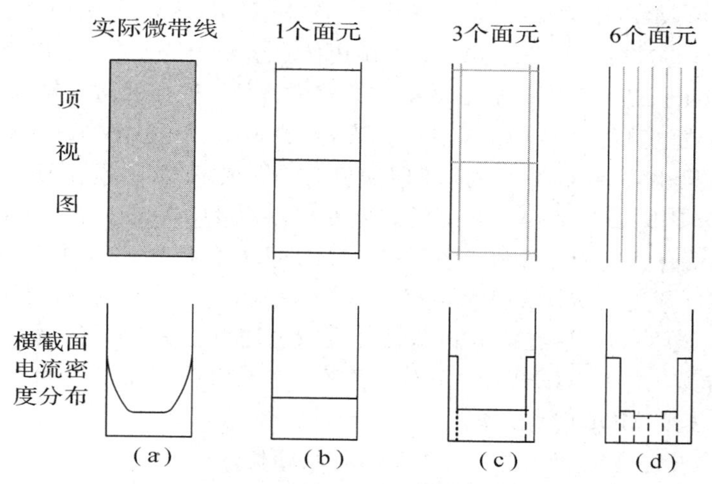

图 2.4　横截面上不同的网格

对于快速仿真，IE3D 只需用横截面上的一个面元就可以较为精确地仿真，如图 2.4(b)所示。为了得到更精确的仿真数据，用靠近边缘处的 2 个小面元来代表图 2.4(a)所示边界处的电流分布，这样仿真更接近实际的微带线横截面上的电流，如图 2.4(c)所示。而图 2.4(d)所示的规格化的网格没有更好地起到作用，反而增加了计算量。

3）天线仿真过程介绍

（1）IE3D的组成。

IE3D包由七个主要的应用程序组成。

MGRID：建立几何结构的主要线路图编辑器，允许用户通过点及多边形创建和编辑几何结构，可以完全控制几何结构的位置及形状。

IE3DLIBRARY：参数化几何模拟和编辑的建模向导，拥有 FastEM Design Kit（快速电磁设计工具箱），可实时全波电磁调整、优化和综合。参数化在IE3D全波设计中是极其重要的，在MGRID线路图编辑器中，参数化功能可用，但仅限于点和多边形。高水平的参数化可以在IE3DLIBRARY中完成。

AGIF：高级自动几何建模工具可以直接从GDSII、Cadence Virtuoso及Cadence Allegro文件创建3D模型。

IE3DOS：数值分析的电磁仿真器或仿真引擎，使用DOS形式的命令行，可通过IE3D对话框后台调用完成电磁仿真，一般对用户是隐藏的。

IE3D：IE3D对话框显示IE3D仿真或优化过程，IE3D引擎实际上在IE3DOS内，而IE3D实际上只是显示进程的外壳而已。IE3D对话框集成在MGRID和IE3DLIBRARY内。

MODUA：MODUA是参数显示和节点电路仿真的示意图编辑器。

PATTERNVIEW：辐射方向图后置处理器。ADIX包括可选的DXF、ACIS、GDSII及GERBER转换器。ADIX所有功能都集成于MGRID中，方便用户选择。

（2）仿真流程。

要完成一个电磁仿真，用户可以从线路图编辑器MGRID、IE3DLIBRARY或AGIF开始，最基本的是从MGRID线路图编辑器开始，在MGRID中，用户使用一组多边形创建一个电路。几何结构创建完并定义端口后，可调用仿真引擎IE3D进行电磁仿真，仿真结果保存到一个与Agilent/EEsof Touchstone格式兼容的文件，保存的仿真结果可导入到其他流行商业节点网络或电路仿真器，如Agilent/EEsof的ADS中或AWR公司的MWO微波办公室中。仿真结果也可保存成IE3D几何文件（.geo或.ie3），并用IE3D包中MGRID、MODUA、IE3DLIBRARY和AGIF显示和后处理，MODUA是一个和Touchstone®相似的程序，只是它没有大量的元件库。实际上，MODUA不需要这样的库，因为任何仿真结果文件和MGRID预定义结构文件都可用作MODUA模块。用户还可定义电阻、电容、电感、互感、开路、短路和理想连接等集总元件进行电路和电磁协同仿真。MODUA唯一的作用就是电路仿真，这在MGRID中是不具备的。如果没有调用电磁和电路协同仿真和优化，用户甚至不需要MODUA模块。

电磁仿真的一个主要优势是用户可获得被仿真结构的场和电流分布，对电路和天线设计者来说，结构的电流和场分布信息是很有价值的。在IE3D中，用户可有选择地保存仿真中的电流分布文件，在V14版本中，打开几何文件后，可以访问电流分布文件以显示电流分布的标量场和矢量场，也可以显示电流分布的动画效果及辐射方向图和其他参数。最后，辐射方向图可以在MGRID或PATTERNVIEW中显示和处理。这里包括显示2D方向图和3D方向图、合并不同的方向图、获取阵列辐射方向图、收发天线间的传输函数、显示和处理线极化与圆极化天线的参数。在MGRID中，用户也可以计算和显示结构表面的近场分布。

典型的 IE3D 电磁仿真流程图如图 2.5 所示。可见，在 IE3D 12 中有多种方法完成仿真求解。每种方法都为用户提供了不同的便利工具。可以看到，IE3D 大致有三种仿真方法，而其中基本的仿真方法为左边的方法，中间和右边的仿真方法比较适合于对 IE3D 已经熟悉的高级用户使用。下文的仿真将基于左边的方法。

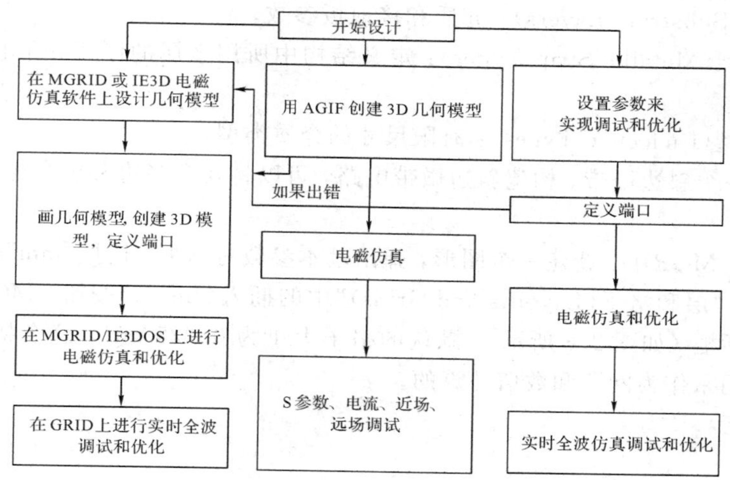

图 2.5　典型的 IE3D 电磁仿真流程图

(3) 建模过程及仿真。

IE3D 是一个通用的 EM 电磁仿真器，通常用于高频电路和天线的精确仿真设计。不失一般性，我们将电路或天线看做一种结构，在 IE3D 中，结构一般由多边形构成，而多边形又由一系列的点构成。

① 参数设置。

启动 MGRID，弹出基本参数对话框如图 2.6 所示。基本参数包含八组参数：

• 注释(Comment)：注释新建的项目。

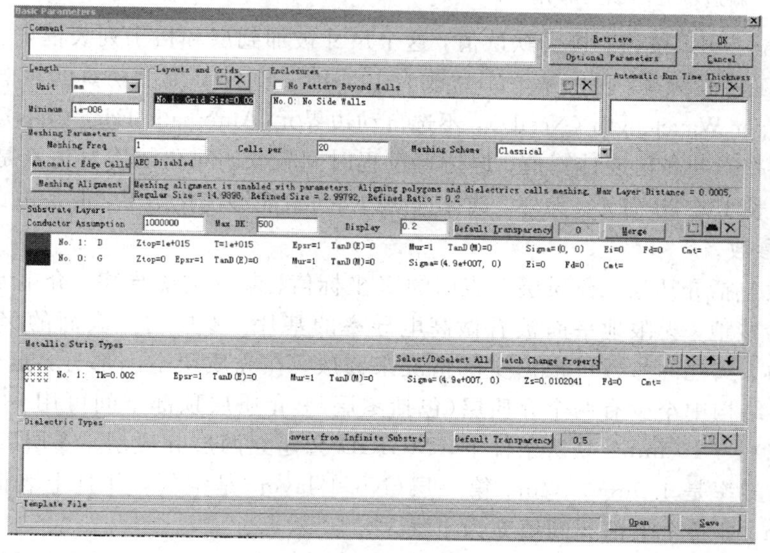

图 2.6　基本参数对话框

• 长度(Length)：长度单位和最小长度值。

• 层和格子(Layouts and Grids)：层编辑下的格子参数。

• 网格参数(Meshing Parameters)：控制网格化几何图形。

• 封闭域 (Enclosure)：定义垂直电壁和磁壁。

• 介质层(Substrate Layers)：介质和接地板参数。

• 金属类型(Metallic Strip Types)：定义结构中所用金属的厚度、介电常数、磁导率和电导率。

• 介质类型(Dielectric Types)：有限尺寸的介质类型。

举例构建一个斜边微带。构建斜边微带电路，可以将几个多边形组合成一个几何图形，如图 2.7 所示。

首先，打开 MGRID，新建一个图形，弹出基本参数对话框，选择“mm”作为长度单位。

然后，点击“层和格子(Layouts and Grids)”中的插入(Insert)按钮，MGRID 会弹出编辑层和格子对话框（如图 2.8 所示），默认的格子大小为 0.025 mm，这个格子只是用来构造几何而不是用来作为网孔和数值计算的。

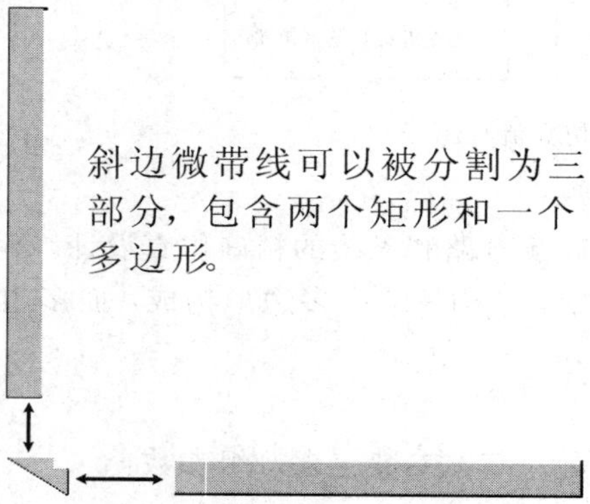

图 2.7　斜边带分割成三部分

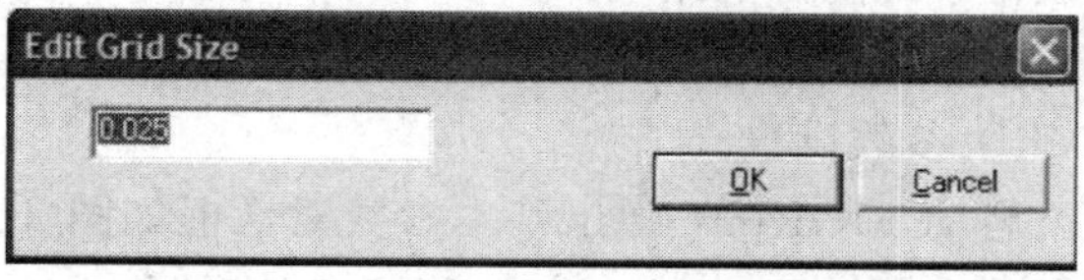

图 2.8　编辑层和格子对话框

接着，点击“OK”按钮，接受默认值，这个尺寸被加到层和格子列表框中。

最后，改变网孔频率，范围从 1 GHz 改为 40 GHz，40 GHz 是要仿真的频率。仍选每波长 20 面元(Cells per Wavelength (Ncell))，不选自动边界元(Automatic Edge Cells)检查框。

高离散频率得到高精度计算值，但仿真过程时间较长。网孔结构对仿真是非常敏感的，一般选取每波长 15～20 面元。另外，选择自动边界元，能够优化结果，但是仿真时间会加长。

② 基片参数。

基片参数包括介质层、介质层上表面的 Z 坐标值、基片的磁导率、介电常数、电导率。在零层设置为接地，无限地平面被看做高电导率的基片。零层的上表面的 Z 坐标总为零，它不能被修改。其他的参数可根据实际情况来修改。在介质层空间部分，至少定义一个介质层，即一个结构中至少有两个介质层(包括零层)。介质层顶部空间可用一个极大的数字来定义，如 1.0e+10 mm。默认条件下，MGRID 会建立两层介质层。零层(No. 0 layer)是良导体，其电导率是 4.9e+7 s/m。第一层(No. 1 layer)是空气，并且上表面的 Z 坐标是 1.0e+15 mm，即整个上部空间填充为空气。

本例中，有三层介质层(包含地平面)，零层(No. 0 layer)是接地，第一层是介质层，第二层是空气。其中，第一层的参数如下：

- Top Surface Z-Coordinate，Ztop＝0.1 mm
- Real Part of Permittivity，Re(EPSr)＝12.9
- Loss Tangent of EPSr＝0.0005
- Real Part of Permeability，Re(MUr)＝1.0
- Loss Tangent of MUr＝0.0
- Real Part of Conductivity＝0.0 s/m
- Imaginary Part of Conductivity＝0.0 s/m

首先，点击基片层的列表框内的“插入(Insert)”按钮，MGRID 会弹出新的基片层(如图 2.9 所示)。

然后，确认为正常类型。输入第一层介质层的参数(如图 2.9 所示)，点击“OK”按钮，将新介质层加入到了基本对话框内。

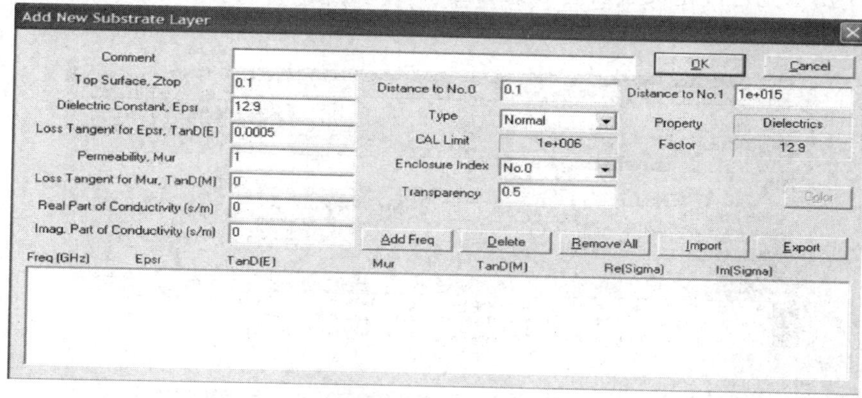

图 2.9　No.1 介质层参数输入到编辑介质层对话框

③ 金属层参数。

金属层参数包括金属带厚度、介电常数、磁导率和电导率。电路中要至少定义一层金属层。编辑电路总是默认第一层为金属层，要改动其他的多边形可选择编辑下的目标属性(Edit→Object Properties)来进行。

定义金属带类型也可点击“插入(Insert)”按钮，会弹出对话框来定义参数。对本例，默认第一层金属层参数如下：

- Strip thickness＝0.002 mm
- Real part of permittivity＝1.0
- Imaginary part of permittivity＝0.0
- Real part of permeability＝1.0
- Imaginary part of permeability＝0.0
- Real part of conductivity＝4.9e+7 s/m
- Imaginary part of conductivity＝0.0 s/m

首先，双击列表框内的金属层的参数，会弹出对话框(如图 2.10 所示)。

然后，定义完金属层上的相关参数后，点击“OK ”按钮，即可将参数加入到基本对话框中。

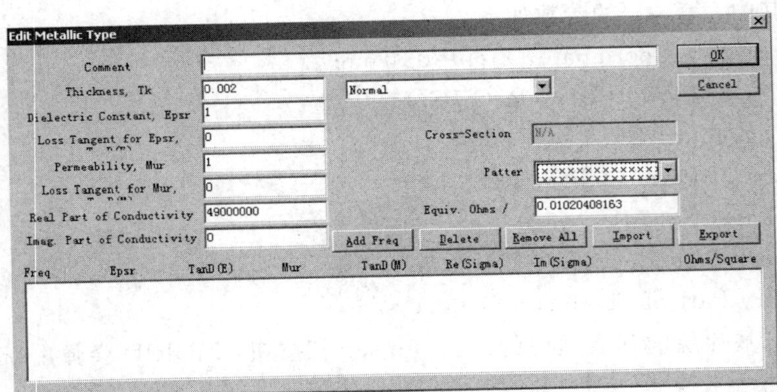

图 2.10 在编辑金属类型对话框中的 No.1 金属带参数

图 2.11 所示是已经定义了所有参数的基本对话框，点击“OK”按钮，即可进入图形的编辑状态。

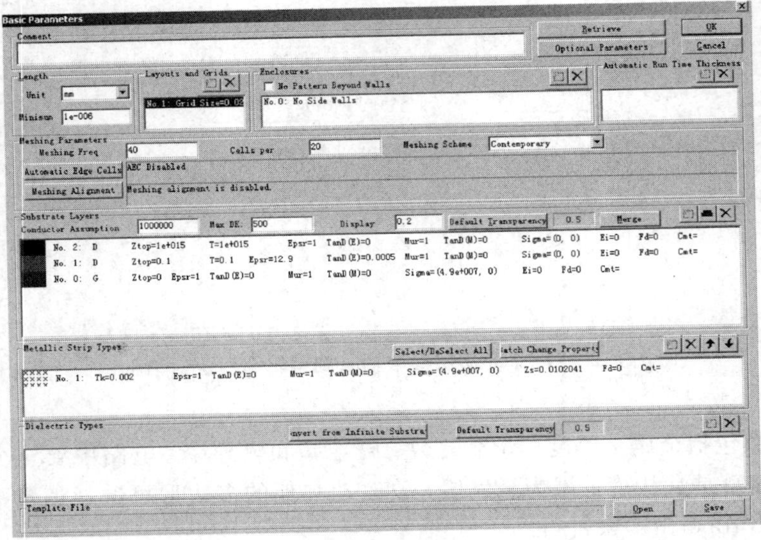

图 2.11 已定义了所有参数的基本对话框

④ 编辑多边形。

若多边形是由一系列同一平面上的顶点组成的，则称为二维多边形；若多边形的顶点位于不同层上，则称为三维多边形。

IE3D 的层包括基片层和金属层。基片层是在基本参数中定义的，是具有特定介质结构的层；而金属层是显示在层窗口上的即在 MGRID 的右下角处的窗口。MGRID 会自动保存金属层上的 z 坐标位置和基片上表面的 z 坐标位置。

首先，点击 $z=0.1$ 代表第二层的长条，则层焦点落在第二层。

然后，移动鼠标，会看到状态窗口显示光标的位置，点击鼠标左键，则选定该点。鼠标位置如图 2.12 所示。本例中，从原点开始上移光标，选定点(0.0，0.1)，即 $x=0.0$ mm 和 $y=0.1$ mm。不需要将光标指向确切的位置，只要将光标放在最近的格子即可，如图 2.12 所示。MGRID 自动地捕获这个点，移动鼠标时可以计算从参考点到光标处的距离。如果一个地方放置了不需要的顶点，可以点击鼠标右键或选择“Input→Drop Last Vertex”命令去除该点。如果去除多个点，可选择“Input→Drop All Vertices”命令。

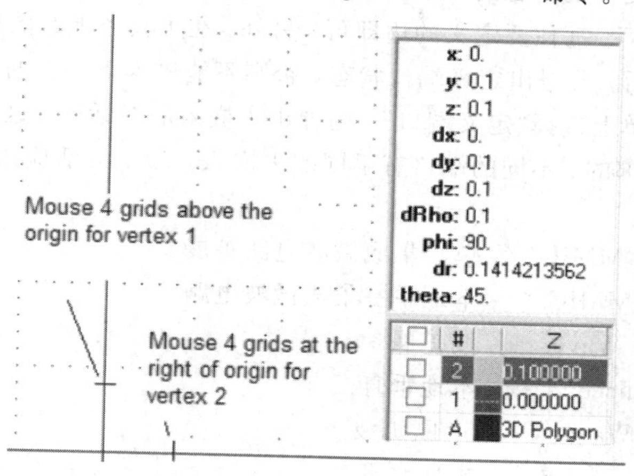

图 2.12　鼠标位置

随后，向右移动鼠标。状态窗口显示出光标的坐标(0.1，0.0)，点击鼠标左键，则输入为第二点；向右移动鼠标到坐标为(0.75，0.0)，点击鼠标左键，得到第三个顶点。于是 2、3 顶点之间被建立了一条边。

最后，从第三个点开始，上移鼠标建立第四个点，坐标为(0.75，0.075)，同样 3、4 顶点之间也形成一条边。

同前所述，依次建立顶点 5(0.075，0.075)；顶点 6(0.075，0.75)；顶点 7(0.0，0.75)。这些顶点顺序连接，但仍未形成一个多边形。如果要形成一个多边形，连接 1 与 7 即可。也可以用另一种方法来完成：选择“Input”菜单下的“Form Polygon”，就会形成一个多边形，并被填充标记色。该标记色与同层窗口的 $z=0.1$ 的标签颜色一致，则意味着多边形所在的垂直坐标为 $z=0.1$ mm，如图 2.13 所示。

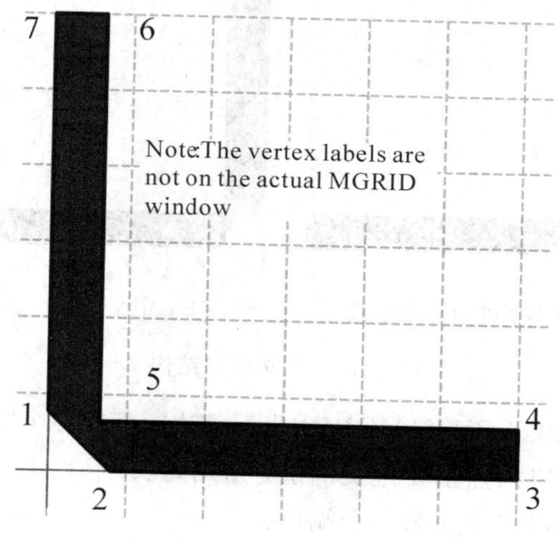

图 2.13　斜边带多边形

⑤ 定义端口。

完成了电路图形结构后，为了使仿真引擎能够工作，需要定义端口，相当于为电路加入平面波激励。通常定义端口的方法有：在端口菜单上选择“定义端口”，然后在要定义的边上点击一下鼠标左键，就会看到一个标有数字的矩形框出现在被选的边上；选择端口菜单上的“边组定义端口”，框住要定义的边即可。另外，在工具条上有图标，选择图标也能定义端口。当端口定义后，要退出定义端口状态，否则不能进入下一步的工作。就本例而言：

首先，在端口菜单上选择“定义端口”，则弹出去嵌入的对话框。这是因为 IE3D 中的端口都是与去嵌入相捆绑的。不同的端口有不同的去嵌入，为了灵活应用，IE3D 提供了六种去嵌入体系：

- Extension for MMIC　　单一集成微波电路扩展
- Localized for MMIC　　本地单一集成微波电路
- Extension for Waves　　波扩展
- Vertical Localized　　本地垂直
- 50 Ohms for Waves　　50 欧姆波
- Horizontal Localized　　本地水平

最精确的扩展去嵌入是：单一集成微波电路扩展、波扩展、50 欧姆波。通过在端口添加去嵌入手柄来消除激励区域的高次模，对于没有空间可扩展的用其他三种方法较好。实际应用较多的是单一集成微波电路扩展。

然后，选 Extension for MMIC 后确认，接受默认去嵌入柄长“3 面元”。响应：MGRID 处于定义端口模式，默认端口长度为 3 面元，可以在参数菜单内的“选择参数”对话框来改变其他的参数。要提高计算精度可增加扩展面元数。

接着，移动鼠标到 6、7 两点所在的边上，如图 2.14 所示，点击鼠标左键。这样定义了端口 1，同时在 6、7 所在的边上有一个带有矩形框的数字“1”。

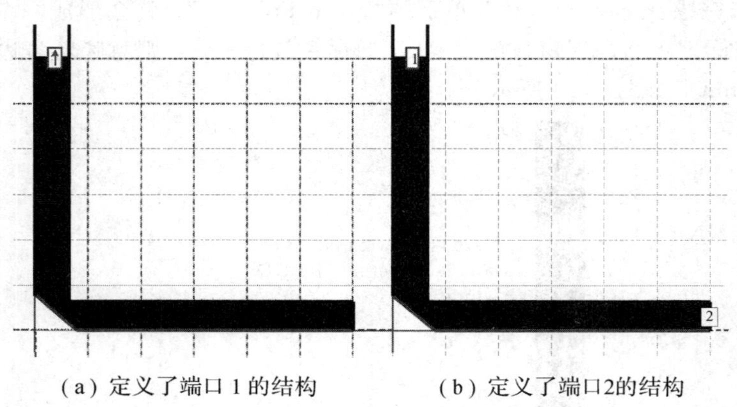

(a) 定义了端口 1 的结构　　(b) 定义了端口2的结构

图 2.14　定义端口结构

注意：如果选的二维层不正确，MGRID 找不到边，会有一个“没有可定义端口的边”的提醒显示，则在层状态窗口内点击要定义的层，重新定义端口。

随后，用同样的方法可以定义第二个端口。

最后，退出端口操作。定义完端口后可以选择端口菜单的“退出端口”，返回到 2D 输入状态。选择相应的参数后确认，就立即进入网孔过程。本例中网孔结束后有 13 个面元，如图 2.15 所示。

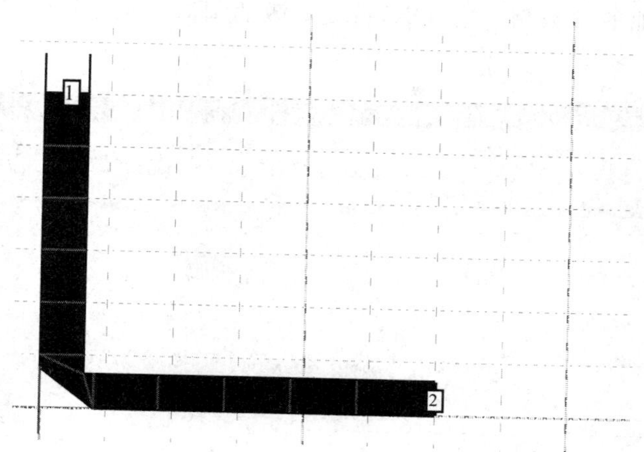

图 2.15　带有端口的网孔结构

⑥ 电磁仿真。

首先，选择过程菜单中的仿真，则会弹出仿真设置对话框，如图 2.16 所示。

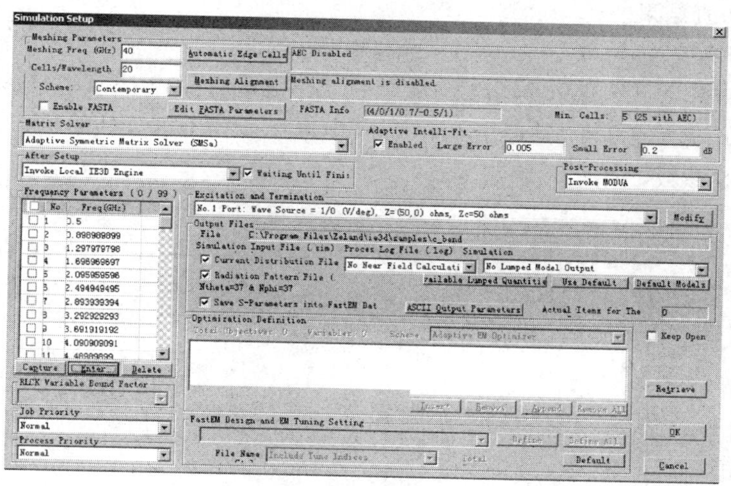

图 2.16　MGRID 中仿真设置对话框

由 IE3D 的相关原理可知，仿真的过程需要解矩阵方程。IE3D 中设置了多种矩阵求解器，其中默认矩阵求解器是先进型对称矩阵求解器(Adv. Symmetric Matric Solver)。一般的设计过程要求求解器能够较快地进行仿真计算，在满足一定的工程需要下，具体设计中根据不同的情况可以选择其他的矩阵求解器。

大多数情况，需要研究的参数是 S、Y、Z 参数。为了得到完全频响，要选 AIF(Adaptive Intelli-Fit)。AIF 能够得到快速精确的频响，但在方向图和电流分布计算的过程中不能采用。因此，当用于多频率点仿真时，采用 AIF；用于特殊频率点电流分布和方向图计算时，重新运行仿真，不采用 AIF。

另外，还有两个精确的选择：二维仿真速度和精度与三维仿真速度和精度，可以由 MGRID 自动地设定。本例中，在开始频率输入 0.5 GHz，结束频率输入 40 GHz，频率数目为 80，点击“enter”按钮即可将这些参数输入。AIF 仿真频率点较多，从而使仿真曲线更加圆滑。

然后，确认其他的参数后，选"OK"确定，激活 IE3D 仿真引擎进入仿真过程，如图 2.17 所示。

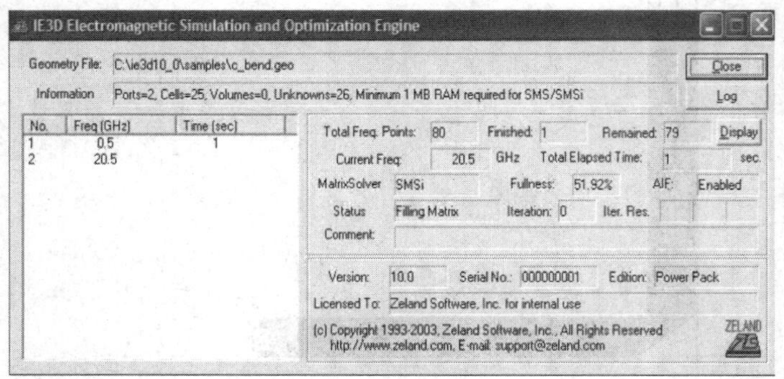

图 2.17　IE3D 仿真引擎对话框

仿真过程结束后，所得仿真数据保存在". SIM"文件中。当点击"OK"按钮确定后，激活"IE3D. EXE"进入仿真过程。仿真结束后，激活 MODUA，从 MODUA 的相关命令菜单中进行选择显示仿真结果。

(4) 参数分析。

① 查看 S、Z、Y、VSWR 等参数。接上例，在很短时间内 IE3D 完成了仿真，由于在"Simulation Setup"对话框的"Post-Processing"中选择了"Invoke MODUA"，因此将会调用 MODUA 显示 S 参数，如图 2.18 所示。

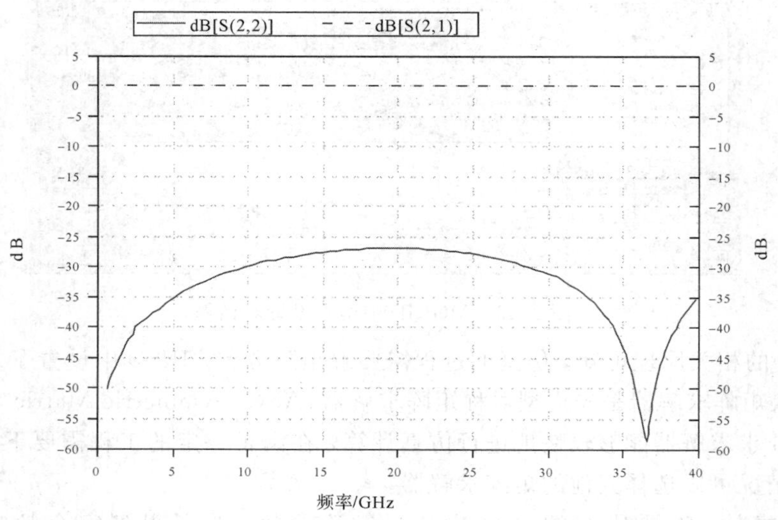

图 2.18　MODUA 中 S 参数显示

若要显示其他参数，或者显示其他内容，可以通过 control 菜单下的"define display data"、"define display graph"、"define display smith chart"来显示不同的内容。其中"define display data"以数据格式显示当前参数，"define display graph"以图形方式显示各种参数，而"define display smith chart"以史密斯圆图方式显示 S 参数。图形中的各项参数可以通过在图形上打开右键快捷菜单中的"graph parameter"来调整。

还有一个常用的技巧就是要同时观察几个 *.sp 文件，可以通过“view→display queue item”打开对话框，点击“add file”来选择要打开的 sp 文件，并在“display queue item”上打钩，确定之后就会显示选择的多条 sp 参数曲线。

② 查看辐射参数。以上介绍了建模和仿真的方法，对于天线而言，我们更想知道它的辐射特性，接下来就来介绍天线的电磁分析过程。

首先，天线的建模过程和上文的微带电路的建模过程是一样的，而且天线的 S、Z、VSWR 等参数也可以像上文中介绍的一样通过调用 MODUA 来查看。下面着重介绍天线辐射参数的查看。使用的例子是插入式棱边馈电矩形贴片天线，俯视图如图 2.19 所示，天线基本参数见表 2.1。

表 2.1　贴片天线参数

Substrate Thickness 基板厚度	31 mils	Dielectric Constant 介电常数	4.4
贴片长度 L	1500 mils	贴片宽度 W	1500 mils
插入宽度 S	115 mils	插入深度 D	620 mils
带线宽度 T	60 mils	馈线长度 F	750 mils

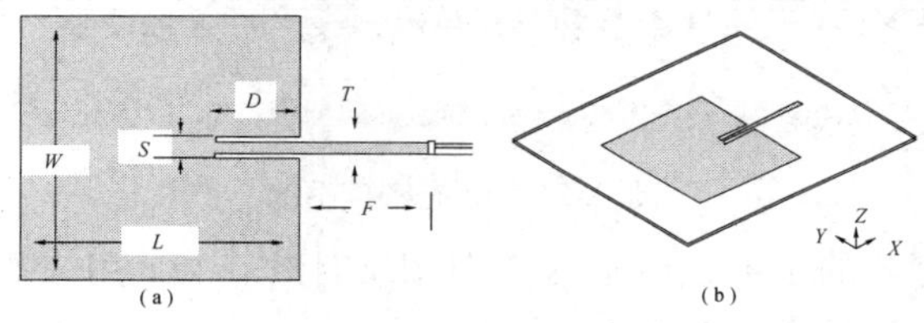

图 2.19　插入式棱边馈电矩形贴片天线图解

在 MGRID 里建模和仿真，可以得到如图 2.20 所示的 S 参数结果，并且可根据需要调出其他参数。

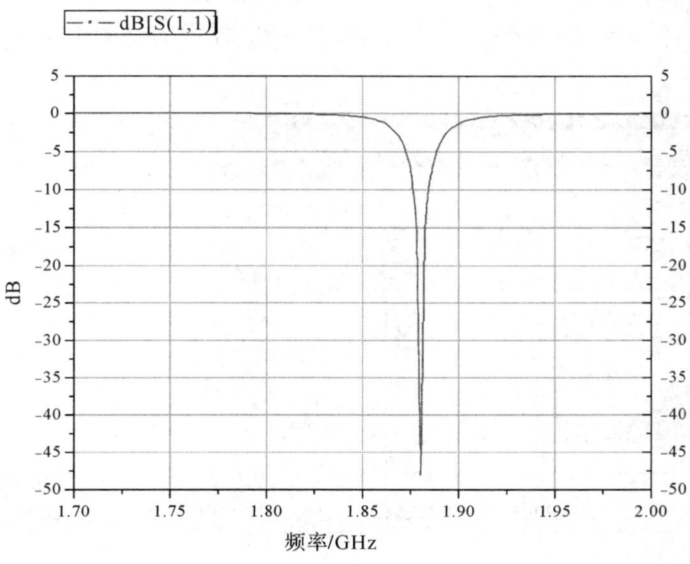

图 2.20　天线 S 参数

由 S 参数曲线可以看到，天线谐振在 1.88 GHz，因此只需观察 1.88 GHz 时的天线辐射特性。在 MGRID 窗口选择“Process→Simulate”，频率只输入 1.88 GHz，同时选中 Radiation Pattern File 复选框，Current Distribution File 复选框将被自动选中，这两个选项将生成电流分布文件(.cur)和辐射方向图文件(.pat)。仿真结束后，软件自动弹出电流密度分布显示窗口和方向图后处理窗口，在电流密度分布显示窗口选择“Process→display current distribution”，弹出对话框，确定将显示天线的电流密度分布，从而可以观察天线的电流分布情况，如图 2.21 所示。此外，还有很多的功能从各个角度来帮助设计者分析天线。

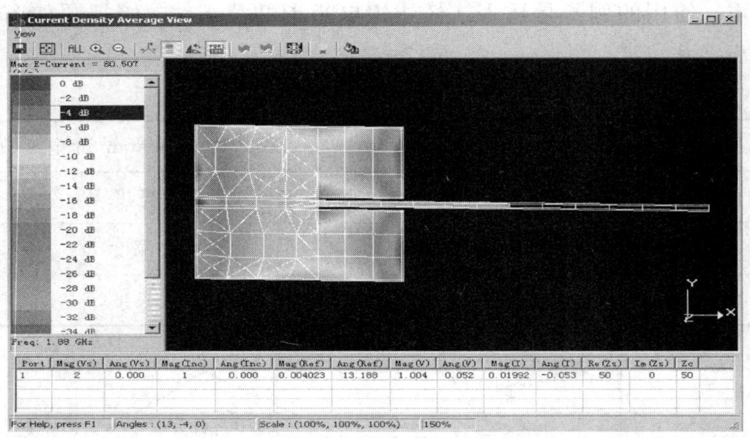

图 2.21　电流密度分布

在 PatternView 打开的是天线的辐射方向图文件(.pat)，用来查看天线的辐射特性以及一些阵列计算功能。其常用功能如下：

- 查看整体辐射特性信息，可选择“Edit→Pattern Property”。
- 在 Display 菜单下查看二维、三维方向图或者其他参数。
- 方向图计算，可选择“Edit→Array Pattern Calculation”。

选择“Edit→Pattern Property”，弹出如图 2.22 所示的信息框，上面为天线的辐射参数。

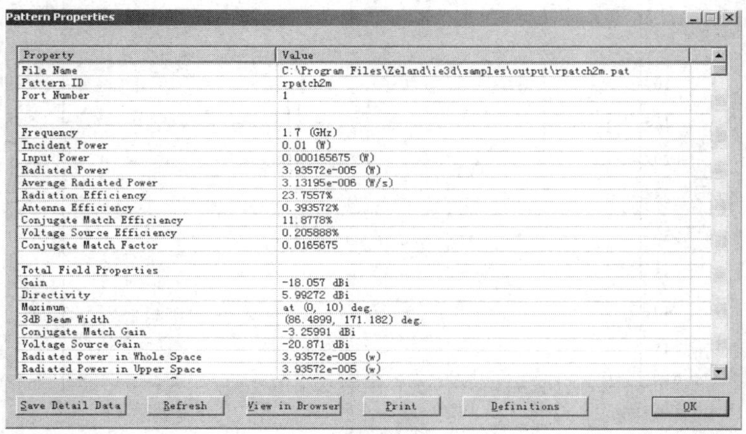

Pattern Properties

Property	Value
File Name	C:\Program Files\Zeland\ie3d\samples\output\rpatch2m.pat
Pattern ID	rpatch2m
Port Number	1
Frequency	1.7 (GHz)
Incident Power	0.01 (W)
Input Power	0.000165675 (W)
Radiated Power	3.93572e-005 (W)
Average Radiated Power	3.13195e-006 (W/s)
Radiation Efficiency	23.7557%
Antenna Efficiency	0.393572%
Conjugate Match Efficiency	11.8778%
Voltage Source Efficiency	0.205888%
Conjugate Match Factor	0.0165675
Total Field Properties	
Gain	-18.057 dBi
Directivity	5.99272 dBi
Maximum	at (0, 10) deg.
3dB Beam Width	(86.4899, 171.182) deg.
Conjugate Match Gain	-3.25991 dBi
Voltage Source Gain	-20.871 dBi
Radiated Power in Whole Space	3.93572e-005 (w)
Radiated Power in Upper Space	3.93572e-005 (w)

图 2.22　天线辐射参数

选择“Display→3D pattern”，弹出对话框，分别确定相应显示参数，可以得到如图 2.23 所示的三维方向图。

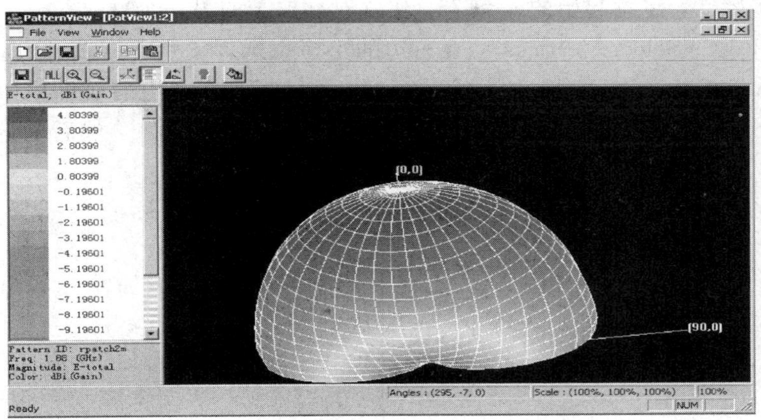

图 2.23　3 维方向图

选择“Display→2D pattern”，弹出对话框，分别确定相应显示参数，可以得到如图 2.24 所示的 E 面和 H 面方向图。

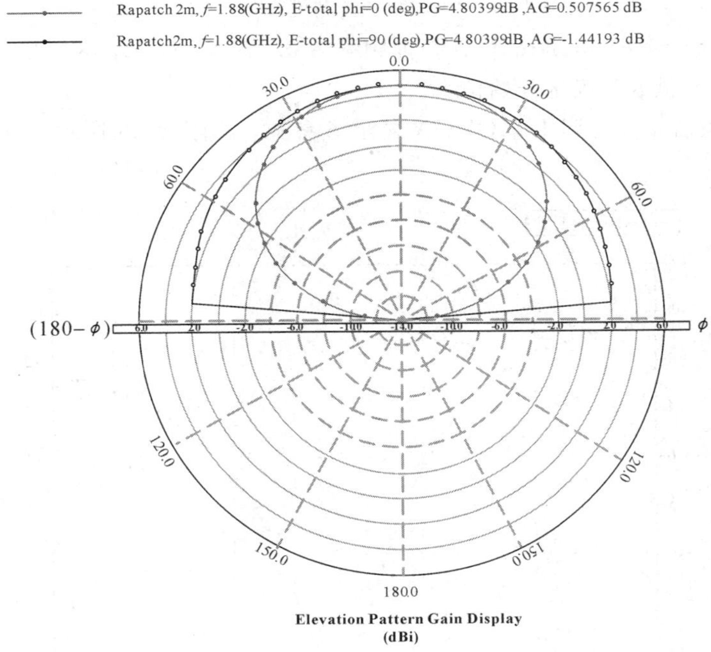

图 2.24　E 面和 H 面方向图

(5) 应用例子。

[例 2.1]　对称振子的仿真。

① 打开 IE3D 软件，选择“Param→Basic Parameter”，设置 $z=0$ 层的电导率为 0，使整个空间为自由空间，并确认没有多余的介质层，选择单位为 mm。

② 选择“Entity→Conical Tube”，输入相应参数，建立对称振子的一臂，振子半径设为

2 mm，截面分 6 段，臂长为 170 mm，这样在 $z=0$ 到 $z=170$ 间就建立了对称振子的一臂。

③ 在窗口底下点击“Insert a layer”，输入 175，然后确定。

④ 重复步骤②，注意起始的 $z=175$，建立对称振子的另一个臂。

⑤ 选择“Edit→Select Vertices”，在右边的小窗口选择 $z=175$ 层，框选振子的整个截面，再选择“Adv Edit→Build Via Connection on Edges”。在弹出的对话框中，选择连接到层 $z=170$，positive level 选为 $z=175$，negative level 选为 $z=170$，然后确定。这样便给两个臂加了端口，于是便完成了对称振子的建模，如图 2.25 所示。

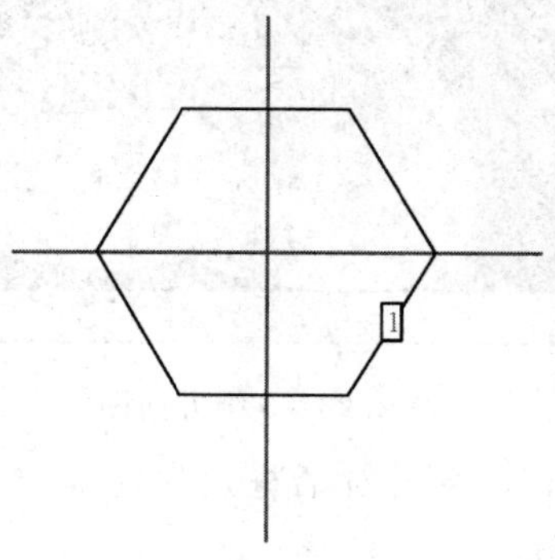

图 2.25　振子俯视图

⑥ 选择“Process→Simulate”设置扫描频率为 0.3～0.5 GHz，网格化频率为 0.8 GHz，网格密度为 20 个/波长，确定开始仿真。

⑦ 仿真结束后，自动调用 MODUA 显示 S 参数，如图 2.26 所示。可以看到，天线在 0.406 GHz 谐振。

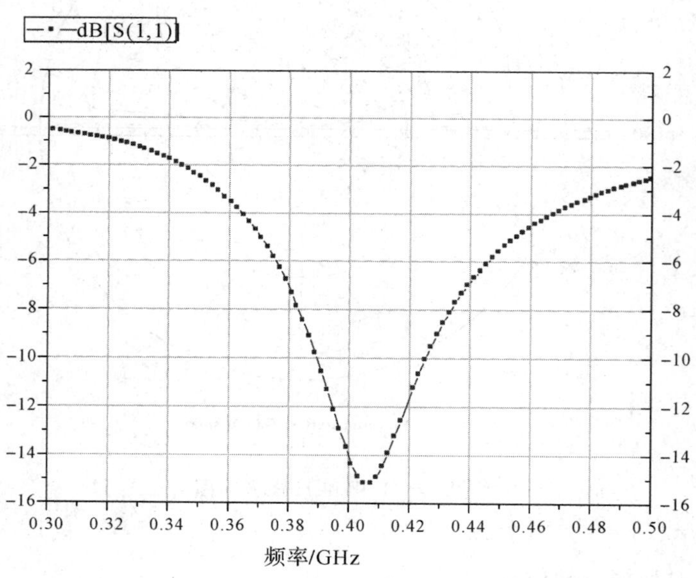

图 2.26　天线 S 参数

⑧ 在 MGRID 窗口中，重新打开仿真对话框，频率只输入 0.406 GHz，同时选中 Radiation Pattern File 复选框，Current Distribution File 复选框将被自动选中，重新仿真。

仿真结束后，自动弹出电流密度分布窗口和 Pattern View 窗口，在电流密度分布窗口可以观察电流密度分布，如图 2.27 所示。在 Pattern View 窗口可以查看天线方向图，如图 2.28 和图 2.29 所示，具体操作可以参考上文。

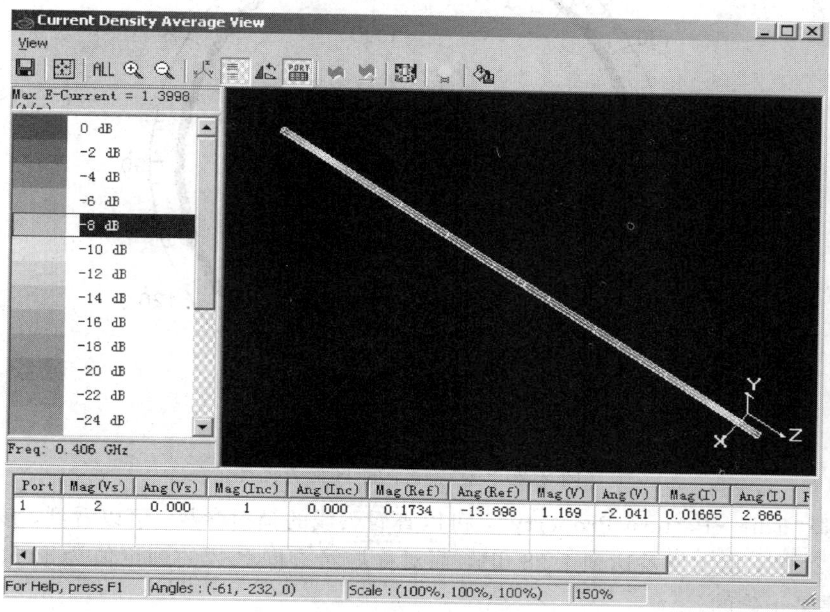

图 2.27　对称振子的电流密度分布

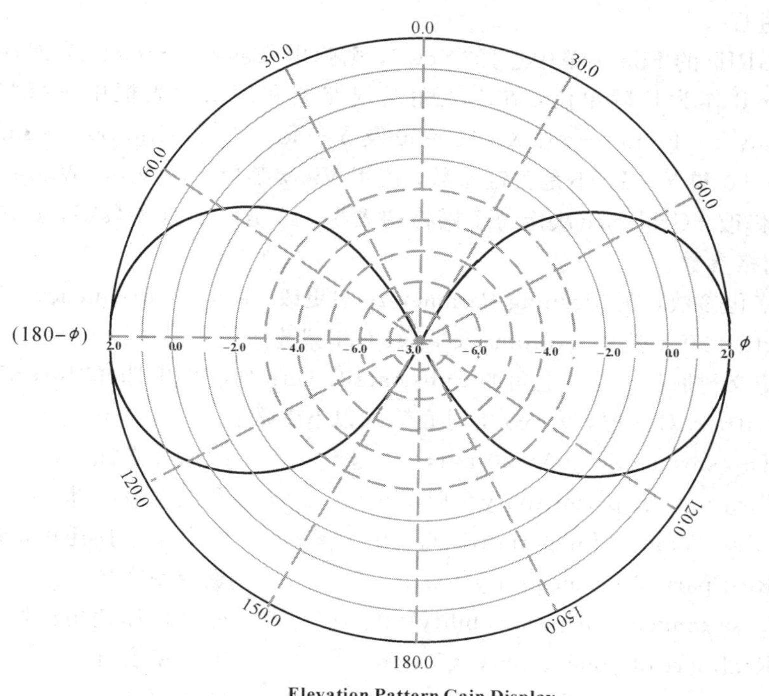

图 2.28　对称振子的 E 面方向图

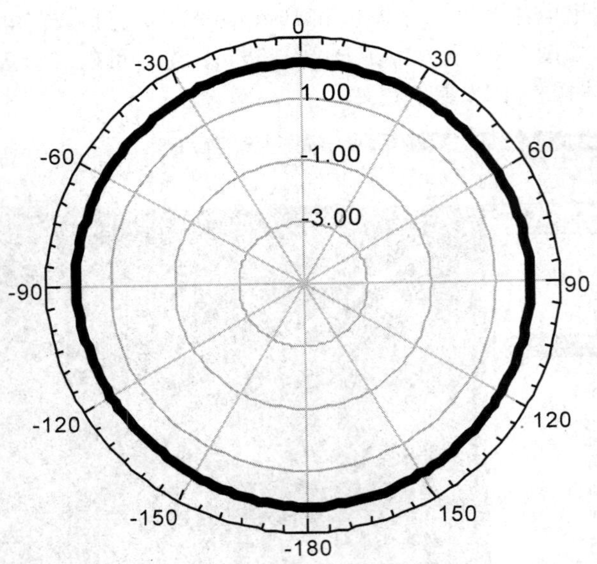

图 2.29 对称振子的 H 面方向图

⑨ 选择“Edit→Pattern Property”，可以查看天线的辐射参数。可以看到，该天线的方向系数为 2.12 dBi，最大增益达到 1.98 dBi，而对称振子方向系数的理论值为 1.64(2.14 dBi)，可见该结果是正确的。

[**例 2.2**] 螺旋天线的仿真。

- 建模过程

① 在 MGRID 的 File 菜单中选择“New”，则弹出“Basic Parameters”对话框。

② 选择 mil 作为长度单位，在右上角的线路图和网格列表框中选择“Insert”，输入 X - From=- 50、Y - From=- 50、X - To=50 及 Y - To =50 和 Grid Size =2mil，X - From、Y - From、X - To 和 Y - To 不是关键参数，使用 View 菜单中的 View Whole circuit 时可被 MGRID 自动修改。Grid Size 决定每个网格的大小，这是一个重要数字，点击“OK”按钮添加线路图和网格参数。

③ 对网格化参数，在 Meshing Parameters 中更改 Meshing Frequency=10 GHz，Cells per Wavelength=20 不选中“Automatic Edge Cells”键。

④ 下面定义衬底层，在右上角的 Substrate Layers 列表框中选择“Insert”键，跳出编辑衬底 Edit Substrate 对话框，为 No.1 衬底输入以下参数：

- Top surface Z - top=20 mils　　顶面 z 坐标
- Real part of permittivity=12　　介电常数实部
- Loss Tangent for permittivity=0　　介电常数损耗角正切
- Real part of permeability=1.0　　磁导率实部
- Loss tangent for permeability=0　　磁导率损耗角正切
- Real part of conductivity=5 s/m　　电导率实部
- Imaginary part of conductivity=0 s/m　　电导率虚部

点击“OK”按钮，将衬底添加到衬底层列表中。

⑤ 再次在 Substrate Layers 列表框中选择“Insert”键，又跳出编辑衬层对话框，为

No. 2 衬层输入以下参数：

- Top surface Z - top=21 mils
- Real part of permittivity=4
- Loss Tangent for permittivity=0
- Real part of permeability=1.0
- Loss tangent for permeability=0
- Real part of conductivity=0 s/m
- Imaginary part of conductivity=0 s/m

⑥ 点击“OK”按钮添加衬层，MGRID 将从顶面 z 坐标自动探测到应为 No. 2 衬层。

⑦ 在 Metallic Strip Type 的右上角选择“Insert”键，跳出“Edit Metallic Type”对话框，输入以下参数：

- Thickness=0.1574804 mils　　厚度
- Real part of permittivity=1　　介电常数实部
- Loss Tangent of permittivity=0　　介电常数损耗角正切
- Real part of permeability=1　　磁导率实部
- Loss Tangent of permeability=0　　磁导率损耗角正切
- Real part of conductivity=4.9e7 s/m　　电导率实部
- Imaginary part of conductivity=0 s/m　　电导率虚部

点击“OK”按钮添加金属类型为 No. 2 型。全部设置结束后，如图 2.30 所示。

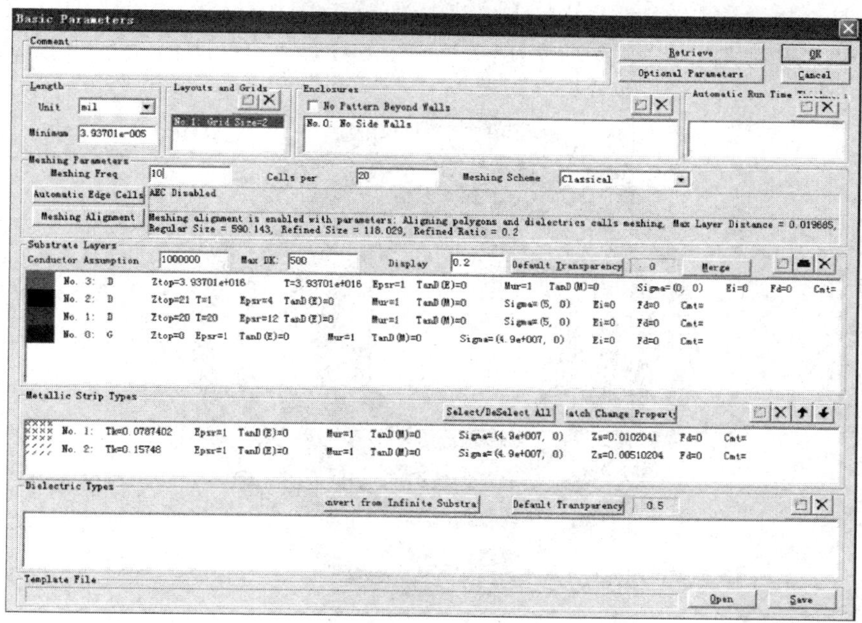

图 2.30　定义了所有必需参数后的基本参数对话框

⑧ 在 Entity 菜单中重新选择 Circular Spiral，在 Approximation Guarantees 组确定 Vertex Location，输入以下参数(如图 2.31 所示)：

- Axis Direction=Z - direction　　轴向

- Number of Segments for Circle=16　　每圈的片数
- Start Angle=0 degree　　起始角度
- Total Segments= - 68　　总片数
- Strip Width=2 mils　　带的宽度
- Separation=2.5 mils　　间隔
- Start Radius=10 mils　　起始半径
- Center X-Coordinate=20 mils　　中心 x 坐标
- Center Y-Coordinate=10 mils　　中心 y 坐标
- Center Z-Coordinate=21 mils　　中心 z 坐标

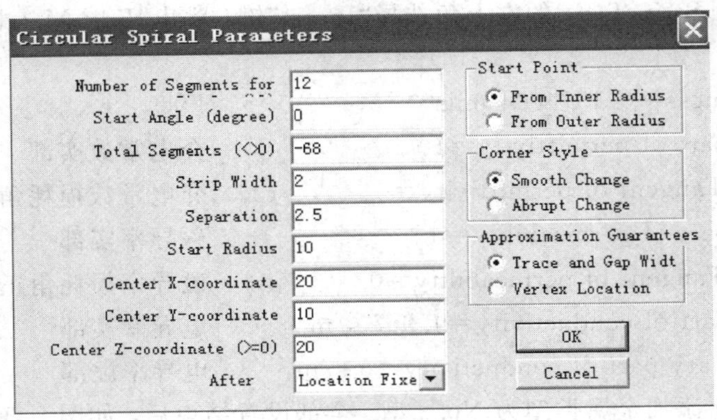

图 2.31　圆形螺旋线对话框

建立的圆形螺旋线如图 2.32 所示。

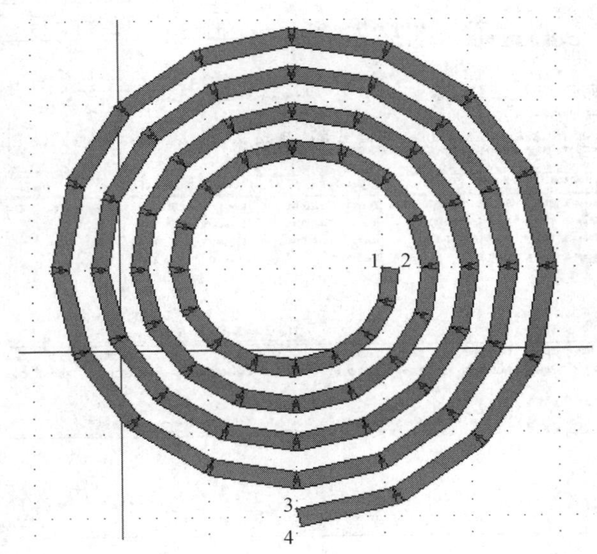

图 2.32　第 8 步中 MGRID 自动建立的圆形螺旋线

⑨ 点击 No.2 层：右下角层窗口中 z=21 mil 的层，设置 2D 输入 z=21 mil，也可在 Edit 菜单中选择“2D Input”，并输入 z=21 mils。

⑩ 在 Input 菜单中选择“Set to Closest Vertex”，在图 2.32 中点击顶点 1，在顶点 1 连接一个顶点。

⑪ 在 Entity 菜单选择“Rectangle”，MGRID 将提示输入矩形参数，将参数改为

- X - Coordinate = 30　　x 坐标
- Y - Coordinate = 11　　y 坐标
- Z - Coordinate = 21　　z 坐标
- Reference Point As=Upper Left Corner　　参考点
- Length=2.5　　长度
- Width=2　　宽度
- Rotation=0　　旋转

点击“OK”按钮，创建一个矩形覆盖螺旋线末端的内部(如图 2.33 所示)。再点击“YES” 按钮创建此矩形。

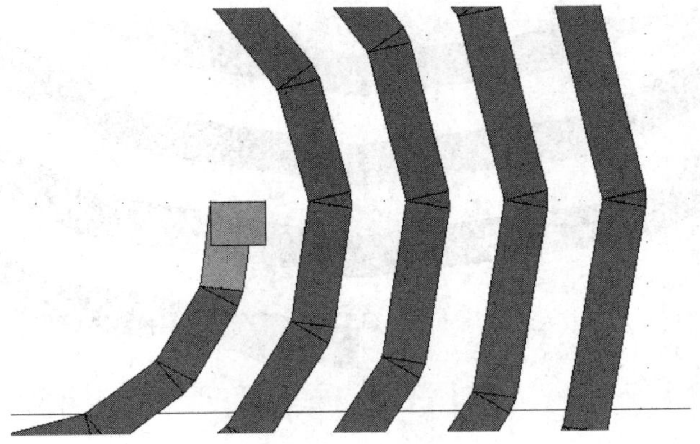

图 2.33　第 11 步中放开鼠标左键前的图形

⑫ 在 Adv Edit 菜单中选择“Cut Overlapped Polygons”。反应：重叠多边形将在要建立点连接的顶端被剪切(如图 2.34 所示)。

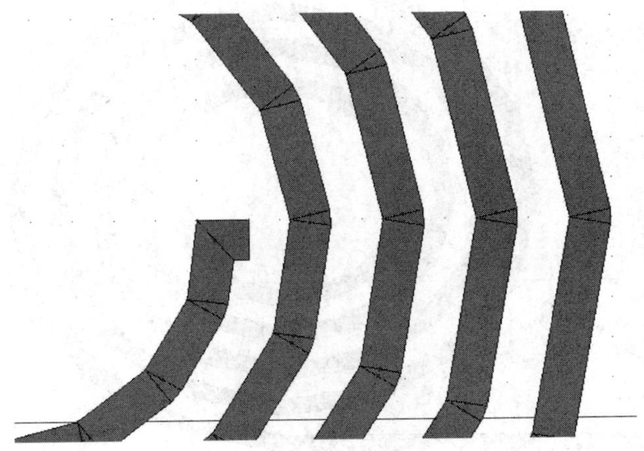

图 2.34　两个多边形在 Cut Overlapped Polygons 后合并的图形

⑬ 按下“Shift”键，圈中图 2.32 所示的顶点 3 和 4 并将其选中，在 Adv Edit 菜单中选

择继续路径弯头 Continue Path Bend。

⑭ 更改最终角度 Final Angle＝180，弯头半径 Bend Radius＝0 及片数 Segments＝0，点击“OK”按钮结束命令，如图 2.35 所示。

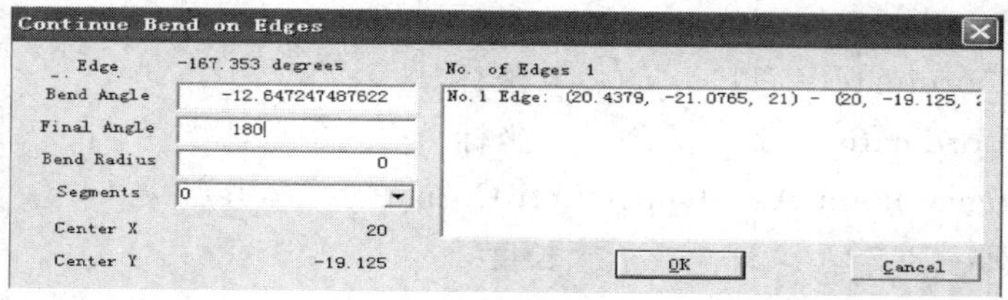

图 2.35　第 14 步输入参数后的 Continue Bend on Edges 对话框

⑮ 按下“Shift”键，圈中图 2.36 所示的顶点 3 和 5 并将其选取，在 Adv Edit 菜单中选择“Continue Straight Path”，更改 Path Length 为 40，点击“OK”按钮接受默认的 Path Start Width 和 Path End Width。

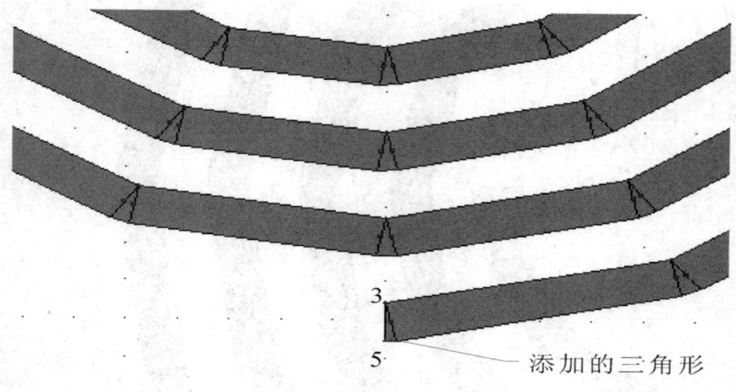

图 2.36　第 14 步后的结构

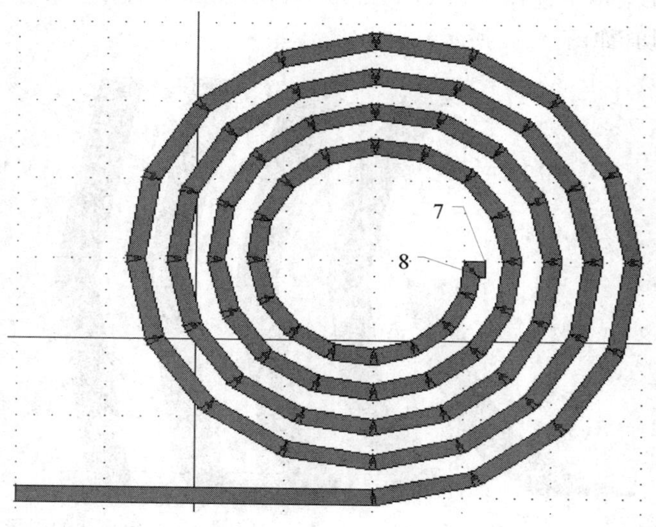

图 2.37　第 15 步后的结构

⑯ 按下“Shift”键，并圈中如图 2.37 所示的顶点 7 和 8 并将其选中，在 Adv Edit 菜单中选择“Continue Straight Path”，输入 Path Length＝20，选中建立多顶点路径 Intend to build multiple vertex path，点击“OK”按钮接受默认值。

⑰ 按下“Shift＋R”键(与在 Input 菜单中选择“Key In Relative Location”等效)，输入 x-offset＝10 和 Y-offset＝0，点击“OK”按钮，则第三个顶点被定义。在 Adv Edit 菜单中选择“Build Path”，点击“OK”按钮接受默认设置。

⑱ 按下“Shift”键，并在图 2.38 所示的多边形 1 上点击鼠标左键，只选择多边形 1(多边形 1 应变为黑色)。

⑲ 在 Edit 菜单中选择“Change Z-Coordinate”，输入 z 坐标为 23，并确定 Keep Polygon Connection 被选中了，点击“OK”按钮继续。

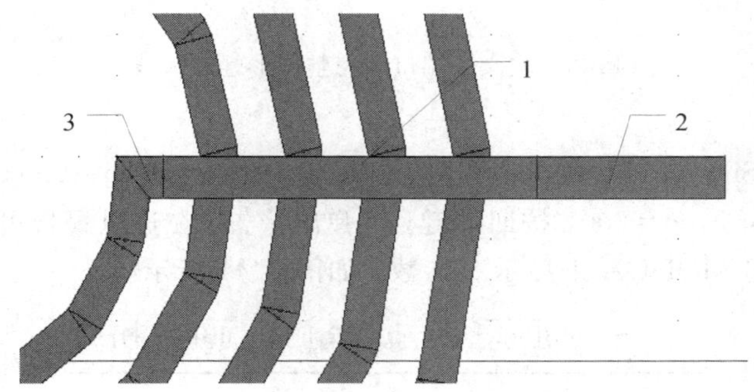

图 2.38　第 19 步后的位置细节

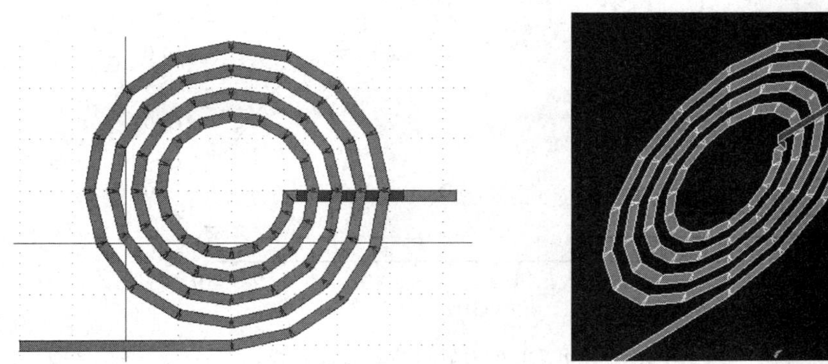

图 2.39　第 19 步后的 2D 视图和第 20 步后的 3D 视图

⑳ 在 Ports 菜单中选择“Port for Edge Group”，然后选择“Extension for MMIC circuit”，点击“OK”按钮继续。

㉑ 选中图 2.39 所示左下角轨迹末端的两个顶点，定义端口 1。

㉒ 选中右边的轨迹末端的两个顶点。

㉓ 再次在 Ports 菜单中选择“Port for Edge Group”退出边组端口模式。这是退出该模式的两种方法之一，默认方法是在 Ports 菜单中选择“Exit Port”，最终得到如图 2.40 所示的圆形螺旋天线。

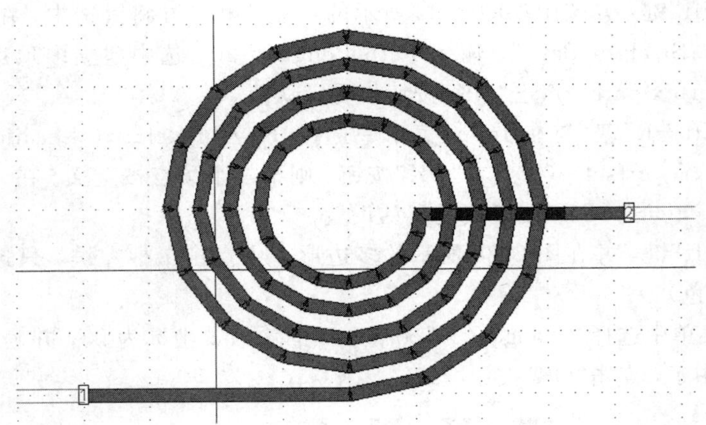

图 2.40　定义了端口的完整圆形螺旋天线

• S 参数显示

选择“Process→Simulate”，弹出仿真对话框，输入 Start Freq＝0.05 GHz、End Freq＝10 GHz 和 Number of Freq＝200，按回车键。将弹出警告，在这里警告可以忽略。仿真结束后，IE3D 将自动调用 MODUA 来显示 S 参数，如图 2.41 所示。

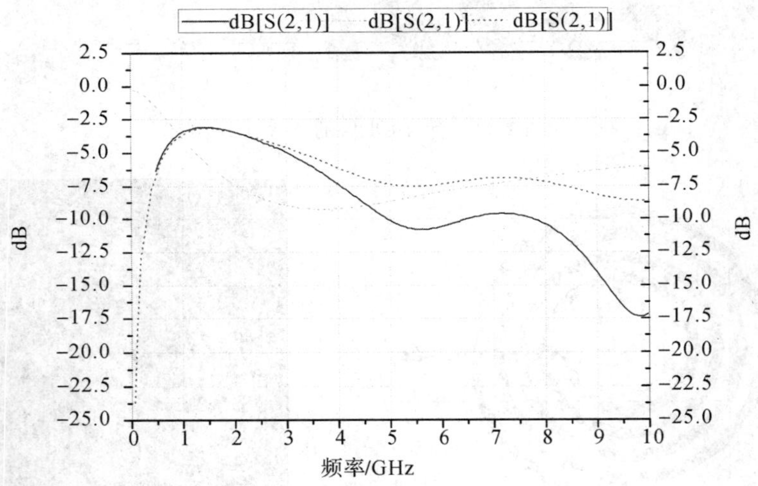

图 2.41　MODUA 中显示的 S 参数曲线

• 电流分布和方向图显示

① 在 Process 菜单中选择“Simulate”。

② 在 Frequency Parameters 组中选择“Delete All”移除所有的频点，输入 Start Freq＝0.5、End Freq＝2 和 Number of Freq＝4，并按“Enter”键。

③ 输入 Start Freq＝5，并按“Enter”键。

④ 不选中 AIF，而选中电流分布文件 Current Distribution File 和辐射方向图文件 Radiation Pattern File，点击“OK”按钮继续。MGRID 将再次发出警告，选择“Continue”继续仿真，仿真将在短时间内完成。仿真后 MODUA 被调用显示 S 参数，另一个 MGRID 被调用对结构网格化并显示电流分布。PatternView 将被调用来显示方向图特性。

⑤ 在 MGRID 主窗口的 Process 菜单中选择"Display Current Distribution"，弹出电流显示对话框，设定相应的参数，可以看到不同的电流显示形式：平均电流分布如图 2.42 所示；矢量电流分布如图 2.43 所示。平均和矢量电流分布以动画显示，按"N"快捷键可以切换显示不同频率的电流分布情况。

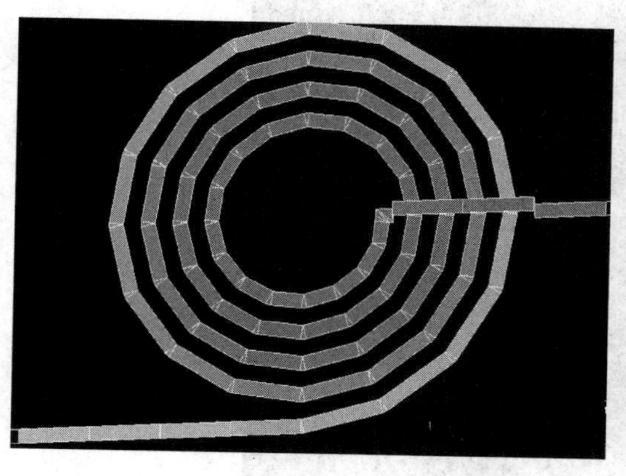

图 2.42 $f=1.5$ GHz 时的平均电流分布

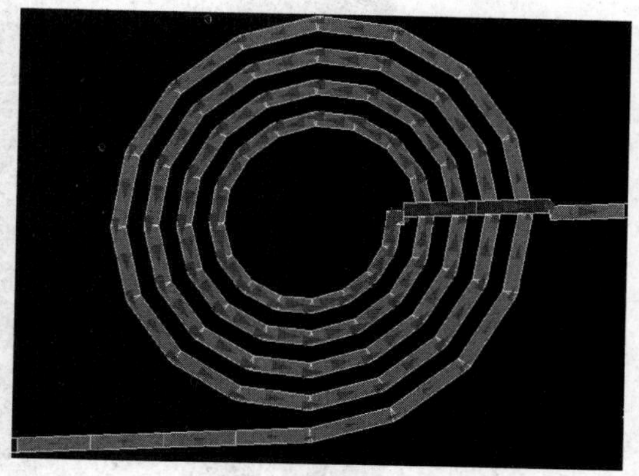

图 2.43 $f=1.5$ GHz 时的矢量电流分布

在 PatternView 中，同上可以调用 Display 菜单下的"2D pattern"和"3D pattern"显示天线的 2D 和 3D 方向图，分别如图 2.44 和图 2.45 所示。

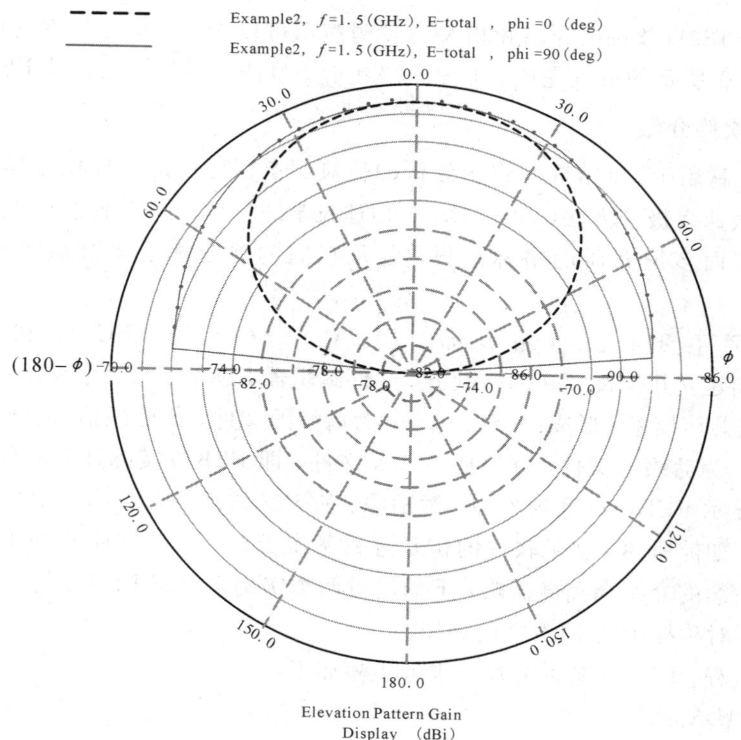

图 2.44 $f=1.5$ GHz 时 $\phi=0°$、$\phi=90°$时的二维方向图

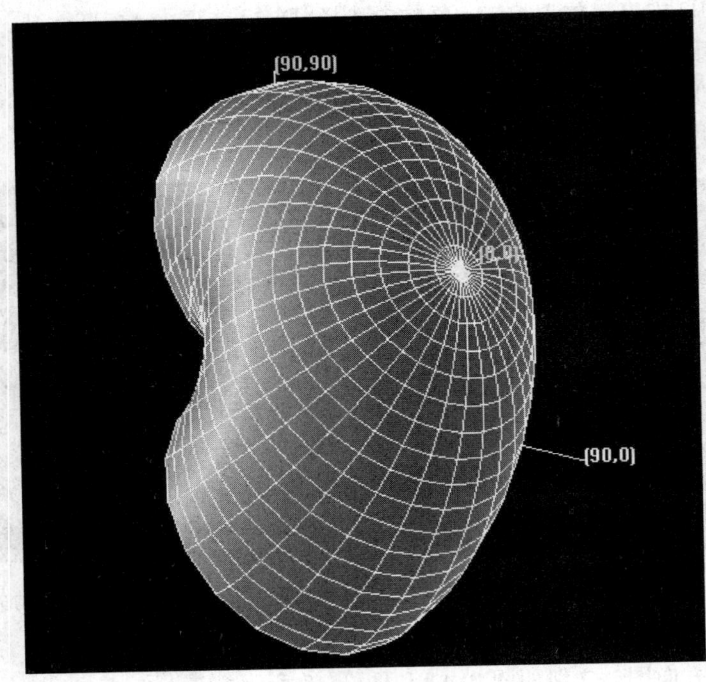

图 2.45　f=1.5 GHz 时的三维方向图

由上面关于 IE3D 软件的介绍和相关的实例演示可以看出，基于软件的仿真计算和分析基本按照图 2.1 所示的流程完成。下面介绍基于矩量法的另外一款软件 FEKO。

3. FEKO 软件介绍

FEKO 是一款用于 3D 结构电磁场分析的仿真工具。它提供多种核心算法，如矩量法(MoM)、多层快速多极子方法(MLFMM)、物理光学法(PO)、一致性绕射理论(UTD)、有限元(FEM)、平面多层介质的格林函数，以及它们的混合算法来高效处理各类不同的问题。

FEKO 界面主要有三个组成部分：CADFEKO、EDITFEKO 和 POSTFEKO。CADFEKO用于建立几何模型和网格剖分。文件编辑器 EDITFEKO 用来设置求解参数，还可以用命令定义几何模型，形成一个以 *.pre 为后缀的文件。前处理器/剖分器 POSTFEKO 用来处理 *.pre 为后缀的文件，并生成 *.fek 文件，即 FEKO 实际计算的代码；它还可以用于在求解前显示 FEKO 的几何模型、激励源、所定义的近场点分布情况以及求解后得到的场值和电流。如前所述，基于软件的仿真过程基本类似，仅是软件的具体界面和算法略有不同，因此后续的介绍会稍微简略。下面通过两个实例来介绍 FEKO 的使用。

[例 2.3]　对称振子的 FEKO 的使用。

(1) 建模过程。FEKO 基本的建模求解步骤如下：

① 设置模型单元。

② 添加关于模型几何结构和材料的参数。

③ 添加模型所需的新的介质类型。

④ 建立模型几何结构。

⑤ 创建探针并设定激励。

⑥ 设置求解频率及近远场设置。

⑦ 网格剖分。

⑧ 模型预处理及仿真结果查看。

现对对称振子进行图解：

① 如图 2.46 所示，在 CADFEKO 主界面菜单栏中，点击“Model Unit”按钮，选择“Meter”为模型单位，再点击“OK”按钮确定并退出。

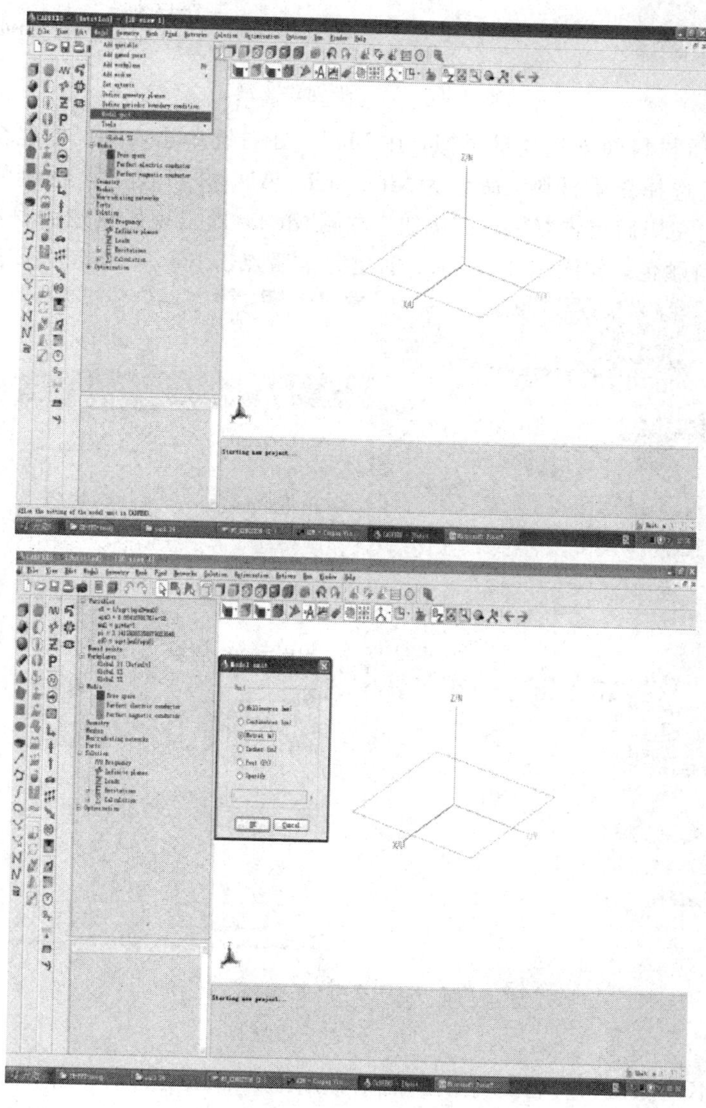

图 2.46　第一步过程

② 在 Variables 处右键单击，在弹出的选项卡中选择“Add variable”，在新选项卡中添加建模所需的变量后点击“Create”即创建该变量，如图 2.47 所示。依次添加所有需要的变量后，点击“Close”按钮关闭选项卡。

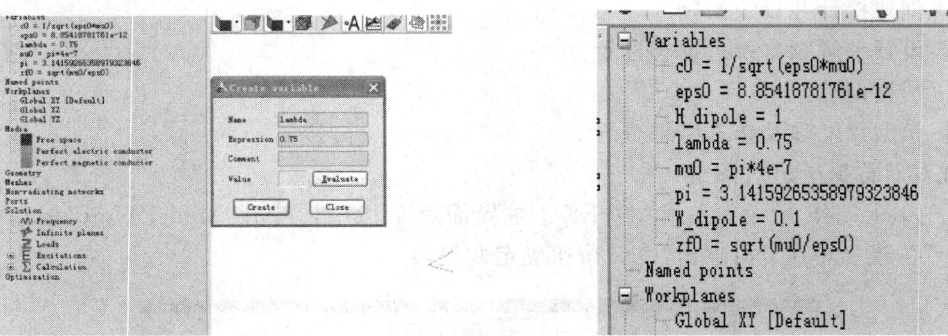

图 2.47　第二步创建变量

③ 创建新介质材料同创建变量类似，在 Media 处右键单击，出现创建介质材料、多层介质等选项。这里选择介质材料，命名为“dielectric_A”，并可设定该材料的介电常数、电导率等参数，设定完毕后点击“Create”按钮，左侧 Media 即出现所创建的材料，右键单击该处还可以改变材料颜色，如图 2.48 所示。创建完毕后点击“Close”按钮关闭选项卡。

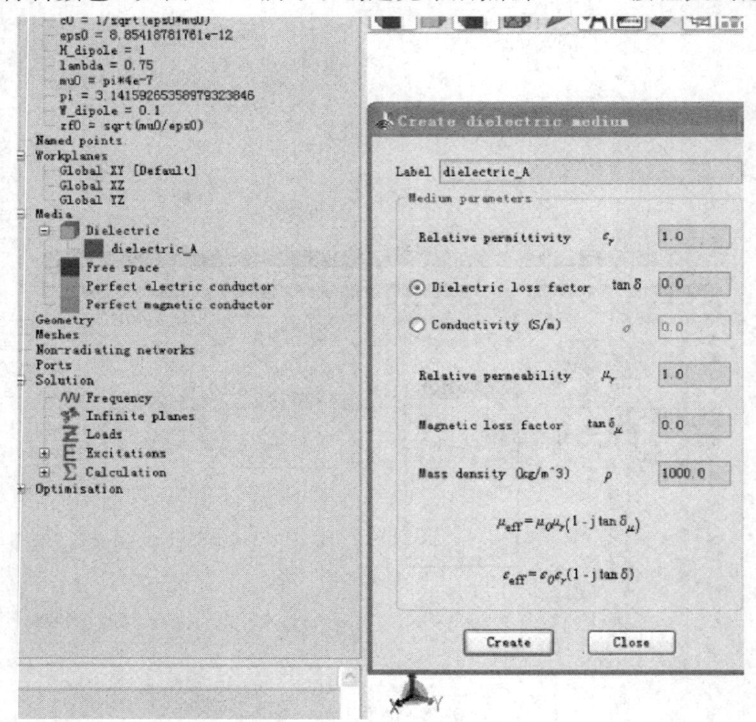

图 2.48　创建介质材料

④ CADFEKO 左侧第一栏为建模所需基本图形，第二栏为对创建的模型进行的合并、移动等操作。这里我们选择对称阵子臂为矩形面，点击左侧 rectangle 即出现创建矩形选项卡，在 Geometry 卡中即可设置该矩形尺寸，Label 一栏对其命名为“Arm1”，点击“Create”按钮即可。同理，可创建 Arm2、Workplane 卡为相对坐标卡，创建完毕后关闭选项卡。创建对称振子双臂如图 2.49 所示。

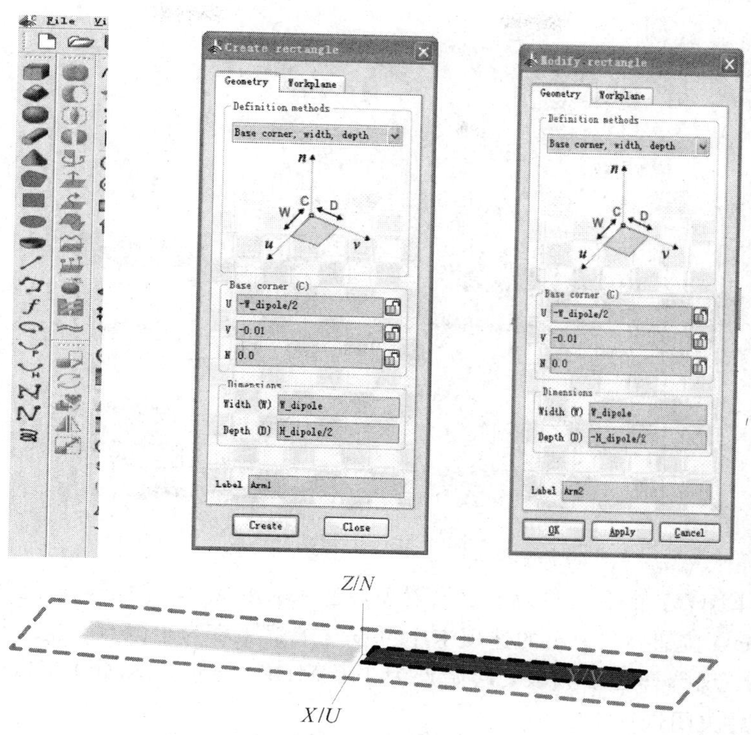

图 2.49　创建对称振子双臂

⑤ 创建一条馈电线，点击左侧图形窗口中的“Line”，在弹出的窗口中设置其起始点和终止点并命名为“Port”，使之连接振子两臂，关闭该选项卡。点击 Geometry 一栏中的“Port”，在下面出现的 Wire17 处右键单击，选择“Create port”、“Wire port”，即出现激励设置卡，选择激励点为“Middle”，并重命名为“Port”，在 Solution 一栏中，右键单击“Excitations”，选择“Voltage Source1”，在弹出的选项卡中设置激励电压的幅度为 1，相位为 0，如图 2.50 所示。

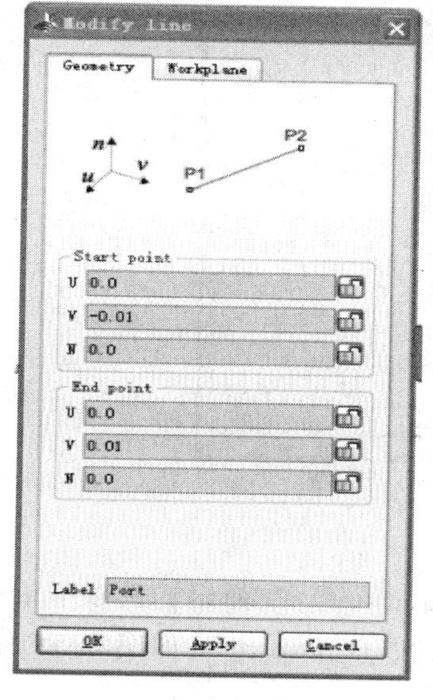

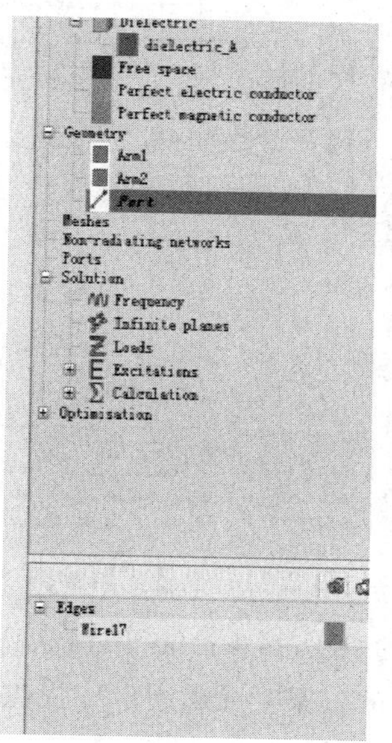

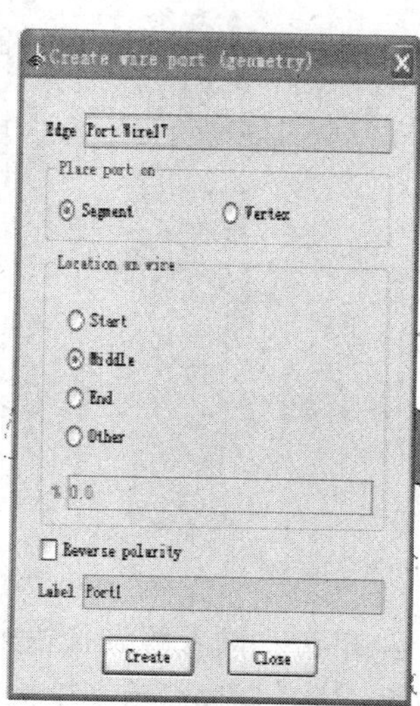

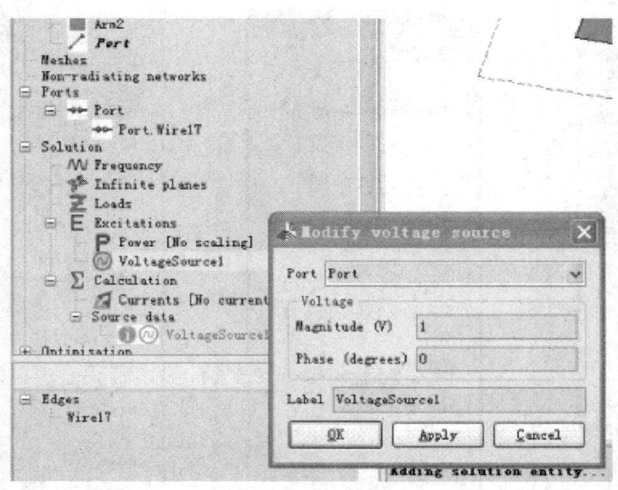

图 2.50　创建端口

⑥ CADFEKO 左侧第三栏为求解设置项，包括求解频率、激励、近远场设置等，单击"Add Frequency"按钮，在弹出的选项卡中可设置求解频率为单频点、连续频段、离散频点和对数离散点。现选择连续频段，起始点为 100 MHz，终止点为 400 MHz，如图 2.51 所示，设定结束后关闭选项卡。

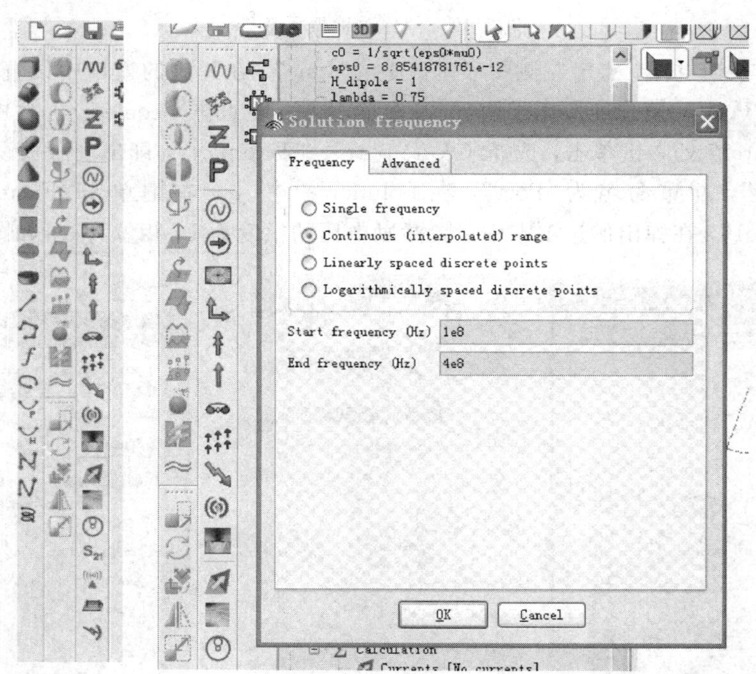

图 2.51　设置求解频率

⑦ 单击左侧求解设置栏中的"Request a far field calculation"，在弹出的选项卡中可设置远场，或者直接点击卡中提供的方案，现选用卡中提供的"3D pattern"，如图 2.52 所示。之后关闭选项卡。

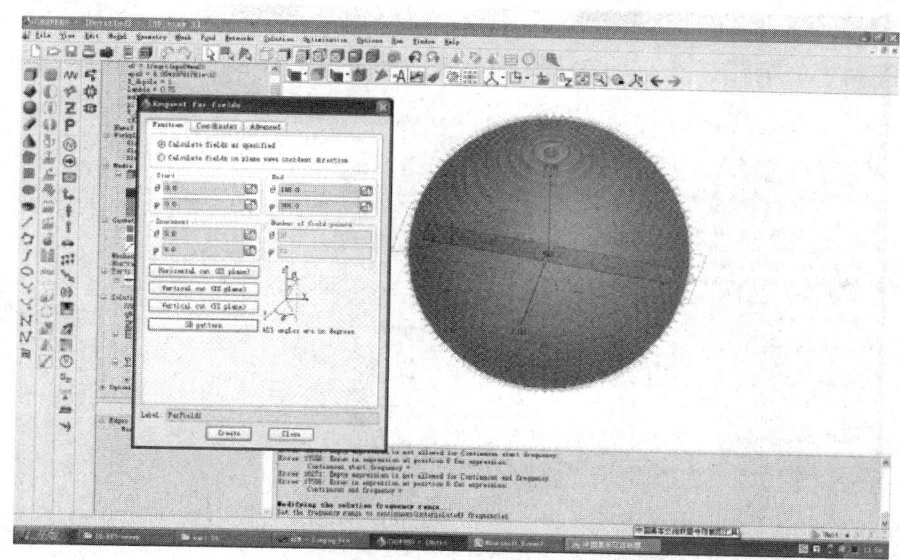

图 2.52　设置远场

⑧ 剖分之前，先将 Arm1、Arm2 和 Port 合并，然后在菜单栏 Mesh 一项中选择“Create mesh”，或者直接按下“Ctrl+M”快捷键，弹出网格剖分卡，选择全局剖分。一般情况下，线段剖分长度为 lambda/10，三角形边长为 lambda/8～lambda/10，线半径一般为线长度的 1/4，这里取为 lambda/50，或者使用软件提供的剖分，点击“Suggest”按钮即可，如图 2.53 所示。设置完毕后关闭选项卡。

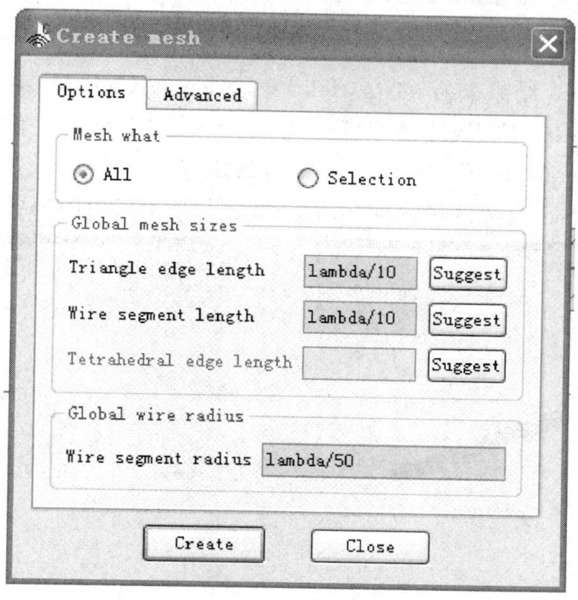

图 2.53　剖分网格

⑨ 到此，仿真前的建模和基本设置已经完毕，点击菜单栏“Run→feko”，或者按下“Alt+F4”快捷键即可运行仿真，如图 2.54 所示。结束后点击“OK”按钮关闭该窗口。

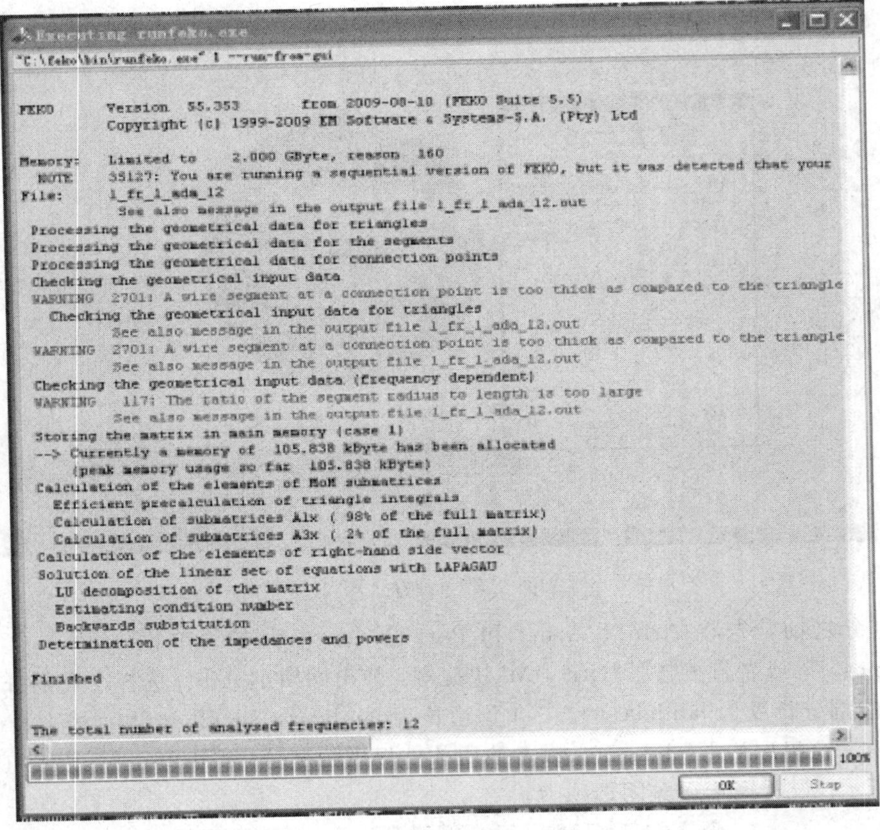

图 2.54　仿真过程界面

(2) 结果查看。仿真结果查看在 Postfeko 中进行，在 Cadfeko 菜单栏 Run 一栏中选择"Postfeko"或者按下"Alt+F3"快捷键即可打开 Postfeko 主页面，在菜单栏 View 一栏中选择"add 2D graph →S - parameters"，即可创建 S 参数曲线，如图 2.55 所示。在左侧勾选"Use continous frequency"，S11 参数选择幅度"mag"，左侧选项卡可对图表各种参数进行设置。

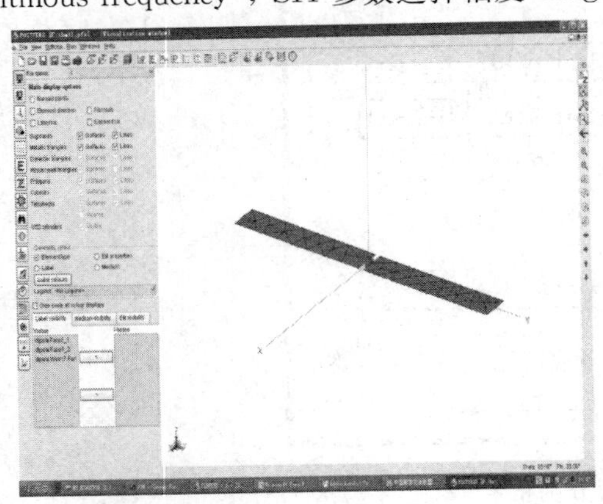

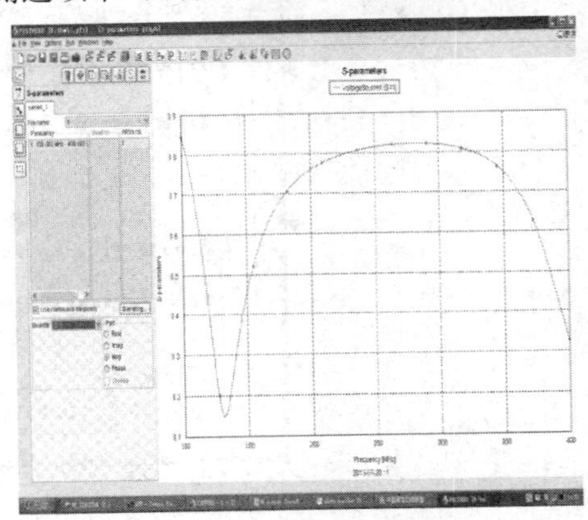

图 2.55　查看 S 参数

单击"Left axis"按钮对纵坐标进行设置，选择纵坐标为 dB，即可得到常用的 S11 曲线，如图 2.56 所示。其他参数如 VSWR、辐射方向图等均类似操作，不做重复说明。

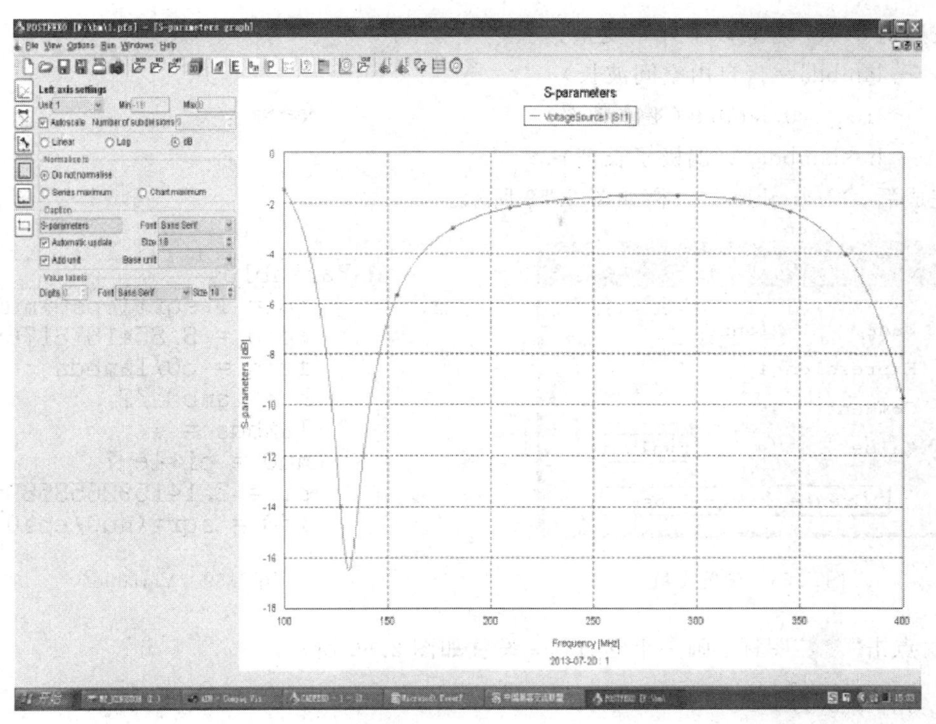

图 2.56　对纵坐标进行设置

[**例 2.4**]　立方体前的偶极子。

如图 2.57 所示，一偶极子放在立方体前的 3/4 波长处。计算天线的辐射方向图，并验证立方体对天线辐射方向图的影响。在这个例子中，建立了三个不同立方体的模型：第一个是理想电导体；第二个是有限电导率的金属立方体；第三个是一个电介质材料的立方体。

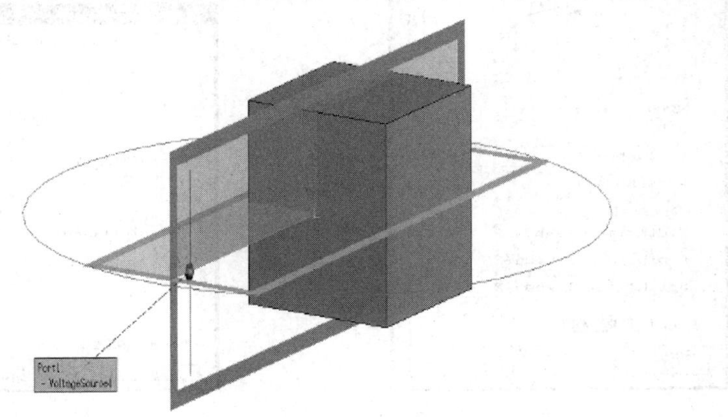

图 2.57　立方体前的偶极子

第二个和第三个模型是第一个模型的延伸，下面我们将讲解这个例子。

(1) 偶极子和理想电导体立方体。首先建立模型。创建模型的步骤如下：

① 打开 FEKO 软件后，点击左侧工程树一栏中“Variables”，再右键单击“Add Variables”按钮，设置如图 2.58 所示。

按照此步骤，建立以下几个变量：

- － lambda＝4(自由空间波长)
- － freq＝c0/lambda(工作频率)
- － h＝lambda/2(偶极子长度)

完成后，“Variables”一栏如图 2.59 所示。

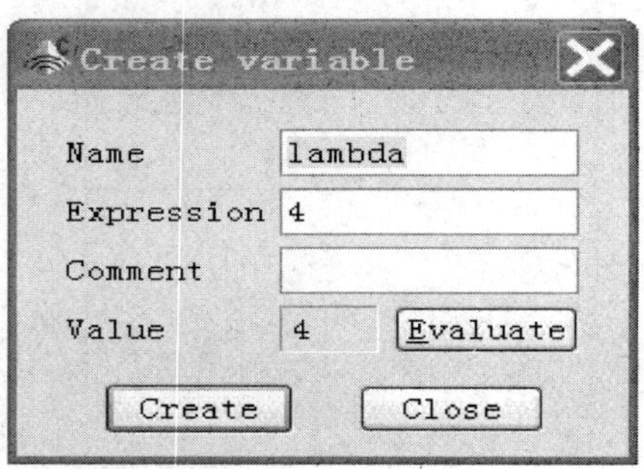

图 2.58　设置变量

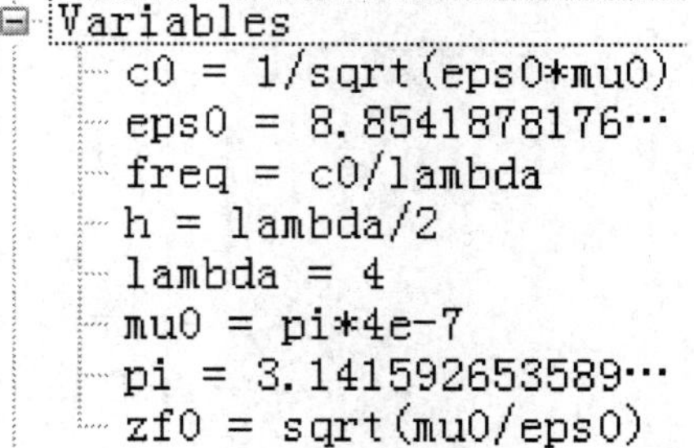

图 2.59　Variables

② 点击“ ”图标，画一个立方体，设置如图 2.60 所示。

立方体默认为 PEC。

③ 点击“ ”图标，画一偶极子线，设置如图 2.61 所示。

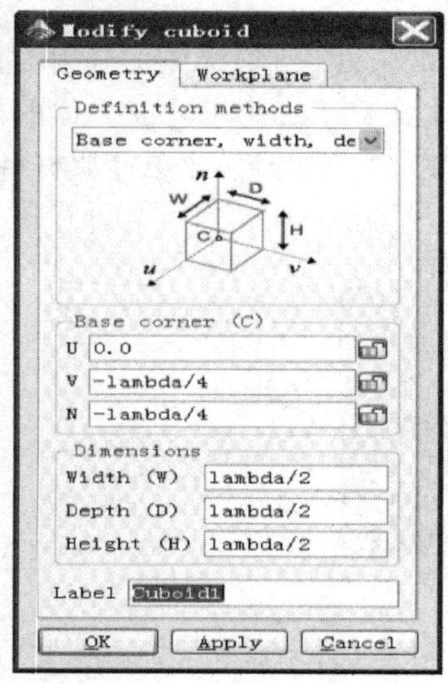

图 2.60　建立立方体

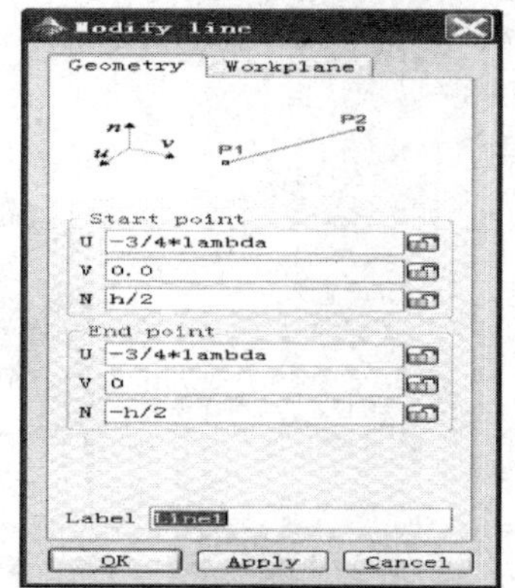

图 2.61　画偶极子线

④ 选中“Line1”，右键单击“Create port”，然后选择“Wire port”，设置如图 2.62 所示。

⑤ 右键单击工程树中“Solution”下的“Excitations”，选中“Modify Voltage source”，设置如图 2.63 所示。

⑥ 右键单击工程树中“Solution”下的“Frequency”，选中“Single frequency”，设置如图 2.64 所示。

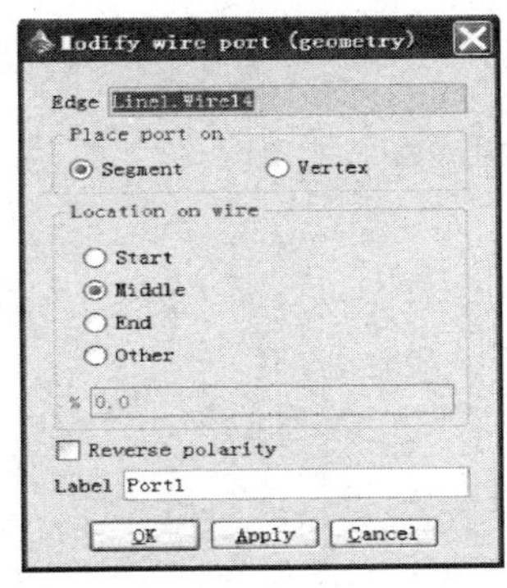

图 2.62　设置端口

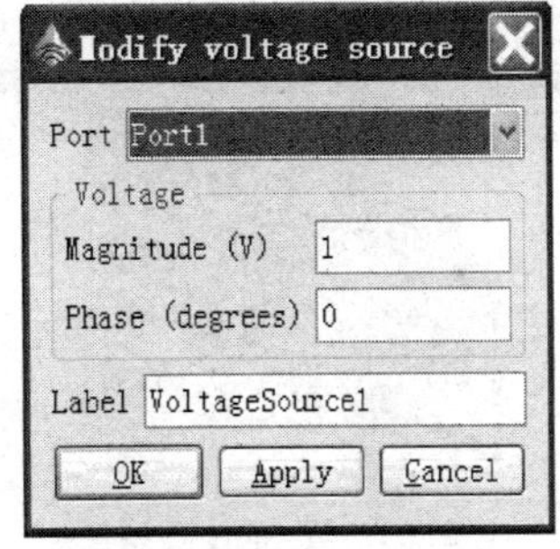

图 2.63　添加端口电压

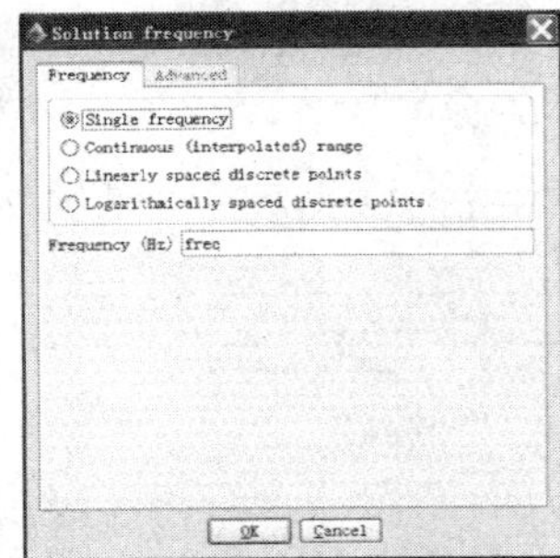

图 2.64　设置频率变量

⑦ 右键单击工程树中“Solution”下的“Calculation”，选中“Modify far fields”，设置如图 2.65 所示。

⑧ 右键单击工程树中的“Meshes”，选中“Create mesh”，设置如图 2.66 所示。

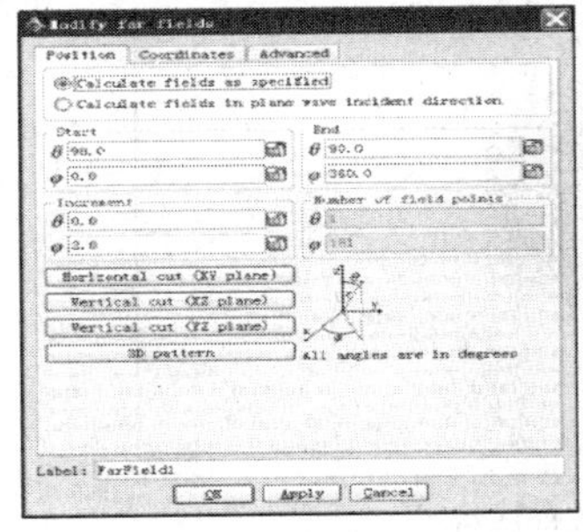

图 2.65　设置远场

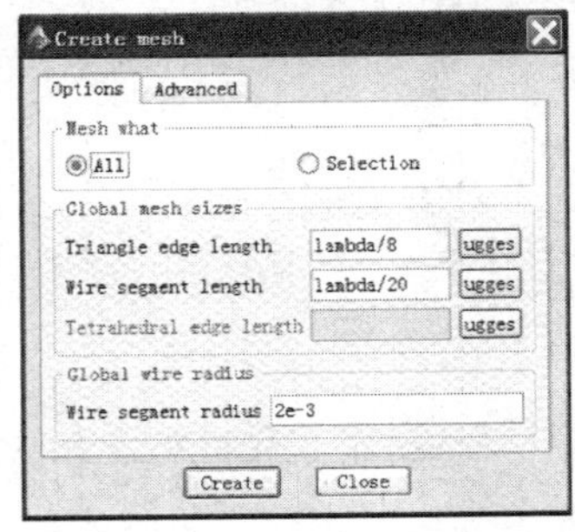

图 2.66　设置网格

⑨ 右键单击工程树中的“Solution”，选中“EM validate”出现“Electromagnetic validation”，点击“Validate”按钮，如图 2.67 所示。

以上操作完成后，点击工具栏中“　”图标，运行 FEKO 程序，将文件存到所建目录下，并将其命名为“Dipole_in_front_of_a_PEC_Cube”。程序运行如图 2.68 所示。

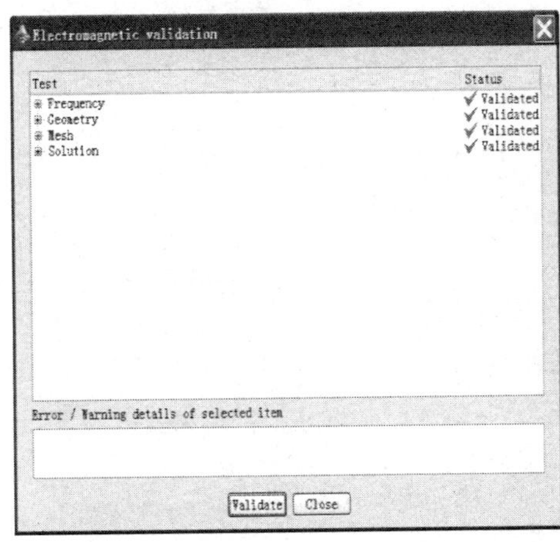

图 2.67　EM 验证

图 2.68　运行画面

运行后模型图如图 2.69 所示。

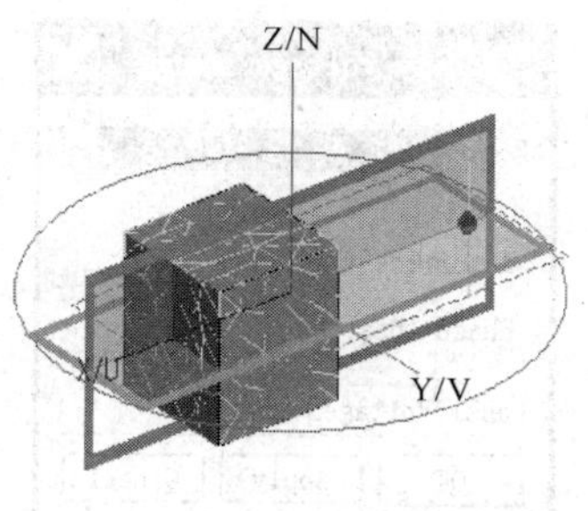

图 2.69　运行后模型图

然后查看结果。点击工具栏中“ ”图标，出现的对话框如图 2.70 所示。

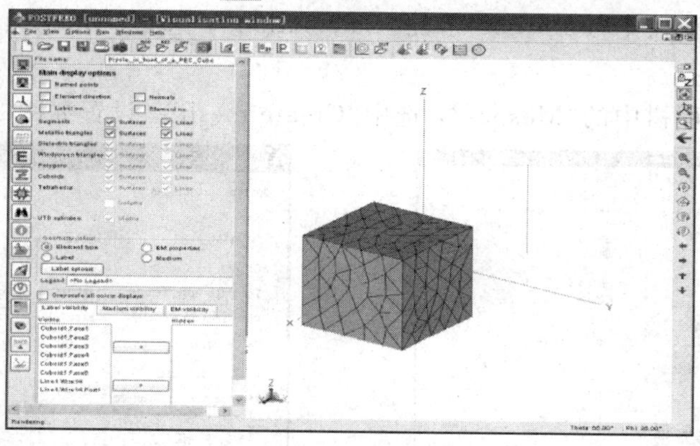

图 2.70　查看结果对话框

若我们要看其辐射方向图，则首先需点击工具栏中的“ ”图标，添加一个远场的图标，然后点击“ ”图标，设置如图 2.71 所示。

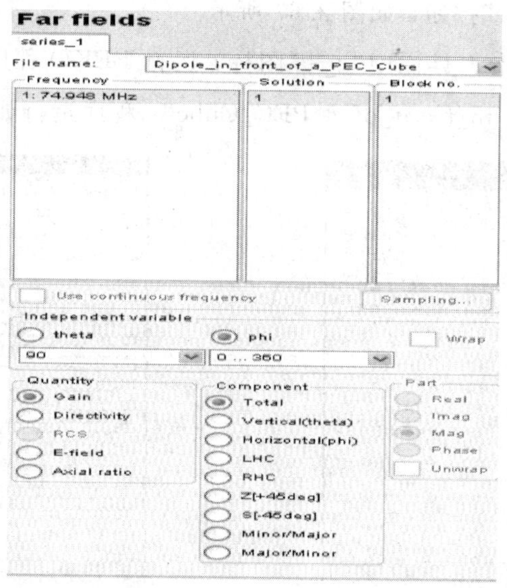

图 2.71　远场查看

接着点击“”图标，更改标注属性，设置如图 2.72 所示。

随后点击“”图标，进行图表设置，如图 2.73 所示。

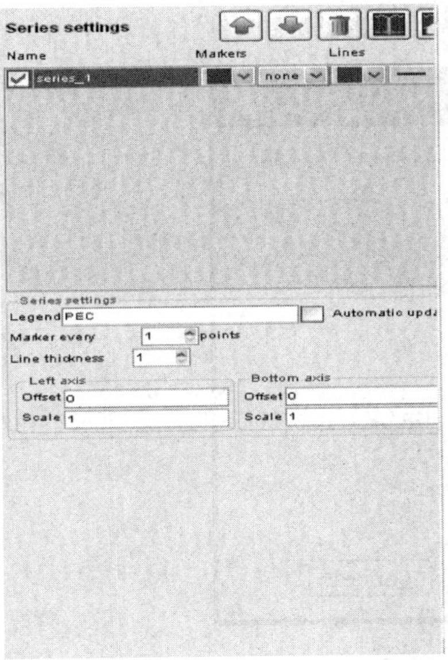

图 2.72　更改属性

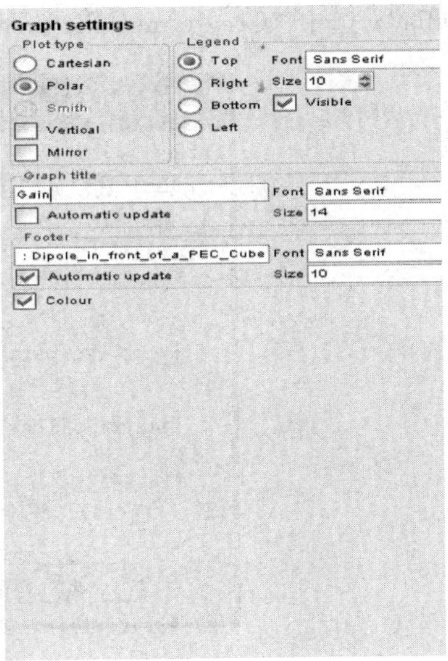

图 2.73　设置图表

最后点击“”图标，设定单位为 dB，则得到的远场增益方向图如图 2.74 所示。

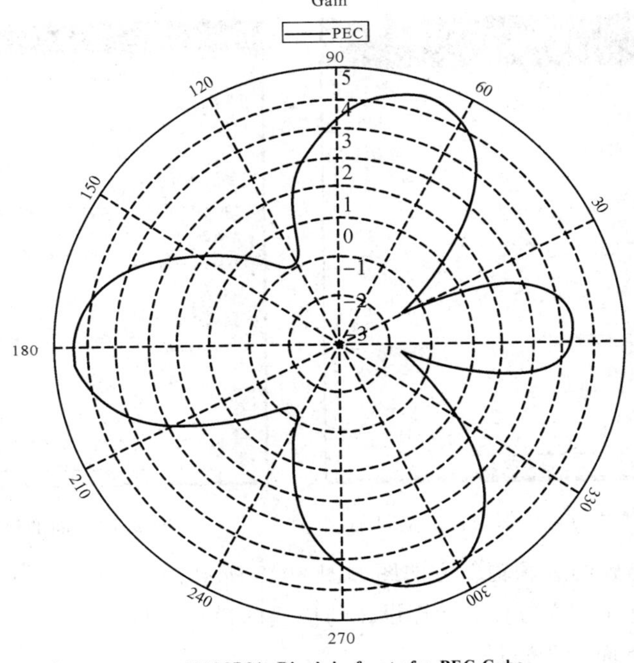

图 2.74　远场增益方向图

(2) 偶极子和有损耗的金属立方体。计算设置与网格设置和上一个模型一样。

模型的扩展按照下面的步骤进行：

① 创建金属媒介，命名为"lossy_metal"，设置金属的电导率为 1e2，右键单击工程树中的"Media"，选中 "Create metallic medium"，设置如图 2.75 所示。

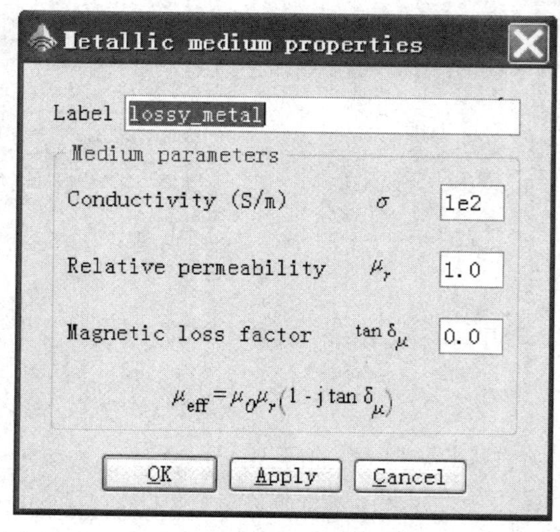

图 2.75 设置金属介质

② 点击细节树下"Regions"中的"Regions2"，将其类型设为"Free space"，如图 2.76 所示。然后点击细节树下"Faces"中的每个面，设置属性如图 2.77 所示。

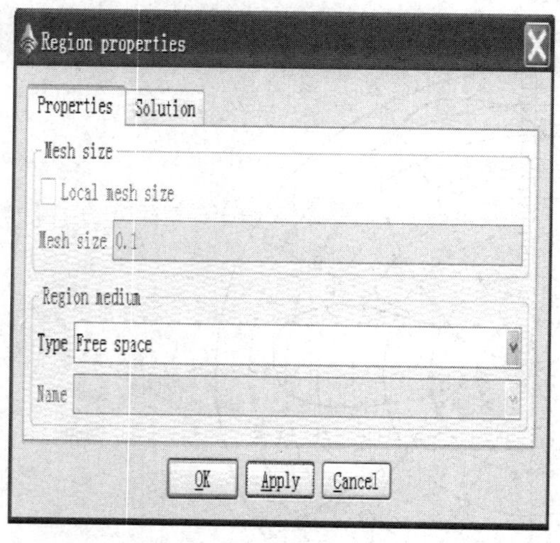

图 2.76 设置立方体内部为自由空间

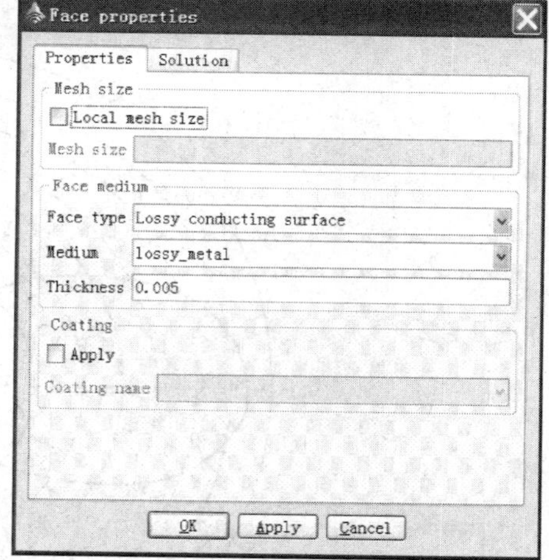

图 2.77 面的属性设置

运行程序后，得到的远场辐射方向图如图 2.78 所示。

(3) 偶极子和电介质立方体。计算设置与前面的模型一致。

模型的扩展按下面的步骤进行：

① 创建一个相对介电常数为 2，名叫 diel 的介质，右键单击工程树下的"Media"，选中 "Create dielectric medium"，设置如图 2.79 所示。

Gain
Lossy Metal
90
60
30
0
330
300
270
240
210
180
150
120
4
3
2
1
0
-1
-2
-3
2013-07-21 : Dipole_in_front_of_a_lossy metal_Cube

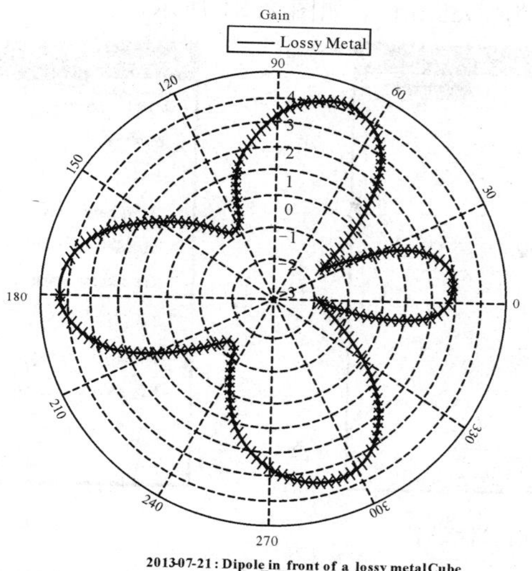

图 2.78　远场辐射方向图

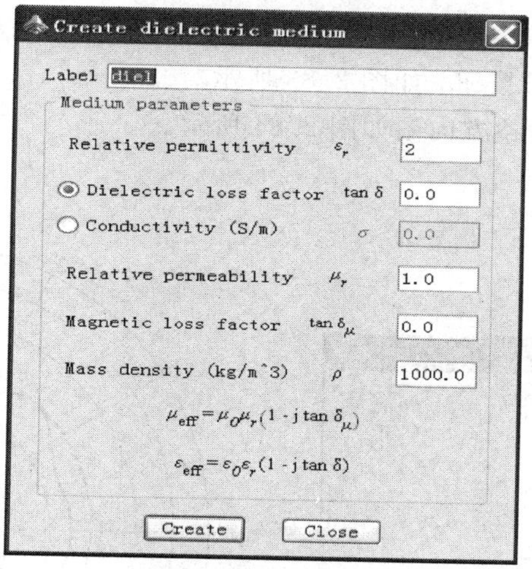

Create dielectric medium
Label diel
Medium parameters
Relative permittivity ε_r 2
Dielectric loss factor tan δ 0.0
Conductivity (S/m) σ 0.0
Relative permeability μ_r 1.0
Magnetic loss factor tan δ_μ 0.0
Mass density (kg/m^3) ρ 1000.0
$\mu_{eff}=\mu_0\mu_r(1-j\tan\delta_\mu)$
$\varepsilon_{eff}=\varepsilon_0\varepsilon_r(1-j\tan\delta)$
Create
Close

图 2.79　创建介质材料

点击细节树下“Regions”中的“Regions2”，将其类型设为“Dielectric”，命名为“diel”，如图 2.80 所示。

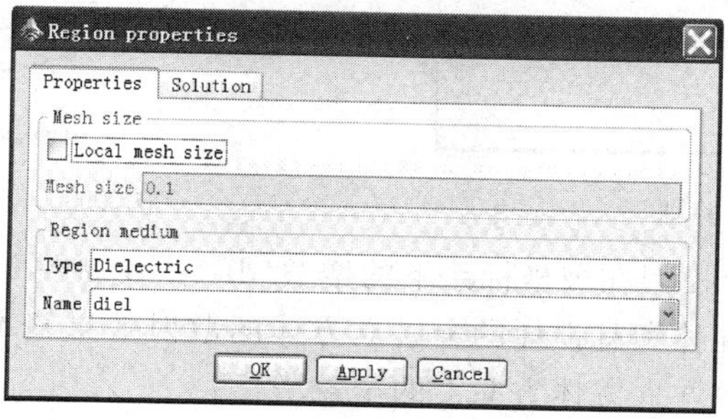

Region properties
Properties
Solution
Mesh size
Local mesh size
Mesh size 0.1
Region medium
Type Dielectric
Name diel
OK
Apply
Cancel

图 2.80　材料设置

设置立方体面的属性为“Default”，如图 2.81 所示。

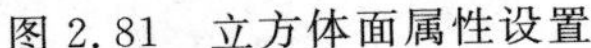

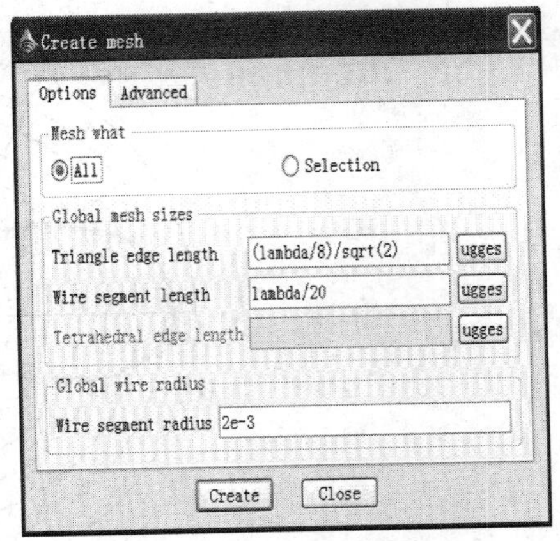

图 2.81　立方体面属性设置

图 2.82　网格设置

② 删除 lossy_metal metallic medium，右键单击工程树中的“Meshes”，选中“Create mesh”，设置如图 2.82 所示。

③ 右击工程树中的“Solution”，选中“EM validate”，出现“Electromagnetic validation”，点击“Validate”按钮，如图 2.83 所示。

运行后，得到的远场增益方向图如图 2.84 所示。

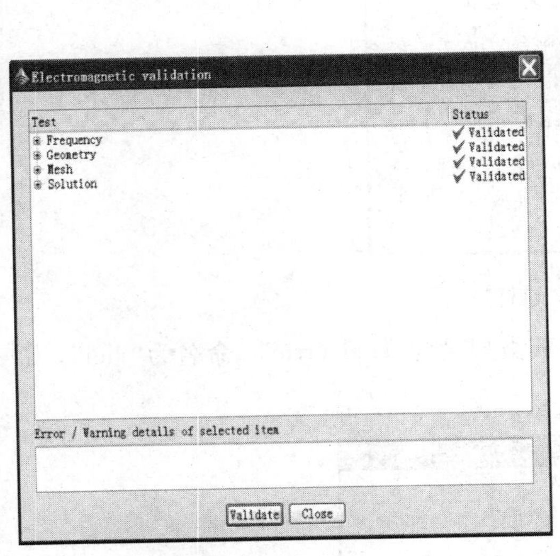

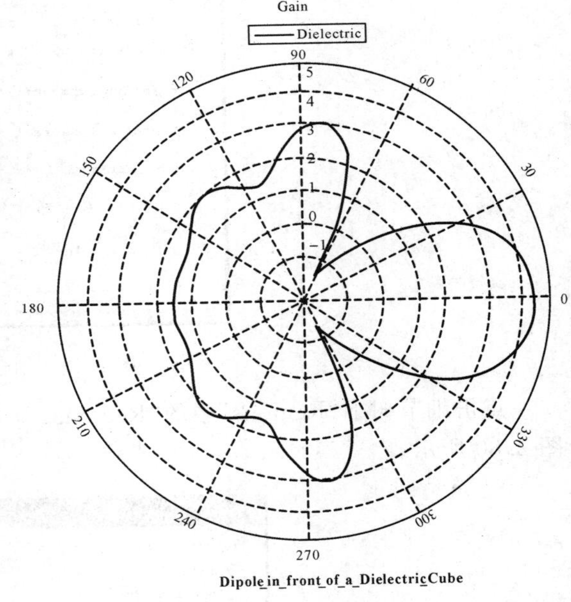

图 2.83　EM 验证

图 2.84　远场增益方向图

(4) 结果比较。三个模型在极坐标系下的增益(dB)曲线如图 2.85 所示。从结果我们可以清楚地看出，理想电导体和有损耗的金属立方体的散射效果基本一致，而电介质立方体有着不同的影响，其导致在立方体方向上的增益增长。

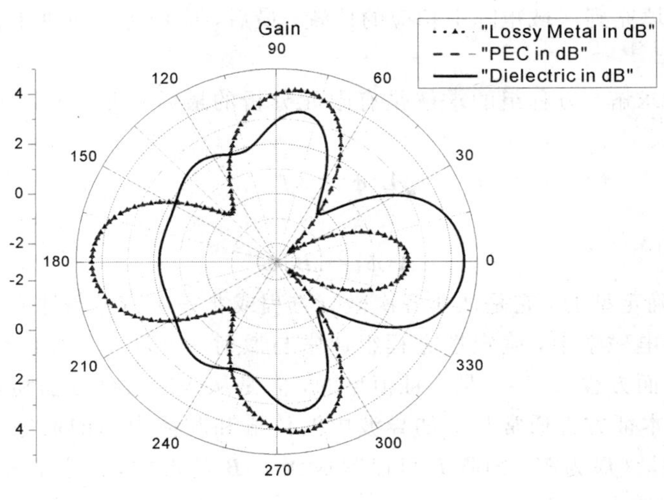

图 2.85　结果比较

2.2.2　有限元和基于有限元的软件

1. 有限元算法的原理

电磁场的边界问题变分解法有以下两个特点：

(1) 变分问题已经将原来电磁场问题严格求解变为在泛函意义下求弱解，这个解可以和原来的解不一样。

(2) 在电磁场边值问题的变分法中，如果展开函数是由定义在全域上的一组基函数组成的，那么这种组合必须能够表示真实解，也必须满足适当的边界条件，这对于二维、三维问题是非常困难的。

很自然地，如果采用组成全域的分域上的一组基函数能够提高近似解对于真实解的逼近精度，这就是有限元法。有限元法具有以下三个特点：

(1) 通过离散化区域和建立误差泛函，原来的电磁场边值问题变为求解矩阵方程，这是原来问题的弱解。

(2) 最终矩阵方程的维数与结点的总数相同，未知数是结点上的数值解，单元内的数值是依靠节点处数值解的插值(这里是线性插值)。

(3) 最终矩阵是由子域上的小线性系统按照其全域序号在相应位置上填充的，所以最终矩阵是稀疏矩阵，其对计算机的存储要求相比于同维数的密阵而言非常小。

总结来看，有限元法的建模过程可以分为以下几个步骤：

(1) 区域离散。在任何有限元分析中，区域离散是第一步，也是最重要的一步，这是因为区域离散的方式将影响计算机内存的需求、计算时间和数值结果的精度。

(2) 插值函数的选择。在每一个离散单元的节点上的值是我们要求的未知量，在其内部的其他点上的值是依靠节点值对其进行插值。对于很多复杂问题，选用高阶多项式插值，则精度应该更高，但公式也更复杂。Ansoft HFSS 软件中有多种插值方式可供选择。

(3) 方程组的建立。对麦克斯韦方程可利用变分方法建立误差泛函，由于问题已经离散化为很多个子域的组合，因此，我们可以首先在每个单元内建立泛函对应的小的线性表达式；其次，将其填充到区域矩阵中相应的位置；最后，应用边界条件来得到矩阵方程的最终形式。

(4) 方程组的求解。方程组的求解是有限元分析的最后一步。最终的方程是下列两种形式之一：

$$\boldsymbol{L}\{\boldsymbol{\phi}\}=\{\boldsymbol{f}\} \tag{2-29}$$

或者

$$\boldsymbol{A}\{\boldsymbol{\phi}\}=\lambda\boldsymbol{B}\{\boldsymbol{\phi}\} \tag{2-30}$$

式(2-29)是确定型的，它是从非齐次微分方程或非齐次边界条件或从它们两者兼有的问题中导出的。在电磁学中，确定性方程组通常与散射、辐射以及其他存在的源或激励的确定性问题有关。而方程(2-30)是本征值型的，它是从齐次微分方程和齐次边界条件导出的。在电磁学中，本征方程通常与诸如导波中波传输和腔体中的谐振等无源问题有关。这种情形下，已知向量$\{\boldsymbol{f}\}$为零，矩阵$\boldsymbol{L}$可以写成$\boldsymbol{A}-\lambda\boldsymbol{B}$的形式，$\lambda$这里表示位置的本征值。这两种方程组的解法是不同的。

目前最为成功的有限元软件就是由 Ansoft 公司推出的 HFSS。

2. 基于有限元的 HFSS 软件介绍

1) 软件介绍

HFSS(High Frequency Structure Simulator)是 Ansoft 公司(注：ANSYS 公司已收购 Ansoft 公司)推出的三维电磁仿真软件，是以有限元法为基础的电磁计算软件。有限元法是近似求解数理边值问题的一种数值技术，最早由柯朗(Courant)于 1943 年提出，20 世纪 50 年代应用于飞机的设计，在 60、70 年代被引进到电磁场问题的求解中。

使用 HFSS 软件进行天线设计的设计流程中各个步骤的功能分述如下：

(1) 设置求解类型。使用 HFSS 进行天线设计时，可以选择模式驱动(Driven Modal)求解类型、终端驱动(Driven Teminal)求解类型或者本征模(Eigenmode)求解类型。

(2) 创建天线的结构模型。根据天线的初始尺寸和结构，在 HFSS 模型窗口中创建出天线的 HFSS 参数化设计模型。另外，HFSS 也可以直接导入由 Auto CAD、Pro/E 等第三方软件创建的结构模型。

(3) 设置边界条件。在 HFSS 中，与背景相接触的表面都被默认设置为理想导体边界(Perfect E)。为了模拟无限大的自由空间，在使用 HFSS 进行天线设计时，必须把与背景相接触的表面设置为辐射边界条件或者理想匹配层(PML)边界条件，这样 HFSS 才会计算天线的远区辐射场。

(4) 设置激励方式。天线必须通过传输线或者波导传输信号，天线与传输线或者波导的连接处即为馈电面或者称为激励端口。在天线设计中馈电面的激励方式主要有两种，分别是波端口(Wave Port)激励和集总端口(Lumped Port)激励。通常与背景相接触的馈电面使用波端口激励，在模型内部的馈电面使用集总端口激励。

(5) 设置求解参数，包括设定求解频率和扫频参数。其中，求解频率通常设定为天线的中心工作频率。

(6) 运行求解分析。上述操作完成后，即创建好天线模型，正确设置了边界条件、激励模式和求解参数，亦即执行求解分析操作命令来运行仿真计算。整个仿真计算由 HFSS 软件自动完成，不需要用户干预。分析完成后，如果结果不收敛，则需要重新设置求解参数；如果结果收敛，则说明计算结果达到了设定的精度要求。

（7）查看求解结果。求解分析完成后，在数据后处理部分可以查看 HFSS 分析出的天线的各项性能参数，如回波损耗 S11、电压驻波比 VSWR、输入阻抗、天线方向图、轴比和电流分布等。如果仿真计算的天线性能满足设计要求，那么就完成了天线的仿真设计工作，接下来可以着手天线的制作和调试工作。如果仿真计算的天线性能未能达到设计要求，那么还需要使用 HFSS 的参数扫描分析功能或者优化设计功能，进行参数分析和优化设计。

（8）Optimetrics 优化设计。如果前面的分析结果未达到要求，那么还需要使用 Optimetrics 模块的参数扫描分析功能和优化设计功能，进行参数扫描分析和优化设计。

2）HFSS 工程应用实例介绍

[例 2.5]　对称振子的 HFSS 使用。

本例利用 HFSS 软件设计一个靠近理想导电平面的 UHF（特高频）对称振子天线。HFSS 创建模型如图 2.86 所示。此天线的中心频率为 0.55 GHz，采用同轴馈电，并考虑了平衡馈电的巴伦结构。本例中先介绍：如何在 HFSS 中实现对称振子双臂和馈电机构的建模，然后介绍端口边界的设置，最后介绍生成反射系数和二维辐射远场的仿真结果。

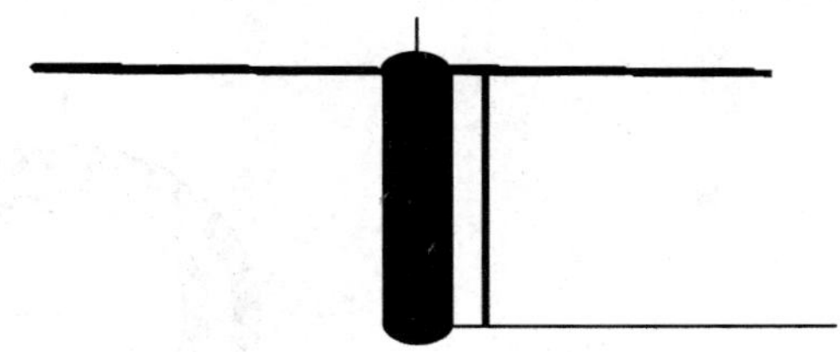

图 2.86　天线的仿真模型

（1）建立新的工程。

（2）设置求解类型：选择 Driven Modal（如图 2.87 所示）。

（3）设置模型单位：in（inch）（如图 2.88 所示）。

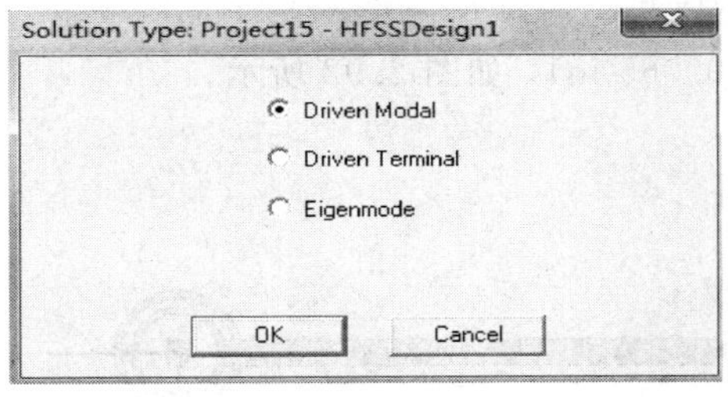

图 2.87　设置求解类型

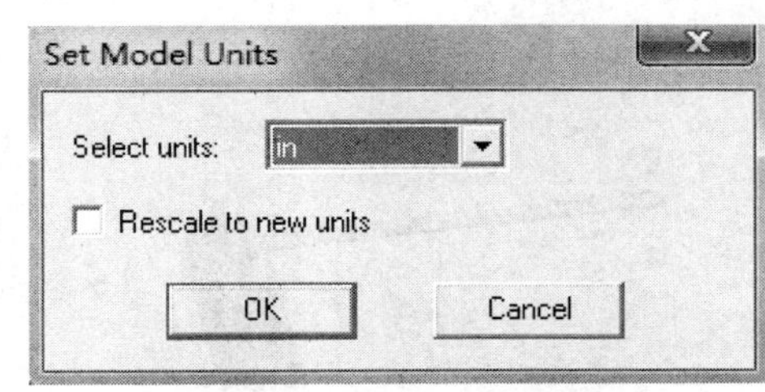

图 2.88　设置模型单位

（4）设置模型的默认材料：选择 copper（如图 2.89 所示）。

图 2.89　设置模型的默认材料

(5) 创建对称振子。

① 创建 Ring_1(内套筒尺寸，内径 $r_a = 0.3$ in，外径 $r_b = 0.37$ in，高 $h = 5.0$ in)，如图 2.90 所示。

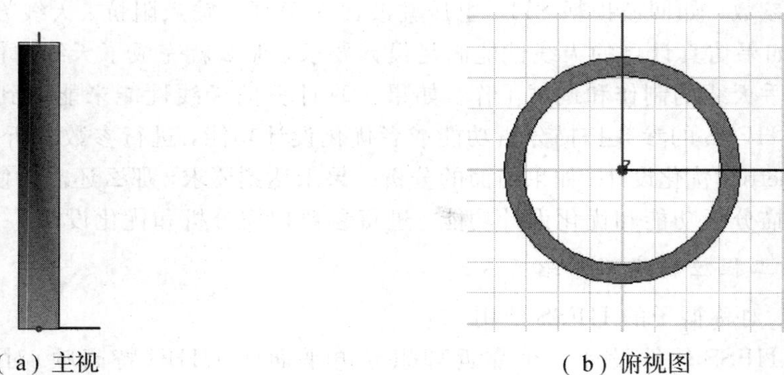

(a) 主视　　(b) 俯视图

图 2.90　Ring_1 的模型

② 创建 Ring_2(新加外套筒尺寸，内径 $R_a = 0.435$ in，外径 $R_b = 0.5$ in，高 $h_1 = 5.0$ in)，如图 2.91 所示。

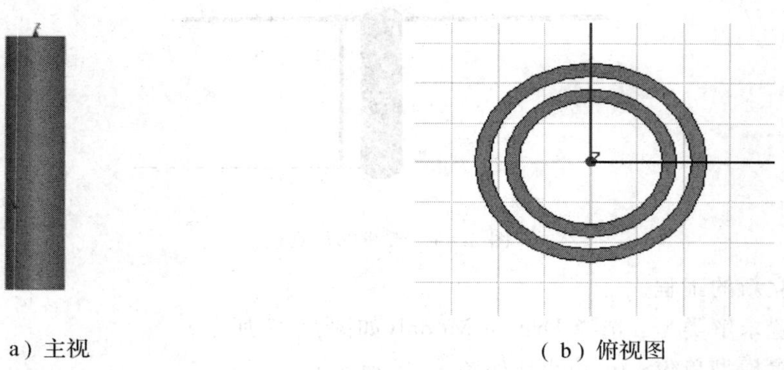

(a) 主视　　(b) 俯视图

图 2.91　Ring_2 的模型

③ 创建 Arm_1(长：4.69 in，宽：0.2 in，高：0.065 in)，如图 2.92 所示。

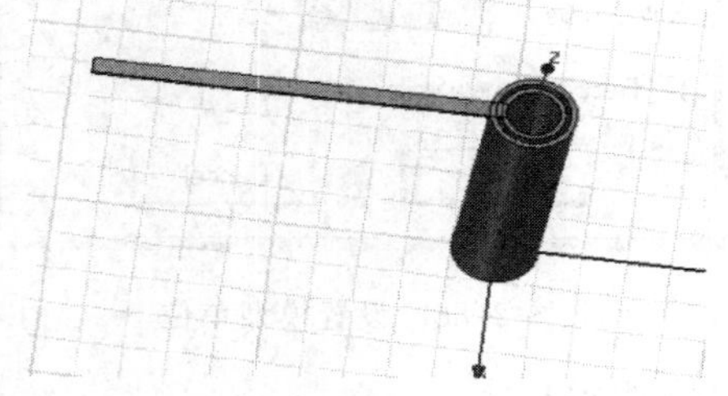

图 2.92　创建 Arm_1

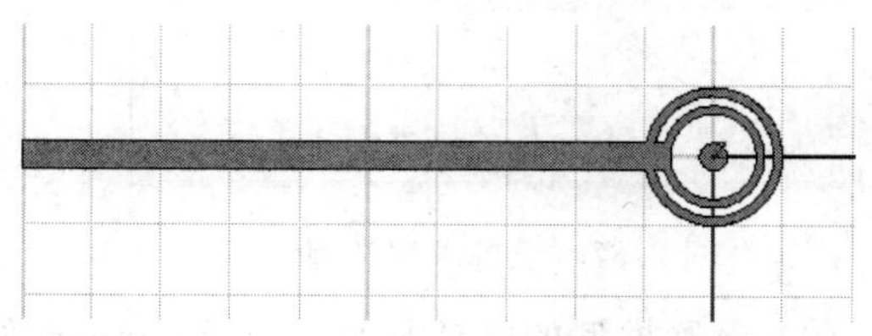

图 2.93　创建 Center pin

④ 创建 Center pin，如图 2.93 所示。

⑤ 创建 Arm_2，如图 2.94 所示。

⑥ 创建短路 Grounding pin，如图 2.95 所示。

图 2.94 创建 Arm_2

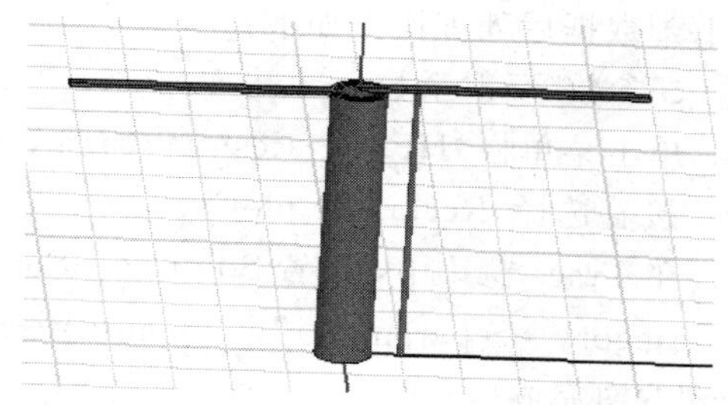

图 2.95 创建短路 Grounding pin

(6) 创建波端口，如图 2.96 所示；创建辐射边界，如图 2.97 所示。

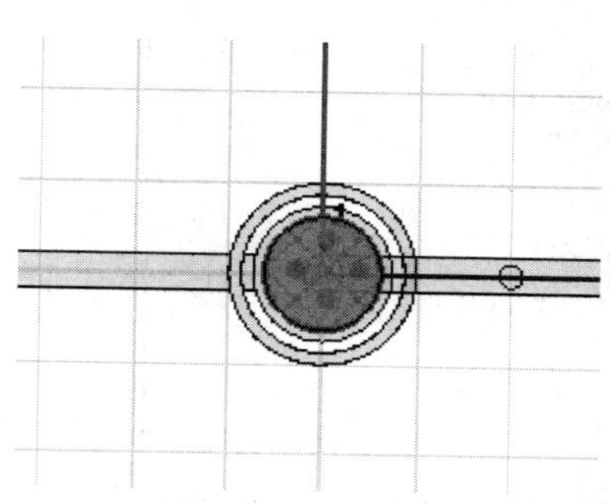

图 2.96 创建波端口

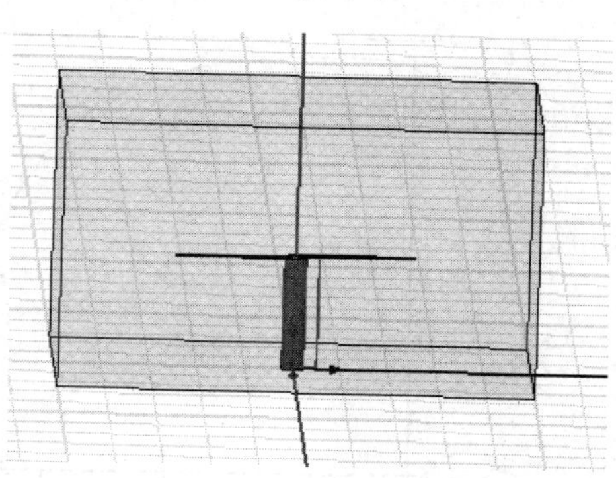

图 2.97 创建辐射边界

(7) 创建地板边界：在 Air z=0 的下底面选择“HFSS→Boundaries→Finite Conductivity Boundary”，如图 2.98 所示。

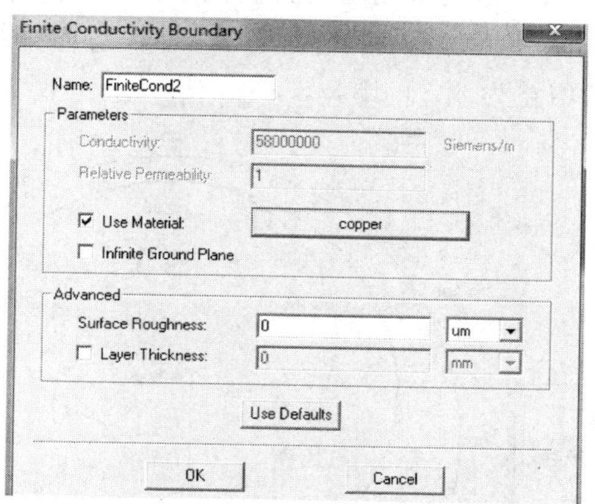

图 2.98 设置地板边界条件

(8) 辐射场角度设置：选择“HFSS→Radiation→Insert Far Field Setup→Infinite Sphere”。

(9) 求解设置：选择“HFSS→Analysis Setup→Add Solution Setup”，再选择“HFSS→Analysis Setup→Add Sweep”。

(10) 保存工程。

(11) 求解工程：选择“HFSS→Analyze”。

(12) 数据后处理操作如下：

① S 参数(反射系数)。

a. 单击菜单栏“HFSS→Result→Create→Create Modal Solution Data Report”。

b. 接着选择“Rectangle plot”。

c. 在 Trace 窗口中，设置 Solution→Setup1→Sweep1，Domain→Sweep；点击 Y 标签，选择“Category→S parameter”，“Quantity→S(p1,p1)”，“Function→dB”；最后点击“New Report”按钮完成。

反射系数 S_{11} 曲线如图 2.99 所示。由图可以知道，在天线工作频率为 0.55 GHz，$S_{11}=-16.25$ dB。

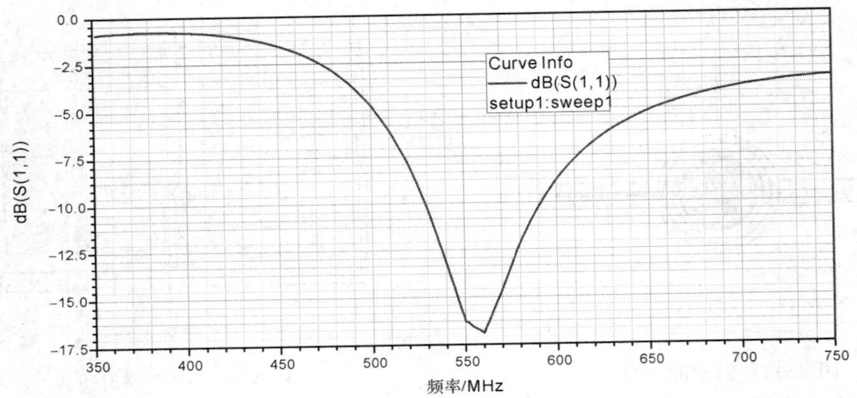

图 2.99 对称振子的反射系数曲线

② 2D 辐射远场。中心频率下的远场增益方向图如图 2.100 所示。由图可知，由于理想导电平面的存在，在水平角 $\phi=90°$，0° 时，天线的二维辐射图都被抬高了。最大辐射方向出现在俯仰角 $\theta=0°$处，其增益为 6.84 dB。

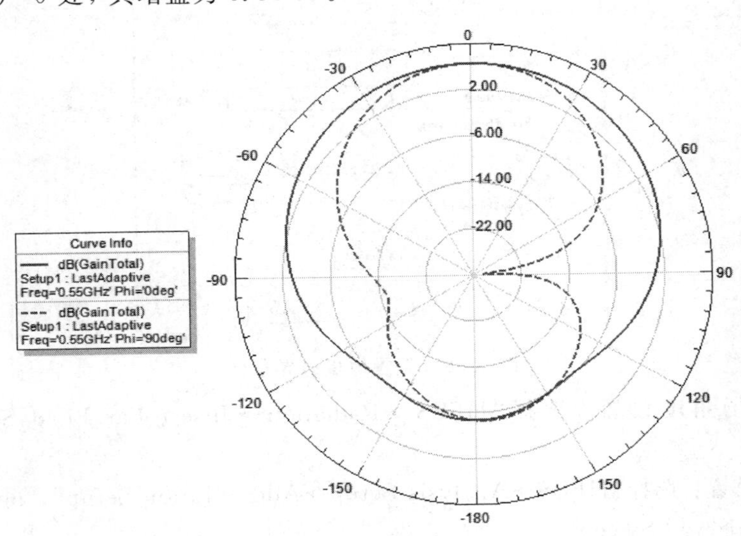

图 2.100 远场增益方向图($f=550$ MHz)

[例 2.6] 共面波导馈电开槽天线仿真。

根据频带宽度的不同，可把天线分为窄带天线、宽频带天线和超宽带天线。若天线上限频率为 f_2，下限频率为 f_1，对于窄带天线，常用“相对带宽”表示，即绝对工作频宽 f_2-f_1 与工作中心频率 f_0 之比，亦即 $(f_1-f_2)/f_0$；对于超宽带天线常用 f_2/f_1 表示。通常相对带宽只有百分之几的天线为窄带天线；相对带宽为百分之几十的为宽频带天线；带宽达到几个倍频程的称为超宽频带天线。

本例利用 HFSS 软件设计一个 CPW 馈电的开槽宽频带天线。该天线工作频带为 1.7～2.8 GHz，工作带宽达 47%。

(1) 建立新的工程。

(2) 设置求解类型：选择“Driven Modal”，如图 2.101 所示。

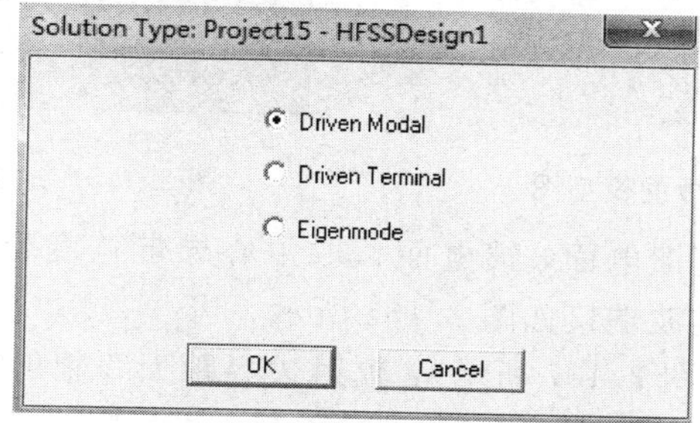

图 2.101　设置求解类型

(3) 设置模型单位：mm，如图 2.102 所示。

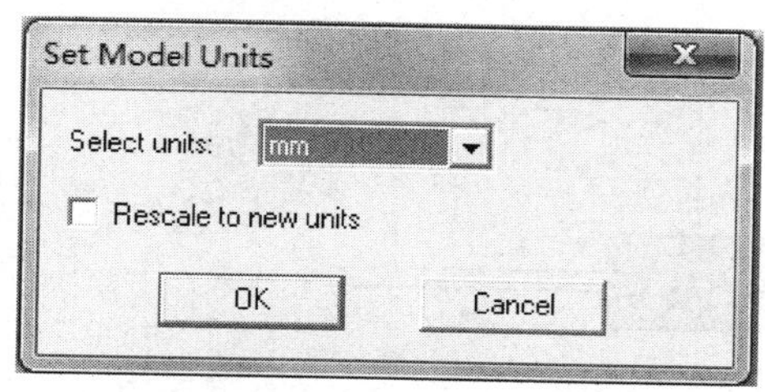

图 2.102　设置模型单位

(4) 设置模型的默认材料：选择 FR4_epoxy，如图 2.103 所示。

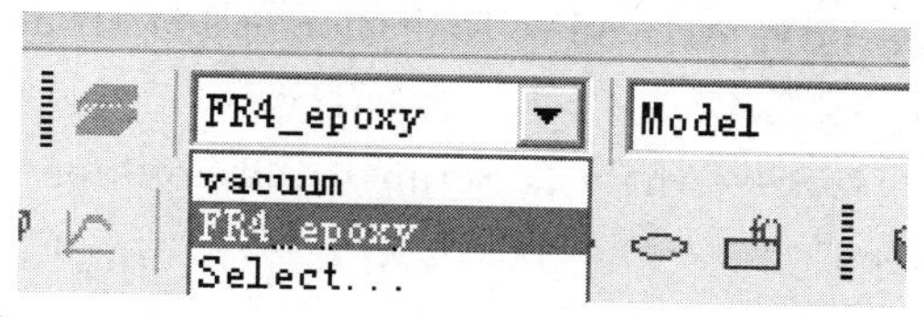

图 2.103　选择材料

(5) 创建 CPW 开槽天线。

① 创建介质板 Sub(介质板采用 FR4 材料，尺寸为 72 mm×72 mm×1.6 mm)，模型如图 2.104 所示。

② 创建地板及辐射结构：地板上槽的尺寸为 44 mm×44 mm；矩形辐射贴片的尺寸为 22.5 mm×36 mm；馈电线尺寸为 6.37 mm×14.5 mm，如图 2.105 所示。

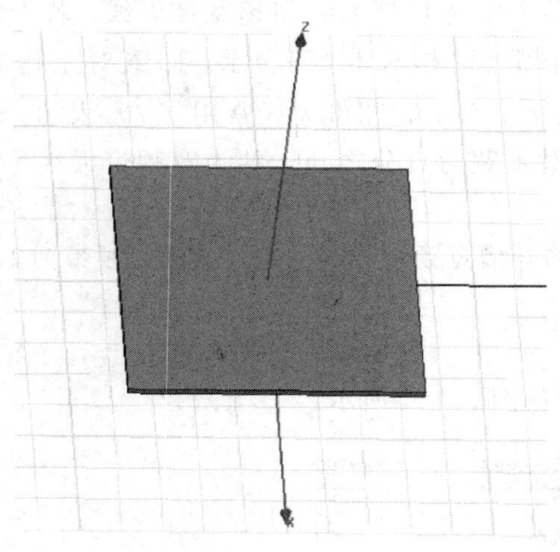

图 2.104　介质板的模型图

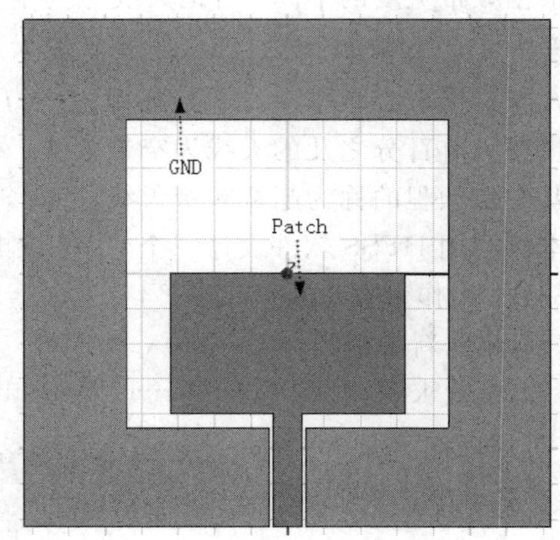

图 2.105　地板及辐射结构模型

(6) 创建波端口：创建馈电面，馈电面长取中心导带宽度的 3 倍，宽取介质厚度的 5 倍；采用波端口馈电。创建波端口如图 2.106 所示。

(7) 创建辐射边界(如图 2.107 所示)：辐射边界距天线辐射边缘的尺寸要求不小于半个波长。

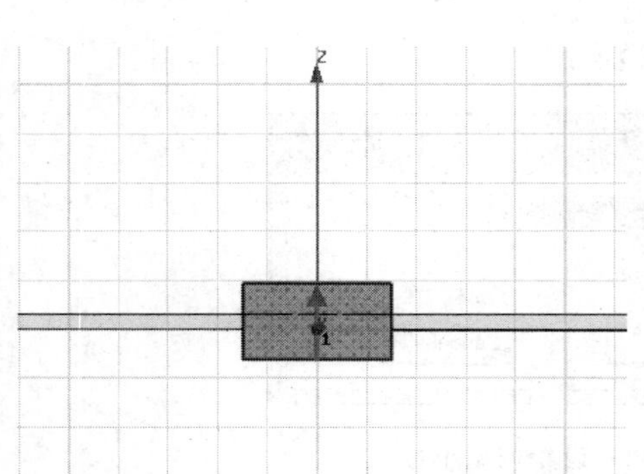

图 2.106　创建波端口

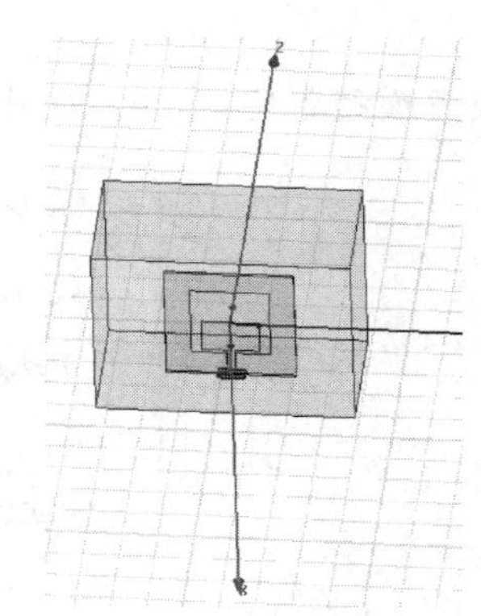

图 2.107　创建辐射边界

(8) 辐射场角设置：选择"HFSS→Radiation→Insert Far Field Setup→Infinite Sphere"。

(9) 求解设置：选择"HFSS→Analysis Setup→Add Solution Setup"，再选择"HFSS→Analysis Setup→Add Sweep"。

(10) 保存工程。

(11) 求解工程：选择"HFSS→Analyse"。

(12) 数据后处理操作如下：

① S 参数(反射系数)。

a. 单击菜单栏"HFSS→Result→Create→Create Modal Solution Data Report"。

b. 接着选择"Rectangle plot"。

c. 在 Trace 窗口中，设置 Solution→Setup1→Sweep1，Domain→Sweep；点击 Y 标签，

选择"Category→S parameter"，"Quantity→S(p1,p1)"，"Function→dB"；最后点击"New Report"按钮完成。

反射系数 S_{11} 曲线如图 2.108 所示。由图可以知道，在天线工作频率为 2 GHz 时，$S_{11}=-27.5$ dB；在 1.68～2.85 GHz 内，$S_{11}<-10$ dB。天线在水平方向上具有全向性，如图 2.109 所示。

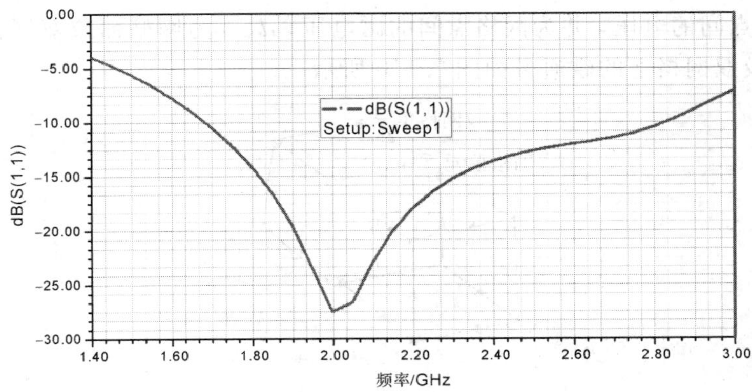

图 2.108　宽频带天线的反射系数曲线

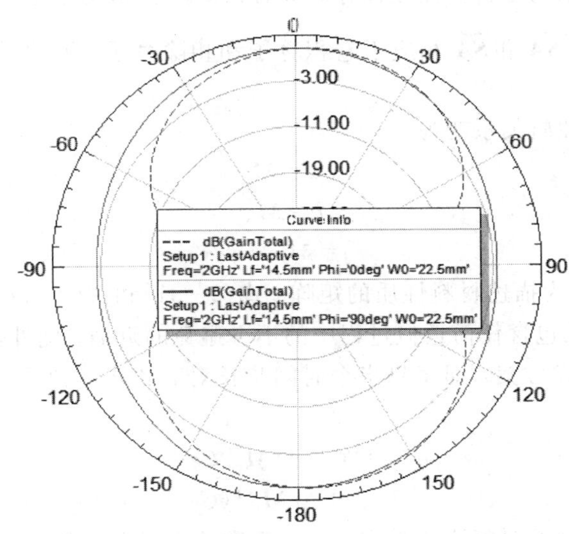

图 2.109　远场增益方向图($f=550$ MHz)

2.2.3　有限积分技术以及基于有限积分技术的软件

有限积分技术(FIT)是用于空间网格上麦克斯韦方程离散形式的兼容计算技术，由 Weiland 于 1977 年提出。有限积分技术可被视为广义的 FDTD 法，它也与有限元法类似。Weiland 提出了麦克斯韦方程确切的代数形式，这样就可确保计算场的物理性质，并能得出唯一的解。通过离散双交错网格上的麦克斯韦方程的积分形式，有限积分技术可以产生所谓的麦克斯韦网格方程(MGEs)，这样就可以确保计算场的物理性质，并可得到唯一的解。

$$\boldsymbol{C}e=-\frac{\mathrm{d}}{\mathrm{d}t}b \tag{2-31}$$

$$\tilde{\boldsymbol{C}}h=\frac{\mathrm{d}}{\mathrm{d}t}d+\mathrm{j} \tag{2-32}$$

$$\boldsymbol{S}b=0 \tag{2-33}$$

$$\tilde{\boldsymbol{S}}b=q \tag{2-34}$$

其中：e 为网格点间的电压，并为网格点间的磁电压；d、b 为网格面或双网格面的磁通量。电压的分布以及双网格上的磁通量如图 2.110 所示。

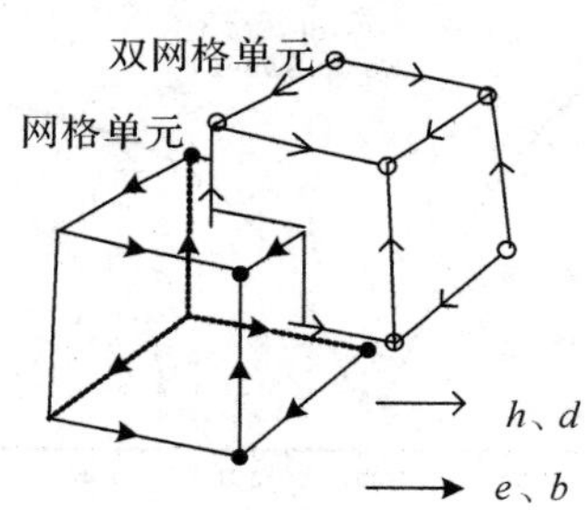

图 2.110　网格中电压和磁通量的分配

由于兼容变换，场的分析性能被保存，从而在双向交错网格上产生相应的离散拓扑算子。拓扑矩阵 $\boldsymbol{C}$ 和 $\tilde{\boldsymbol{C}}$、$\hat{\boldsymbol{S}}\boldsymbol{A}$ 和 $\hat{\boldsymbol{S}}\hat{\boldsymbol{A}}$ 相应于卷积算子和相除算子。波浪号意为执行于双网格的算子。

离散之后，材料性质关系变为

$$d=\boldsymbol{M}_e \tag{2-35}$$

$$b=\boldsymbol{M}_m \tag{2-36}$$

$$\mathrm{j}=\boldsymbol{M}_k e+\mathrm{j}_A \tag{2-37}$$

其中，$\boldsymbol{M}_e$、$\boldsymbol{M}_m$ 和 $\boldsymbol{M}_k$ 为描述材料性质的矩阵。式(2-31)和式(2-34)在给定的网格上是确定的，然而，材料性质包含任何近似过程中的不可避免的近似。此外，矩阵具有对角形式。

运用所谓的跨越式方案，即每隔半个时间步长对 e 和 h 的值采一次样，MGEs 可以写成二阶递归形式：

$$h^{i+1}=h^{i}-\Delta t\,\boldsymbol{M}_m^{-1}\boldsymbol{C}e^{i+1/2} \tag{2-38}$$

$$e^{i+3/2}=e^{i+1/2}+\Delta t\,\boldsymbol{M}_e^{-1}(Ce^{i+1}-\mathrm{j}^{i+1}) \tag{2-39}$$

如果等距网格内部的时间步长受 Courant 标准约束，那么递归是稳定的。

$$\Delta t\leqslant\frac{1}{c\sqrt{\dfrac{1}{\dfrac{1}{\Delta x^2}+\dfrac{1}{\Delta y^2}\dfrac{1}{\Delta z^2}}}} \tag{2-40}$$

每个更远的时间步长的计算只需要一个次向量矩阵相乘，这样它在简明方面具有优势。在笛卡尔网格中，时域 FIT 与 FDTD 等价。

1. CST 软件介绍和计算实例

CST 工作室套装是以有限积分技术(FIT)为基础的通用电磁仿真软件，于 1976 年至 1977 年间，由 Weiland 教授首先提出。该数值方法提供了一种通用的空间离散化方案，可用于解决各种电磁场问题，从静态场计算到时域和频域都有应用。

1）圆锥喇叭天线

要求：仿真喇叭天线的辐射参数。

尺寸：R=10 mm，L=20 mm，Degree=30°。

频带：8～12 GHz。

喇叭天线的模型及方向图如图 2.111 所示。

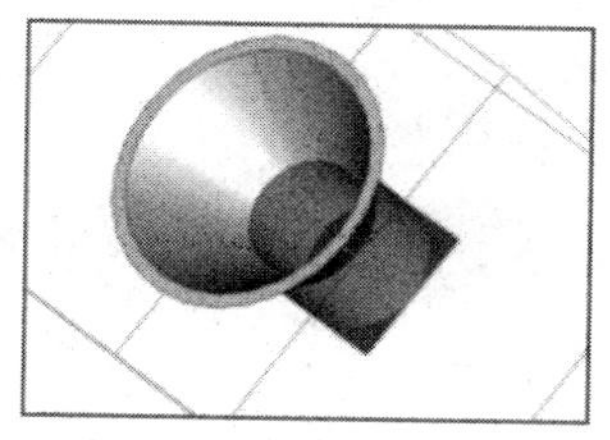

（a）模型结构图

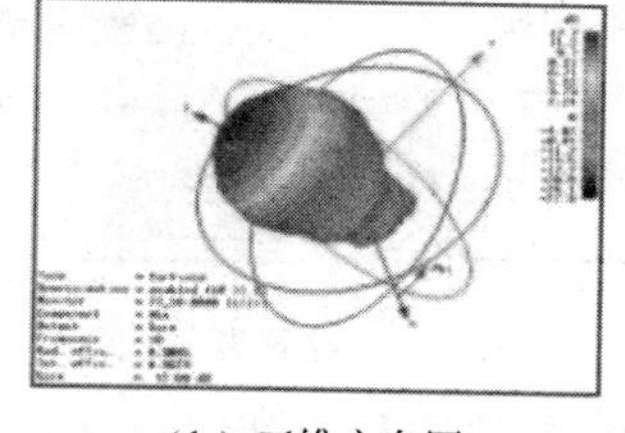

（b）三维方向图

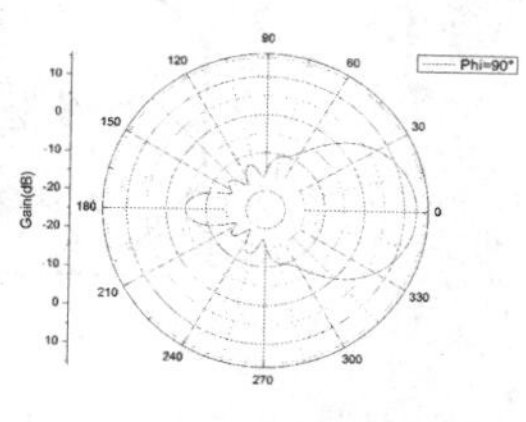

（c）二维方向图

图 2.111　喇叭天线的模型及方向图

（1）创建模型。

① 选择模板，开始新项目。选择空间体天线（Antenna (in Free Space，waveguide)）模板并确认，如图 2.112 所示。

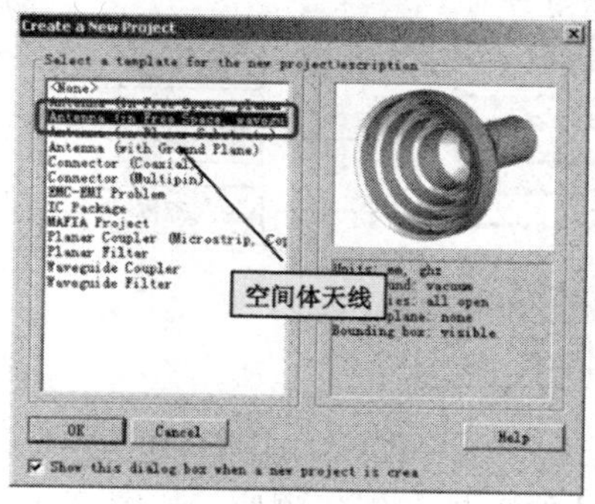

图 2.112　模板选择

对于天线问题，CST MWS 内建了四种模板供选用：空间平面天线、空间体天线、接地平面天线和接地体天线。

② 设置单位。设置单位“Solve→Units”，因模板设置满足我们需要，即 Dimensions 为 mm，Frequency 为 GHz，故此处不做变动，如图 2.113 所示。

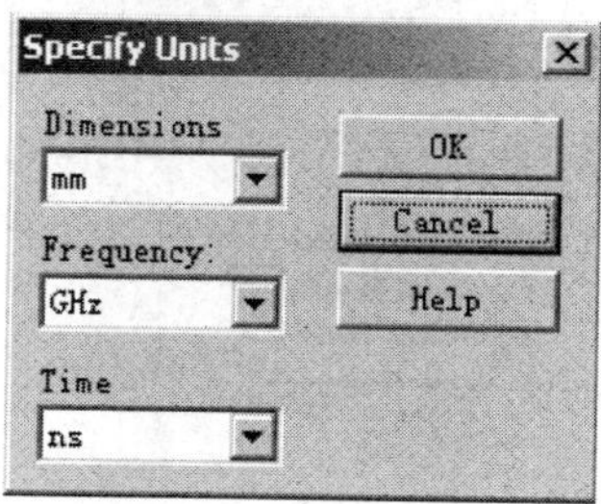

图 2.113　单位选择

③ 设置背景材料。设置背景材料“Solve→Background Material”，因模板设置满足我们需要(背景材料设为真空 Vacuum)，故此处不做变动，如图 2.114 所示。

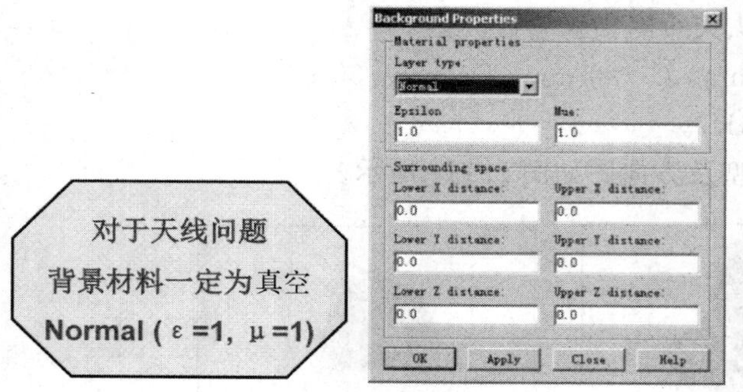

图 2.114 设置背景材料

④ 创建圆柱。选择基本形体中的圆柱“Objects→Basic Shapes→Cylinder”，直接按“ESC”键，弹出窗口，输入以下数据并确定外半径 Outer radius=10，Zmax=20，层 Layer 选择 PEC，如图 2.115 所示。

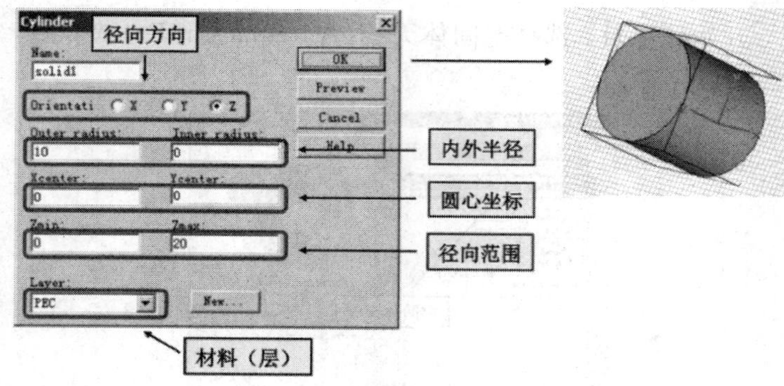

图 2.115 创建圆柱

⑤ 创建喇叭。下面通过拉伸工具来创建喇叭，如图 2.116 所示。先选取圆柱顶面，然后选择拉伸工具，输入以下数据并确定拉伸高度 Height=20，张角 Taper=30°，层 layer 选择 PEC。

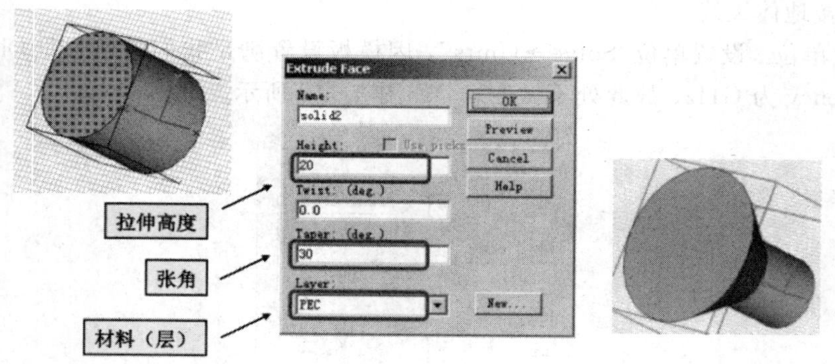

图 2.116 创建喇叭

⑥ 全层相加。在 NT 中选择 PEC 层，使用全层相加“Objects→Add All Shapes on Layer”命令将两个物体加在一起，则整个 PEC 层变成一个物体，如图 2.117 所示。

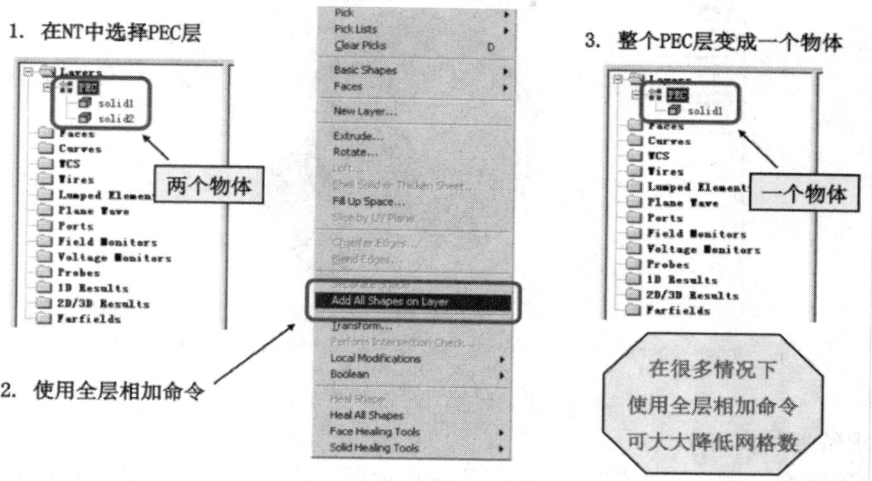

图 2.117　叠加物体

⑦ 掏空。先分别选取物体前后两个面，然后选中此物体，使用掏空“Objects→Shell Solid or Thicken Sheet”命令，弹出窗口，输入以下数据并确认，选中 Outside，并且 Thickness=2，生成喇叭，如图 2.118 所示。

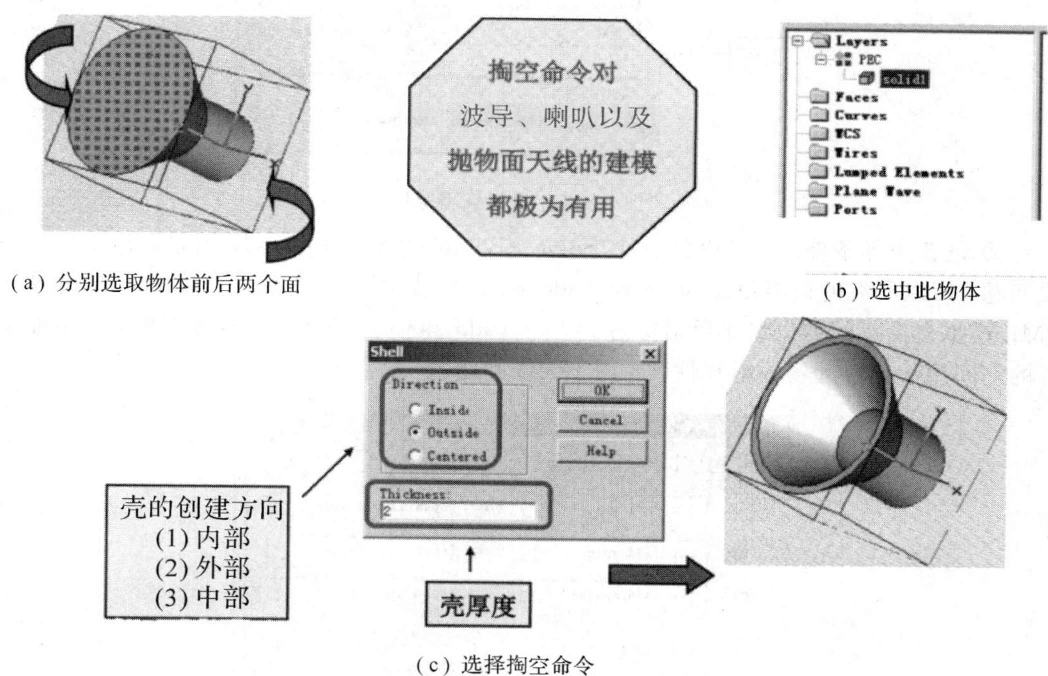

(a) 分别选取物体前后两个面

(b) 选中此物体

(c) 选择掏空命令

图 2.118　生成喇叭

⑧ 建模完成。至此，整个建模工作完成，如图 2.119 所示。

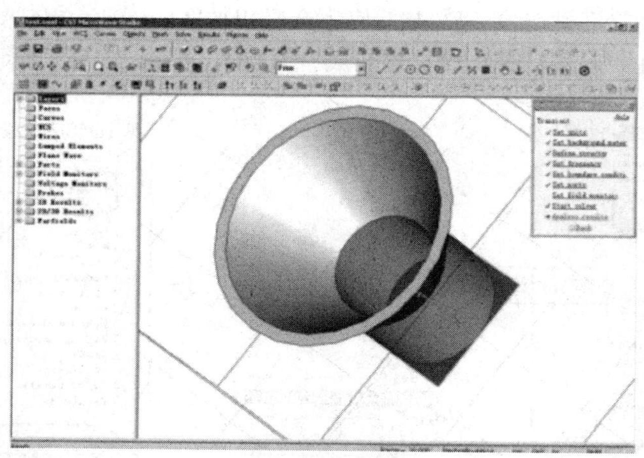

图 2.119　建模完成

(2) 求解器的设置。

① 设置频率。设置频率范围"Solve→Frequency"，将上频(Fmax)和下频(Fmin)分别设置为 12 和 8，如图 2.120 所示。

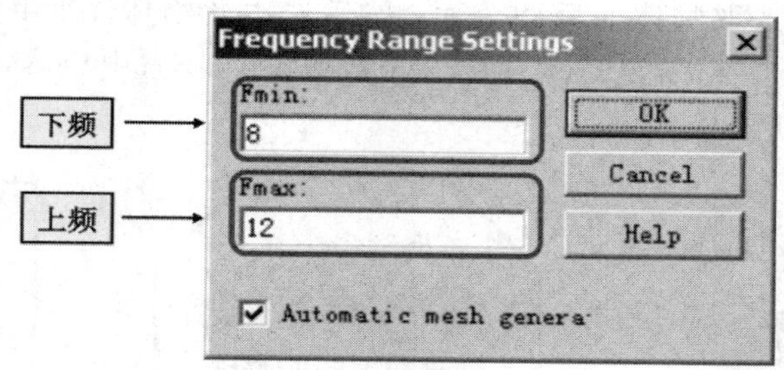

图 2.120　设置频率范围

② 设置边界条件。设置边界条件"Solve→Boundary Conditions"，因是自由空间中的天线问题，所以所有的边界设定为 Open (add space)，如图 2.121 所示。Open：在边界上加 PML 模拟自由空间波以最小反射穿过。Open (add space)：与 Open 边界类似，但增加了额外的空间用于计算远场辐射特性，专用于天线问题。

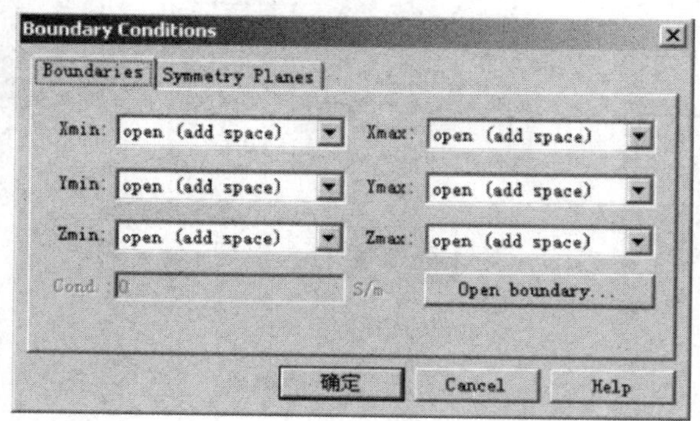

图 2.121　设置边界条件

③ 设置端口。设置波导端口“Solve→Waveguide Ports”，输入参数后确定模式吸收数=5，如图 2.122 所示。

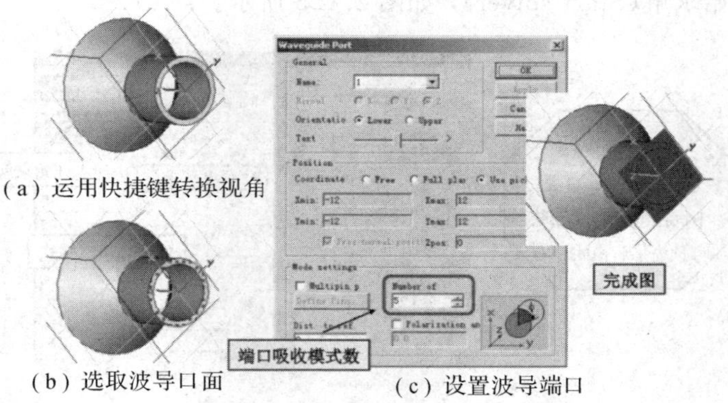

图 2.122　设置端口

④ 设置监视器。设置监视器“Solve→Filed Monitors”，完成以下设置后按“OK”按钮，选中远场/RCS(Farfield/RCS)类型，频率 Frequency=10(GHz)，如图 2.123 所示。

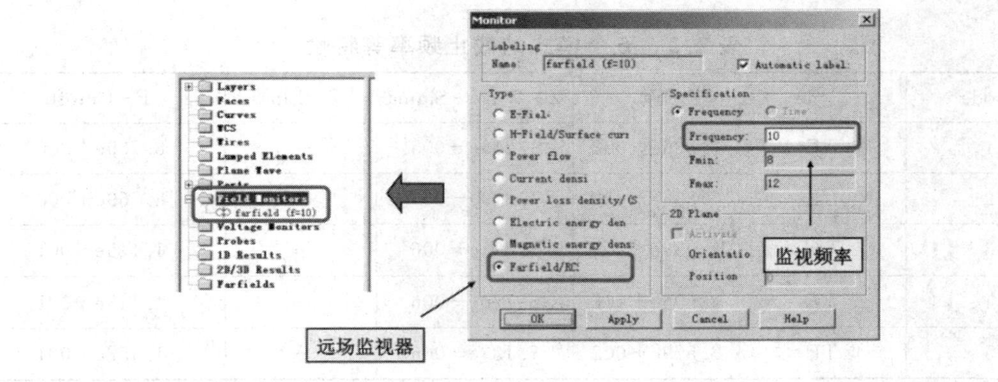

图 2.123　设置监视器

⑤ 设置宽带远场监视器。运用系统宏“Macros→Monitors→Broadband Farfield Monitors”，可一次性设定多个远场监视器。

执行宏后出现对话框，将起始、终止频率和步长分别改为 9、11 和 1(即共设 9、10、11 三个监视器)并确认，如图 2.124 所示。

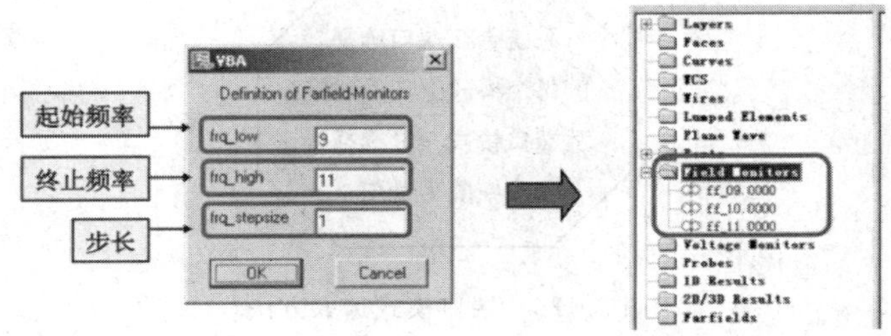

图 2.124　设置宽带远场监视器

(3) 模式分析。

① 启动。设置求解器“Solve→Transient Solver”，选中“仅计算端口模式”(Calculate modes only)，开始求解(Start solver)，如图 2.125 所示。

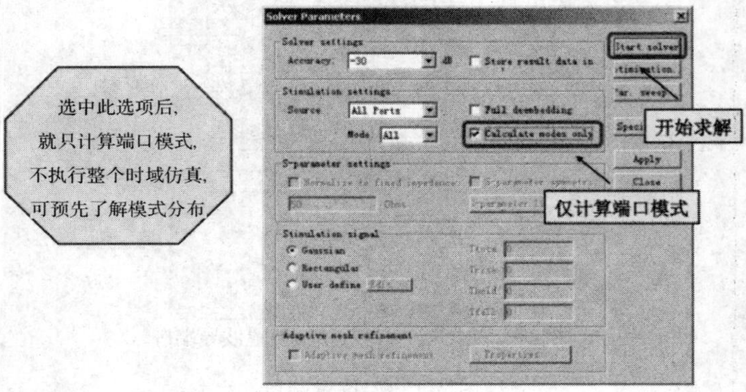

图 2.125　设置求解器

② 记录文件。打开求解记录文件“Results→View logfiles→Solver logfile”，其内容见表 2.2。

表 2.2　五个模式的截止频率等特性

Mode	Type	Z - Wave	Z - Wave - Sigma	Z - Line	F - Cutoff
1	TE	7.836e+002	1.219e−005	—	8.769e+000
2	TE	7.836e+002	1.219e−005	—	8.769e+000
3	TM	2.099e+002	3.871e−006	—	1.145e+001
4	TE	3.596e+002	8.770e−006	—	1.448e+001
5	TE	3.579e+002	7.133e−006	—	1.452e+001

此表列举了头五个模式的截止频率等特性。在最高频率(Fmax=12 GHz)以下，有三个模式。

为了减小误差，必须去掉频带内高次模的影响，故端口设置的吸收模式数不能小于 3。端口模式选取方法如图 2.126 所示。

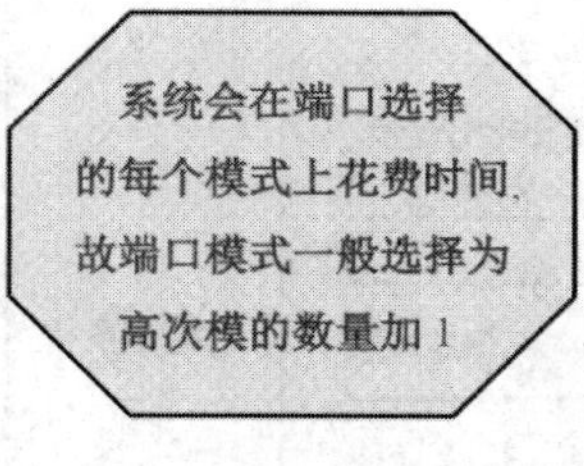

系统会在端口选择
的每个模式上花费时间，
故端口模式一般选择为
高次模的数量加 1

图 2.126　端口模式选取方法

③ 场分布。观察基模电场分布“NT→2D/3D Results→Port Modes→Port1→e1”，如图 2.127 所示。

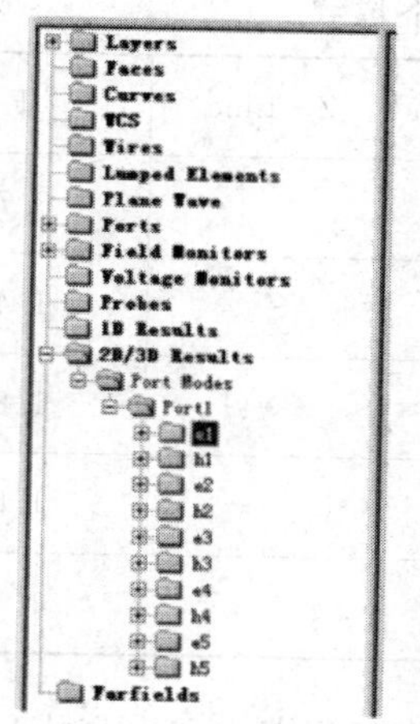

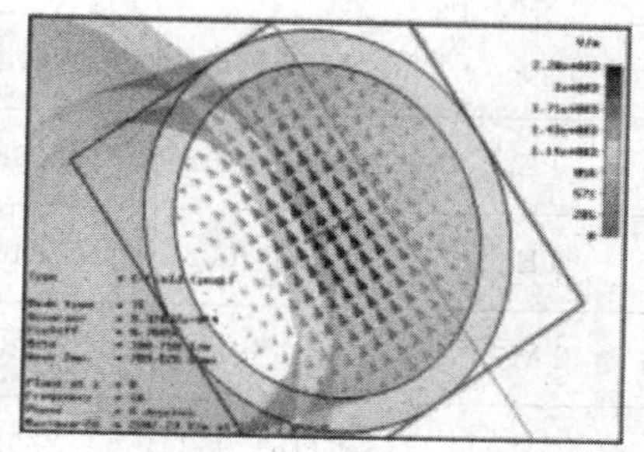

图 2.127　端口基模电场分布图

④ 设置对称面。设置对称面“Solve→Boundary Conditions→Symmetry Planes”。

因本问题基模的电力线都垂直于 YZ 平面，YZ 平面相当于电壁，故可以在 YZ 平面设置电壁(electric (Et=0))，以降低一半的网格数目，如图 2.128 所示。

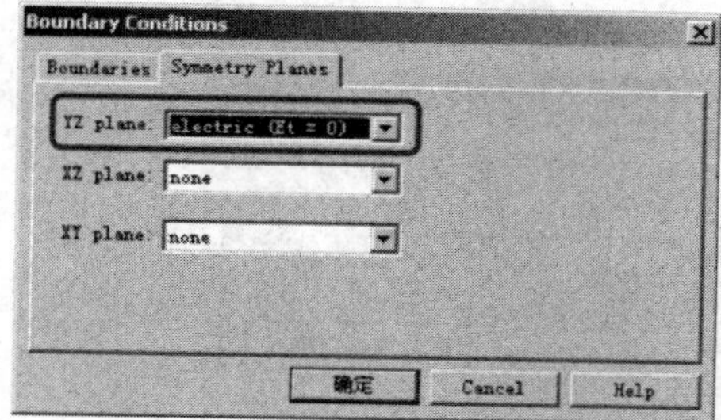

图 2.128　设置电壁

⑤ 对称面影响。设置对称面后再次进行模式分析，观察求解记录文件，发现头五个模式发生了变化，分别见表 2.3 和表 2.4。

表 2.3　不设对称面的头五个模式

Mode	Type	Z - Wave	Z - Wave - Sigma	Z - Line	F - Cutoff
1	TE	7.836e+002	1.219e−005	—	8.769e+000
2	TE	7.836e+002	1.219e−005	—	8.769e+000
3	TM	2.099e+002	3.871e−006	—	1.145e+001
4	TE	3.596e+002	8.770e−006	—	1.448e+001
5	TE	3.579e+002	7.133e−006	—	1.452e+001

表 2.4　设对称面后的头五个模式

Mode	Type	Z-Wave	Z-Wave-Sigma	Z-Line	F-Cutoff
1	TE	7.836e+002	1.223e-005	—	8.769e+000
2	TE	3.596e+002	8.784e-006	—	1.448e+001
3	TM	2.488e+002	8.052e-008	—	1.815e+001
4	TE	5.711e+002	1.239e-005	—	1.816e+001
5	TE	2.195e+002	5.978e-006	—	1.986e+001

因为对称面的设置让某些模式被“吃”掉了(如基模的简并模式和次高模)，所以在仿真多模问题时，要特别注意对称面的设置。

(4) S参量和场值的计算。

设置求解器“Solve→Transient Solver”，去掉选择“仅计算端口模式”(Calculate modes only)，设置激励模式(Mode)为1，开始求解(Start solver)，如图2.129所示。

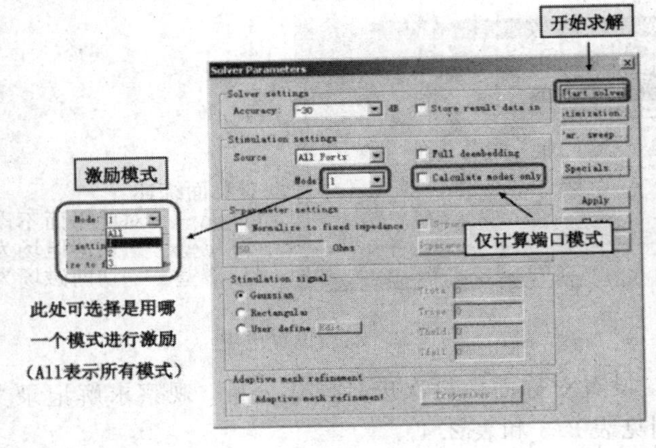

图 2.129　设置求解器

① 1D Results。在1D Results中观察S11和驻波曲线，如图2.130所示。

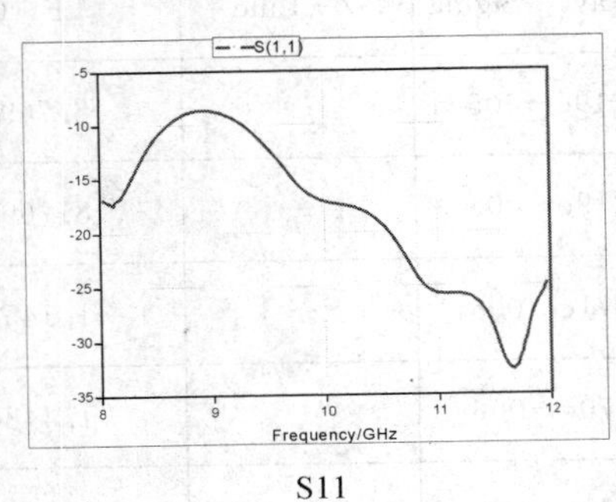

S11

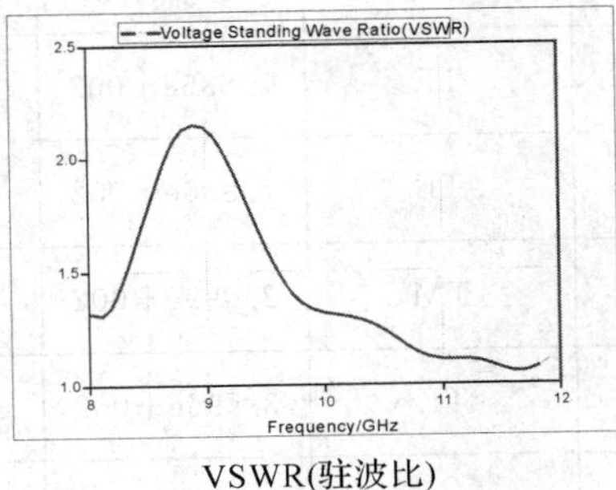

VSWR(驻波比)

图 2.130　S11以及驻波曲线

② Farfield－3D 方向图。天线的远场辐射特性可在“NT→Farfields”中得到，如图 2.131 所示。

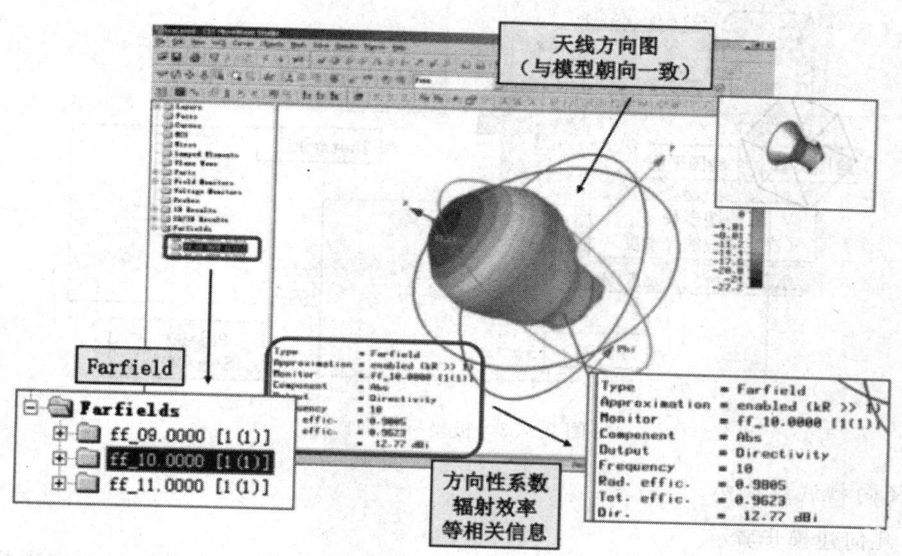

图 2.131　天线远场辐射特性

③ Farfield 一特性参数 1 。可在“特性参数”窗口对 Farfield 结果的显示进行设置，在 Farfield Plot 中选择“Plot Mode”页面，并在下拉菜单中选择增益(Gain)并确定，则显示的 3D 方向图就由方向性系数改为增益，同时左下角也可看到最大增益的具体数值。增益方向图如图 2.132 所示。

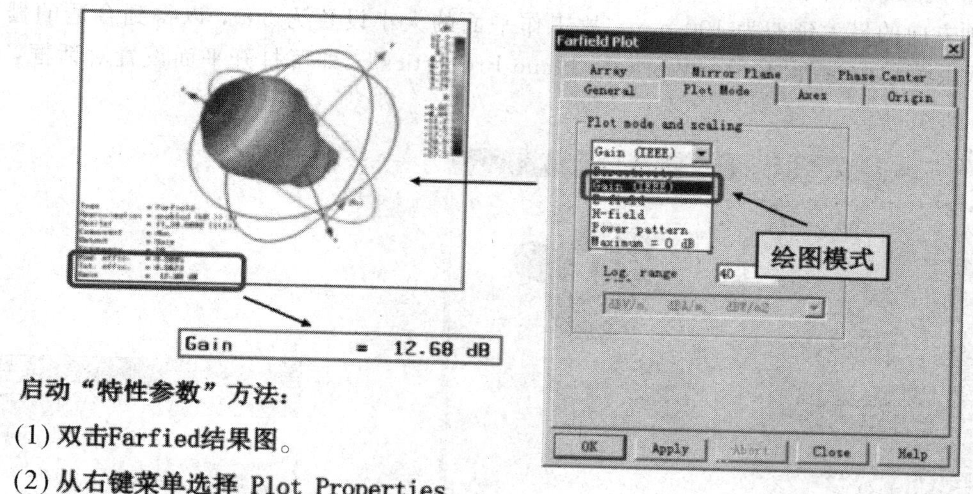

图 2.132　增益方向图

④ Farfield 一特性参数 2。在 Farfield Plot 中选择“General”页面，在绘图类型(Plot type)中选择“Polar”，设置好绘图平面参数并确定，就可得到对应的极坐标方向图，如图 2.133 所示。

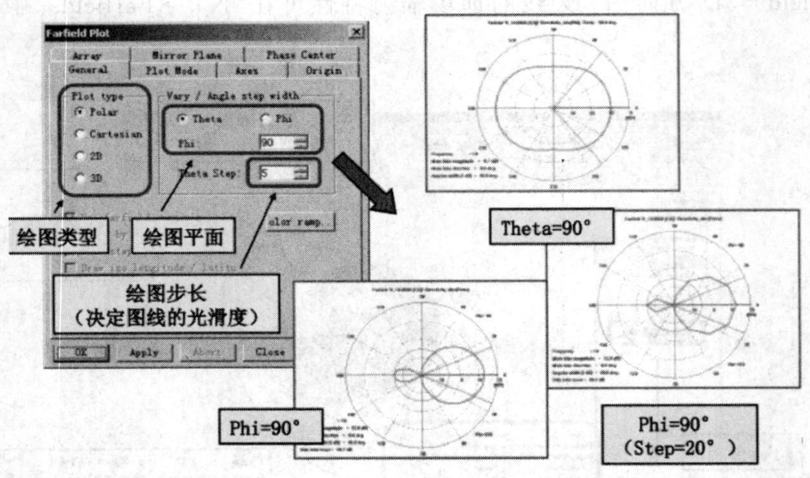

图 2.133　极坐标方向图

2）径向槽波纹喇叭

(1) 几何建模步骤。

① 选择模板。启动 CST 设计环境后，选择创建一个新的 CST 微波工作室项目，此时系统会要求用户选择一个最合适欲仿真器件的模板。这里我们选择“Antenna(Horn, waveguide)”，如图 2.134 所示。

此模板自动将单位设为 mm 和 GHz，背景材料设为真空(vacuum)，而所有的边界都设为 open(add space)。

② 定义工作平面。我们需要设定一个相对器件来说足够大的工作平面。因为本结构在坐标轴方向的最大延伸为 100 mm，故工作平面的大小设置为 300，以得到合适的栅格间距。从主菜单中选择“Edit→Working Plane Properties”，即可打开平面设置对话框，如图 2.135 所示。

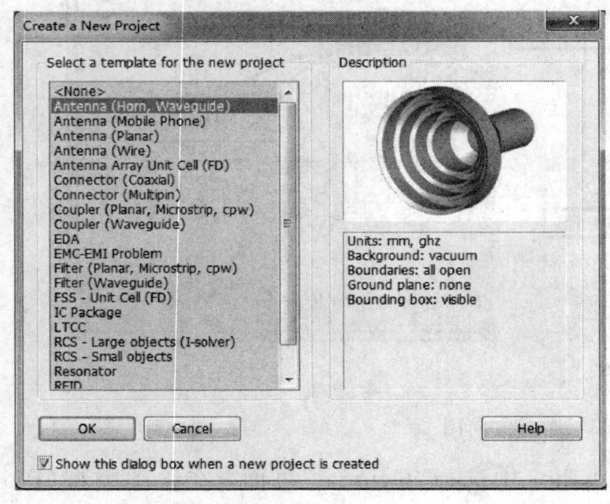

图 2.134　模板选择

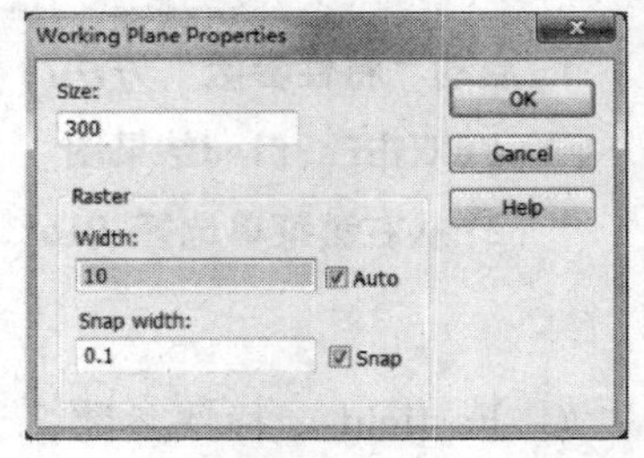

图 2.135　工作平面设置

③ 绘制喇叭轮廓。根据喇叭的形状，我们可以利用圆柱和圆台创建工具轻松完成。首先，我们创建喇叭的张口段，激活圆台创建模式“Objects→Basic Shapes→Cone”。

当系统提示输入中心点时，按“Shift＋Tab”键，打开以下对话框，输入坐标值，如图 2.136 所示。

接着按下“Tab”键，在弹出的对话框中为圆台上顶面定义半径(Radius)为 0.7* lambda，如图 2.137 所示。

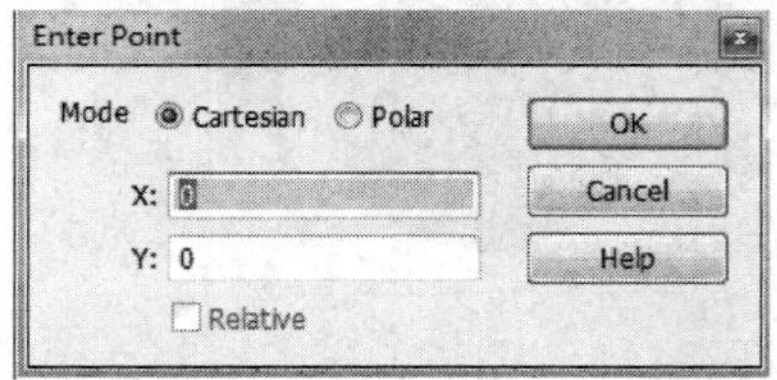

图 2.136　输入圆台中心点

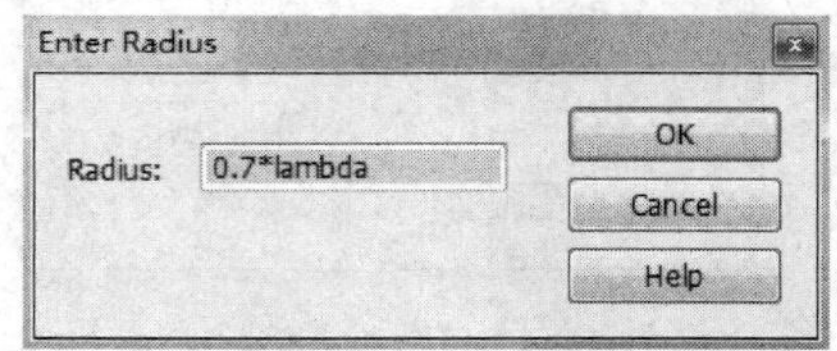

图 2.137　输入圆台顶面半径

这里，所有的尺寸都和波长有关，为了方便起见，这里使用了参数化设置，将波长定义为参数。点击“OK”按钮后，在弹出的对话框中为参数 lambda 设定数值，如图 2.138 所示。

同样的方法，可以定义圆台的高(6.4 * lambda)和下底面的半径(3.1/2 * lambda)，如图 2.139 所示。

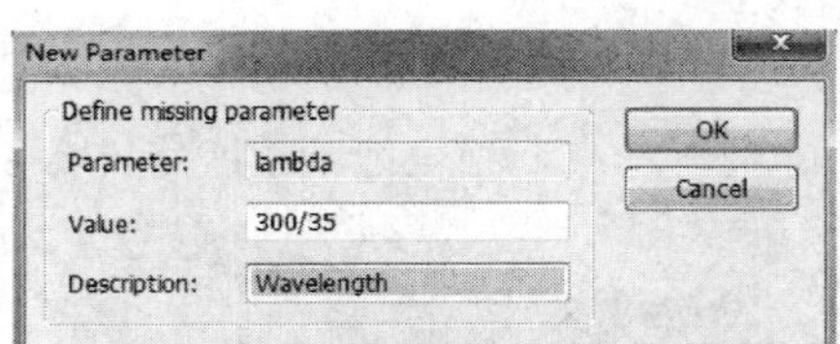

图 2.138　定义变量

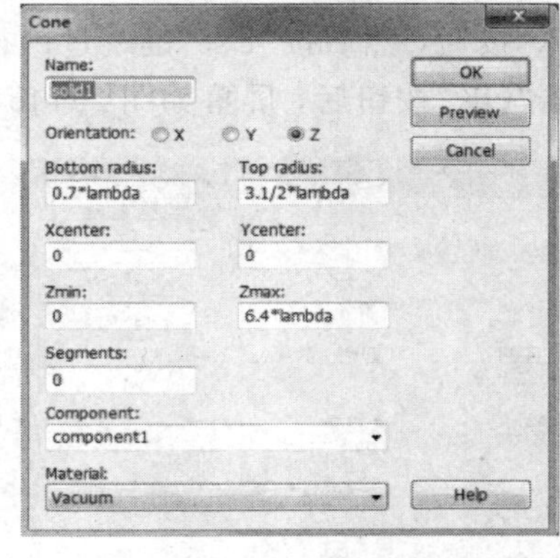

图 2.139　输入圆台高以及底面半径

点击“OK”按钮，得到如图 2.140 所示的圆台 3D 模型。

接下来激活选面工具(Pick→pick face)，依次双击选中圆台的上顶面和下底面，如图 2.141 所示。

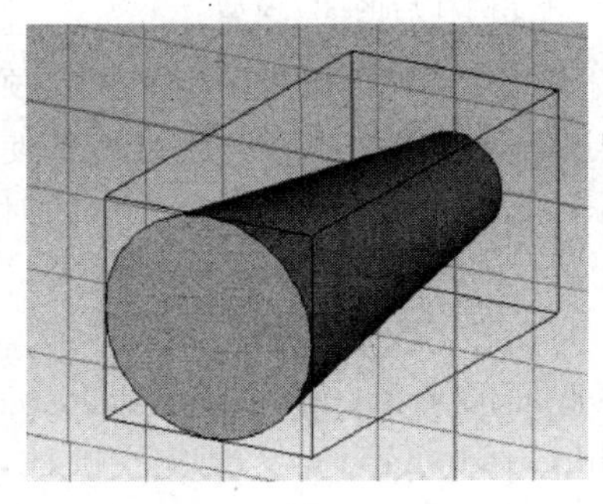

图 2.140　圆台 3D 模型

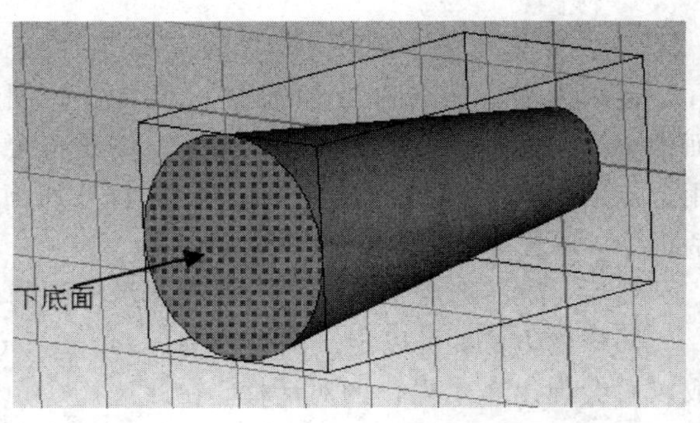

图 2.141　选中圆台上顶面和下底面

在导航树中选中“Solid1”，选择“Objects→Shell Solid or Thicken Sheet…”进行掏空操作，这里在弹出的对话框中选择“Outside”，并输入数据，如图 2.142 所示。

然后，点击“OK”按钮，得到如图 2.143 所示的模型。

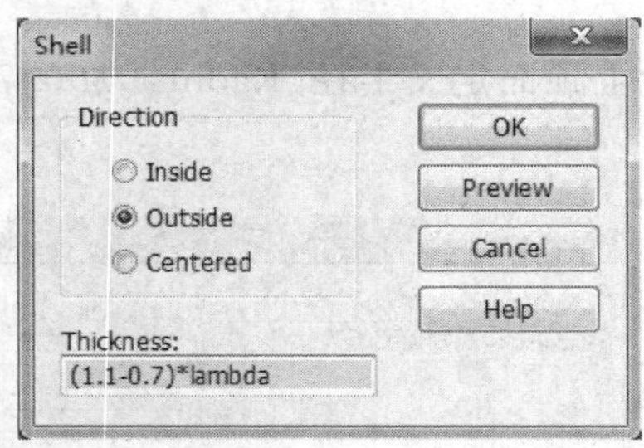

图 2.142　掏空圆台

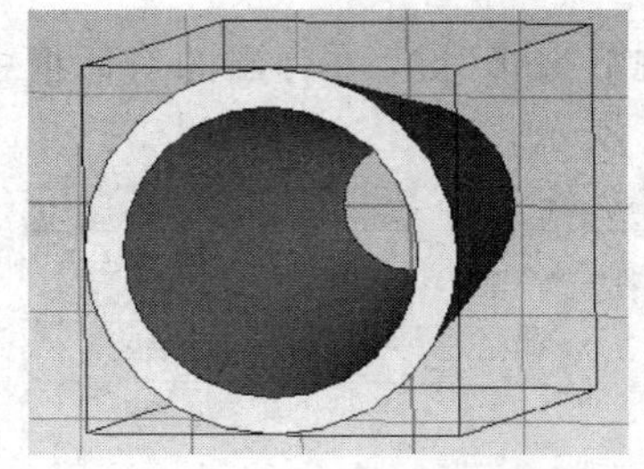

图 2.143　掏空后圆台 3D 模型

接下来创建渐变段，激活圆柱创建工具“Objects→Basic Shapes→Cylinder”，按下“Shift＋Tab”键，定义圆柱的中心为坐标原点。点击“OK”按钮确认后，系统要求定义圆柱的半径，此时激活选点工具“○”，双击图示的上顶面圆周，系统自动确定新建圆柱的半径等于上顶面的半径。

接着，再次按“Tab”键，在弹出的对话框中指定圆柱的长度(Height)为－4.5 * lambda，点击“OK”按钮，然后按“Esc”键跳过内径的设置，弹出以下对话框，如图 2.144 所示。

点击“OK”按钮后，屏幕如图 2.145 所示。

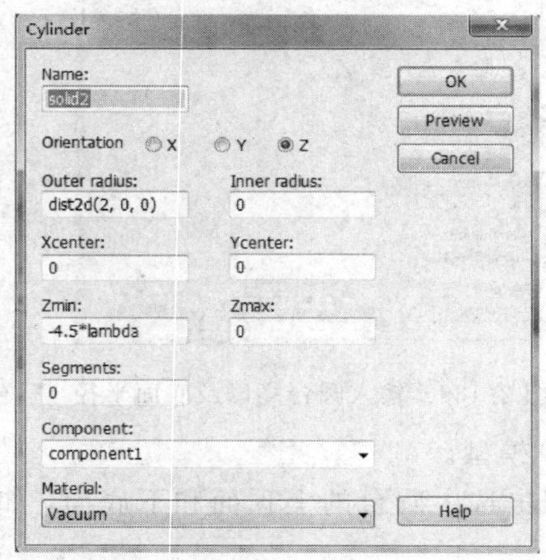

图 2.144　圆台尺寸

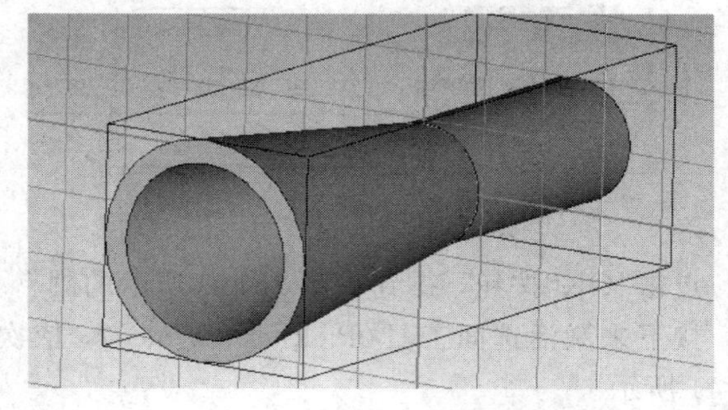

图 2.145　画完圆柱后的 3D 模型

接下来需要掏空刚创建的圆柱，激活圆台创建工具，按下“Shift＋Tab”键，定义圆台顶面中心为坐标原点。再次按下 Tab 键，系统将要求用户确定圆台顶面的半径，此时还是使用选点的工具来确定其大小。为此，先打开切面视图“View→Cutting Plane”，在弹出的对话框中，选择 Axis 为 X 轴。

然后，激活选点工具“○”，双击图示的圆周确定半径。

同样的方法，可以定义圆台的高(－4.5 * lambda)和下底面的半径(0.4 * lambda)，完成以后会弹出布尔操作的对话框，在此选择“Cut away highlighted shape”，以便掏空圆柱，如图 2.146 所示。

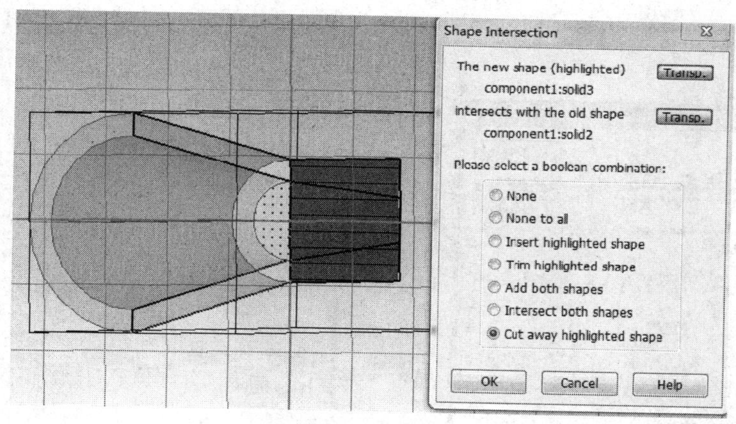

图 2.146　布尔操作

接下来创建馈电波导部分，先激活选面工具"■"，然后双击圆柱底面将其选中，如图 2.147 所示。

然后，激活拉伸工具对话框，输入拉伸高度为 0.25 * lambda，如图 2.148 所示。

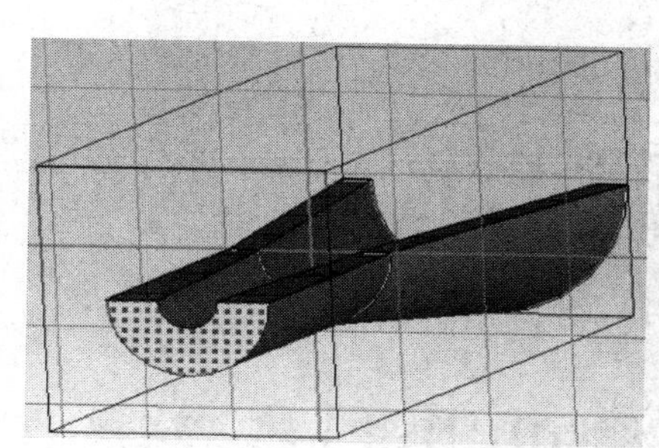

图 2.147　经过布尔操作后的圆柱

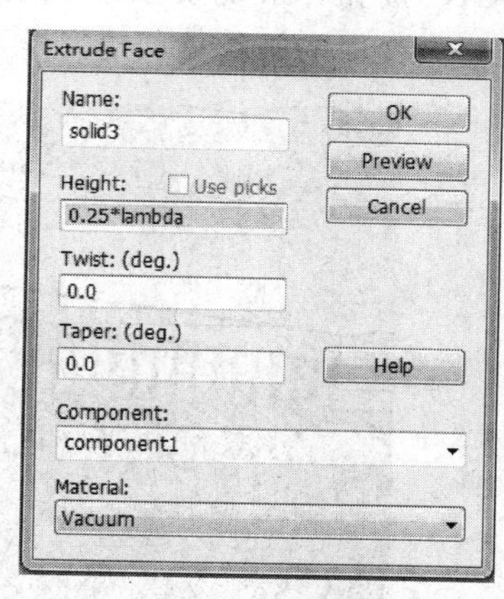

图 2.148　设置尺寸及材料

最后，将已经创建的 solid1、solid2、solid3 材料更改为 PEC。

④ 创建皱纹。即创建喇叭内的皱纹。可以使用圆柱与已有喇叭轮廓来进行布尔操作方式割出皱纹槽。我们先来创建渐变段的皱纹。为此，激活局部坐标系，将其移至 solid3 的顶面。

将局部坐标系移动到所选表面后，激活圆柱创建工具"●"，按下"Esc"键，在弹出的对话框中输入圆柱外径为(0.45+0.5) * lambda，圆柱高为 0.1 * lambda，材料选为 Vacuum，如图 2.149 所示。

点击"OK"按钮后，系统提示需要进行布尔操作，如果暂时不需要任何布尔操作，则选 none。

选中刚才创建的圆柱 solid4，选择"Objects→Transform"，在弹出的对话框中，将 solid4 沿 w 轴平移复制 35 个，间距为(0.1+0.25 * 0.1) * lambda，同时勾选 Copy 和 Unite 选项，如图 2.150 所示。

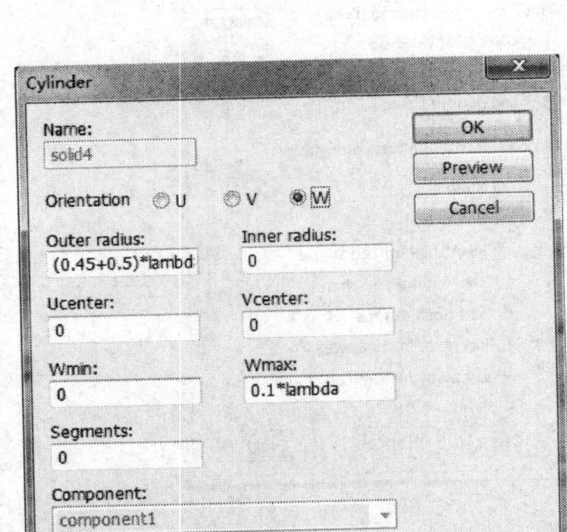

图 2.149 创建圆柱

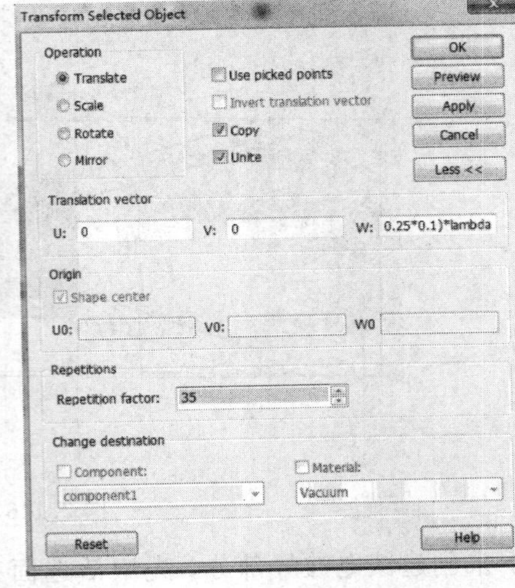

图 2.150 图形移动界面

点击"OK"按钮，系统要求对交叠图形进行布尔操作，选择"Cut away highlighted shape"，这样渐变段的皱纹就创建完毕了。打开切面视图，进行查看，如图 2.151 所示。

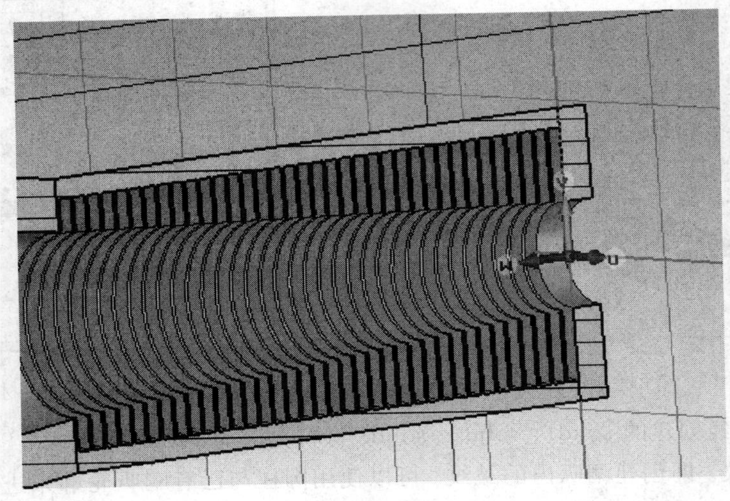

图 2.151 加入皱纹

接下来创建喇叭张口部分的皱纹。此部分的皱纹高度均为 0.25λ，宽度为 0.025λ，皱纹间的缝隙为 0.1λ。因此，相邻皱纹间的高度差可由下式得出：

$$\Delta t=0.125\times\frac{3.1-1.7}{2\times6.4} \tag{2-41}$$

换言之，如果参照渐变段皱纹的建模方法，皱纹间的缝隙可以用圆柱创建，相邻圆柱的半径差即为 Δt。利用 VBA 语言能快速地创建喇叭张口部分的波纹。

先将局部坐标系与全局坐标系重合"WCS→Align the WCS with global coordinates"，即先创建第一个缝隙，激活圆柱创建工具，按下"Esc"键，在弹出的对话框中输入圆柱外径为(0.7+0.25) * lambda，圆柱高度为 0.1 * lambda，如图 2.152 所示。

点击“OK”按钮后，系统提示选择布尔操作时，选择“Cut away highlighted shape”，如图 2.153 所示。

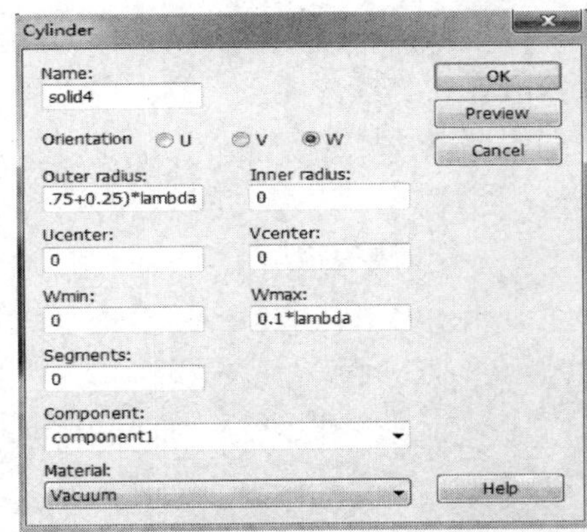

图 2.152　创建圆柱

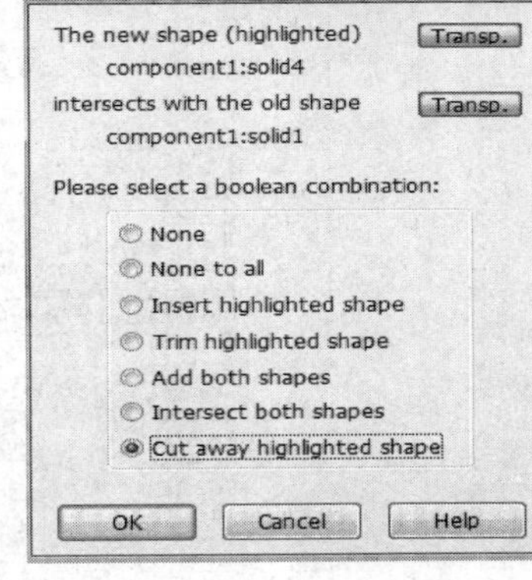

图 2.153　布尔操作

从主菜单选择“WCS→Move Local Coordinate System”，然后在弹出的对话框 DW 栏中输入 0.125 * lambda，如图 2.154 所示。

随后创建第二个圆柱，将圆柱外径设为(0.7+0.25) * lambda+0.125 * lambda * ttt，圆柱高度设为 0.1 * lambda，点击“OK”按钮确认后，会弹出对话框，要求为变量 ttt 赋值，则输入(3.1−1.7)/(2 * 6.4)，如图 2.155 所示。

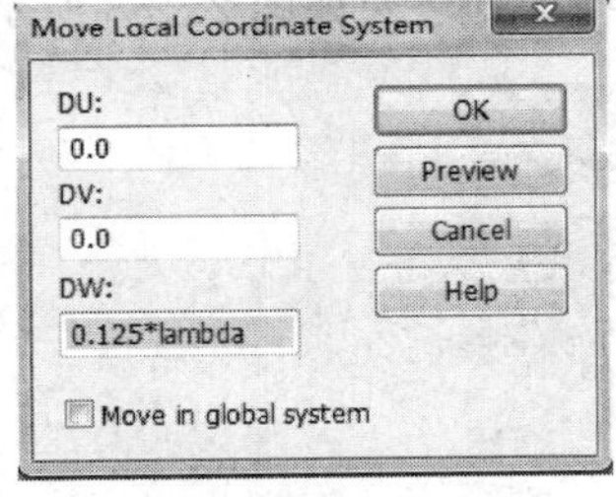

图 2.154　移动坐标系

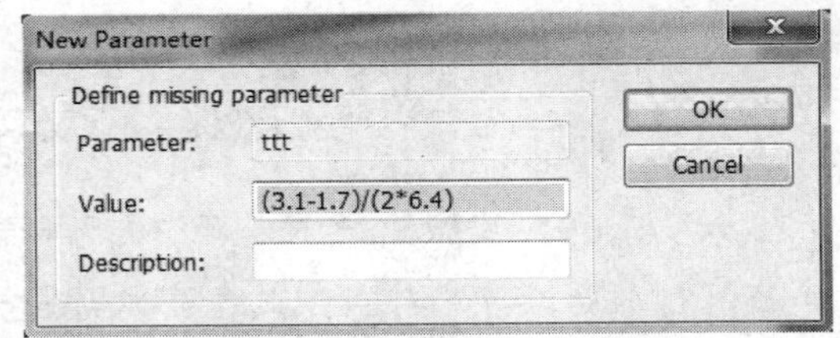

图 2.155　定义变量

点击“OK”按钮后，选择“Cut away highlighted shape”，接下来打开历史树列表，选中第二个圆柱的创建过程，如图 2.156 所示，点击“Macro...”按钮，打开 VBA 宏语编辑窗口，如图 2.156 所示。

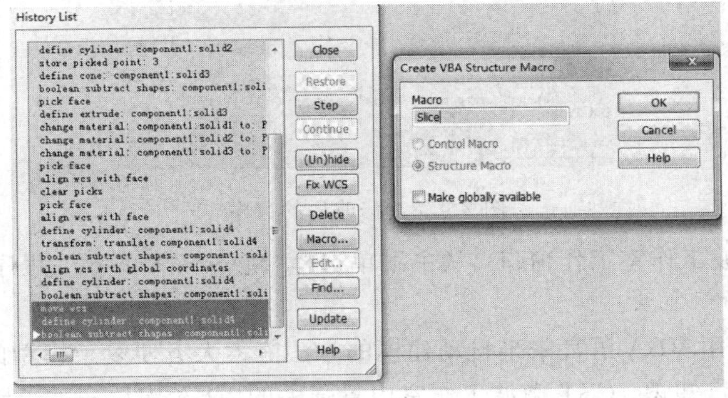

图 2.156　VBA 宏语编辑窗口

这三个步骤对应的 VBA 程序如图 2.157 所示。

```
' Slice

Sub Main ()

'@ move wcs

WCS.MoveWCS "local", "0.0", "0.0", "0.125*lambda"


'@ define cylinder: component1:solid4

With Cylinder
     .Reset
     .Name "solid4"
     .Component "component1"
     .Material "Vacuum"
     .OuterRadius "(0.7+0.25)*lambda+0.125*lambda*ttt"
     .InnerRadius "0"
     .Axis "z"
     .Zrange "0", "0.1*lambda"
     .Xcenter "0"
     .Ycenter "0"
     .Segments "0"
     .Create
End With


'@ boolean subtract shapes: component1:solid1, component1:solid4

With Solid
     .Version 9
     .Subtract "component1:solid1", "component1:solid4"
End With


End Sub
```

图 2.157　VBA 程序

接下来的皱纹创建也可以按此方法进行，只是对应的圆柱半径依次应该增加 ttt。因此，使用循环语句可以轻松实现此后每个圆柱的创建。修改后的结构创建宏如图 2.158 所示。

```
Sub Main ()
Dim iii As Integer
Dim sss As String
For iii=2 To 51 STEP 1
sss="(0.7+0.25)*lambda+0.125*lambda*ttt"+"*"+ CStr(iii)

'@ move wcs

WCS.MoveWCS "local", "0.0", "0.0", "0.125*lambda"


'@ define cylinder: component1:solid4

With Cylinder
     .Reset
     .Name "solid4"
     .Component "component1"
     .Material "Vacuum"
     .OuterRadius sss
     .InnerRadius "0"
     .Axis "z"
     .Zrange "0", "0.1*lambda"
     .Xcenter "0"
     .Ycenter "0"
     .Segments "0"
     .Create
End With


'@ boolean subtract shapes: component1:solid1, component1:solid4

With Solid
     .Version 9
     .Subtract "component1:solid1", "component1:solid4"
End With

Next iii
End Sub
```

图 2.158　修改后的程序

回到 CST 微波工作室工作窗口，从主菜单选择"Macros→slice"，程序会自动将剩余的皱纹创建完毕。

注意：这种使用 VBA 语言来半自动建模的方法能大大方便复杂模型的创建。当然这需要一定的 VBA 语言知识。CST 微波工作室内置强大的 VBA 宏语言，能帮助我们快速进行建模、后处理等工作。

最后，我们将目前所建立的三部分结构合并到一起，在导航树中选中 solid1、solid2、solid3，然后选择“Objects→Boolean→add”，随后给模型取名为 horn。到此，我们完成了径向波纹喇叭的建模，最后的模型如图 2.159 所示。

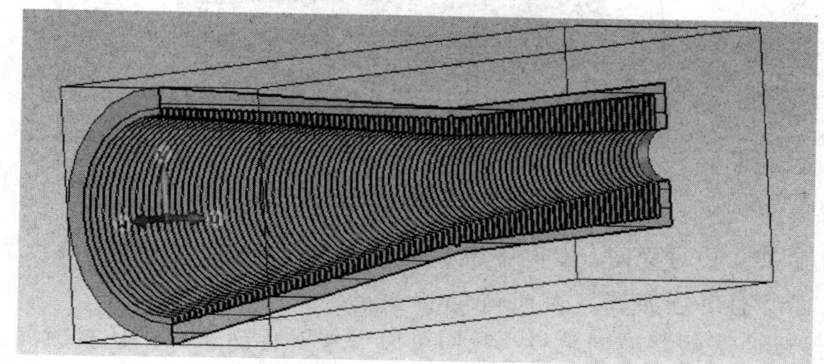

图 2.159　最终 3D 模型

（2）求解器的设置。

① 定义端口。波导端口能将结构无限延伸，所以其横截面必须足够大，要能够完全覆盖微带线的模式；另一方面，横截面又不能太大，以避免高次模在端口的传播。

在本例中，先激活选边工具“![icon]”，双击选中图 2.160 所示的波导口。

随后，打开波导端口定义对话框，选择“Solve→Waveguide Port”来定义端口，如图 2.161 所示。

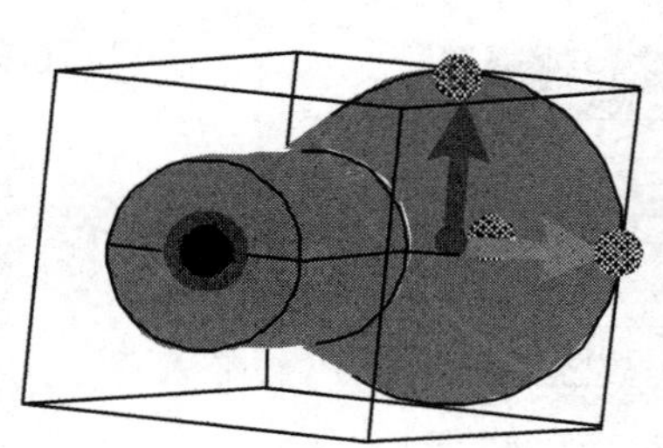

图 2.160　选中波导口

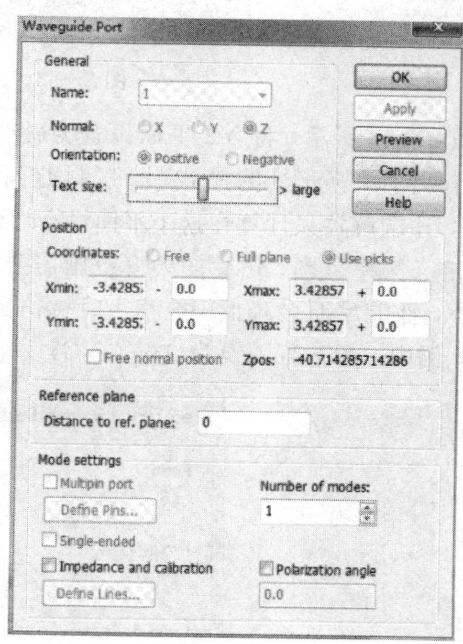

图 2.161　定义端口

弹出的对话框中可以进行相关的设置。本例中保持缺省设置，点击“OK”按钮确认。

定义端口后的模型如图 2.162 所示。

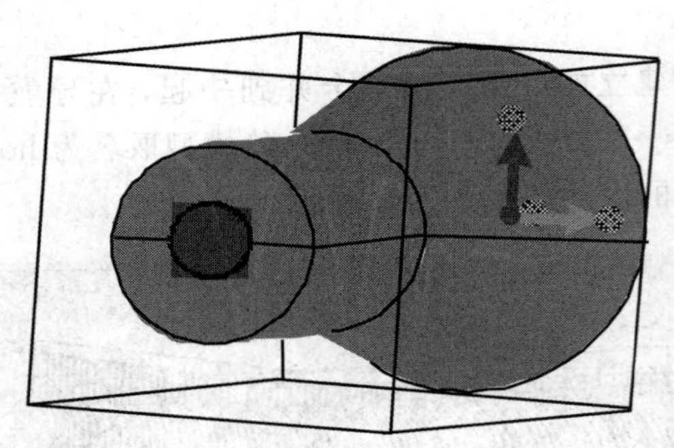
图 2.162　定义端口后的模型

② 定义边界条件和对称面。本例中模板自动将单位设为 mm 和 GHz，背景材料设为真空(Vacuum)，而所有的边界都设为 open(add space)。

考虑到波纹喇叭天线具有对称性，我们可以设置对称面来减小仿真时间。

打开边界条件对话框“Solve→Boundary Conditions”，并在该对话框中选择“Symmetry Planes”页面，进入对称面定义模式，如图 2.163 所示。

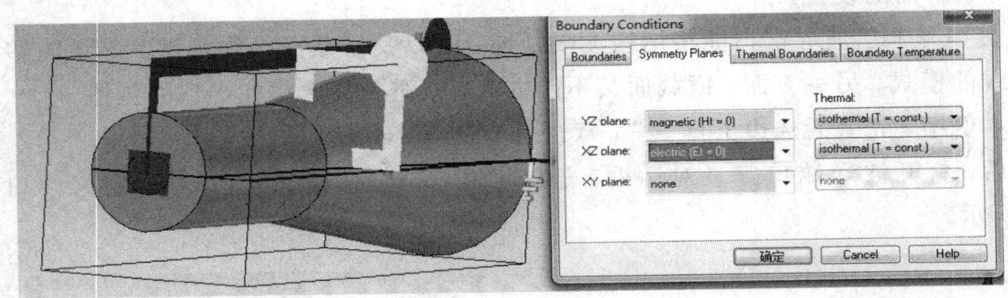

图 2.163　定义边界条件

如图 2.163 所示，将 YZ 平面设置为磁壁(magnetic($H_t=0$))，让求解器只计算在这个平面没有切向磁场分量的模式(即强制此面只有切向电场)。将 XZ 平面设置为 electric ($Et=0$)，让求解器只计算在这个平面没有切向电场分量的模式(强制此面上只有切向磁场)。

③ 定义频率范围。仿真的频率范围需要仔细选择，对时域求解器来说，如果选择频率范围太小，性能反而会降低。推荐在时域仿真时尽可能使用大的带宽 20%～100%。

本算例中，频率范围设为 33～37 GHz，如图 2.164 所示，点击“OK”按钮确认。

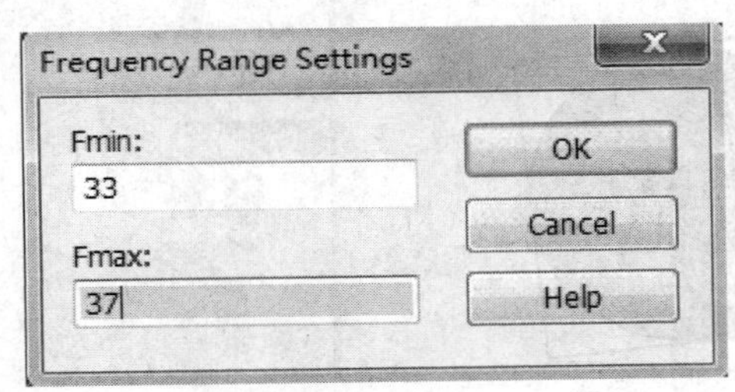

图 2.164　定义频率范围

④ 定义观察表面电流的监视器与远场监视器。除了 S 参量，微带线仿真元件在各个频率下的电流分布也是很有用的。CST 微波工作室的时域求解器只需进行一次计算，即可获得多

个频点的表面电流分布。我们可以定义场监视器(field monitors)来指定要存储场值的频点。

选择“Solve→Field Monitors”，打开监视器定义对话框，如图 2.165 所示。

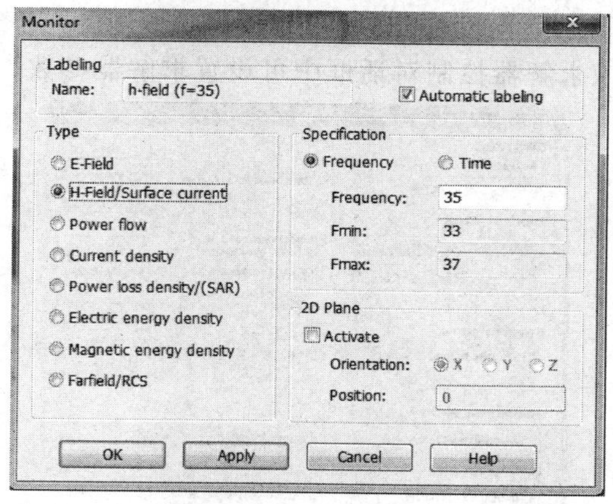

图 2.165　定义监视器

在该对话框中，先选择“Type→H-Field/Surface current”，然后在 Frequency 栏中为该监视器指定频率，随后点击“Apply”按钮保存监视器设置。这里定义监视器的频率为 35 GHz，确认后点击“Apply”按钮。每定义一个监视器，都会在导航树的 Monitors 文件夹中看到。

同样的方式定义远场监视器，选择“Farfield/RCS”，指定频率为 35 GHz 的监视器。定义好监视器后，点击“OK”按钮关闭对话框。

⑤ 网格设置。打开网格属性设置对话框选择“Mesh→Global Mesh Properties”，将网格 Lines per wavelength 设置为 40，Lower mesh limit 设置为 40，并把 Smallest mesh step 设置为 0.1，如图 2.166 所示。

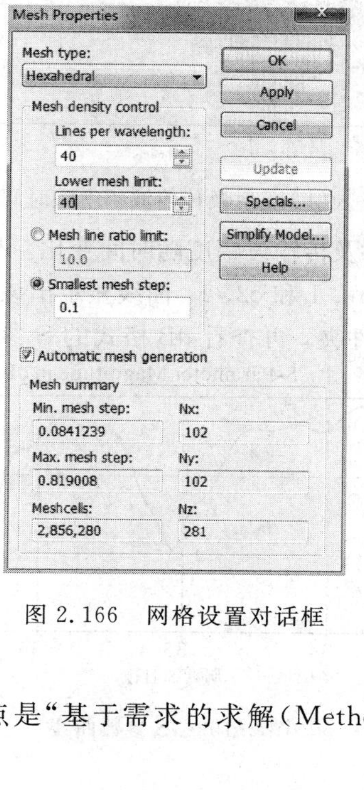

图 2.166　网格设置对话框

(3) S 参量和场值的计算。

CST 微波工作室的一个特点是“基于需求的求解(Method on Demand)”方法，因而可以根据不同的问题选择合适的求解器和网格设置；另一优点是可以将完全不同的方法的求解结果进行比较。下面我们在时域求解器中计算 S 参量。

选择主菜单“Solve→Transient Solve”，打开时域求解器参数（Transient Solver Parameters）对话框，在该求解器控制对话框中可设置求解器参数，如图 2.167 所示。

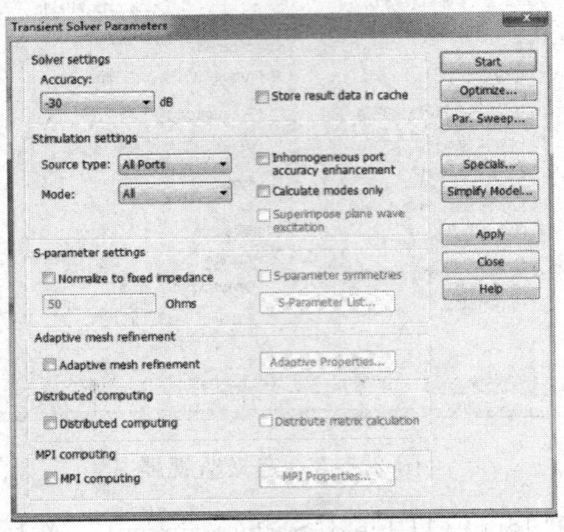

图 2.167 设置时域求解器参数

最后，点击“Start”按钮开始计算。

① 1D 结果(端口信号和 S 参量)。首先来查看端口信号。打开导航树中“1D Results”文件夹并点击“Port signals”文件夹。

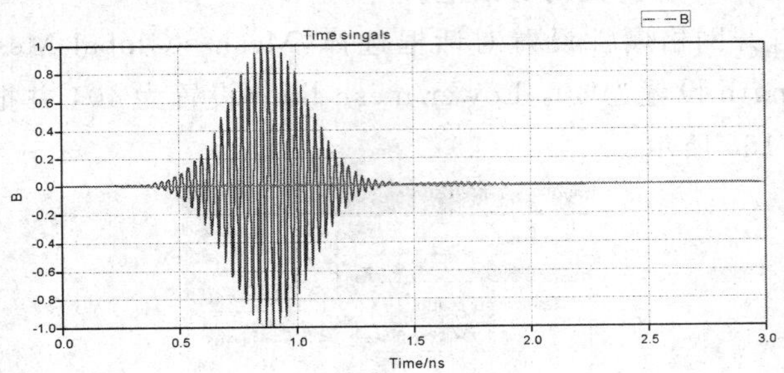

图 2.168 入射、反射及传输波幅度随时间变化的曲线

图 2.168 显示了入射、反射及传输波幅度随时间变化。入射波幅度称为 i1，两个端口的反射波幅度和传输波幅度分别为 o1、1 和 o2、1。曲线显示出该仿真元件的端口反射非常小。

点击“1D Results→dB”文件夹，再查看 dB 格式的 S 参量，如图 2.169 所示。

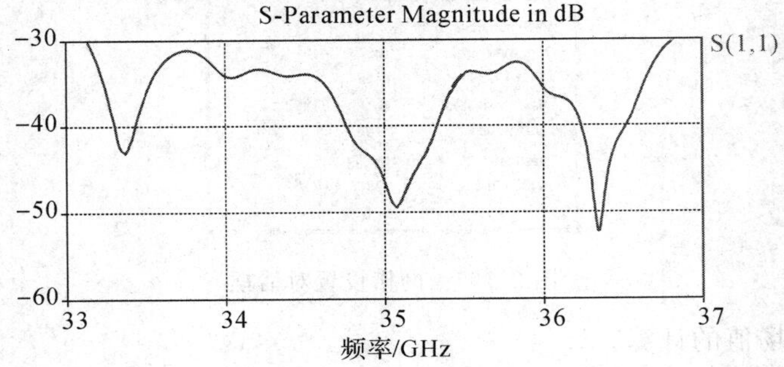

图 2.169 S 参数曲线

如我们所期，大部分频带内的输入反射 S1、1 都非常小(小于－30 dB)。

② 2D 和 3D 结果(端口模式和场监视器)。最后是观察 2D 和 3D 场结果。首先，打开导航树“2D/3D Results→Port Modes→Port1”文件夹查看端口模式。要查看端口基模的电场，点击 e1 文件夹，结果如图 2.170 所示。

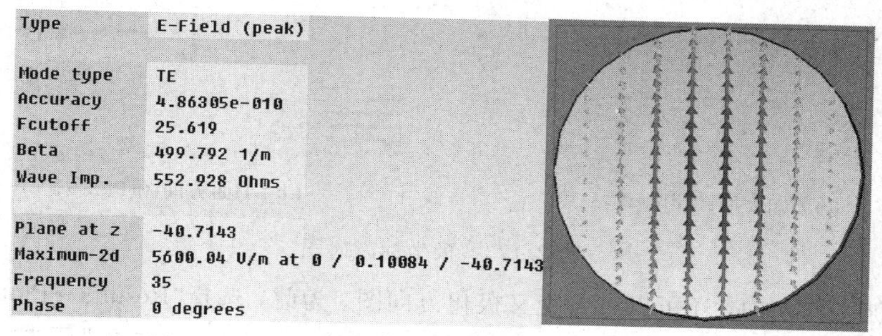

图 2.170　端口基模的电场

该视图也显示端口模式的一些重要特性，如模式类型、传播常数和波阻抗等。

从导航树中选择“2D/3D Results→Surface Current”文件夹，便可看到全三维的导体表面电流分布，如图 2.171 所示。

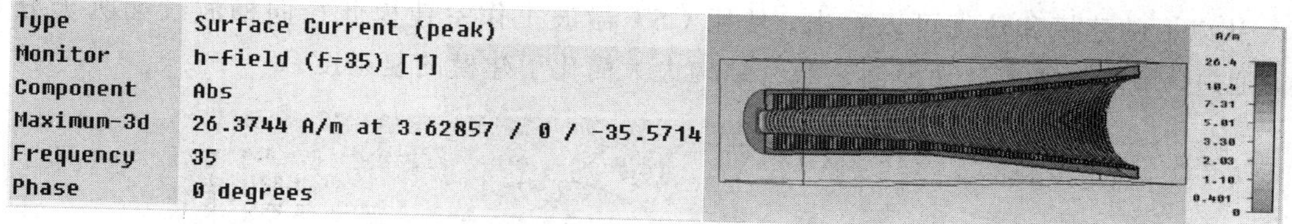

图 2.171　导体表面电流分布

选择“Results→Animate Fields”，即可打开或关闭动态电流显示。

在导航树的“Farfield→farfield(f=35)”即可查看频率为 35 GHz 的远场，并会显示全空间的方向系数图。如图 2.172 所示，最大辐射功率在 z 轴方向上。

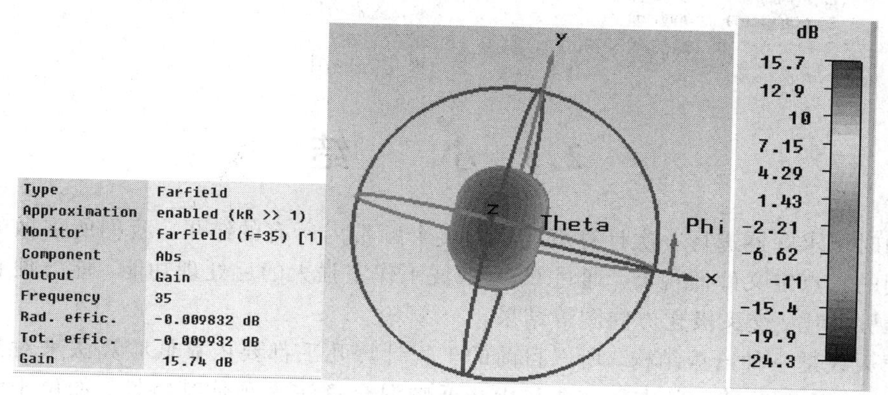

图 2.172　3D 远场方向图

从图 2.172 可以看出此径向槽波纹喇叭的辐射效率很高，能达到 0.9977。为了方便比较波纹喇叭 E 面和 H 面的方向图特性，我们可以选择极坐标图(Results→Plot Properties

→Polar)或直角坐标图(Results→Plot Properties→Cartesian)，如图 2.173 所示。

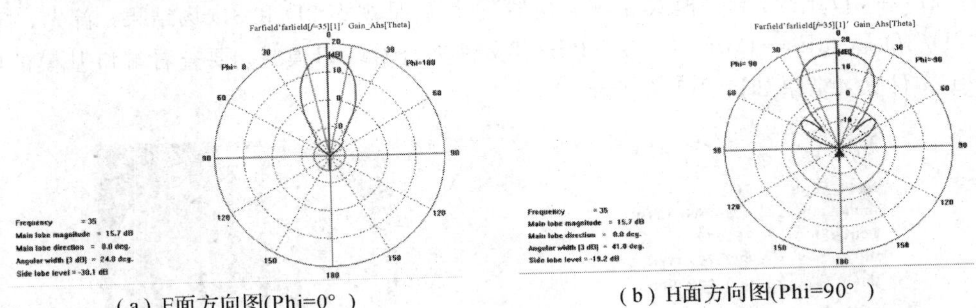

(a) E面方向图(Phi=0°)　　(b) H面方向图(Phi=90°)

图 2.173　极坐标方向图

CST 微波工作室中，还可以查看交叉极化方向图。为此，选择“Results→Plot Properties”，打开绘图属性对话框，并转到 Axes 页面下，在“Coordinate system”下拉菜单中选择“Ludwig3”，随后点击“OK”按钮，以便查看交叉极化方向图。

从导航树中选择“Farfields→farfield(f=35)→Ludwig3 Horizontal”，即可查看交叉极化方向图(由于馈电波导端口电场方向为 Y 轴方向，所以 ludiwg3 坐标系下水平分量为交叉极化分量)。如图 2.174 所示，我们可以看到此波纹喇叭明显减小了交叉极化。

从以上的建模和仿真可以看出，使用 CST 微波工作室建模此径向槽波纹喇叭十分方便，通过 VBA 宏来半自动地创建皱纹结构大大简化了建模的复杂度。

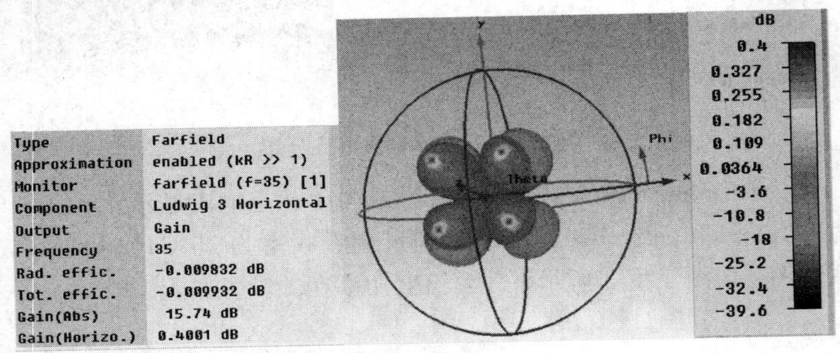

图 2.174　交叉极化方向图

2.3　小　　结

使用时域求解器进行一次计算就能得到整个频带内所有的结果，我们所需做的就是为想要观测的频点定义好监视器。通过 CST 微波工作室强大的后处理功能，能方便直观地得到如电压驻波比、交叉极化方向图等结果。

由于天线是一种谐振结构，所以目前的工程计算几乎都要依靠低频算法来对其进行精确计算，仅有少部分特殊状态下需要采用高低频混合算法来预估其特性。如位于大型载体上的天线辐射场受载体影响的分析等。随着计算机计算能力的提升，低频算法将逐步成为工程计算的主要方法，对应的软件也将成为主要的仿真工具。因此，本教材对基于高频和高低频混合算法的软件将不作详细介绍，有兴趣的读者可以参阅其他相关书籍。

第3章　线　天　线

天线的分类方法很多，按天线的主体结构形式可分为线天线和面天线。通常，当天线辐射体的截面半径远小于波长时，可将该天线归类于线天线。相对而言，线天线是较为简单的天线形式，因此很多教材对天线辐射机理和主要参数的讲述都会以最原始的线天线——电基本振子作为出发点。常用的作为基础类型的线天线包括对称振子天线、单极子天线、环形天线、螺旋天线、行波线天线（V 形、菱形）等。为适应不同的需求，由上述基础类型发展出各种线天线：以增大带宽为目标的领结形对称振子天线、笼形天线、套筒天线等；以提高增益为目标的八木天线、对数周期天线、线天线阵列等；以易于集成为目标的平面印刷天线，如印刷对称振子、印刷八木天线、印刷对数周期天线等。上述这些天线从机理上来讲都可以归入线天线的类别。另外，根据巴俾涅等效原理，有时缝隙天线也可以被等效为线天线来进行分析。

本章基于实际的设计需求，重点介绍对称振子天线（包括笼形对称振子天线）、单极子天线（包括套筒单极子天线）、八木天线、环形天线和螺旋天线。而对数周期天线等其他线天线将在后续的章节中结合宽频带设计技术进行介绍。

3.1　对称振子天线

图 3.1 所示的对称振子天线是较为常见的最基本的天线形式之一。它由等长的两臂构成，在两臂中间进行馈电。其单臂长度可记为 L。对称振子的振子截面通常为圆形，半径可记为 a。

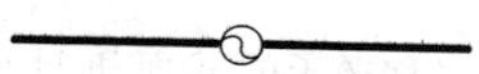

图 3.1　对称振子天线

对称振子产生的辐射场是两个臂上由馈源激励的电流叠加构成的，其表达式为

$$E_\theta = \int_0^1 \mathrm{d}E_{\theta1} + \int_{-1}^0 \mathrm{d}E_{\theta2} = \mathrm{j}\,\frac{60I_\mathrm{m}}{r}\,\frac{\cos(\beta_0\cos\theta)-\cos\beta_0 l}{\sin\theta}\mathrm{e}^{-\mathrm{j}\beta_0 r} \tag{3-1}$$

其中：I_m 表示馈电电流对应的峰值（并不一定对应于馈电电流）；l 表示天线长度；r 为对称振子距观察点的距离；β_0 为衰减常数，其对应的方向函数为

$$f(\theta,\ \varphi)=\frac{|E|}{\dfrac{60I_\mathrm{m}}{r}}=\left|\frac{\cos(\beta_0 l\cos\theta)-\cos\beta_0 l}{\sin\theta}\right| \tag{3-2}$$

输入阻抗为

$$Z_\mathrm{in}=Z_\mathrm{CA}\frac{\sinh(2\alpha l)-\dfrac{\alpha}{n\beta_0}\sin(2n\beta_0 l)}{\cosh(2\alpha l)-\cos(2n\beta_0 l)}-\mathrm{j}Z_\mathrm{CA}\frac{\dfrac{\alpha}{n\beta_0}\sinh(2\alpha l)+\sin(2n\beta_0 l)}{\cosh(2\alpha l)-\cos(2n\beta_0 l)} \tag{3-3}$$

其中：I_m、l、β_0 的意义同式(3－1)；α 表示对称振子的相移常数；Z_{CA} 为对称振子的特性阻抗。

当对称振子的长度约为半个工作波长时，称其为半波振子，此时天线的输入阻抗为 73 Ω，可以产生具有良好对称性的辐射方向图。半波振子是应用最为广泛的基本天线形式。

利用电磁软件对对称振子进行仿真时，其基本结构如图 3.2 所示。由图 3.2 可以看出，天线由矩形片构成的馈电端口和两个圆柱形辐射臂构成。由于振子末端的缩短效应，天线的长度会略小于半波波长。图 3.3 给出对称振子产生的三维辐射方向图，图 3.4 给出对称振子的 E 面和 H 面方向图，图 3.5 给出对称振子的输入阻抗和 S11 参数。

图 3.2　对称振子仿真模型结构　　图 3.3　对称振子的三维辐射方向图

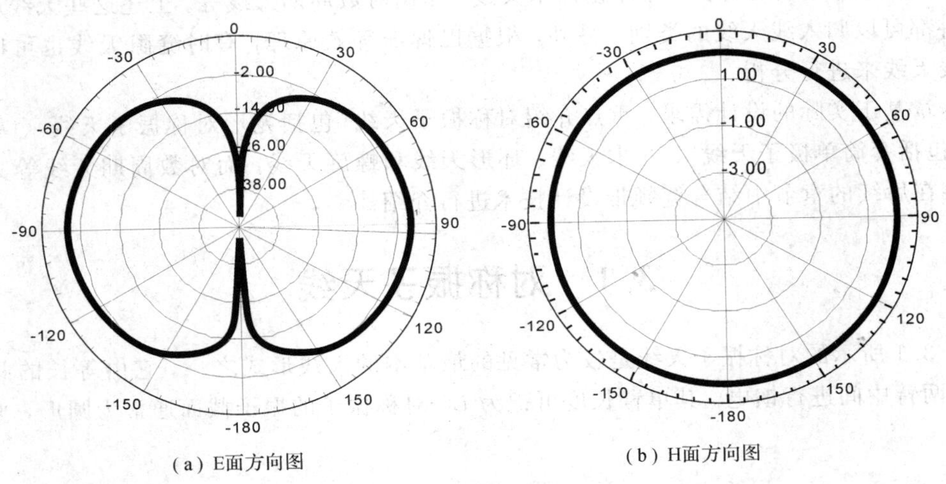

(a) E面方向图　　(b) H面方向图

图 3.4　对称振子的 E 面和 H 面方向图

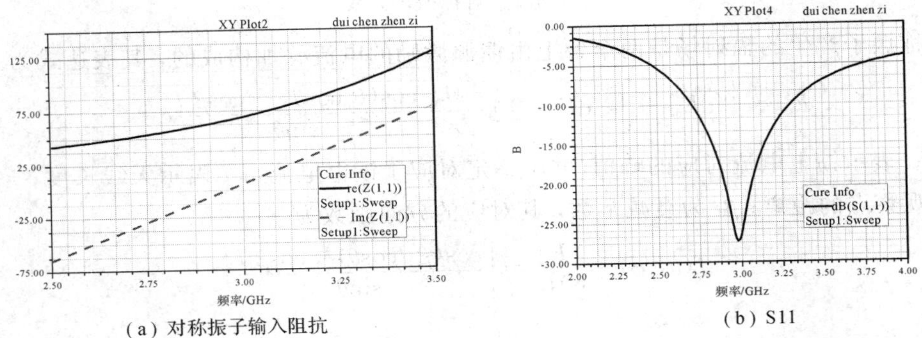

(a) 对称振子输入阻抗　　(b) S11

图 3.5　对称振子的输入阻抗和 S11 参数

由图 3.3 和图 3.4 可以看出，对称振子产生对称的“面包圈”形式的辐射方向图，其 H 面辐射方向图呈对称圆形，E 面辐射方向图呈“8”字形。

当振子长度变大时，天线在 E 面的方向图波瓣会逐步变窄，并最终产生裂瓣，如图 3.6 所示。

上面的仿真过程未考虑馈电中的平衡问题，实际的加工过程中，由同轴线馈电的对称振子需要加入巴伦以实现平衡馈电。图 3.7 给出一个 U 型巴伦。

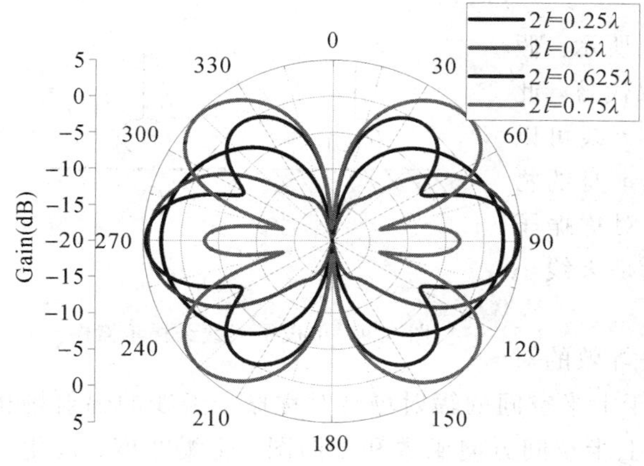

图 3.6　$2l=0.25\lambda$，0.5λ，0.625λ，0.75λ 时的 E 面方向图

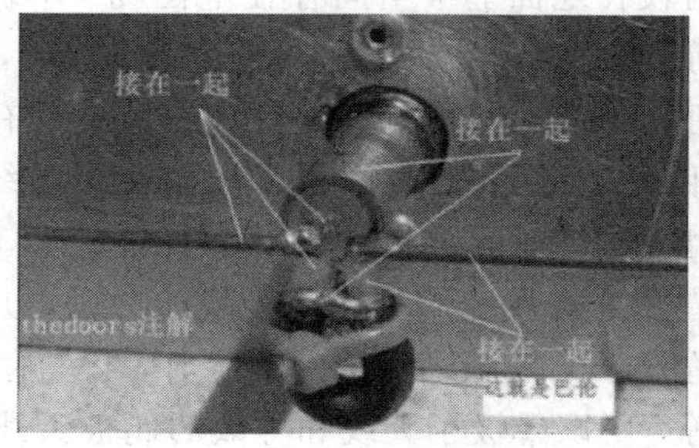

图 3.7　对称振子与 U 型巴伦的连接

为了进一步增强辐射，单极子天线演化为折合偶极天线(也称折合振子)，如图 3.8 所示。它是由两根平行的非常靠近的半波振子在末端相连构成的，其中一根振子导体在中央断开，并与传输线相连。由于两根靠得很近的导体之间存在很强的互耦合，在近似为半波长的谐振长度上，两根导体上的电流相同，又由于两根导体的间距相对波长很小，所以两根导体辐射场的相位差可以忽略。因此，折合偶极天线的辐射场是单根导体的两倍，而辐射功率是单根导体的四倍。由传输线提供的输入电流与单根导体一样，所以折合偶极天线归于输入电流的辐射电阻是一般半波偶极天线的四倍，即近似为 $73.1\times4=292\approx300\ \Omega$，因此它适合于与标称特性阻抗为 300 Ω 的传输线连用。折合偶极天线具有等效调谐短截传输线的特性，在一定程度上能够补偿天线输入阻抗随频率的变化，因此，折合偶极天线的有效工作频带比相等粗细的普通半波偶极天线要宽。这种折合振子被广泛用于八木天线的有源振子。

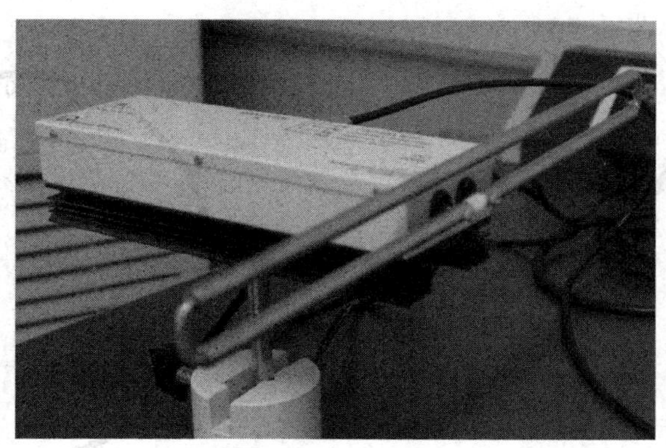

图 3.8　折合振子

由对称振子演化而来的天线包括借助地面镜像而减小一半尺寸的单极子天线和借助引向振子与反射振子形成的八木天线。下面介绍这两种天线。

3.2 单极子天线

单极子天线也是常见的一种结构简单的线天线，在各个领域尤其是短波、超短波等低频段通信领域得到了广泛的应用。

垂直接地的单极子天线结构如图 3.9 所示。假设地为理想导体，地的影响可以用其镜像代替，此时仅在地面上半空间存在电磁场。单极子天线可以等效为直立对称振子。由于镜像效应，其本身的物理尺寸比对称振子缩小了 1/2，但具有与对称振子相似的辐射特性，因此采用单极子天线也是天线小型化的一种重要措施。

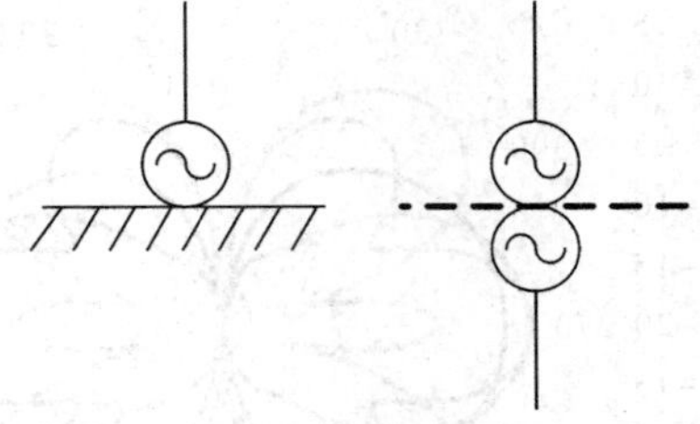

图 3.9 单极子天线结构示意图

垂直接地的单极子天线的激励电压是等效的对称振子天线激励电压的一半时，它们存在于上半空间的辐射场与对称振子天线的辐射场相等，所以单极子天线和等效的偶极天线的上半空间方向函数和方向图、主瓣宽度、极化特性、频带特性等都相同，并且单极子天线的输入阻抗是对应的对称振子天线的一半，这是因为激励电压减半而激励电流不变。单极子天线的方向系数是双极天线的两倍，这是因为场强不变而辐射功率减半，只在半空间辐射。但由于在低频段地面损耗增大，因此实际应用环境下，单极子天线比对称振子天线损耗电阻大，辐射效率低。

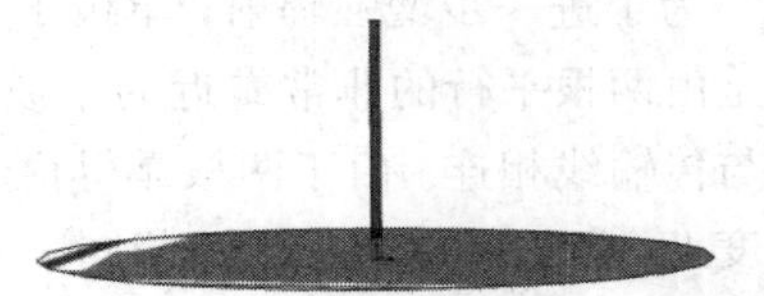

图 3.10 单极子天线仿真设计示意

单极子天线的仿真模型中最重要的是如何考虑地面的影响。在 HFSS 软件仿真中，仿真模型如图 3.10 所示。该模型由竖直放置的金属单极子和根部的馈电端口以及用于模拟无限大地面的底面构成(在算法处理中将该地面等效为无限大理想导电平面)。

当地面为无限大理想地面时，其产生的辐射方向图如图 3.11 所示。

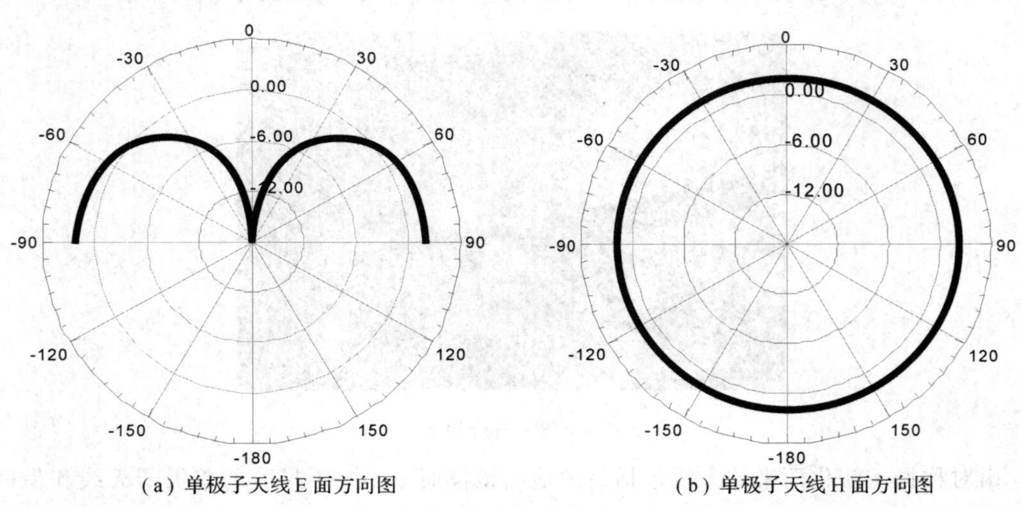

(a) 单极子天线E面方向图 (b) 单极子天线H面方向图

图 3.11 单极子天线方向图

从计算结果可以看出，天线的方向系数和增益相对相同长度的对称阵子天线提高了3 dB。在谐振点，天线的输入阻抗实部减小近一半。天线输入阻抗如图3.12所示。

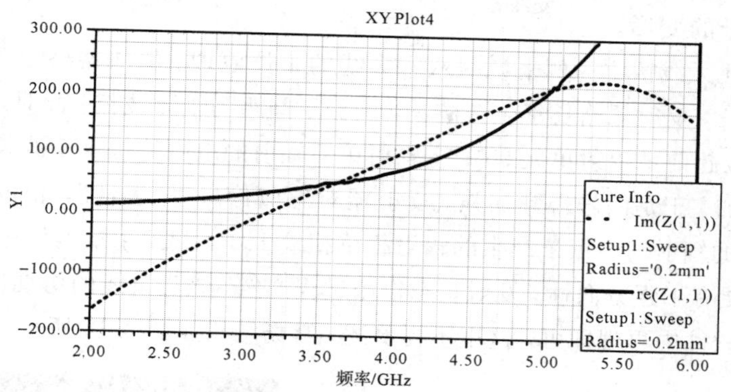

图3.12 天线输入阻抗

实际的应用中，单极子天线的底面可能由载体的某一部分来构成。此时需要提供必要的连接结构来使天线竖直安装。图3.13所示给出了一个车载单极子天线使用说明图。可以看出，天线包含底部的鼓形簧，中间的是用于拆卸的连接结构。

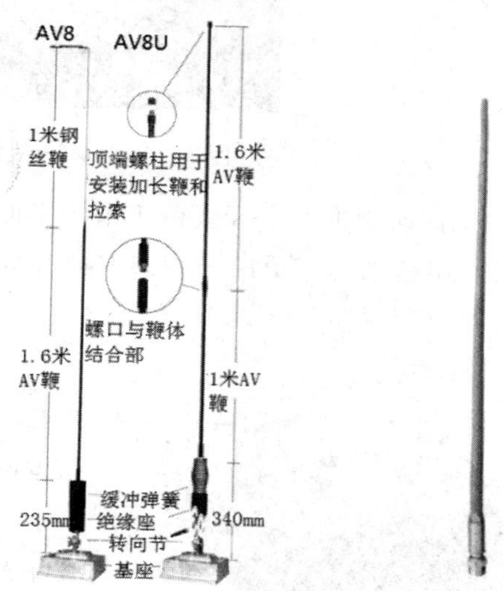

图3.13 车载单极子天线

3.3 八木天线

对称振子天线和单极子天线在垂直于天线的平面上时，其方向图呈现对称特性；当实用中需要全向覆盖时，该类天线具有良好的全向覆盖能力。但实际中需要定向辐射时，就需要具有高方向系数的定向天线。在各类线天线当中，如图3.14所示的八木天线因具有良好的方向性而被广泛应用，如用于测向、远距离通信等。该类天线在20世纪20年代由日本东北大学的八木秀次和宇田太郎两人发明，被称为“八木宇田天线”，简称“八木天线”。

八木天线主要由有源振子、引向器和反射器构成。有源振子是接馈电结构的单元，有两种常见形态：折合振子与直振子。直振子其实就是1/2波长对称振子。折合振子如图3.8所示，是对称振子的变形。

这里以四单元天线接收为例来说明八木天线的工作原理。引向器略短于1/2波长，主振子约等于1/2波长，反射器略长于1/2波长，两振子间距为1/4波长。此时，引向器对感应信号呈“容性”，相位超前主辐射单元90°；主辐射单元辐射的电磁波经1/4波长传播后与引向器的辐射场同相叠加，于是信号得到加强。反射器对感应信号呈“感性”，相位滞后主辐射单元90°；反射器产生的辐射与主振子产生的辐射相位相差180°，起到了抵消作用。一个方向加强，一个方向削弱，便有了强方向性。发射状态作用过程亦然。该类天线的仿真过程只需要将天线结构直接在仿真软件中再现即可，这里不再赘述，其场结构如图3.15所示。

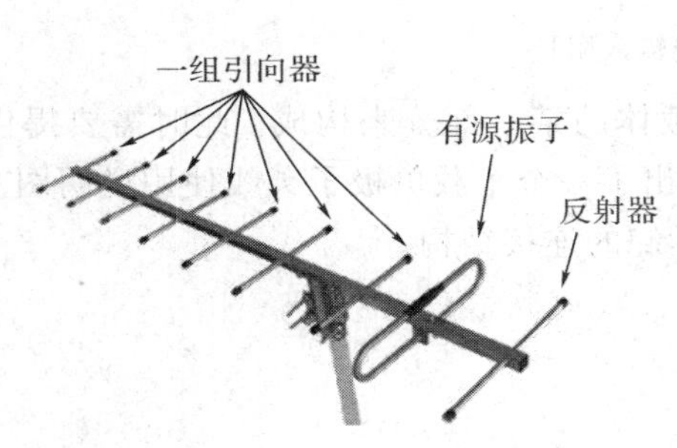

图3.14　八木天线

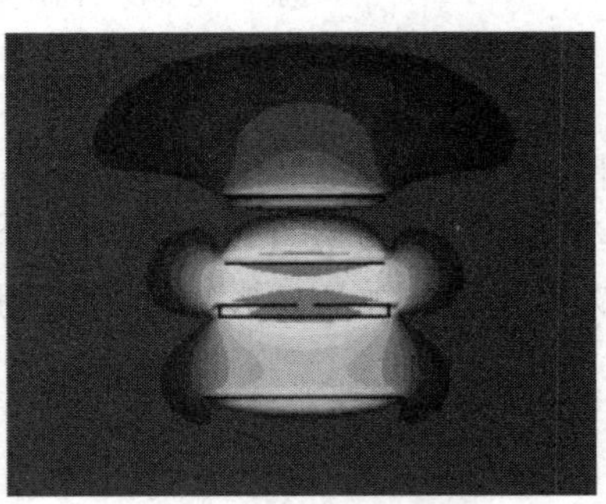

图3.15　八木天线场结构图

基于传统的八木天线演化而来的平面印刷准八木天线由于采用平面印刷结构、微带线馈电，因此易于集成，从而成为目前应用越来越广泛的一种强方向天线，该类天线已经被用于机载大型相控阵列。下面重点对其进行说明。

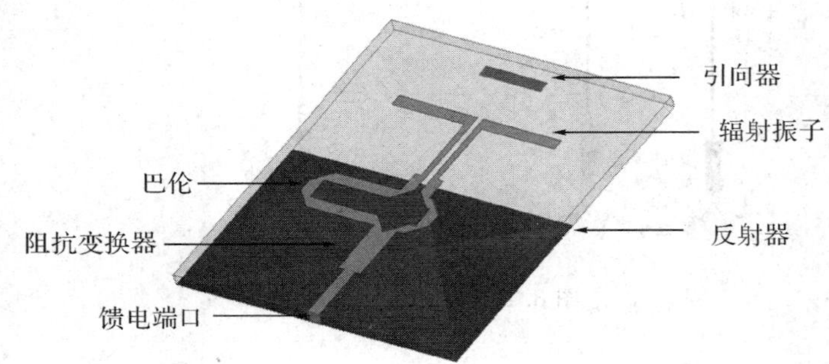

图3.16　准八木天线结构示意图

如图3.16所示天线的馈电端口采用集总端口，该集总端口与特性阻抗为50 Ω的微带传输线连接，该传输线与1/4波长的一段传输线连接，来实现阻抗变换。阻抗变换器与一个巴伦相连接，该巴伦的两个分支长度相差半波长，从而实现一路信号和另一路信号的180°相位差。这两路反相平衡信号经过平行双线馈送到辐射半波振子上。辐射半波振子辐射出的电磁波经过引向器和反射器的作用形成定向辐射。该天线的反射器同时作为微带电路的接地板来使用。

需要强调的是，天线单元在自由空间和阵列中的特性有很大的差异。为了在仿真计算中把这一特性差异考虑进去，可以借助周期性边界条件的设置来模拟天线位于阵列中的特性。具体的周期性边界条件的设置可参看软件使用说明。由于本节所讨论的八木天线正好常被用于大型阵列，所以将其设计为周期性边界条件。图 3.17(a)给出设计工作于 10 GHz 的八木天线的回波损耗仿真结果，由图可以看出该天线具有较宽的工作带宽。作为对比图 3.17(b)给出同一天线位于自由空间的回波损耗。由图 3.17(a)和(b)可以看出两者差别明显，这也说明在进行阵列天线的单元设计中，必须考虑阵列环境的影响。图 3.18 给出该天线的 E 面和 H 面方向图。由图可以看出该天线具有良好的交叉极化特性，方向性也有所提高。

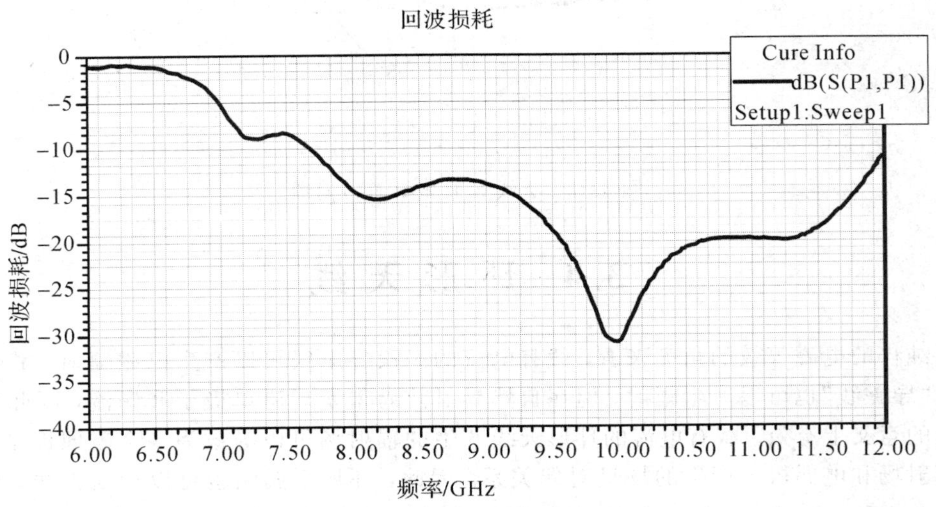

(a) 阵列中天线单元的回波损耗

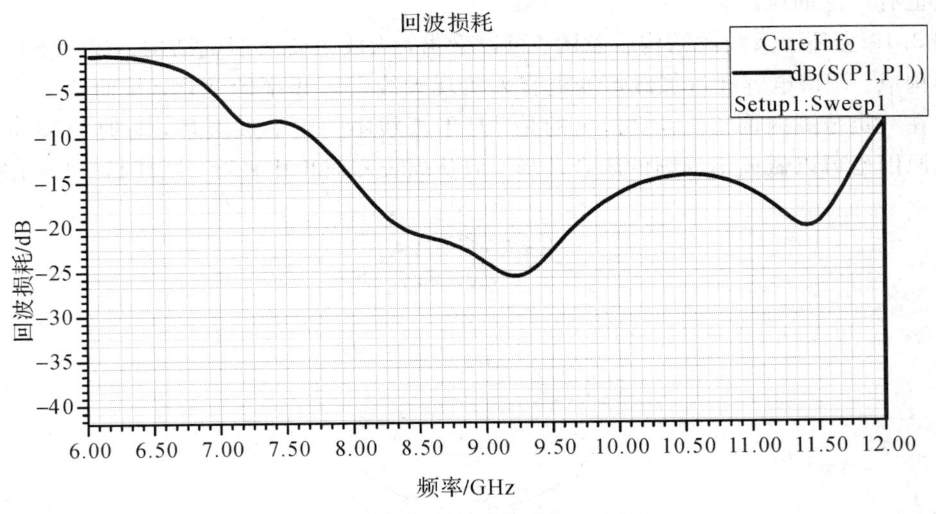

(b) 自由空间中天线单元的回波损耗

图 3.17 天线回波损耗

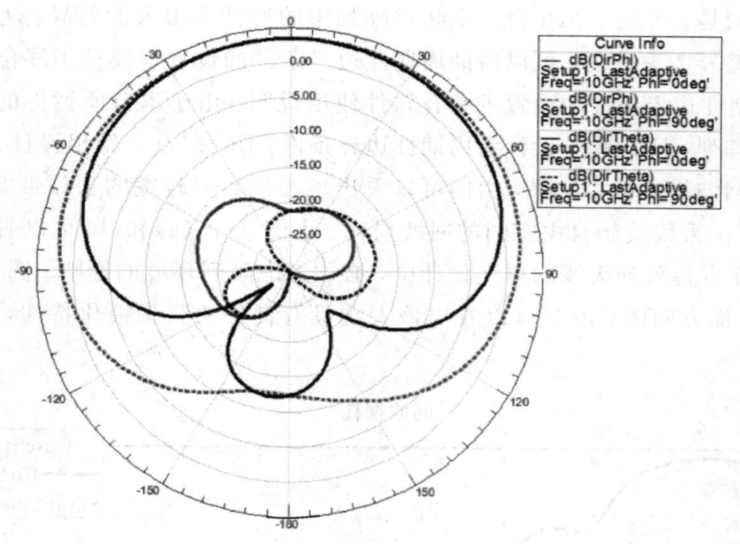

图 3.18 天线 E 面和 H 面方向图

3.4 环形天线

从纯粹的电磁等效的角度来看，载有电流的一段导电线可以产生电磁辐射，载有磁流的一段“导磁线”也可以产生辐射。但在自然界目前尚未发现磁单极子和磁流，因此磁流仅在等效的意义上有效。载有电流的环形天线产生的辐射场可以等效为一个磁偶极子，其产生的辐射场和电偶极子产生的场呈对偶关系。因此，环形金属圈也可以构成天线，形成环形天线。环形天线通常被用于电磁场强测量，如雷击放电的磁场测量。在低频通信领域，环形天线也有广泛的应用。

图 3.19 为环形天线的结构示意图。可以看出，天线主要由馈电结构、金属环和可变调谐电容构成。调谐电容通过加载可变电容来实现天线谐振频率的变化，从而使天线的工作频率可在一定范围内调整。需要指出的是，环形天线不一定做成圆环，有时为装卸方便或者其他原因也可以做成不规则的闭合环形。但从周长和面积比来看，圆环是最佳的选择。

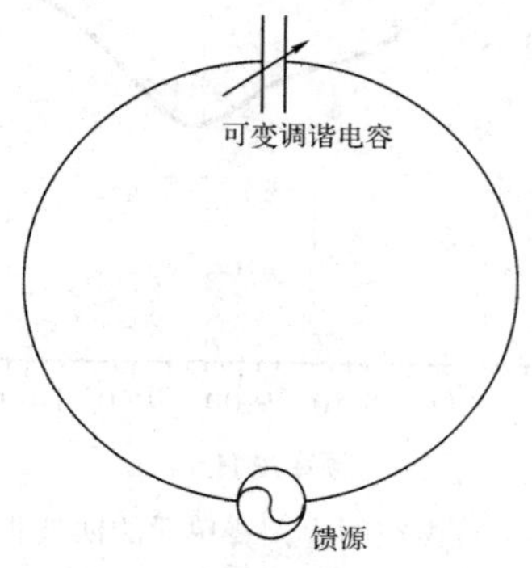

图 3.19 环形天线结构示意图

图 3.20 所示是两种用于短波频段近垂入射天波通信的车载环形天线，前者呈现矩形环，后者为不规则双环。后者是由 Harris 公司提供的 2009 Full－Loop 型天线，该天线的使用说明如图 3.21 所示，仿真模型如图 3.22 所示。可以看出，该天线为双环天线，仿真中加入了地面的影响，并在天线中加入了加载电容，同时天线底部的馈电结构加入了环形弹簧。

图 3.20　车载环形天线

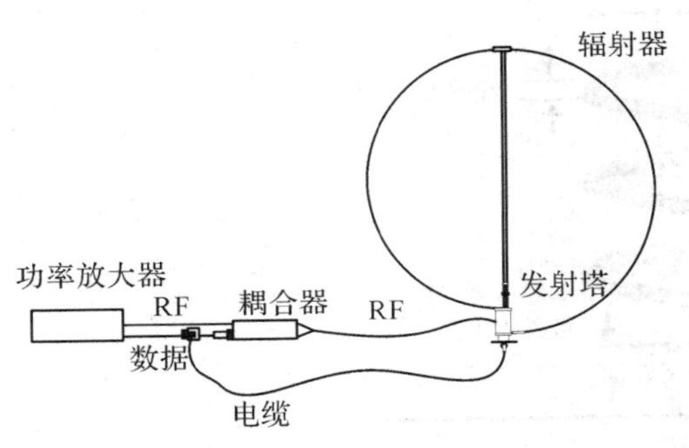

图 3.21　2009 Full-Loop 天线使用说明示意图

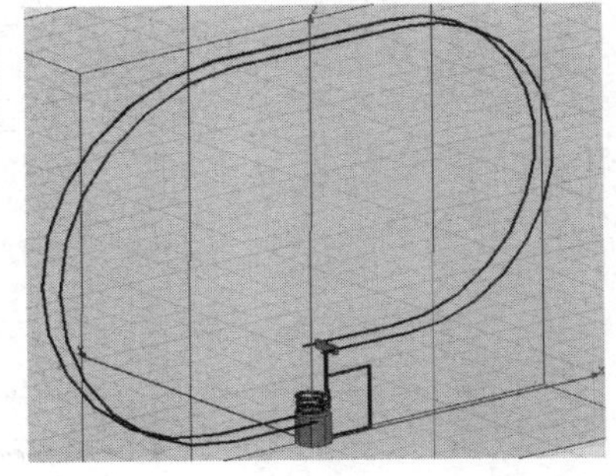

图 3.22　2009 Full-Loop 天线仿真模型

若进一步考虑天线受载体的影响，还可以进一步加入载体模型，如图 3.23 所示。

需要指出的是，由于环形天线在短波频段时其电尺寸较小，因此可装载的环形天线尺寸，例如半径为 1～2 m 的单纯的环形天线无法谐振于预期的频段内，需要借助加载的电容来将其调整到预期的频段内。这里的仿真，重点验证加载电容的作用。图 3.24 给出天线在加载和不加载时的输入阻抗，可以看出通过加载，天线在 6 MHz 形成了谐振。但该天线无法借助固定的电容形成宽带，因此电容值需根据工作频点进行变化，其不同电容值对应的谐振频率如图 3.25 所示。

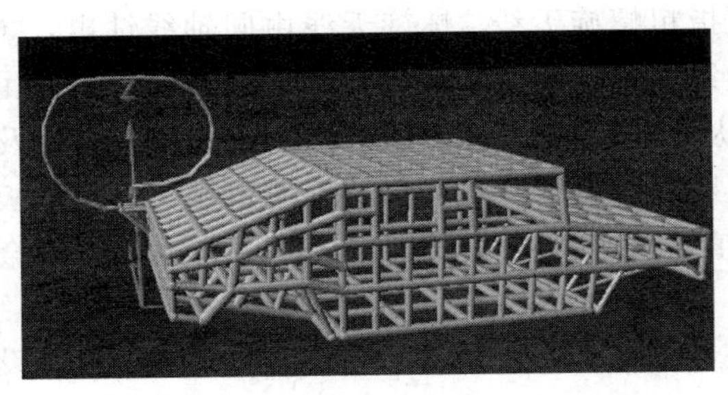

图 3.23　环形天线、地面和车辆模型

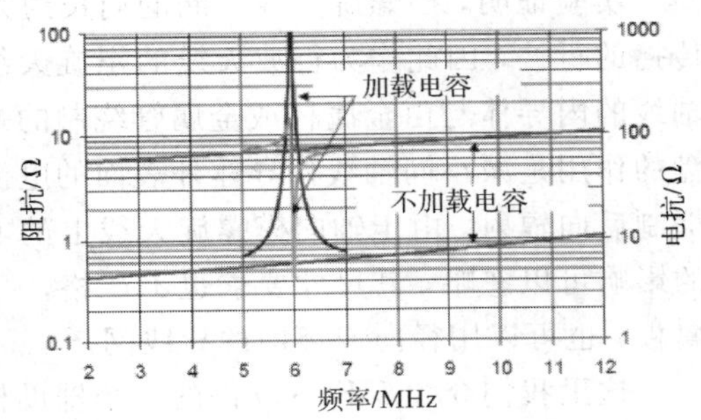

图 3.24　天线输入阻抗

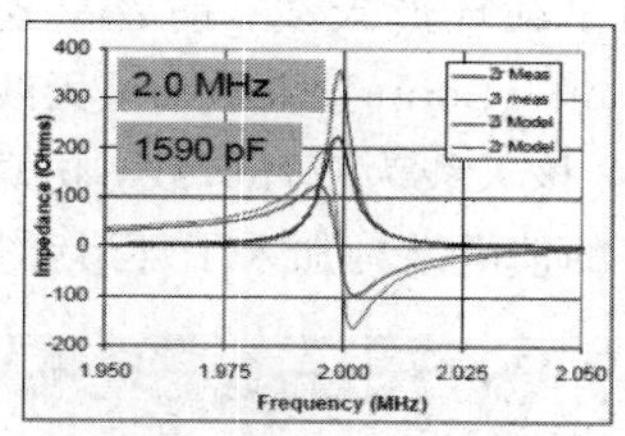

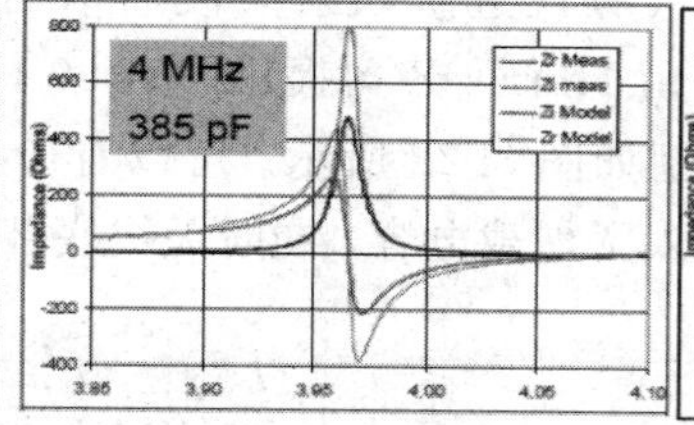

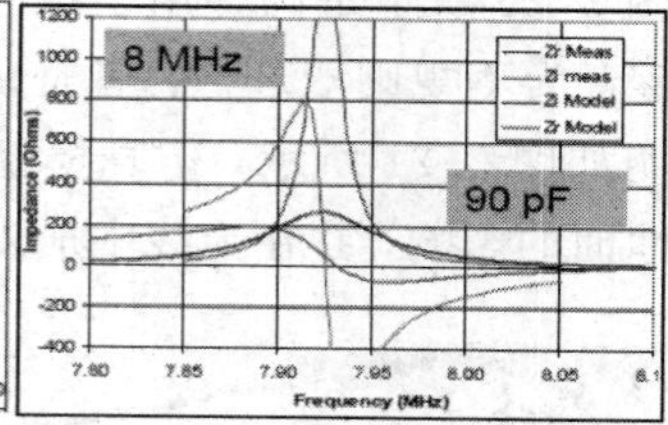

图 3.25　不同电容值对应的谐振频率

3.5 螺旋天线

螺旋天线是另一类非常重要的宽频带线天线。螺旋天线结构如图 3.26 所示，其由同轴馈线、接地板和螺旋线构成。

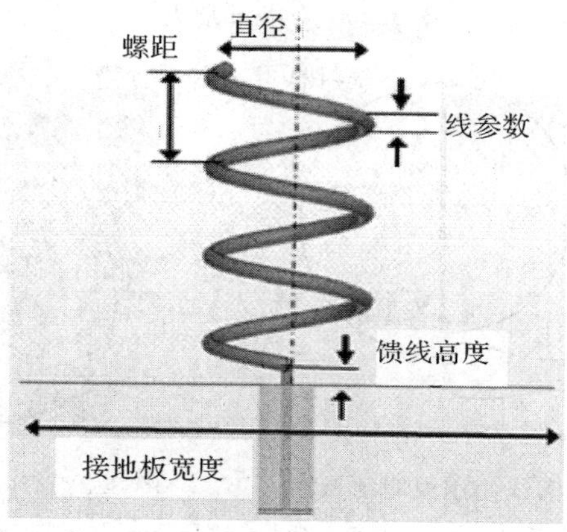

图 3.26　螺旋天线结构

螺旋天线的特性取决于螺旋直径与波长的比值 d/λ_0。$d/\lambda_0<0.18$ 时，天线的最大辐射方向在与螺旋垂直的平面内，这种辐射模式称为法向模式，相应的天线称为法向模螺旋天线。当 $0.25<d/\lambda_0<0.45$ 时，螺旋一圈的长度约为一个波长，天线的最大辐射方向沿螺旋的轴向，这种模式称为轴向模式，相应的天线称为轴向模螺旋天线。当 d/λ_0 进一步加大时，方向图变为锥形，最大辐射方向形成一圆锥面，圆锥轴与螺旋轴重合。

实验证明，当螺旋天线一圈的周长约为一个波长时，螺旋导线上的电流主要是沿导线传播的行波，因此作为行波天线的螺旋天线应指粗螺旋天线。螺旋天线由同轴线馈电，同轴线的内导体与由金属杆或金属管绕制的螺旋线相连，外导体和一个金属圆盘相连。金属盘的作用是减小同轴线外导体外表面的电流，从而减小输入阻抗在工作频段内的变化以及抑制后向辐射。由于轴向模螺旋天线上的电流接近行波，天线末端的反射很小，故接地板的影响可以忽略，其尺寸要求也不严格，一般直径大于半个波长即可。盘不一定用实心金属板，也可以用径向或环向的导线网。

这里我们介绍 HFSS 软件的一个辅助模块，称为 Ansoft HFSS Design Kit。其软件设计界面如图 3.27 所示。

该软件提供了常用天线的自动建模功能。这里首先选择螺旋天线 Helix 中的轴向模，并将增益设置为 12 dB，频率设定为 1 GHz。点击“Creat Model”按钮，便生成图 3.28 所示的螺旋天线模型。

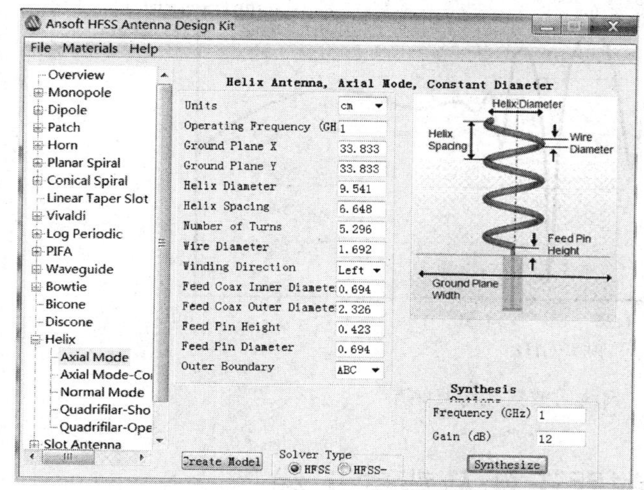

图 3.27　Ansoft HFSS Design Kit 软件设计界面

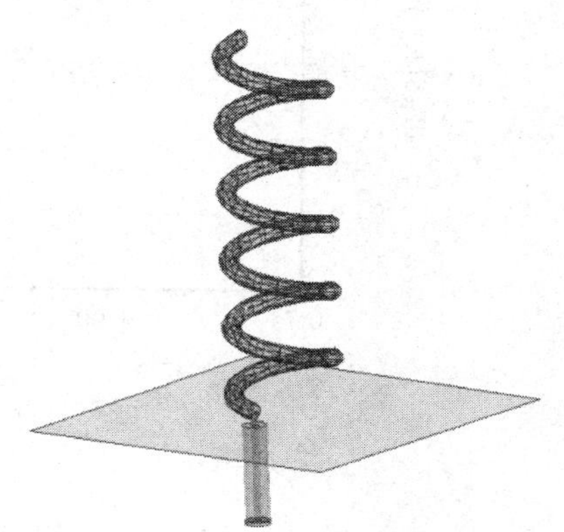

图 3.28　轴向模螺旋天线

图 3.28 所示的轴向模螺旋天线的设计参数见图 3.27。图 3.29 给出了该天线主极化和交叉极化的 E 面方向图。由图可以看出，天线主极化增益达到 12.15 dB，已达到预期目标；天线的交叉极化隔离度达到 16 dB。图 3.30 给出的回波损耗显示天线具有很宽的阻抗带宽。因此，螺旋天线可作为宽带高增益圆极化天线来使用。

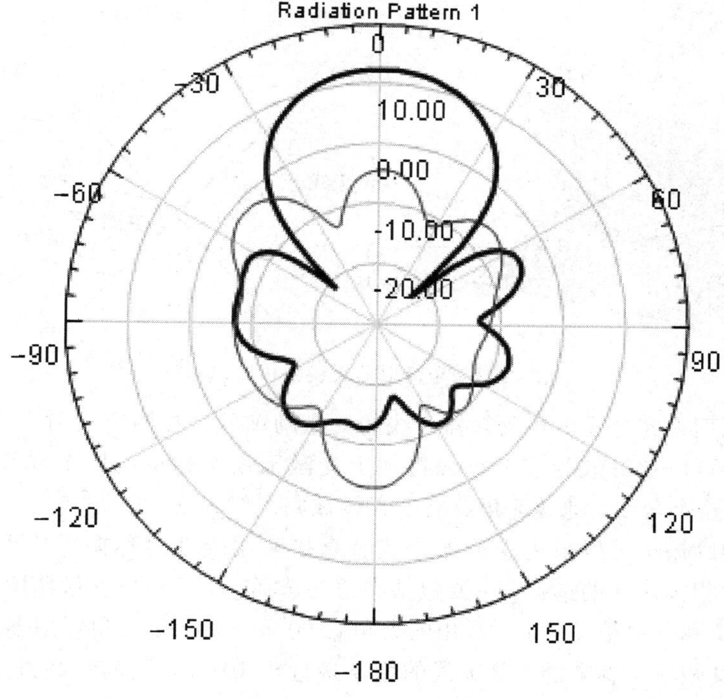

图 3.29　天线主极化和交叉极化的 E 面方向图

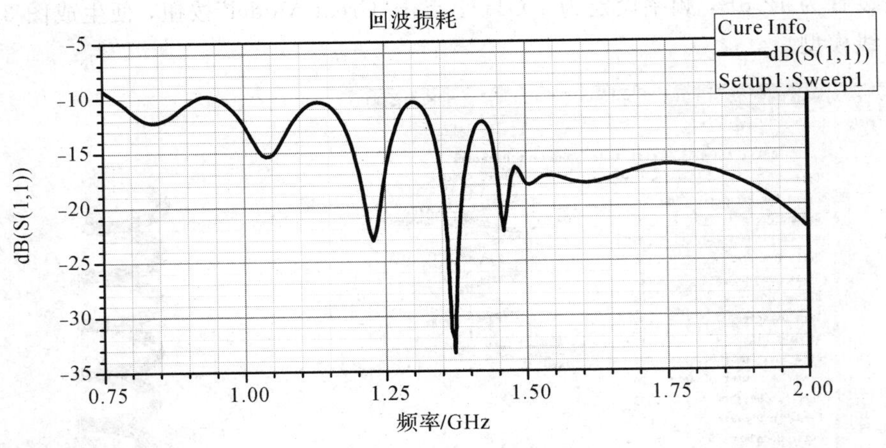

图 3.30　天线回波损耗仿真结果

3.6　角反射器天线及背射天线

1. 角反射器

另一个能用线性振子产生 10～12 dB 增益的实用天线为角反射器天线。角反射器天线结构原理图如图 3.31 所示。从图中可以看出，角反射器天线由具有一定夹角的两个平面反射板和受激励的振子构成。通常将前者称为夹角反射器，后者称为馈源或受激天线(受激单元)。

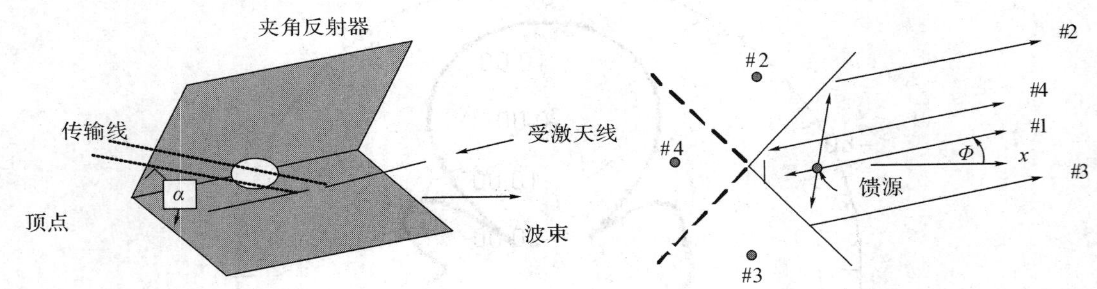

图 3.31　角反射器天线结构原理图

利用镜像原理很容易看出角反射器天线的受激励单元会在两个反射面上形成镜像，所以角反射器天线可以被等效为三个镜像再加上受激天线所构成的四个线性振子所形成的“阵列”天线。从这个角度上来说，角反射器天线被归入线天线。

角反射的激励振子可以采用碟形振子或者直接采用线性对称振子。可以参照图 3.32 来观察天线其他相关尺寸的选择，主要包括夹角的选择、振子到角反射器棱边的距离 S、角反射器的高度 H 和反射板宽度 L。常用的夹角有 90°和 60°，90°夹角反射器在天线-顶点间距 $S=\lambda/2$ 时，其相对于参考的 $\lambda/2$ 天线的增益接近于 10 dB。当间距超过某个值后，波束将分裂成多瓣，当 $S=1.0\lambda$ 时，方向图波瓣分成两瓣。间距再增大到 1.2λ 时，主瓣仍回到 $\phi=0$ 方向，但出现了副瓣，此时它相对于 $\lambda/2$ 天线的增益为 12.9 dB。当导体板无限延伸，

$S=2.0\lambda$ 时的方向性最大，但振子馈点的输入阻抗较高(达 122 Ω 左右)。将间距调小至 0.32λ，在理论上会产生 70 Ω 输入阻抗，而增益的增加值则可略去不计。碟形天线经常用作馈源，因为与普通直线振子相比，它具有出色的阻抗带宽特性。当然，制作无限延伸的导电板是不可能和没必要的。通过射线跟踪法可看出，长度值 $L=2S$ 是比较合理的最小长度，它可使有限尺寸的导电板不会削弱主瓣。高度 H 通常选择为馈源长度的 1～1.2 倍，以减小振子馈源向背后区域的直接辐射。有限延伸的板会导致方向图宽于无限板对应的方向图。有限尺寸板对馈源激励点阻抗的影响可以忽略。

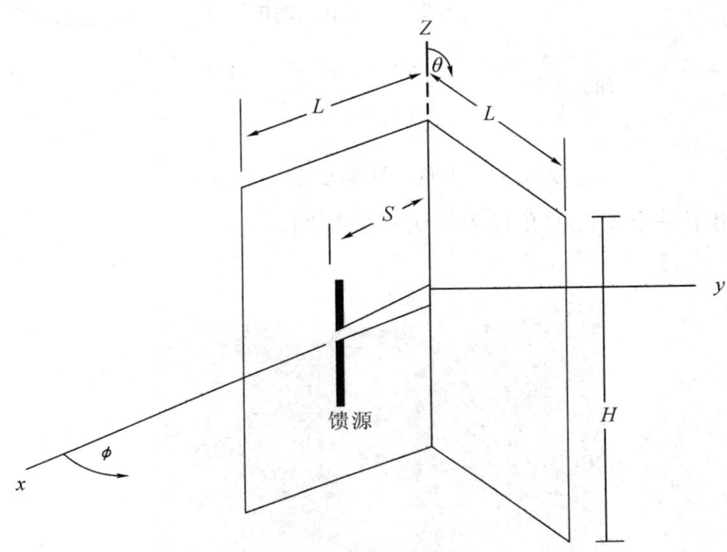

图 3.32 天线结构及其相关尺寸

这里设计一副夹直角反射器天线，受激天线选用简单的 0.46λ 偶极子天线，反射器边长取为 2 倍的天线-顶点的间距，间距 $S=0.2\lambda$。仿真结果如图 3.33 和图 3.34 所示。

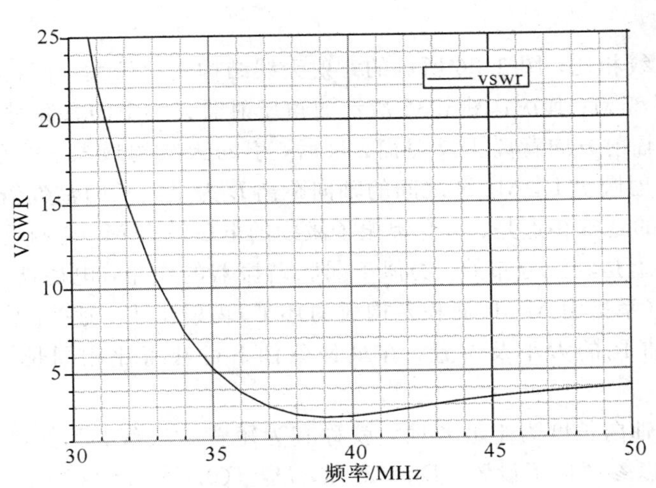

图 3.33 夹角反射器天线驻波曲线

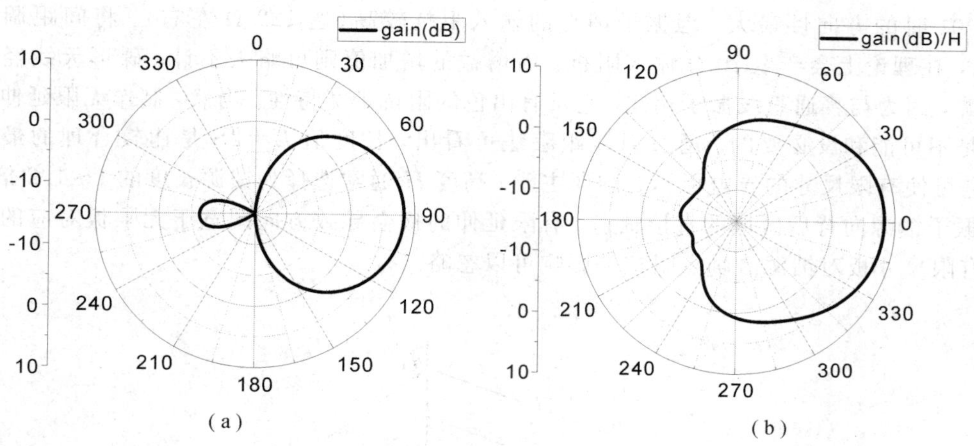

图 3.34　夹角反射器天线增益方向图

图 3.35 给出了一个实际的角反射器天线实物图。

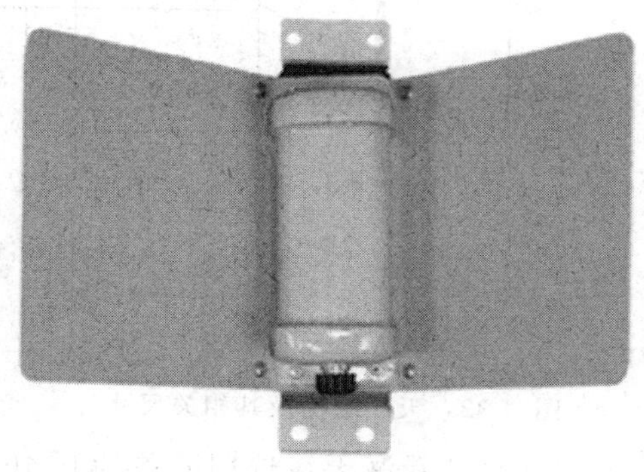

图 3.35　角反射器天线实物图

2. 背射天线

与角反射器天线相比，图 3.36 所示的背射天线结构变化较大。首先，反射器改用一个直径较大的反射圆盘 M；其次，图 3.32 所示的角反射器天线中的有源对称振子由引向天线代替，引向天线的辐射方向背离主反射面；最后，引向天线的最末一个引向器的后面被加上了一个略小的反射圆盘 R。M、R 之间的轴向距离 L 为半波长的整数倍，这样就构成了背射天线。这种天线的基本特点是：由有源振子激励的电磁波在 M、R 两反射面的作用下，沿轴向的电磁场基本上是驻波分布的。类似于漏腔谐振器的作用，电磁能量将沿轴向从圆盘 R 周围的环形空隙(系指由 M、R 面积差构成的环带)辐射出去，适当地调节各振子长度及间距、反射面 M 和 R 的大小及位置，在最佳条件下可获得比相同长度的引向天线高出 4～6 dB 的增益。

当背射天线的轴向长度为半波长时，就称其为短背射天线，其典型结构如图 3.37 所示。其尺寸选择可以参照以下设置：$D_{M}=2.0\lambda$，$D_{R}=(0.4\sim0.6)\lambda$，$L_{F}=0.22\lambda$($L_{F}$ 为天线辐射片距离地板高度)，$L_{R}=0.5\lambda$，$W=0.22\lambda$，对称振子长$\approx(0.47\sim0.49)\lambda$。

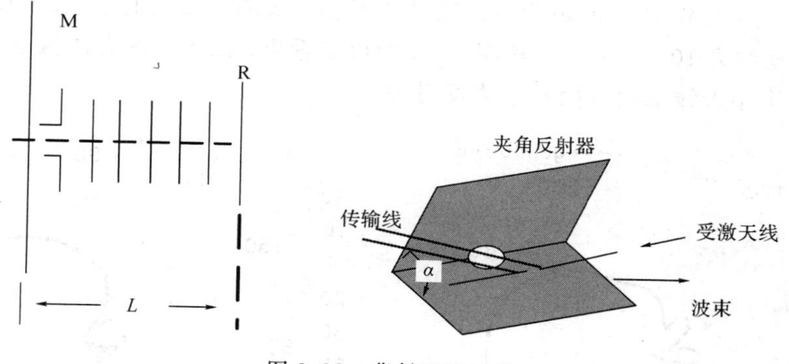

图 3.36 背射天线结构

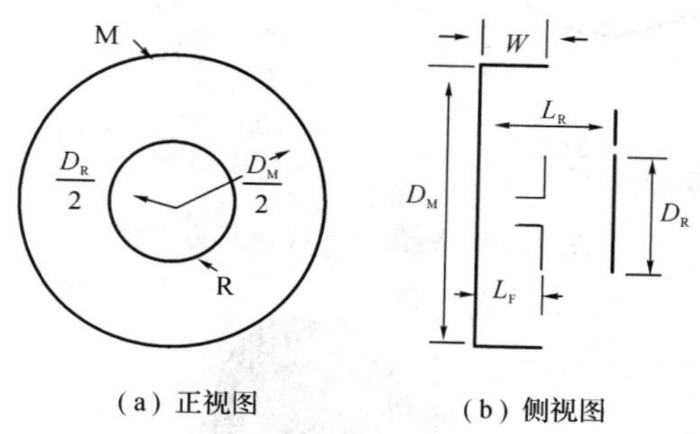

图 3.37 短背射天线结构简图

由于电磁波是经过 M、R 反射后辐射出去的，根据镜像原理，相当于沿轴向方向的电尺寸增加了一倍，提高了前向增益。此外，调整反射器圆盘 M 的边沿宽度 W，可以有效地压低副瓣电平，通常 W 在(0.22～0.2)λ 范围内调整。总之，这种带有适当宽度环边的大反射圆盘、小反射圆盘和馈源的巧妙结合，形成了一个较为理想的开口电磁谐振腔，定向辐射能力增强，因此具有较高的增益和较低的副瓣、后瓣电平。

本节设计仿真一副中心频率在 40 MHz 的典型的短背射天线，结构参数如图 3.37 所示，其中 $D_M=1.6\lambda$，$D_R=0.44\lambda$，$L_F=0.22\lambda$，$L_R=0.5\lambda$，$W=0.22\lambda$，对称振子长$=0.46\lambda$。仿真结果如图 3.38 和图 3.39 所示。由图可知，增益可达到 12 dB，半功率波瓣宽度为 46°。

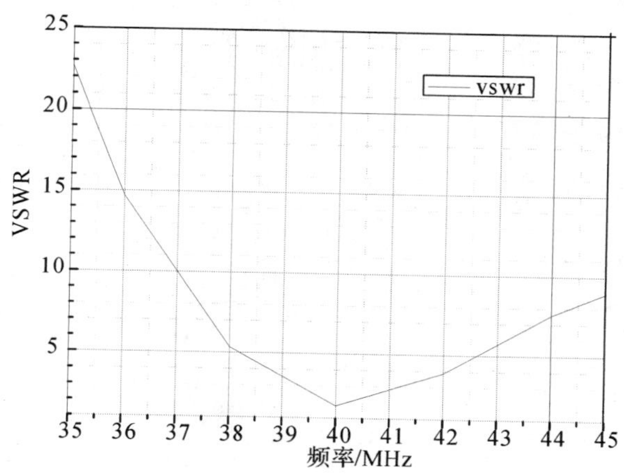

图 3.38 短背射天线仿真驻波曲线

实验结果表明，图 3.40 所示的短背射天线可获得 12 dB 的增益及低于－20 dB 的副(后)瓣电平，工作带宽约为 10%～12%。从图 3.40 中可以看出，该天线的有源振子和小反射板被统一放置于一个小天线罩内并固定于主反射面。

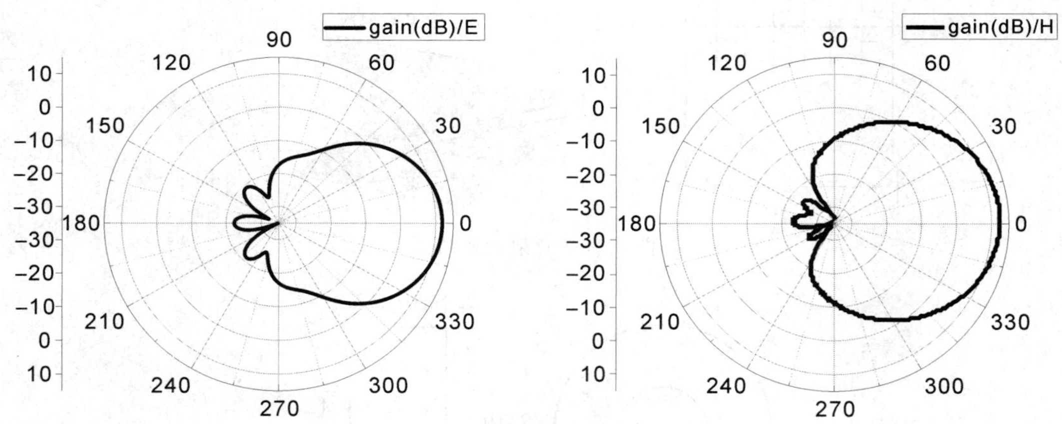

图 3.39　短背射天线仿真方向图

图 3.40　短背射天线加工实物图

第 4 章　宽频带天线

4.1　宽频带天线的概念及应用

天线的工作带宽，简称天线带宽，指的是其主要电指标如输入阻抗、增益、主瓣宽度、极化、相位等均满足设计要求时的频率范围。通常情况下，天线的各项指标是随频率变化的，因而天线带宽决定于各项指标的频率特性。若同时对几项指标都作具体要求，则应以其中最严格的要求作为确定天线带宽的依据。天线主要电指标均有其各自定义的带宽，具体如下。

1. 方向图带宽

方向图是描述天线辐射特性的重要电参量。当频率偏离设计频率(通常取工作频带内的中心频率 f_0)时，有可能发生主瓣指向偏移、主瓣分裂或萎缩、副瓣电平增大、前后辐射比下降等，当方向图恶化到不能满足设计要求时，即限定了方向图带宽。一般来说，高频段方向图易迅速恶化，它往往是限制上限工作频率 f_{max} 的主要因素。

2. 增益带宽

天线的增益带宽是指增益下降到允许值的频带宽度。通常，定义增益下降到工作频带内最大增益值的 50％时所对应的频带宽度为 3 dB 增益带宽。若频率降低，则天线电尺寸变小，增益带宽有较明显下降。因此，该项指标往往限定了下限工作频率 f_{min} 的值。

3. 阻抗带宽

天线的阻抗带宽一般用馈线上的电压驻波比(VSWR)来表示。根据设计者或使用者对电指标的要求，以驻波比低于某一规定值时的频带宽度为天线的阻抗带宽。这种表示方法，既反映了天线阻抗的频率特性，也说明了天线与馈线的匹配效果。在天线工程中，这是一项实用性较强的电指标。

4. 极化带宽

对于椭圆极化天线，这是一项十分重要的技术指标。工程上，常以最大辐射方向上或主瓣半功率波瓣宽度内，轴比小于某一规定值来确定极化带宽。

天线带宽一般有两种表示方法，一种为“相对带宽”，一种为“倍频带宽”。

相对带宽的定义为：天线的绝对带宽 $\Delta f(\Delta f=f_{max}-f_{min})$ 与工作频带内的中心频率 f_0 之比，即

$$B=\frac{f_{max}-f_{min}}{f_0} \tag{4-1}$$

式中，f_{max} 和 f_{min} 分别是工作频带的上限频率和下限频率。

倍频带宽的定义是：工作频带的上限频率与下限频率之比，即

$$B=\frac{f_{max}}{f_{min}} \tag{4-2}$$

一般情况，窄频带天线多使用相对带宽表示，而宽频带天线通常采用倍频带宽表示。"窄"与"宽"都是相对的，没有严格的定义。习惯上，$f_{max}/f_{min}\geqslant 2$ 就认为是宽带天线。

随着电子技术的飞速发展和宽带无线电设备的出现，宽带无线电技术也在不断地发展。20 世纪 50 年代以前，天线带宽（f_{max}/f_{min}）一般不大于 2∶1。50 年代在宽带天线的发展上出现了一个突破，这就是由拉姆西(V. H Rumsey)于 1957 年提出的频率无关天线的概念。这类天线的研制成功，把天线带宽扩展到 40∶1 或更大。目前这类天线获得了广泛的应用。但是这类天线需要较大的电尺寸，或者说需要占据一定的空间，而这一条件就使它的应用受到了一定的限制，如使用空间有限或难于应用于移动中的无线电设备中等。因此积极开展对新型的特别是小型化的宽带天线的理论与实验研究，仍是当前迫切而有重要意义的工作。

为适应现代军事通信、电子对抗技术的要求，宽带通信天线得到了重要的应用和发展。天线的宽频带技术广泛应用在雷达、定位、电子对抗以及保密通信等领域，长期以来被作为尖端技术而保密，近年来才逐渐被应用于民用通信等领域，随即成为研究热点并获得了快速的发展。

在军事通信系统中，为了保障通信的质量和信息的保密性，军用短波波段和超短波波段的通信电台都广泛地使用了跳频扩频技术，这就要求天线必须是非调谐的具有较宽的工作带宽的宽带天线。同时，越来越多的满足不同需要的电子设备集中在同一载体上，形成了复杂的电磁环境，而且不同天线之间由于存在较强的近场耦合而降低了各自的性能指标，采用宽带天线可以减少天线的数量，降低相互间的干扰。军用通信设备为了减小雷达散射截面，提高生存能力，要求天线小型化；另外，天线小型化在现代军事战争中也是提高舰船等设备的机动能力和快速反应能力的必要手段。

在民用通信系统中，由于信道容量不断扩充、传输速率不断提高、服务方式日渐灵活，要求天线具有宽带化；各种便携式电台以及民用手机等移动设备也需要小型化的天线。

4.2 宽频带天线的实现方法

目前，实现宽带化的主要技术手段有以下几个方面：

(1) 采用机电结合方法，精心设计天线结构，使之适应宽频带工作。

例如，对伸缩式短波、超短波直立天线的天线长度利用机电结合的方法进行控制，使之在不同频率上始终保持在串联谐振长度上，即电长度保持不变，以实现在相当宽的频带内具有良好的方向性和阻抗匹配特性。

(2) 利用插入阻抗元件或网络来展宽天线的工作带宽。

将电抗组件、阻抗组件、介质材料或有源器件，或是用无源元件组成的阻抗匹配网络，置于天线的某一部分之中，其目的或者是为了缩小天线尺寸，或者是为了提高效率，或者是有效改善天线阻抗的频率特性以便增大带宽，这种方式称为天线加载。加载组件可以是有源的或是无源的，可以是分布参数组件，也可以是集总参数组件。利用加载组件的"补偿"作用来展宽频带的方法已获得了广泛的应用。

加载元件可以放置在天线内部或天线的馈电端。从广义的角度讲，天线阻抗匹配网络也算是一种加载方式，用以补偿(或变换)天线阻抗随频率的变化，从而展宽阻抗带宽。目前，自动天线调谐器获得了广泛的应用，它以全自动方式，通过微机控制，自动检测阻抗信息，并按照预定的调谐软件改变匹配网络参数，进行快速调谐和阻抗变换，以使天线系统与同轴电缆(通常取特性阻抗为 50 Ω)较好匹配，驻波比一般在 1.5 以下，在每个频率点上的调谐时间一般在 3 s 以内，典型值约为 1 s。这种由谐振式天线和自动天线调谐器组合而成的整体，称为调谐式的宽带天线系统。它具有尺寸小、总体安装机动灵活、使用方便、性能优良等优点，是一种颇有发展前途的宽带化系统。

(3) 旋转对称结构的宽带振子天线。

对于电振子天线，为了展宽频带，通常使振子具有较大的截面，即降低振子的长度直径比 l/α(简称为长细比)，此举特别对改善工作频带内的阻抗特性有明显的效果。随着 l/α 比值下降，输入阻抗随频率变化的敏感性减小，从而改善了阻抗的频率特性。

加粗圆柱对称振子的直径，虽然可以改善阻抗的频率特性，但由于圆柱振子的特性阻抗沿其轴向是变化的，因此当电流波离开馈电点沿线传播时，就会因特性阻抗的改变而引起部分的反射，因而阻抗带宽的改善也是有限的。为了使振子沿线各点的特性阻抗 Z_c 处处相等，就要求天线各点到馈电点的距离与直径之比保持不变。也就是说，随着距离的增加，振子的直径相应加粗，即展开成结构渐变的旋转对称的双锥天线。从理论上讲，无限长的双锥天线可以得到输入阻抗、方向图均与频率无关的特性。当然，有限长的双锥天线由于终端反射而不具有与频率无关的电特性，但是相对于圆柱振子天线来说，其工作带宽仍有明显的改善。

锥角大的双锥天线，或由它演变而成的盘锥天线，都属宽带天线之列，它们在 VHF 和 UHF 频段中都获得了广泛的应用。

(4) 宽频带行波天线系列。

凡电流或电压分布可用一个或多个行波(通常沿同一方向)来表示的天线，都称为行波天线或非谐振天线。

某些行波天线之所以具有宽频带特性，其原因就在于天线完成将导波能量转换为自由电磁波能量的转换过程是一次性的，即无反射波返回电源端而形成多次循环的过程。为了实现上述要求，通常有两种行之有效的方法。

一种是在设计天线的结构时，应使天线具有很强的辐射能力，并使天线有足够的长度，如在几个工作波长以上。这样，因辐射作用而使沿线电流波呈现很大的衰减，当其到达终端时，即使是终端开路，反射波也很小而不足以计，则可近似认为天线具有行波特性，也可以说天线完成能量转换过程是一次性的。显然，行波天线在宽频带范围内具有较恒定的输入阻抗值，而且应该是近似纯电阻性的。属于这种工作机理的典型天线，有轴向模螺旋天线等。

另一种是在天线末端接匹配电阻，以吸收可能由于天线末端与自由空间失配而引起的反射波能量，这种天线就称为加载行波天线。由于天线技术的发展，加载电阻的位置不一定在天线终端，也不一定是集中加载。根据加载情况，又可分为集中加载行波天线和分布加载行波天线两类。前者可以通过合理选择加载的阻抗值以及加载的位置来调整天线的电流分布，以使天线在大部分或部分结构上电流呈现行波分布，从而获得理想的方向特性和阻抗特性。后者是一种连续的加载形式，令天线内阻抗按特定函数分布，使天线在全部结构上呈现行波电流分布，这种天线与集中加载天线相比，电性能优越，但在实现上技术难度却增加了。目前，较普遍使用的加载行波天线仍为集中加载形式，如长导线行波天线、菱形天线等。

(5) 频率无关天线系列。

频率无关(Frequency Independent，FI)或译为非频变，专用于表示工作频带没有理论限制的天线。但由于物理可实现性因素的限制，天线电性能在所有频率上，甚至连近似保持恒定都是不可能的。实际上，频率无关天线是指在工作频带内，所有电特性随频率的变化都是微小的，而此工作频带又是非常宽的。一般来说，倍频带宽 $B=f_{max}/f_{min}\geqslant10$。因此，这类天线有时也称为超宽频带天线。

天线电性能不能真正做到频率无关的原因，是当频率变化时，天线的线性电长度相应地发生了改变。人们从模型测量技术中使用的频率缩比原理得到了启发，提出了非频变天线的概念及设想。如果天线以任意比例变换后仍等于它原来的结构，那么它的电性能将与频率无关。实现这种结构的第一种方法是：天线的结构只由角度决定，而不取决于任何特殊的尺寸，有时称此为“角度条件”，用这种方法可以得到连续的缩比天线，如平面等角螺旋天线、圆锥等角螺旋天线等。第二种方法是：如果天线的各种结构尺寸都按一特定的比例因子 τ 变换后仍等于它自己，那么在离散的频率点 f 和 τf 上，天线的电性能将是相同的。其阻抗或其他电特性都是频率对数的周期性函数，周期为 $ln\tau$。利用这一原理结构的天线就称为对数天线。当然，在 $f\sim\tau f$ 的频率间隔内，天线电性能的变化应该是不明显的。

从理论上讲，上述两类天线的电性能若能真正做到与频率无关，则要求天线结构须从中心点开始一直扩展到无限远。就是说，如果将此单元向小的方向延伸，所得到的结构应该收敛到一点；若此单元向大的方向延伸，则将使尺寸无限增加。当然，这是不现实的，实际天线尺寸总是有限的，有限的结构不仅是角度的函数，而且也是长度的函数。因此，当天线为有限长时，是否仍具有结构近似为无限长时的非频变的电性能呢？这就是能否构成实际的非频变天线的关键所在。有限长与无限长天线的区别，就在于前者有一个终端的限制，通常以术语“终端效应”来说明。当天线在馈电端被激励后，波离开馈电点沿着结构传输，在到达终端之前，电流波必须因有效辐射而有较大的衰减，这样，即使是把靠近终端的部分截尾，也不会对电性能有显著的影响。其次，馈电端的几何结构也不可能缩小至无限小以至于一点，也有个始端截尾的问题，一般来说，它主要影响天线高频段的电性能。如果将满足“角度条件”的天线或对数周期天线的终端(始端也是一种终端)部分截尾，对天线电特性没有显著的影响，则有限尺寸的天线就可以在相当宽的频带范围内具有非频变天线的电特性。这种现象就称为“终端效应”小，这是构成实际非频变天线的重要条件。

“终端效应”的大小与天线结构形式和合理的尺寸设计有关。例如，双圆锥形天线是一种满足“角度条件”的结构形式，当其为无限长时，天线的方向性、阻抗特性均与频率无关。然而锥面上的电流随着与馈电点距离的增加而缓慢地减小，当天线为有限长时，由于终端不连续而引起的反射，将使天线辐射特性与天线的电长度有明显的依从关系，因而它就不是非频变天线。有些天线虽具有有限尺寸的对数周期几何结构，但因“终端效应”大而不具备对数周期天线的电特性。因此说，一个成功的非频变天线，除应具有满足“角度条件”或对数周期几何结构的特征外，还应具有截尾后“终端效应”小的性质。

(6) 利用一副天线的多模工作方式来展宽工作带宽。

一般来说，天线在基模和高次模工作时，要求其电性能变化较小，但也有个别应用场合，却有着不同的要求。如果能设计一种天线，当它用于基模工作时构成较低频段的天线，而用高次模工作时构成高频段天线，就可以在天线体积、尺寸不变的情况下获得较宽的工作带宽。这种多模工作方式已成功地应用在短波波段。

除此之外，还可利用组合复用技术、分形技术等来展宽天线带宽。本章以下几节将为大家介绍几种应用极为广泛的宽带天线形式，包括宽频带加载鞭天线、套筒天线、印刷对称振子天线、宽带笼形天线、对数周期天线以及锥削槽天线。

4.3　宽频带加载鞭天线

鞭天线是线天线的一种，是垂直接地的单极天线。鞭天线作为一种结构简单的天线形式，在各个领域里得到了广泛的应用。宽频带加载鞭天线通过加载和宽带匹配网络等手段展宽鞭天线工作带宽，以达到宽频带工作的目的。下面我们对这种天线进行介绍和研究。

4.3.1　宽频带加载鞭天线的结构特点和工作原理

宽频带加载鞭天线是垂直接地的单极天线，假设地为理想导体，地对天线的影响可以用天线镜像代替，并且仅在地面上半空间存在电磁场。如图 4.1 所示，宽频带加载鞭天线其本身的物理尺寸比对称振子缩小 1/2，但具有与对称振子相似的辐射特性，因此这是天线小型化的一种重要措施。

当宽频带加载鞭天线的激励电压是等效的对称振子的一半时，存在于上半空间的辐射场相等，所以宽频带加载鞭天线和等效的对称振子天线上半空间的方向函数和方向图相同，主瓣宽度、极化特性、频带特性等都相同。且宽频带加载鞭天线的输入阻抗是对称振子的一半，这是因为激励电压减半而激励电流不变。宽频带加载鞭天线的方向系数是对称振子的两倍，这是因为场强不变而辐射功率减半，只在半空间辐射造成的。宽频带加载鞭天线比对称振子损耗电阻大，辐射效率低。宽频带加载鞭天线辐射效率可以参考图 4.2 来分析。

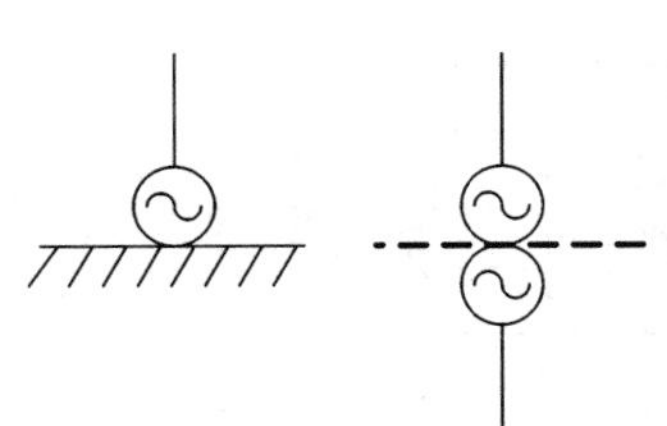

图 4.1　宽频带加载鞭天线结构示意图

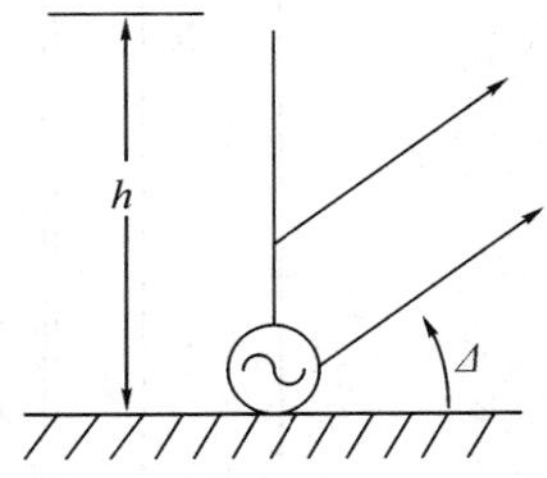

图 4.2　宽频带加载鞭天线辐射效率分析

假设宽频带加载鞭天线在地面以上的高度为 h，则采用电流元积分法可以得到上半空间天线的辐射场为

$$E_\theta=\frac{60I_0\cos(kh\sin\Delta)-\cos kh}{\cos\Delta} \tag{4-3}$$

其中：I_0 为输入端电流；k 为自由空间相移常数。

宽频带加载鞭天线的特性阻抗和输入电抗的计算公式为

$$Z_0 = 60\left[Ln\left(\frac{4h}{D}\right) - 1\right] \tag{4-4}$$

$$X = -\mathrm{j}Z_0\cot\left(\frac{2\pi h}{\lambda}\right) \tag{4-5}$$

其中，D 为天线的直径。辐射电阻的近似公式为

$$R_\Sigma = 400\left(\frac{h}{\lambda}\right)^2 \tag{4-6}$$

损耗电阻的近似公式为

$$R_\mathrm{L} = A\,\frac{\lambda}{4h} \tag{4-7}$$

式中，A 为一个在 2～7 之间的常数。如果 $R_\Sigma \ll R_\mathrm{L}$，那么

$$\eta_A = \frac{400\,(h/\lambda)^2}{400\,(h/\lambda)^2 + A\,\dfrac{\lambda}{4h}} \approx \frac{1600}{A}\left(\frac{h}{\lambda}\right)^3 \tag{4-8}$$

此时，提高 h 可以显著增大 η_A，使其几乎与 h^3 成正比。

4.3.2 天线的设计

下面我们以图 4.3 所示的经典宽频带加载鞭天线结构为例来介绍。天线高度为 H，天线的地面直径大小为 D，天线加载位置距地面高度为 h，馈线特性阻抗为 Z_0，天线输入阻抗为 Z_i，采用集总加载的 R、L、C 并联电路形式给天线加载；宽带匹配网络采用 π 形或 T 形网络，由理论上无耗的集总感容元件的串并联组成。

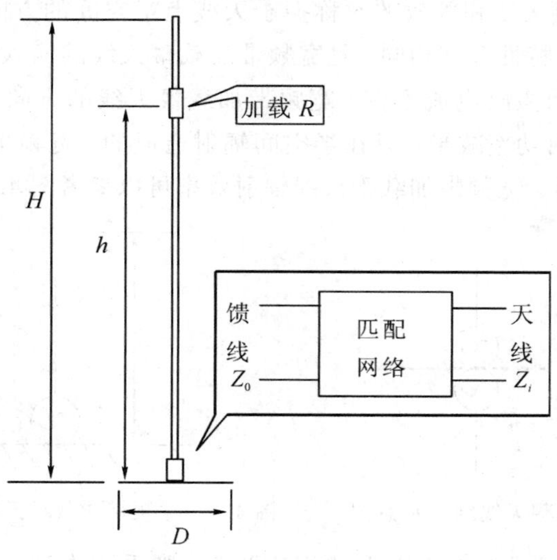

图 4.3 天线模型及匹配网络

用一体化优化方法对天线模型进行优化设计，选用目标函数：

$$f = \min\{\alpha \cdot \max_{i=1,\,\cdots,\,n}[\mathrm{VSWR}(w_i)] - \beta \cdot \mathrm{Gain}(w_1)\} \tag{4-9}$$

将这其中产生的变量运用遗传算法进行总体优化，即进行宽带天线一体化设计。加载结构及宽带匹配网络如图 4.4 所示。

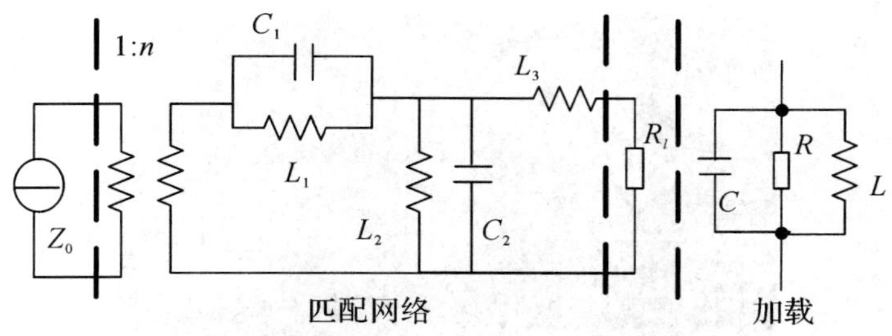

图 4.4　优化加载及匹配网络

天线在 50 MHz 时 E 面、H 面理论方向图如图 4.5 所示。

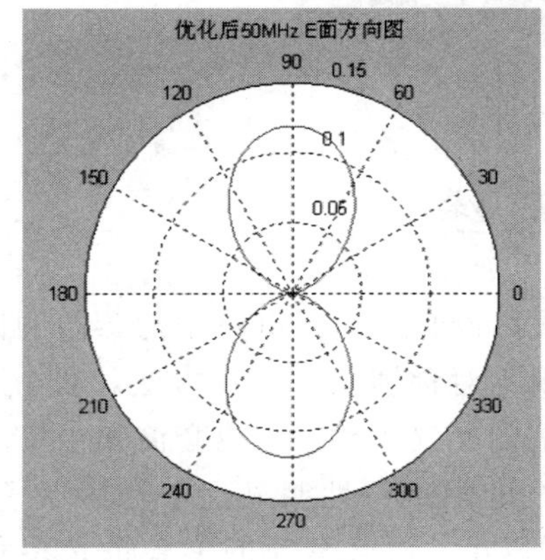

(a) E面方向图

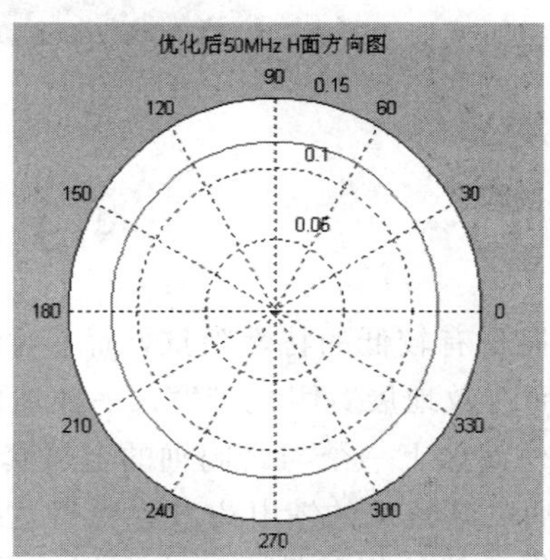

(b) H面方向图

图 4.5　天线在 50 MHz 时的理论方向图

天线计算增益曲线如图 4.6 所示。

天线驻波曲线如图 4.7 所示。

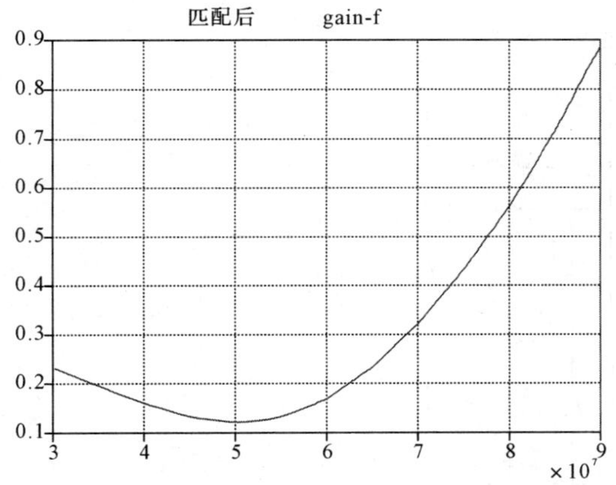

图 4.6　优化后天线计算增益曲线

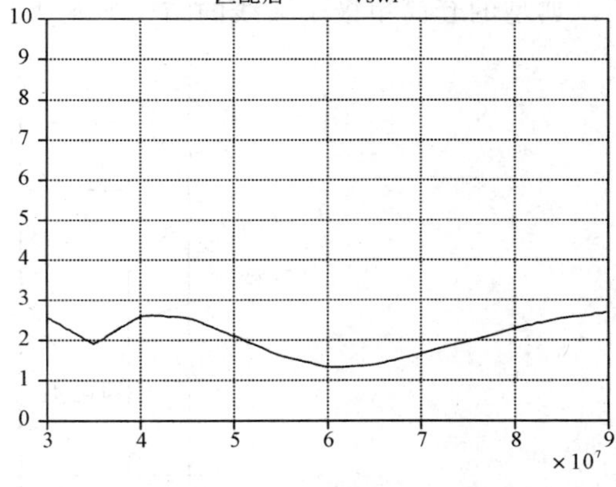

图 4.7　优化后天线驻波曲线

图 4.8 所示为宽频带加载鞭天线实物。

图 4.8　鞭天线实物照片

4.4 套筒天线

粗振子有较低的特性阻抗，而不对称的结构形式可以起到类似电路中的参差调谐的作用，从而有效地展宽阻抗带宽。一种加粗振子并实现不对称馈电的简单方法，是在天线的辐射体外面加上一个与之同轴的金属套筒，形成所谓的套筒天线。金属套筒相当于一个粗振子，加之其特殊的馈电方式，使得这种结构的天线的阻抗特性明显优于普通振子天线。一般套筒天线的相对带宽至少可以达到一个倍频程以上。而且套筒的形式也是多种多样的，改变套筒天线的结构形式，能够使其应用于不同的工作环境，但是其基本理论都源自典型的套筒单极子天线。套筒天线是由单极或偶极天线通过加粗振子实现宽频带的线天线。

4.4.1 套筒天线的结构特点和工作原理

典型的套筒单极子天线的结构如图 4.9 所示。

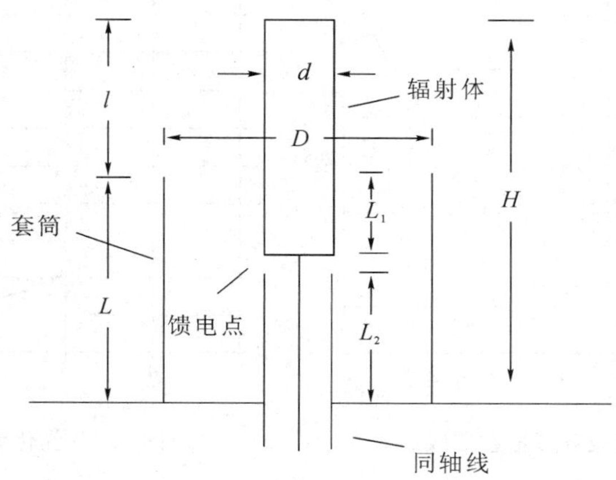

图 4.9　典型套筒单极子天线的结构

其主要结构参数有：上辐射体长度 l；套筒长度 L，L 分为 L_1 和 L_2 两部分，其中 L_1 是馈电点到套筒开口处的长度，L_2是馈电点到套筒底部的长度；上辐射体的直径 d 和套筒直径 D。理论分析和试验表明，对天线电特性起决定作用的参数是套筒单极子的总长度 $H=l+L$ 以及上辐射体的长度与套筒长度之比 l/L。

与普通单极子天线类似，套筒单极子天线的总长度通常取为工作频段下限频率所对应波长的 1/4，即 $L+l=\lambda_{max}/4$。在总长度确定的情况下，天线的电性能主要取决于上辐射体长度与套筒长度之比 l/L。当套筒天线的总长度 $L+l\leqslant\lambda/2$ 时，由于套筒上辐射体和套筒外壁上的电流同相位，因此辐射方向图随 l/L 的变化不明显；当频率升高时，l/L 的取值对方向图的影响将增大。经验表明，当 $l/L=2.25$ 时，套筒天线方向图在 4∶1 频带范围内变化最小，并可使天线的旁瓣电平最低，所以通常认为 $l/L=2.25$ 是套筒单极子天线的最佳长度比。套筒天线馈电点处的输入阻抗可看成是一段长为 L_1、负载阻抗为 Z_a 的传输线与某一段长为 L_2的短路传输线的串联。这里，Z_a 是天线上辐射体作为单极子天线的输入阻抗，两段传输线的特性阻抗分别为 Z_{c1} 和 Z_{c2}，而且

$$\begin{cases} Z_{c1}=60\ \ln\dfrac{D}{d} \\ Z_{c2}=60\ \ln\dfrac{D}{d'} \end{cases} \tag{4-10}$$

其中，d'是馈电点同轴线的外径，如果它与辐射体直径相等，则 $Z_{c1}=Z_{c2}$。馈电点的输入阻抗为

$$Z=\mathrm{j}Z_{c2}\tan k_0L_2+Z_{c1}\frac{Z_a+\mathrm{j}Z_{c1}\tan k_0L_1}{Z_{c1}+\mathrm{j}Z_a\tan k_0L_1} \tag{4-11}$$

上辐射体输入阻抗主要取决于上辐射体的电长度 l/λ 和长径比 l/d。适当地选择 l/L、l/d 以及 D/d 等参数，同时在套筒内移动馈电点的位置，也就是改变 L_1/L_2 的值，可以有效地改善天线的阻抗特性，降低馈线上的驻波比。

4.4.2　天线的设计

套筒单极子天线作为一种宽频带天线已经广泛应用于现代通信及遥感系统中，在实际应用中，套筒单极子天线通常置于有限大地面上。正是基于这种安置，套筒单极子天线作为一种车载天线已经显现出它特有的结构简单、稳定性好、方向图稳定等优点。但是套筒单极子天线作为车载天线使用时，往往有较严格的高度限制，因此在设计中需要考虑天线纵向尺寸的降低。加粗套筒单极子辐射体是很好的减小天线尺寸的方法，下面我们以一个套筒单极天线设计实例来说明。

套筒单极子天线基本模型如图 4.10 所示。

天线结构中辐射体的半径、高度，套筒半径、高度以及地板半径都是影响套筒天线特性的敏感参量。上述参量变化时天线驻波比曲线如图 4.11 所示。

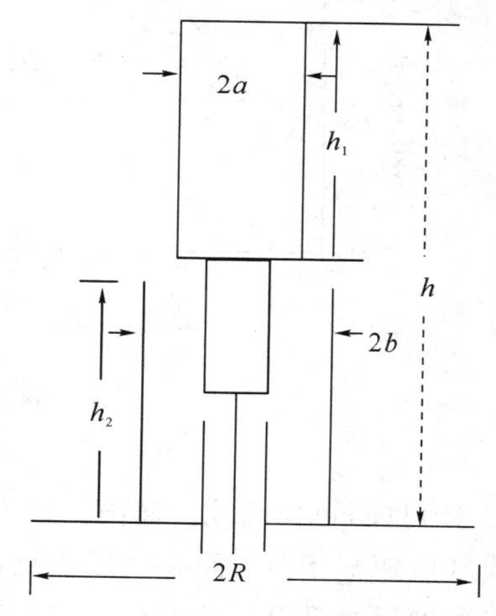

图 4.10　加粗辐射体的套筒天线

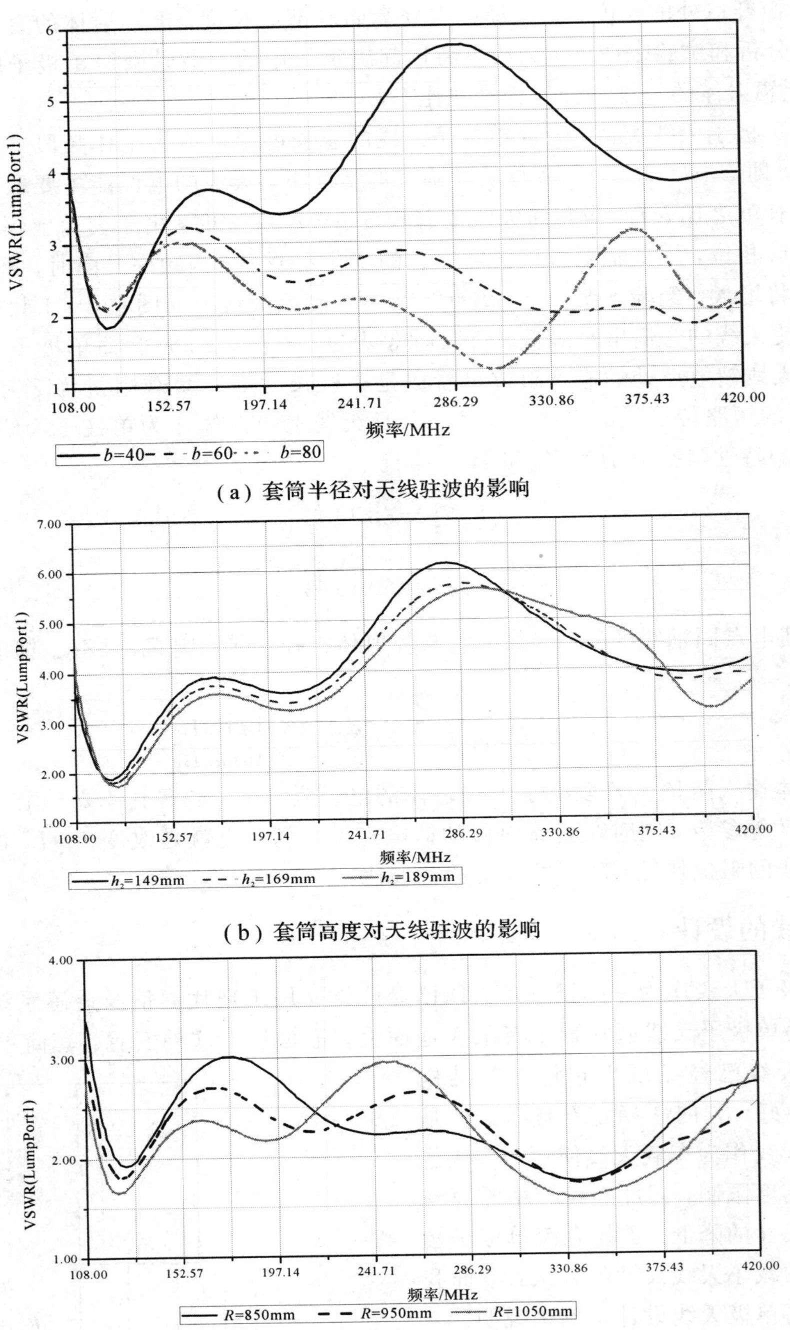

(a) 套筒半径对天线驻波的影响

(b) 套筒高度对天线驻波的影响

(c) 地面大小对天线驻波的影响

图 4.11 天线驻波与参量变化的关系

从图 4.11(a)可以看出，套筒半径 b 主要影响天线中高频段，随着套筒半径的增加，中频段天线驻波明显下降，而高频端变化也很明显。随着半径的增加，驻波先是降低，当半径大到一定程度后又升高，所以在套筒调节时要注意度的把握。从图 4.11(b)可以看出，套筒

高度 h_2 的增加，主要使天线在中频段的驻波有一定的下降，而对低频段和高频端没有太大的影响，可以通过适度调高套筒高度来优化天线在中频段的匹配，但是天线的总高度不能超出实际工程的要求。从图 4.11(c)可以看出，随着地面半径 R 的增加，低频段的驻波明显变小，有力地拓展了低端的带宽，同时中频段的驻波有一点点增大，而高频段变化并不是很明显。从中也可以看出，地面增大对天线的电性能有很大的好处，所以在满足实际工程对于地面大小要求的情况下应该尽可能采取较大的地面。天线驻波比的理论曲线如图 4.12 所示。

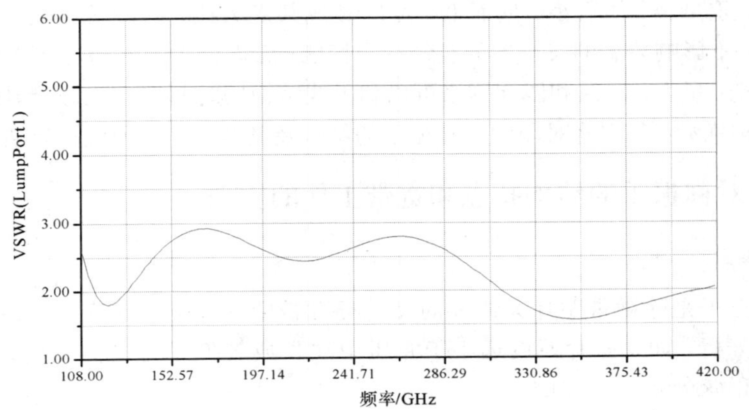

图 4.12　套筒天线驻波比曲线

套筒天线理论方向图如图 4.13 所示。由图可见，在这两个给出的频点上，方向图都有较大的上翘，这也使天线在这两个频点处的水平方向增益比较低。理论上来讲，如果地板为无限大，那么对于普通单极天线而言，不存在方向图上翘问题，因此有限地板上单极天线方向图的上翘以及由此造成的天线水平方向增益较低等问题是普遍存在且亟待解决的问题。

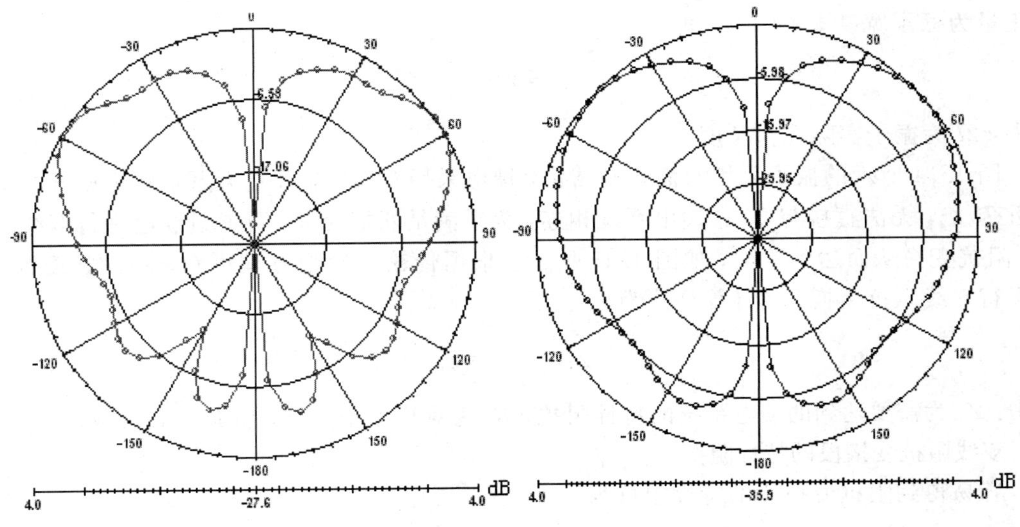

图 4.13　218 MHz 和 356 MHz 时 E 面方向图

4.5 印刷对称振子天线

直立线天线是常用的全向垂直极化天线，其中对称振子结构简单，广泛用于通信、雷达、探测等各种无线电设备中，适用于短波、超短波甚至微波。它可单独作为天线用，也可用作阵列单元，或用作反射面天线的馈源。对称振子是常用的典型全向天线，在工程应用中，当对天线的尺寸及重量有着严格的要求时，普通对称振子就很难满足要求了。而印刷对称振子天线具有以下优点：重量轻、体积小、剖面低，可以做成共形天线；制造成本低，易于大量生产；可以做得很薄，不影响装载的飞行器的空气动力性能；无需作大的变动，天线就能很容易地装在导弹、火箭和卫星上；馈线和匹配网络可以和天线结构同时制作。因此，印刷对称振子天线具有更强的结构优势。我们将对印刷对称振子的结构及其宽带工作原理进行研究。

4.5.1 印刷对称振子的结构特点和宽带工作的实现

1. 结构特点

印刷对称振子是除微带贴片天线外的又一类微带辐射单元。其近似处理是假定对振子电流分布进行分析，如果基片厚度远小于介质中波长或者振子为谐振长度，则认为印刷对称振子电流为正弦分布是有效的。

印刷对称振子采用双面印刷的平行双线馈电结构，为了分析其性能，把二者分成两部分处理。一部分是印刷偶极子辐射臂，另一部分为馈电平行双线部分。辐射臂可以等效为一个半径为 D_e、长度为 $2l_e$ 的对称振子。中心馈电印刷振子的等效半径为

$$D_e=0.25(w+t) \tag{4-12}$$

式中：w 为振子臂的宽度；t 为印刷线厚度（对印刷偶极子来说，印刷线可近似认为是零厚度，可忽略不计）。

振子辐射臂长度 $L=2l$，考虑到印刷对称振子的两个端头效应，振子的长度应当修正，修正量为振子宽度 w 的 1/4，即

$$2l_e=2l+\frac{w}{4} \tag{4-13}$$

式中：$2l$ 为振子实际几何长度。

图 4.14 所示的振子采用双面印刷结构，馈电采用双面印刷平行双线，对称振子的阻抗接近 75 Ω，无法直接与 50 Ω 馈电系统相连，为了满足匹配要求，可通过馈电平行双线进行 $\lambda/4$ 阻抗变换从而达到匹配，如图 4.15 所示。根据传输线理论方程可知，一段长度为 $\lambda/4$ 的平行双线阻抗变换，其计算公式为

$$Z_{in}=\frac{Z_0'^2}{R_l}=Z_0 \tag{4-14}$$

其中：Z_0 为需要达到的馈电系统的特性阻抗；R_l 为对称振子阻抗，将其看做负载；Z_0' 为 $\lambda/4$ 平行双线阻抗变换段的特性阻抗。

容易得到阻抗变换段的特性阻抗为

$$Z_0'=\sqrt{R_l Z_0} \tag{4-15}$$

通过阻抗变换段的特性阻抗，即可得到该段平行双线的线宽和线长。

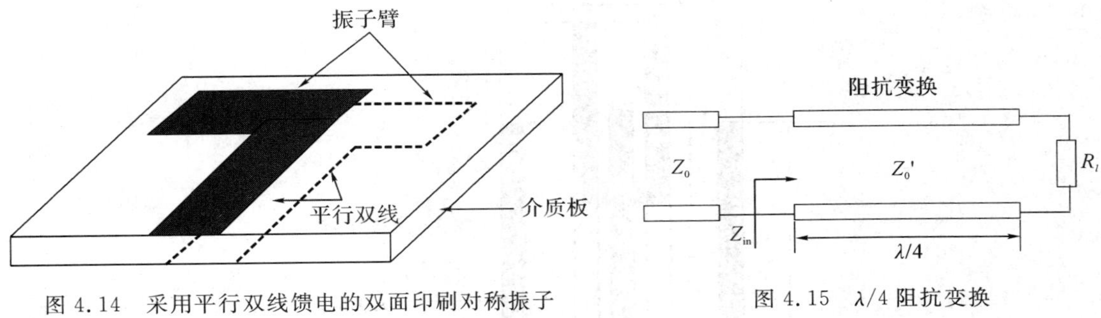

图 4.14　采用平行双线馈电的双面印刷对称振子

图 4.15　λ/4 阻抗变换

2. 宽频带工作方法

对称振子天线的谐振带宽很窄，其 VSWR<2.0 的相对带宽在 10%左右。展宽其带宽的简单有效的方法就是增加振子的直径。图 4.16 给出印刷对称振子天线结构。采用宽边印刷对称振子可以有效展宽带宽，振子宽度增加后，天线的输入阻抗随频率变化趋于缓慢，有助于天线带宽的展宽。另外，宽振子也可以认为是一种分布式容性加载，使得输入阻抗趋于容性。随着振子宽度的增加，输入电阻随频率的变化更加平缓，但是输入电抗趋于容性，不易匹配。通过并联一段开路或短路匹配枝节，并调节枝节的长度对输入阻抗的虚部进行调节，可以实现匹配。

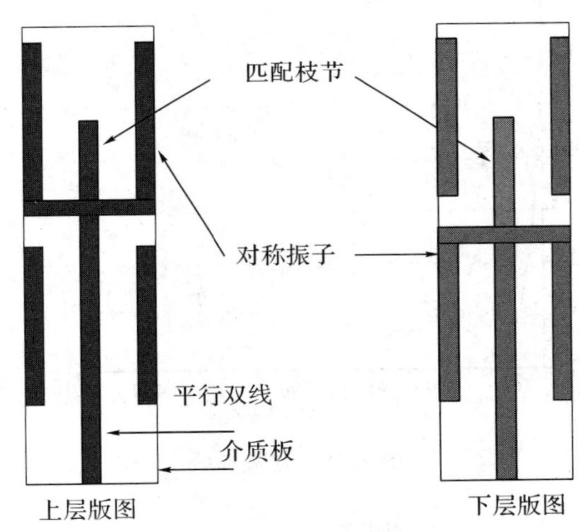

图 4.16　印刷对称振子天线结构

另一种展宽带宽的方法就是使用套筒的概念，即给印刷对称振子结构引入套筒结构，这样也同样可以有效地展宽天线带宽。

4.5.2　天线的设计

上节介绍过宽振子结构能够有效地展宽印刷对称振子天线的带宽，但引入套筒偶极子的方式能够更进一步展宽带宽。天线尺寸限制不严格时可以采用加寄生振子的方法，即开敞式套筒结构，如图 4.17 所示。也就是说，在原来的印刷振子臂旁边加两根寄生振子，适当地进行调整后，得到更宽的频带特性。主要调试的参数包括印刷对称振子的宽度 w、臂长 L、寄生振子与印刷对称振子之间的距离 s、寄生振子长度 l 和匹配枝节的长度 l_d。

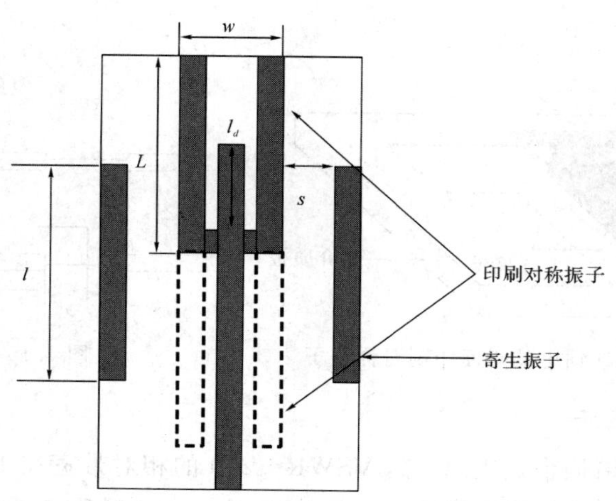

图 4.17 开敞式印刷套筒偶极子天线

从图 4.18 所示的驻波曲线可以看出，加寄生振子可以将带宽进一步展宽到 50%（VSWR<2.0），但是此时天线的横向尺寸太大，不利于天线的小型化。图 4.19 为高、中、低频点的 E 面和 H 面方向图。

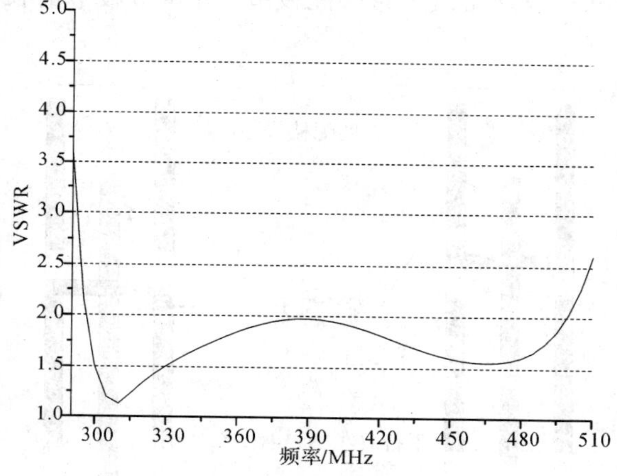

图 4.18 驻波曲线

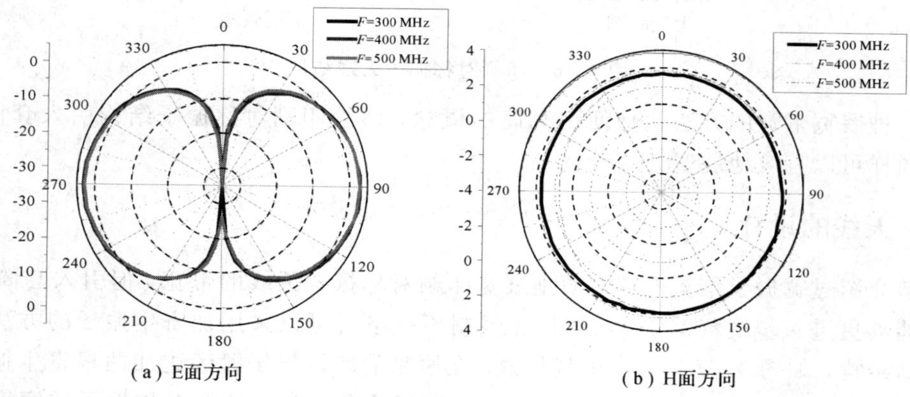

图 4.19 高、中、低频点的方向图

另一种印刷式套筒天线的结构如图 4.20 所示，即在天线罩的外表面采用共形的方式敷铜作为套筒，里面仍然采用前面算好的印刷偶极子。由于印刷对称振子本身就需要天线罩的支撑，因此合理巧妙地利用天线罩的圆周介质特性，在其表面印刷一层铜，就可以在起到支撑作用以外还起到套筒的作用。该敷铜层的高度略大于振子的臂长，天线罩的直径约为印刷振子宽度的两倍。

这种特殊结构的套筒天线能够实现 65%(VSWR<2.0)以上的阻抗带宽。其驻波比曲线如图 4.21 所示。该天线的 E 面方向图如图 4.22 所示。图 4.22(a)中，255～500 MHz 之间的方向图很好，最大辐射方向在水平方向，且水平方向增益大于 2 dB。但是当频率大于 500 MHz 时，E 面方向图产生变化，如图 4.22(b)所示，最大辐射方向偏离水平面，510 MHz 处水平增益下降到 1.5 dB 左右，520 MHz 时方向图最大辐射方向上翘，水平面增益为 0.4～0.8 dB，这是因为馈电平行双线和匹配枝节部分也有辐射场，因此导致振子上下不对称，出现方向图的上翘。530 MHz 时水平增益为 −3.5 dB，此时的 E 面方向图出现水平凹陷，最大辐射方向已经偏离水平方向。图 4.23 给出了天线各频点的水平面方向图。

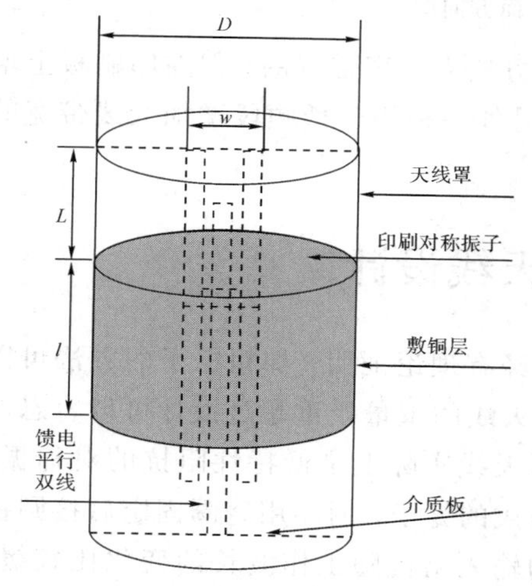

图 4.20　封闭式印刷套筒天线

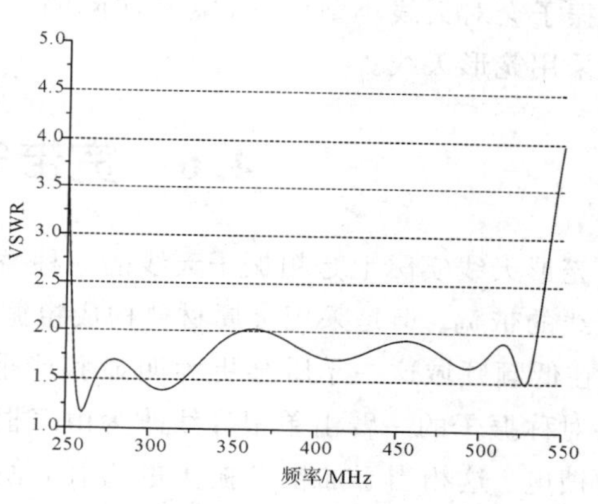

图 4.21　封闭式印刷套筒的驻波曲线

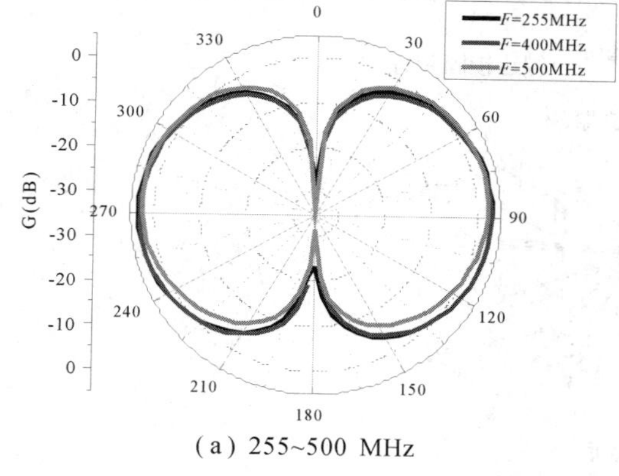

(a) 255~500 MHz

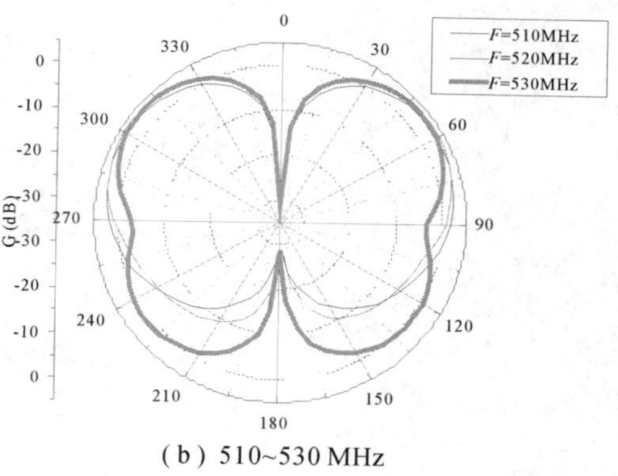

(b) 510~530 MHz

图 4.22　封闭式印刷套筒的 E 面方向图

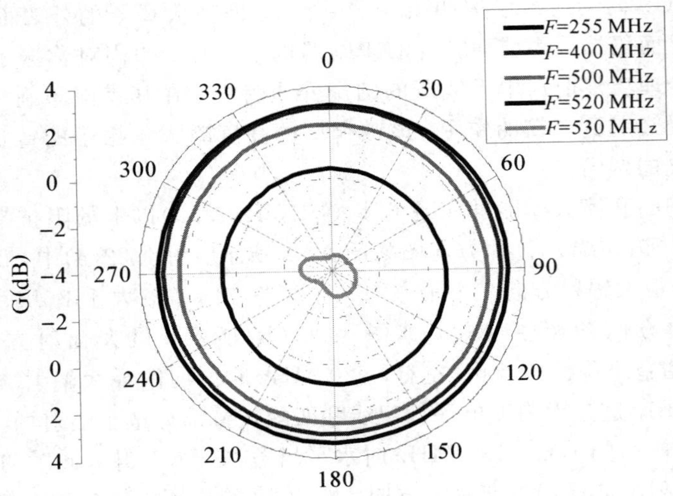

图 4.23　各频点的水平面方向图

上述两种方法实际上都是采用加粗振子直径的方法来展宽带宽的，但在印刷板上增加寄生振子会对天线小型化不利。在实际的工程中，另外一种用于低频段增加天线带宽的方法是采用笼形天线。

4.6　宽带笼形天线设计

笼形天线实际上是粗振子天线的一种替代。已经有理论证明，加粗振子的方法可以展宽天线的带宽。但是采用金属材料构成粗振子会使天线的重量严重超过设计可以容忍的程度，在低频领域这一矛盾会更为明显和严重。笼形天线实际上是低特性阻抗的对称振子，它将对称振子的一臂由单根导线改为由多根导线组成的笼子，两端用笼圈固定后接圆锥以方便馈电。这相当于加粗了振子的直径，使天线的输入阻抗随工作波长的变化比较缓慢，从而使天线具有宽带性。如果采用适当的匹配方法，还能够增大天线的工作波段范围。图 4.24 为 EMC 测试中常用的 ETS. Lindrgen 公司的 3110C 笼形双锥天线示意图。

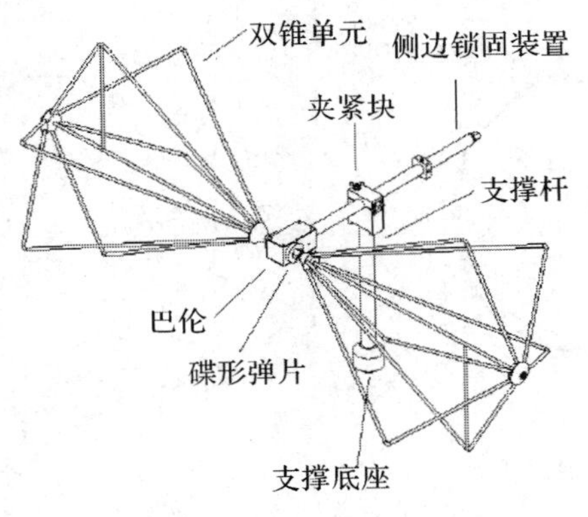

图 4.24　笼形双锥天线

从图可以看出，该天线由支撑结构、巴伦和双锥笼构成。从原理上来看，该天线就是一个锥形加粗的对称振子，只不过原本锥型的实心导电振子被更为轻巧的具有相同外形的笼形导体替代。对称振子的两臂采用锥形，使天线在较宽的频带内的辐射阻抗保持稳定从而加宽带宽。锥形结构的最粗处加入了由中心导体到笼子辐条的加载结构来进一步优化天线特性。在实际的工程应用中，仅利用天线外形的设计虽然可以使天线在较宽的带宽范围内保持方向图的稳定，但是天线的输入阻抗变化仍然较为剧烈。为此，必须引入天线的宽频带匹配技术来实现天线的宽频带匹配。因此，实际的宽频带天线设计必须将天线辐射结构的设计和天线的匹配网络设计同步进行。

由于匹配网络的引入使天线的带宽不仅取决于天线的具体结构，而且取决于天线结构与匹配网络共同优化的结果，因此天线的最优外形就未必采用已经由经典理论所证明的锥形结构，也可以采用其他的外形结构并配合馈电网络的设计来实现宽频带，例如曲线渐变的外形。

已经有很多经典的书目对宽匹配网络的设计进行过深入的理论分析。近几年发展出的实频法以天线的实际输入阻抗作为依据来进行匹配网络的优化设计，可以实现良好的匹配效果。但传统的匹配电路属于无源匹配，受到增益带宽限制理论的束缚，无法得到很宽的频带和较高的增益。而使用具有负阻特性元件的有源匹配电路，则可以突破增益带宽限制理论的束缚，实现更宽的阻抗带宽。近几年，基于负阻元器件的匹配方法在电小天线宽带匹配方面的应用再次引起了广泛的关注。

本节介绍采用曲线外形设计笼形天线，并采用负阻元器件进行匹配网络设计的技术。

笼形天线外形如图 4.25 所示。天线的两臂由 12 根金属构成的笼形结构构成。笼形由两段抛物线连接而成。H 为天线总长，L_1 为上臂长度，R_1 为最大半径，R_2 为顶部半径，通过调节这些参数以及抛物线的参数，可以获得最佳的阻抗带宽。天线由中心进行馈电。仿真模型如图 4.26 所示，仿真结果如图 4.27 所示。

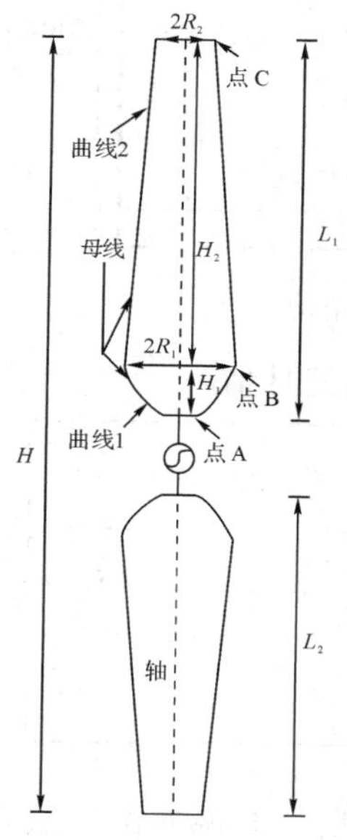

图 4.25　笼形天线外形示意图

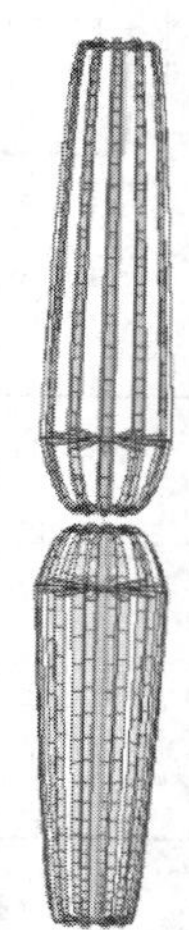

图 4.26　笼形天线仿真模型

由仿真结果可以看出，天线在 290～765 MHz 的频段范围内驻波比均小于 2，阻抗带宽达到 2.6 个倍频程。其增益方向图如图 4.28 所示，天线基本符合对称振子辐射方向特性，具有水平全向性和垂直面倒 8 字，增益在 3 dB 以上，但是随着频率的逐渐提高，会出现裂瓣。下面分析天线的匹配网络设计。

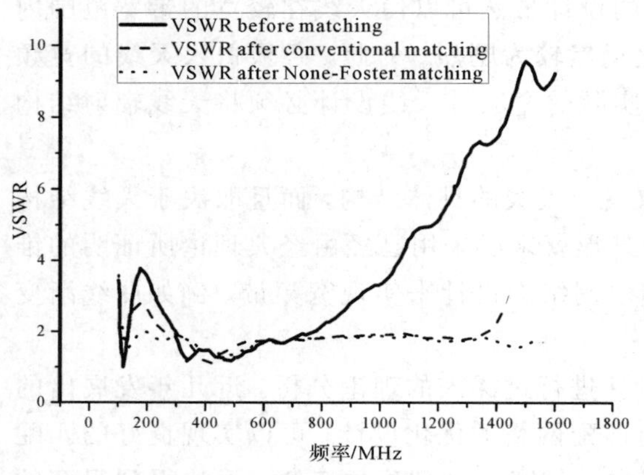

图 4.27 笼形天线匹配前后的驻波比(VSWR)曲线

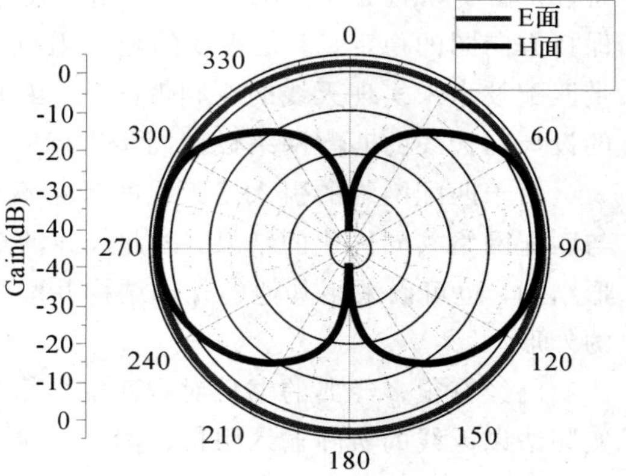

图 4.28 300 MHz 时的增益方向图

这里首先通过在馈电端使用一个传统 LC 匹配网络来实现匹配。通过优化，最终使该曲线振子天线在 258～1370 MHz 频带内工作，达到 5 个倍频程，如图 4.27 所示；匹配电路拓扑结构和元件值如图 4.29 和表 4.1 所示。

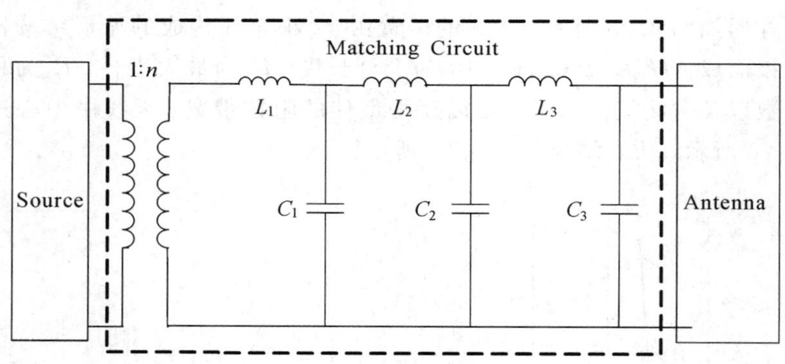

图 4.29 匹配网络拓扑结构

表 4.1 两种匹配网络的元件值

匹配网络	L_1/nH	L_2/nH	L_3/nH	C_1/pF	C_2/pF	C_3/pF	n
传统的匹配	4.96	11.00	3.05	2.92	0.73	1.67	1.1
非福斯特匹配	1.09	−2.91	−6.82	−1.78	−5.56	−1.19	1.4

为了进一步拓展带宽，引入具有负元件值的非福斯特有源匹配方法，其匹配原理如图 4.30 所示。由图可以看出，负 LC 元件，具有与常规 LC 元件相反的阻抗特性曲线，从而能够获得极宽的匹配带宽。下面首先介绍基于 NIC 电路的负阻抗器件设计。

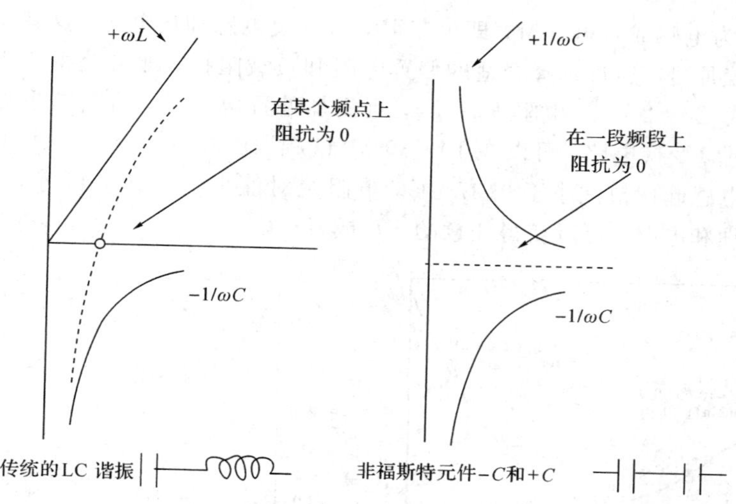

图 4.30　非福斯特匹配原理

非福斯特电路可基于 NIC(Negative Impedance Convertor)变换电路实现，NIC 电路将具有正值的 LC 元件通过电路变换等效为具有负值的 LC 元件。常用的 NIC 变换电路主要有基于晶体管的变换和基于运放的变换两种，这里给出基于晶体管的 NIC 变换电路。基于晶体管的 NIC 电路又可分为电流转换型(INIC)、电压转换型(VNIC)或者接地型、浮地型等。

图 4.31 所示为一种负阻抗变换电路原理图，图中 V_1、V_2 为晶体管，Z_L 为负载阻抗，Z_{in} 为从输入端看进去的等效阻抗。正常工作状态下，晶体管基极和发射极之间的电压为一个很小的导通电压，一般只有 0.7～0.8 V 左右，所以可认为晶体管 b、e 端无压降；而基极电流只有集电极的 $1/\beta$（β 一般取值在 20～200 之间），所以基极处相当于开路；晶体管电流全部从集电极流向发射极，因此节点 b 和节点 d 相当于短路，输入端电压 U_{in} 等于负载电压 U_L；同时，电阻 R_1、R_2 两端电压等幅反相，电流方向相反，因此输入电流 I_{in} 和负载电流 I_L 反相，那么输入端的等效阻抗就等于 $-R_1/R_2$ 倍的负载阻抗，即

$$Z_{in}=-\frac{R_1}{R_2}\cdot Z_L$$

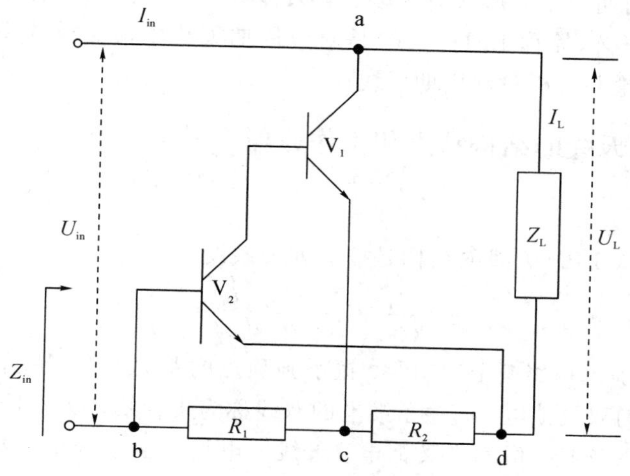

图 4.31　NIC 变换原理图

当负载 Z_L 为电感或者电容时，即可获得等效的负电感和负电容。这就是非福斯特 NIC 变换电路的变换原理。通过选择合适的偏置电阻和负载阻抗，即可获得所需的具有负值的元器件。取负载 $Z_L=2\ \mu$H，电阻 $R_1=R_2$，且添加偏置电路后，仿真结果如图 4.32 所示。可以看出，通过该变换电路，可以在 10～35 MHz 频段内获得一个 $-2\ \mu$H 的等效电感，该频段内的等效电感起伏范围小于 0.37 μH，电阻绝对值小于 1.08，可等效为一理想电感。基于同样的原理和电路，可以获得任意的 $-L$ 或者 $-C$。

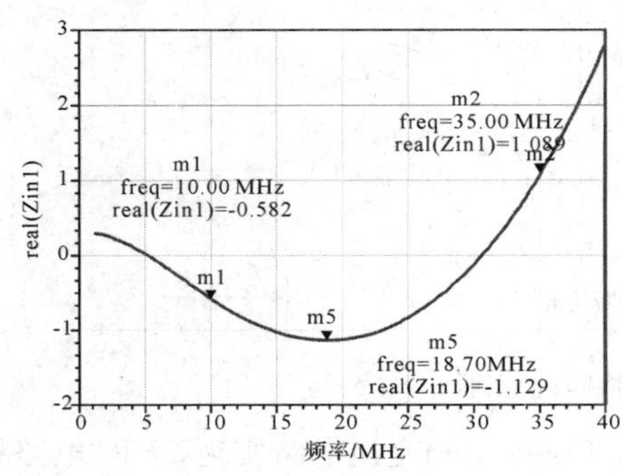

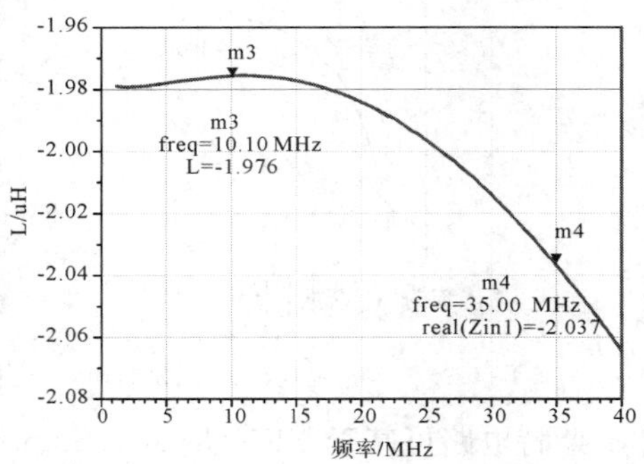

图 4.32　NIC 电路仿真结果

相对图 4.30 的直接应用，这里将负阻器件引入匹配网络，并对上述曲线型对称振子天线设计匹配网络。匹配电路拓扑结构和元件值如图 4.29 和表 4.1 所示；采用基于 NIC 的变换电路实现，如图 4.31 所示，结果如图 4.32 所示。可以看出，相比传统匹配方法，非福斯特匹配明显提高了带宽，使匹配后的带宽达到 14 个倍频程。

4.7　对数周期天线

对数周期天线是非频变天线的一种类型，它是根据“相似”概念构成的：当天线按照某一特定的比例因子 τ 变化后，仍为它原来的结构。这样，出现在频率 f 和 τf 间的天线性能将在 τf 和 $\tau^2 f$ 的频率范围内重复出现。依此类推，天线的电性能基本上在很宽的范围内不随频率变化。对数周期天线的形式有很多种，大体分为平面型和立体型两类，目前广泛应用的对数周期偶极子阵(简称 LPD 天线)是对数周期天线中最简单的一种。下面我们就以 LPD 天线为例来讨论并分析对数周期天线。

4.7.1　对数周期天线的结构特点和工作原理

1. 结构特点

如图 4.33 所示，LPD 天线的结构是按下列关系设计的：

$$\tau=\frac{l_n}{l_{n-1}}=\frac{R_n}{R_{n-1}}=\frac{d_n}{d_{n-1}}<1 \tag{4-16}$$

式中，d、R 和 l 分别是相邻振子的间距、振子到顶点的距离和振子一臂的长度。振子总数为 N。天线采用均匀双线馈电。向振子馈电的双线称为集合线，以区别于天线的主馈线。相邻振子同集合线交叉连接，俗称交叉馈电。天线馈电点接在短振子一端。天线的几何结构主要取决于参数 τ、α 和 σ，它们之间满足下列关系：

$$\tan\alpha=\frac{l_n}{R_n} \tag{4-17}$$

$$\sigma=\frac{d_n}{4l_n}=\frac{1-\tau}{4\tan\alpha} \tag{4-18}$$

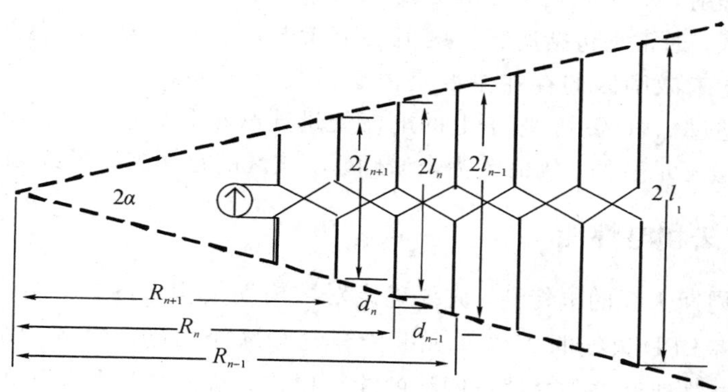

图 4.33　对数周期偶极子(LPD)天线

如果 LPD 天线向长振子方向延伸到无限远，在短振子方向精确地按比例系数 τ 一直短到无限小，如图 4.33 所示，那么从馈电点向外看，每当频率变化 τ 倍时，天线的电结构完全相同，只是向外推移了一个、二个、三个…振子而已，因此在 f、τf、$\tau^2 f$、$\tau^3 f$…这些频率点上，由于电尺寸完全相同，天线的电性能也完全相同。但是，在 $f\sim\tau f$、$\tau f\sim\tau^2 f$、$\tau^2 f\sim\tau^3 f$…等频率区间内，频率的变化与点尺寸结构的变化并不相同，天线的电性能自然会变化。如果取这些频率周期的对数，则有：

$$\begin{cases}\ln f_n-\ln f_{n-1}=\ln\dfrac{1}{\tau}\\ \ln f_{n-1}-\ln f_{n-2}=\ln\dfrac{1}{\tau}\\ \ln f_{n-2}-\ln f_{n-3}=\ln\dfrac{1}{\tau}\\ \cdots\end{cases} \tag{4-19}$$

显然，频率的对数周期是相同的。这就是说，当频率 f 连续变化时，天线的电特性随着频率的对数作周期性变化；如果 τ 取值接近于 1，则在频率周期内电性能变化不大，从而实现了非频变特性。

2. 工作原理

当天线馈电后，由信号源供给的电磁能量沿集合线传输，依次对各振子进行激励。只有长度接近谐振长度的这部分振子才能激励起较大的电流，向空间形成有效的辐射，通常称这部分振子为有效区或是辐射区；而远离谐振长度的那些振子上的电流都很小，对远场几乎没有什么贡献。这就是说，对某一工作频率而言，各振子由于电尺寸不同而起着不同的作用，通常按三个区域——传输区、辐射区和未激励区来阐述它们的作用。

(1) 传输区。传输区指从馈电点到辐射区之间的这一段短振子区域。由于振子电尺寸很小，输入阻抗大，故振子上电流小，可忽略其辐射效应。这个区域主要起传输电磁能量的作用。

(2) 辐射区。辐射区包括长度接近谐振半波长的几个振子及其相应的集合线部分，通常是指谐振振子和长度略小于谐振长度的2、3个振子及长度略大于谐振长度的1、2个振子所共同组成的4～6个振子的辐射区。这些振子能有效地吸收从集合线传输来的导波能量，并转向空间辐射，从而形成自由电磁波。

(3) 未激励区。通常它包括所有长度稍大于或很大于谐振长度的那部分长振子及其相应的集合线部分。未激励区的存在主要是由于沿集合线传输的电磁能量被辐射区有效地"吸收"了，致使超过辐射区后，振子上的电流便迅速减小到可以忽略不计的程度，因而它对远场的贡献是微不足道的，故命名为未激励区。该区的存在减小了终端反射效应。

4.7.2 分析方法和电性能

要求解对数周期天线的电特性，先要确定对数周期结构上的电流分布；然后计算电流分布的辐射场，将LPD天线的N个单元振子等效为N个二端口网络，以d_n为间距并联在集合线上，应用电路理论求各二端口网络的输入电流，从而得到各振子的电流分布以及天线的输入阻抗；再以振子的电流分布求辐射场。由于各振子不是相似元，不能应用方向图乘积定理。根据叠加原理求各振子所有辐射场的矢量和，得到整个天线的辐射场。

对数周期天线的方向系数D与结构、尺寸等有关，特别是τ、σ对其影响最大。σ一定时，τ值越大则方向系数D值愈高，但是在相同的结构带宽条件下，τ值愈大，所需的振子就越多。振子过多，不仅会使天线造价增加而且会使天线的尺寸过长。通常$\tau=0.8\sim0.95$；在τ值选定的情况下，σ值由小到大变化时，D值随之增加，达到最大值后下降，这说明对应于一定的τ值有一最佳的σ值存在，这是因为在这样的组合下，各振子的电流比是恰当的，从而获得了最大的方向系数。图4.34给出了对数周期天线的方向系数D与参数τ、σ的最佳关系。集合线特性阻抗的变化对方向系数D影响不明显。

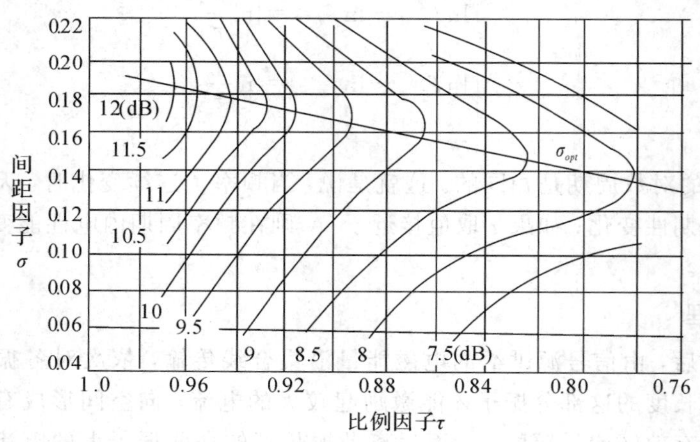

图4.34 D与τ、σ的关系图

天线的输入阻抗受许多因素制约，但是它的数值主要取决于集合线的特性阻抗，它是由集合线的形式和结构决定的。为了配合同轴电缆馈电，集合线特性阻抗一般取100～200 Ω；天线的输入阻抗也与振子的长细比有关，也就是和振子的特性阻抗有关。实际上，对数周期天线的输入阻抗在工作波段内还是有变化的。这是因为：

（1）传输区和辐射区不可能做到理想匹配，短振子和间距也不可能做到任意小，总要截除一段，这样就使辐射区相位中心到实际馈电点的尺寸是随频率变化的，所以输入阻抗也会随着频率的改变而有些波动。

（2）理想对数周期天线所有部分都应严格地按照 τ 的比例设计，因而集合线的间距也要随着阵子长度的增大而加大，这在实际结构中难以完全实现，因此也会使阻抗在工作波段内产生一些变化。实验证明，若集合线的间距远小于波长，采用均匀间距对阻抗的影响也不算太大。

4.7.3　对数周期天线的设计

对数周期偶极子天线结构参数的选择，应在满足所要求的天线增益、方向图、输入阻抗等电指标的前提下，尽可能使结构具有最小尺寸。在同样满足方向系数的情况下，τ 和 σ 有多种组合，因此就必须进行多次计算，以寻求较合理的结构尺寸。一般计算步骤如下：

（1）τ 和 σ 值选取。根据要求的方向系数，利用图 4.34 选择适当的 τ 和 σ 值，通常取 $\tau=0.8\sim0.95$，$\sigma=0.08\sim0.51$ 较合适。

（2）根据选定的 τ 和 σ 值计算结构角 α：

$$\alpha=2\arctan\left(\frac{1-\tau}{4\sigma}\right) \tag{4-20}$$

（3）计算结构带宽 B_s。根据选定的 τ 和 σ 值利用下式计算出辐射区带宽 B_{as}，则有：

$$B_{as}\approx1.1+30.7\sigma(1-\tau) \tag{4-21}$$

$$B_s\approx B\cdot B_{as} \tag{4-22}$$

其中，$B=\dfrac{f_{\max}}{f_{\min}}$为工作带宽，通常是给出的原始数据之一。

（4）计算天线的轴向长度 L。根据几何关系可以推出：

$$L=\frac{\lambda_{\max}}{4}\left(1-\frac{1}{B_s}\right)\arctan\frac{\alpha}{2} \tag{4-23}$$

式中，$\lambda_{\max}$是工作波长中的最长波长。

（5）计算振子数目 N：

$$N=1+\frac{\lg B_s}{\lg(1/\tau)} \tag{4-24}$$

若计算得出的 N 值不是整数，应将小数进位取整数。

（6）振子长度 l_n 及间距 d_n 的计算。设最长振子长度为 $l_1=\lambda_{\max}/2$，按照对数周期结构的特点和式(4-16)可以计算。

（7）集合线特性阻抗的计算和馈电方式的考虑。

4.7.4　天线的设计

传统意义上，天线的设计多采用高频端馈电方案。然而，在实际应用中，如果工作频率较高，馈线结构的物理尺寸往往要大于最高频端的偶极子，若使用高频端馈电，馈线会对高频振子的辐射产生反射效果，从而改变其天线的方向图。当然也有一些方案采用垂直馈电或者多层介质馈电，以提高天线的性能，但缺点是制作复杂度较高，同时不便于集成。

因此，在天线设计时，人们提出了从低频端馈电的方案。由此带来的问题在于：首先，在较宽频段内，低频振子在其奇数倍频(3 倍频、5 倍频、7 倍频等)的频点处同样工作，势必产生一定的有害辐射，加大旁瓣的增益；其次，对于高频频率，其能量传输到其谐振振子往往要经过数个波长的衰减，这也在一定程度上降低了主瓣的增益。

一种在最低频振子和馈线之间引入一反射器的对数周期天线能够有效地解决该问题。该反射器的长度和位置不同于传统的对数结构的反射器，通过该反射器，可以对低频振子在奇数倍频时的方向图加以调整，使两侧的副瓣向主瓣靠拢，进而提高整个阵列的增益，同时有效减小天线的物理尺寸。

对于对数周期阵列部分的设计可以遵循如下步骤：

(1) 决定对数周期天线的总体结构，即比例因子 τ、间距因子 σ 和偶极子单元的个数 N。τ 的取值范围一般为 0.8～0.96，但是为了保证在高频段有尽量少的振子处于高次模状态，在设计超宽带天线时，常将 τ 的取值适当减小。以 $\tau=0.65$ 为例，这在理论上保证了天线在 3～4.6 倍频只有最低频率振子会出现有害辐射。一般选取 $\tau=0.65$，$\sigma=0.167$，$N=8$。

(2) 确定最低工作频率的偶极子单元的长度 L_1，其计算公式为

$$L_1=\frac{\lambda_{\text{off max}}}{4} \tag{4-25}$$

其中，$\lambda_{\text{off max}}$是天线最长波长，其计算公式为

$$\lambda_{\text{off max}}=\frac{c}{f_{\min}\sqrt{\varepsilon_{\text{eff}}}} \tag{4-26}$$

式中：c 是真空中的波速；ε_{eff}是等效介电常数。ε_{eff}使用微带线的计算公式近似：

$$\varepsilon_{\text{eff}}=\frac{\varepsilon_{r+1}}{2}+\frac{\varepsilon_{r+1}}{2}\frac{1}{\sqrt{1+12h/W}} \tag{4-27}$$

式中：ε_r是介质基板的相对介电常数；h 是介质基板的厚度；W 是第一偶极子单元的宽度。

综合考虑以上因素，我们选取第一振子的物理尺寸为 $L_1=18$ mm，$W_1=3$ mm。

(3) 利用比例关系计算其他振子的物理尺寸和位置：

$$S_{n+1}=4\sigma L_n \tag{4-28}$$

$$\frac{L_{n+1}}{L_n}=\frac{W_{n+1}}{W_n}=\tau \tag{4-29}$$

如图 4.35 所示，S_n 为两相邻振子中心位置的间距。根据递推关系，可设计出偶极子对数周期阵列。

在传统的对数周期天线的设计中，往往采用物理尺寸较大的等效地面，或者采用一个与整个阵列振子尺寸成比例的附加振子作为反射器，从而保证第一振子的反向辐射能够充分反射。使用一个长度略微大于第一振子的矩形金属贴片作为反射壁，这样可以调整反射后第一振子的背向辐射的副瓣方向，使两副瓣向主瓣靠拢，副瓣的能量集合在主瓣上，提高了端射性。

图 4.36 为附加了反射器的偶极子阵列的双面透视示意图，其驻波比曲线如图 4.37 所示。天线的馈电方式采用了从微带线到集合双线直线渐变的馈电结构，阻抗由 50 Ω 过渡到 51 Ω。

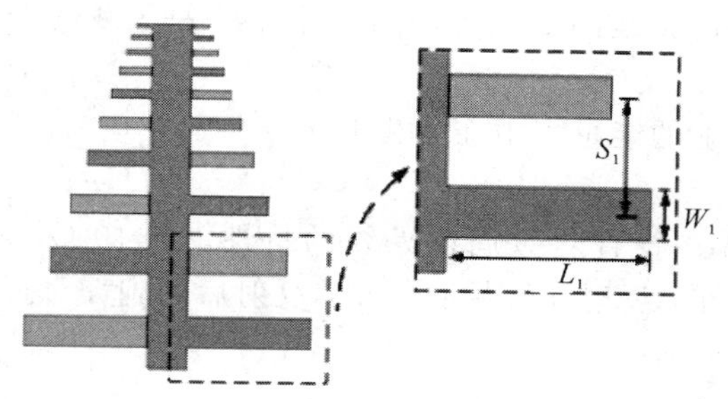

图 4.35　对数周期阵列局部示意图

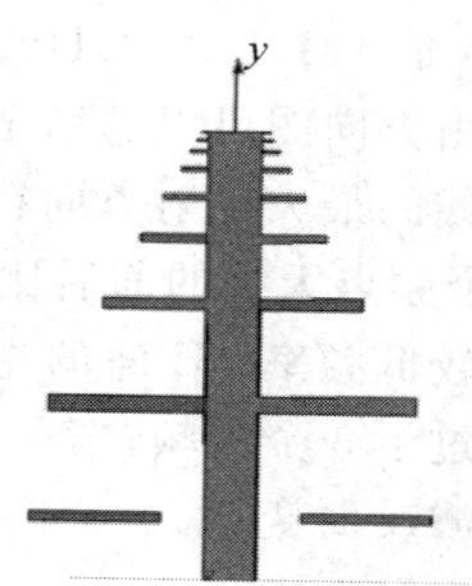

图 4.36　附加反射器的偶极子阵列双面透视示意图

天线的实物图如图 4.38 所示。

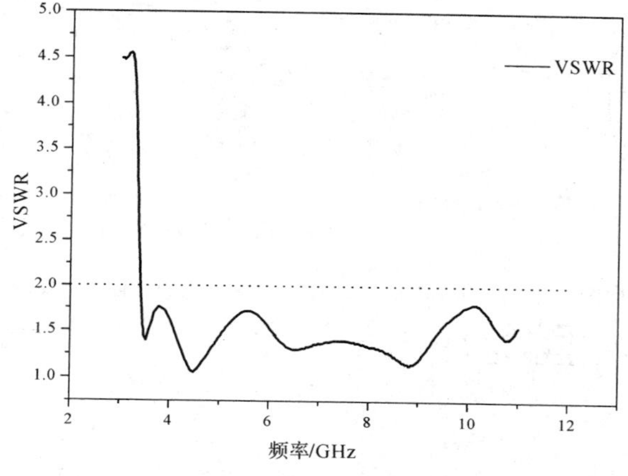

图 4.37　附加反射器的偶极子阵列的 VSWR

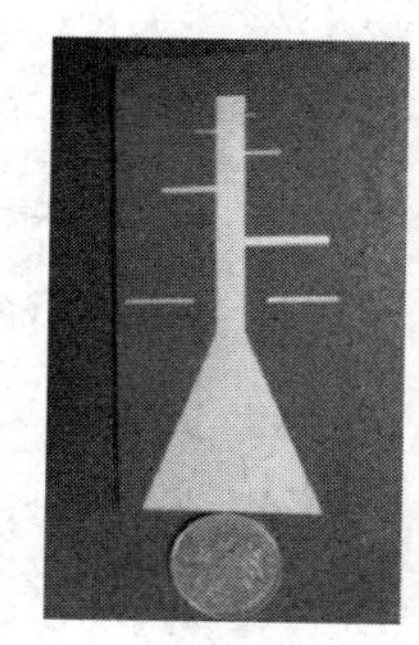

图 4.38　对数周期天线

该天线的增益如图 4.39 所示。天线从 3.5 GHz 左右开始进入工作状态，总的增益平均值可达到 6 dB，高频端的增益高于 5 dB。其物理解释为，在 3.5 GHz 以下由于反射器没有完全反射能量，造成了部分能量的逸出，因此增益只有 3～4 dB；在 3.5 GHz 以上，较低频率逐渐工作，增益进一步升高；在 7 GHz 以上，由于前端引向器数量的减少，增益有所降低，符合对数周期天线的原理。

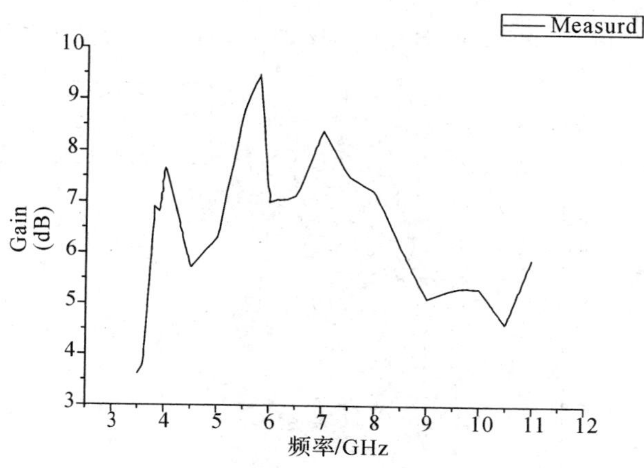

图 4.39　天线的增益

图 4.40 是 4 GHz、6 GHz、8 GHz 和 10 GHz 天线的 E 面方向图，图 4.41 是天线的 H 面方向图。由方向图可以总结出以下特点：

(1) 天线的最大辐射方向在端射方向上，辐射的能量集中在主瓣上。

(2) 4 个频点天线的前后比均超过 10 dB。

(3) 在较低频率，E 面的主瓣波束逐渐变窄，符合对数周期天线的特性。在 10 GHz 时，由于超过了 3 个倍频，第一振子上有电流分布，反射器开始起作用，反射后的副瓣靠近主瓣，其波瓣反而变宽。

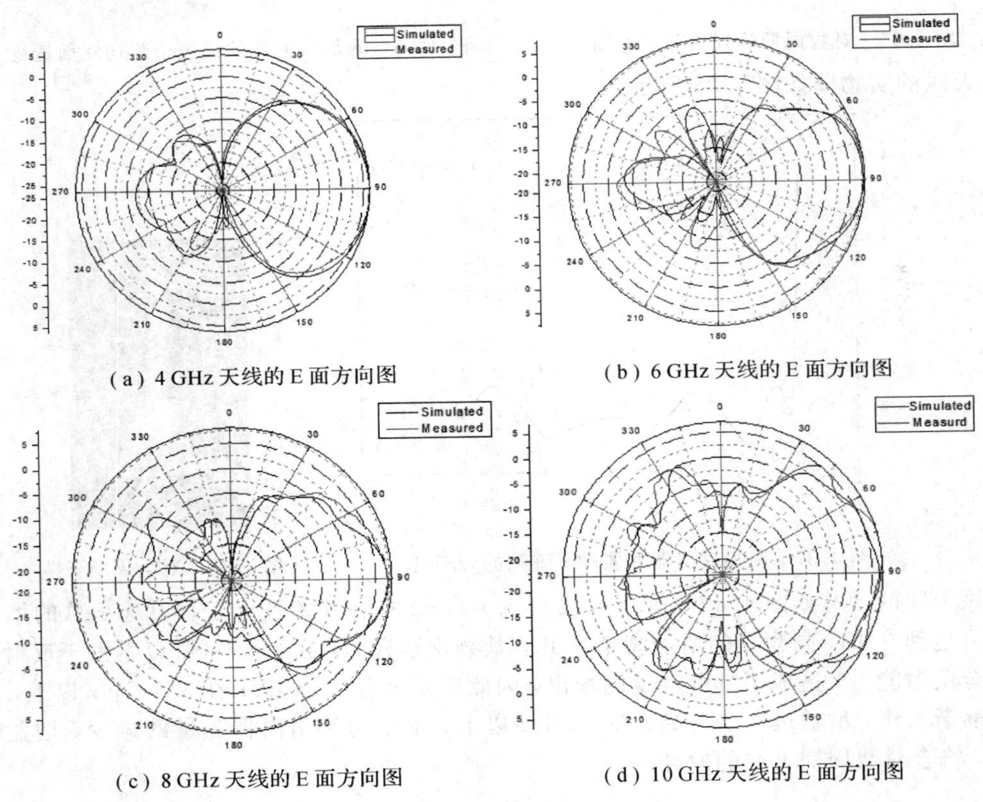

(a) 4 GHz 天线的 E 面方向图

(b) 6 GHz 天线的 E 面方向图

(c) 8 GHz 天线的 E 面方向图

(d) 10 GHz 天线的 E 面方向图

图 4.40　4 GHz、6 GHz、8 GHz 和 10 GHz 天线的 E 面方向图

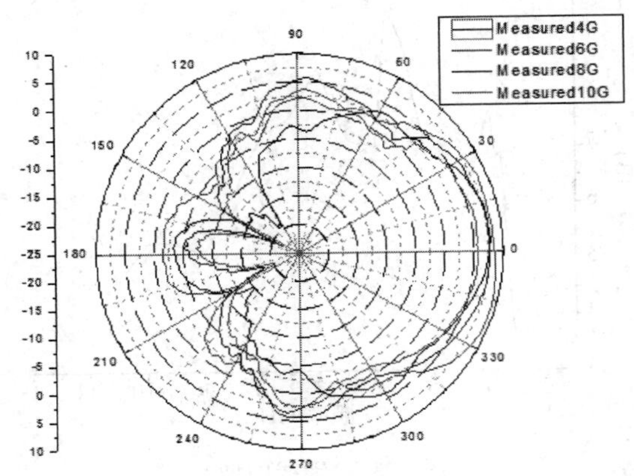

图 4.41　4 GHz、6 GHz、8 GHz、10 GHz 天线的 H 面方向图

4.8 锥削槽天线

锥削槽天线是一种端射式行波天线，基于沿天线锥削槽传播的相速度小于光速的表面波来工作。锥削槽天线由于具有宽频带工作，对称的 E、H 面定向方向图，中等的增益和低交叉极化等优良的电性能，同时具有重量轻、完全平面结构、可以采用印刷工艺批量生产和易于与微波电路集成等优点，而被广泛应用于超宽频带无线通信、宽频带相控阵雷达和射电天文等领域。锥削槽天线最早出现在 20 世纪 50 年代中期，随着科技发展，为满足不同的应用需要，锥削槽天线已经发展出多种形式，如指数锥削槽天线(Exponentially Tapered Slot Antenna，Vivaldi 或 ETSA)、线性锥削槽天线(Linearly Tapered Slot Antenna，LTSA)、不变宽度槽天线(Constant Width Slot Antenna，CWSA)、费米锥削槽天线(Fermi Tapered Slot Antenna，FTSA)、抛物线锥削槽天线(Parabolic Tapered Slot Antenna，PTSA)、双指数锥削槽天线(Dual Exponentially Tapered Slot Antenna，DETSA)等。

Vivaldi 天线本质上与频率无关，因此容易实现非常宽的工作频带，但通常只能获得较弱的方向性。一般来说，相同介质基片上的相同口径尺寸和长度的锥削槽天线中，Vivaldi 天线的波瓣最宽，LTSA 较窄，CWSA 最窄；相应地，Vivaldi 天线的副瓣电平最低，LTSA 较高，CWSA 最高。FTSA 同时具有较窄的波瓣宽度和比 LTSA 低 5 dB 的副瓣电平。锥削槽天线的 D 面(对角线平面)交叉极化通常比较高，其中 Vivaldi 天线的 D 平面交叉极化最低(−15 dB)。为了进一步提高锥削槽天线的性能，可以为辐射臂引入新的设计自由度，在其外边缘设计锥削边缘或者波纹边缘结构来改变辐射臂外边缘的电流分布，这些设计可以有效地改善天线的阻抗匹配和辐射方向图。

下面以指数锥削槽天线为例，介绍锥削槽天线的结构及工作原理。

4.8.1 锥削槽天线的结构特点和工作原理

Vivaldi 天线结构如图 4.42 所示，它是由较窄的槽线过渡到较宽的槽线构成的。随着介质板上的槽线宽度逐渐展宽，天线形成喇叭口向外辐射或向内接收电磁波。在不同频率上，Vivaldi 天线的不同部分发射或接收电磁波，而各部分相对于对应的不同频率信号的波长的电长度不变。因此，Vivaldi 天线具有很宽的工作频率带宽。

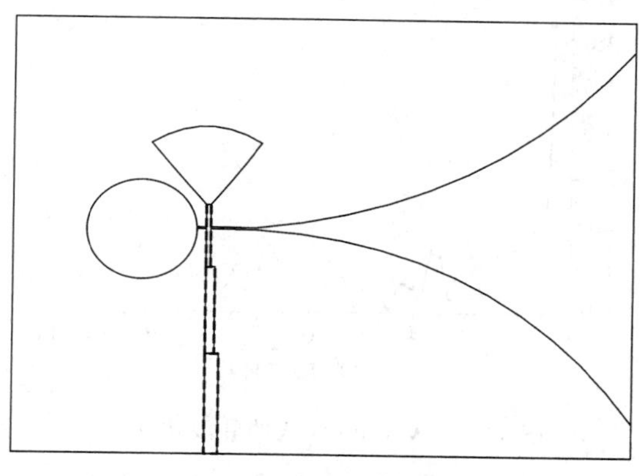

图 4.42 Vivaldi 天线结构

指数型曲线由以下方程式描述：

$$y=C_1 e^{R\cdot x}+C_2 \tag{4-30}$$

$$C_1=\frac{y_2-y_1}{e^{R\cdot x_2}-e^{R\cdot x_1}} \tag{4-31}$$

$$C_2=\frac{y_1 e^{R\cdot x_2}-y_2 e^{R\cdot x_1}}{e^{R\cdot x_2}-e^{R\cdot x_1}} \tag{4-32}$$

式中，(x_1, y_1)和(x_2, y_2)分别为槽线底端和顶端的两个端点，指数因子 R 决定槽线宽度与槽线底端距离变化的程度。天线低频端的截止波长为槽线最大宽度的 2 倍，而天线高频段的辐射特性则受槽线最窄处宽度限制。

4.8.2 天线的设计

图 4.43 所示是一种传统指数渐变式 Vivaldi 天线的结构示意图，其中天线长度 $l=150$ mm，口径 $y_1=37$ mm，渐变率 $f=0.08$。Vivaldi 天线的驻波比曲线如图 4.44 所示，VSWR<2，带宽为 1.5～11 GHz。

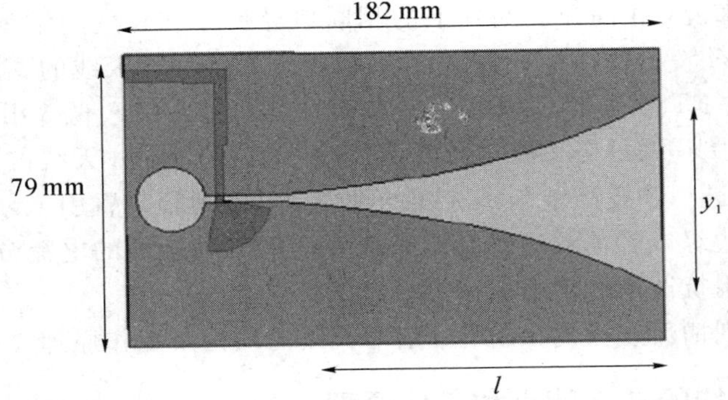

图 4.43 Vivaldi 天线的结构示意图

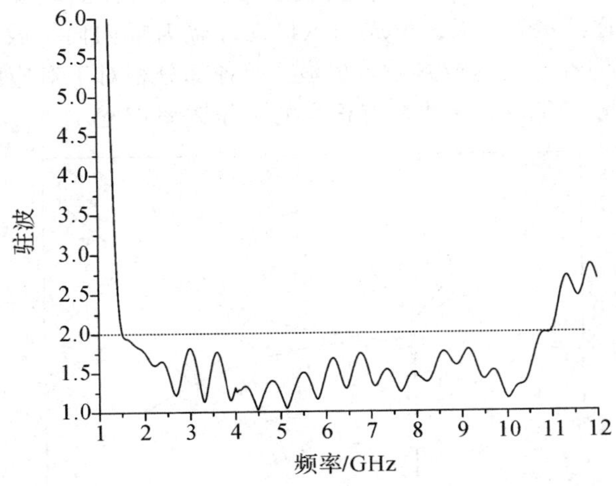

图 4.44 Vivaldi 天线的驻波比曲线

图 4.45 为频率分别是 2.5、6、9 GHz 时天线的理论方向图。由方向图可知，在低频时，交叉极化较小，最大辐射方向沿槽口向外辐射，随着频率的升高，交叉极化显著增加，

且高频时最大辐射方向偏移。这是由于随频率的升高，基板的等效厚度增加，在介质表面激励起表面波，由于表面波的干扰，方向图出现畸变，且频率升高时损耗也增加。

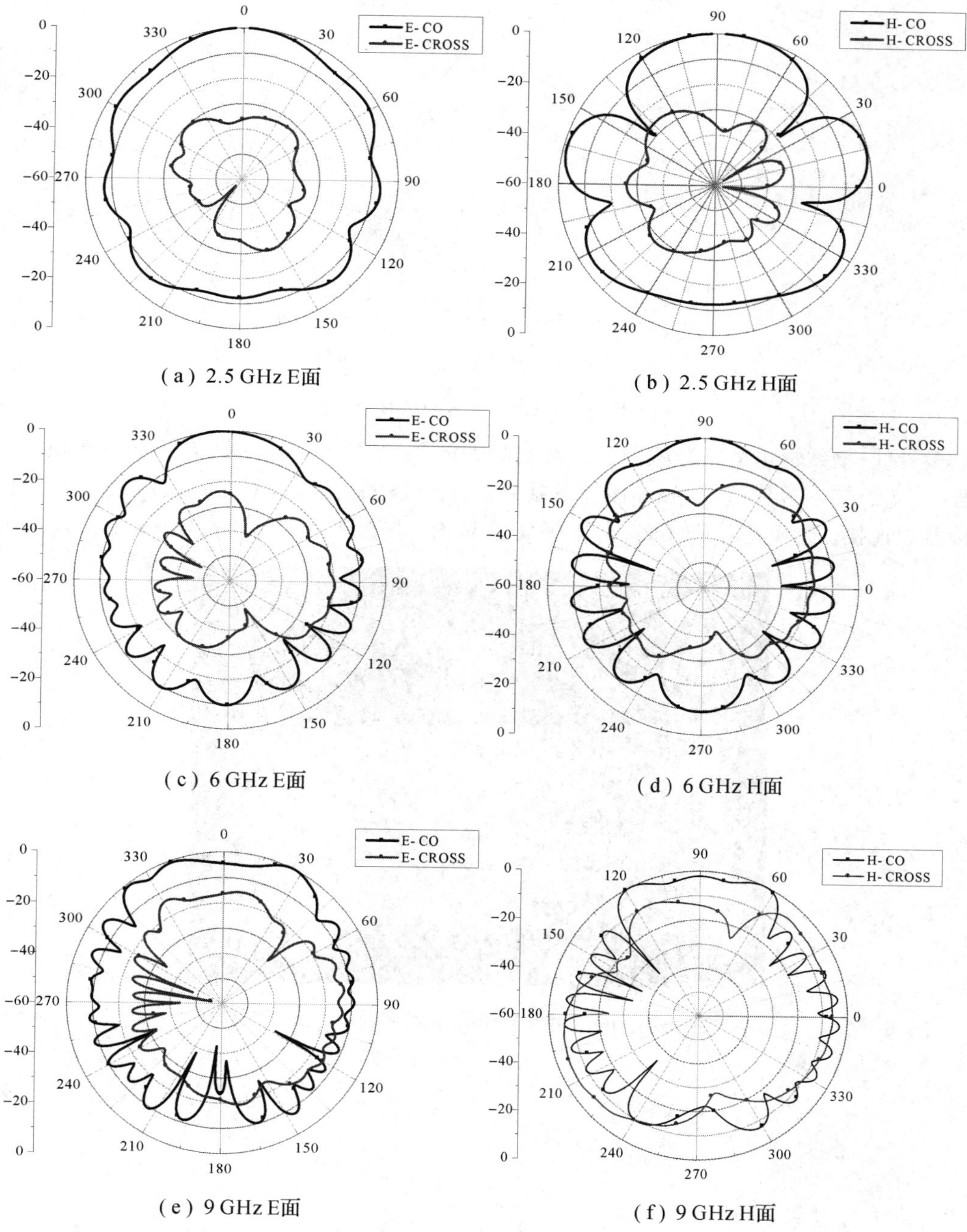

(a) 2.5 GHz E面　(b) 2.5 GHz H面

(c) 6 GHz E面　(d) 6 GHz H面

(e) 9 GHz E面　(f) 9 GHz H面

图 4.45　传统 Vivaldi 天线在 2.5、6、9 GHz 理论方向图

图 4.46 所示为该天线的仿真增益图。由图可知，天线增益一开始随频率的升高而增加，当频率继续升高时，由于表面波的作用，在某些频点最大辐射方向出现偏移，天线增益出现下降。

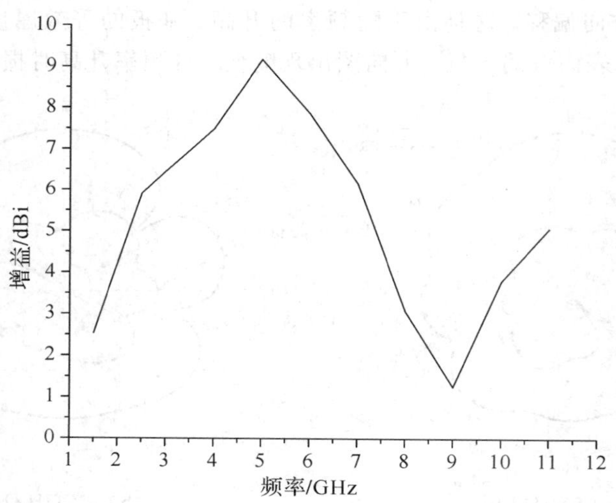

图 4.46 Vivaldi 天线的仿真增益图

微带线-槽线馈电的指数锥削槽天线实物如图 4.47 所示。锥削槽天线制作在相对介电常数 ε_r 为 2.65，厚度 t 为 1 mm 的介质基片上。天线的输出端与一个 50 Ω 的 SMA 型同轴连接器相连接。介质基片所在的 $x-y$ 平面是 E 面，与介质基片垂直的 $x-z$ 平面是 H 面。

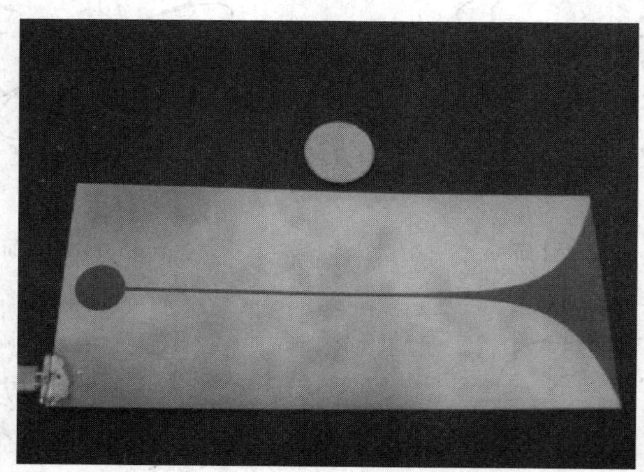

图 4.47 Vivaldi 天线实物图

第 5 章　微带天线

5.1　微带天线简介和理论分析

5.1.1　微带天线的起源、发展以及前景

Deschamps 在 1953 年首先提出了微带辐射器的概念。但是由于工艺技术的限制以及理论研究的不充分，微带天线在接下来的许多年并未得到足够的重视。到了 20 世纪 70 年代，随着理论模型的完善以及敷铜或敷金的介质基片的光刻技术的成熟，实际的微带天线才被研制成功，最早的实际微带天线是由 Howell 和 Munson 研制成的。之后，在通信卫星、导弹导航、多普勒雷达等众多领域微带天线得到了广泛的关注并得到了迅速的发展。随着微带天线应用的日趋广泛，它已成为天线研究领域的一个重要的分支，并逐渐成为一门重要的学科。微带天线因为自身的许多优点有着很大的发展空间和应用前景。

5.1.2　微带天线的定义和基本模型

微带天线是由一块厚度远小于波长的介质板(介质基片)和覆盖在它两面上的金属片构成(用印刷电路技术或微波集成技术)。微带天线可以通过同轴线或者微带线进行馈电。覆盖在两面上的金属片为辐射贴片和接地板，其中辐射贴片的尺寸可以和波长相比拟，完全覆盖介质板的一片则称为接地板。辐射贴片的形状可以为方形、矩形、圆形等形状，理论分析时我们往往选择规则形状以简化分析，实际仿真设计过程则可以在规则形状的基础上进行相应的改进。最简单的微带天线模型如图 5.1 所示。

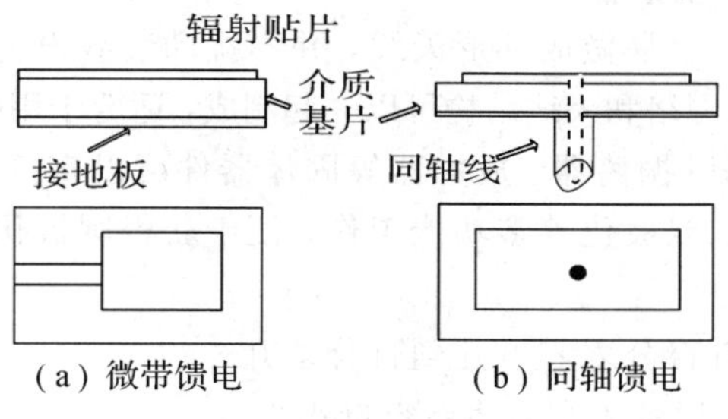

图 5.1　微带天线模型

5.1.3　微带天线的简单分类

微带天线大致可以分为四类：微带贴片天线、微带振子天线、微带线型天线和微带缝隙天线。这四种天线的简单模型如图 5.2 所示。其中微带贴片天线根据贴片形状又可以分

为矩形微带贴片、圆微带贴片、三角形微带贴片等具体形式。简单的天线单元可以组成天线阵列。

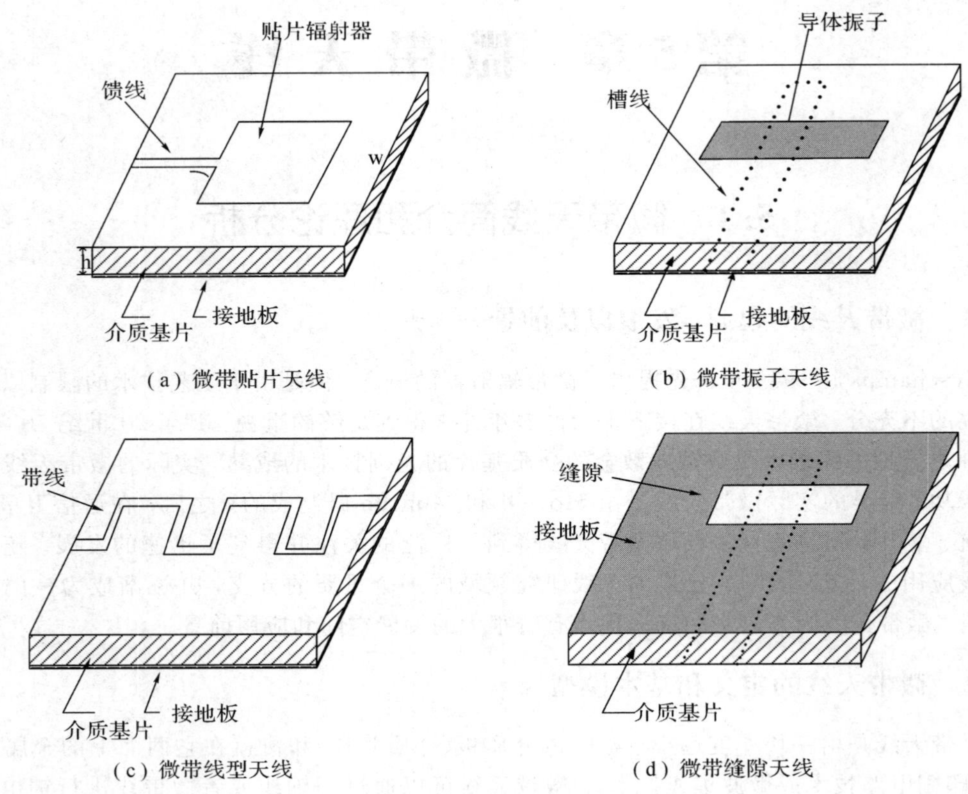

图 5.2 几种微带天线的简单模型

5.1.4 微带天线的优缺点比较

相对于其他天线，微带天线有以下优点：

(1) 低剖面，体积小，重量轻。

(2) 具有平面结构，很容易做成共形天线，并不扰动装载设备的空气动力学性能。

(3) 制造成本低，馈电网络和天线结构可以一起制成，适合于用印刷电路技术大批量生产。

(4) 适合于组合式设计(振荡器、放大器等固体器件可以直接加载到天线基片上)。

(5) 容易实现双频段、双极化等多功能工作，便于获得圆极化。

微带天线的主要缺点如下：

(1) 频带窄，通常只有百分之零点几到百分之几。

(2) 波瓣宽，损耗大，增益不高，功率容量小。

(3) 天线性能受基片材料影响大。

(4) 天线可能激励出表面波。

5.1.5 微带天线的应用

微带天线的优点远远超过它的缺点，所以在实际应用中微带天线的应用范围十分广泛，现在微带天线主要的应用设备有通信卫星、雷达、遥感、导弹遥测遥控、电子对抗、武器引信、飞机高度表、环境检测仪表、医用微波辐射计等，频率范围大致在100 MHz～1000 GHz。随着理论研究的日趋完善和仿真设计的多样化尝试，可以预料微带天线会因为特有的优势而取代一些常规的天线。

5.2 微带天线的辐射原理

微带天线的辐射是由微带天线导体边沿和接地板之间的边缘场产生的。以矩形微带天线为例，天线辐射原理可用图5.3(a)来简单说明。矩形微带贴片与接地板距离 h 为几分之一波长，由于 $h \ll \lambda_0$（λ_0 为工作波长），所以场沿 h 无变化。再假定电场沿微带结构的宽度方向也没有变化，则辐射器电场可由图5.3(b)表示，电场仅沿贴片长度(半波长)方向变化。辐射基本是由贴片开路边沿的边缘场引起的。开路边沿的场可以分解为法向分量和切向分量，由于贴片长 $\lambda/2$，所以两垂直分量电场相反，远区辐射场相互抵消，水平分量电场相同，远区场同相叠加，这时垂直于贴片表面的方向上辐射场最强。因此，两开路端可表示为相距 $\lambda/2$ 同相激励并向地板同相激励的两个缝隙，如图5.3(c)。若考虑电场沿贴片宽度的变化，则微带天线可以用贴片周围的四个缝隙来表示。

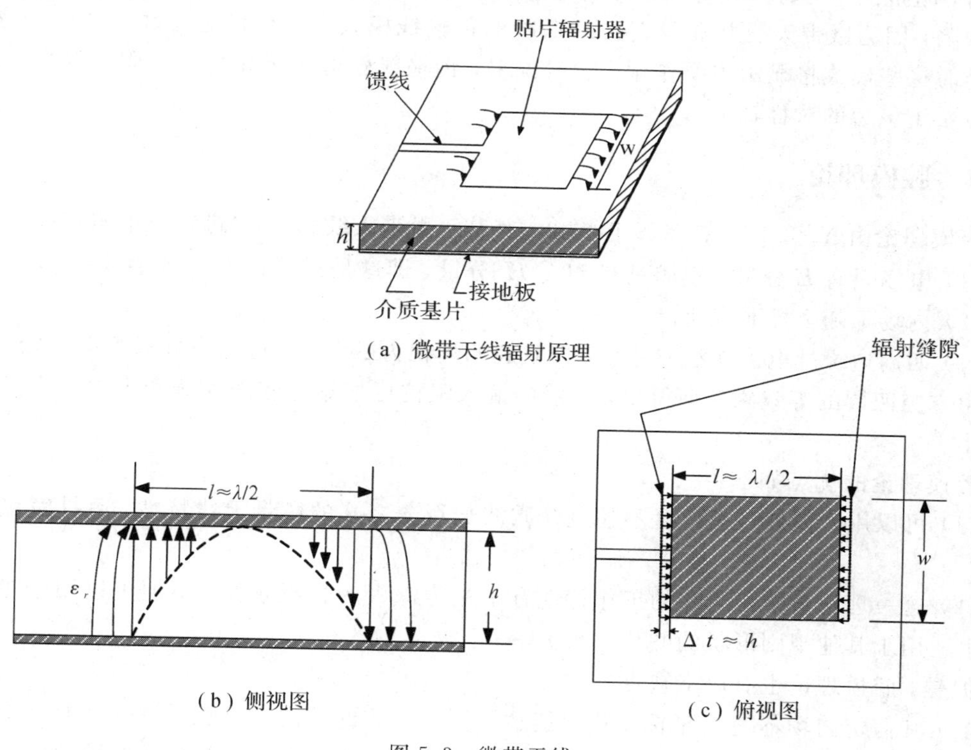

图5.3 微带天线

5.3 微带天线的分析方法

天线分析的基本问题是求解天线在周围空间建立的电磁场，求出电磁场，进而得出其方向图增益和输入阻抗等特性指标。分析微带天线的基本理论大致可分为三类：最早出现也是最简单的为传输线模型理论，主要用于矩形贴片；更严格、更有用的是腔模理论，可用于各种规则贴片，但基本上限于天线厚度远小于波长的情况；最严格但计算最复杂的是积分方程法即全波理论，从原理上讲积分方程法可用于各种结构、任意厚度的微带天线，然而要受到计算模型的精度和机时的限制。下面我们就这三种理论方法进行分析对比。

5.3.1 传输线模型理论

传输线模型理论是一种最简单而又适合某些工程应用的模型。该模型将矩形贴片微带天线看做场沿横向没有变化的传输线谐振器。场沿纵向呈驻波变化，辐射主要由开路端处的边缘场产生。传输线模型理论的优点是方法简明，计算量少，物理直观性强。但其也有缺点：

(1) 只能用于矩形微带天线及微带振子，对圆形及其他的形式微带天线则不适用。

(2) 传输线模型一般是一维的，因此当馈电点位置在波垂直变化的方向变化时阻抗不变；在谐振频率附近，阻抗的频率特性是对称的，用圆图表示的阻抗曲线对称于实轴，这些都与实验不符合。实验表明，阻抗曲线与馈电点的二维位置有关，当馈电点由边缘向中心移动时，阻抗的不对称逐渐显著，并向电感区收缩。这种计算和实测的差异源于传输线本质的缺陷，因为微带天线并非只存在最低阶的传输线模式，还有其他高次模式的场存在，在失谐时这些模式将显示主要作用。一般说来，传输线较适合于在辐射边附近馈电，并且馈电点位于该边的对称轴上。

5.3.2 腔模理论

腔模理论由 Y. T. LO 在 1979 年提出，其基于微带天线($h \ll \lambda_0$)进行以下假定：

(1) 电场只有 E 分量，磁场只有 H_x、H_y分量，即这是对 Z 向的 TM 型场。

(2) 内场不随坐标而变化。

(3) 四周边缘处电流无法向分量，即空腔四周视为磁壁。通过这一近似假定，天线辐射场可由空腔四周的等效磁流而得出，天线的输入阻抗可根据空腔的内场和馈源的边界条件而得出。

腔模理论的优点如下：

(1) 可以用于精确计算厚度不超过介质波长百分之几的微带天线特性，且计算量不是很大。

(2) 这一理论对微带天线的工作特性有了更为深入的物理解释，不但可以用于矩形贴片，也适用于其他规则形状的贴片。

但是，腔模理论也有以下缺点：

(1) 其假定内场不随 Z 坐标变化只能适用于 $h \ll \lambda_0$ 的情况，当使用厚基片时会引入误差。由于内场的假定是近似的，而且天线的外场是基于天线的内场，虽然外场的解法较为精确，但因为内场结果是近似的，所以最终导致外场的计算只能是近似的。

(2) 基本的腔模理论同样要经过修正才能得到较为精确的结果，特别是边界导纳的引入，把腔内外的电磁问题分成独立的问题，理论上严格，但边界导纳的确定较为困难，计算只能近似。

5.3.3　全波理论

全波理论也称积分方程法，通常先求出在特定的边界条件下单位点源所产生的场即源函数或格林函数；然后根据叠加原理，把它乘以源分布后，在源所在的区域进行积分而得出总场。因为通常源未知，因而要先利用边界条件得出源分布的积分方程，在解出源分布后再由积分算式来求出总场。全波理论是以开放空间中的格林函数为基础的，其基本方程是严格的。但是，由于严格的格林函数要在谱域中展开，求解积分方程有较大的难度和计算量。根据具体问题的实际情况，全波理论发展起来了一种简化处理方法：不是通过求解积分方程来得出场源(或等效场源)分布，而是基于先验性知识来假定场源分布。例如，利用空腔模型或传输线模型的已有结果来给出等效磁流分布或贴片电流分布，然后把格林函数与源分布相乘，在源所在区域积分而得出总场。这种方法的优点是既省略了积分方程的求解，又能获得较严格的计入微带基片效应的结果，但其应用受到场源分布的先验假设条件的限制。

相对于以上两种理论而言，全波理论具有以下几个特性：准确性、完整性、通用性和计算复杂性。准确性是指全波理论能够提供最准确的结果；完整性是指全波理论包括了表面波效应、空间波辐射、单元间的互耦现象；通用性指全波理论可以用来分析任意形状、任意结构、任意馈电形式的微带天线单元和阵列；计算复杂性指全波理论是数值密集型的，需要进行大量仔细的计算。

5.4　微带天线全波分析中的数值分析方法

微带天线的数值分析方法主要是指全波分析中的数值分析方法。传输线理论和腔模理论通常是对具体的问题进行近似假设，其模型简单，并没有复杂的数值分析，全波分析法通常要先利用边界条件得出源分布的积分方程，解出源分布，再由积分算式来求得总场。由于实际问题的复杂性，积分方程的求解和场积分的计算一般都要借助数值计算技术来完成。全波分析中的数值分析方法主要包括矩量法、有限元法和时域有限差分法，而且随计算条件的不断改善，新的方法也不断涌现。在这些数值分析方法中，矩量法最为常用，有限元法和时域有限差分法也运用得较为广泛。下面对这三种方法进行介绍。

5.4.1　矩量法

矩量法是目前微带天线分析中应用最为广泛的方法。矩量法所处理的问题可概括为解线性非齐次方程，统一写为

$$Lf=g \tag{5-1}$$

其中：L 为线性算子；g 为已知函数；f 为待求解函数。矩量法对式(5－1)的求解过程如下：

在 f 的定义域内将其展开为一组线性无关的已知函数 $f(x)$ 的组合，即

$$f=\sum_{n=1}^{\infty}a_n f_n(x) \tag{5-2}$$

其中：a_n 称为展开系数；$f_n(x)$称为基函数或展开函数。将式(5－2)代入式(5－1)，得离散形式的算子方程：

$$g = \sum_{n=1}^{N} a_n L f_n(x) \tag{5-3}$$

在 L 上的值域内取权函数集合 $w_m(x)$，并对适当定义的内积(f, g)用每一个 $w_m(x)$对式(5－3)两边取内积，表示成矩阵形式如下：

$$[l_{mn}][a_n]=[g_m] \tag{5-4}$$

其中：$l_{mn} \leqslant \omega_m$，$Lf_n$；$g_m \leqslant \omega_m$，$g$。

解矩阵方程式(5－4)，代入到式(5－2)即可得原问题的近似解。解的精度取决于基函数和权函数的选取及展开式的项数。当 $\omega_m(x)=f_n(x)$时，该方法通常称为 GalerMn 方法。

在一个特定的问题中，矩量法的关键是基函数和权函数的选取。基函数的选取必须是线性无关的，并使其线性组合能得到很好的逼近求解函数；权函数也必须是线性无关的。基函数的选取可选全域基也可选分域基，当求解域为规则区域时，有可能用全域基方便地求解问题；当求解域不规则时，一般要用分域基离散。分域基比全域基具有更大的灵活性。

5.4.2　有限元法

有限元法是建立在变分法基础上的，它把整个求解区域划分为若干个单元，在每个单元内规定一个基函数。这些基函数在各自单元内解析，在其他区域内为零，这样可以用分片解析函数代替全域解析函数。对于二维问题，单元的划分可以取为三角形、矩形等，但三角形单元适应性最广；对于三维问题，单元可取作四面体、六面体，每个单元的形状都可视具体问题灵活规定。通过规定每个单元中合适的基函数，可以在每个顶点得到一个基函数。分片解析函数通过这些单元间的公共顶点连续起来，拼接成一个整体代替全域解析函数，并通过相应的代数等价可化为代数方程求解。

由于基函数的定义域限于本单元，在其余区域为零，因此在所建立的矩阵方程中，矩阵元素大多为零，即稀疏矩阵。用稀疏矩阵程序计算该矩阵可以节省 90％的计算机内存；而在用矩量法求解时，矩阵是满秩矩阵。有限元法最重要的优点是，其不受讨论物理模型形状的限制，这从单元和基函数的选取即可证明。

5.4.3　时域有限差分法

时域有限差分法简称为 FDTD 方法，是一种时域(宽带)、全波、一体化的分析方法，在微带天线的分析和设计领域应用广泛。其先将 MAXWELL 方程在直角坐标系中展成六个标量场的分量方程，再将问题沿三个轴向分成很多网格单元，每个单元长度作为空间变元，相应得出时间变元。用有限差分式表示关于场分量对时间和空间变量的微分，即可得到 FDTD 基本方程。选取合适的场初值和计算空间的边界条件，可以得到包括时间变量的 MAXWELL 方程四维数值解，并通过傅立叶变换可得到三维空间的谱域解。时域有限差分法与矩量法相比更广泛适用于各种微带结构，以及分层、不均匀、有耗、色散等媒质的问题。而且时域有限差分法易于得到计算空间场的暂态分布情况，有助于深刻理解天线的瞬态辐射特性及其物理过程，利于改进天线的性能。此外，时域有限差分法选用适当的激励源，通过一次时域计算便可获得天线的宽频带辐射特性，避免了传统频域方法繁琐的逐点计算。

5.5 微带天线的馈电

5.5.1 微带线馈电

微带线馈电的模型如图5.1(a)所示。用微带线馈电时，馈线与微带贴片是共面的，因而可方便地光刻，制作简便。但这时馈线本身也要引起辐射，从而干扰天线的方向图，降低增益。为此，一般要求微带线宽度w不能太宽，希望$w \ll \lambda$，还要求微带天线特性阻抗Z_c要高些或基片厚度c要小，介电常数ε要大。

天线输入阻抗与馈线特性阻抗的匹配可由适当选择馈电点位置来实现。当馈电点沿矩形贴片的两边移动时，天线谐振电阻变化。对于TM_{10}模，馈电点沿馈电边移动时阻抗调节范围很大。微带线也可通过间隔深入贴片内部，以获得所需阻抗。馈电点位置的改变将使馈线与天线间的耦合改变，从而使谐振频率有一个小小的偏移，但方向图一般不会受影响(只要仍保证主模工作)。频率的小漂移可通过稍稍修改贴片尺寸来补偿。

在理论计算中，微带馈源的模型可等效为沿Z轴方向的一个薄电流片，其背后为空腔磁壁。为计入边缘效应，此电流片的宽度d比微带线宽度w宽。

微带馈线本身的激励往往要用到同轴微带过渡的形式，包括垂直过渡(底馈)和平行过渡(边馈)。

5.5.2 同轴线馈电

同轴线馈电的模型如图5.1(b)所示。用同轴线馈电的优点是：① 馈电点可选在贴片内任何所需位置，便于匹配。② 同轴电缆置于接地板上方，避免了对天线辐射的影响。

用同轴线馈电的缺点是结构不便于集成，制作麻烦。

这种馈源的理论模型可表示为z向电流圆柱和接地板上同轴开口处的小磁流环。其简化处理是，略去磁流的作用，并用中心位于圆柱中心轴的电流片来等效电流柱。一种更严格的处理是把同轴开口作为传TEM波的激励源，而把圆柱探针的效应按边界条件来处理。

天线设备作为一个单口元件，在输入面上常体现为一个阻抗元件或等效阻抗元件，与相连接的馈线或电路有阻抗匹配的问题。

由于对大多数工程应用来说，简单的传输线模型给出的结果已足够满意。很多文献都给出了用传输线模型计算微带天线输入阻抗的方法。下面给出两种计算方法来进行比较。

方法一：用传输线模型计算天线输入阻抗，此方法考虑了天线辐射缝之间的互耦，可适用于任意的馈电点。其等效电路如图5.4所示。

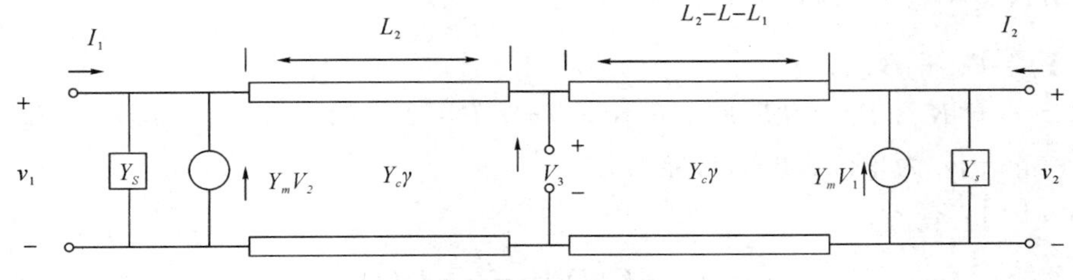

图5.4 同轴线模型的等效电路

其中：Y_s 为辐射缝的自导纳；Y_m 为辐射缝的互导纳（以计入辐射缝的互耦）；Y_c、γ 分别为贴片形成的传输线的特性导纳和复传播常数（$\gamma=\alpha+\mathrm{j}\beta$）。

图 5.4 中，3 端口网络的导纳矩阵为

$$\begin{bmatrix} I_1 \\ I_2 \\ I_3 \end{bmatrix}=\begin{bmatrix} Y_S+Y_c\coth(\gamma L_1) & -Y_m & -Y_c\operatorname{csch}(\gamma L_1) \\ -Y_m & Y_S+Y_c\coth(\gamma L_2) & -Y_c\operatorname{csch}(\gamma L_2) \\ -Y_c\operatorname{csch}(\gamma L_1) & -Y_c\operatorname{csch}(\gamma L_2) & Y_c\coth(\gamma L_1)+Y_c\coth(\gamma L_2) \end{bmatrix}\begin{bmatrix} V_1 \\ V_2 \\ V_3 \end{bmatrix} \tag{5-5}$$

若从辐射边馈电，$I_2=I_3=0$，$L_1=0$，则有

$$Y_{\text{in}}=\frac{I_1}{V_1}=Y_S+Y_c\coth(\gamma L)-\frac{[Y_m+Y_c\operatorname{csch}(\gamma L)]^2}{Y_S+Y_c\coth(\gamma L)} \tag{5-6}$$

$$Y_{\text{in}}=\frac{I_1}{V_1}=\frac{Y_c^2+Y_S^2-Y_m^2+2Y_SY_c\coth(\gamma L)-2Y_mY_c\operatorname{csch}(\gamma L)}{Y_S+Y_c\coth(\gamma L)} \tag{5-7}$$

若从任意馈电点馈电，取端口 3 为馈电点，$I_1=I_2=0$，则得：

$$Y_{\text{in}}=\frac{I_3}{V_3}=2Y_c\frac{Y_c^2+Y_s^2-Y_m^2+2Y_sY_c\coth(\gamma L)-2Y_mY_c\operatorname{csch}(\gamma L)}{(Y_c^2+Y_s^2-Y_m^2)\coth(\gamma L)+(Y_c^2-Y_s^2+Y_m^2)\operatorname{csch}(\gamma L)\cosh[\gamma(L_1-L_2)]+2Y_cY_s} \tag{5-8}$$

当用探针馈电时，总输入阻抗还应加上引线电感 $\mathrm{j}X_L$。它可用充填介质的平行板波导中的探针电抗来近似计算。设探针厚度为 d_0，有

$$X_L=\frac{377h}{\lambda_0}\ln\frac{\lambda_0}{\pi d_0\sqrt{\varepsilon_r}} \tag{5-9}$$

其中：$Z_c=\frac{\eta_0}{\sqrt{\varepsilon_{\text{re}}}}\frac{h}{W_{\text{e}}}$；$\beta=\frac{2\pi}{\lambda_{\text{m}}}=k_0\sqrt{\varepsilon_{\text{re}}}$，$\lambda_{\text{m}}=\frac{\lambda_0}{\sqrt{\varepsilon_{\text{re}}}}$；$\alpha=0.5\beta\tan\delta_{\text{e}}$；$\eta_0=\sqrt{\mu_0/\varepsilon_0}=120\pi$，自由空间的波阻抗；$k_0=2\pi/\lambda_0$ 自由空间波数；W_{e} 等效宽度；ε_{re} 或 ε_{e} 为等效介电常数，$\varepsilon_{\text{e}}=\frac{1}{2}\left[\varepsilon_r+1+(\varepsilon_r-1)\left(1+\frac{12h}{W}\right)^{-1/2}\right]$；$\tan\delta_{\text{e}}$ 为等效损耗正切。

自导纳 $Y_s=G_s+\mathrm{j}B_s$，其中 $B_s=Y_c\tan(\beta\Delta l)$，$\Delta l$ 是延伸长度。

$$\Delta l=0.412h\,\frac{\varepsilon_{\text{e}}+0.3}{\varepsilon_{\text{e}}-0.258}\,\frac{\frac{W}{h}+0.264}{\frac{W}{h}+0.8} \tag{5-10}$$

当 $k_0\sqrt{\varepsilon_{\text{e}}h}\leqslant 0.3$ 时，可忽略表面波的影响，由文献得出：

$$G_s=\frac{1}{\pi\eta_0}\left\{\left(\omega Si(\omega)+\frac{\sin\omega}{\omega}+\cos\omega-2\right)\left(1-\frac{s^2}{24}\right)+\frac{s^2}{12}\left(\frac{1}{3}+\frac{\cos\omega}{\omega^2}-\frac{\sin\omega}{\omega^3}\right)\right\} \tag{5-11}$$

而 $\omega=k_0W_{\text{e}}$；$s=k_0\Delta l$；$Si(\omega)=\int_0^{\omega}\frac{\sin u}{u}\mathrm{d}u$ 。

互导纳：$Y_m=G_m+\mathrm{j}B_m$。

其中：$G_m=G_sF_gK_g$；$B_m=B_sF_bK_b$；$F_g=g_m/g_s$；$F_b=b_m/b_s$；$y_m=g_m+\mathrm{j}b_m$ 为单位长度的互导纳；$y_s=g_s+\mathrm{j}b_s$ 为单位长度的自导纳。

当 $s\leqslant 1$ 时，有

$$F_g=\boldsymbol{J}_0(l)+\frac{s^2}{24-s^2}\boldsymbol{J}_2(l) \tag{5-12}$$

$$F_b=\frac{\pi}{2}\frac{Y_0(l)+\dfrac{s^2}{24-s^2}Y_2(l)}{\ln\left(\dfrac{s}{2}\right)+C^e-\dfrac{3}{2}+\dfrac{s^2/12}{24-s^2}} \tag{5-13}$$

其中：$l=k_0L_e$；$L_e=L+\Delta l$；欧拉常数 $C^e\approx0.577\ 216$。

$J_i(x)$和$Y_i(x)$分别为 i 阶的第一类和第二类贝塞尔函数。K_g、K_b 是考虑主辐射缝有限长度和边缝辐射影响的矫正函数，由于边缝辐射电导的影响与主缝有限长度的影响几乎可以完全抵消，因此有 $K_g=1$。

K_b 几乎不随 s 和 t 变化，在 $2\leqslant\varepsilon_r\leqslant4$，$1.5\leqslant l\leqslant2.25$ 时，K_b 只是 ω 的函数。

$$K_b=1-\exp(-0.21\omega) \tag{5-14}$$

当用宽为 W_m 的微带线馈电时，馈线对输入导纳的影响，相当于在输入端口并联了一个导纳 Y_F。

$$Y_F=(r-1)Y_n \tag{5-15}$$

于是，输入导纳修正为

$$Y'_{in}=Y_{in}+Y_F=rY_s+\frac{Y_c^2-Y_m^2+Y_sY_c\coth(\gamma L)-2Y_mY_c\operatorname{csch}(\gamma L)}{Y_s+Y_c\coth(\gamma L)} \tag{5-16}$$

其中 $r=1-\dfrac{W_m}{W_e}$。

方法二：把贴片辐射器的外部储能和辐射能量的影响看做壁导纳，实部对应辐射功率，虚部对应辐射器的外部储能。利用模式展开模型，得到壁导纳 Y_ω 的近似关系式。通过距离 L_1 和 L_2 的换算后，可得到任意馈电点的输入导纳为

$$Y_1=Y_0\left[\frac{Z_0\cos\beta L_1+\mathrm{j}Z_w\sin\beta L_1}{Z_w\cos\beta L_1+\mathrm{j}Z_0\sin\beta L_1}+\frac{Z_0\cos\beta L_2+\mathrm{j}Z_w\sin\beta L_2}{Z_w\cos\beta L_2+\mathrm{j}Z_0\sin\beta L_2}\right] \tag{5-17}$$

式中：$Z_w=1/Y_w$；$Y_w=G_w+\mathrm{j}B_w$，$G_w=0.008\ 36W/\lambda_0$，$B_w=0.016\ 68\ \dfrac{\Delta l}{h}\dfrac{W}{\lambda_0}\varepsilon_e$，$\varepsilon_e=\dfrac{1}{2}\left[\varepsilon_r+1+(\varepsilon_r-1)\left(1+\dfrac{12h}{W}\right)^{-1/2}\right]$，$\Delta l=0.412h\ \dfrac{\varepsilon_e+0.3}{\varepsilon_e-0.258}\dfrac{\dfrac{W}{h}+0.264}{\dfrac{W}{h}+0.8}$；$Z_0$ 是微带线的特性阻抗。

当用探针馈电时，总输入阻抗还应加上引线电感 $\mathrm{j}X_L$。它可用填充介质的平板波导中的探针电抗来近似计算。设探针厚度为 d_0，有

$$X_L=\frac{377h}{\lambda_0}\ln\frac{\lambda_0}{\pi d_0\sqrt{\varepsilon_r}} \tag{5-18}$$

考虑到辐射贴片与地之间的电容效应，用平行板电容器的电容公式可得其等效电容为

$$C=\frac{\varepsilon_0\varepsilon_rS}{d} \tag{5-19}$$

其中，S 为平行板面积；d 为两板之间的距离。这里，$S=W\times L$，$d=h$，其中容抗为 $\mathrm{j}X_c$。

$$X_c=\frac{1}{\mathrm{j}\omega C}=\frac{1}{\mathrm{j}2\pi f_rC} \tag{5-20}$$

因此，输入阻抗为 $Z_{in}=Z_l+\mathrm{j}X$　$(Z_l=1/Y_l)$。其中，$\mathrm{j}X$ 与 $\mathrm{j}X_c$ 的并联值 $X=\dfrac{X_LX_c}{X_L+X_c}$。

5.5.3 电磁耦合型馈电

从 20 世纪 80 年代以来，出现了多种电磁耦合型馈电方式。其结构上的共同特点是贴近(无接触)馈电，可利用馈线本身，也可通过一个口径(缝隙)来形成馈线与天线间的电磁耦合，因此它们可统称为贴近式馈电。这对于多层阵中的层间连接问题，是一种有效的解决方法，并且大多能获得宽频带的驻波比特性。

图 5.5 所示为口径耦合结构几何关系及等效电路，利用口径耦合的电磁耦合型馈电结构是把贴片印制在天线基片上，然后置放在刻蚀有微带馈线的馈源基片上。二者之间有一带有矩形缝隙的金属底板。微带线通过此口径来对贴片馈电。口径尺寸将控制由馈线至贴片的耦合，采用长度上臂贴片稍小的口径一般可获得满意的匹配。

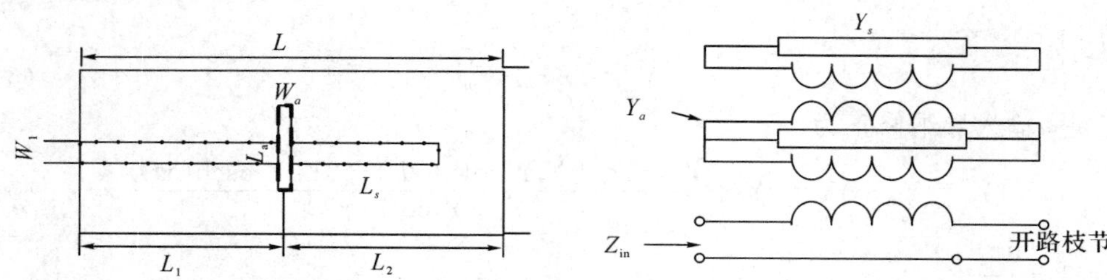

图 5.5　口径耦合结构几何关系及等效电路

参看图 5.5 所示的等效电路，对于基片上的贴片，其输入导纳 Y_p 由前面的传输线模型可计算得出。由于接地板上的缝隙只截获贴片上 L 方向电流的一部分，因此第一个输入变换比 n_1 取为这部分电流与总电流之比：

$$n_1=\frac{L_a}{W} \tag{5-21}$$

第二个变换器计入微带馈线上由缝隙所引入的模电压变化量 ΔV：

$$n_2=\frac{\Delta V}{V_0},\ \Delta V=\int_{s_a}\boldsymbol{E}_a\times\boldsymbol{h}_1\cdot\mathrm{d}s \tag{5-22}$$

式中：$\boldsymbol{E}_a$ 为口径电场，$\boldsymbol{h}_1$ 为微带线归一化磁场，S_a 为口径面积；V_0 为缝隙电压。

对于大的缝隙，变化比 n_2 可由下式得到：

$$n_2=\frac{\boldsymbol{J}_0(\beta_s W/2)\boldsymbol{J}_0(\beta_m W_u/2)}{\beta_S^2+\beta_m^2}\left[\frac{\beta_m^2 k_2\varepsilon_d}{k_2\varepsilon_d\cos k_1 h-k_1\sin k_1 h}+\frac{\beta_s^2 k_1}{k_1\cos k_1 h+k_2\sin k_1 h}\right] \tag{5-23}$$

式中，$\boldsymbol{J}_0(\cdot)$是零阶 Bessel 函数。

$$k_1=k_0\sqrt{|\varepsilon_{rf}-\varepsilon_{res}-\varepsilon_{rem}|} \tag{5-24}$$

$$k_2=k_0\sqrt{|\varepsilon_{res}-\varepsilon_{rem}-1|} \tag{5-25}$$

$$\beta_s=k_0\sqrt{\varepsilon_{res}},\ \beta_m=k_0\sqrt{\varepsilon_{rem}} \tag{5-26}$$

其中：W、ε_{rem}、β_m、Z_{0m}是微带馈线的参数；W_a、ε_{res}、β_s、Y_{0s}是槽线的参数。

由缝隙近场的储能所引入的电纳可简单地由两个短路槽线(特性阻抗为 Z_{0s}，波数为 β_s)得出：

$$Y_a=-\frac{2\mathrm{j}}{Z_{0s}}\cot\left(\beta_s\frac{L_a}{2}\right) \tag{5-27}$$

再计入开路微带线 L_s(特性阻抗为 Z_{0m}，波数为 β_m)的电抗，便得出总输入阻抗如下：

$$Z_{in}=\frac{n_2^2}{n_1^2 Y_p+Y_a}-jZ_{0m}\cot(\beta_m L_s) \tag{5-28}$$

式中，n_1 近似等于 $L_a/(\omega_e h)^{1/2}$，ω_e 是微带馈线的有效宽度，故输入电阻随缝隙长度 L_a 增加。谐振频率主要由 $n_1^2 Y_p+Y_a$ 决定，即当 $n_1^2 B_p+B_a\approx 0$ 时发生谐振。因而意味着 $B_p\approx 4W^2/Z_{0s}\beta_s L_n^3$，这样，增大 L_a 将使谐振频率下降。

5.6 矩形和圆形微带天线辐射特性

5.6.1 矩形微带天线的辐射特性分析

矩形微带天线是由矩形导体薄片粘贴在背面有导体接地板的介质基片上形成的天线。其结构如图5.6所示，通常利用微带传输线或同轴探针来馈电，使导体贴片与接地板之间激励起高频电磁场，并通过贴片四周与接地板之间的缝隙向外辐射。微带贴片也可看做为宽为 W、长为 L 的一段微带传输线，其终端（$y=L$ 边）处因呈现开路，将形成电压波腹和电流的波节。一般取 $L\approx\lambda_g/2$，λ_g 为微带线上波长。于是，另一端（$y=0$ 边）也呈现电压波腹和电流的波节。此时，贴片与接地板间的电场分布也如图5.6所示。

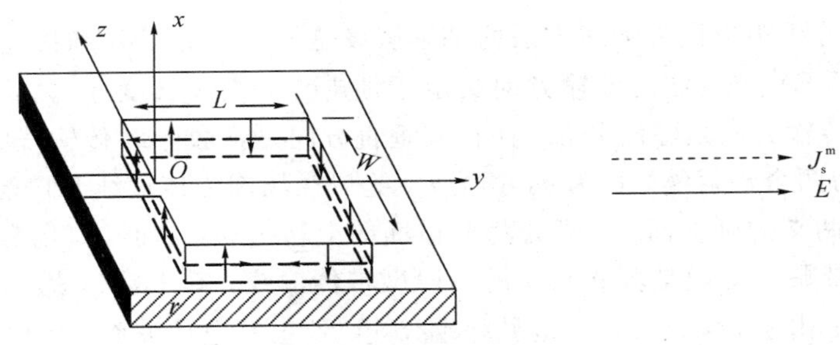

图5.6 矩形微带贴片天线

1. 微带天线的传输线模型

微带天线是在导体接地板上的介质基片层加导体贴片而形成的天线，微带天线中的导体贴片可以根据不同的需要采用矩形、圆形以及多边形等不同的形状，其中矩形微带贴片天线是最简单的微带天线。这种天线结构简单，可以用来作为多种天线的单元。

利用传输线模式分析矩形微带天线是早期的办法，也是最简单的办法。如图5.7所示，贴片的尺寸为 $a\times b$，介质基片的厚度为 h，λ_0 为自由空间波长。设沿贴片宽度和基片厚度方向的电场无变化，则该电场可近似表示为

$$\boldsymbol{E}_z=\boldsymbol{E}_0\cos\left(\frac{\pi x}{b}\right) \tag{5-29}$$

天线的辐射由贴片四周与接地板间的窄缝形成，由等效性原理知，窄缝上电场的辐射可由面磁流的辐射来等效。等效面磁流密度为

$$\boldsymbol{M}_s=-\hat{\boldsymbol{n}}\times\boldsymbol{E} \tag{5-30}$$

式中：$\boldsymbol{E}=\hat{z}\boldsymbol{E}_x$，$\hat{z}$ 是 z 方向的单位矢量；$\hat{\boldsymbol{n}}$ 是缝隙表面（辐射口径）外法线方向的单位矢量。这些等效磁流的方向已在图5.7(a)上用虚线标出。可以看到，沿两条 a 边的磁流是同向的，

故其辐射场在贴片法线方向(z 轴)同相相加，呈最大值，且随偏离此方向的角度的增大而减小，形成边射方向图。沿每条 b 边的磁流都由反对称的两部分构成，它们在 H 面(yz 平面)上各处的辐射互相抵消；而两条 b 边的磁流又彼此呈反对称分布，因而在 E 面(xz 平面)上各处，它们的场也都相互抵消。在其他平面上这些磁流的辐射不会完全相互抵消，但与沿两条 a 边的辐射相比都相当的弱。可见，矩形微带天线的辐射主要由沿两条 a 边的缝隙产生，该二边称为辐射边。

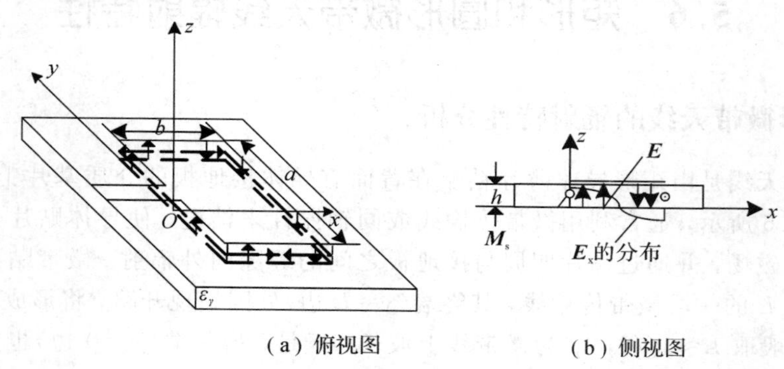

(a) 俯视图　　(b) 侧视图

图 5.7　矩形微带天线的传输线模型示意图

传输线模式分析矩形微带天线方法的基本假设是：① 微带贴片和接地板构成一段微带传输线，传输准 TEM 波。波的传输方向决定于馈电点。线段长度 $b\approx\lambda_m/2$，λ_m 为准 TEM 波的波长。场在传输方向是驻波分布，而在其垂直方向是常数。② 传输线的两个开口端(始端和末端)等效为两个辐射缝，长为 a，宽为 h，缝口径场即为传输线开口端场强。缝平面看做位于微带贴片两端的延伸面上，即是将开口面向上转折 90°，而开口场强随之转折。如图 5.7(a)所示，微带贴片看做是宽 a 长 b 的一段微带传输线，其末端(a 边)处因为呈现开路，将形成电压波腹；由于 $b\approx\lambda_m/2$，于是另一端(b 边)处也呈电压波腹，此时微带贴片与接地板间的电场分布如图 5.7(b)所示。按第二条基本假设，开口场强向上转折 90°，则两个辐射缝上切向电场均为 $\hat{\boldsymbol{x}}$ 方向，且等幅同相。它们等效为磁流，由于接地板的作用，相当于有两倍磁流向上半空间辐射。缝上等效磁流密度为

$$\boldsymbol{M}=\frac{\hat{\boldsymbol{y}}2V}{h} \tag{5-31}$$

其中 V 为传输线开口端电压。

以上分析可以得到，矩形微带天线的辐射等效成二元缝隙阵的辐射，并且缝上等效磁流是均匀的。利用磁流的辐射原理及电场的叠加原理，可以求出天线的辐射场为

$$\begin{aligned}\boldsymbol{E}_\theta &=-\mathrm{j}\,\frac{V\cdot \mathrm{e}^{-\mathrm{j}k_0 r'}}{\lambda\cdot r'}\cos\phi\int_0^h\int_0^a \mathrm{e}^{\mathrm{j}k_0(x\cdot\sin\theta\cos\phi+y\cdot\sin\theta\sin\phi)}\,\mathrm{d}x\mathrm{d}y\cdot(1+\mathrm{e}^{\mathrm{j}k_0 L\sin\theta\cos\phi})\\ &=A\cos\phi\cos\left(\frac{K_0 L}{2}\sin\theta\cos\phi\right)\cdot F_1(\theta,\phi)\cdot F_2(\theta,\phi)\end{aligned} \tag{5-32}$$

式中

$$F_1(\theta,\phi)=\frac{\sin\left(\dfrac{K_0 a}{2}\sin\theta\sin\phi\right)}{\dfrac{K_0 a}{2}\sin\theta\sin\phi} \tag{5-33}$$

$$F_2(\theta,\phi)=\frac{\sin\left(\frac{K_0h}{2}\sin\theta\cos\phi\right)}{\frac{K_0h}{2}\sin\theta\cos\phi} \tag{5-34}$$

$\boldsymbol{A}=\mathrm{j}\,\frac{2\cdot V\cdot a}{\lambda\cdot r'}e^{-\mathrm{j}k_0r'}$，$r'$是微带贴片中心到场点的距离。

由于 $h\ll\lambda$，故 $F_2(\theta,\ \phi)\approx1$。

同样求得

$$\boldsymbol{E}_\phi=\boldsymbol{A}\cos\theta\sin\phi\cos\left(\frac{K_0L}{2}\sin\theta\cos\phi\right)\cdot F_1(\theta,\phi)\cdot F_2(\theta,\phi) \tag{5-35}$$

由式(5-32)可见，若 $\phi=0$，则在此平面上仅有 $\boldsymbol{E}_\theta$ 分量，故此平面为 E 面，这是包含准 TEM 波传播方向及 z 轴的平面。而在 $\phi=90°$的平面，$E_\theta=0$，仅有 $\boldsymbol{E}_\phi$ 分量，故为 H 面，这是与传播方向垂直的平面。最大辐射方向在 $\theta=0$ 即 z 轴，这是同相激励二元阵的特点。

尽管传输线法简明、物理直观性强，但是它的应用范围受到很大的限制。首先，传输线模型限制了它只能用于矩形微带天线及微带阵子。传输线法的另一个主要缺点是，除了谐振点外，输入阻抗(导纳)随频率变化的曲线不准确。由于传输线模型是一维的，当馈电点位置在垂直于波的方向上(即宽度方向)变化时，阻抗不变；其次，传输线模型相当于一个单谐振回路，在谐振频率附近，阻抗频率特性是对称的。上述两点与实验不符。尽管传输线法有着它的局限性，但是它可以给出形象的思维和粗略的计算，在工程设计中具有很重要的意义。

2. 矩形微带贴片天线的设计理论

1) 介质基片的选取

确定微带天线形式之后就应选定介质基片，因为基片材料的 ε_r、$\tan\delta$ 和厚度 h 将直接影响微带天线的性能。采用较厚的基片，可以得到较宽的带宽，效率也较高，但 h/λ_0(即电尺寸)过大会引起表面波的明显激励。通常，天线电厚度最大值约为 $h/\lambda_0\approx0.2$。采用较高的 ε_r，微带天线的尺寸较小，但带宽较窄，E 面方向图较宽。当 ε_r 减小时，可以使辐射对应的 Q_r 下降，从而使频带变宽；ε_r 降低还将减小表面波的影响。为了得到较宽的频带和较高的增益宜采用较低的 ε_r 和较厚的基片材料。基片材料对天线的频带、效率和方向图等特性有着直接的影响，而这些影响互相制约。例如，为了展宽频带和提高效率而增大基片的厚度 h，但 h 的增加不但使重量增加而且破坏了低剖面特性，这就限制了其在飞行器上的应用。事实上，并不存在各方面都理想的基片材料，而主要是根据应用的具体要求来权衡选定。

2) 基板尺寸的确定

图 5.8 所示为矩形微带天线的顶视图(即基板尺寸示意图)。所谓基板尺寸，是指图中的 WG 和 LG。由于辐射的口径场集中在辐射边附近很小的区域内，介质过多向外延伸对这种场分布没有明显影响。在较低频段工作时，从减小天线重量及安装面积和降低成本着眼，WG 和 LG 的尺寸应尽可能小，实验表明沿辐射元各边延伸波长的 1/10 就可以了。因此，对于背馈情况可取

$$LG=L+0.2\cdot\lambda_g \tag{5-36}$$

$$WG = W + 0.2 \cdot \lambda_g \tag{5-37}$$

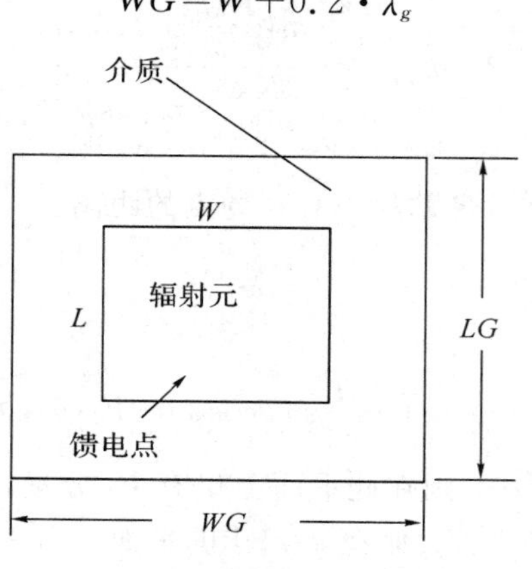

图 5.8　基板尺寸示意图

3）贴片宽度 W 的选取

在确定矩形微带贴片单元的介质基片材料及其厚度 h 后，应先确定单元宽度 W 的大小，这是因为当 ε_r 和 h 已知时，等效介电常数 ε_e 取决于 W，而单元长度 L 的尺寸又取决于 ε_e。对于等效介电常数 ε_e 可以由施奈德公式计算，即

$$\varepsilon_e = \frac{\varepsilon_r + 1}{2} + \frac{\varepsilon_r - 1}{2}\left(1 + \frac{12h}{W}\right)^{-\frac{1}{2}} \tag{5-38}$$

W 的尺寸对微带天线的方向图宽度、方向性系数、辐射电阻和输入阻抗都有影响，进而也就影响频带宽度和辐射效率。另外，W 的大小还直接决定了微带天线的总尺寸。选取较大的 W 对频带宽度、辐射效率和阻抗匹配都有好处。但为了防止产生高次模引起的畸变，宽度 W 的尺寸不得超过式(5-39)给出的值：

$$W \leqslant \frac{c}{2f_0}\left(\frac{\varepsilon_r + 1}{2}\right)^{-\frac{1}{2}} \tag{5-39}$$

式中：c 为光速；f_0 为谐振频率。由此可见，W 总是小于 $\lambda_0/2$ 的值。

4）贴片单元长度 L 的确定

矩形微带贴片天线的长度 L 在理论上近似为 $\lambda_g/2$（λ_g 为微带传输线的导波长，$\lambda_g = \lambda_o/\sqrt{\varepsilon_e}$，$\lambda_o$ 为自由空间波长，ε_e 为等效介电常数），但实际上由于边缘场的影响，L 的尺寸应作相应修正，经验公式为

$$L = 0.5\lambda_g - 2\Delta l \tag{5-40}$$

或

$$L = \frac{c}{2f_r\sqrt{\varepsilon_r}} - 2\Delta l \tag{5-41}$$

式中，

$$\Delta l = 0.412h\,\frac{(\varepsilon_e + 0.3)\left(\frac{W}{h} + 0.264\right)}{(\varepsilon_e - 0.258)\left(\frac{W}{h} + 0.8\right)} \tag{5-42}$$

$$\varepsilon_e = \frac{\varepsilon_r + 1}{2} + \frac{\varepsilon_r - 1}{2}\left(1 + 12\,\frac{h}{W}\right)^{-\frac{1}{2}} \tag{5-43}$$

于是

$$L=0.5\lambda_g-2\Delta L=\frac{c}{2f_0\sqrt{\varepsilon_e}}-2\Delta L \tag{5-44}$$

由此可见，L 不仅与 ε_r、W 有关，还与厚度 h 有较大关系。

5）频带宽度 BW

频带窄是微带天线的主要缺陷之一。线极化微带天线输入阻抗对频率的敏感性远大于方向特性对频率的敏感性。因此，天线的频带宽度通常以驻波系数 VSWR 值小于某给定值对应的频率范围来规定，即

$$\mathrm{BW}=\frac{\mathrm{VSWR}-1}{\mathrm{Q}\sqrt{\mathrm{VSWR}}} \tag{5-45}$$

式中，Q 即总的品质因数。通常天线的总 Q 值近似等于天线辐射损耗的 Q_{r} 值，即

$$Q\approx Q_{\mathrm{r}}=\frac{\lambda_0\sqrt{\varepsilon_e}}{4h} \tag{5-46}$$

通常 $Q=10\sim100$，所以微带天线带宽约为 0.7%～7%，可见是窄频带天线。等效介电常数 ε_e 和基片厚度 h 对带宽的影响很大。ε_e 越大，h 越小，则 Q 值越高，谐振特性越尖锐，故频带越窄。因此，基片材料和基片厚度的选取，应考虑天线频带的具体要求。

3. 方向系数、增益和效率

矩形微带天线的辐射可以认为是由两个相距 $\lambda_g/2$ 的开槽天线辐射的叠加。根据方向性系数的定义，其中一个槽的方向性系数为

$$D_1=\frac{\left.\frac{1}{2}\mathrm{Re}(E_\theta H_\phi^*-E_\phi H_\theta^*)\right|_{\theta=\pi/2}}{\rho_r/(4\pi r^2)}=\frac{4W^2\pi^2}{I_1\lambda_0^2} \tag{5-47}$$

式中

$$I_1=\int_0^\pi \sin^2\left(\frac{k_0W\cos\theta}{2}\right)\tan^2\theta\sin\theta\mathrm{d}\theta \tag{5-48}$$

因此，间隔为 L 的两个缝隙的微带贴片天线的方向性系数为

$$D=\frac{2D_1}{1+g_{12}} \tag{5-49}$$

式中 g_{12} 为归一化互导纳，可根据下式计算

$$g_{12}=\frac{1}{120\pi^2}\int_0^\pi\left[\frac{\sin\left(\frac{K_0W}{2}\cos\theta\right)}{\cos\theta}\right]^2 J_0(k_0L\sin\theta)\sin^3\theta\mathrm{d}\theta \tag{5-50}$$

式中，$\boldsymbol{J}_0(x)$是以 x 为自变量的零阶贝赛尔函数。

微带天线的增益等于：

$$G=\eta D \tag{5-51}$$

式中，天线效率

$$\eta=\frac{G_r}{G_r+G_d+G_c}\times100\% \tag{5-52}$$

式中，G_r、G_d 和 G_c 分别为辐射电导、介质电导和导体电导。

5.6.2 圆形及环形贴片的腔模理论分析

1. 用腔模理论分析圆形微带天线

如图 5.9 所示，简单的圆形微带天线是由在介质基片的一侧印有薄金属辐射片，另一侧印制接地板而构成的。基片内电场基本只有 z 分量，而磁场仅有 x 分量与 y 分量。因为 $h \ll \lambda_0$，可以认为在 z 方向上场没有变化，且微带边缘的法向电流分量趋近于零。基于这些假定，可以把圆形微带天线模拟成一个圆柱腔体，其上、下底面为电壁，侧面为磁壁。由此，在微带介质区域，相应于 TM_{mn} 模的场可用解腔体问题的方法来确定。

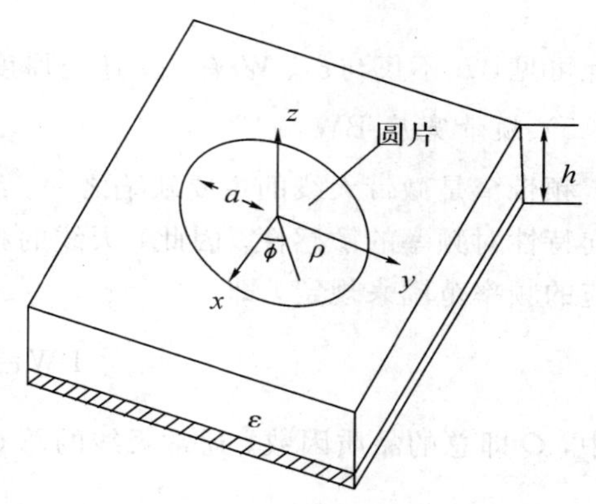

图 5.9 圆形微带天线

空腔内场满足下列辐射形式的麦克斯韦方程(时间因子 $e^{j\omega t}$ 已经略去，下同)：

$$\nabla \times \boldsymbol{H} = j\omega\varepsilon \boldsymbol{E} + \boldsymbol{J} \tag{5-53}$$

$$\nabla \times \boldsymbol{E} = -j\omega\mu_0 \boldsymbol{H} \tag{5-54}$$

$$\nabla \cdot \boldsymbol{H} = 0 \tag{5-55}$$

$$\nabla \cdot \boldsymbol{E} = 0 \tag{5-56}$$

其中 $\boldsymbol{J}$ 为 z 方向的电流源，因基片很薄，假设 $\boldsymbol{J}$ 不随 z 变化，故有：

$$\nabla \cdot \boldsymbol{J} = -j\omega\rho = 0 \tag{5-57}$$

其中对式(5-54)两边取旋度可得：$\nabla \times \nabla \times E = \nabla(\nabla \cdot E) - \nabla^2 \mathrm{E} = -j\omega\mu_0 \nabla \times H$，再利用式(5-53)消去 H 即可得此时的波动方程为

$$\nabla^2 \boldsymbol{E} + k^2 \boldsymbol{E} = j\omega\mu_0 \boldsymbol{J} \tag{5-58}$$

其中

$$k = \omega\sqrt{\mu_0 \varepsilon} = k_0 \sqrt{(1 - j\delta)\varepsilon_r} \tag{5-59}$$

δ 为介质损耗角正切角，因 $\boldsymbol{J} = \hat{z} J_z$，$\boldsymbol{E} = \hat{z} E_z$，将式(5-58)转化成标量方程：

$$(\nabla^2 + k^2) E_z = j\omega\mu_0 J_z \tag{5-60}$$

由此解出 E_z 后，便可以由式(5-54)求出 H_x、H_y：

$$H_x = \frac{j}{\omega\mu_0} \frac{\partial E_z}{\partial y} \tag{5-61}$$

$$H_y = -\frac{j}{\omega\mu_0} \frac{\partial E_z}{\partial x} \tag{5-62}$$

解方程(5-60)的有效方法为模式展开法，即将其表征为各个本征模之和，本征函数可由求解无源区域的齐次波动方程得出：

$$(\nabla^2 + k_{mn}^2) \psi_{mn} = 0 \tag{5-63}$$

ψ_{mn} 在磁壁处需要满足的边界条件为 $\frac{\partial \psi_{mn}}{\partial n} = 0$，其中 n 是磁壁的法线方向。对于一般的规则形状贴片都可以由分离变量法得出 ψ_{mn} 和相应的 k_{mn}。

这里对于圆形贴片有：

$$\psi_{mn} = C_{mn} J_n (k_{mn} \rho) \cos n\phi \tag{5-64}$$

$$J_n(k_{mn}a)=0 \tag{5-65}$$

上述本征函数均相互正交，并且所有函数都满足空腔边界条件，这些函数的集合可以认为是完备集，因此它们的线性组合即可表示为式(5-60)的一般解。

$$E_z = \mathrm{j}k_0\eta_0\sum_{m,n}\frac{(J_z\psi_{mn}^*)}{(\psi_{mn}\psi_{mn}^*)}\phi_{mn} \tag{5-66}$$

由此可得，对于任意的分布，不同的激励条件将导致不同的激励振幅，从而获得不同的内场。

假设场源是位于$(\rho_0,0)$处，宽度为 ϕ_w 的脉冲电流片，其电流值为 I_0，则有：

$$J_z=\frac{I_0 f(\phi)\delta(\rho-\rho_0)}{\rho\phi_w}$$

$$f(\phi)=\begin{cases}1; & \dfrac{-\phi_w}{2}\leqslant\phi\leqslant\phi_w\\ 0; & \text{其他}\end{cases} \tag{5-67}$$

利用式(5-64)和式(5-66)得

$$E_z = \mathrm{j}k_0\eta_0 I_0\sum_{m,n}\frac{J_n(k_{mn}\rho_0)\varepsilon_{0n}j_0\left(\dfrac{n\phi w}{2}\right)}{(k^2-k_{mn}^2)\pi a^2 J_n^2(k_{mn}a)\left[1-\dfrac{n^2}{(k_{mn}a)^2}\right]}\phi_{mn}(\rho,\phi) \tag{5-68}$$

或

$$E_z = \sum_{m,n}B_{mn}J_n(k_{mn}\rho)\cos n\phi \tag{5-69}$$

$$B_{mn}=\mathrm{j}k_0\eta_0 I_0\frac{J_n(k_{mn}\rho_0)\varepsilon_{0n}j_0\left(\dfrac{n\phi w}{2}\right)}{(k^2-k_{mn}^2)\pi a^2 J_n^2(k_{mn}a)\left[1-\dfrac{n^2}{(k_{mn}a)^2}\right]} \tag{5-70}$$

式中已取 $k_{mn}^2=1$。(下同)

由式(5-65)知，

$$k_{mn}=\frac{\chi_{mn}}{a} \tag{5-71}$$

式中 χ_{mn} 是 J_n 的第 m 个零点。圆形贴片 TM_{mn} 模的谐振频率为

$$f_{mn}=\frac{c\chi_{mn}}{2\pi a\sqrt{\varepsilon_e}} \tag{5-72}$$

空腔内磁场可由式(5-61)、式(5-62)和式(5-69)得出：

$$\boldsymbol{H}=\frac{\mathrm{j}}{\omega\mu_0}\nabla E_z\times\hat{z}=\frac{\mathrm{j}}{\omega\mu_0}\left[\hat{\boldsymbol{\rho}}\frac{\partial E_z}{\partial\phi}-\hat{\boldsymbol{\phi}}\frac{\partial E_z}{\partial\rho}\right]=\hat{\boldsymbol{\rho}}H_\rho+\hat{\boldsymbol{\phi}}H_\phi \tag{5-73}$$

和

$$\begin{cases}H_\rho = \dfrac{-\mathrm{j}}{k_0\eta_0\rho}\sum_{m,n}B_{mn}nJ_n(k_{mn}\rho)\sin n\phi\\ H_\phi = \dfrac{-\mathrm{j}}{k_0\eta_0}\sum_{m,n}B_{mn}nJ_n(k_{mn}\rho)\cos n\phi\end{cases} \tag{5-74}$$

腔体内的磁场可在贴片上激发出感应电流，感应电流的面电流密度为

$$\boldsymbol{J}=\hat{\boldsymbol{n}}\times\boldsymbol{H}=\hat{\boldsymbol{\rho}}H_\phi-\hat{\boldsymbol{\phi}}H_\rho \tag{5-75}$$

其中 $\hat{\boldsymbol{\rho}}$ 和 $\hat{\boldsymbol{\phi}}$ 分别为 ρ 和 ϕ 方向的单位矢量。另外，在圆片边缘处，面电流分量 J_ρ 必须为零。

$$J_\rho(\rho=a)=H_\rho(\rho=a)=0 \tag{5-76}$$

其中 a 为圆片半径。因此：

$$J_n(ka)=0 \tag{5-77}$$

这样，对于每种模式，均可计算出一个贝塞尔函数导数的零点对应的谐振半径。不同模式的内场和面电流分布以及周边等效磁流如图 5.10 所示。按照 ka 值增大的几个低次模情况列在表 5.1 中。其中，整数 n 为贝塞尔函数的阶数，m 是 $\boldsymbol{J}_n'(ka)$ 的第 m 个零点。

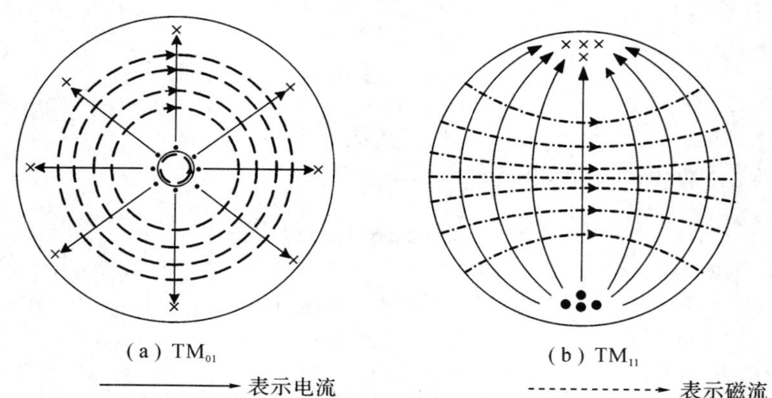

图 5.10 $n=0$，1 时的场与电流分布

表 5.1 $J_n'(ka)=0$ 的根

模(n，m)	根 ka
0，1	0
1，1	1.841 18
2，1	3.054 24
0，2	3.831 71
3，1	4.200 19

圆形微带天线 TM_{mn} 模的谐振频率可由下式计算

$$f_\gamma=\frac{k_{mn}c}{2\pi a_e\sqrt{\varepsilon_\gamma}} \tag{5-78}$$

其中：c 为自由空间光速；$k_{mn}(=ka)$ 为 n 阶贝塞尔函数导数的第 m 个零点。这里为将谐振器的边缘场的影响考虑在内，引入等效半径 a_e。

$$a_e=a\left[1+\frac{2h}{\pi a\varepsilon_\gamma}\left(\ln\frac{\pi a}{2h}+1.7726\right)\right]^{\frac{1}{2}} \tag{5-79}$$

在 $a/h\gg1$ 时，由上式计算出的半径误差不大于 2.5%。使用该公式可计算出工作于不同模式下微带贴片天线对应的尺寸。

由公式及表 5.1 可知，对于圆形微带天线，TM_{01} 模为静态模，通常是无法辐射工作的；

而 TM_{11} 模作为给定频率下谐振半径最小的模式，也是圆形微带天线最常用的工作模式，即圆形微带天线的主模。

不同模式的面电流及等效磁流方向如图 5.10 所示，磁流沿周向以 $\cos n\phi$ 分布，故沿圆周有 $2n$ 个零点；每经过一次零点，便改变一次方向。而由贴片表面电流分布则可以定性估计出各模式的方向图。定性分析可知，所有 TM_{1m} 模均在边射方向上产生最大值，而对于 TM_{0m}、TM_{2m}、TM_{3m} 则可在边射方向产生零点。

解析时，可以由磁矢位计算出微带天线的远区场，从而由空间内场得出外空间的场。其辐射可由圆片与接地板之间在 $\rho=a$ 处的孔径上的 $\boldsymbol{E}_x$ 得出，或由圆形导体中的电流得出。$\boldsymbol{E}_0$ 在间隙两端的精确数值是未知的，但在 $h/\lambda_0\ll 1$ 时，可以认为它近似是 $\boldsymbol{E}_0$ 的常数。上半空间的辐射场则可以用镜像理论得出。将接地板代以等效磁流或者将等效磁流对孔径积分可计算得出电矢量位，于是可以根据此电矢量位求出球坐标中的远区场。

此时，磁流在远区产生的电矢位为

$$\boldsymbol{F}=\frac{2h\varepsilon_0\,\mathrm{e}^{-\mathrm{j}k_0R}}{4\pi R}\int_s \boldsymbol{J}_m \mathrm{e}^{\mathrm{j}k_0(x\sin\theta\cos\phi+y\sin\theta\sin\phi)}\,\mathrm{d}x\mathrm{d}y \tag{5-80}$$

这里计入了接地板接入所引起的 $\boldsymbol{J}_m$ 正镜像效应，并考虑到 $h\ll\lambda_0$，故沿 z 向积分只是在此基础上乘以 $2h$。

对于 TM_{mn} 模空腔周边上(a, ϕ', z')处的等效磁流密度为

$$\boldsymbol{J}_m=\hat{\phi}'E_z=\hat{\phi}'B_{mn}J_n(k_{mn}a)\cos n\phi' \tag{5-81}$$

磁流在远区(R, θ, ϕ)处产生的电矢位为

$$\boldsymbol{F}=\frac{2h\varepsilon_0\,\mathrm{e}^{-\mathrm{j}k_0R}}{4\pi R}\int_0^{2\pi}\hat{\phi}'B_{mn}J_n(k_{mn}a)\cos n\phi'\cdot \mathrm{e}^{\mathrm{j}k_0a\sin\theta\cos(\phi'-\phi)}\,a\mathrm{d}\phi' \tag{5-82}$$

通过下式可以计算出远区场：

$$\boldsymbol{E}=\frac{1}{\varepsilon_0}\left(\hat{\theta}\,\frac{\partial F_\phi}{\partial R}-\hat{\phi}\,\frac{\partial F_\theta}{\partial R}\right)\approx\mathrm{j}\,\frac{k_0}{\varepsilon_0}(\hat{\theta}F_\phi-\hat{\phi}F_\theta) \tag{5-83}$$

那么：

$$E_\theta=\mathrm{j}^n\,\frac{k_0aV_{mn}}{2R}\mathrm{e}^{-\mathrm{j}k_0R}\left[J_{n+1}(k_0a\sin\theta)-J_{n-1}(k_0a\sin\theta)\right]\cos n\phi \tag{5-84}$$

$$E_\phi=\mathrm{j}^n\,\frac{k_0aV_{mn}}{2R}\mathrm{e}^{-\mathrm{j}k_0R}\cos\theta\left[J_{n+1}(k_0a\sin\theta)+J_{n-1}(k_0a\sin\theta)\right]\sin n\phi \tag{5-85}$$

其中，$V_{mn}=hB_{mn}J_n(k_{mn}a)$，表示 $\phi=0$ 位置边缘电压。

用源处的激励电压 V_0 除以电流 I_0，即可计算出天线输入阻抗 Z_{in}。设馈源模型为具有一定宽度的电流片，则可以把该宽度范围内的平均电压值取为 V_0，即

$$V_0=-hE_{z0} \tag{5-86}$$

其中，E_{z0} 为 E_z 在馈电宽度的平均值，那么利用式(5-66)可知：

$$Z_{in}=\frac{V_0}{I_0}=\mathrm{j}k_0\eta_0h\sum_{m,n}\frac{1}{k_{mn}^2-k^2}\,\frac{(J_z\phi_{mn}^*)}{(\phi_{mn}\phi_{mn}^*)}\phi_{mn0} \tag{5-87}$$

式中，ϕ_{mn0} 为 ϕ_{mn} 在馈电宽度上的平均值。

同样的，微带天线的品质因数也可由一定的计算推导得来，从而计算其理论带宽。

2. 用腔体模型法分析环形微带天线

由于环形微带天线也具有对称结构，而且对于展宽带宽可起到较好的作用，同时本文

的天线是用环形微带贴片作为辐射结构的，所以这里对环形微带天线的分析作简单介绍。

圆环形天线是在介质基片的一面上为圆环形导体带，另一面上为接地板的结构，如图 5.11 所示。可用腔体模型的方法得到场的解。圆环形腔体由磁壁构成。由于 $h \ll \lambda_0$，所以场沿 z 方向不变，因此可假定为 TM 模。对于TM_{mn}模，在圆柱坐标系中，圆环谐振器的电场与磁场分布为

$$E_z = E_0 [J_n(k\rho)Y_n'(ka) - J_n'(ka)Y_n(k\rho)]\cos n\phi \tag{5-88}$$

$$H_\rho = \frac{\mathrm{j}\omega\varepsilon}{k^2\rho}\frac{\partial E_z}{\partial \phi} \tag{5-89}$$

$$H_\phi = \frac{-\mathrm{j}\omega\varepsilon}{k^2}\frac{\partial E_z}{\partial \phi} \tag{5-90}$$

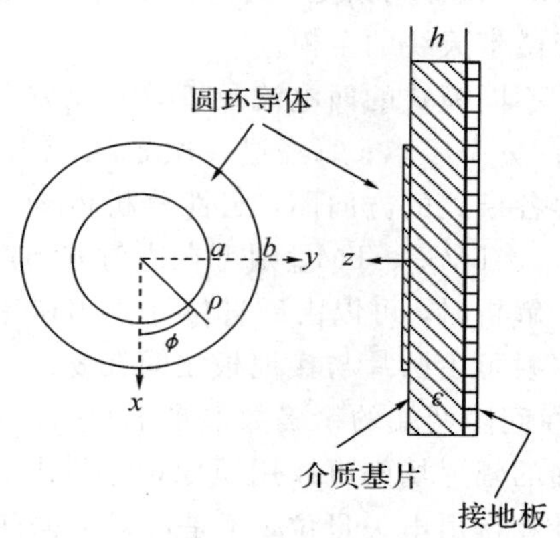

图 5.11 圆环形微带天线

其中：J_n 和 Y_n 分别为第一类和第二类 n 阶贝塞尔函数；整数 n 表示场沿方位角的变动，而整数 m 表示场沿圆环宽度的变动。

圆环上面电流可求出，其电流的径向分量在边缘处消失，即

$$K_\rho(\rho=b) = H_\phi(\rho=b) = 0 \tag{5-91}$$

与式(5-88)、式(5-89)和式(5-90)联立即可得：

$$J_n'(kb)Y_n'(ka) - J_n'(ka)Y_n'(kb) = 0 \tag{5-92}$$

解此方程即可得出各种模式，分别求出 k 值为 0.677、1.340、1.979、2.587 和 3.169，其主模对应于 $n=1$ 和 $m=1$。k 值的近似值为

$$k = \frac{2n}{a+b} \tag{5-93}$$

几个模式的内场和面电流分布及边缘处的等效磁流方向如图 5.12 所示。在圆环的内边缘($\rho=a$)和外边缘($\rho=b$)处，TM_{11}、TM_{13}等模的磁流是反向的，而 TM_{12} 和 TM_{14} 等模的磁流是同向的，这使 TM_{11}模的方向性较弱而 TM_{12}模的方向性较强。所有 TM_{1m}模在边射方向上的辐射为零。

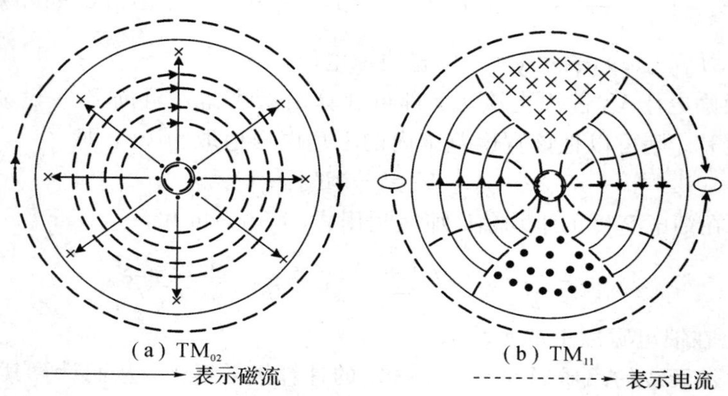

图 5.12 圆环形微带天线不同模式的场分布

把边缘场的效应考虑进去即可计算出谐振频率：

$$f_r=\frac{ck}{2\pi\sqrt{\varepsilon_e}} \tag{5-94}$$

式中，ε_e 是宽度为 $W=b-a$ 的微带线的等效介电常数。谐振频率的理论值和实验值的相对偏差约为 8%。

环形天线的辐射场可由计算磁矢量位的方法得到。这里不作具体分析。在天线主模工作下，波束指向为正面，高次模下波束指向偏向侧面。

经分析可知，天线的 Q 值越低，带宽和辐射效率将越大。在圆环形微带天线中，一方面主模 TM_{11} 模的辐射特性将与圆环形微带天线相似，其方向系数较低，频带较窄；另一方面 TM_{12} 等模的方向系数较高，特别是频带较宽，辐射效率较高。因此，圆环形微带天线可工作于模 TM_{11}，也可工作于 TM_{12} 模，并可实现双模同时工作，即双频段工作。若双频段频率点频率间隔较小，则可能获得宽频带。

5.7　微带天线的宽频带技术

微带贴片天线的高 Q 值谐振特性决定其窄频带特性，也就是说，储存于天线结构中的能量比辐射和其他的耗散能量大得多。这意味着当在谐振时实现了匹配而当频率偏离谐振时，电抗分量急剧变动使之失配。因此，微带天线展宽频带的方法可以从降低总的 Q 值的各个方面去探求，也可以用附加的匹配措施来实现。

5.7.1　改变基板材料

1. 降低介电常数或者增大 tanδ

ε_r 的减小可以使介质对场的束缚减小，易于辐射，且天线储能也因 ε_r 的减小而变小，从而可以使对应的品质因数下降，进而使频带展宽。但减小 ε_r 会使天线基板所需尺寸增大，而增大 $\tan\delta$ 又会使天线的效率降低。所以，这两种方法的使用也受到实际情况的限制。

2. 采用非线性材料的基板

典型的贴片天线里，贴片尺寸正比于工作波长，低频时对应的尺寸更大，从而使微带天线在 UHF 波段的低频段使用较为困难。并且，对于固定尺寸固定介质的微带天线，都呈现窄频特性，所以有人提出使用铁氧体材料作为天线基板，其电磁特性可明显缩小天线尺寸。同时，因为铁氧体有非线性色散特性，它的有效磁导率随着频率降低而升高。由试验可知，使用铁氧体材料的微带天线有多谐振特性，故若能得到接近理想的色散特性，在几个倍频程内用一个铁氧体天线便成为可能，即在不同频率上对应同一种贴片尺寸，当然这是较理想的情况。

5.7.2　改变基板结构

1. 增加基板厚度

由于厚度增加可以使微带天线的辐射电导随之增大，从而使微带天线的品质因数下降，所以增大厚度可以很有效地展宽带宽。但是，基板厚度太大又会引起贴片表面波，所以带宽的增大是有限的。在安装条件允许的情况下这种方法较易实现。

2. 使用渐变结构的基板

使用楔形或者阶梯形的基板可以简单有效地展宽天线带宽。因为两辐射端口处的厚度不同的两个谐振器经阶梯电容耦合可以产生双回路，从而可以展宽天线的频带。使用这两种结构的天线阻抗带宽分别可以达到25%和28%（VSWR<2），而一个厚度相当的普通微带天线频带仅为13%。

3. 使用具有空穴结构的宽带微带贴片天线

展宽频带的常用方法是采用低 ε_r 的介质板，但它使天线尺寸增大，效率降低。可以使用一种新方法来解决上述矛盾：这种方法仍然用高 ε_r 的介质板，但在介质板上开多个矩形空气穴。贴片天线与矩形空气穴的相互作用使实际结构的等效 ε_r 降低并改变了介质板的模式。

5.7.3 附加匹配网络

工作于主模的矩形或圆形等微带贴片天线可以等效为一个RLC并联谐振回路。背馈情况下，馈电探针的电抗作用应当予以考虑。尤其当基板厚度 $h\geqslant 0.1\lambda_g$ 时，馈电探针的作用更为显著；若 $h<\lambda_g/4$，其作用等效于一个电感，电感与上述并联谐振回路相串联形成天线的输入阻抗。使用计算机辅助设计方法实施最优设计，使天线特性阻抗和馈线达到最大范围的匹配，从而展宽天线的工作频带。

5.7.4 采用非线性调整元件

可以将矩形微带天线两个辐射端的边缘效应看做各自并联一个电容，从而使实际谐振频率低于由理论公式计算出的谐振频率。故若在天线辐射段各并联一个变容管，通过控制变容管两端的电压便可控制天线的工作频率，从而使天线的工作频带展宽。当然，这种方法并不能使天线的实时阻抗带宽展宽。即使如此，此类折中方案对于跳频装置或多频收发系统仍具有实际意义。

5.7.5 多谐振点同时工作

1. 使用多层天线

高频理论中，采用参差调谐的紧耦合回路可使电路工作频带相对展宽。人们根据类似的原理研制出了由多层贴片结构构成的微带天线。通常此类天线使用电磁耦合馈电的方式，其下层片使用同轴馈电或者微带馈电，用以对上层贴片的激励，同时可与其他元器件共同集成在基板上，通常上部分各层使用 ε_γ 较低的介质基片。若第一层使用谐振基片，因为耦合加强，天线频带会比用50 Ω开路线馈电时展宽；使用三层结构比用二层结构频带也会展宽。这种多层结构通过适当调整各层贴片的尺寸，可以把宽频天线做成多频天线。对于三层贴片的天线而言，当顶层单元谐振和辐射时，第二层贴片则作为它的底面；而当第二层单元谐振并辐射时，顶层的贴片可作为容性耦合元件。以此类推，一层叠一层，实现多频或者宽频工作。当然这种性能的获得是以增加天线厚度作为代价的。

2. 使用平面多谐振结构

通过在同一平面上的多个贴片来实现多个谐振点，如图5.13。其中，有一个贴片是直接馈电，而其他贴片都是寄生馈电。使用这种方法可以实现频带展宽 5%～25%。

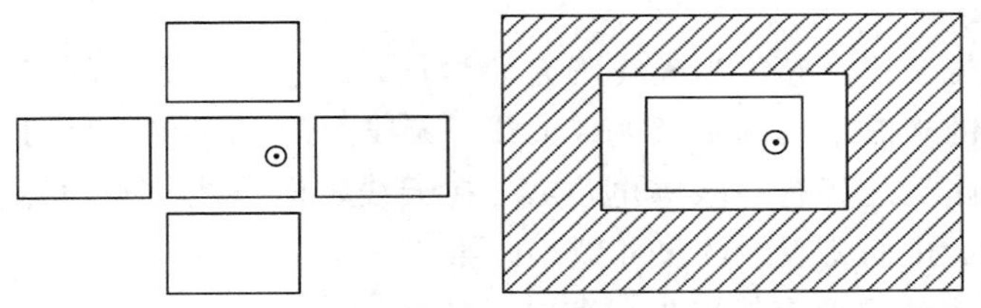

(a) 4寄生贴片耦合馈电　　(b) 通过内层辐射片给外层片耦合馈电

图 5.13　平面多谐振微带天线

5.7.6　在贴片或接地板上开槽或者开缝

在微带贴片或者接地板上的不同位置开不同形状的缝或者槽，可等效成引入阻抗匹配元件；在接地板的适当位置处开孔可改变微带天线的辐射条件和阻抗特性，这些都可能展宽频带。现常用的具有 U 形槽的宽带微带天线和 H 形微带天线都是采用类似原理。

5.8　微带天线小型化技术

天线的性能与自由空间的工作波长有着密切的关系，因此从理论上讲，天线的工作频率越低，波长越长，天线高度也必须相应地增加。从这种意义上理解，要求天线的小型化是难以实现的。也就是说，天线尺寸的减小必然导致天线某些方面性能的恶化。但是，通过改变天线的外形结构，通过加载技术、优化处理方法、添加匹配网络等均可以有效改善电小天线的电特性，且在很多情况下，也可以适当牺牲天线的某些性能来实现小型化。

5.8.1　采用特殊材料的基板

通常微带天线是半波辐射的结构，基本的工作模式是 TM_{01} 或 TM_{10} 模。对于采用薄基板的矩形微带天线，可由下式近似得出其谐振频率

$$f \approx \frac{c}{2L\sqrt{\varepsilon_\gamma}} \tag{5-95}$$

式中：c 是真空中光速；ε_γ 是基板材料的相对介电常数；L 是矩形贴片的长度。

由此可知，天线谐振频率 f 与 $\frac{1}{\sqrt{\varepsilon_\gamma}}$ 成正比，因此对于一个固定的工作频率，采用提高介电常数的方法可有效减小天线尺寸。

但是，介电常数越高天线的带宽越窄，且激励出较强的表面波，而导致天线增益和交叉极化水平的恶化，造成阵列单元间的耦合系数也随之增加，从而限制了高介电常数的应用范围。

铁氧体材料与有机高分子磁性材料均可用来减小天线尺寸，但此类型材料损耗大，增益低。高温超导材料 HTS(High Temperature Superconductor)基片以及“光电子带阵”PBG (Photonic Band - Gap)基片表面电阻极低，可有效抑制表面波，减小表面损耗，既解除了使用较厚基片的限定，同时也可提高天线增益，减小阵元互耦。

5.8.2 加载微带天线技术

近年来，加载微带天线已经成为天线研究的热点，通过各种形式的加载可有效减小天线的尺寸。对于常见的半波结构的矩形微带天线，天线中的电流在贴片两个开路端之间形成驻波，因此两个开路端之间有一条零电位线。在天线零电位线处对地短接，则可形成开路到短路的驻波结构，进而将天线的尺寸减小一半。

微带天线加载的方法主要有短路加载和电阻加载。

对于短路加载，通常有三种方法：加载短路面(shorting-wall)、加载短路片(shorting-plate)和加载短路稍钉(shorting-pin)。

使用短路贴片可使微带天线成为四分之一波长结构，将其尺寸减小一半。使用短路片或者短路探针替代短路面时，天线的本征谐振频率将大大降低，进而更大程度小型化。由短路探针加载的矩形微带贴片可以小型化至没有短路稍钉时的三分之一，这就意味着将天线尺寸缩小大约 89%也是可以实现的。对特殊形状的贴片天线，使用短路销钉小型化可以小型化 94%甚至更多。在这种情况下，零电压点与贴片边缘的距离限制了贴片的尺寸。

通过加载电阻的方法同样可以减小天线的尺寸。由于天线在谐振频率以下呈现感性，因此在同轴馈电点附近加载负载电阻时，等效于加了电容，从而使谐振频率降低，也就减少了天线的尺寸。

比较典型的加载微带天线有平面倒 F 天线和平面倒 L 天线。它们都在现今生活中有着重要的作用。

5.8.3 曲流技术

将天线的表面电流弯折，使电流路径增长，可以增加天线的等效电长度，从而使其可以对应更低的工作频率，进而达到小型化目的。曲流技术包括开槽技术和折叠贴片技术。

1. 开槽技术

开槽技术可分为贴片开槽和接地板开槽技术。

由式(5-95)可知，增大贴片等效长度可以降低天线谐振频率。对于相同频率的贴片天线而言，增大贴片等效长度也就可以实现天线的小型化。微带天线表面电流分布依赖于贴片的几何结构，在贴片表面开槽或者改变贴片边缘形状引入扰动，使表面电流沿折线绕行，从而使有效路径变长、贴片对应谐振频率降低，只要槽的位置与形状适当，便可以很有效地减小贴片的尺寸以达到小型化的目的。

图 5.14 所示是矩形微带天线的两种开槽方法。图 5.14(a)中是在贴片的非辐射边插入细缝，使天线表面电流有效弯曲，从而使固定尺寸的矩形贴片上电流路径有效长度大大增加，天线谐振频率明显下降，进而固定频率天线起到显著的小型化作用。

图 5.14(b)中是从矩形天线的两条非辐射边上切去一对三角形的槽，贴片中激励电流的路径得到有效延长。这类似于一种蝶形微带天线，在固定频率下天线尺寸有所缩小。

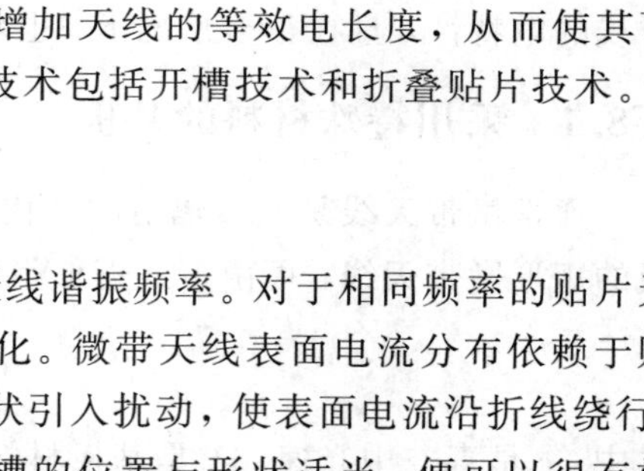

(a) (b)

图 5.14 矩形微带天线的开槽方法

接地板开槽技术是指通过在接地板上开槽而实现改变电流路径的小型化天线方法。在接地板上开槽可与贴片上的开槽曲流效果相同。天线的贴片形状不变，只在接地板上开槽，可引导贴片中的表面电流发生弯曲，从而增加电流等效路径，降低了谐振频率。同时，由于接地扳开槽引起了微带天线的 Q 值降低，天线带宽也会相应增加，但天线的方向性可能会因接地板的变化而有所变化。

2. 折叠贴片技术

通过增加表面电流的路径长度而达到缩小天线尺寸的方法，也可通过折叠贴片技术来实现，通常有倒置 U 型贴片、折叠贴片、双折叠贴片等几种方法。由于通过折叠增加电流长度，所以不会产生侧向电流，因此这种方法比在贴片开槽的方法交叉极化度更好一些。

5.9　微带天线仿真实例

5.9.1　缝隙耦合微带天线

缝隙耦合微带天线是基于耦合馈电理论的一类微带天线，其结构如图 5.15 所示。

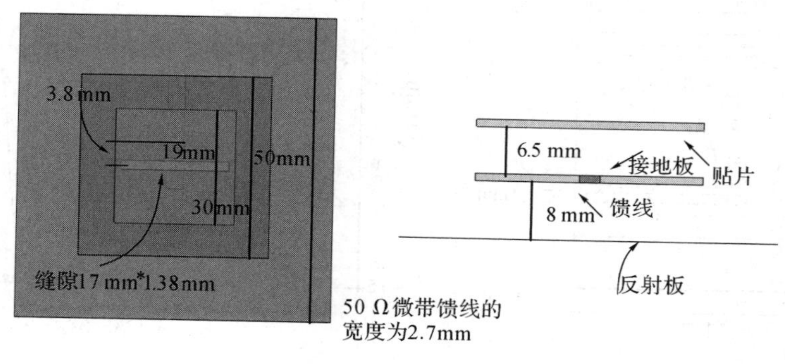

图 5.15　缝隙耦合馈电的微带天线结构

耦合馈电的理论分析在第 5 节已经给出，耦合馈电的方式可以增加带宽，反射板可以提高天线的增益，在 HFSS 中对上述模型进行仿真，天线尺寸已在图中给出，得到的天线频带内的驻波比和 4.7 GHz 时候的方向图如图 5.16 所示。

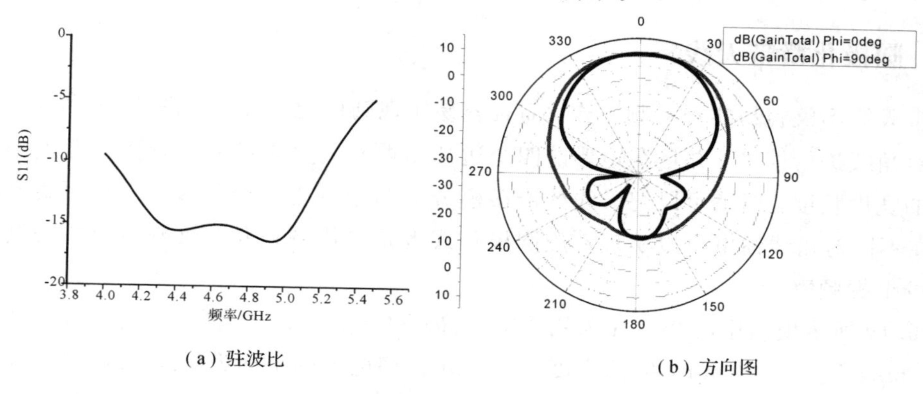

(a) 驻波比　　(b) 方向图

图 5.16　驻波比和方向图

由仿真结果可以看出，天线在 4.4～5.2 GHz 的频带范围内驻波比小于 2，相对带宽为 16.7%，比一般的微带天线带宽要宽。

5.9.2 双频微带天线

微带天线很容易实现双频工作，实现双频工作的方法有改变天线的馈电位置和在贴片上面开槽等方法。如图 5.17 所示，在辐射单元上开了两个对称的缝隙，缝隙采用弯折的方式，靠近单元的辐射边缘，这种情况下贴片可以激励出两种工作模式，即没有开槽时候的 TM_{10} 模和介于 TM_{10} 模与 TM_{20} 模之间的一种模式。两种工作模式具有相同的极化平面和辐射方向，两个谐振频率的比值介于 1.29 到 1.60 之间。

根据图中所给的模型，馈电点位于距离贴片中心 dp 的位置，缝隙的开槽宽度为 1 mm，采用同轴馈电的方式馈电，介质板用 FR4，介电常数为 4.4，高为 h，图中尺寸为 h＝1.6 mm，L＝37.3 mm，W＝24.87 mm，ls＝19 mm，dp＝2.1 mm，ds＝10 mm，仿真结果如图 5.18 所示。

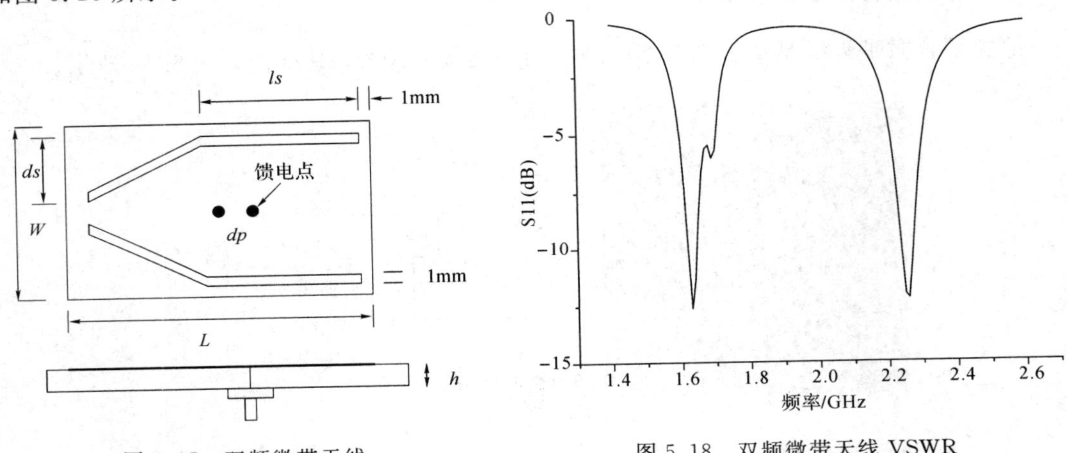

图 5.17　双频微带天线

图 5.18　双频微带天线 VSWR

由仿真结果可知，天线在 1.62～1.64 GHz 和 2.24～2.27 GHz 的频带范围内满足 S11<10 dB 的要求，实现了天线的双频工作，天线的两个谐振频率的比值 f_2/f_1＝1.38，介于 1.29～1.60，与理论相符合。

5.9.3 圆极化微带天线

微带天线不仅容易实现双频工作，而且容易实现圆极化工作。如图 5.19 所示，在矩形贴片的对角线进行馈电，并且在矩形的四个边切出两对对称的缝隙，对称位置上的开槽具有相同的宽度长度，缝隙可以把天线的谐振模分成两个垂直正交的模式，从而实现圆极化工作。在不同对角线馈电可以实现左旋圆极化或者是右旋圆极化，改变缝隙的长度可以改变天线的谐振频率。

图 5.19 所示模型中的介质片采用 FR4，高度 h＝1.6 mm，图中尺寸为 L＝30 mm，L_1＝20 mm，L_2＝18.4 mm，缝隙宽度 g＝1 mm，馈电点的坐标为(7.5 mm，7.5 mm)。下面设计了一个左旋圆极化微带天线，仿真结果如图 5.20 所示。从驻波曲线可以看出天线谐

振点在 1.84 GHz，从轴比曲线可以看出，在 f=1.84 GHz 时天线的轴比小于 3 dB，天线的主极化和交叉极化相差 15 dB 以上。

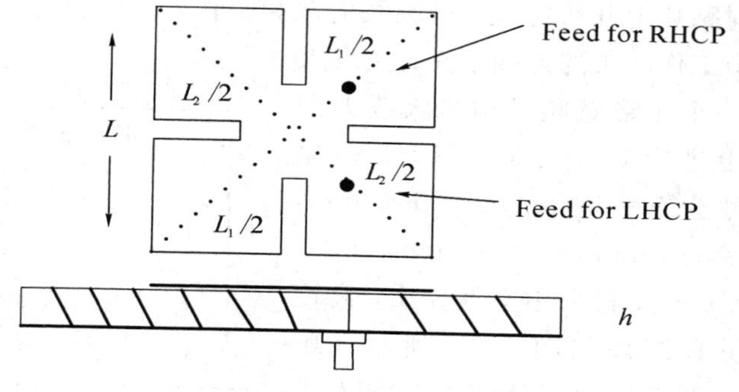

图 5.19　圆极化微带天线

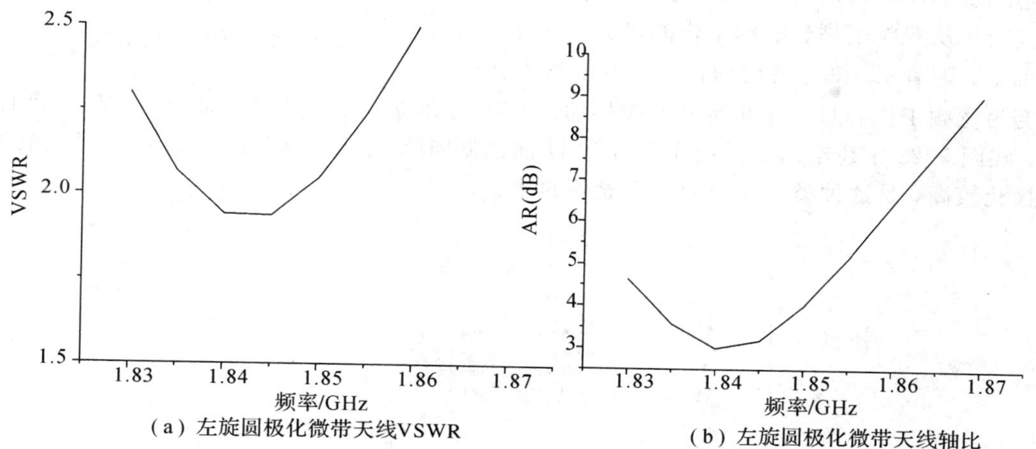

（a）左旋圆极化微带天线VSWR

（b）左旋圆极化微带天线轴比

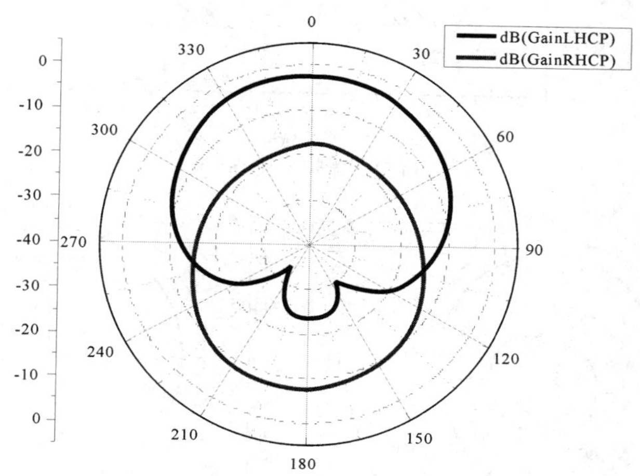

（c）左旋圆极化微带天线增益

图 5.20　左旋圆极化微带天线仿真结果

5.9.4 宽带微带天线

在微带天线辐射贴片上开槽可以实现天线的双频工作，设计的时候如果使两个谐振点接近则可以实现两个工作频带的连接，从而实现天线的宽频带工作。一个矩形宽频带微带天线如图5.21所示，在贴片上进行U型开槽，在HFSS里建模仿真，天线尺寸为$W=60$ mm，$L=110$ mm，$W_1=7.5$ mm，$W_2=4.5$ mm，$L_1=48$ mm，$L_2=12.3$ mm，$g=9$ mm；介质板采用空气介质，高度$h=12$ mm。天线仿真结果如图5.22所示，则1.70～2.25 GHz的频带范围内VSWR<2，相对带宽达到27.8%。改变开槽线间隔L_2的长度，可以看到天线从双频工作到宽频工作的过渡。由仿真结果可知，随着L_2长度的增加，天线由双频工作逐渐变为宽频工作并且工作频带向低频移动；如果L_2继续增加，则天线又恢复双频工作的特性。在图5.22中还给出了天线在E面和H面的方向图，由方向图可知此天线在H面的交叉极化较高，是这种类型天线的一个显著的缺点。

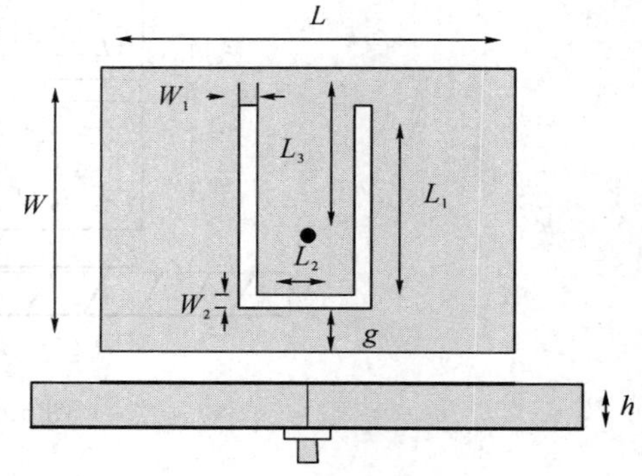

图5.21 宽带微带天线

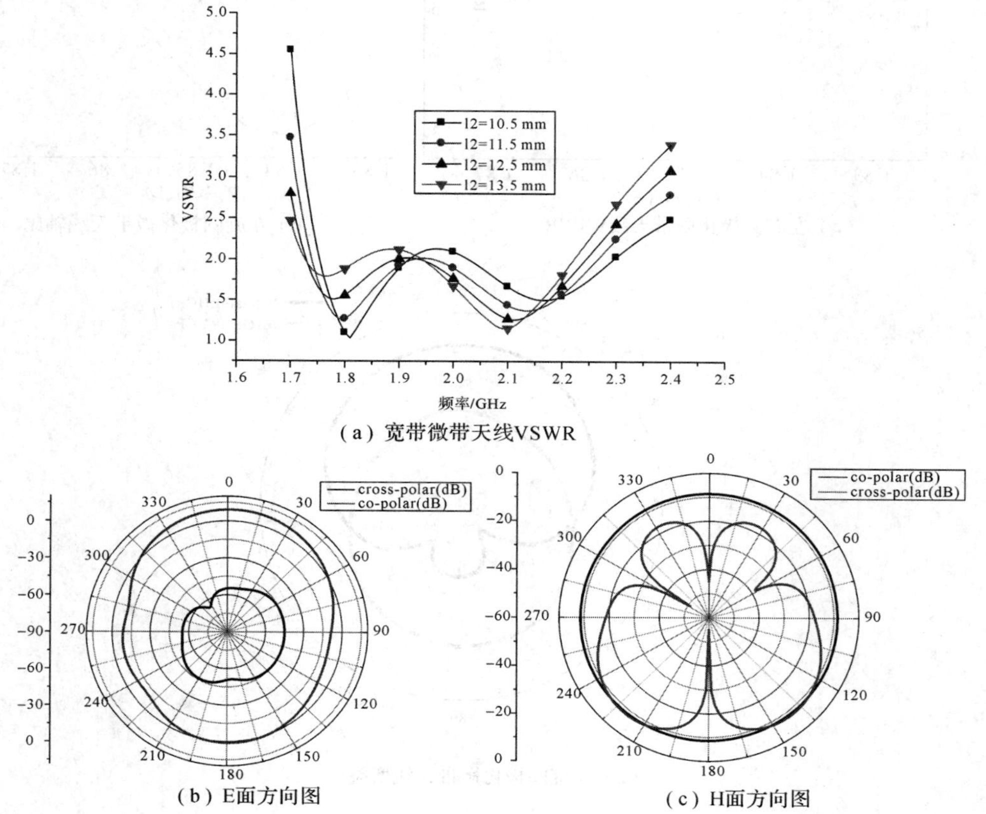

(a) 宽带微带天线VSWR

(b) E面方向图

(c) H面方向图

图5.22 宽带微带天线仿真结果

除了在贴片上开槽增加带宽的方法外，在贴片周围增加附加贴片同样可以展宽带宽，附加贴片通过和辐射贴片耦合的方式可以增加天线的谐振频点，从而展宽天线的带宽。图5.23所示为一个矩形微带天线，在辐射贴片的周围有一个直接耦合的贴片patch2和两个通过间隙耦合的贴片patch3、patch4。在辐射贴片的两边，辐射单元采用同轴馈电的方式，四个贴片可以激励出四个谐振频率，谐振频率接近时就展宽了天线的带宽。

模型尺寸为：$h=1.6$ mm，$L_1=26.6$ mm，$L_2=24.4$ mm，$L_3=26.47$ mm，$L_4=27$ mm，$W_1=16$ mm，$W_2=40$ mm，$W_3=W_4=10$ mm，$s=2$ mm，$l=2$ mm，$W=0.2$ mm，$dp=1.2$ mm。在HFSS里面建模仿真，得到天线的驻波比曲线如图5.24所示。可以看出，天线在2.65～3.05 GHz的频带范围内满足驻波比小于2的要求，相对带宽为14%，比一般的微带天线带宽要宽很多，不过附加的辐射单元会增加天线的尺寸，在实际应用中要综合考虑。

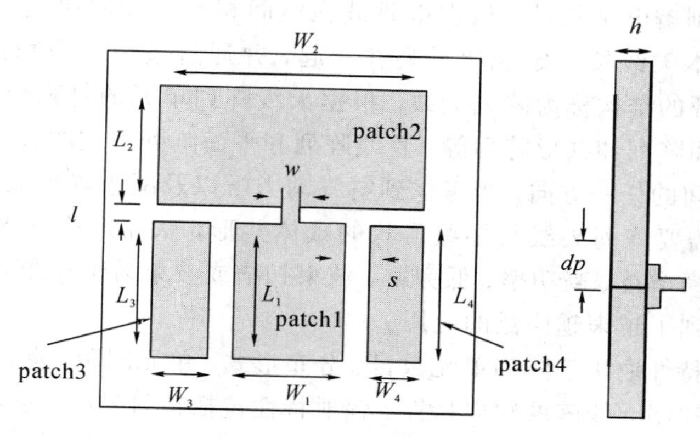

图5.23　矩形微带天线

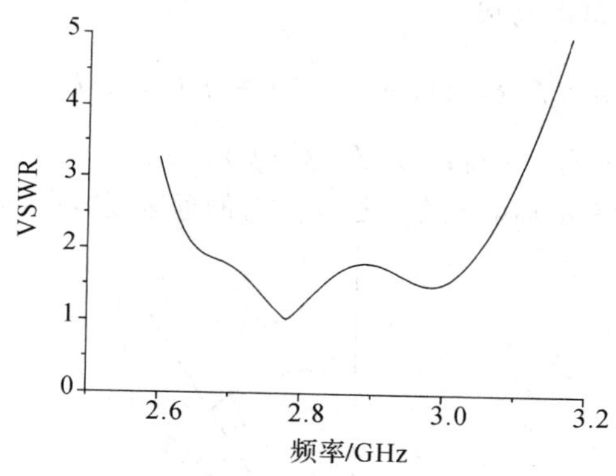

图5.24　矩形微带天线VSWR

第6章 阵列天线

6.1 阵列天线的基本概念及应用

在现代无线电系统中，为了获得较高的天线增益和较强的方向性，同时获得符合实际需求的波束宽度和副瓣电平特性，根据电磁波在空间相互干涉的原理，把具有相同结构、相同尺寸的某种基本天线按一定规律排列在一起，并通过适当的激励达到预定的辐射特性，这种多个辐射源的结构称为阵列天线。根据天线阵列单元的排列形式，阵列天线可以分为直线阵列、平面阵列和共形阵列等。直线阵列和平面阵列形式的天线常作为扫描阵列，使其主波瓣指向空间的任一方向。当考虑到空气动力学以及减小阵列天线的雷达散射截面等方面的要求时，需要阵列天线与某些形状的载体共形，从而形成非平面的共形天线阵。阵列天线由于有着高增益、高功率、低旁瓣、波束扫描或波束易于控制等优点，在雷达、通信和导航等方面得到了越来越广泛的应用。

天线阵的辐射特性取决于阵列单元数目、分布形式、单元间距、激励幅度和相位，控制这五个因素就可以控制天线阵的辐射特性。辐射特性包括辐射强度、场强、相位和极化。

如图 6.1 所示，如果在自由空间(r_i, θ_i, ϕ_i)处有辐射单元 i，则它在远区观察点(r, θ, ϕ)处产生的远区场可以写成

$$E_i(\theta, \phi)=f_i(\theta, \phi)I_i e^{j(k\boldsymbol{r}_i \cdot \hat{\boldsymbol{r}}+a_i)}=f_i(\theta, \phi)I_i e^{j(kr_i\cos\psi_i+a_i)} \tag{6-1}$$

其中，$\cos\psi_i=\hat{\boldsymbol{r}}_i \cdot \hat{\boldsymbol{r}}=\cos\theta\cos\theta_i+\sin\theta\sin\theta_i\cos(\phi-\phi_i)$。

以上各式中，$f_i(\theta, \phi)$表示辐射元在坐标原点时的远区场方向函数；$k=2\pi/\lambda$ 为相位常数；

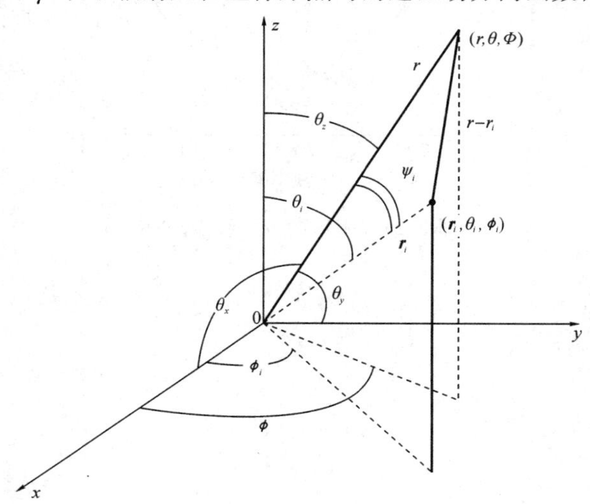

图 6.1　辐射元与坐标的关系

λ 为自由空间工作波长；I_i 和 a_i 分别为激励幅度和相位；$\hat{\boldsymbol{r}}$ 和 $\hat{\boldsymbol{r}}_i$ 分别为 $\boldsymbol{r}$ 和 $\boldsymbol{r}_i$ 的单位矢量。

对于天线阵，在远场区观察点处辐射场是各单元产生的辐射场之矢量和，即

$$\boldsymbol{E}(\theta, \phi) = \sum_i \boldsymbol{E}_i(\theta, \phi) \tag{6-2}$$

若有 n 个辐射元以相同的姿态(极化方向一致)排列构成阵列，则总的远区场可由代数和求出，为

$$\boldsymbol{E}(\theta, \phi) = \sum_{i=1}^{n} \boldsymbol{E}_i(\theta, \phi) \tag{6-3}$$

又当辐射元也全相同时，$f_i(\theta, \phi) = f(\theta, \phi)$，则上式变成

$$\boldsymbol{E}(\theta, \phi) = f(\theta, \phi) \sum_{i=1}^{n} I_i \mathrm{e}^{\mathrm{j}(k\boldsymbol{r}_i \cos\psi_i + a_i)} = f(\theta, \phi) \cdot S \tag{6-4}$$

式中

$$S = \sum_{i=1}^{n} I_i \mathrm{e}^{\mathrm{j}(k\boldsymbol{r}_i \cos\psi_i + a_i)} \tag{6-5}$$

当给定了辐射元的激励之后，阵因子 S 取决于辐射元在空间的分布。由式(6-4)或式(6-5)看出，阵列总的远区场函数等于单元在参考点(一般为坐标原点)的远区场函数与阵因子相乘，这就是方向图乘积定理。

一般来说，一个阵列的方向图是 θ 和 ϕ 的函数，在 θ 或 ϕ 为常数的平面上有主波束和若干副瓣。因此，分析阵列特性的主要任务是根据给定阵列的几何关系和激励，求出主波束方向和零点位置、波瓣宽度、副瓣位置及其电平、方向性系数以及增益等。

6.2 阵列天线的参数及特性分析

6.2.1 天线的主要参数

描述辐射能量集中程度的参数是方向性系数和增益。在辐射总功率相同的条件下，在指定方向上阵列天线的辐射功率密度 P_{rad} 与全空间的平均功率密度 P_{av} 之比，定义为方向性增益，即

$$G(\theta, \phi) = \frac{P_{\mathrm{rad}}}{P_{\mathrm{av}}} = \frac{|E(\theta, \phi)|^2/2\eta}{W_{\mathrm{rad}}/4\pi} = \frac{4\pi\, |E(\theta, \phi)|^2}{\int_0^{2\pi}\int_0^{\pi} |E(\theta, \phi)|^2 \sin\theta \mathrm{d}\theta \mathrm{d}\phi} \tag{6-6}$$

一般将方向性增益最大值，即最大方向上的方向性增益称为阵列的方向性系数，用字母 D 表示。若 (θ_0, ϕ_0) 表示波束最大值方向，则

$$D = G(\theta_0, \phi_0) = \frac{4\pi\, |E(\theta_0, \phi_0)|^2}{\int_0^{2\pi}\int_0^{\pi} |E(\theta, \phi)|^2 \sin\theta \mathrm{d}\theta \mathrm{d}\phi} \tag{6-7}$$

6.2.2 天线阵的分析

1. 均匀线阵的分析

相邻辐射元之间距离相等，所有辐射元的激励幅度相同，相邻辐射元的激励相位恒定的线阵就是均匀线阵，如图 6.2 所示。

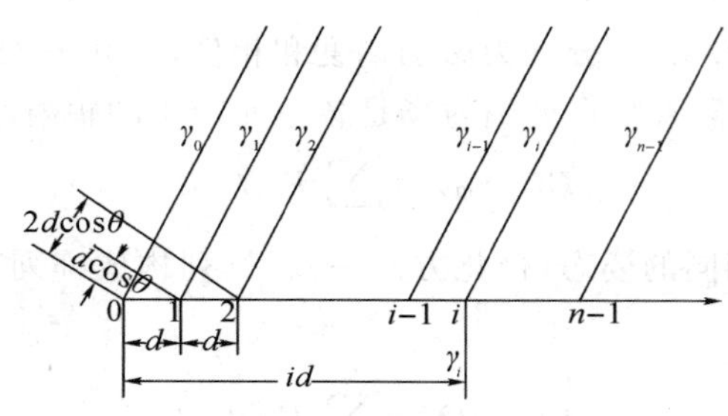

图 6.2　均匀线阵

1）均匀线阵方向图

若 n 个辐射元均匀分布在 z 轴上，这时单元的位置坐标为

$$z_i=i\cdot d,\quad i=0,1,2,\cdots,n-1 \tag{6-8}$$

其中，第一个单元位于坐标原点，d 代表相邻单元的间距；第 i 个单元的激励相位为

$$\alpha_i=-kd\cos\theta_0 \tag{6-9}$$

式中，θ_0 决定着阵因子最大值方向。这样可得

$$S=\sum_{i=0}^{n-1}I_i\mathrm{e}^{\mathrm{j}kd(\cos\theta-\cos\theta_0)} \tag{6-10}$$

对于等幅阵列，可令 $I_i=1$，于是上式变成

$$S=\sum_{i=0}^{n-1}\mathrm{e}^{\mathrm{j}kd(\cos\theta-\cos\theta_0)} \tag{6-11}$$

令 $u=kd(\cos\theta-\cos\theta_0)$，则

$$S=\sum_{i=0}^{n-1}\mathrm{e}^{\mathrm{j}iu}=\frac{1-\mathrm{e}^{\mathrm{j}nu}}{1-\mathrm{e}^{\mathrm{j}u}}=\mathrm{e}^{\mathrm{j}(n-1)u/2}\,\frac{\mathrm{e}^{-\mathrm{j}nu/2}-\mathrm{e}^{\mathrm{j}nu/2}}{\mathrm{e}^{-\mathrm{j}u/2}-\mathrm{e}^{\mathrm{j}u/2}}=\mathrm{e}^{\mathrm{j}(n-1)u/2}\,\frac{\sin(nu/2)}{\sin(u/2)} \tag{6-12}$$

$$|S|=\left|\frac{\sin(nu/2)}{\sin(u/2)}\right|=\left|\frac{\sin\left[\dfrac{n}{2}kd(\cos\theta-\cos\theta_0)\right]}{\sin\left[\dfrac{1}{2}kd(\cos\theta-\cos\theta_0)\right]}\right| \tag{6-13}$$

从数学上看，阵因子在 $-\infty\leqslant u\leqslant+\infty$ 整个范围内是 u 的周期函数，而在实际中，由于 $|\cos\theta|\leqslant1$，与实际观察角 $\theta=0\sim\pi$ 相对应的可见范围取决于 d 和 θ_0。即 $d=\lambda/2$ 时，u 的可见范围为 2π；$d=\lambda/4$ 时，u 的可见范围为 π。对于边射阵（$\theta_0=\pi/2$），θ 从 0 到 π 变化时，u 的变化范围为 $kd\sim-kd$；对于端射阵（$\theta_0=0$），u 的变化范围则是 $0\sim2kd$。

2）主波瓣

由式(6-12)可知，在 $u=0,\pm2\pi,\pm4\pi,\cdots$ 处出现最大值。我们把包括 $u=0$ 的最大波瓣叫做主瓣，最大值可由式(6-13)取极限求得：

$$|S_{\max}|=|S_0|=\lim_{u\to0}\left|\frac{\sin(nu/2)}{\sin(u/2)}\right|=n \tag{6-14}$$

其余包括 $u=\pm2\pi,\pm4\pi,\cdots$ 的最大波瓣叫做栅瓣。通常要求只有一个主瓣，不允许出现栅瓣。原则上避免栅瓣比较容易，只需满足变量 u 在可见区域内小于 $\pm2\pi$ 即可，即

$$|kd(\cos\theta-\cos\theta_0)|<2\pi \tag{6-15}$$

$$\frac{d}{\lambda}<\frac{1}{|\cos\theta-\cos\theta_0|} \tag{6-16}$$

上式分母$|\cos\theta-\cos\theta_0|$最大值为$1+|\cos\theta_0|$，因此要消除栅瓣，最大间距应满足

$$d_{\mathrm{m}}<\frac{\lambda}{1+|\cos\theta_0|} \tag{6-17}$$

3）零点位置

令式(6-12)的分子为零，即$\sin(nu/2)=0$，$nu/2=m\pi$，可得出零点位置：

$$u_m=kd(\cos\theta_m-\cos\theta_0)=\frac{2\pi m}{n} \tag{6-18}$$

或者

$$\cos\theta_m-\cos\theta_0=\frac{m\lambda}{nd},\ m=\pm1,\ \pm2,\ \cdots \tag{6-19}$$

对于边射阵($\theta_0=\pi/2$)，$m=1$给出紧挨着主瓣一侧的第一个零值点，有

$$\cos\theta_1=\frac{\lambda}{nd} \tag{6-20}$$

对于端射阵($\theta_0=0$)，$m=1$给出紧挨着主瓣一侧的第一个零值点，有

$$\cos\theta_1=1+\frac{\lambda}{nd} \tag{6-21}$$

一旦给出辐射元数目n以及以波长表示的单元间距d，就能准确计算出θ_1角。

4）波瓣宽度

在工程上常提出半功率点波瓣宽度的要求，有时也采用第一零值点波瓣宽度指标。对于边射阵，第一零点波瓣宽度为

$$\theta_{0b}=2\left(\frac{\pi}{2}-\theta_1\right)(\mathrm{rad}) \tag{6-22}$$

当$nd\gg\lambda$时，θ非常接近$\pi/2$，这时

$$\cos\theta_1=\sin\left(\frac{\pi}{2}-\theta_1\right)\approx\frac{\pi}{2}-\theta_1=\frac{\lambda}{nd} \tag{6-23}$$

于是

$$\theta_{0b}\approx\frac{2\lambda}{nd}(\mathrm{rad})=114.6\,\frac{\lambda}{nd}(^\circ) \tag{6-24}$$

端射阵第一零点波瓣宽度近似为

$$\theta_{0e}\approx2\theta_1(\mathrm{rad}) \tag{6-25}$$

当$nd\gg\lambda$时，θ_1非常接近于0，这时

$$\cos\theta_1\approx1-\frac{\theta_1^2}{2}\approx1-\frac{\lambda}{nd} \tag{6-26}$$

所以

$$\theta_{0e}=2\theta_1\approx2\sqrt{\frac{2\lambda}{nd}}(\mathrm{rad}) \tag{6-27}$$

因为半功率点对应的场强是最大场强值的0.707倍，根据阵因子可以确定半功率点波瓣宽度。利用式(6-12)有

$$\frac{\sin(nu/2)}{\sin(u/2)}=0.707n \tag{6-28}$$

要满足上式，$nu/2=\pm1.392(\mathrm{rad})$，即

$$\cos\theta-\cos\theta_0=\pm\frac{1.392\lambda}{n\pi d}=\pm0.443\,\frac{\lambda}{nd} \tag{6-29}$$

当 $nd \gg \lambda$ 时，边射阵半功率点波瓣宽度近似为

$$\theta_{hb} \approx 0.886\frac{\lambda}{nd}(\mathrm{rad}) = 51\frac{\lambda}{nd}(°) \tag{6-30}$$

端射阵半功率点波瓣宽度近似为

$$\theta_{hb} \approx 2\sqrt{0.886\frac{\lambda}{nd}}(\mathrm{rad}) \tag{6-31}$$

由式(6－30)和式(6－31)可以看出，一个较大的边射阵的波瓣宽度近似地与阵列总尺寸成反比，而端射阵的波瓣宽度近似地与阵列总尺寸平方根成反比。天线尺寸相同时，边射阵的波瓣宽度始终比端射阵的波瓣宽度窄。

5）副瓣位置和电平

式(6－13)对 u 求导数，令其等于零可求出副瓣位置：

$$\frac{\mathrm{d}|S|}{\mathrm{d}u} = \frac{\frac{n}{2}\cos\frac{nu}{2}\sin\frac{u}{2} - \frac{1}{2}\sin\frac{nu}{2}\cos\frac{u}{2}}{\sin^2\frac{u}{2}} = 0 \tag{6-32}$$

或者

$$n\tan\frac{n}{2} = \tan\frac{nu}{2} \tag{6-33}$$

应除去 $u=0$ 的解，因为它是主瓣的位置。当 n 很大时，可把相邻零点之间的中心点当作副瓣最大值的位置。这时由式(6－33)得

$$u_l = \pm\frac{2\pi}{n}\left(\frac{1+2l}{2}\right),\ l=1,\ 2,\ \cdots \tag{6-34}$$

或写成

$$\cos\theta_l - \cos\theta_0 = \pm\frac{\lambda}{nd}\left(\frac{1+2l}{2}\right) \tag{6-35}$$

式(6－35)表明，副瓣位置 d 与 θ_0 和 l 有关。通常紧挨着主瓣的头两个副瓣比较大，是应当注意的副瓣，它们分别位于

$$u_1 = \pm\frac{3\pi}{n},\ u_2 = \pm\frac{5\pi}{n} \tag{6-36}$$

电平分别为

$$|S_1| = |S(u_1)| = \left|\frac{1}{\sin(3\pi/2n)}\right| \approx \frac{2n}{3\pi} \tag{6-37}$$

$$|S_2| = |S(u_2)| = \left|\frac{1}{\sin(5\pi/2n)}\right| \approx \frac{2n}{5\pi} \tag{6-38}$$

$|S_1|$ 和 $|S_2|$ 相对主瓣最大值 $S(0)=n$ 的数值分别为

$$\frac{|S_1|}{S(0)} \approx \frac{2}{3\pi} = 0.212\text{ 或 } -13.5\ \mathrm{dB} \tag{6-39}$$

$$\frac{|S_2|}{S(0)} \approx \frac{2}{5\pi} = 0.127\text{ 或 } -17.9\ \mathrm{dB} \tag{6-40}$$

均匀线阵第一副瓣最大，仅比主瓣最大值小 13.5 dB。由式(6－39)可见，阵因子在 u_1 点的数值大于阵列中一个单元的辐射强度，而副瓣电平随着远离主瓣而递减。

2. 矩形平面阵列的分析

图6.3所示的xy平面上的阵列，沿x轴的各列是由n_x个单元在x方向以等间距d_x排列成的线阵，n_y个这样的线阵在y方向上以相间d_y平行排列成矩形面阵。该阵列也可看成是由在四个顶点上放有辐射元的许多矩形网络组成的矩形平面阵。

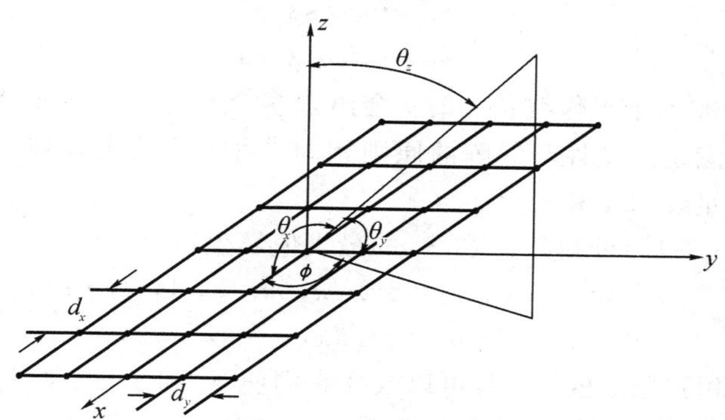

图6.3　矩形平面阵列

令$n_x \times n_y = (2M+1)\times(2N+1)$个单元都为各向同性的辐射元，其中$n_x=(2M+1)$个单元沿$x$轴以等间距$d_x$、等相位差$a_x$排列，若坐标原点取在阵列中心单元上，则容易写出$x$坐标轴上的一系列线阵的阵因子：

$$S_{x0} = \sum_{m=-M}^{M} I_{m0}\,\mathrm{e}^{\mathrm{j}m(kd_x\cos\theta_x + a_x)} = \sum_{m=-M}^{M} I_{m0}\,\mathrm{e}^{\mathrm{j}m(kd_x\sin\theta\cos\phi + a_x)} \tag{6-41}$$

以具有S_{x_0}方向图函数的线阵为新的$n_y=(2N+1)$个单元，沿y轴以等间距d_x、等相位差a_y排列成新的线阵，便构成了矩形平面阵，阵因子为

$$S_{xy} = S_{x_0}\sum_{m=-N}^{N} I_{0n}\,\mathrm{e}^{\mathrm{j}n(kd_y\cos\theta_y + a_y)} = S_{x0}\sum_{m=-N}^{N} I_{0n}\,\mathrm{e}^{\mathrm{j}n(kd_y\sin\theta\sin\phi + a_y)} = S_{x_0}S_{y_0} \tag{6-42}$$

其中

$$S_{y_0} = \sum_{m=-N}^{N} I_{0n}\,\mathrm{e}^{\mathrm{j}n(kd_y\cos\theta_y + a_y)} = \sum_{m=-N}^{N} I_{0n}\,\mathrm{e}^{\mathrm{j}n(kd_y\sin\theta\sin\phi + a_y)} \tag{6-43}$$

各单元总的激励幅度$I_m = I_{m0}/I_{00}$，$I_n = I_{0n}/I_{00}$，这时，式(6-41)、式(6-42)和式(6-43)分别变成

$$S_x = \sum_{m=-M}^{M} I_m\,\mathrm{e}^{\mathrm{j}m(kd_x\sin\theta\cos\phi + a_x)} \tag{6-44}$$

$$S_y = \sum_{n=-N}^{N} I_m\,\mathrm{e}^{\mathrm{j}n(kd_y\sin\theta\sin\phi + a_y)} \tag{6-45}$$

$$S = S_xS_y = \sum_{m=-M}^{M}\sum_{n=-N}^{N} I_mI_n\,\mathrm{e}^{\mathrm{j}[k\sin\theta(md_x\cos\phi + nd_y\sin\phi) + a_{mn}]} \tag{6-46}$$

I_mI_n和$a_{mn}=ma_x+na_y$分别为第(m,n)单元总的激励幅度和相位，中心单元为(0，0)，激励幅度$I_0I_0=1$。也就是说，面阵各单元激励幅度是对中心单元幅度归一的。式(6-46)表明，矩形阵列因子等于沿x轴和y轴的两个线阵阵因子的乘积。因此，线阵的分析方法也适用于矩形平面阵列。

单位幅度激励的均匀矩形阵，阵因子可通过式(6-44)、式(6-45)和式(6-46)求得：

$$S_u=\frac{\sin\left(\frac{n_x}{2}u_x\right)}{\sin\left(\frac{u_x}{2}\right)}\cdot\frac{\sin\left(\frac{n_y}{2}u_y\right)}{\sin\left(\frac{u_y}{2}\right)} \tag{6-47}$$

式中

$$u_x=kd_x\sin\theta\cos\phi+a_x \tag{6-48}$$

$$u_y=kd_y\sin\theta\cos\phi+a_y \tag{6-49}$$

当单元间距大于或等于工作波长 λ 时，会出现多个幅值相等的最大值。要使矩形平面阵避免出现栅瓣，应满足的条件与线阵的原则相同。对于单波束阵列，在 xz 和 yz 面内避免栅瓣，必须分别满足 $d_x<\lambda$ 和 $d_y<\lambda$。

由式(6-44)和(6-45)可知，S_x 和 S_y 的最大值发生在

$$kd_x\sin\theta\cos\phi+a_x=\pm 2m\pi,\ m=0,\ 1,\ 2,\ \cdots \tag{6-50}$$

$$kd_y\sin\theta\sin\phi+a_y=\pm 2n\pi,\ n=0,\ 1,\ 2,\ \cdots \tag{6-51}$$

相位 α_x 和 α_y 是相互独立的，而且可以改变它们使 S_x 和 S_y 最大值指向不同方向，形成几个不同的波束，这是机载导航雷达天线常采用的方案之一。然而，实践中更常见的是单射束，即 S_x 和 S_y 的最大值指向同一个方向，比如指向 $\theta=\theta_0$，$\phi=\phi_0$。这时等相位差 α_x 和 α_y 应等于

$$a_x=-kd_x\sin\theta_0\cos\phi_0 \tag{6-52}$$

$$a_y=-kd_y\sin\theta_0\sin\phi_0 \tag{6-53}$$

两式联立，求解得

$$\tan\phi_0=\frac{a_yd_x}{a_xd_y} \tag{6-54}$$

$$\sin^2\theta_0=\left(\frac{a_x}{kd_x}\right)^2+\left(\frac{a_y}{kd_y}\right)^2 \tag{6-55}$$

把式(6-52)和式(6-53)代入式(6-50)和式(6-51)得

$$\sin\theta\cos\phi-\sin\theta_0\cos\phi_0=\pm\frac{m\lambda}{d_x},\ m=0,\ 1,\ 2,\ \cdots \tag{6-56}$$

$$\sin\theta\sin\phi-\sin\theta_0\sin\phi_0=\pm\frac{n\lambda}{d_y},\ n=0,\ 1,\ 2,\ \cdots \tag{6-57}$$

两式联立，可得

$$\phi=\arctan\left[\frac{\sin\theta_0\sin\phi_0\pm n\lambda/d_y}{\sin\theta_0\cos\phi_0\pm m\lambda/d_x}\right] \tag{6-58}$$

$$\theta=\arcsin\left[\frac{\sin\theta_0\cos\phi_0\pm m\lambda/d_x}{\cos\phi}\right]=\arcsin\left[\frac{\sin\theta_0\sin\phi_0\pm n\lambda/d_y}{\sin\phi}\right] \tag{6-59}$$

对于单波束阵列，式(6-56)～式(6-59)中 $m=n=0$ 对应主波瓣，其余与各栅瓣相对应。因为 $\sin\theta=\sin(\pi-\theta)$，所以除了端射阵以外，对于任一 ϕ 为常数的垂直面上的 S_x 和 S_y，一般都是双向的，阵列面两侧各一个，通常选用只向半空间辐射的天线作为阵列单元，或者采用接地反射板消除阵列面一侧的辐射。

6.3 直线阵列天线

由多个互相分离、其中心排列在一条直线上的单元构成的天线阵称为直线阵。均匀直

线阵是指所有天线单元结构相同、相邻单元之间的间距相等、各单元的激励幅度相等而激励相位依次等量递增的直线阵。图 6.4 所示为 N 个相同天线单元共轴排列所组成的直线阵，阵列中相邻单元的间距均为 d，设第 n 个单元的激励电流为 $I_n e^{j\beta_n}$，通过将每个阵列单元与一个移相器相连接，使电流相位依次滞后 α，将单元 0 的相位作为参考相位，则 $\beta_n = n\alpha$。由几何关系可知，当波束扫描角为 θ 时，各相邻单元因空间波程差所引起的相位差为 $kd\sin(\theta)$，所以在 θ 方向上第 n 个单元领先天线单元 0 总的相位为

$$\psi_n = n\phi = n(kd\sin(\theta) + \alpha) \tag{6-60}$$

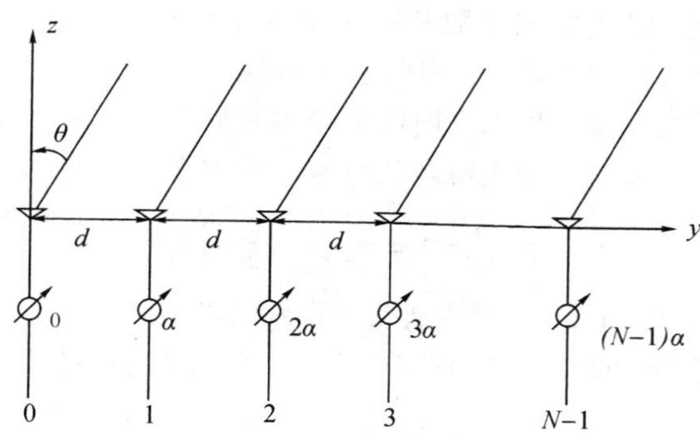

图 6.4　均匀直线阵示意图

根据叠加定理，在观测点处的场强 $\overline{\boldsymbol{E}}$ 为各单元辐射场的矢量和，即

$$\overline{\boldsymbol{E}} = \sum_{n=0}^{N-1} f_n(\theta_n, \phi_n)\ I_n e^{j\psi_n}\ (\overline{\boldsymbol{\theta}}, \overline{\boldsymbol{\phi}}) \tag{6-61}$$

式中，$f_n(\theta, \phi)$为阵列单元的方向图函数，在不考虑阵中各单元间互耦的情况下，$f_n(\theta, \phi)$就是单个天线单元的方向图函数。当阵列单元相同时，$f_n(\theta, \phi) = f(\theta, \phi)$，对于均匀直线阵有 $I_n = I_0$，上式可化为

$$\overline{\boldsymbol{E}} = f(\theta, \phi) \times \overline{\boldsymbol{S}}(\theta, \phi) \tag{6-62}$$

其中

$$\overline{\boldsymbol{S}}(\theta, \phi) = \left| \sum_{n=0}^{N-1} I_0 \exp[jn(kd\sin(\theta) + \alpha)] \right| (\overline{\boldsymbol{\theta}}, \overline{\boldsymbol{\phi}}) \tag{6-63}$$

式(6-62)为方向图乘积原理，即阵列天线的方向图函数等于阵列单元方向图函数与阵列因子的乘积。$S(\theta, \phi)$称为阵列因子方向图函数，它和单元数目、间距、激励幅度和相位有关。当阵元数目足够多时，阵列因子主要决定天线阵的总场方向图的主瓣和靠近主瓣的少数几个旁瓣。根据欧拉公式，式(6-63)可化为

$$S(\theta,\phi) = I_0 \left| \frac{1 - e^{jN\phi}}{1 - e^{j\phi}} \right| = I_0 \frac{\sin\dfrac{N\phi}{2}}{\sin\dfrac{\phi}{2}} \tag{6-64}$$

通常要求天线阵方向图只有一个其最大值发生在 $\phi = 0$ 的主瓣，设天线阵最大辐射方向为 θ_M，由式(6-60)可得

$$\sin(\theta_M) = -\frac{\alpha}{kd} \tag{6-65}$$

从上式可以看出，相邻单元之间的激励相位差和单元间距决定了主波束的辐射方向，

正如前面所述，通过利用移相器调整 α 能够独立控制各单元的激励相位，从而实现波束扫描。当 $\theta_M=90°$时，阵列的最大辐射方向垂直于阵列轴线方向，阵列称为边射阵；当 $\theta=0°$或 $\theta=180°$时，阵列的最大辐射方向位于阵列轴线方向，阵列称为端射阵。

随着阵列天线最大辐射方向的变化，天线的辐射性能也会有所改变。因此，我们需要对增益、波束宽度、栅瓣和副瓣电平等描述天线辐射性能的重要参数进行讨论。

6.3.1 增益

天线的增益 G 是把天线的方向系数和辐射效率结合起来，用一个数字表征天线辐射能量集中程度和能量转换效率的总效益。方向系数 D 定义为在总辐射功率相同的情况下，天线最大辐射方向的辐射强度与理想无方向性天线辐射强度的比值。天线的辐射效率 η_A 定义为天线所辐射的总功率与天线从馈线得到的净输入功率之比，即

$$\eta_A=\frac{P_r}{P_{in}}=\frac{P_r}{P_r+P_L}=\frac{R_r}{R_r+R_L} \tag{6-66}$$

其中，P_r 是天线的辐射功率；P_{in}是天线从馈线得到的净输入功率；P_L 是天线的损耗功率；R_r 是辐射电阻；R_L 是损耗电阻。一般而言，天线的损耗主要包括天线本身的介质损耗、导体损耗以及表面波损耗。

天线的增益 G 等于方向系数乘以天线的辐射效率，即

$$G=D\cdot\eta_A \tag{6-67}$$

雷达天线大都采用大口径、高方向性的天线，假设天线的工作波长为 λ，口径面积为 A 的均匀激励无损耗天线口径在法线方向的增益为

$$G_0=4\pi\left(\frac{A}{\lambda^2}\right) \tag{6-68}$$

为了降低天线的副瓣电平，口径电流分布必须采用递减加权，这时天线的增益为

$$G_1=\frac{4\pi A}{\lambda^2}\zeta \tag{6-69}$$

其中，ζ 为口径利用系数，天线的口径面积与口径利用系数的乘积 $A_e=A\cdot\zeta$ 可解释为天线的有效口径，即一个从接收天线最大响应方向入射的均匀平面波照射到天线口径上，接收天线截获的能量正比于天线的有效口径面积。如果接收口径匹配，扫描时的口径增益可由下式计算：

$$G(\theta)=4\pi\frac{A\cos(\theta)}{\lambda^2} \tag{6-70}$$

由上式可知，天线增益随着扫描角的增大而减小，并且正比于扫描角的余弦值。

6.3.2 波束宽度

工程上天线波瓣宽度通常用半功率波束宽度表示。所谓半功率波束宽度，是指主瓣最大值两侧当功率通量密度下降到最大值的一半时的两个方向之间的夹角。当阵列天线不扫描($\theta=0°$)时，半功率波束宽度为

$$BW_h=2\arcsin\left(\frac{2.784\lambda}{N\pi d}\right)=2\arcsin\left(\frac{0.886\lambda}{Nd}\right)\ (\text{rad}) \tag{6-71}$$

当 Nd 远大于波长 λ 时，有

$$BW_h \approx \frac{0.886\lambda}{Nd}(\text{rad}) = 50.77\ \frac{\lambda}{Nd}(°) \tag{6-72}$$

因为线阵长度 $L=(N-1)d\approx Nd$，所以边射阵的波束宽度与阵列长度 L 成反比。

由于电扫描是通过改变馈电的相位或频率来实现波束扫描的，因此在扫描过程中天线的辐射特性会有所变化，如方向图的主瓣宽度和主瓣最大值的指向与扫描角有关。当扫描角为 θ 时，半功率波束宽度为

$$BW_h = \arccos\left(\cos(\theta) - 0.443\ \frac{\lambda}{Nd}\right) - \arccos\left(\cos(\theta) + 0.443\ \frac{\lambda}{Nd}\right) \tag{6-73}$$

上式可近似为

$$BW_h \approx \frac{0.886\lambda}{Nd\cos(\theta)}(\text{rad}) \approx 50.77\ \frac{\lambda}{Nd\cos(\theta)}(°) \tag{6-74}$$

可见，扫描天线的波束宽度随着扫描角的变大而变大，且与扫描角的余弦值成反比。

6.3.3　栅瓣

单元间距是影响阵列辐射性能的重要参数。当单元间距 d 过小时，单元之间的耦合严重，有大量的辐射能量储存在阵面附近的感应场区；而当单元间距过大时，在相扫天线的可见区内会出现较高电平的有害栅瓣，栅瓣导致阵列的增益降低，使阵列与馈电网络之间失配，严重时将产生盲向。

ϕ 可见区的大小是由单元间距 d 决定的，当单元间距过大时，方向图有多个最大值相同的大波瓣，它们的最大值发生在 $\phi=2m\pi$，最大值发生在 $\phi=0$ 的大波瓣称为方向图主瓣，最大值发生在其他 ϕ 的大波瓣称为方向图栅瓣。设激励电流的相位函数为 $\alpha=-kd\sin(\theta_0)$，要抑制方向图出现栅瓣，应使 ϕ 可见区 $[-kd+\beta,\ kd+\beta]$ 不包括 $\phi=\pm 2\pi$，即

$$|kd(\sin(\theta)-\sin(\theta_0))| < 2\pi \tag{6-75}$$

因此，在直线相控阵天线中，波束扫描时不出现栅瓣的最大间距 d_m 应满足以下条件：

$$d_m \leqslant \frac{\lambda}{1+\sin(\theta_0)} \tag{6-76}$$

式中，θ_0 为相对于边射指向的最大扫描角。

6.3.4　副瓣电平

副瓣电平是指主瓣旁边第一个副瓣最大值小于主瓣最大值的分贝数。将直线阵列的方向图函数归一化后为

$$F(\theta) = \frac{|E(\theta)|}{|E(\theta)|_{\max}} = \left|\frac{1}{N}\frac{\sin\dfrac{N\phi}{2}}{\sin\dfrac{\phi}{2}}\right| = \left|\frac{1}{N}\frac{\sin\left[\dfrac{N}{2}(kd\sin\theta+\alpha)\right]}{\sin\left[\dfrac{1}{2}(kd\sin\theta+\alpha)\right]}\right| \tag{6-77}$$

可以近似认为各副瓣最大值发生在 $|\sin(N\phi/2)|=1$ 处，即

$$(kd\sin\theta - kd\sin\theta_0) = \frac{2m+1}{N}\pi,\quad m=\pm 1,\ \pm 2,\ \cdots \tag{6-78}$$

由式(6-77)可知，阵列方向图的第 m 个副瓣的位置为

$$\theta_m \approx \arcsin\left[\frac{\lambda}{d}\frac{(2m+1)}{2N} + \sin(\theta_0)\right] \tag{6-79}$$

第 m 个副瓣的最大值为

$$|f(\theta_m)| \approx \frac{1}{\sin\left[\frac{(2m+1)\pi}{2N}\right]}, \quad m \geqslant 1 \tag{6-80}$$

对于均匀直线阵，各副瓣电平为

$$\zeta_m \approx \frac{1}{N\sin\left[\frac{(2m+1)\pi}{2N}\right]} \tag{6-81}$$

当 $m=1$ 时，可算出均匀直线阵的第一副瓣电平为 -13.5 dB，从中可知均匀直线阵的副瓣电平较高，采用均匀直线阵形式的波导缝隙阵难以实现低副瓣甚至超低副瓣。为了获得低副瓣，天线口径上的电流分布要按边缘递减方式进行加权，副瓣电平越低，口径边缘的电流分布值就越低。此处，口径激励幅度采用泰勒分布。

6.4 平面阵列天线

由若干个天线单元组成的直线阵，由于各单元的辐射场在垂直于阵直线的平面内没有随方向变化的波程差，无法改善阵列方向图在该平面的方向性，所以为了得到单向笔形波束和增强方向性，我们需要对平面阵列进行研究。

图 6.5 所示为矩形平面阵列天线，其单元按矩形栅格排列在 xy 平面上。沿 x 方向上有 $2N_x+1$ 行单元，行间距为 d_x；在沿 y 方向上有 $2N_y+1$ 列单元，列间距为 d_y；第(m, n)单元的位置为(md_x, nd_y)，$-N_x \leqslant m \leqslant N_x$，$-N_y \leqslant n \leqslant N_y$。若电流用 I_{mn} 表示，则上述平面阵的阵因子可以写为

$$S(\theta, \phi) = \sum_{m=-N_x}^{N_x}\sum_{n=-N_y}^{N_y}\left(\frac{I_{mn}}{I_{00}}\right)\exp[\mathrm{j}k\sin\theta(md_x\cos\phi + nd_y\sin\phi)] \tag{6-82}$$

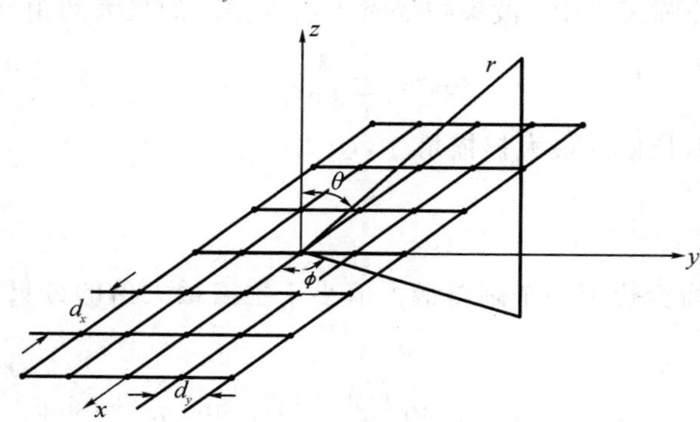

图 6.5 平面阵列示意图

如果每行的电流分布相同，即 $I_{mn}/I_{m0}=I_{0n}/I_{00}$，则这种电流分布称为可分离型分布，此时阵因子可表示为

$$S(\theta, \phi) = S_x(\theta, \phi) \cdot S_y(\theta, \phi) \tag{6-83}$$

其中

$$S_x(\theta, \phi) = \sum_{m=-N_x}^{N_x} I_m \exp(\mathrm{j}mkd_x\sin\theta\cos\phi) \tag{6-84}$$

$$S_y(\theta,\phi)=\sum_{n=-N_y}^{N_y} I_n\exp(\mathrm{j}nkd_y\sin\theta\sin\phi) \tag{6-85}$$

式(6-84)和式(6-85)可以分别看成是与 x 轴和 y 轴平行的两个线阵的阵因子，因此在口径分布为可分离型分布的前提下，矩形栅格阵的阵因子为沿 x 轴和沿 y 轴排列的两个线阵阵因子的乘积，即天线方向图乘积原理。所以，可以利用线阵方向性分析的结果来分析平面阵。

如果我们研究两个主平面的方向图特性，由于在 $\phi=0°$ 平面，$S_y(\theta,0)$ 等于常数，所以在此平面内的方向图特性就取决于 $S_x(\theta,0)$；在 $\phi=90°$ 平面，$S_x(\theta,90)$ 等于常数，所以在此平面内的方向图特性就取决于 $S_y(\theta,90)$。因此，可将线阵中分析的主瓣宽度、方向性系数、零点栅瓣等应用于平面阵。

若相位在 x 方向和 y 方向上均匀递变，则电流 I_{mn} 和 I_{00} 的相位差为 $(m\alpha_x+n\alpha_y)$，阵因子又可写为

$$S(\theta,\phi)=\left[\sum_{-N_x}^{N_x} I_m\exp\{\mathrm{j}m(kd_x\sin\theta\cos\phi-\alpha_x)\}\right]\times\left[\sum_{-N_y}^{N_y} I_n\exp\{\mathrm{j}n(kd_y\sin\theta\sin\phi-\alpha_y)\}\right] \tag{6-86}$$

式中，α_x 和 α_y 分别为 x 方向和 y 方向的单元间相移，由上式可知 S_x 和 S_y 的最大值发生在

$$kd_x\sin\theta\cos\phi-\alpha_x=\pm 2m\pi,\ m=0,1,2,\cdots \tag{6-87}$$

$$kd_y\sin\theta\cos\phi-\alpha_y=\pm 2n\pi,\ n=0,1,2,\cdots \tag{6-88}$$

对于给定的单元间距 d_x、d_y 和单元间相移 α_x、α_y，可以给出唯一的主瓣指向 (θ_0,ϕ_0)：

$$\sin^2\theta_0=\left(\frac{\alpha_x}{kd_x}\right)^2+\left(\frac{\alpha_y}{kd_y}\right)^2,\ \tan\phi_0=\frac{\alpha_y d_x}{\alpha_x d_y} \tag{6-89}$$

当波束指向 $\theta_0=\pi/2$ 时，由上式可得

$$\left(\frac{\alpha_x}{kd_x}\right)^2+\left(\frac{\alpha_y}{kd_y}\right)^2=1 \tag{6-90}$$

即在给定了 kd_x、kd_y 和 α_y(或 α_x)时，上式限制了 α_x(或 α_y)的变化范围。

由式(6-87)和式(6-88)还可以看出，因为 $\sin(\theta)=\sin(\pi-\theta)$，所以除了 $\theta_0=\pi/2$ 的端射之外，在任一相位差 ϕ 为常数的垂直面上，S_x 和 S_y 通常都是在阵列面的两侧各有一个最大值。阵列面一侧的辐射可以通过选用单向辐射的天线作为阵列单元，或者采用接地反射板来消除。矩形平面阵列同样也可能存在栅瓣的问题，使它满足与线阵相同的条件可以避免栅瓣的出现。对于单波束阵列，在 xz 和 yz 面内要避免栅瓣的出现必须分别满足 $d_x<\lambda$ 和 $d_y<\lambda$。要求天线在 xz 平面上扫描，可以令天线单元在 y 方向上的辐射等幅同相，即 $\alpha_y=0$；在 x 方向上的辐射等幅、相位均匀递变，即主瓣方向将随 α_x 的变化而变化。

6.5 相控阵天线

常用的阵列天线可分为一般阵列天线、相控阵天线、自适应阵天线和信号处理阵天线几类。相控阵天线是指通过改变阵列单元激励信号的相位，从而改变阵列天线方向图波束指向的一类天线。相控阵天线通常由多个天线单元组成，下面通过图 6.6 所示的 N 元等间距线阵来说明相控阵天线的基本工作原理。

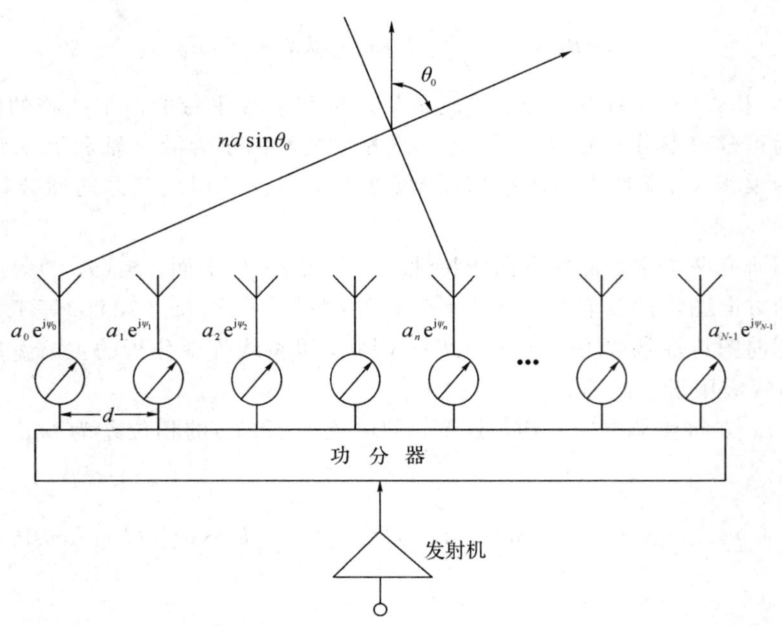

图 6.6　相控阵天线工作原理图

相控阵中的阵列单元之间的间距为 d，每一个单元都接一个移相器。以左边第一个天线单元为参考，假设第一个移相器所引入的相位为 ϕ，则从左到右各移相器所引入的相位依次为 ϕ，2ϕ，…，$N\phi$。当发射信号通过一个一分 N 多路功分器送到每一个天线单元时，各天线单元向空间辐射的信号在偏离天线法线方向的某一角度 θ_0 方向上同时到达目标，形成天线波束的最大值。相邻天线单元辐射出去的信号在 θ_0 方向上的波程差为 $d\sin\theta_0$，如果功分器馈给各天线单元的激励相差为 $\phi=\dfrac{2\pi}{\lambda}d\sin\theta_0$，则相控阵天线的波束指向 θ_0 方向。当 θ_0 变化时，相控阵天线可实现波束扫描的目的。

无源相控阵天线通常由阵列单元、馈电网络、移相器、波控器四个部分组成，而有源相控阵天线还需要在阵面上设置固态高功率发射放大器和低噪声接收器(T/R 组件)。相控阵天线阵列单元可以是偶极子、开口波导、开槽波导、微带天线以及其他形式。而馈电网络则根据阵列天线的形式可以是矩形波导、脊波导、圆波导、同轴线、带状线、微带线以及其他形式的微波传输线。移相器的作用是对天线单元辐射信号的相位进行控制，以实现波束在空间的快速扫描。常用的移相器有铁氧体移相器和 PIN 二极管移相器。波控器是发布波束扫描和波瓣形状改变指令的机构。波控器的运算转换时间可做得极短，因此可以认为相控阵天线波束的扫描是无惯性的，天线波束可灵活地指向任何需要搜索或跟踪的空间方向。

相控阵天线的性能主要取决于五个因素：阵元数、阵元的空间位置、阵元的激励复电流、阵元的结构形式和阵元的馈电方式。分析和综合是研究相控阵天线的两大任务。分析是指由上述各要素求得阵列的方向图、增益、阻抗和互耦等辐射特性和传输特性；综合则是指由战术、技术要求设计阵列天线，并包括阵元。相控阵天线阵元的确定要考虑工作频率、极化状态、互耦效应、馈电方式和扫描范围等因素。

6.6　阵列天线方向图综合

阵列天线方向图综合就是在一定条件下寻求单元的形式、排列方式、幅相分布和馈电方式的优化组合，使辐射方向图最佳地逼近预期的方向图。阵列天线方向图的综合方式有很多，但是根据预先指定的对不同天线特性的要求，众多的综合方法归纳起来主要解决四大类问题。

第一类是方向图特征参数的控制和优化。即根据给定的对主瓣宽度和副瓣电平的要求，或指定方向图的零点位置来确定单元数、阵元的激励电流幅度和相位、阵元间距等参数中的某几个，其余的参数作为非变量，而对方向图的其他细节和方向性系数没有具体规定。这类方向图综合方法有切比雪夫多项式法、泰勒综合法等。

第二类是方向图形状控制。方向图形状控制的实质是函数逼近问题，即对于一个可能较复杂的目标函数，选用具有正交性的简单函数线性组合，以最小偏差准则或最小均方差准则进行逼近，用综合得到的阵因子代替所要求的方向图，以满足预定的技术要求，其中均方误差或最大误差的上限是预先给定的。

第三类是根据已知方向图，通过对有关参数(如间距或激励)作微小的调整来逼近目标方向图。这类综合方法称为微扰法。

第四类是对阵列天线的参数(如增益等)进行最优化设计，而不涉及方向图的细节特征。天线参数的最优化设计除了采用最佳函数外，还经常采用数值分析法。

方向图综合方法可以分为数值分析法和解析方法以及半解析半数值方法；解析方法主要包括经典的切比雪夫多项式法、泰勒综合法等。使用泰勒综合法和切比雪夫多项式法综合出来的阵列的辐射特性相似，这两种方法均适用于综合针状波束。但是与切比雪夫多项式法相比，泰勒综合法具有以下优点：首先，泰勒阵列的激励电流幅度分布比切比雪夫阵平缓，因此降低了对阵列馈电的难度；其次，在满足半功率波瓣宽度的条件下，泰勒分布所确定的天线尺寸最短，从而使阵列天线具有较高的口径效率；最后，切比雪夫阵列是等副瓣电平的，而在进行泰勒分布综合时可以控制副瓣衰减的速度和等副瓣数目等参数，有利于提高天线方向性。基于上述优点，泰勒分布成为实现低副瓣方向图的优选分布形式。下面主要介绍常用的泰勒综合法。

6.6.1　线源的等副瓣理想空间因子

1954 年，Mass 利用切比雪夫多项式来综合线源，得到一个副瓣电平可以控制的理想空间因子。他首先在切比雪夫多项式的基础上定义了一个新的函数：

$$W_{2N}(z)=T_N(B-a^2z^2) \tag{6-91}$$

式中：$T_N(x)$为 N 次切比雪夫多项式；a 和 B 是常数。可以把 $T_N(x)$的两个大幅度区域合并在一起，以形成阵列方向图的主瓣，而用 $T_N(x)$的等副瓣区域来构成方向图的副瓣。图 6.7 所示为 $N=4$ 时 $T_N(x)$和 $W_{2N}(B-a^2z^2)$的图形。

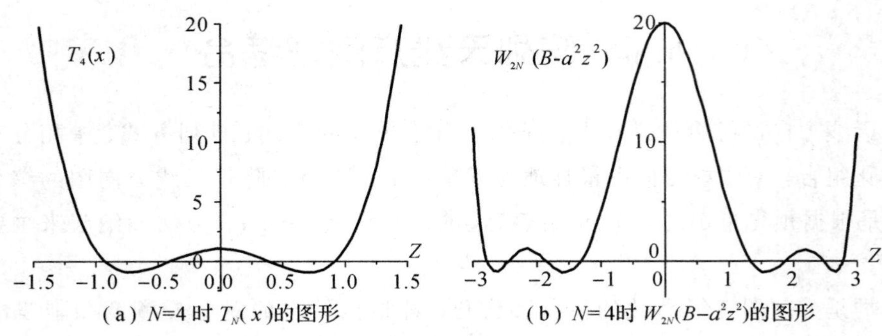

图 6.7　$N=4$ 时 $T_N(x)$和 $W_{2N}(B-a^2z^2)$的图形

由此可见，$W_{2N}(z)$函数的主瓣两侧各有 N 个零点和 $N-1$ 个等副瓣。由于 $T_N(x)$的波纹幅度为 1，主副瓣电平之比为

$$R_0=W_{2N}(0)=T_N(B)=\cosh(N\text{arccosh}B) \tag{6-92}$$

由上式可得

$$B=\cosh\left(\frac{1}{N}\text{arccosh}R_0\right)=\cosh\left(\frac{\pi A}{N}\right) \tag{6-93}$$

其中

$$\pi A=\text{arccosh}R_0=\ln(R_0+\sqrt{R_0^2-1}) \tag{6-94}$$

R_0 是 $W_{2N}(z)$的零点。令式(6-91)中的 N 趋近于无穷，可知极限函数为

$$F(z,\ A)=\cos(\pi\sqrt{z^2-A^2}) \tag{6-95}$$

于是，上式中只包含一个参数 A。令 $u=(L/\lambda)\cos\theta$，其中 L 是线源的长度，则函数

$$F(u,\ A)=\cos(\pi\sqrt{u^2-A^2}) \tag{6-96}$$

若 $F(u,A)$表示线源的方向图，则在副瓣区域($u^2>A^2$)内，有无数个幅度为 1 的副瓣。由于 $F(u,A)$的所有副瓣是等幅的，均不衰减，找不到一种电流分布来实现这种空间因子的方向图，因此称为理想空间因子。

6.6.2　泰勒分布

若想使理想空间因子在保留原有特性的同时又具有远副瓣衰减的特性，就必须对理想空间因子 $F(u,A)$加以改造。已知 $\sin(\pi\cdot u)/(\pi\cdot u)$的副瓣包络是按$|u|^{-1}$的规律衰减的。为了使线源方向图主瓣附近的一些旁瓣为等电平的，而其他远副瓣则按照$|u|^{-1}$的规律衰减，可把 $F(u,A)$和 $\sin(\pi\cdot u)/(\pi\cdot u)$结合起来重新构成一个空间因子，使$|u|$很大时该新空间因子与 $\sin(\pi\cdot u)/(\pi\cdot u)$具有相同的零点分布。如果要求从第 $\bar{n}$ 个零点开始方向图的零点等于u 的整数，即与 $\sin(\pi\cdot u)/(\pi\cdot u)$的零点重合，则应该用理想空间因子的零点代替 $\sin(\pi\cdot u)/(\pi\cdot u)$的前 $\bar{n}-1$ 个零点。为了与 $\sin(\pi\cdot u)/(\pi\cdot u)$的零点相衔接，首先需要把理想空间因子的零点位置稍微扩展一点，从而得到了一个近似的理想空间因子，即

$$F_\sigma(u,\ A)=\cos\left[\pi\left(\frac{u^2}{\sigma^2}-A^2\right)^{1/2}\right] \tag{6-97}$$

显然，它的第 n 对零点的位置为

$$u_n=\pm\sigma\left[A^2+\left(n-\frac{1}{2}\right)^2\right]^{1/2} \tag{6-98}$$

由式(6－98)可以确定前 $\bar{n}-1$ 个零点的位置，而当 $n \geqslant \bar{n}$ 时的零点位置与 $\sin(\pi \cdot u)/(\pi \cdot u)$ 的零点位置 $u_n = \pm n$ 重合时，就构成了泰勒方向图函数：

$$S(u, A, \bar{n}) = \cosh(\pi A) \frac{\sin(\pi \cdot u) \prod_{n=1}^{\bar{n}-1} (1 - u^2/u_n^2)}{\pi \cdot u \prod_{n=1}^{\bar{n}-1} (1 - u^2/n^2)} \tag{6-99}$$

式(6－98)中的 σ 称为展宽因子，它可由下式确定：

$$\sigma = \frac{\bar{n}}{u_n} = \frac{\bar{n}}{\sqrt{A^2 + \left(\bar{n} - \frac{1}{2}\right)^2}} \tag{6-100}$$

泰勒方向图函数的另一种归一化表达形式为

$$S_n(u, A, \bar{n}) = \frac{[(\bar{n}-1)!]^2}{(\bar{n}-1+u)!(\bar{n}-1-u)!} \prod_{n=1}^{\bar{n}-1} \left[1 - \left(\frac{u}{\sigma \cdot u_n}\right)^2\right] \tag{6-101}$$

当 $u=m=0, 1, 2, \cdots,$ 时，上式可表示为式(6－100)。如果以等间距 d 对连续线源抽样或离散化，并用式(6－102)中的 $S_n(m)$ 代替 $S(m)$，同时省略常数 $1/L$，即可得到由式(6－101)所确定的泰勒阵列各单元的激励幅度：

$$S_n(m) = \begin{cases} 1, & m = 0 \\ \dfrac{[(\bar{n}-1)!]^2}{(\bar{n}-1+m)!(\bar{n}-1-m)!} \prod_{n=1}^{\bar{n}-1} \left[1 - \dfrac{m^2}{\sigma^2 [A^2 + (n-1/2)^2]}\right], & 0 < m < \bar{n} \\ 0, & m \geqslant \bar{n} \end{cases} \tag{6-102}$$

$$I_n(p) = 1 + 2 \sum_{m=1}^{\bar{n}-1} S_n(m) \cos(mp) \tag{6-103}$$

式中

$$p = \frac{2\pi}{L} \xi = \begin{cases} \dfrac{2\pi d n}{L}, & n=0, 1, 2, \cdots, N, \ n=2N+1 \\ \dfrac{\pi d(2n+1)}{L}, & n=0, 1, 2, \cdots, N-1, \ n=2N \end{cases} \tag{6-104}$$

6.6.3 矩阵法

N(N 为偶数)个各向同性的线阵排列如图 6.8 所示。假设单元辐射场为理想点源的辐射场，则天线阵的方向图可表示为

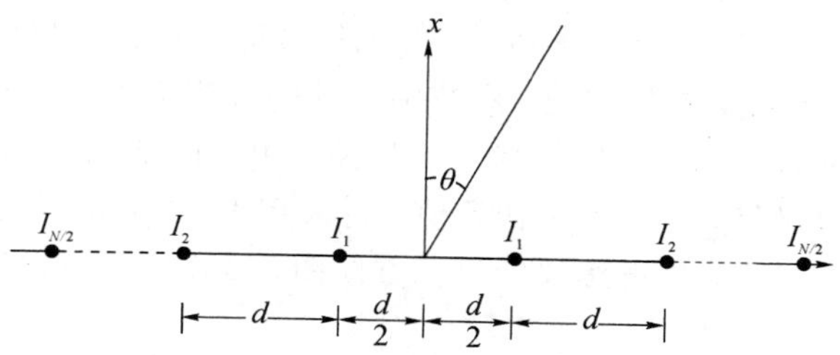

图 6.8　N 元不等幅等间距线阵

$$F = \sum_{m=1}^{N} I_m \exp\left[\left(\frac{-\mathrm{j}(m-(N+1)}{2}\right)kd\sin(\theta)\right] \tag{6-105}$$

其中：θ 为波束方向与线阵轴向法线间的夹角；I_m 为各个单元的激励电流；d 为单元间距。天线阵的方向图可用矩阵形式表示为

$$\boldsymbol{F}(\theta)=[\boldsymbol{I}]^{+}[\boldsymbol{e}] \tag{6-106}$$

其中，定义

$$\boldsymbol{I}=\begin{bmatrix} I_1 \\ I_2 \\ \vdots \\ I_N \end{bmatrix},\ \boldsymbol{e}=\begin{bmatrix} \exp\left[-\mathrm{j}\left(\frac{1-(N+1)}{2}\right)kd\sin(\theta)\right] \\ \exp\left[-\mathrm{j}\left(\frac{2-(N+1)}{2}\right)kd\sin(\theta)\right] \\ \vdots \\ \exp\left[-\mathrm{j}\left(\frac{N-(N+1)}{2}\right)kd\sin(\theta)\right] \end{bmatrix}$$

$[\boldsymbol{I}]^{+}$ 表示矩阵 $[\boldsymbol{I}]$ 的共轭转置。设目标方向图函数为 $\boldsymbol{F}_d$，综合方向图 $\boldsymbol{F}_w=\boldsymbol{F}$，考虑目标方向图和综合方向图的误差函数为

$$\boldsymbol{\varepsilon}(I)=\int_{-\frac{\pi}{2}}^{\frac{\pi}{2}} \left|\boldsymbol{F}_w(\theta)-\boldsymbol{F}_{\mathrm{d}}(\theta)\right|^2 \mathrm{d}\theta \tag{6-107}$$

化简成矩阵形式为

$$\boldsymbol{\varepsilon}(I)=[\boldsymbol{I}]^{+}\boldsymbol{A}[\boldsymbol{I}]-[\boldsymbol{I}]^{+}[\boldsymbol{B}]-[\boldsymbol{B}]^{+}[\boldsymbol{I}]+\boldsymbol{E} \tag{6-108}$$

其中 $\boldsymbol{A}=[\boldsymbol{e}][\boldsymbol{e}]^{+}$，$\boldsymbol{A}$ 的元素表达式为

$$\begin{aligned} a_{mn} &= \int_{-\frac{\pi}{2}}^{\frac{\pi}{2}} \exp\left[-\mathrm{j}\left(\frac{m-(N+1)}{2}\right)kd\sin(\theta)\right]\cdots \\ &\quad \cdot \exp\left[\mathrm{j}\left(\frac{n-(N+1)}{2}\right)kd\sin(\theta)\right]\mathrm{d}\theta \\ &= \int_{-\frac{\pi}{2}}^{\frac{\pi}{2}} \exp(-\mathrm{j}(m-n)kd\sin(\theta))\mathrm{d}\theta \end{aligned} \tag{6-109}$$

由上式可以看出，$\boldsymbol{A}$ 为厄米矩阵，$\boldsymbol{A}^{+}=\boldsymbol{A}$，$\boldsymbol{B}=[\boldsymbol{e}][\boldsymbol{F}_d]^{+}$。$\boldsymbol{B}$ 的元素表达式为

$$b_m=\int_{-\frac{\pi}{2}}^{\frac{\pi}{2}} \exp\left[-\mathrm{j}\left(\frac{m-(N+1)}{2}\right)kd\sin(\theta)\right]\boldsymbol{F}_d\,\mathrm{d}\theta \tag{6-110}$$

考虑到综合方向图应尽量逼近目标方向图，应取误差函数 $\boldsymbol{\varepsilon}$ 的最小值，根据变分原理，等价于求 $\frac{\partial\boldsymbol{\varepsilon}}{\partial\boldsymbol{I}}=0$ 和 $\frac{\partial\boldsymbol{\varepsilon}}{\partial\boldsymbol{I}^{+}}=0$，整理得

$$[\boldsymbol{I}]=\boldsymbol{A}^{+}\boldsymbol{B} \tag{6-111}$$

矩阵求解法也称求逆法，是一种综合方向图的数值方法。其优点是思路清晰，过程简单，容易理解；缺点是需要计算矩阵求逆，矩阵的维数即是单元个数，对于单元数较多的阵列天线，求逆过程较为复杂，不易实现。本节中设计的阵列天线俯仰面上有 24 个单元，采用矩阵法能产生较好的方向图。采用微扰法的思路，用矩阵法求解出最佳激励后，可对激励电流的幅度相位加以微扰，产生一组初始值；再采用 PSO 优化算法，通过控制综合方向图与目标方向图的误差最小，来继续逼近目标方向图，从而实现方向图最优化。

6.6.4 PSO 优化算法

PSO 优化算法最早由 Kennedy 和 Eberhart 于 1995 年提出。受到人工生命的研究结果

启发，PSO 的基本概念源于对蜂群采蜜行为的研究。由于认识到 PSO 在函数优化等领域所蕴含的广阔的应用前景，所以在 Kennedy 和 Eberhart 之后很多学者都进行了这方面的研究。目前，PSO 已应用于函数优化、神经网络、模式分类、模糊系统控制以及其他领域，也应用在电磁学领域。

1. 算法概述

PSO 优化算法和其他演化算法相似，也是基于群体的。设想这样一个场景：有一群蜜蜂，它们的任务是在一个区域里寻找花蜜最多的花群，所有的蜜蜂都不知花群在哪里，每只蜜蜂都只能从一个随机的位置，以一个随机的速度开始寻找花群，但每一只蜜蜂都有记忆它自己和整个蜂群所经历的最好花群地点的能力。那么找到花群的最优策略是什么呢？最简单有效的方法就是每只蜜蜂根据某种原则不断地改变飞行方向，直到找到花蜜最多的花群。PSO 从这种模型中得到启示并用于解决优化问题。在 PSO 优化算法中，每一个优化问题的潜在解都是搜索空间中的一只蜜蜂，称之为粒子。所有的粒子都有一个被优化的函数决定的适应度值(Fitness Value)，每个粒子还有一个速度决定它们飞翔的方向和距离。

PSO 初始化为一群随机粒子(随机解)，在搜索空间中以一定速度飞行，然后通过迭代找到最优解。在每一次迭代中，粒子通过跟踪两个极值来更新自己，第一个就是粒子本身所找到的最优解，另一个极值就是整个种群目前找到的最优解。设第 i 个粒子表示为 $x_i=(x_{i1}, x_{i2}, \cdots, x_{id})$，它所经历过的最好位置(有最好的适应度值)用 $p_i=(p_{i1}, p_{i2}, \cdots, p_{id})$ 表示，而群体所有粒子经历过的最好位置用 P_g 表示。粒子 i 的速度用 $v_i=(v_{i1}, v_{i2}, \cdots, v_{id})$表示。对每一代个体，其第 d 维($1\leqslant d\leqslant D$)的速度和位置根据式(6－112)和式(6－113)变化：

$$v_{id}=wv_{id}+c_1\text{Rand}_1()(P_{id}-x_{id})+c_2\text{Rand}_2()(P_{gd}-x_{id}) \tag{6-112}$$

$$x_{id}=x_{id}+v_{id} \tag{6-113}$$

其中：w 为惯性权重(Inertia Weight)；c_1 和 c_2 为加速常数(Acceleration Constants)；$\text{Rand}_1()$和 $\text{Rand}_2()$为两个在[0, 1]范围内变化的随机数。此外，粒子的速度 v_i 被一个最大速度 $v_{\max}$限制。如果当前粒子的加速导致它在某一维的速度 v_{id} 超过该维的最大速度 $v_{\max}$，则该维的速度被限制为最大速度 $v_{\max}$。

2. 算法流程

标准 PSO 的优化算法流程如下：

第一步：初始化一群粒子(群体规模为 swarmsize)包括起始位置和速度。

第二步：计算粒子的适应度值。

第三步：对每个粒子，将当前位置 P_{present} 的适应度值与其经历过的最好位置 P_{best} 作比较，如果好于后者，则将此时的适应度值作为当前的最好位置 P_{best}。

第四步：对每个粒子，将当前位置 P_{present} 的适应度值与全局所经历的最好位置 g_{best} 作比较，如果好于后者，则重新设置 g_{best} 的大小。

第五步：先根据式(6－112)重新计算粒子的速度，然后根据式(6－113)计算粒子的位置。

第六步：如果满足约束条件(通常为足够好的适应度值或达到一个预先设定的最大代数 iter_max)则程序终止，否者跳转至第二步执行。图 6.9 所示为 PSO 程序流程图。

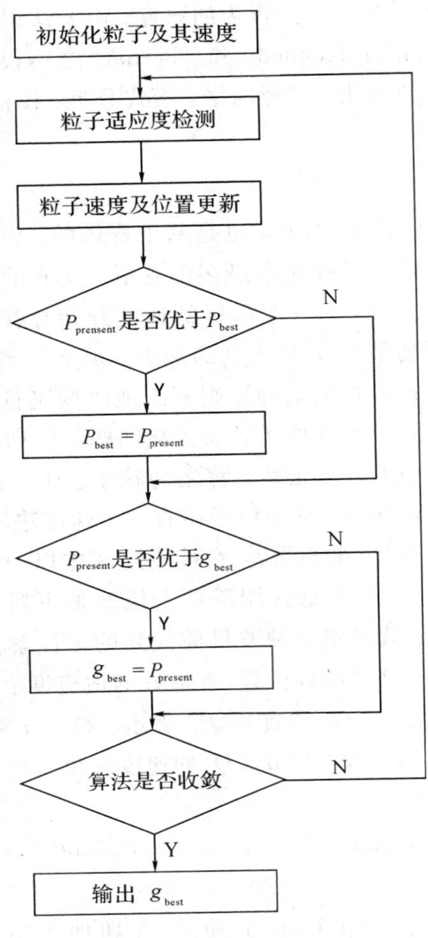

图 6.9　PSO 程序流程图

3. 参数设置

标准 PSO 优化算法的参数包括群体规模 swarmsize、每个粒子的维数 dimension、惯性权重 w、加速常数 c_1 和 c_2、最大速度 v_{max} 和最大迭代次数 iter_max。下面给出所用程序的参数设置。

种群规模一般是由待优化的参数个数来决定的，在这里的俯仰面阵列天线综合中，单个粒子的维数为单元电流幅度和相位共 48 个元素，种群数设为 50；惯性权重 w 可以是定值，也可以是随迭代次数而呈线性变化的。实验证明，如果 w 随迭代次数而线性减小，将显著改善算法的收敛性能。设 w_{max} 为最大权重系数，w_{min} 为最小权重系数，iter 为当前迭代次数，iter_max 为算法的最大迭代次数，则有

$$w=\frac{w_{max}-\text{iter}\cdot(w_{max}-w_{min})}{\text{iter\_max}} \tag{6-114}$$

这里 w_{max} 取 0.9，w_{min} 取 0.2，加速常数 c_1、c_2 分别取 1.05、2，最大速度 v_{max} 取 1.0，最大迭代次数 iter_max 取 500。这些参数的设置是参考一些文献的经验得出的，程序的终止条件设为程序运行达到了设置的最大迭代次数。

适应度函数的设计是算法的关键，它必须根据所要优化的问题具体设计，它的好坏直接决定优化效果。在天线阵列综合中，适应度函数一般表示天线实际所产生的方向图与目标方向图的差异大小。先计算每个粒子的方向图与理想方向图的误差，对这个误差作适当变换得到适应度。误差越大，适应度越低；误差越小，适应度越高。选择 Q 个观察点，比较所需方向图与 PSO 计算得到的方向图在对应点上的值，每点的相对误差表示为

$$e_i=\frac{T_i-P_i}{T_i},\qquad i=1,\ 2,\ \cdots,\ Q \tag{6-115}$$

其中：T_i 为所需方向图在第 i 点的值；P_i 为 PSO 计算得到的方向图在该点的值。

所有观察点的相对误差之和表示为

$$E_{nt}=\left[\frac{1}{Q}\left(\sum_{i=1}^{Q_k}|e_i|^2+\sum_{i=Q_k+1}^{Q}|e_i|^2\right)\right]^{\frac{1}{2}} \tag{6-116}$$

其中：$i=1,\ 2,\ \cdots,\ Q_k$ 表示 k 个主瓣区的点；$i=Q_k+1,\ Q_k+2,\ \cdots,\ Q$ 表示 $Q-k$ 个旁瓣区的点。

在旁瓣区的观察点上相对误差表示为

$$e_i=\begin{cases}\dfrac{T_i-P_i}{T_i}, & P_i>T_i\\[2mm] 0, & P_i<T_i\end{cases} \tag{6-117}$$

选择的适应度函数

$$\text{fitness}=1-\frac{1}{1+E_{nt}} \tag{6-118}$$

6.7 阵列天线设计实例

6.7.1 低副瓣阵列天线的综合设计

副瓣电平是天线的重要指标，决定着天线的抗干扰性能和辐射能量的集中程度。实现要求的低副瓣，需要进行严格的仿真设计和实物调试。能够实现宽频带低副瓣而且具有较好辐射特性的阵列有等副瓣的切比雪夫阵列和泰勒分布阵列等。虽然等副瓣的切比雪夫阵列有较好的辐射特性，但是其两端单元的激励电流幅度往往比其相邻的单元幅度大许多，这就对阵列的馈电造成了很大的困难，而且激励电流的微小误差对副瓣电平的影响相当大。

泰勒天线方向图在靠近主瓣某个区间内的副瓣接近相等，随后单调递减，幅度分布的变化比较平缓，有益于提高方向性和工程实现。

1. 泰勒分布

泰勒分布的分布函数由多项式给出：

$$I_i(p)=1+2\sum_{m=1}^{\bar{n}-1}S_n(m)\cos(mp) \tag{6-119}$$

式中：$p=\dfrac{2\pi}{L}$。

泰勒方向图的归一化表达式如下：

$$S_n(u, A, \bar{i}) = \frac{[(\bar{i}-1)!]^2}{(\bar{i}-1+u)!(\bar{i}-1-u)!}\prod_{i=1}^{\bar{i}-1}\left[1-\frac{u^2}{\sigma^2\left[A^2+\left(i-\frac{1}{2}\right)^2\right]}\right] \tag{6-120}$$

显然，当 $u=m=0, 1, 2, \cdots$ 时，得

$$S_n(m) = \begin{cases} 1, & m=0 \\ \dfrac{[(\bar{i}-1)!]^2}{(\bar{i}-1+m)!(\bar{i}-1-m)!}\prod\limits_{i=1}^{\bar{i}-1}\left[1-\dfrac{m^2}{\sigma^2\left[A^2+\left(i-\frac{1}{2}\right)^2\right]}\right], & 0<m<\bar{i} \\ 0, & m\geqslant\bar{i} \end{cases} \tag{6-121}$$

其中，A 是由主瓣和副瓣电平比值 η 的百分数确定的，且 η 大于 1，其关系式为

$$A=\frac{1}{\pi}\text{arccosh}\eta \tag{6-122}$$

σ 值为

$$\sigma=\frac{\bar{i}}{\left[A^2+\left(\bar{i}-\frac{1}{2}\right)^2\right]^{\frac{1}{2}}} \tag{6-123}$$

$\bar{i}$ 值根据给定的主副瓣电平比值 η 来选择，并满足 $\bar{i}\geqslant 2A^2+\frac{1}{2}$。$\bar{i}$ 增大 σ 减小，波瓣宽度变窄，但 $\bar{i}$ 不宜过大，过大会使激励幅度分布变化剧烈，在实践中这是不希望的。$\bar{i}$ 的典型值，当 $\eta=25$ dB 时至少取 3，当 $\eta=40$ dB 时至少取 6。

泰勒方向图函数的零点发生在

$$\mu=\overset{0}{\mu_i}=\begin{cases} \pm\sigma\sqrt{A^2+\left(i-\frac{1}{2}\right)^2}, & 1\leqslant i\leqslant\bar{i} \\ \pm i, & \bar{i}\leqslant i\leqslant\infty \end{cases} \tag{6-124}$$

根据零点，可得到半功率点位于

$$\theta_{\text{h}}=\arccos\left\{\frac{\lambda\sigma}{\pi L}\left[(\pi A)^2-\left(\text{arccosh}\frac{\eta}{\sqrt{2}}\right)^2\right]^{\frac{1}{2}}\right\} \tag{6-125}$$

所以半功率波瓣宽度为

$$\theta_{\text{h}b}=2\left(\frac{\pi}{2}-\theta_h\right)=2\arcsin\left\{\frac{\lambda\sigma}{\pi L}\left[(\text{arccosh}\eta)^2-\left(\text{arccosh}\frac{\eta}{\sqrt{2}}\right)^2\right]^{\frac{1}{2}}\right\} \tag{6-126}$$

对应 n 单元离散阵列，可令 $L=(n-1)d$ 并带入。

泰勒阵列各单元激励幅度为

$$I_i(p) = 1+2\sum_{m=1}^{\bar{i}-1}S_n(m)\cos(mp) \tag{6-127}$$

式中

$$p=\frac{2\pi}{L}\xi=\begin{cases} \dfrac{2\pi d(i-1)}{L}, & i=1, 2, \cdots, N+1 \\ \dfrac{\pi d(2i-1)}{L}, & i=1, 2, \cdots, N \end{cases} \tag{6-128}$$

2. 阵列设计方法及结果

1）单元激励功率的计算

根据线阵的性能要求选定 $\bar{i}$ 值以后，由式(6-122)求出 A，由式(6-123)求出 σ，由式(6-124)确定零点位置；接着用式(6-125)计算空间因子，用式(6-126)计算半功率波瓣宽度，在确定间距 d 之后用式(6-127)求出各单元的激励幅度。

根据上述对泰勒分布的分析，用 MATLAB6.5 编程计算，线阵激励幅度分布和方向图分别如图 6.10 和图 6.11 所示。

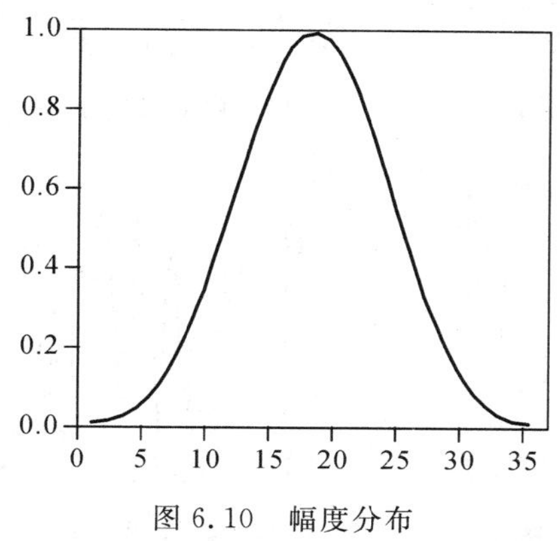

图 6.10　幅度分布

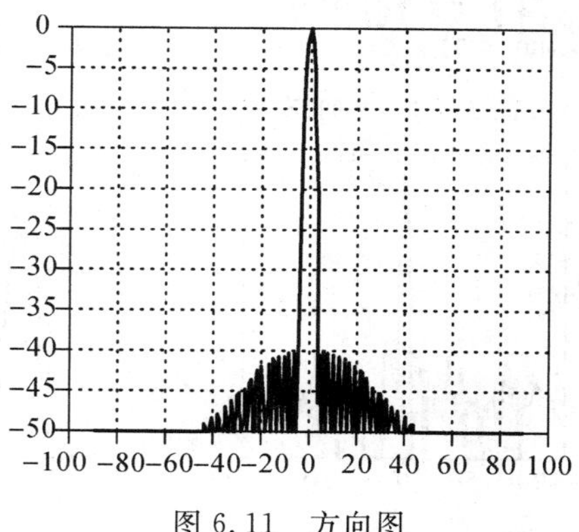

图 6.11　方向图

2）误差分析

仿真计算是在理想的情况下进行的，与工程实际有一定的差距。在实际设计过程中，必须考虑到生产工艺中的误差对设计问题的影响。

考虑到在天线阵列加工、安装时存在的误差，在功分器生产、安装时产生的附加误差和形变，以及工作过程中由于条件影响产生的误差，都将会影响天线性能；特别是一些对幅度、相位误差比较敏感的指标，如副瓣电平，于是，在计入阵列激励及制造公差后，直线阵方向函数为

$$F(\theta,\ \phi) = \sum_{n=1}^{N} I_n(1+\Delta I_n)\exp[\mathrm{j}(\phi_n+\Delta\phi_n)]\cdot\exp(\mathrm{j}k\{\Delta dx_n\sin\theta\cos\phi+\Delta dy\sin\theta\sin\phi + [(n-1)dz+\Delta dz_n]\cos\theta\}) \tag{6-129}$$

式中：I_n 和 ϕ_n 为第 n 单元理想馈电幅度和相位；ΔI_n 和 $\Delta\phi_n$ 分别为第 n 单元的馈电幅度和相位误差；N 为单元数目；Δdx_n、Δdy_n 和 Δdz_n 分别为第 n 单元沿 x、y 和 z 三轴向的位置误差。

若实际工程中仅考虑幅相误差，不考虑 Δdx_n、Δdy_n 和 Δdz_n，这样公式可以写为

$$F(\theta,\ \phi) = \sum_{n=1}^{N} I_n(1+\Delta I_n)\exp[\mathrm{j}(\phi_n+\Delta\phi_n)]\cdot\exp[(n-1)dz\cos\theta] \tag{6-130}$$

3）线阵幅相分布误差与方向图

根据实际工程经验，天线所取的幅相误差设定为10%。在幅相误差的约束下，每次对随机产生的一组幅相分布误差进行仿真。从中可以看出，方位面副瓣电平，有的能达到要求，如图 6.12～图 6.14 所示；有的达不到要求，如图 6.15～图 6.17 所示。

统计规律表明：若相位误差能控制在±6°以内，幅度误差控制在 0.2 dB 以内，方向图

副瓣基本都能满足指标要求，这在工程实现中有比较大的难度，需要经过反复调试方可达到设计需要。

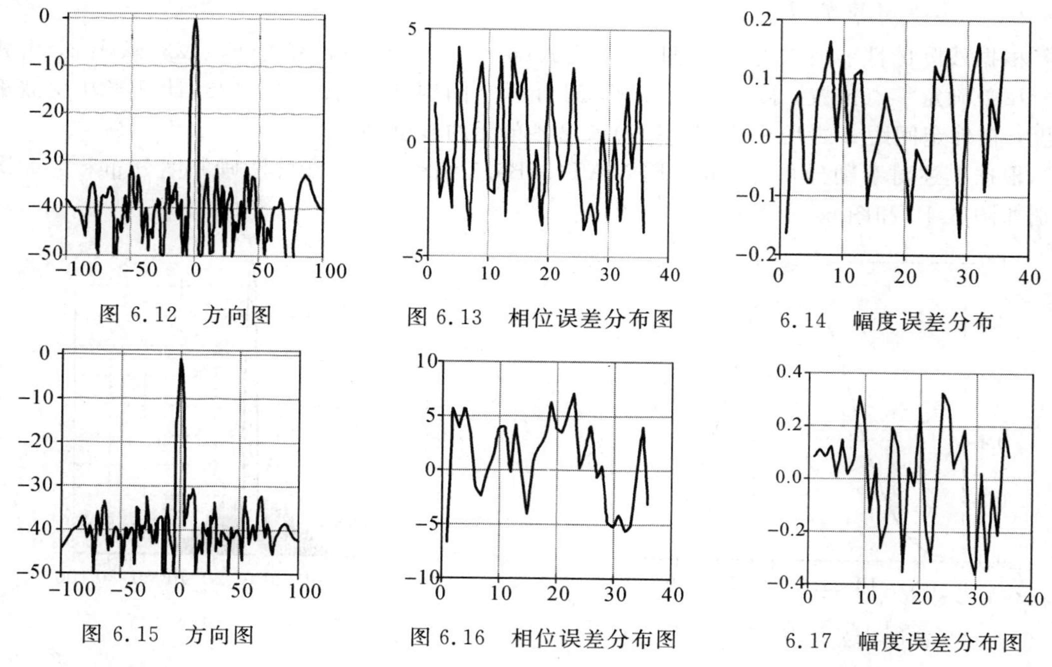

图 6.12　方向图

图 6.13　相位误差分布图

6.14　幅度误差分布

图 6.15　方向图

图 6.16　相位误差分布图

6.17　幅度误差分布图

4）测试结果分析

测试结果表明天线方向图的副瓣偏高。分析线阵的幅相分布，可以看出线阵中央位置的单元激励幅度误差较大，同时相位误差也比较大，均超出了我们在容差分析中的上限值。

首先，从天线本身的结构来看，天线本身的长度很大，安装时一些毫米量级的物理误差由于误差的累积也会比较显著地影响天线的电性能，导致幅相分布恶化；其次，馈电网络的支撑型材结构与微带板的接触如果不好，容易产生谐振。

改进天线的辐射特性，从两个方面入手：第一，提高工艺水平，提高加工安装精度；第二，改进型材结构，消除谐振的影响。

5）改进后的幅相分布与方向图

对天线进行了改进后，幅相分布如图 6.18 所示，相位分布如图 6.19 所示。

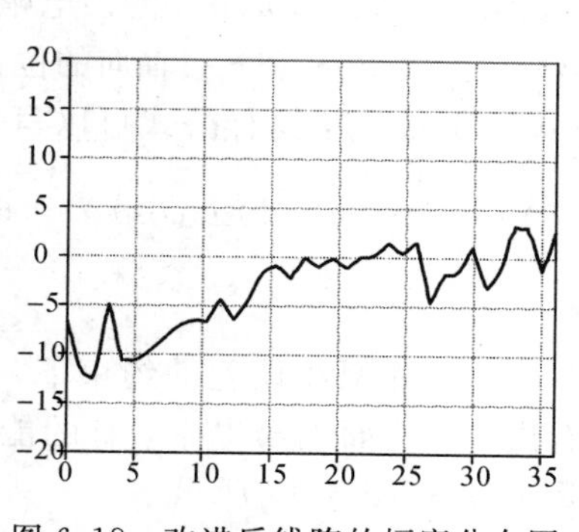

图 6.18　改进后线阵的幅度分布图

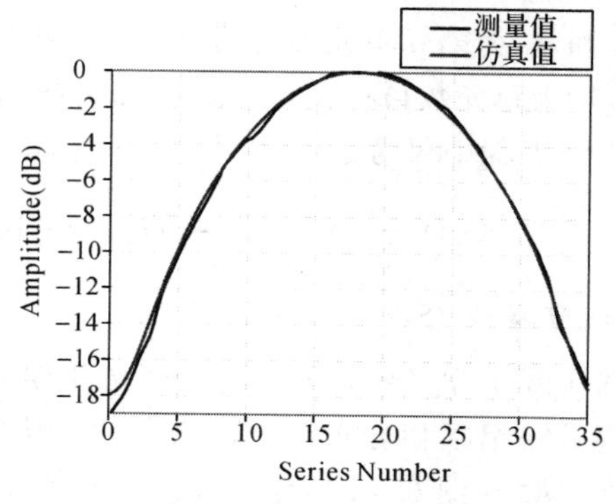

图 6.19　改进后线阵的相位分布图

由测试结果可以知道，改进后的幅相分布与设计值相差很小，方向图与设计的方向图接近，达到了指标要求，如图 6.20 所示。

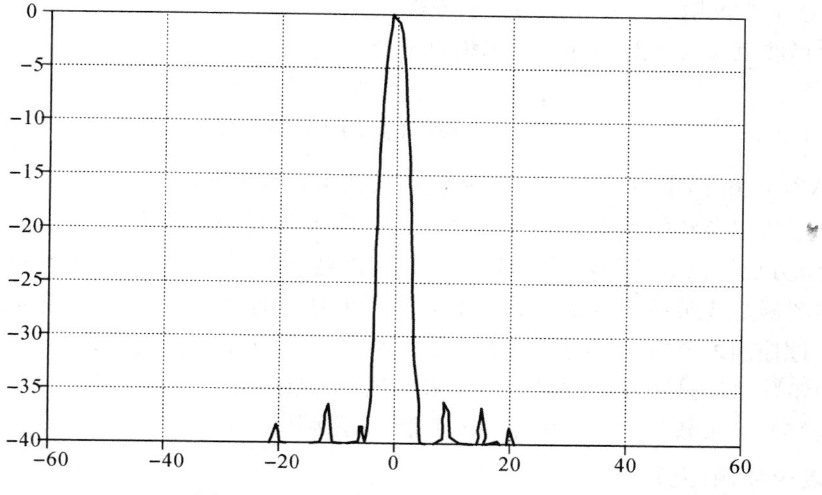

图 6.20　改进后线阵归一化方向图

6.7.2　阵列天线赋形波束的综合设计

为了有效地解决天线系统在空域俯仰面的覆盖问题，要求天线的工作波束在俯仰面设计成一种特定的形状——余割平方波束。这种方向图的特性是能对不同的斜距、同一高度上的目标提供均匀的照射，如图 6.21 所示。

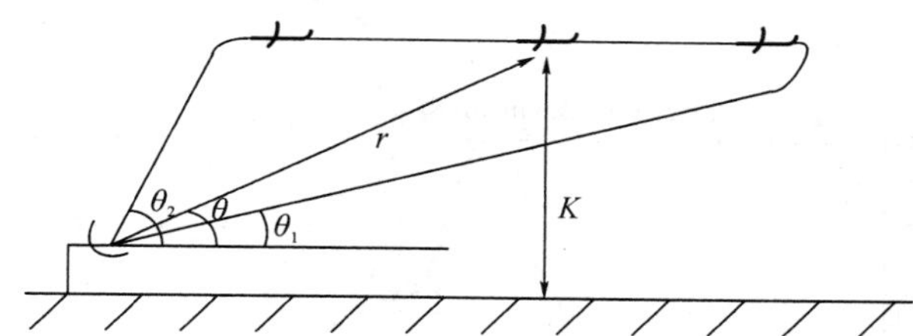

图 6.21　对不同斜距、同一高度的目标均匀照射的方向图

天线在目标处产生的场强由下面的公式确定：

$$E=\frac{C}{r}F(\theta)=\frac{C\cdot\sin\theta}{h}F(\theta) \tag{6-131}$$

式中：C 为常数；r 为目标距天线的斜距；h 为目标的高度；$F(\theta)$ 为天线在垂直面内的方向图。

要使 h 为常数时场强不随 θ 改变，方向图必须满足：

$$F(\theta)=\frac{C_1}{\sin\theta}=C_1\operatorname{cosec}\theta \tag{6-132}$$

这种波束对于对空搜索的地面雷达天线是一种合适的波束形状。

典型的余割平方波束的功率方向函数为

$$F(\theta)=\begin{cases}\operatorname{cosec}^2\theta, & \theta_1<\theta<\theta_2\\ 0, & \text{其余}\end{cases} \tag{6-133}$$

使用这种方向函数的天线的雷达系统对于处在等高飞行的同一目标上的回波信号是相对恒定的。在实际雷达天线系统设计中所采用的赋形波束与理想的余割平方波束形状有一定差别，这主要根据天线实际使用要求来确定。

对赋形波束天线增益的计算可采用以下公式：

$$G=\frac{720\text{ 平方度}}{\iint \mathrm{FAZ}(\phi)\mathrm{FEL}(\theta)\mathrm{d}\phi\mathrm{d}\theta} \tag{6-134}$$

其中，$\mathrm{FAZ}(\phi)$和$\mathrm{FEL}(\theta)$分别是方位和俯仰面波束功率方向图。

给定了特定形状的目标方向图，设计的天线阵往往难以辐射出完全相同的赋形方向图。因此，方向图的综合问题实际上是一个函数逼近的问题，即设计天线阵使之产生某种近似方向图函数或某些函数的线性组合，尽可能地逼近所需要的方向图函数。一般来说，综合是通过控制综合方向图与所需方向图函数之间的均方误差或者最大偏差来实现的。前面介绍的矩阵法即是考虑均方误差最小来实现的。近年来，一些优化算法的发展也为阵列方向图的综合带来新的方法，并且取得了很好的效果。

1. 赋形举例(上)

目标方向图最大辐射方向位于俯仰面－15°，半功率波瓣宽度为8°，方向图下降到－8 dB后开始赋形，赋形区域延至45°，天线工作频率为3.25 GHz。图6.22所示为采用矩阵法得到的18个单元综合方向图；图6.23所示为采用矩阵法得到的24个单元综合方向图。由图6.22和图6.23对比可知，18个单元即可实现很好的方向图赋形，但是在45°附近，方向图下降较快，与目标方向图相比，综合方向图赋形区域窄；而图6.23所示中，24个单元方向图赋形在45°附近下降明显减小，赋形区域较宽，赋形效果比采用18个单元要好。

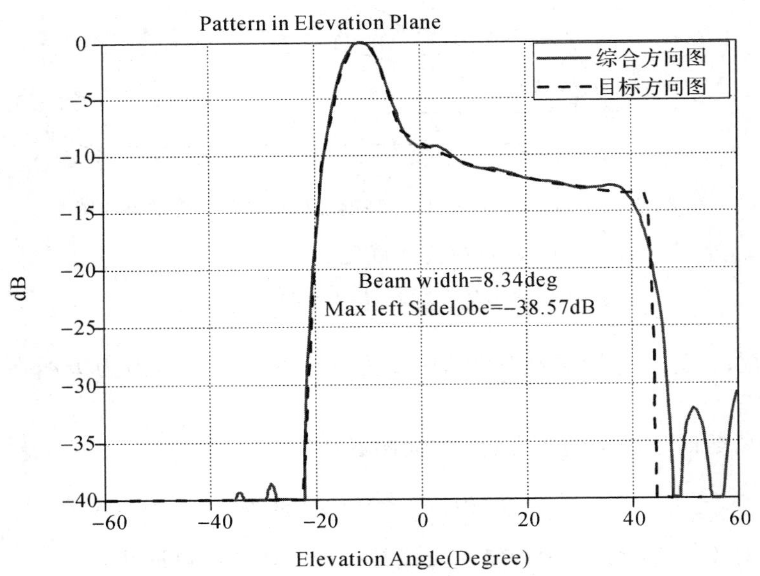

图 6.22　18个单元矩阵法综合方向图

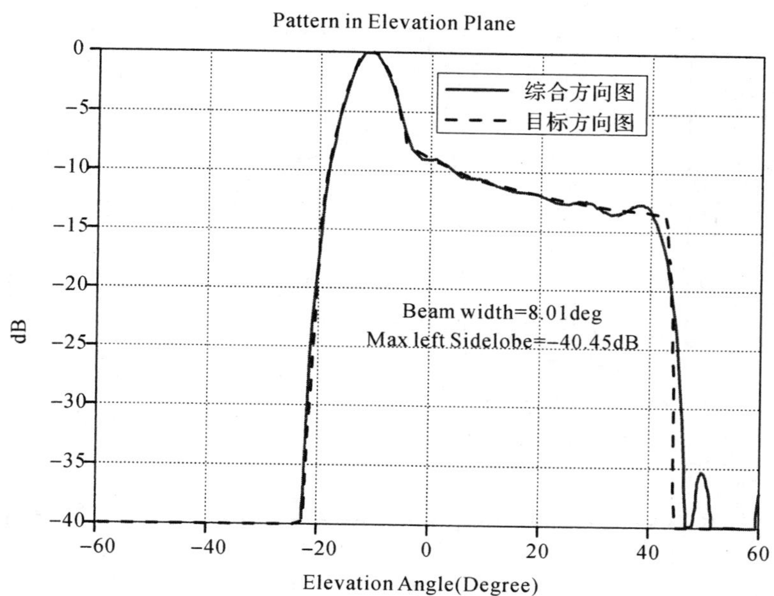

图 6.23　24 个单元矩阵法综合方向图

阵列天线设计中，一般要求尽量减少单元数，以简化馈电网络的尺寸，从而减小其设计复杂性。这里采用矩阵法分别求解 18 个单元和 24 个单元的综合方向图问题，由综合结果可以看出，18 个单元基本可以实现要求的赋形方向图。下一步在矩阵法综合求解的基础上采用 PSO 优化算法，对于综合方向图波束赋形区域宽度较窄的问题进行进一步的优化计算。

图 6.24 和图 6.25 分别为采用 PSO 优化得到的 18 个单元、24 个单元方向图，将其分别与图 6.22 和图 6.23 所示的矩阵法得到的 18 个单元、24 个单元综合方向图对比可以看出，

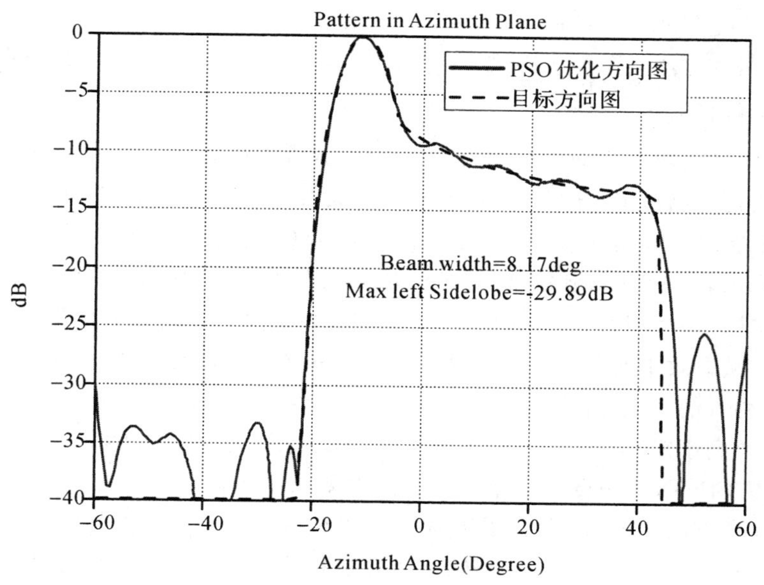

图 6.24　18 个单元 PSO 优化方向图

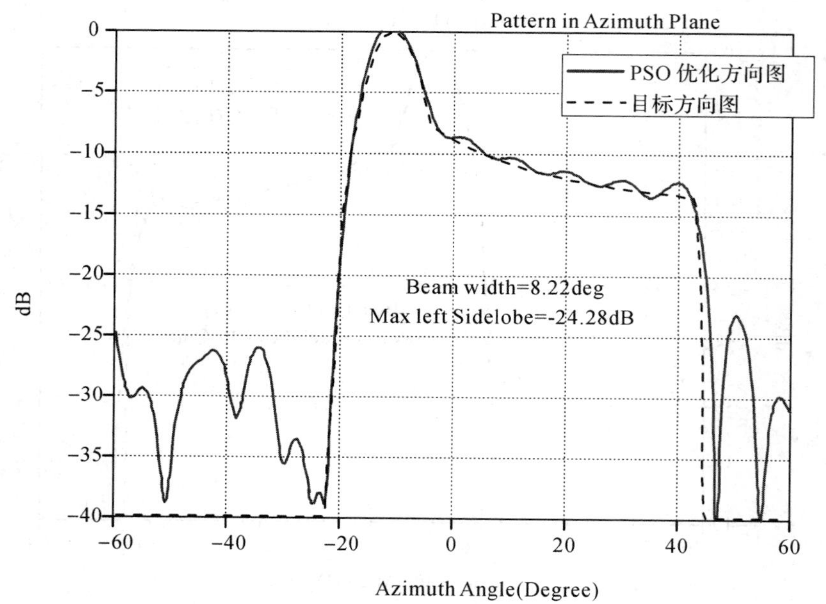

图 6.25　24 个单元 PSO 优化方向图

优化后的赋形波束在 45°拐角处下降较缓，基本覆盖目标方向图的赋形区域，但副瓣电平相应抬高。在赋形波束综合过程中，如果不对副瓣电平作重点要求(一般情况小于－25 dB 即可)，则经 PSO 优化之后的赋形波束是可以接受的。可以看出，PSO 优化之后的方向图赋形精度要优于矩阵法综合方向图的赋形精度。

另外，通过对比不同单元数、两种综合方法得到的方向图可以看出，单元数目较少时，矩阵求解精度一般，利用 PSO 优化算法继续逼近目标方向图，效果明显；单元数目较多时，矩阵法求解精度较高，综合的方向图与目标方向图误差较小，在此基础上采用 PSO 优化算法综合方向图，效果比较不明显。

通过上述两种方法均可综合得到 18 个单元、24 个单元激励电流幅相分布。

2. 赋形举例(下)

目标方向图最大辐射方向位于俯仰面 5.5°，半功率波瓣宽度为 9°，方向图自 8°(对应－2 dB)俯仰角处开始赋形，赋形区域延至 45°，天线工作频率为 9.775 GHz。图 6.26 所示为矩阵法得到的 20 个单元的方向图，图 6.27 为 PSO 优化得到的 20 个单元的方向图。从图 6.26 可以看出，矩阵法得到的 20 个单元的方向图可以实现较好的波束赋形，但在 45°附近精度较差；图 6.27 中 PSO 优化得到的方向图可以完全覆盖目标方向图的整个赋形区域，并在 45°附近，赋形效果明显好于矩阵法，但副瓣电平相应抬高。

分别用两种方法对赋形波束 1 和 2 进行综合，结果显示，PSO 优化得到的方向图在赋形区域内精度要高于矩阵法，但是副瓣电平会相应抬高；若以尽可能降低副瓣电平为优化目标，主瓣内方向图赋形精度就会下降。本例中要求主瓣内方向图赋形精度要高，因此采用 PSO 优化综合方向图分布、适当牺牲副瓣电平值的方法是可取的。从两种方法综合方向图的结果可以看出，采用矩阵法与 PSO 优化算法相结合的波束赋形综合办法，特别适用于单元数目较少的阵列天线。通过以上两个算例也证实了 PSO 优化算法在电磁工程领域，尤其是阵列天线方向图综合中的可用性。

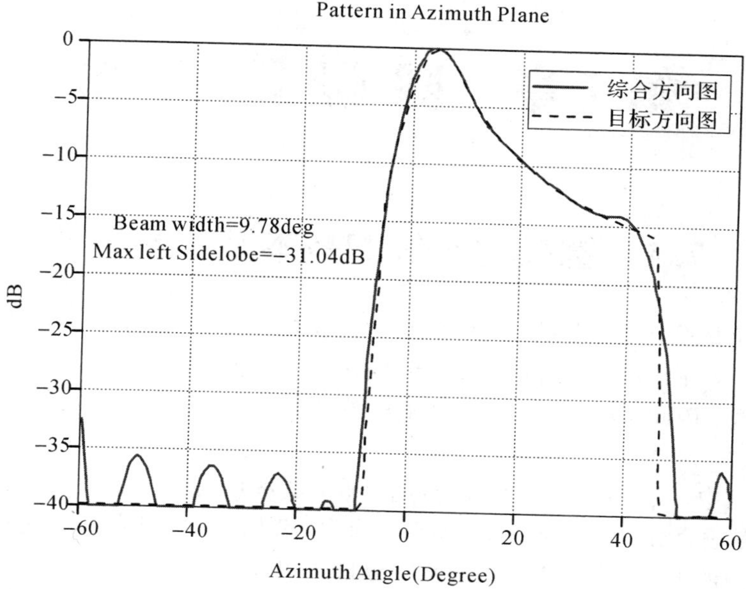

图 6.26 20 个单元矩阵法综合方向图

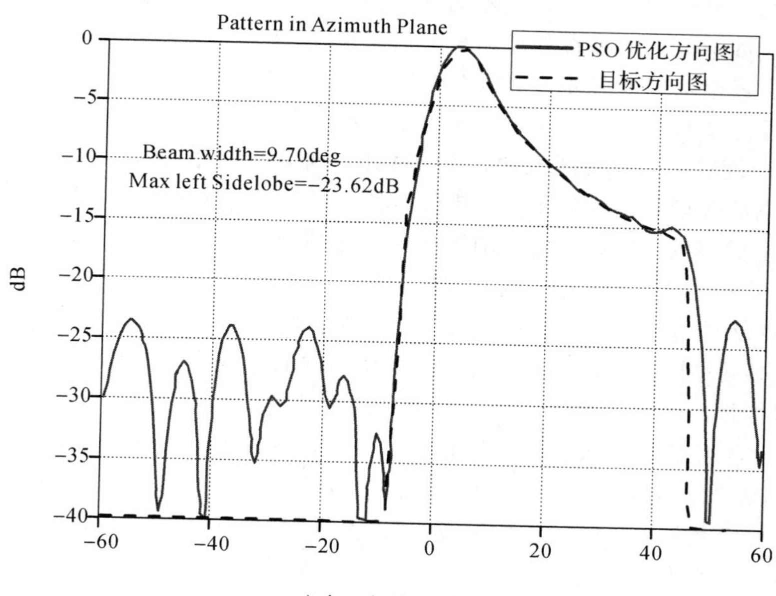

图 6.27 20 个单元 PSO 优化方向图

第7章 圆极化天线

7.1 圆极化天线的基本概念及用途

天线的极化是按其所辐射的电磁波的极化定义的。也就是说，天线的极化是指当天线用作发射天线时，在给定方向所辐射的波的极化。我们把能够辐射或接收圆极化波的天线称为圆极化天线。因此，我们先讨论一个电磁波的极化，然后从波的极化直接转入天线的极化。

在无线通信中，无线电波到达接收点的时候，其电场对地球表面来说，通常有两种电波分量：一种是垂直分量，一种是水平分量。通常，我们所说的天线极化是指最大辐射方向或最大接收方向的极化。当垂直分量和水平分量的相位相同或相差180°时，则合成的电场为线极化，其电场矢量始终在同一平面。合成的电场幅度 E 随时间 t 作周期性的变化，但是方向不变。对于合成电场中垂直于地面的电波，称为垂直极化波，与地面平行的电波称为水平极化波。如果电场的垂直分量和水平分量相等，相位相差为90°(或270°)的电波称为圆极化波；其合成电场幅度 E 不变，但方向随时间而改变。E 的矢量在一圆上并以角速度 ω 匀速旋转。从垂直于传播方向的任意固定平面上往传播方向观察，圆极化波的电场强度向量以顺时针方向旋转叫做右旋圆极化，以反时针方向旋转叫做左旋圆极化。在一般的情况下，无线电波电场分量的幅度和相位都是任意值，其合成电场 E 的矢量端一般为一个椭圆，称为椭圆极化。椭圆极化也有右旋椭圆极化和左旋椭圆极化之分。

在传统的单极化收发系统中，电波信号的发射与接收往往存在一个天线的极化对准匹配问题。如果某天线只能发射或接收线极化波，则它是线极化天线。若发射天线是圆极化，则接收天线也必须是圆极化的，而且两者的极化方向必须相同(也叫做极化匹配)。当来波的极化方向与接收天线的极化方向不一致时，接收到的信号就会变小，也就是说，发生极化失配。例如：当用±45°线极化天线接收垂直极化波或水平极化波，或者用垂直极化天线接收±45°极化波时，都要产生极化失配。用圆极化天线接收任一线极化波，或者用线极化天线接收任一圆极化波时，也必然发生极化失配——只能接收到来波能量的一半。当接收天线的极化方向与来波的极化方向完全正交时，例如用水平极化天线接收垂直极化波，或用右旋圆极化天线接收左旋圆极化波时，天线就完全接收不到来波的能量，这种情况下极化损失为最大，称为极化完全隔离。但有些情况下，我们需要利用这种交叉极化。比如：收发共用天线或双频天线就是利用了主极化和交叉极化相隔离的特性，从而达到收发隔离或双频隔离的目的。

不同物体对电磁波的反射特性与波的极化状态有很大关系，而圆极化波又具有一些独特的性能，因此在现代设备中的应用越来越广泛，主要表现在以下几个方面。

(1) 圆极化天线调整容易，易于用户接收电视信号。

由于地面天线信号是以卫星天线的极化方向为基准的，所以对于圆极化，只需对准卫星，即可接收到满意的电视图像信号，不需要进行极化方向调整。

对使用线极化天线的卫星，由于避免不了极化偏转的产生（不同地区极化角不同），因此需要旋转地面天线馈源（即调整极化）才能使信号最强。

对广大直播卫星电视用户来说，使用线极化不仅在调整极化上存在较大的技术困难，而且安装上也会带来不便。即使提供专业的技术支持服务，使用线极化也很难在短时间内迅速有效地进行，因此对直播卫星电视用户很不方便。尤其是我国占人口大多数的农村用户和偏远地区用户，由于受到各种条件的限制，调整天线极化的难度进一步加大。

使用圆极化的接收终端只需考虑机械安装，告知中国亿万用户所在地区天线的方位角和仰角，便可实现非专业人员的安装与运维服务，有利于 BSS 业务推广并可降低运营成本。

（2）使用圆极化更易于实现双星同轨同频备份。

如果同轨是两个线极化卫星，要求两颗星初始极化角一致。如果极化初始角不一致，将无法实现两颗卫星的同频备份，只能是完全的整星转换。在整星转换时，地面接收天线还需重新调整极化。然而，使用圆极化的两颗同轨备份的卫星，可采用交叉方式互为备份，便于各自星上的能源温控管理，使卫星处于较佳的工作状态。

（3）圆极化更加适宜移动接收。

我国疆域辽阔，东部人口比较集中，西部人口居住分散，还有漫长的海岸线、诸多岛屿以及数万公里的国境线和数以千万的牧民、边防哨所的子弟兵等，全国每天有数以万计的移动车辆，每天有八千万至一亿的移动人口，均适宜用圆极化天线接收电视节目。

总之，圆极化天线的应用范围日益扩大，有其广阔的前景。因此，了解圆极化波性能、研究圆极化天线是十分重要而有意义的。

7.2　圆极化天线的实现途径及基本形式

圆极化波是一个等幅的瞬时旋向场。沿其传播方向看过去，波的瞬时电场矢量的终端轨迹是一个圆。一个圆极化波可以分解为两个在空间上、时间上均正交的等幅线极化波。因此，从理论上实现圆极化天线的基本原理是：产生空间上相互正交的两线极化电场分量，并使二者振幅相等、相位相差 90°。

例如：有两个波，其电场矢量分别为 $\boldsymbol{E}_1$、$\boldsymbol{E}_2$。E_x 和 E_y 分别指的是电场的 x 分量和 y 分量的复振幅值。两个波的频率相同，其合成波要实现圆极化，则必须要满足以下三个条件：

（1）在直角坐标系中，两个波的电场矢量在空间中必须相互垂直，即

$$\boldsymbol{E}_1=E_x x,\quad \boldsymbol{E}_2=E_y y \tag{7-1}$$

（2）两个波的电场矢量随时间变化的相位相差 90°，即

$$\boldsymbol{E}_1=E_x\sin(\omega t),\quad \boldsymbol{E}_2=E_y\sin(\omega t\pm 90°)=\pm E_y\cos(\omega t) \tag{7-2}$$

（3）两个波的电场的幅度必须相等，即

$$E_x=E_y=E \tag{7-3}$$

综合以上三个条件在直角坐标系 $x-y$ 中，即

$$E_1(t)=E_x\sin(\omega t)=E\sin(\omega t) \tag{7-4}$$

$$E_2(t)=E_y\sin(\omega t)=E\cos(\omega t) \tag{7-5}$$

此即圆的参数方程。合成电场矢量 $\boldsymbol{E}_z$ 的幅值为

$$E_z=\sqrt{E^2\sin^2(\omega t)+E^2\cos^2(\omega t)}=E \tag{7-6}$$

相角 $\alpha=\omega t$，周期 $T=\dfrac{2\pi}{\omega}=\dfrac{1}{f}$，$f$ 为两波的频率。合成电场矢量 $\boldsymbol{E}_z$ 是随时间 t 以 ω 角频率旋转的，其模 $|\boldsymbol{E}_z|$ 的大小不变，即在各个方向的幅度都相等，此即圆极化的由来。

实现圆极化天线有多种形式，常见的圆极化天线形式有十字交叉振子天线、螺旋天线、四臂螺旋天线、微带天线等。

7.2.1 十字交叉振子天线

首先分析十字交叉振子天线是如何实现圆极化的。圆极化波如图 7.1 所示。

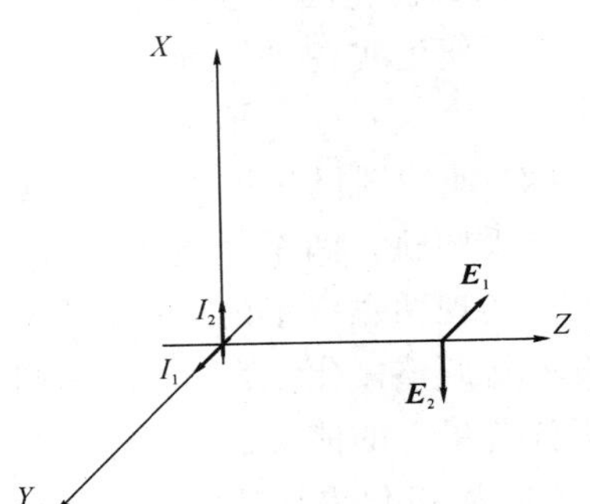

图 7.1 圆极化波示意图

设有幅度相等，相位相差 90°的电流 I_1 和 I_2，则这两个相互正交的电流元在远区产生的电场为

$$E_1=\mathrm{j}\eta\frac{I_1 l}{2\lambda r}\sin\theta_y \mathrm{e}^{-\mathrm{j}kr}\theta_y \tag{7-7}$$

$$E_2=\mathrm{j}\eta\frac{I_2 l\mathrm{e}^{\mathrm{j}\frac{\pi}{2}}}{2\lambda r}\sin\theta_x \mathrm{e}^{-\mathrm{j}kr}\theta_x \tag{7-8}$$

其中，$|E_1|=|E_2|$，E_1 与 E_2 相位相差 90°。由圆极化理论可知，合成电场矢量的矢端轨迹为圆，所以在远场为圆极化波。这就是十字交叉振子天线可以向外辐射圆极化波的原因。在实际设计中，选取合适的有源振子长度，可使天线工作于所需频带内。

十字交叉振子天线的衍生形式有很多种，十字交叉振子天线的基本形式如图 7.2 所示。图中在有源振子的基础上增加反射振子以提高天线增益。图中 l_1 为反射振子长度，l_2 为有源振子长度，d_1 为两个振子间的间距。

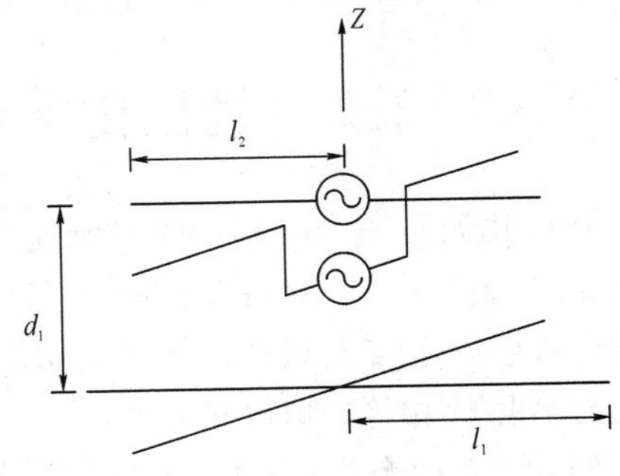

图 7.2 十字交叉振子天线基本形式

这种十字交叉振子天线的优点是，如果选择合适的馈电网络给两个振子臂馈以等幅、相位相差 90°的电流，则这种形式的十字交叉振子天线的轴比带宽可以做到很宽。对应地，这种天线的缺点是，需要单独的功分相移网络分别对两个振子进行馈电，那么就需要对天线的馈电网络单独进行设计计算。

7.2.2 螺旋天线

螺旋天线是目前常用的一种线天线形式，它是由导电良好的金属导线绕成螺旋线的形状而构成的。根据绕成的形状的不同，又可将螺旋天线分成圆柱形螺旋天线、圆锥形螺旋天线及平面螺旋天线等。这里以阿基米德螺旋天线为例，来介绍螺旋天线实现圆极化的机理。

阿基米德螺旋天线的结构如图 7.3 所示，其中两个螺旋天线的方程为 $r=r_0\phi$ 和 $r=r_0(\phi-\pi)$。现在利用图 7.3 来给出有关螺旋天线的工作原理。天线两臂在点 F_1 和 F_2 以 180°相位差馈电。图中是以相反方向的电流箭头表示的。1 号臂上的(－)电流向内，而 2 号臂的(＋)电流向外。天线臂外到 A 的长度 F_1A_1 和 F_2A_2 相同，因此从馈电到 A 点的相位变化一样，保持图中的电流方向。有效作用区的范围是周长为一个波长的区域，包含标记为 A 和 B 的点。可以假定在此区域中的电流幅度近似相等。但是，随行波沿天线臂前进时发生相移。由于在有效作用区的周长是电大尺寸的，所以必须考虑相位的变化。在 A_1 和A_1'之间与 A_2和 A_2'之间的路径会有 180°的相移。由于 180°的相移再加上半圈引入的相反方向，不同臂上的邻近点(A_1，A_2'和 A_2，A_1')现在是同相的。另外，与这一对点相对的点即 A_1，A_2'与 A_2，A_1 也是同相的。这些同相的条件使其在辐射方向的电场加强，给出辐射的最大值。在有效作用区以内的区域，沿着不同臂到相邻点的电长度也不再是电大的了，而保持激励引起的反相条件。这是传输线模式，辐射很低。在螺旋天线终端常加以电阻性负载，以防止剩余行波的反射。

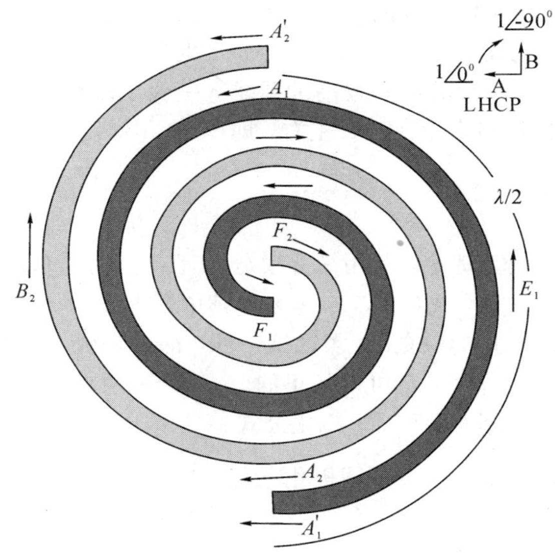

图 7.3　阿基米德螺旋天线

需要说明的是螺旋天线的圆极化特性。在有效作用区，沿螺旋线四分之一圈的点有 90°的相差。例如，在点 B_1 的相位比点滞后 90°。另外，这些电流在空间上是正交的，电流的幅度也几乎相等。这样，满足所有圆极化辐射的条件：辐射场(由电流产生)是正交的，幅度相等，相位差为 90°。如在图中插入的电流矢量图指出波是左旋圆极化的。左旋的方向根据螺旋的左旋绕向得到。这适用于从纸面向外的辐射。从纸面另一面来看，该螺旋天线是右旋绕向的，于是产生右旋极化波(RHCP)。

7.2.3　微带圆极化天线

圆极化天线阵列分为圆极化微带线阵和圆极化贴片天线阵。圆极化微带线阵其原理是一个微带行波节上可能有几个不同极化的辐射单元，如果它们之间有适当的相位差，就有可能合成圆极化辐射。但是构成圆极化的各线极化辐射单元的相位中心不在同一点上，因此在不同方位角上观察到的极化轴比是不同的，并且相差很大。一般在天顶方向上是理想的圆极化，离开天顶方向很小的角度方位内圆极化恶化不严重。利用多个线极化辐射元也可形成圆极化辐射，与多馈点设计相似，只是将每一馈点分别对一个线极化辐射元馈电，此种方法能获得较宽的圆极化带宽，且馈电网络较为简化，不需要复杂的功分器组合电路。

用微带天线产生圆极化波的关键是产生两个方向正交、幅度相等、相位相差90°的线极化波。目前，用微带天线实现圆极化辐射主要有：单点馈电的单片圆极化微带天线、多点正交馈电的单片圆极化微带天线、由曲线微带构成的宽频带圆极化微带天线、微带天线阵构成的圆极化微带天线等。

微带天线中存在何种模式完全取决于贴片的形状和激励模型，当馈电点位于贴片的对角线上时，天线中可以同时维持 TM_{01} 和 TM_{10} 模，两种主模同相且极化正交，结果导致辐射波的极化方向与馈电点所在对角线平行，单点馈电的准方形贴片、方形切角贴片和四周切有缝隙的方形贴片天线等均可以辐射圆极化波。

圆极化天线的基本参数是最大增益方向上的轴比。轴比不大于 3 dB 带宽，定义为天线的圆极化轴比带宽。轴比将决定天线的极化效率。表征天线极化纯度的交叉极化鉴别率也可由轴比得出。任一圆极化波可分解为两个在空间、时间上均正交的等幅线极化波。在卫星通信等应用中，对天线的极化纯度有较高的要求，一般要求圆极化天线在特定方向上的轴比为 3 dB，其交叉极化辨别率为 34 dB 左右，即 15.3 dB。尽管圆极化天线形式各异，但产生机理万变不离其宗。

1. 单馈法

单馈法主要基于空腔模型理论，利用简并模分离元产生两个辐射正交极化的简并模工作。单馈点圆极化贴片的一些形式如图 7.4 所示，其中矩形贴片 A 型组的馈电点 F 在 x 或 y 轴上，B 型组的馈电点 F 在对角线上。无论哪一种，都需要引入微扰 Δs 来实现圆极化辐射所需条件。Δs 也称简并分离元，它可以是正的（$\Delta s>0$）或负的（$\Delta s<0$），其影响可用变分法来分析。在工程应用上，可以得到以下简化公式：

$$\text{对于 A 型圆极化条件} \left|\frac{\Delta s}{s}\right| = \frac{1}{2Q} \tag{7-9}$$

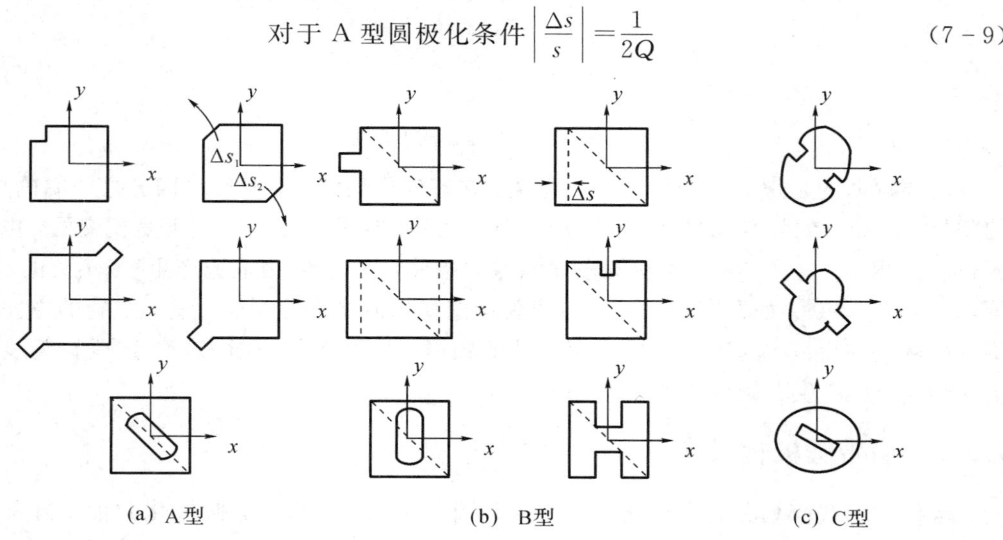

图 7.4 单馈电圆极化贴片的一些形式

$$\text{对于 B 型圆极化条件} \left|\frac{\Delta s}{s}\right| = \frac{1}{Q} \tag{7-10}$$

$$\text{对于 C 型圆极化条件} \left|\frac{\Delta s}{s}\right| = \frac{1}{1.841Q} \tag{7-11}$$

这种单馈法结构简单，无需外加功分网络和相移网络便可实现圆极化，适合小型化，并且实现方案多样，适用于各种形状的贴片，但缺点是带宽窄，极化性能比较差。

2. 多馈法

多馈法采用 Wilkinson 功分移相网络或 3 dB 电桥等馈电网络，利用多个馈点馈电微带天线，由馈电网络保证圆极化工作条件。这种形式的天线，驻波比带宽及圆极化轴比带宽较好，但馈电网络较复杂，尺寸较大，成本较高。

双馈点方式是获得圆极化辐射的最直接方法，此方法利用两个馈电点来激励两个极化正交的简并模，并由馈电网络保证两模的振幅相等、相位差为 90°，以满足圆极化条件。双馈电圆极化微带天线如图 7.5 所示。

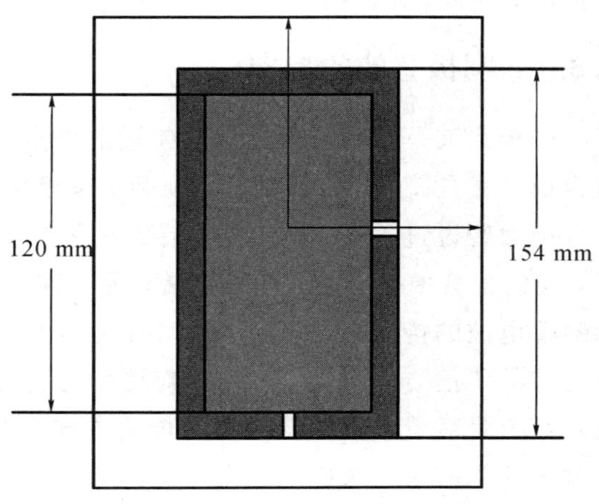

图 7.5　双馈电圆极化微带天线

3. 圆极化曲线微带天线

如图 7.6(a)所示，圆扇形微带天线的一个端点是馈电端，信号经过 2π 相位传到另一端被吸收，在圆扇形上构成行波。图 7.6(b)所示的微带螺旋，一端馈电，另一端是吸收负载，电波在螺旋上形成行波。由于这两种天线结构呈曲线状，曲线内边缘的磁流比外边缘的短，由此形成了辐射源。

由天线理论可知，一圈有 2π 相位的圆形行波天线可以向外辐射圆极化波，故图中的曲线微带天线可以实现圆极化。此类方法的缺点是理论分析天线较困难，对天线制作公差要求严格。

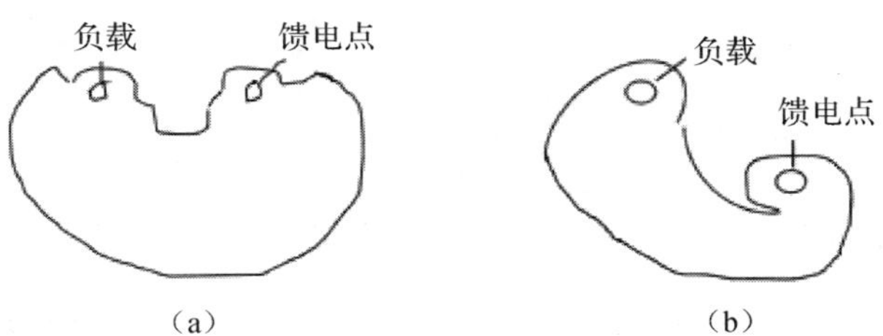

图 7.6　曲线微带型

4. 圆极化微带天线阵

将 N 个微带天线元以一定的规律排列，通过微带线或馈电网络馈电，组成圆极化微带天线阵。圆极化微带天线阵在天线增益及带宽上均有大幅提高，但缺点就是各天线辐射元之间存在互耦，天线的极化特性变差，并且天线体积较大。

7.3 圆极化天线的参数及特性分析

圆极化波是椭圆极化波的一种特殊形式，习惯上常将椭圆度不大的椭圆极化波也称为圆极化波，产生这种波的天线也就称为圆极化天线。圆极化天线除具有一般天线的参数(如方向图、增益、输入阻抗等)外，还具有一些圆极化波所独有的参数，下面我们来分别讨论。

7.3.1 圆极化波的旋向

圆极化波是指两矢量之合成矢量的端点所描绘的轨迹是个圆(或椭圆度不大的椭圆)，且合成矢量是旋转的。因此，必须确定圆极化波的旋向。

前面曾说过，圆极化波有右旋圆极化波和左旋圆极化波之分，而由于旋向方向是相对的，我们把其中一种旋向称为右旋，另一种旋向则叫做左旋。这里有两种定义方法：一种是面对着电波的传播方向看去，顺时针旋转称为左旋，反时针旋转则称为右旋；另一种是顺着电波的传播方向看去，顺时针旋转称为右旋，反时针旋转称为左旋。即圆极化波的旋向与观察者是对着或是顺着电波的传播方向有关，不同的观察方向会得出完全相反的结论。工程上常用的定义是以顺着电波的传播方向为观察方向的。

7.3.2 椭圆极化波的倾角

椭圆极化波的倾角定义为：极化椭圆的长轴与平行于地面的 x 轴之间的夹角，以 τ 表示，如图 7.7 所示。

7.3.3 椭圆极化波的轴比

任意极化波的瞬时电场矢量的终端轨迹为一椭圆，如图 7.8 所示。极化椭圆的长轴 $2A$ 和短轴 $2B$ 之比，称为轴比 AR(Axial Ratio)或简记为 $\gamma=A/B$。一般情况下，轴比用分贝数来表示：

$$|\gamma|=20\ \lg|\gamma|=20\ \lg\left(\frac{A}{B}\right)(\text{dB}) \tag{7-12}$$

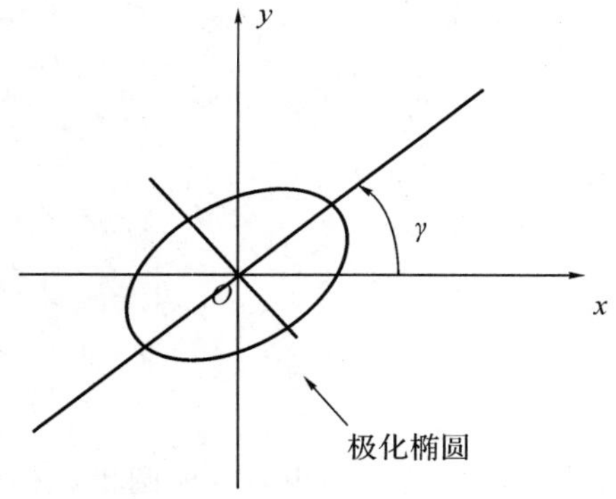

图 7.7 极化椭圆倾角 τ

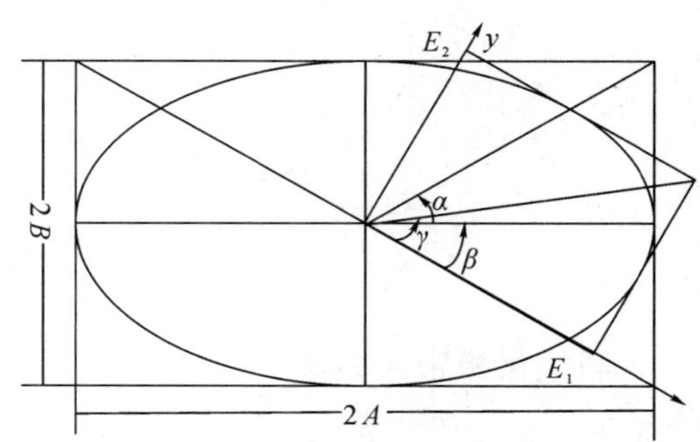

图 7.8 极化椭圆图

椭圆极化天线的基本电参数就是它所辐射电磁波的轴比，一般是指其最大增益方向上的轴比。对于纯圆极化波，轴比 $\gamma=1$，即 0 dB。轴比不大于 3 dB 的带宽定义为圆极化天线的轴比带宽。

为反映极化波的旋向，可以规定轴比 γ(分贝数)具有正、负号(左旋波为正，右旋波为负)。这样，由轴比 γ 和倾角 β(极化椭圆长轴相对于基准轴 x 轴的倾斜角)便确定了任一极化状态。

轴比决定了椭圆极化天线的极化效率 η_p。对于椭圆极化的无线收发系统，可以证明极化效率为

$$\eta_p=\frac{(\gamma_1^2+1)(\gamma_2^2+1)+4\gamma_1\gamma_2+(\gamma_1^2-1)(\gamma_2^2-1)\cos2\beta_0}{2(\gamma_1^2+1)(\gamma_2^2+1)} \tag{7-13}$$

其中：γ_1、γ_2 分别是发射和接收天线的轴比；$\beta_0=\beta_1-\beta_2$ 是两个极化椭圆的倾角差。

分析可以得出，$0\leqslant\eta_p\leqslant1$，其中 $\eta_p=0$ 时称接收天线对入射波极化正交，而 $\eta_p=1$ 时则称极化匹配。此外，当 $|\gamma_1|=1$，$|\gamma_1|=\infty$ 时 $\eta_p=1/2$，这表明用线极化天线接收椭圆极化波(左旋或右旋)时，总能接收到最大可能接收功率的一半。

7.3.4 极化损失系数

极化损失系数是指接收天线的极化与来波不完全匹配时，接收功率损失的程度，这里用 K 表示。K 定义为接收到的功率与入射到接收天线 L 的功率之比。它与来波的极化状态、接收天线的极化状态有关。例如，接收天线极化椭圆的轴比为 γ_1，倾角为 τ_1；发射天线的轴比为 γ_2，倾角为 τ_2；两天线极化椭圆的倾角之差为 $\psi=\tau_1-\tau_2$，即为发射天线的极化椭圆长轴与接收天线的极化椭圆长轴之间的夹角。接收天线中感应的电压为

$$V_t=m\sqrt{1\pm\frac{(\gamma_1^2-1)(\gamma_2^2-1)}{(\gamma_1^2+1)(\gamma_2^2+1)}\cos2\Psi} \tag{7-14}$$

式中，m 是常数。

在收、发天线极化椭圆的旋向相同时，式(7-14)取正号；反之，则取负号。在收、发天线均为纯圆极化情况时，即 $\gamma_1=\gamma_2=1$，则式(7-14)得

$$\begin{cases}V_t=\sqrt{2}m & (\text{旋向相同时的最大感应电压})\\ V_t=0 & (\text{旋向相反时的最小感应电压})\end{cases} \tag{7-15}$$

如果用最大感应电压将式(7-14)归一化，则得

$$\frac{V_t}{V_m}=\frac{1}{\sqrt{2}}\sqrt{1\pm\frac{4\gamma_1\gamma_2}{(\gamma_1^2+1)(\gamma_2^2+1)}+\frac{(\gamma_1^2-1)(\gamma_2^2-1)}{(\gamma_1^2+1)(\gamma_2^2+1)}\cos2\psi} \tag{7-16}$$

式(7-16)写成相应的功率形式，于是按极化损失系数的定义可得

$$K=\frac{P_t}{P_m}=\left(\frac{V_t}{V_m}\right)^2=\frac{1}{2}\pm\frac{2\gamma_1\gamma_2}{(\gamma_1^2+1)(\gamma_2^2+1)}+\frac{(\gamma_1^2-1)(\gamma_2^2-1)}{2(\gamma_1^2+1)(\gamma_2^2+1)}\cos2\psi \tag{7-17}$$

由式(7-17)可知，极化损失系数与两天线的轴比和倾角有关。

7.4 几种实用的圆极化天线的设计

在本节中举例说明了几种形式的圆极化天线的设计。

7.4.1 十字交叉振子天线的设计

根据前面所介绍的十字交叉振子天线的理论和实际工程要求，设计了一种圆极化十字交叉对称振子天线，其工作在 VHF 频段。天线的设计参考了三元八木天线的结构，对正交放置的八木天线馈以幅度相等、相位相差90°的电流，可以使天线在最大辐射方向实现圆极化。三层十字交叉振子天线的结构如图 7.9 所示。

随后分析反射振子和引向振子。通过调整反射振子和引向振子长度以及相邻振子的间距，可以使各振子电流相位自反射振子到引向振子依次滞后，从而实现天线从有源振子到引向振子的前向方向产生最大辐射。根据引向天线设计准则，反射振子与有源振子的间距通常选择 $h=(0.15\sim0.40)\lambda$，间距增大，则天线后向辐射增大，有源振子的输入阻抗也增大。反射振子的长度一般选取为 $2l_1=(0.5\sim0.55)\lambda$，反射振子长度会影响频带内增益大小。引向振子的长度通常选取为 $2l_3=(0.4\sim0.44)\lambda$，并且改变引向振子与有源振子的间距会对天线的方向图产生影响。

在综合权衡天线的驻波比和增益后，通过优化引向振子与有源振子之间的距离以及引向振子、反射振子自身长度，可以得到本次设计的十字交叉对称振子的尺寸。三层天线的结构尺寸为 $l_1=0.231\lambda$，$l_2=0.204\lambda$，$l_3=0.184\lambda$，$h_1=0.233\lambda$，$h_2=0.148\lambda$。在此结构尺寸下的仿真计算结果如图 7.10 所示。图 7.10 所示为三层天线结构的驻波曲线，由计算结果可以得到天线的驻波在 $f_1\sim f_2$ 频段内小于 2.5。

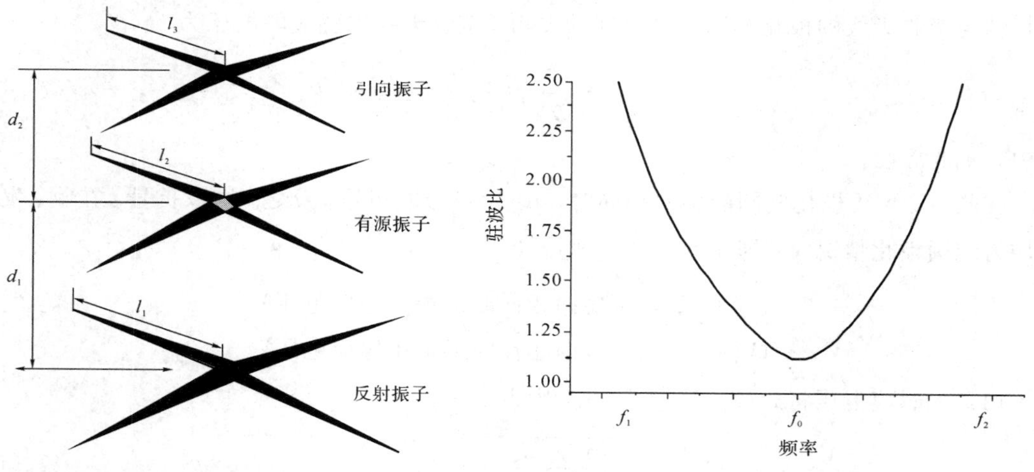

图 7.9　三层十字交叉振子天线的结构　　图 7.10　电压驻波比曲线

图 7.11(a)～(g)所示为三层天线各所需频点在理想馈电下的主极化增益方向图。由天线仿真方向图可知，三层结构的十字交叉振子天线具有较高的增益。在谐振于中心频率时，高频端半功率波瓣宽度变窄，主极化增益大于低频端主极化增益，对于该天线高频端主极化增益大于低频端主极化增益约 0.5～0.6 dB，并且整个频带的半功率波束宽度均大于 90°。

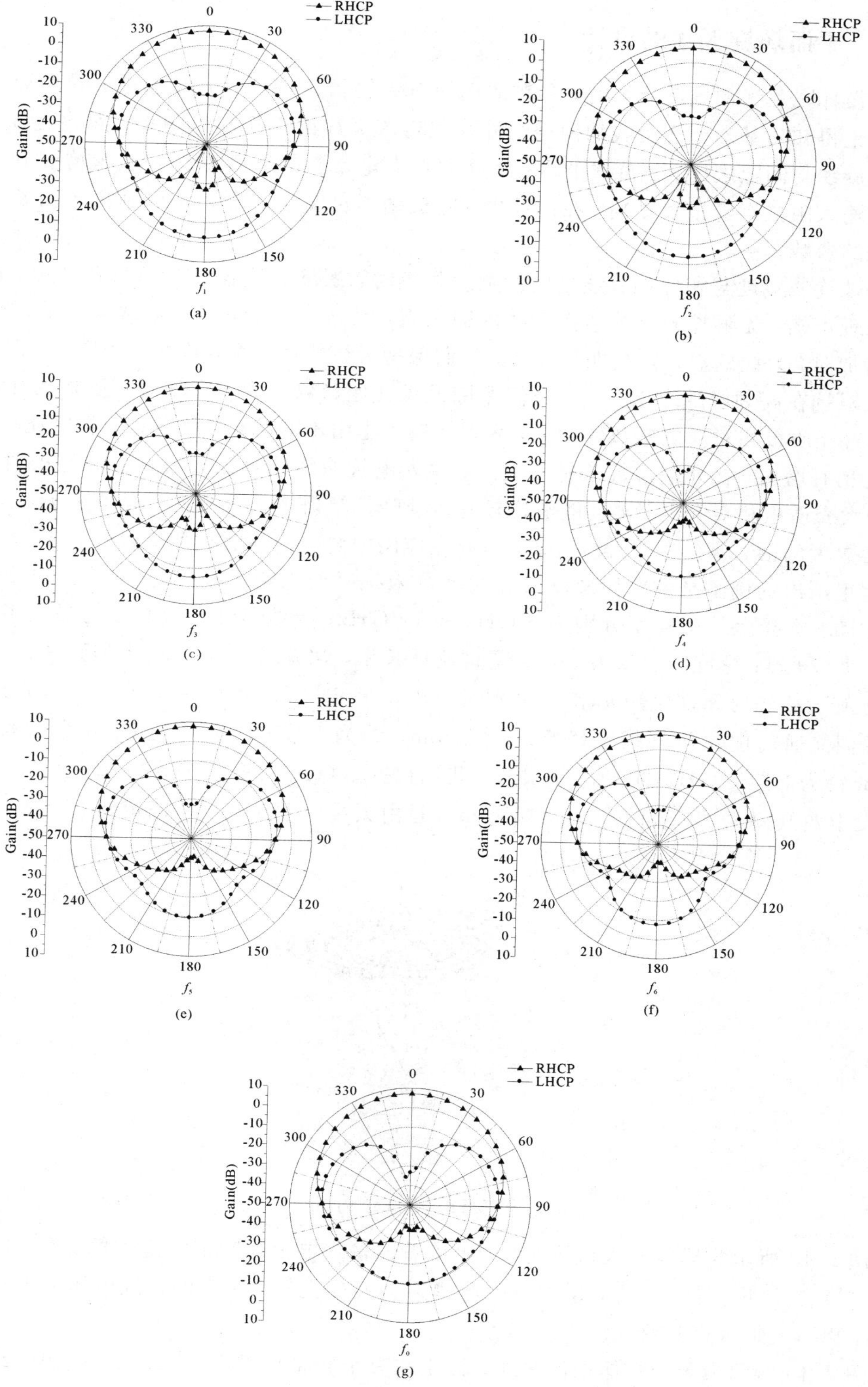

图 7.11　天线在各所需频点的方向图

7.4.2 平面螺旋天线的设计

在设计阿基米德螺旋天线时，参数的选择对天线辐射特性有直接影响。我们通过一些经典理论得知阿基米德螺旋线的内径与外径限定着天线的工作起始频率。除此之外，阿基米德螺旋线与间隙之比、螺旋线的内径、介质板介电常数等参数也对阿基米德螺旋天线辐射体的输入阻抗有着很大影响。在设计中，应根据项目要求需要来选取阿基米德螺旋天线辐射体的参数。

当螺旋线宽度与相邻螺旋线之间的宽度相等时，螺旋天线辐射体为自补结构。由巴比捏特原理可知，无限长的自补结构天线的输入阻抗为 188.5 Ω，当螺旋线与螺旋间隙宽度之比增加时，天线的输入阻抗明显减小。我们保持天线外径不变，随着内径增大，天线辐射体输入阻抗在高频段随之增大。若我们保持天线其他参数不变，只改变介质板的介电常数时，随着介质板相对介电常数的增大，辐射体输入电阻不断减小，而且减小幅度比较大。输入电抗稍有增加，在介电常数不是太大时，输入电抗曲线还算比较平稳。由此我们可以看出，增大介质板相对介电常数，能够比较有效地降低辐射体输入阻抗。但是在实际应用时，介电常数大的话，就会降低天线效率，因此在应用中要综合考虑其利弊。

这里给出的例子是带有帽型反射腔的阿基米德平面螺旋天线。图 7.12 给出了天线结构示意图。选择上下限频率分别为 6 GHz 和 11 GHz；天线整体最大高度与最大半径分别为 h_2-h_1 和 $r4$；螺旋线宽度为 w，a_{sp}是螺旋增长率，螺旋线角度从 ϕ_{st}增加到 ϕ_{end}。由阿基米德螺旋天线辐射原理可知 h_1和 h_2分别对应于 $f_L=6$ GHz 和 $f_H=11$ GHz 的四分之一波长。我们又通过优化仿真最终确定 $h_1=8$ mm，约为对应 11 GHz 的 0.26 个波长，$h_2=14$ mm 约为对应 6 GHz 的 0.28 个波长。我们根据主辐射区理论可得 $2\pi r_{max}(=2\pi a_{sp}\phi_{end})$，其应大于最低频 1.25 倍波长。$r_4=16.5$ mm 是由天线最大限制尺寸确定的。

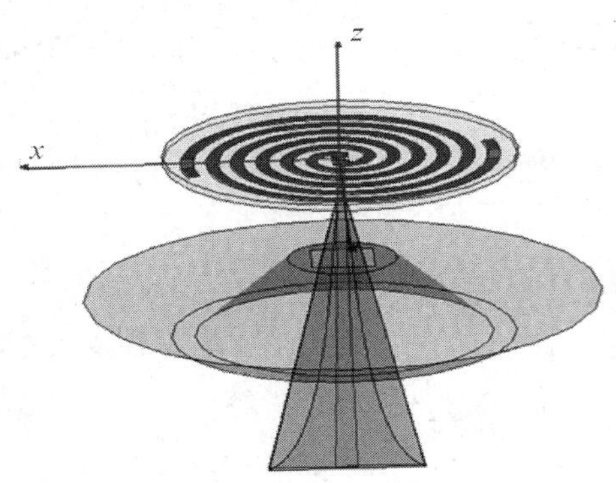

图 7.12 天线结构图

图 7.13 所示为天线输入阻抗曲线，可以看出输入电阻在频带内基本稳定在 50 Ω 左右，电抗在 0 Ω 上下，浮动不大，说明巴伦与辐射体匹配良好。对应的天线电压驻波比曲线也在 1.7 以下，如图 7.14 所示。

图 7.15 所示为天线整体轴比曲线，轴比在整个频带内都在 3 dB 内，说明天线在整个频带内有较好的圆极化特性。图 7.16 所示为天线主极化(右旋圆极化)增益在 phi=0°，theta=0°方向的曲线图。最大增益基本稳定在 7 dB 以上，只是在高频 11 GHz 时略有下降。

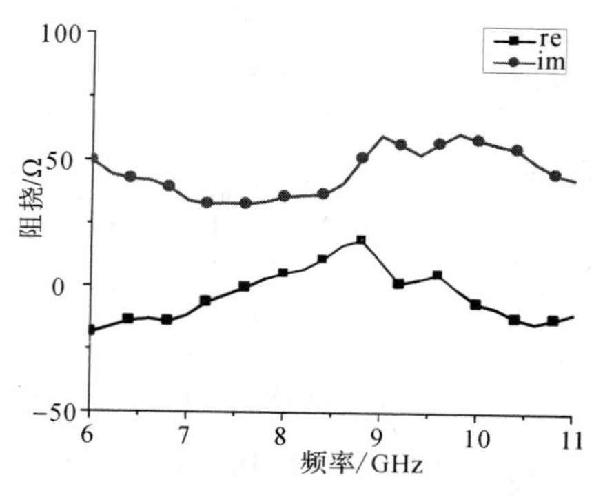

图 7.13　天线输入阻抗曲线

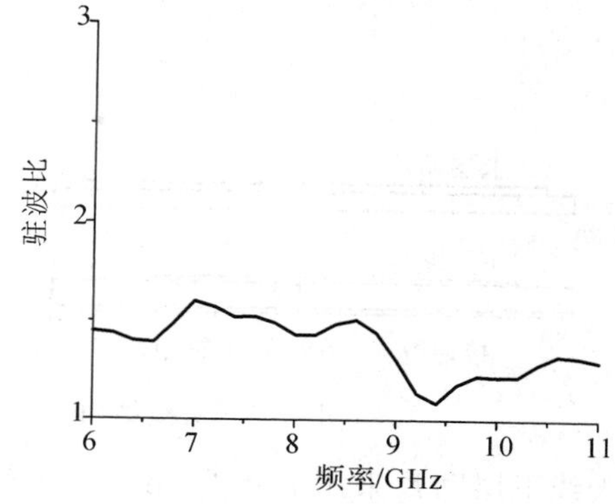

图 7.14　天线电压驻波比曲线

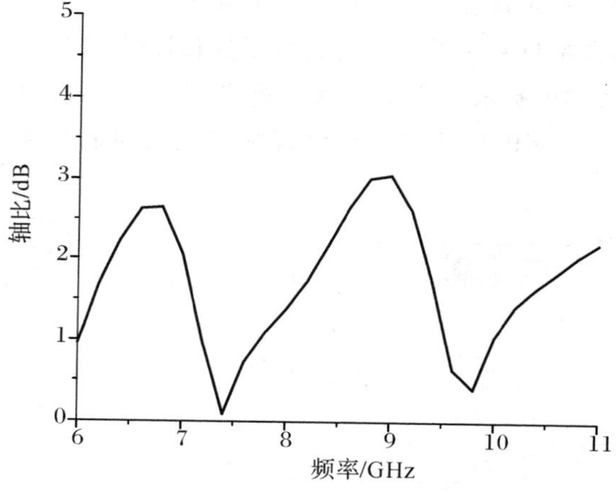

图 7.15　天线整体轴比曲线

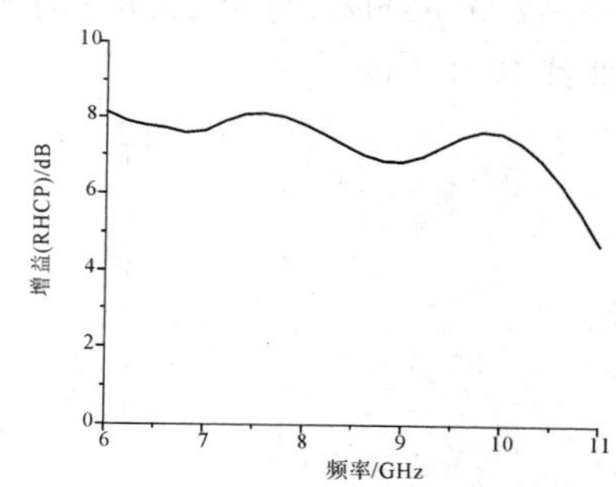

图 7.16　天线主极化增益

7.4.3　微带圆极化天线的设计

这里给出的例子是一种具有较低剖面高度的层叠型宽带圆极化天线。该天线通过采用双层方形切角贴片的层叠结构形成双峰谐振回路，从而实现了较宽频带内的圆极化特性。本例中的天线在方形切角贴片可实现不同旋向圆极化的两个馈点位置都加上端口，一个端口馈电，另一端口附加匹配阻抗。通过馈电端口实现相应圆极化的工作方式，另一端口的阻抗匹配则起到了降低剖面高度的作用，得到了较宽的轴比带宽。

天线结构如图 7.17 所示，由两层方形切角贴片、空气层和接地板构成。下层介质包括介电常数 ε_{r1}、损耗角正切 $\mathrm{tg}\delta_1$ 和厚度 t_1；上层介质包括介电常数 ε_{r2}、损耗角正切 $\mathrm{tg}\delta_2$、厚度 t_2、空气层厚度 h。

图 7.18 所示给出了天线的俯视图并给出贴片的尺寸参数，描述为：下层贴片边长为 p_1，切角深度为 q_1；上层贴片边长 p_2，切角深度 q_2；两馈电点位置均位于下层贴片的中心线上，馈电端口位于沿 x 方向的中心线上，距离右边缘 d_2；匹配负载位于沿 y 方向的中心线上，距离上层贴片的下边缘 d_1。

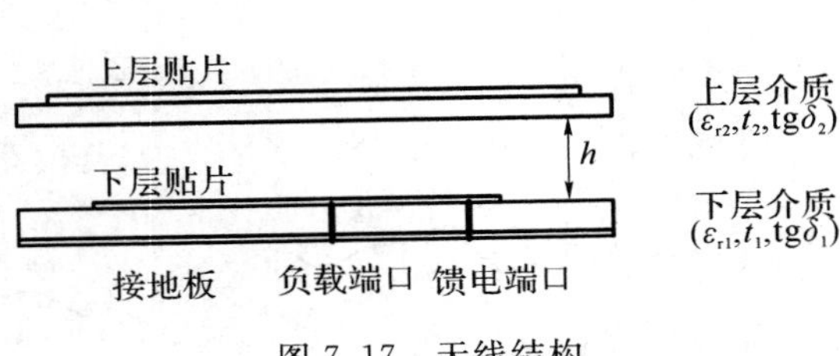

图 7.17　天线结构

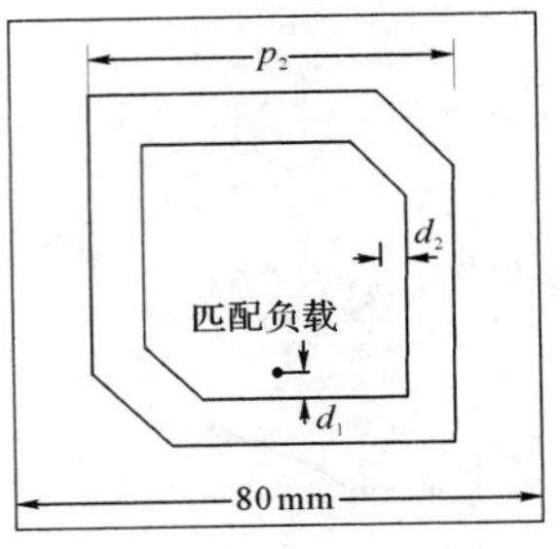

图 7.18　天线俯视图及尺寸参数

天线下层贴片采用 $t_1=3$ mm、$\varepsilon_{r1}=4.4$、$\mathrm{tg}\delta_1=0.02$ 的 FR-4 基片；上层贴片采用 $t_2=1.5$ mm、$\varepsilon_{r2}=2.55$、$\mathrm{tg}\delta_2=0.0011$ 的聚四氟乙烯基片。上下层贴片的初始边长取为：$p_1=42.6$ mm，$p_2=71.4$ mm。上下两方形贴片的微绕量 q_1 和 q_2 的计算可参照文献。采用 HFSS 软件对 p_1、p_2、q_1、q_2、d_1、d_2、h 等参量反复调节，以获取最宽的轴比带宽。

本文天线的实测和仿真驻波曲线如图 7.19 所示。天线实测阻抗带宽（VSWR<2）为 1.55～2.01 GHz，约为 25.8%的相对带宽，实测电压驻波比较仿真驻波比略向低端偏移，但曲线基本一致。

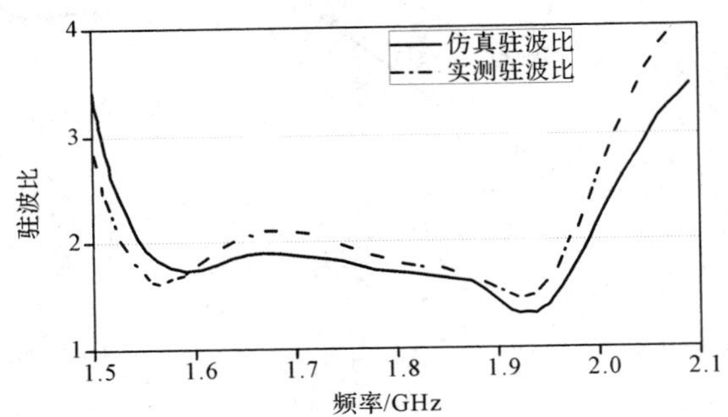

图 7.19　天线的实测和仿真驻波曲线图

图 7.20 所示给出了天线的仿真轴比曲线图，其仿真的 AR<3 频带范围在 1.652～1.98 GHz，相对带宽约为 18%。图 7.21 所示给出天线的增益曲线图，其实测值和仿真值较一致。由图 7.21 可知，该天线在低端的增益较小，高端增益较高，在 1.96 GHz 时最高增益约为 7.7 dB。

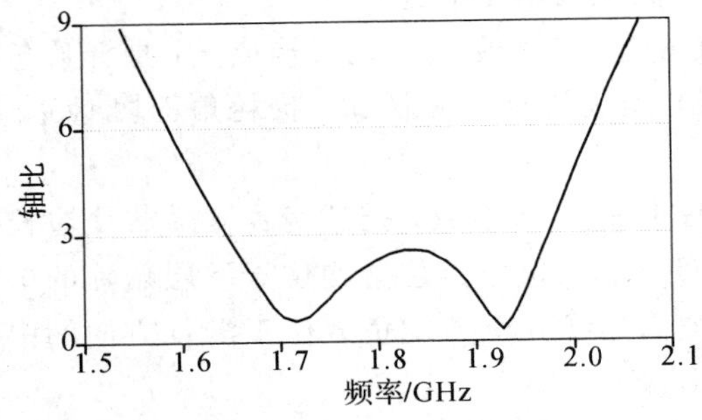

图 7.20　天线仿真轴比曲线图

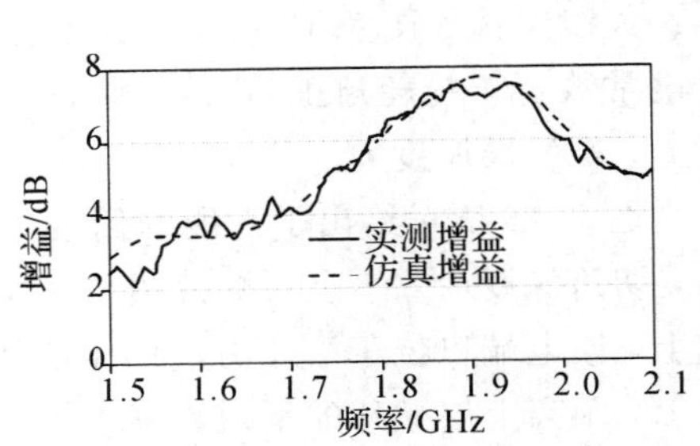

图 7.21　天线实测和仿真增益曲线图

7.5　圆极化螺旋天线

7.5.1　圆柱螺旋天线

螺旋天线是圆极化天线的一种形式，它是用金属线(或管)绕制而成的螺旋结构的行波天线，通常是由同轴线馈电，同轴线内导体和螺旋线一端相接，外导体和金属接地板相连，如图 7.22 所示。图中，d 为螺旋直径；S 为螺距；α 为螺旋升角；L 为圈长；N 为圈数；l 为轴长；a 为螺旋线导线直径；g 为螺旋线起点到接地板的距离；D 是接地板的直径。显然，这种圆柱形螺旋天线各几何参数之间有下列关系

$$\begin{cases} L^2=(\pi d)^2+s^2 \\ \partial=\arctan\left(\dfrac{s}{\pi d}\right) \\ l=Ns \end{cases} \tag{7-18}$$

螺旋天线的辐射特性和螺旋的直径与波长之比有很大关系。当螺旋的直径很小($d/\lambda<0.18$)时，在垂直于螺旋线轴线的平面内有最大的辐射，且在此平面内的方向图是一个圆，而在包含螺旋轴线平面内的方向图是一∞字形，如图 7.23(a)所示，这就是法向模螺旋天线。当螺旋线的直径增大至 d/λ 约为 0.25～0.46 时，即相当于螺旋线的圈长约为一个波长时，天线在沿螺旋线的轴线方向具有最大辐射，如图 7.23(b)所示。若继续增大 d/λ 的值，则螺旋天线的方向图将变为圆锥形，如图 7.23(c)所示。本节讨论沿轴向具有最大辐射，且在最大辐射方向是圆极化或者椭圆极化场的圆柱形螺旋天线，这种天线亦称为轴向模螺旋天线或端射型螺旋天线。

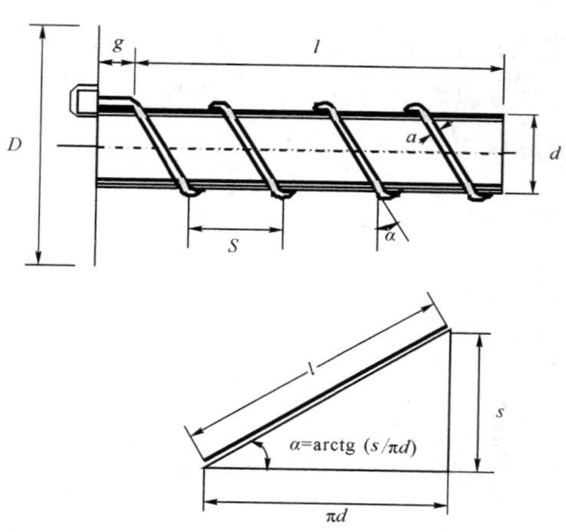

图 7.22　圆柱螺旋天线几何结构

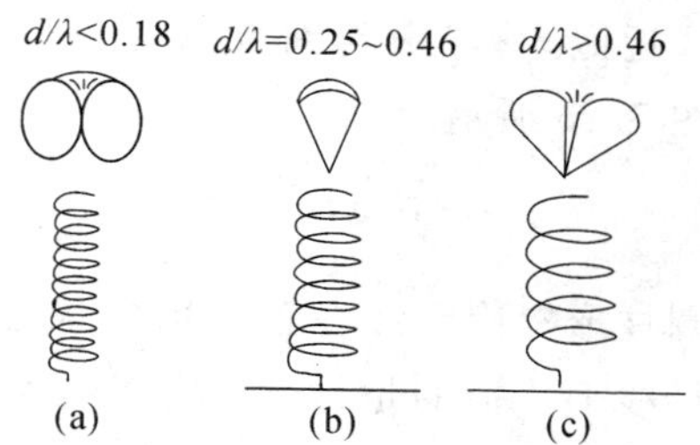

图 7.23　不同的尺寸所对应的辐射情况

本节将简单介绍单绕轴向模螺旋天线的特性。单绕轴向模螺旋天线的主要特点是：沿轴向具有最大辐射，辐射场是圆极化，输入阻抗近似为纯阻抗，具有较宽的频带。

轴向模螺旋天线的方向图函数可由单圈的方向性函数乘以行波天线阵因子函数求得，在工程上可近似地用下式计算：

$$f(\theta)=\cos\theta\frac{\sin\left[\frac{Nk}{2}(s\cos\theta-PL)\right]}{\sin\left[\frac{k}{2}(s\cos\theta-PL)\right]} \tag{7-19}$$

式中，P 为相对传播常数。

方向图主瓣宽度为

$$2\theta_{0.5}=\frac{52}{\frac{L}{\lambda}\sqrt{\frac{NS}{\lambda}}}(^{\circ}) \tag{7-20}$$

方向图主瓣零值宽度为

$$2\theta_{0}=\frac{115}{\frac{L}{\lambda}\sqrt{\frac{NS}{\lambda}}}(^{\circ}) \tag{7-21}$$

由式(7-20)计算出的主瓣宽度与 NS/λ 和 c/λ 的关系曲线如图 7.24 所示。

相对于各向同性圆极化天线的方向性可用下式近似计算：

$$G\approx\frac{15\left(\frac{L}{\lambda}\right)^{2}NS}{\lambda} \tag{7-22}$$

若以分贝表示，则为

$$G\approx 11.8+10\ \lg\left[\frac{\left(\frac{L}{\lambda}\right)^{2}NS}{\lambda}\right] \tag{7-23}$$

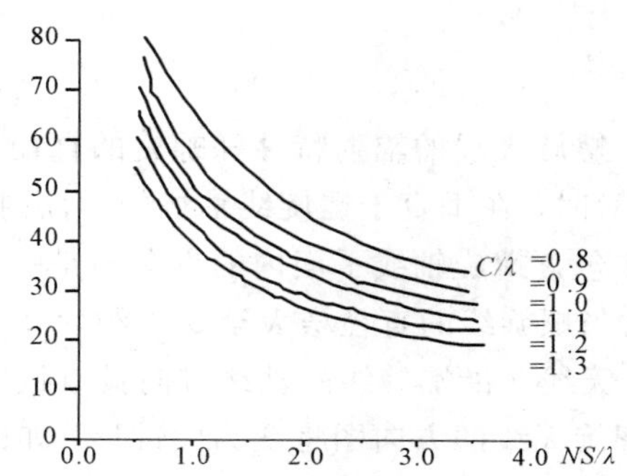

图 7.24　$2\theta_{0.5}$ 与 NS/λ 和 c/λ 的关系曲线

由于在导出上述公式时忽略了副瓣电平的影响，故按上述公式计算得出的方向性系数在 $L/\lambda>1$ 的情况下，通常比实际方向性系数约大 1 dB 左右。式(7-19)～式(7-23)的使用条件是：绕线升角 $12^{\circ}<\alpha<16^{\circ}$；圈数 $N>3$；圈长 $0.75\lambda<L<1.35\lambda$。

理想的圆柱形螺旋天线的轴比(AR)可用下式近似计算，其与圈数 N 之间的关系曲线如图 7.25 所示。

$$\mathrm{AR}=\frac{2N+1}{2N} \tag{7-24}$$

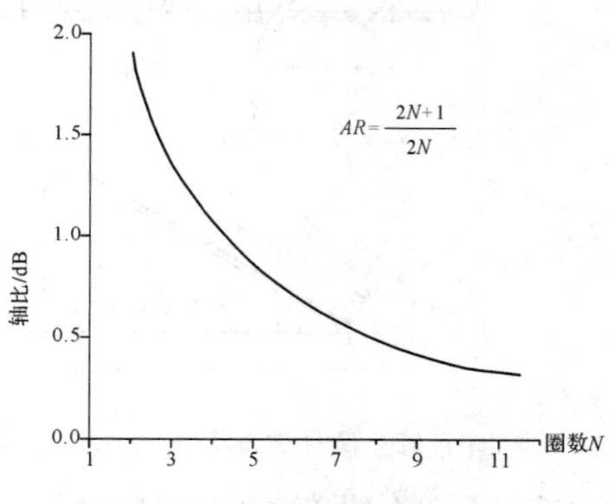

图 7.25　轴比与圈数 N 的关系

圆柱形螺旋天线在轴向辐射状态下，在螺旋导线上传播的是行波，故其输入阻抗几乎为纯电阻，其值与螺旋线的几何参数有关，克劳斯给出了经验公式：

$$Z_{\text{in}}=R\approx 140\ \frac{L}{\lambda}(\Omega) \tag{7-25}$$

实际上，由于存在着螺旋线的激励端和反射板。所以，在螺旋线的起始部分有一定的不均匀性，因而会产生一定的电抗分量，但只要精心设计螺旋线的起始部分，可以将其电抗分量减至最小。因此，输入阻抗仍然可以用式(7-25)近似计算。

如果在同一个圆柱面上绕制多个螺旋，就成了多绕线螺旋天线。如果在同一个圆柱面上绕制两个螺旋，实行双线顺绕，其馈电点相位差为 180°，仍产生圆极化场(若双线反绕，则产生线极化场)，它比单线螺旋的增益约高出 2 dB。图 7.26 所示是 4 线螺旋天线的轴比的实测结果。这种天线是由两组双线螺旋组成，等幅馈电，但相位分别为 0°、90°、180°和 270°，其带宽可达 4∶1，在 300～3000 MHz 范围内的 VSWR 均小于 1.4。

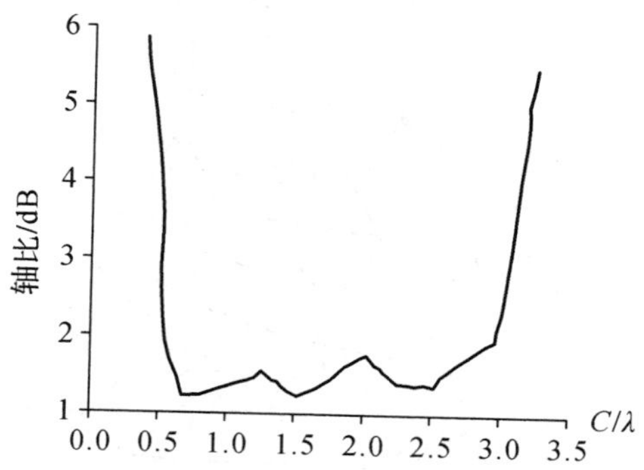

图 7.26　4 线螺旋天线的轴比实测结果

7.5.2　圆锥螺旋天线

平面等角螺旋天线具有极宽的工作频带，但是由于其辐射是双向的，因而增益较低。为了得到单向辐射特性，可以将平面等角螺旋天线与圆锥表面共形，形成圆锥等角螺旋天线，其结构如图 7.27 所示。圆锥等角螺旋天线的方程为

$$r = r_0 \mathrm{e}^{(a\sin\theta_h)\phi} \tag{7-26}$$

其中，r_0 为螺旋起始点矢径；a 为螺旋增长率；ϕ 为方位角；θ_h 为圆锥体的半锥角。

圆锥等角螺旋天线的输入阻抗可以用下式近似表示：

$$Z_{in} = 300 - 1.5\delta\ (\Omega) \tag{7-27}$$

式中，δ 为螺旋臂的角宽度。当 $\delta=90°$时，圆锥螺旋天线形成自补结构。根据式(7-26)可以得出天线的输入阻抗约为 165 Ω，该值非常接近理论计算的 188.5 Ω，并且输入阻抗不易受螺旋增长率 a 及圆锥半锥角 θ_h 变化的影响。工作频率的上限 f_h 取决于圆锥顶点截断处的直径 d，$d=\lambda_h/4$，工作频率的下限 f_l 取决于圆锥底面的直径 D，$D=3\lambda_l/8$。

圆锥螺旋天线工作频带的上下限取决于圆锥顶面和底面的直径，可以近似按照下式来估算天线的最低和最高工作频率：

$$\lambda_{min} = 4d,\ \lambda_{max} = \frac{8D}{3} \tag{7-28}$$

式中：λ_{min} 和 λ_{max} 分别为天线的最小和最大工作波长；d 和 D 分别为圆锥的顶面和底面直径。

平面等角螺旋天线和平面阿基米德螺旋天线都可以工作在很宽的频带，但它们都是双向辐射，因而增益较低；加反射腔后可以得到单向辐射特性，但增加了结构的复杂性。把平面等角螺旋天线放到圆锥表面可形成圆锥等角螺旋天线，如图 7.27 所示。这样就可以辐射单一波束，从而避免采用背腔发射结构。圆锥等角螺旋天线的表达式为

$$r_1 = r_0 e^{(a\sin\theta_0/\tan\alpha)\phi}, \quad r_2 = r_0 e^{(a\sin\theta_0/\tan\alpha)(\phi-\delta)} \tag{7-29}$$

其中，r_1 为辐射臂的一个边缘，r_2 为另一个边缘；r_0 为起始点矢径；ϕ 为方位角，θ_0 为半锥角；α 为螺旋角。当 $\delta=90°$时可以得到自补结构，此时天线具有最佳辐射方向图。

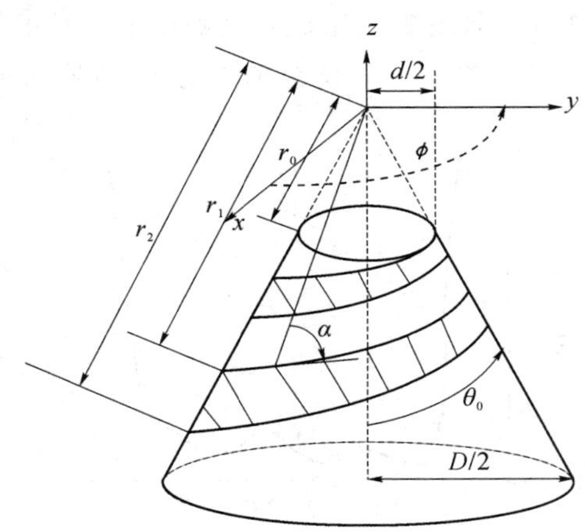

图 7.27　圆锥等角螺旋天线结构示意图

圆锥螺旋天线的最大辐射方向指向圆锥顶的正上方。同时，由于天线结构是旋转对称的，它的波瓣图也接近于旋转对称。而且，各方向上的辐射场非常接近圆极化场，辐射场的旋向取决于螺旋的绕向。

微带介质天线和四臂螺旋天线分别以自己优点得到了广泛的应用，然而它们有一个共同的缺陷——频带窄，要实现现代通信所需的宽频带往往比较困难，将平面等角螺旋缠绕在圆锥上形成的圆锥等角螺旋恰好可以解决这一难题。根据理论，工作在 $f_l \ll f_h(f_h/f_l=4)$ 频段上的右旋圆极化圆锥等角螺旋天线。天线的带宽由锥顶直径 d 和锥底直径 D 决定，取 $d=\lambda_h/4$，$D=3\lambda_l/8$，图 7.28 给出了该天线的仿真模型。

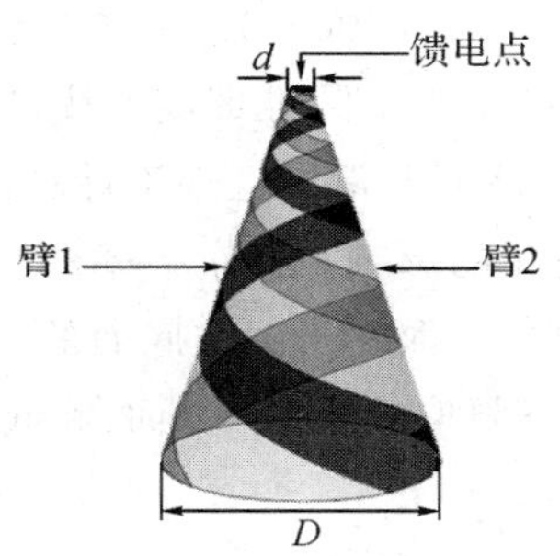

图 7.28　圆锥等角螺旋模型

圆锥等角螺旋天线的方向图由螺旋角和半锥角决定。图 7.29 和图 7.30 所示给出了工作在中心频率 f_0 时的俯仰面方向图。图 7.29 所示的参数是 $\theta_0=15°$，$\delta=90°$，α 分别取 50°、60°和 75°。图 7.30 所示的参数为 $\alpha=60°$，$\delta=90°$，θ_0 分别取 7.5°、15°和 22.5°。从实验结果可以看出：随着螺旋角 α 的增大，波束宽度变窄，同时后向辐射减小；如果减小 α，波束宽度展宽的同时后向辐射也增大；减小 θ_0 可以获得较高的前后辐射比，但波束有所变窄，同时增加了天线的高度。

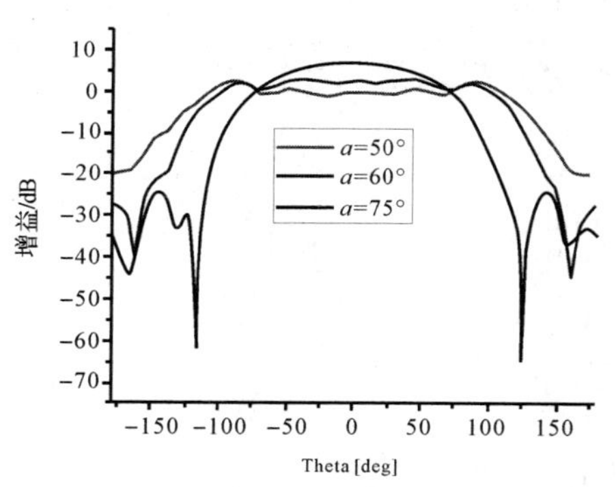

图 7.29　螺旋角变化时俯仰面方向图

图 7.30　半锥角变化时俯仰面方向图

经过以上分析，我们可以看出，天线的辐射方向图的波束宽度与螺旋角 α 和半锥角 θ_0 之间存在着两对矛盾，不能为了追求较宽的辐射波束而无限地增大 φ 和 θ_0，否则就会产生较大的后向辐射，但减小 α 和 θ_0 又会使波束变窄和天线高度的增加。因此我们在设计天线时应折中考虑这两个变量。根据需要的性能指标，经过大量实验，取 $\alpha=55°$，$\theta_0=12.5°$。图 7.31 所示分别给出了 f_l、f_{l1}、f_{h1}、f_h 的俯仰面方向图，可以看出在工作频段 $f_l \sim f_h$ 内方向图变化不大，半功率波瓣宽度达 150°以上，在±80°范围内增益大于 0 dB，有很好的宽波束覆盖能力。交叉极化大于 15 dB，表明在宽带宽波束范围内都具有较好的圆极化特性。

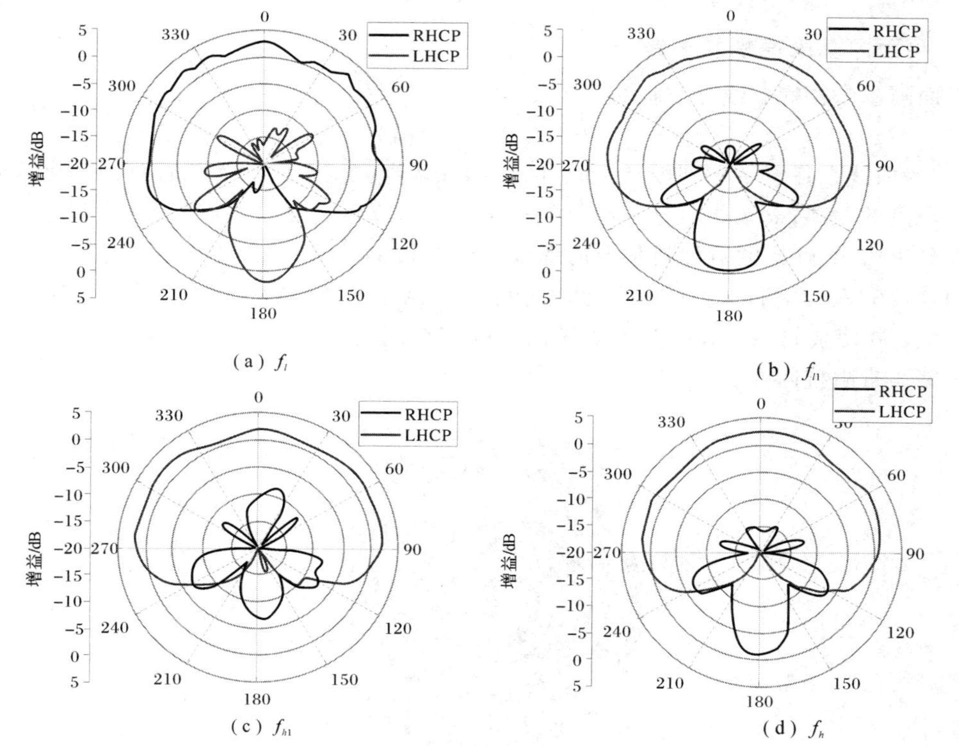

图 7.31　$f_l \sim f_h$ 频段上俯仰面方向图

圆锥等角螺旋天线的阻抗可以由式(7-27)算出，自补结构时约为 165 Ω。图 7.32 所示

给出了 $f_l \sim f_h$ 频段上的阻抗，虚部在零附近，实部在 160 Ω 左右变化，在很宽的频带上基本保持恒定。图 7.33 所示的是用特性阻抗为 160 Ω 的馈线馈电时得到的驻波曲线，在 $f_l \sim f_h$ 范围内驻波均小于 1.5。

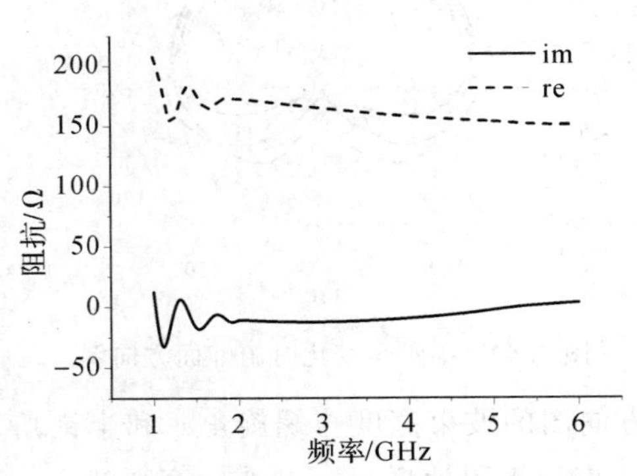

图 7.32　$f_l \sim f_h$ 频段上的阻抗

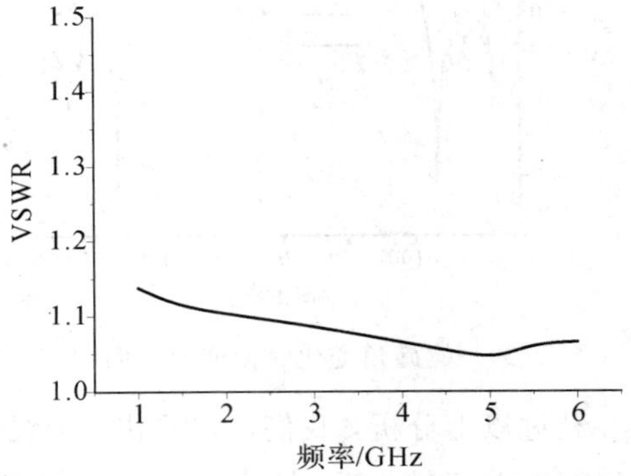

图 7.33　$f_l \sim f_h$ 频段上的驻波曲线

以上分析计算结果表明，圆锥等角螺旋天线不但具有非频变特性，而且具有宽波束辐射特性，弥补了微带介质天线和四臂螺旋天线带宽窄的缺点，同时保留了四臂螺旋天线宽角圆极化性能好的优点，可以广泛应用在导航系统和其他卫星通信领域。

7.5.3　平面螺旋天线

1. 平面阿基米德螺旋天线

平面阿基米德螺旋线的方程为

$$r = r_0 + a(\phi - \phi_0) \tag{7-30}$$

式中：r 为曲线上任意一点到极坐标原点的距离；ϕ 为方位角；ϕ_0 为起始角；r_0 为螺旋线起始点到原点的距离；a 为螺旋增长率。在式(7-30)中分别令 $\phi_0=0$ 和 $\phi_0=\pi$，即可得到两条起始点分别为 A 和 B 的对称阿基米德螺线，如图 7.34 所示。以这样的两条阿基米德螺旋线为两臂，在 A、B 两点对称馈电，就构成了平面阿基米德螺旋天线。通常用印刷技术制造这种天线，并使金属螺旋线的宽度等于两条螺旋线间的距离，以形成自补结构，这样有利于实现宽频带阻抗匹配。

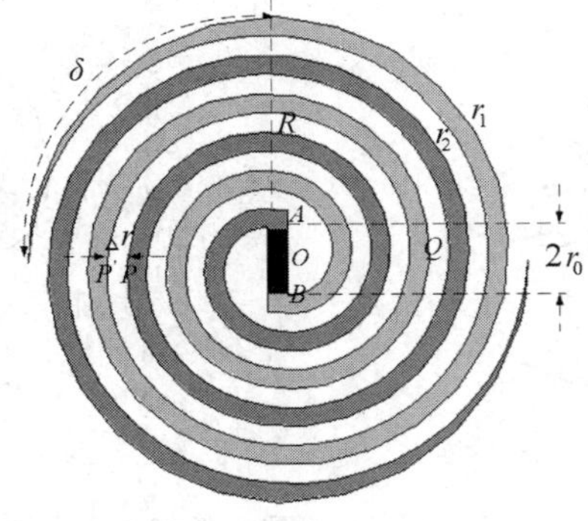

图 7.34　平面阿基米德螺旋天线

阿基米德螺旋线与方位角成正比，螺旋线张开速度慢很多。平面阿基米德螺旋天线的有效辐射区在周长约为一个波长的那些环带上。天线工作频带的上下限分别取决于天线的内径和外径。对应于下限工作频率，天线的周长应满足 $C \geqslant 1.25\lambda_{max}$；对应于上限工作频率，馈电点间距 d 必须小于 $\lambda_{min}/4$；λ_{min} 和 λ_{max} 分别为最小和最大工作波长。

非频变天线也称为与频率无关天线，表示天线在工作频带内电性能基本保持不变。判断的依据是天线的输入阻抗、辐射方向图、极化特性、相位中心等在 $f_h/f_l > 10$ 的频带内保持为常数。但由于可实现条件的限制，天线的电特性在所有频率上保持一致是不可能的，实际上与频率无关天线指的是在很宽的频率范围内，天线的电特性变化很微小。与频率无关天线大体分为两类：一类是天线结构由角度决定的天线，角度连续变化时，可以得到连续的与原来结构相似的缩比天线；另一类是按某一特定的比例变换以后仍等于它自己的对数周期天线。严格说来，平面阿基米德螺旋天线并不是一个真正的非频变天线，但只要参数 r_0、a 及天线的总长度取得适当，并在其末端接以吸收电阻或吸收材料，则可使这种天线具有很宽的工作频带。

如果从 A、B 两点对天线进行平衡馈电，则从 A 点沿一条螺旋线绕至 P 点的长度与从 B 点沿另一条螺旋线绕至 Q 点的长度相等，即 P、Q 两点在以坐标原点 O 为圆心、$r=\overline{OP}$ 为半径的圆周上。但两点上的电流却是反相的。当 a 较小时，与 P 点相邻的 P' 点到 B 点的螺旋线长度与 P 点到 A 点的长度的差值 $QP' \approx \pi r$，于是 P、P' 两点的电流相位差为 $\pi + k_0 \pi r \approx \pi + \pi r \times 2\pi/\lambda$。

如果 $r=\lambda/2\pi$，则 P、P' 两点上的电流相位差近似为 2π。即当螺旋线半径近似为 $\lambda/2\pi$ 时，天线两臂上相邻点的电流几乎是同相位的。这样的电流在螺旋线平面的法线方向形成最强的辐射。也就是说，周长约为一个波长的环带就形成了平面阿基米德螺旋天线的有效辐射区。工作频率改变时，有效辐射区沿螺旋线移动，但方向图基本不变。故天线具有宽频带特性。天线最大辐射方向在螺旋线平面的法线方向上，且是双向的，主瓣宽度约为 60°～80°，增益约为 3 dB。在最大辐射方向上，辐射场是圆极化的，其旋向与螺旋线的旋向一致。

阿基米德螺旋线的参数可按下述原则选择：

(1) 螺旋线外径 D 取决于下限频率对应的波长 λ_{max}，一般应使其周长 $C=\pi D \geqslant 1.25\lambda_{max}$。

(2) 螺旋线内径 $2r_0$ 也就是两馈电点 A、B 之间的距离，对天线的阻抗匹配和上限工作频率都有较大的影响。一般应取 $2r_0 < \lambda_{min}/4$，λ_{min} 是上限工作频率对应的波长。

(3) 螺旋增长率 a 愈小，螺旋线的曲率半径愈小。在外径 D 相同的条件下，螺旋线总长度大，终端效应小，则波段特性较好。但 a 太小，圈数太多，传输损耗就会加大，通常每臂大约取 20 圈。

(4) 螺旋线宽度大一些，其输入阻抗就低一些。自补结构输入阻抗理论值为 188.5 Ω，实际结构输入阻抗约为 140 Ω 左右。若螺旋线宽度大于间隙宽度，则可降低输入阻抗。

阿基米德螺旋天线具有宽频带、小尺寸、圆极化等优点，但由于其辐射是双向的，因而增益较低。为了获得单向辐射特性，可在其一边加装反射腔。

2. 年轮环

年轮环(Annular-ring)又称为对称环，其雏形为一平面圆环，如图 7.35 所示。通过调整内外半径 R、r 可实现对谐振频率的调节。两个馈电点相位相差 90°，实现了圆极化。

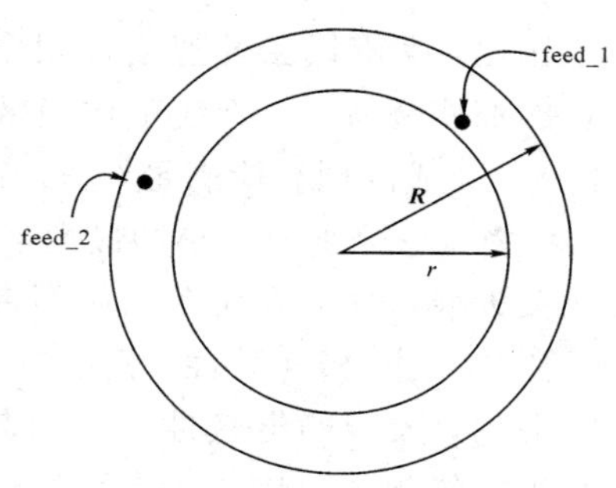

图 7.35　年轮环结构

在 HFSS 里建立模型进行仿真优化，得到如图 7.36 所示的结果。从图中可以看到，天线有很理想的圆极化效果和轴比，但这种结果因为由双馈电点实现圆极化而给实际应用带来不便。首先，需要另外制作移相器来保证馈电相位正好差 90°；其次，双馈电点增加了天线的复杂程度，不利于工程应用；最后，双馈电点也给调试带来了麻烦，往往实测与仿真结果有较大差别。

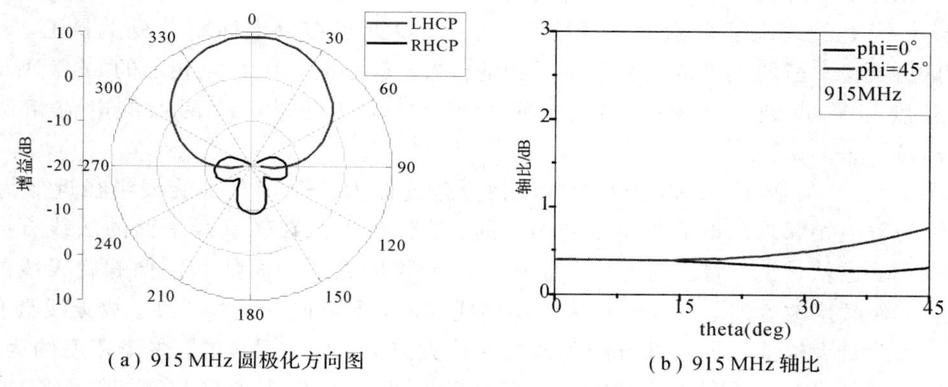

(a) 915 MHz 圆极化方向图　　(b) 915 MHz 轴比

图 7.36　双馈电点年轮环天线仿真结果

年轮环微带天线因其结构对称，便于用单点馈电实现圆极化而被广泛地采用。通过在圆环内设计合适的功分器来完成两点相位差 90°，如图 7.37 所示。图中，外围大圆环为辐射片；内侧不完整圆环为功分器；D 为 50 Ohm 传输线宽度；d 为 75 Ohm 传输线宽度；R 为年轮环外径；r 为年轮环内径；r_m 为功分器中心到圆心的距离。天线安装结构从上往下依次为半径为 r_{couple} 的寄生贴片、空气介质、辐射贴片、厚度为 h_1 且 $\varepsilon_r=2.65$ 的介质板、接地板。

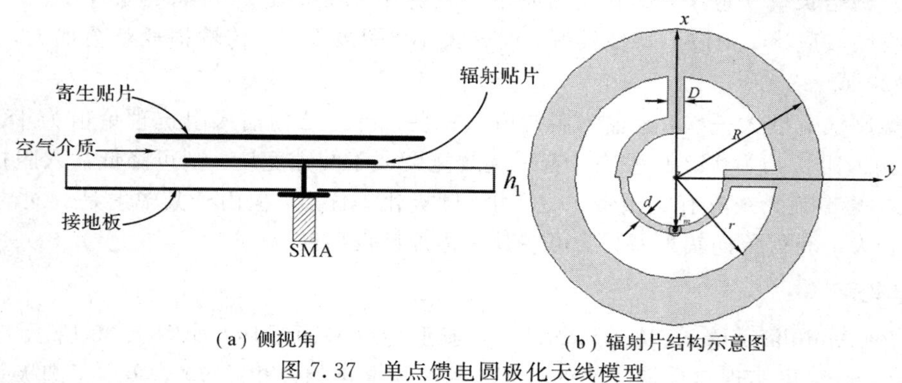

(a) 侧视角　　(b) 辐射片结构示意图

图 7.37　单点馈电圆极化天线模型

经过优化调试，最后得到仿真的回波损耗如图 7.38 所示。可以看出，谐振点在 915 MHz 附近，此处 S_{11} 值达到了−24 dB，说明有良好的谐振，但曲线过于陡峭，说明频带宽度略有不足。

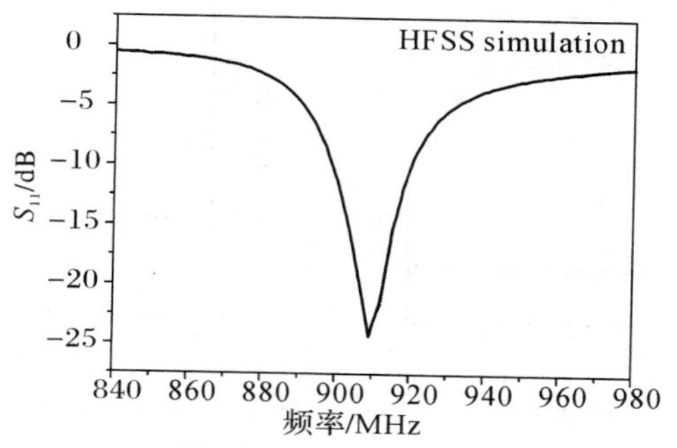

图 7.38　S_{11} 曲线

HFSS 仿真的方向图如图 7.39 所示。从图中可以看出，天线方向图在中频时有着良好的圆极化特性。

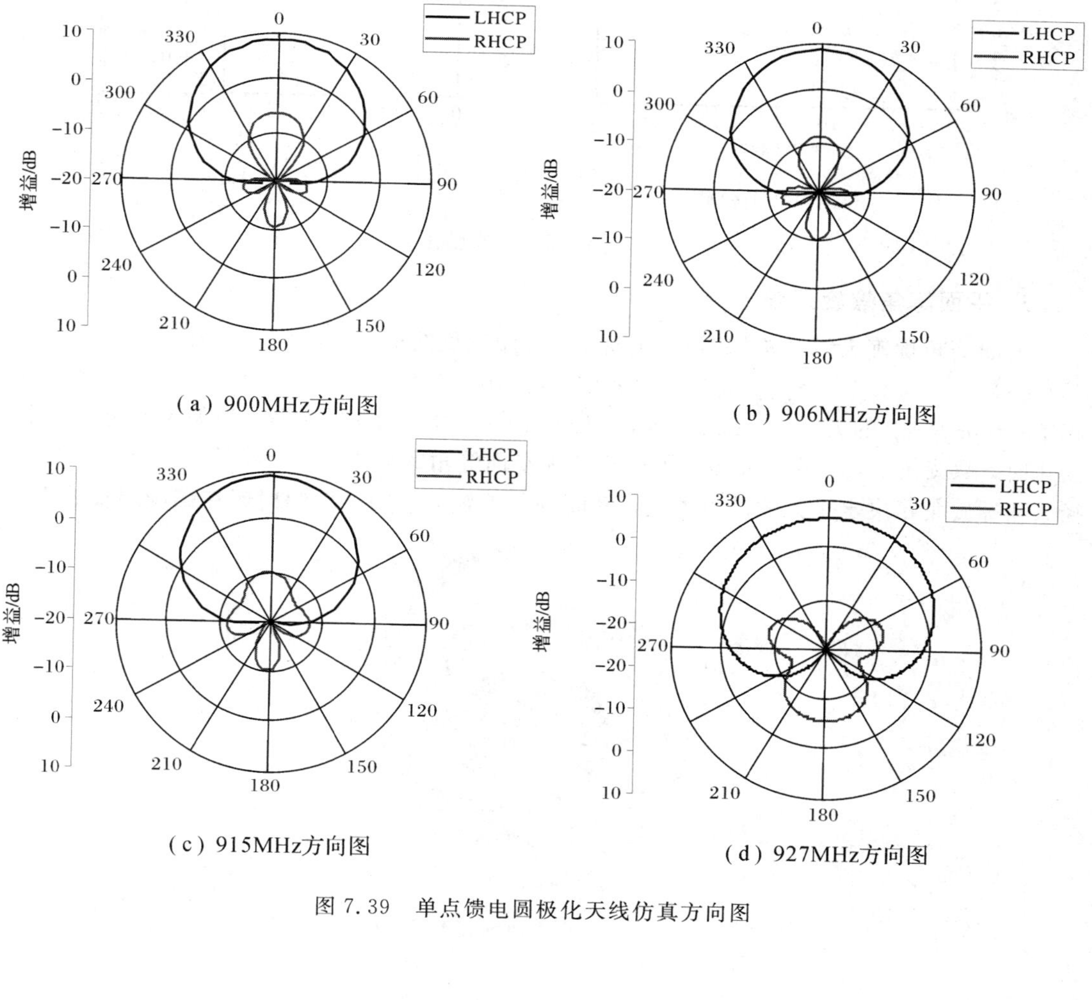

(a) 900MHz方向图

(b) 906MHz方向图

(c) 915MHz方向图

(d) 927MHz方向图

图 7.39　单点馈电圆极化天线仿真方向图

图 7.40 为部分频点的轴比仿真图。我们选取了对应频点的轴比来做对比分析。从图中可以看出，在中频附近天线有着很好的轴比，能满足天线的工作要求。

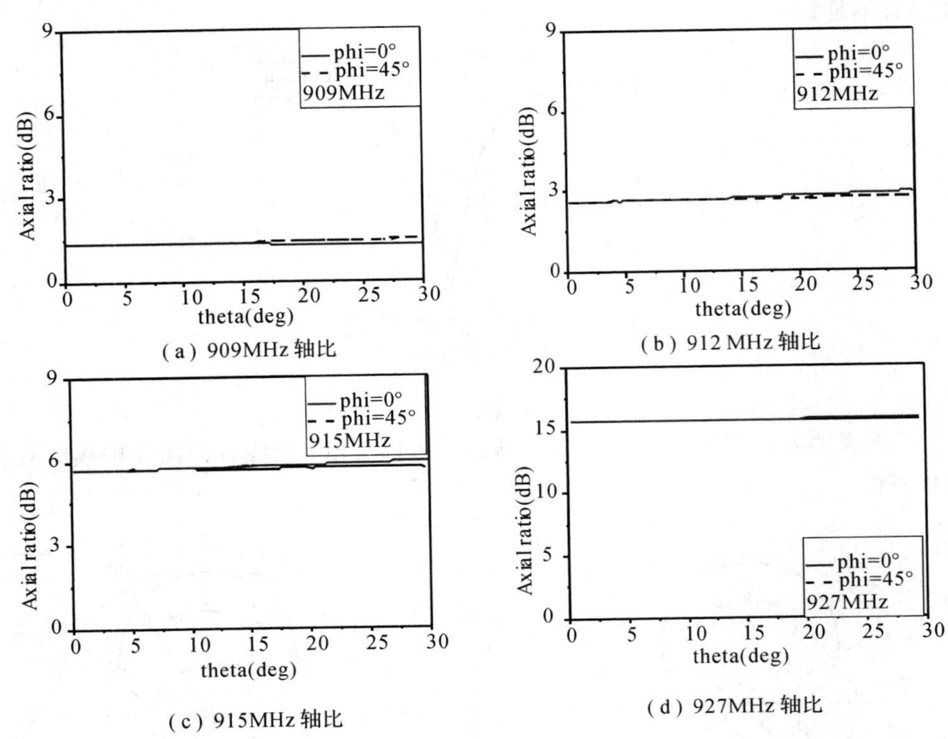

(a) 909MHz 轴比

(b) 912 MHz 轴比

(c) 915MHz 轴比

(d) 927MHz 轴比

图 7.40 部分频点轴比

3. 平面等角螺旋天线

平面等角螺旋天线结构如图 7.41 所示，等角螺旋线的表达式为

$$r_1 = r_0 e^{a\phi}, \quad r_2 = r_0 e^{a(\phi-\delta)} \tag{7-31}$$

式中：r_0 是 $\phi=0$ 的矢径；δ 是角宽度；a 是一个与 θ 和 ϕ 无关的常数。当矢径 r 随 ϕ 变化而变化时，螺旋角 α 始终保持不变，因此称其为平面等角螺旋天线。天线的馈电点在中心，矢径 r 和螺旋角 α 决定了天线的电性能。平面等角螺旋天线的有效辐射区在螺旋周长约为一

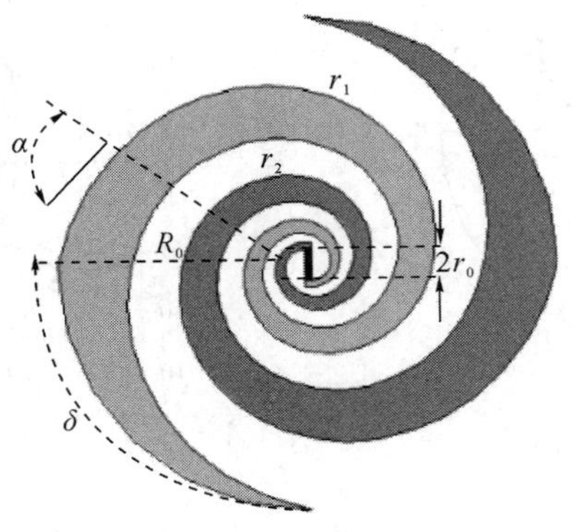

图 7.41 平面等角螺旋天线结构

个波长的区域，工作频带上下限由内外径决定，最小半径 r_0 大约是 f_h 的四分之一波长，最大半径 R_0 为 f_l 的四分之一波长。

平面等角螺旋天线产生两个垂直于螺旋线平面的主波束。大多数应用要求单方向辐射，只有一个主波束，这可以在螺旋天线背后加一个大的地平面来实现，常用的结构是在螺旋天线背后加一个金属反射腔。平面等角螺旋天线可以工作在很宽的频带，且是双向辐射，因而增益较低，加反射腔后可以得到单向辐射特性，但增加了结构的复杂性。

7.5.4 四臂螺旋天线

谐振式四臂螺旋天线是 Kilgus C. C. 在 1968 年首次提出的，他连续发表了两篇论文，用偶极子理论对四臂螺旋天线进行了分析。四臂螺旋天线的结构如图 7.42 所示。

四臂螺旋天线包含四根螺旋臂以及金属支撑杆，每根螺旋臂长度为四分之一工作波长的整数倍。当倍数关系为偶数时，螺旋臂终端短路；当倍数关系为奇数时，螺旋臂终端为开路。四根螺旋臂馈电端电流幅值相等，相位相差 90°(分别为 0°、90°、180°、270°)。通过这样的馈电方式可以实现圆极化，如图 7.43 和图 7.44 所示。

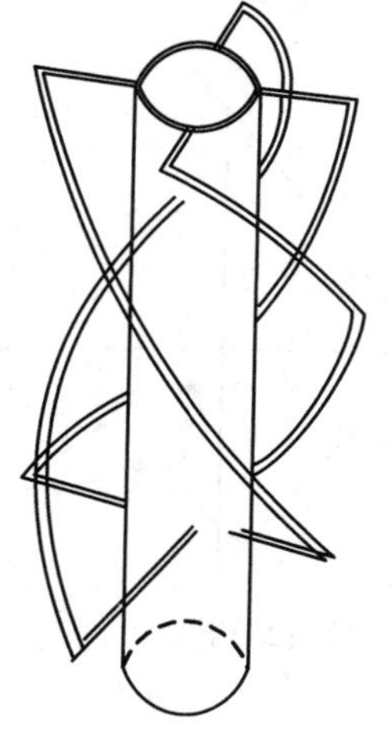

图 7.42　四臂螺旋天线的结构

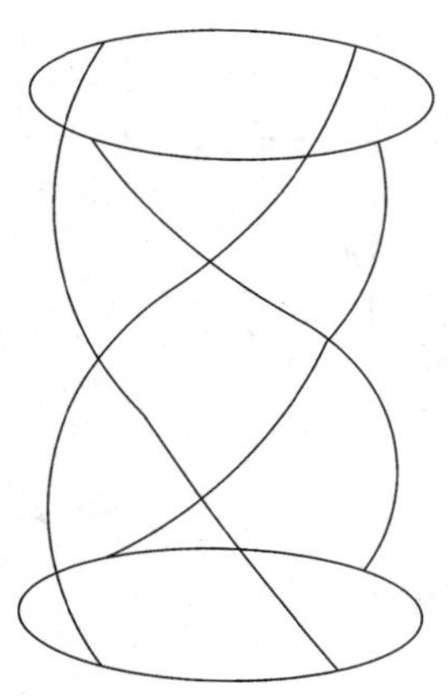

图 7.43　顶端开路结构

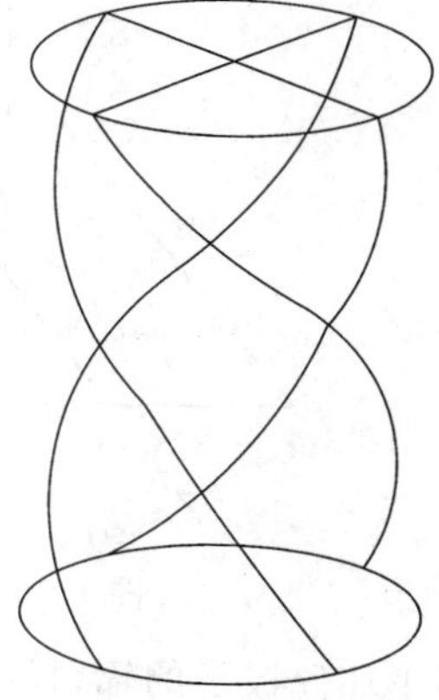

图 7.44　顶端短路结构

天线的结构参数可由下式确定：

$$L_{ax}=N\sqrt{\frac{(L_{\text{ele}}-Ar_0)^2}{N^2}-4\pi^2 r_0^2} \tag{7-32}$$

其中：L_{ax} 为螺旋的轴向长度；L_{ele} 为螺旋臂的长度；r_0 为螺旋的半径；N 为螺旋的圈数。当倍数为奇数时，$A=1$；当倍数为偶数时，$A=2$。

分析四臂螺旋天线的工作原理及辐射远场有很多种方法。A. Sharaiha 提出了基于 MEI 积分公式的方法来计算天线的阻抗及辐射远场。Chen Chen 应用矩量法研究了天线的辐射方向图及电流分布等。Cheng. wd 讨论了四臂螺旋天线的谐振模式及行波模式。

Kilgus C. C. 提出了一种等效方法来研究四臂螺旋天线的工作原理。四臂螺旋天线可以看做是两股相互垂直于轴线的双臂螺旋线组成，其馈电相位相差 90°。由于在谐振状态下，螺旋线上的电流分布近似为正弦分布，电流零点位于螺旋线中间。所以，其中一条双臂螺旋线可以看做是一根线偶极子及一根半环偶极子组成，其结构如图 7.45 所示。

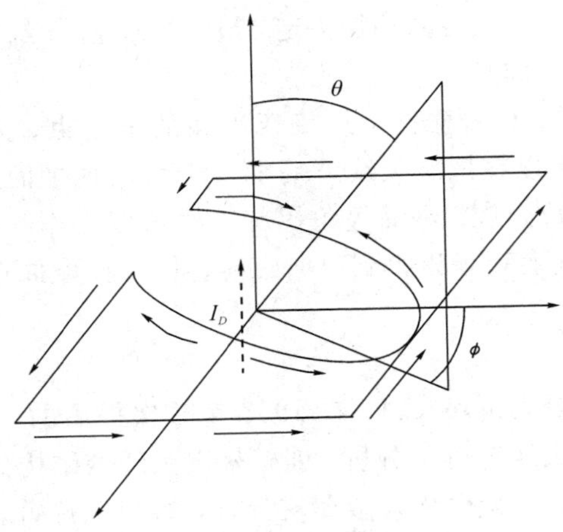

图 7.45　等效结构 1

如图 7.45 所示，箭头表示电流流向，而中间虚线表示的电流 I_D 是圆环电流矢量之和。当模型进一步简化为图 7.46 所示时，螺旋线上的电流分布接近于方形的环偶极子。

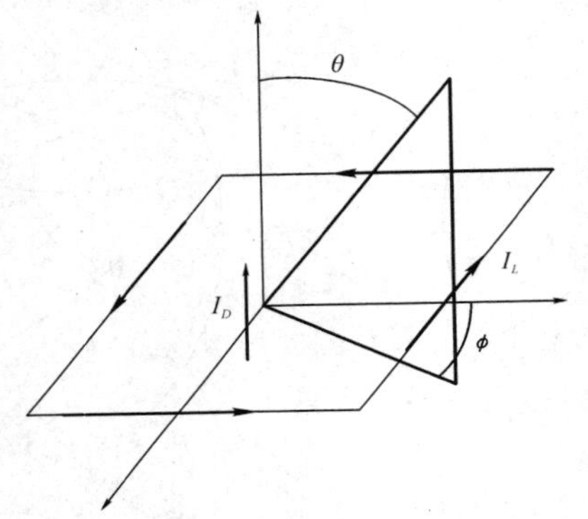

图 7.46　等效结构 2

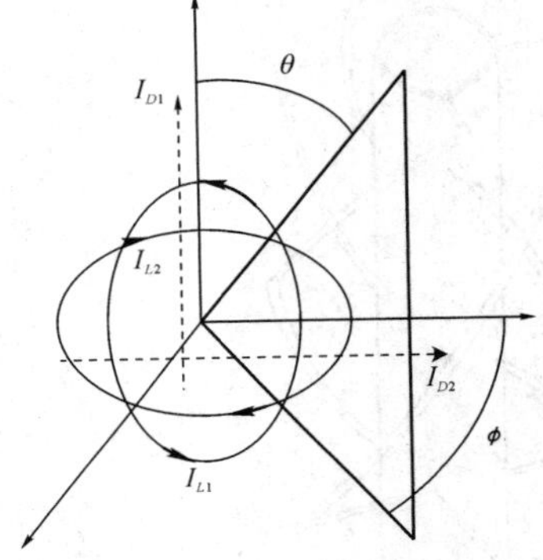

图 7.47　等效结构 3

小环偶极子的辐射场表达式为

$$E_\theta = \mathrm{j}\,\frac{60\pi I_D \sin\theta L}{r\lambda}\mathrm{e}^{-\mathrm{j}kr} \tag{7-33}$$

$$E_\phi = \mathrm{j}\,\frac{120\pi^2 I_L \sin\theta A}{r\lambda^2}\mathrm{e}^{-\mathrm{j}kr} \tag{7-34}$$

式(7－33) 和式(7－34)可以简化为

$$E_\theta = \mathrm{j}\,\frac{K_1}{r}(\sin\theta)\mathrm{e}^{-\mathrm{j}kr} \tag{7-35}$$

$$E_\phi = \mathrm{j}\,\frac{K_2}{r}(\sin\theta)\mathrm{e}^{-\mathrm{j}kr} \tag{7-36}$$

其中：I_D 为偶极子电流；I_L 为环偶极子电流；$k=2\pi/\lambda$；A 为环面积；L 为偶极子长度；λ 为工作波长；K_1、K_2 为常数。

最终四臂螺旋天线可以等效为两个相互垂直馈电相位相差 90°的环偶极子的组合，其等效结构如图 7.47 所示。

本节主要介绍顶端短路结构的四臂螺旋天线，螺旋臂的长度包括螺旋部分与顶端径向部分。四根螺旋臂馈电端电流幅度相等，相位依次滞后 90°(分别为 0°、90°、180°、270°)；非馈电端开路(M 为奇数时)或短路(M 为偶数时)。四臂螺旋天线可以看做由两个双臂螺旋天线组成，如图 7.48 所示。这两个双臂螺旋需要以 90°相位差馈电。

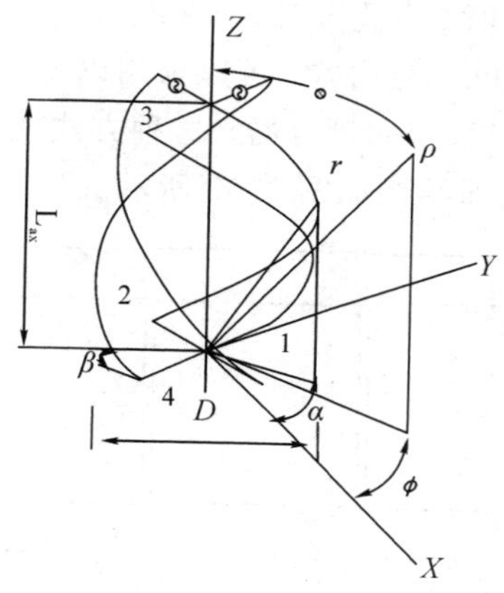

图 7.48　天线参数示意图

根据环形偶极子模型，1、2 单元形成的双线螺旋的辐射场可表示为

$$E_{\theta 1,2}=A_1 e^{-jkr}(-\cos\phi+j\sin\phi\cos\theta) \tag{7-37}$$

$$E_{\phi 1,2}=A_1 e^{-jkr}(\sin\phi\cos\theta+j\cos\theta) \tag{7-38}$$

同理，3、4 单元形成的双线螺旋的辐射场可表示为

$$E_{\theta 3,4}=A_2 e^{-j(kr-\pi/2)}(\sin\phi+j\cos\phi\cos\theta) \tag{7-39}$$

$$E_{\phi 3,4}=A_2 e^{-j(kr-\pi/2)}(\cos\phi\cos\theta-j\sin\phi) \tag{7-40}$$

当 $A_1=A_2$ 时，四臂螺旋的总辐射场可表示为

$$E_\theta=E_{\theta 1,2}+E_{\theta 3,4}=Ae^{-jkr}(1+\cos\theta)e^{-j\phi} \tag{7-41}$$

$$E_\phi=E_{\phi 1,2}+E_{\phi 3,4}=Ae^{-jkr}(1+\cos\theta)e^{-j(\phi-\pi/2)} \tag{7-42}$$

当 E_θ 与 E_ϕ 为幅度相等，相位相差 90°时就可以实现圆极化。辐射方向图的最大指向为轴向方向，与 ϕ 无关，并且在低仰角区域天线的增益仍满足系统的要求。

四臂螺旋天线结构示意图如图 7.49 所示，其基本参数如下：

r_0：螺旋的半径；

P：螺距(每一螺旋臂旋转一圈的轴向长度)；

N：螺旋匝数；

L_{ele}：螺旋臂的长度；

$k=r_0/P$，螺旋半径与螺距之比。

所以，螺旋的轴向长度为

$$L_{ax}=PN \tag{7-43}$$

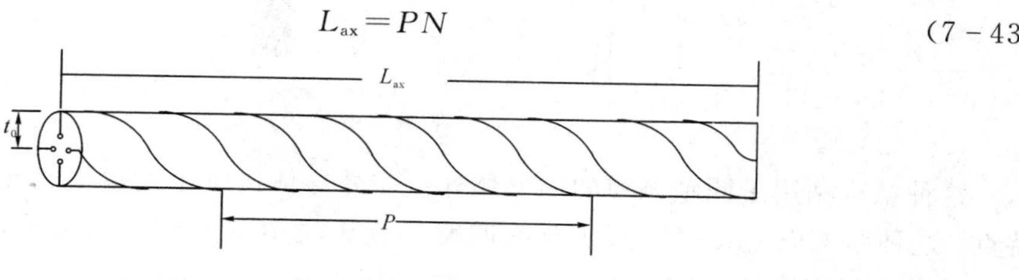

图 7.49　四臂螺旋天线结构示意图

四臂螺旋的结构参数可由下式确定：

$$P=\sqrt{\frac{1}{N^2}(L_{\text{ele}}-Ar_0)^2-4\pi^2r_0^2} \tag{7-44}$$

其中：当 M 为奇数时，$A=1$；当 M 为偶数时，$A=2$。

为了产生实现圆极化所需的90°相位差，可以采用以下几种形式：

(1) 移相网络。一般采用3 dB定向耦合器。这种方式能很好地实现相位控制，但结构比较复杂。双分支定向耦合器平面结构如图7.50所示。

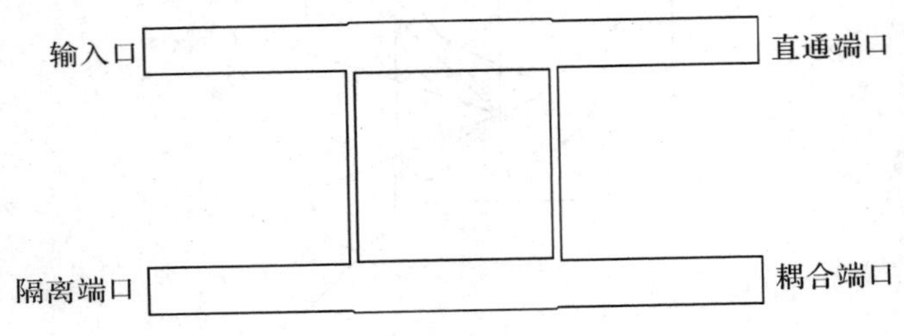

图7.50　双分支定向耦合器平面结构

(2) 自移相结构。由于四臂螺旋天线可以等效地看做由两个双臂螺旋天线组成，如图7.47所示。这两个双臂螺旋需要以90°相位差馈电。那么双臂螺旋1的单元长度长于谐振长度以产生一个相角为+45°的输入阻抗，双臂螺旋2的单元长度则短于谐振长度以产生−45°的相角。这种方式结构简单，但由于相位控制需要结构同时满足很多条件，实现起来相对困难，而且该结构的带宽较窄，所以很难满足精确化批量生产的要求。

(3) 移相馈电结构。四根螺旋臂长度不变，而在其中一个双臂螺旋的馈电处并联一段开路同轴线，通过该段同轴线阻抗变化达到90°移相的馈电要求。该方法的带宽介于双臂螺旋1、2单元之间。

在四臂螺旋天线馈电结构中考虑平衡馈电时，有几种不同形式的平衡馈电结构已经应用在四臂螺旋天线中，如U型管、开槽线、无限巴伦结构，如图7.51所示。其中，无限巴伦结构是将同轴馈电电缆内导体延伸至螺旋臂1内，在天线顶部内导体连接到对面的螺旋臂3上，螺旋臂2、3之间以及螺旋臂1的外导体与螺旋臂4之间焊接在一起。

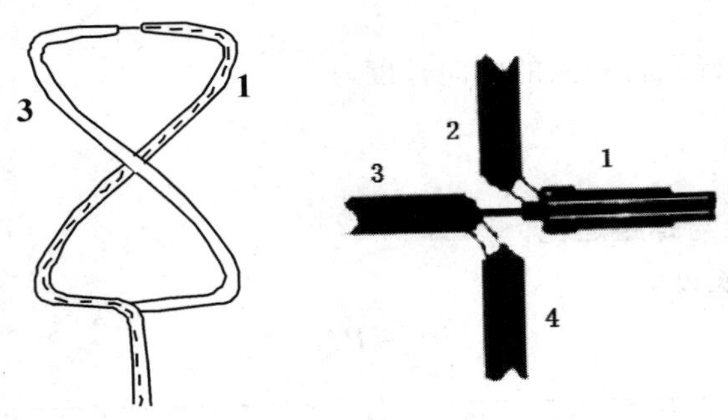

图7.51　平衡馈电结构示意图

这种结构利用了同轴电缆的内导体外壁与外导体内壁上的电流大小相等、方向相反的特点。这种结构也是我们后面研究的四臂螺旋天线中重点应用的结构，不需要精确调试，因此适宜大规模批量生产。

将螺旋径向部分产生的场和螺旋部分产生的场进行叠加，利用通用的近似方法可以得到螺旋臂上的电流呈正弦分布，其最大值在馈电端和终端。

单元 1 螺旋部分的场由下式给出

$$E_{\phi H_1}=-\mathrm{j}K\int_{\alpha=0}^{2N\pi}\cos\left(\frac{\alpha}{2N}\right)\cos(\phi-\alpha)\exp\left[\mathrm{j}k\left(r_0\cos\alpha\sin\theta\cos\phi+r_0\sin\alpha\sin\theta\sin\phi+\frac{P\alpha}{2\pi}\cos\theta\right)\right]\mathrm{d}\alpha \tag{7-45}$$

同样的，单元 2 的场为

$$E_{\phi H_2}=-\mathrm{j}K\int_{\alpha=0}^{2N\pi}\cos\left(\frac{\alpha}{2N}\right)\cos(\phi-\alpha)\exp\left[\mathrm{j}k\left(-r_0\cos\alpha\sin\theta\cos\phi-r_0\sin\alpha\sin\theta\sin\phi+\frac{P\alpha}{2\pi}\cos\theta\right)\right]\mathrm{d}\alpha \tag{7-46}$$

单元 3 和单元 4(第 2 个双臂螺旋)是相对于单元 1 和单元 2 以 90°相位差馈电的。

如果四臂螺旋天线径向部分的电流均近似为均匀分布，可以得到以下的简化公式：

1/4 匝螺旋

$$\begin{aligned}E_{\phi R_{1,2}}&=\frac{-\mathrm{j}\omega\mu \mathrm{e}^{-\mathrm{j}kr}}{4\pi r}2r_0 I_0(\cos\phi \mathrm{e}^{\mathrm{j}k\cos\theta P/4}-\sin\phi)\\E_{\phi R_{3,4}}&=\frac{\omega\mu \mathrm{e}^{-\mathrm{j}kr}}{4\pi r}2r_0 I_0(\cos\phi+\sin\phi \mathrm{e}^{\mathrm{j}k\cos\theta P/4})\end{aligned} \tag{7-47}$$

1/2 匝螺旋

$$\begin{aligned}E_{\phi R_{1,2}}&=\frac{-\mathrm{j}\omega\mu \mathrm{e}^{-\mathrm{j}kr}}{4\pi r}2r_0 I_0\sin\phi(\mathrm{e}^{\mathrm{j}k\cos\theta P/2}-1)\\E_{\phi R_{3,4}}&=\frac{\omega\mu \mathrm{e}^{-\mathrm{j}kr}}{4\pi r}2r_0 I_0\cos\phi(1-\mathrm{e}^{\mathrm{j}k\cos\theta P/2})\end{aligned} \tag{7-48}$$

3/4 匝螺旋

$$\begin{aligned}E_{\phi R_{1,2}}&=\frac{\mathrm{j}\omega\mu \mathrm{e}^{-\mathrm{j}kr}}{4\pi r}2r_0 I_0(\cos\phi \mathrm{e}^{\mathrm{j}k\cos\theta 3p/4}+\sin\phi)\\E_{\phi R_{3,4}}&=\frac{\mathrm{j}\omega\mu \mathrm{e}^{-\mathrm{j}kr}}{4\pi r}2r_0 I_0\sin\phi(\mathrm{e}^{\mathrm{j}kp\cos\theta}+1)\end{aligned} \tag{7-49}$$

1 匝螺旋

$$\begin{aligned}E_{\phi R_{1,2}}&=\frac{\mathrm{j}\omega\mu \mathrm{e}^{-\mathrm{j}kr}}{4\pi r}2r_0 I_0\sin\phi(\mathrm{e}^{\mathrm{j}kp\cos\theta}+1)\\E_{\phi R_{3,4}}&=\frac{\omega\mu \mathrm{e}^{-\mathrm{j}kr}}{4\pi r}r2r_0 I_0\cos\phi(1+\mathrm{e}^{\mathrm{j}kp\cos\theta})\end{aligned} \tag{7-50}$$

谐振式四臂螺旋天线主要有顶端开路式和顶端短路式两种。顶端开路式馈电是采用底部四点馈电方式，即需要四个独立的馈电端口。而顶端短路式结构只需要两个独立的馈电的端口，从而在结构上简单了很多，但是其电性能没有受到任何影响。顶端短路结构如图 7.52 所示。

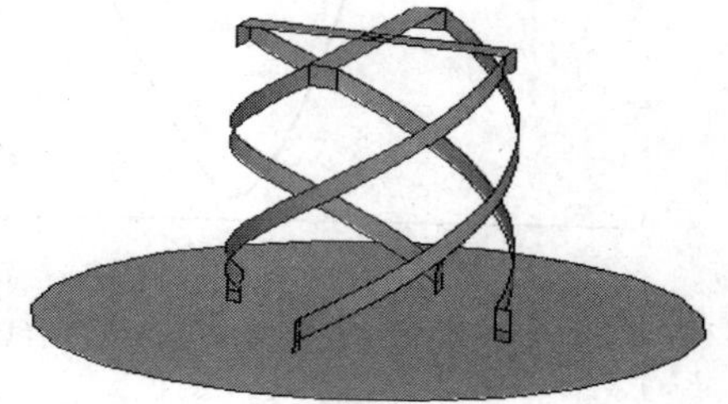

图 7.52　顶端短路结构

顶端短路结构四臂螺旋天线的计算模型前面已给出，本章节中采用恰当的线面等效原理，将实际中利用同轴线结构制作成的天线在计算机仿真计算中用等效面来代替。利用相关公式，再加以适当修正得到以下面与体的等效转换，即将半径为 D、长为 L 的同轴线在仿真计算中等效为长为 L、宽为 $W=4D$ 的有限导体面来处理。如果在仿真计算中直接利用同轴结构的模型来计算，将会导致数目庞大的剖分网格，并且在顶端的弯折处极易出现网格剖分错误，从而使计算出错。采用这里所介绍的方法，用长为 $L=0.5\lambda$、宽为 $W=4\times1.1$ mm 的有限导体面来等效长为 $L=0.5\lambda$、半径为 $D=1.1$ mm 的硬同轴电缆制作的谐振式四臂螺旋，如图 7.53 所示。实际制作的天线在非馈电端是由同轴线 1 的内芯连接同轴线 3 的外皮，同轴线 2 的内芯连接同轴线 4 的外皮，同轴线 1、2 分别由馈电网络馈以大小相等相位差为 90°的信号。但是，在计算仿真时将顶端径向部分的有限导体面直接相连，从而达到短路效果，如图 7.54 所示。

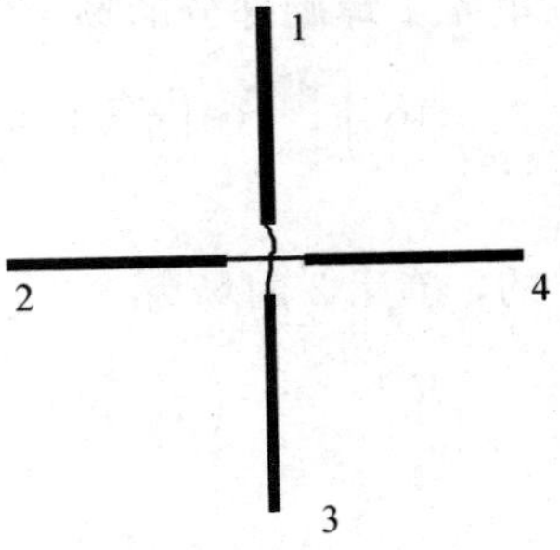

图 7.53　实际顶端连接结构

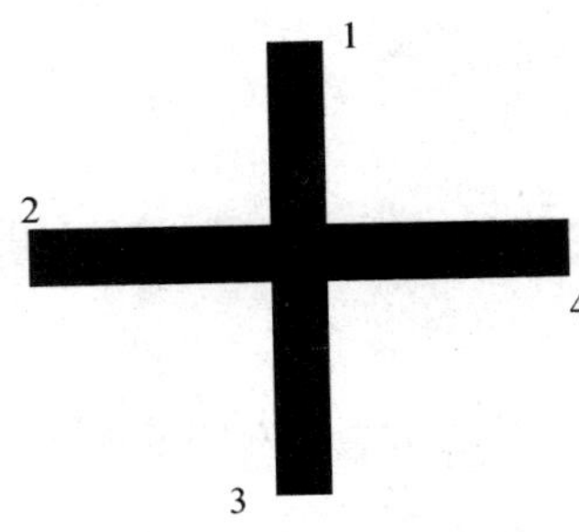

图 7.54　仿真顶端连接结构

本节计算模型的实际参数：工作频率为 f，螺旋圈数 $N=0.5$，臂长 $L=0.5$，轴向长度＝50 mm，半径 $R=18$ mm。

图 7.55～图 7.57 给出最终模型计算的天线的各项性能指标。

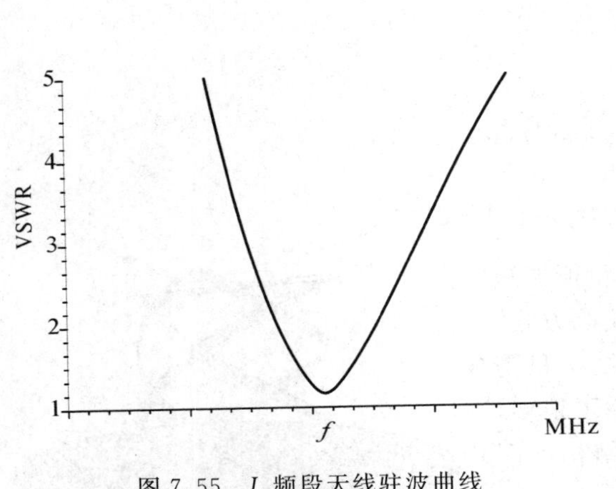

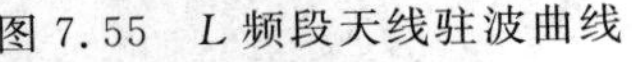
图 7.55　L 频段天线驻波曲线

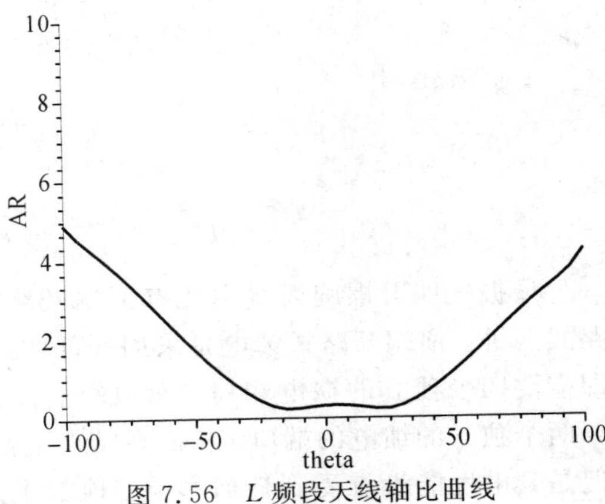

图 7.56　L 频段天线轴比曲线

由以上的计算结果可以看出，对于单频段(L 频段)谐振式四臂螺旋天线，这种模型参数满足：$f\pm4$ MHz 的频段内，VSWR≤1.5；在 Theta±85 范围内 AR≤6 dB；仰角 5°时 $G=-2.5$ dBic；仰角 20°时 $G=0.17$ dBic。

这种顶端短路结构的谐振式四臂螺旋天线可以看做是两具双臂螺旋天线，每具双臂螺旋天线可以通过沿着中心轴伸至天线顶部的同轴线，在顶部利用平衡转换器馈电。再利用外部的馈电网络向两个端口馈以幅度相等、相位相差 90°的激励源，其辐射方向图如图7.57所示。

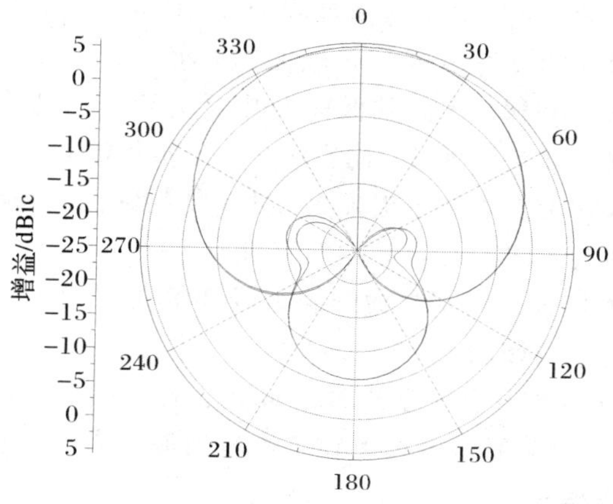

图 7.57　*L* 频段天线增益

如果天线螺旋参数选得合适，天线就可产生赋形圆锥波束，其波束宽度为 90°～240°；在宽角度范围内，有良好的圆极化特性，良好的圆极化自然会产生较高的前后比。

从计算结果来看，电压驻波比小于 2 的带宽有 120 MHz，满足 GPS 的带宽要求和其他卫星通信的需要；天线在仰角 0°～90°的上半空间轴比均小于 3 dB，与 3.1 中的微带介质天线相比，具有优良的圆极化特性；而且在仰角 10°增益大于 0 dB 时，具有良好的半球覆盖能力。

任何一种形式的天线平衡馈电问题一直都是需要解决的主要问题之一。当采用同轴电缆馈电时，内外导体分别连接两条臂，由于外导体内壁电流外泄，导致两臂的电流不相等，这种不平衡性会导致天线电性能的改变，因此要考虑馈电的不平衡到平衡的转变。几种常用的平衡馈电结构已经应用在四臂螺旋天线中，如 U 型管、开槽线等。

为了节省重量和降低结构的复杂度，这里可以采用一种设计巧妙的无限巴伦结构，如图 7.58 所示。同轴馈电电缆内导体延伸至螺旋臂 1 内，在天线顶部内导体连接到对面的螺旋臂 3 上，螺旋臂 2、3 之间及螺旋臂 1 的外导体与螺旋臂 4 之间焊接在一起。其实这种无限巴伦馈电结构是利用了同轴电缆的内导体外壁与外导体内壁上的电流大小相等方向相反的特点。天线样机及顶端馈电结构如图 7.59 所示。

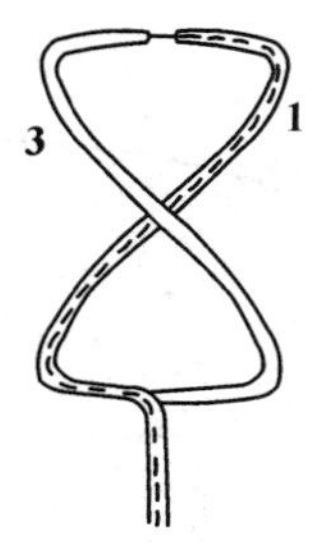

图 7.58　无限巴伦

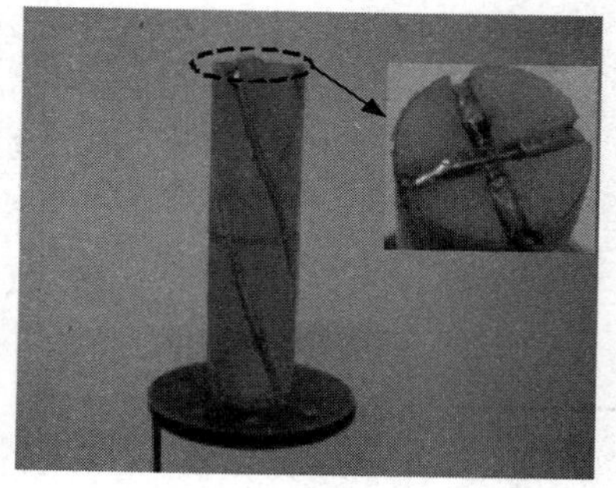

图 7.59　天线样机及顶端馈电结构

7.5.5 复合螺旋天线

平面螺旋天线由于其结构满足非频变原理，并且在很宽的频带内具有良好的阻抗和辐射特性，因此获得了广泛的应用。对于等角螺旋天线，由于其螺旋增长率较快，在螺旋末端截断时，由截尾效应而引起的反射电流势必较大，从而破坏了天线的低频端特性。而阿基米德螺旋天线的螺旋增长率较慢，因此其低频性能要优于等角螺旋天线，但也由于其天线臂增长率慢且天线臂较细，环绕长度长。而实际中，介质基板必然会有介质损耗，天线臂本身有一定的导体损耗，这就带来了传输损耗大，效率低的缺点。为此，采用始端为等角螺旋天线、终端为阿基米德螺旋天线的复合结构双臂螺旋天线。

平面螺旋天线的基本形式是阿基米德螺旋天线和等角螺旋天线。复合螺旋天线结合了上述两种天线的优点，其结构如图 7.60 所示。

等角螺旋天线极化方向是由螺旋张开的方向决定的，其极化形式也是由旋向与传播方向呈左旋或右旋确定。图 7.61 所示的模型在上方辐射波为右旋极化。

图 7.60　复合螺旋天线结构

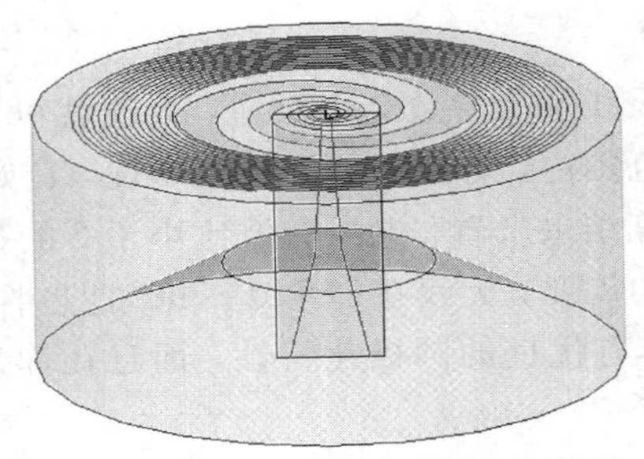

图 7.61　复合螺旋天线模型

复合螺旋天线相比于等角螺旋天线和阿基米德螺旋天线，有效减小了天线直径，实现了天线小型化的目的。通过优化计算，最终确定的天线参数：直径为 110 mm；起始半径为 5 mm；内圈等角螺旋增长率为 0.22；阿基米德螺旋天线的线宽和间距都为 0.8 mm；介质基板介电常数 ε_r 为 4.5。天线置于自由空间及安装于飞机载体(机背中心)上，计算结果如图 7.62～图 7.66 所示。

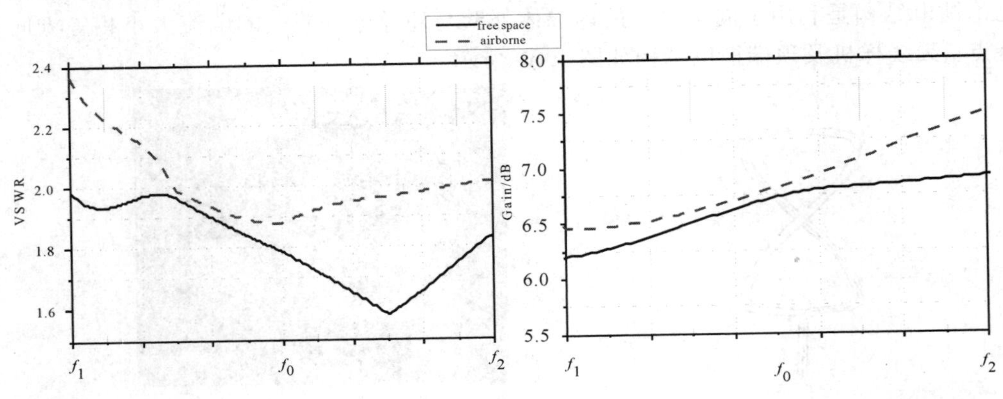

图 7.62　复合螺旋天线 VSWR 仿真图　　　图 7.63　复合螺旋天线增益仿真图

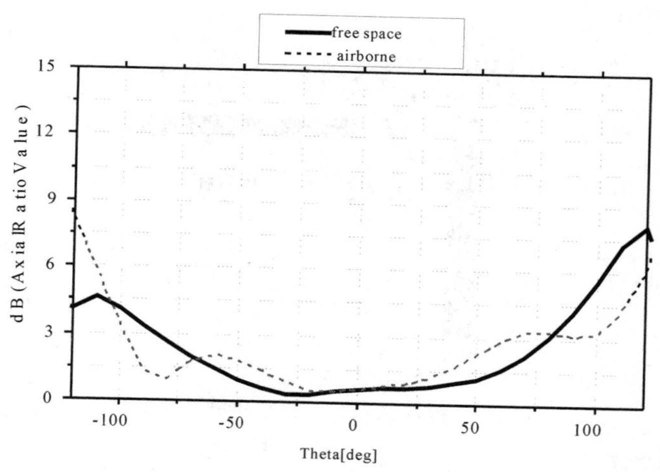

图 7.64 复合螺旋天线轴比俯仰面仿真方向图

从图 7.65 和图 7.66 可以看出，复合螺旋天线安装在飞机上后，俯仰面和滚动面的方向图上半空间情况与自由空间的辐射几乎相同，主要是下方的辐射减弱，这是由于机身的遮挡和吸收作用所引起的。由此可见，该复合螺旋天线安装到飞机上后，可基本保持上半空间的接收卫星信号的能力，而由于机体的屏蔽作用，对于来自下半空间干扰信号的抑制范围明显增强。

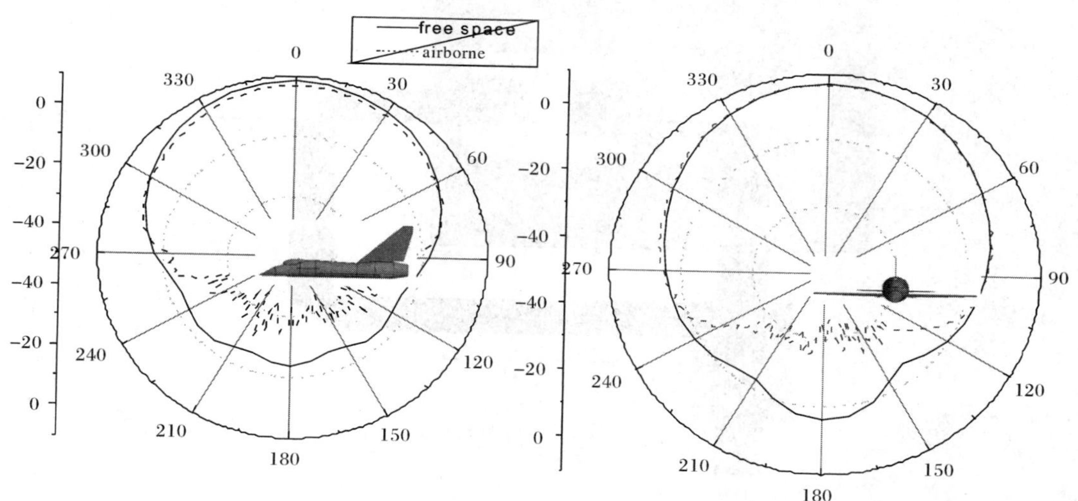

图 7.65 复合螺旋天线俯仰面仿真方向图　　图 7.66 复合螺旋天线滚动面仿真方向图

7.5.6 微带加载圆极化天线

前面提到相互正交的线极化波可以激发出圆极化波。本节所设计仿真的缝隙耦合圆极化阵列天线即采用这一原理，其辐射单元的具体结构如图 7.67 所示。

图 7.67 所示为 H 形缝隙耦合的圆极化贴片单元。在地板上开出的两个 H 形缝隙正交排列，分别由端口(1)和端口(2)对两个端口进行馈电，端口(1)和端口(2)的馈电幅度相等、相位相差 90°。这样通过 H 形缝隙的耦合作用得到幅度相等、相位相差 90°的线极化波，从

而使贴片可以辐射圆极化波。

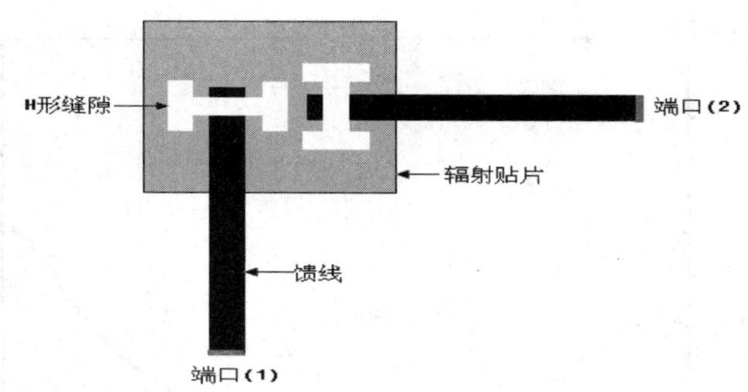

图 7.67 缝隙耦合圆极化贴片单元示意图

馈电网络的设计如下：

由于要产生相互正交的线极化波，我们要对相互垂直的两个 H 形缝隙进行幅度相等、相位相差 90°的馈电。具体的馈电结构如图 7.68 所示，其为具体的馈电网络设计原理，功分器为二等分的形式，其中 $S_1 \approx S_2$。由于 $\lambda_g/4$ 的长度过短，设计馈电网络时，我们使 $S_3+S_4 \approx \lambda_g \times 3/4$，这是为了尽可能地减小馈线之间的耦合，从而使馈线形式更加合理。这样两个 H 形缝隙就得到了幅度相等、相位相差 90°的激励电流。

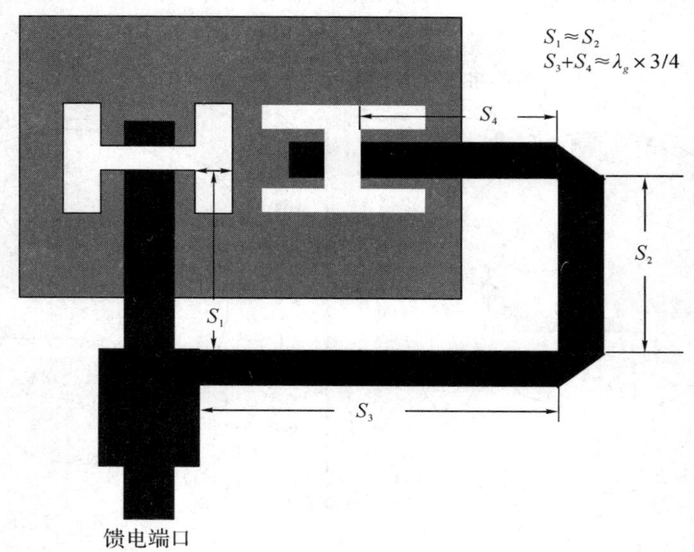

图 7.68 缝隙耦合圆极化单元馈电结构图示

在介质材料和空气层的厚度基本选定后，通过不断地调节 H 形缝隙的长度和宽度以及终端开路线的长度，使天线的输入阻抗与 50 Ω 馈线得到匹配。两个正交的 H 形缝隙之间的距离越小，缝隙从馈线上耦合能量的能力越强，输入电阻越大，但两个缝隙之间的耦合也同时增大，从而降低了轴比带宽。因此在调节时，我们先确定缝隙的大小，使其与 50 Ω 馈线匹配，再通过调节两个缝隙之间的距离，从而得到较宽的轴比带宽。

图 7.69 所示为缝隙耦合圆极化单元的驻波曲线，VSWR<2 的频率范围为 3.33～3.82 GHz，相对带宽达到了 17.13%。图 7.70 所示为轴比曲线，在 AR<3 的频率范围为

3.37～3.67 GHz，相对带宽为 8.6%。

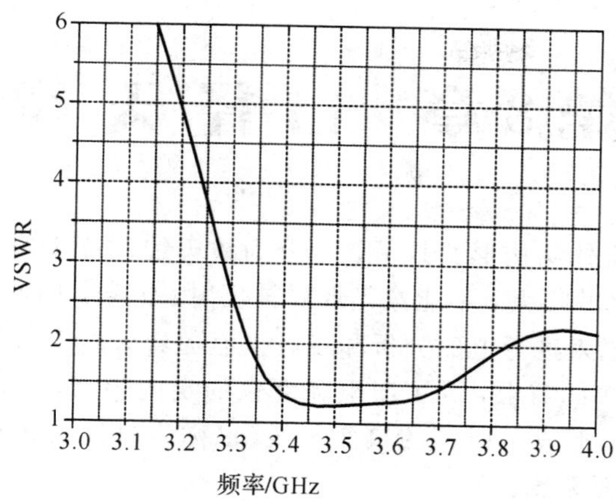

图 7.69　缝隙耦合圆极化单元驻波曲线

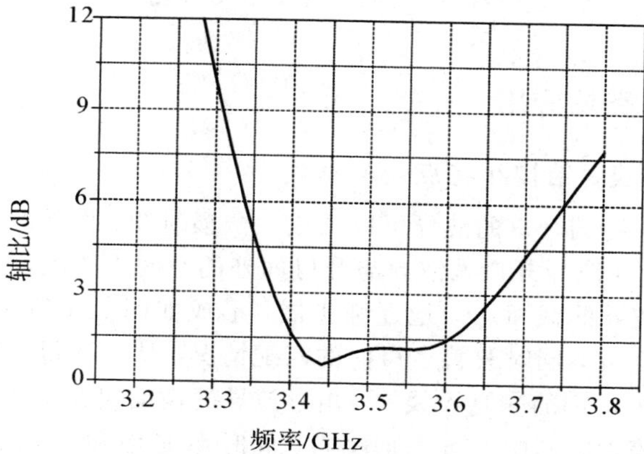

图 7.70　缝隙耦合圆极化元轴比曲线

第8章 口径天线

如前所述，天线按主体结构形式划分，可分为线天线和面天线。早期的天线工作频段为短波、超短波，波长尺寸很大，不能像光那样被反射、汇聚，因此天线的主要形式为线天线，即采用线电流的形式来进行电磁分析和设计。但随着天线工作频率的升高和实际应用中对高增益波束越来越多的需求，为了产生高聚束的定向辐射，人们采用具有一定面积的口径面来进行电磁辐射，形成了所谓的口面天线(也称为口径天线)。目前，主要的口径天线包括喇叭天线和反射面天线。

8.1 喇叭天线

8.1.1 喇叭天线分类及应用

1. 喇叭天线的种类、结构和特点

根据惠更斯原理，终端开口的波导可以构成一个辐射器，但是波导口面的电尺寸很小，辐射方向性弱。而且，在波导开口处波导与开口面外的空间不匹配，会产生严重的反射，不宜作为天线使用。将波导的截面均匀地逐渐扩展，形成如图 8.1 所示的喇叭天线。这样不仅扩大了天线的口面尺寸，同时改善了口面的匹配情况，从而取得了很好的辐射特性。

图 8.1 给出了几种常用的喇叭天线。当矩形波导的截面仅在 H 面展宽时，形成 H 面扇形喇叭；仅在 E 面展宽时，形成 E 面扇形喇叭；同时在 E 面和 H 面展宽则形成角锥喇叭；由圆波导均匀展开形成圆锥喇叭。

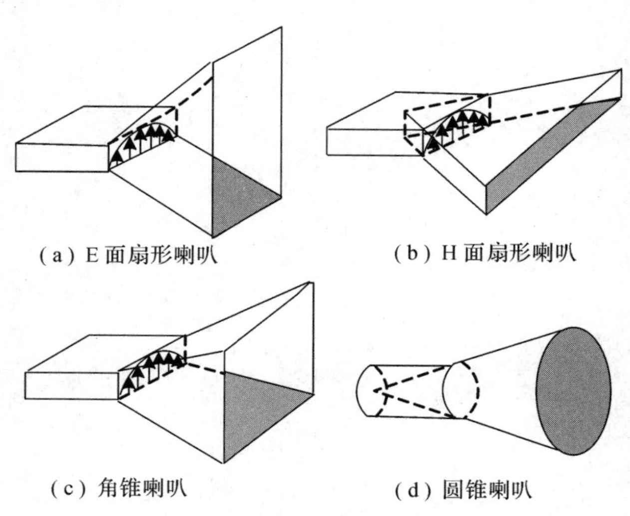

(a) E 面扇形喇叭　(b) H 面扇形喇叭

(c) 角锥喇叭　(d) 圆锥喇叭

图 8.1 喇叭天线种类

喇叭天线是一种应用很广泛的微波天线。它具有结构简单、重量轻、易于制造、工作频带较宽、功率容量大等优点。合理选择尺寸，可以使喇叭天线获得良好的辐射特性、相当高的方向系数、相当尖锐的主瓣和比较小的副瓣。

喇叭天线可以作为独立的天线，也可以作为反射面天线及透镜天线的馈源，还能用作收发共用的双工天线。在天线测量中，喇叭天线也被广泛用作标准增益天线。

2. 喇叭天线

为了确定喇叭天线的辐射特性，必须了解喇叭口面上场的分布，即求解喇叭的内场。求解喇叭内电磁场常采用近似的方法：认为喇叭为无限长，忽略外场对内场的影响，把喇叭的内场结构近似看做与标准波导内的场结构相同，只是因为喇叭是逐渐张开的，使得波形略有变化。在平面状的喇叭口面上，场的振幅分布可近似认为与波导截面上相似，但是口面上场相位偏移的影响则不能忽视。图 8.2(a)、(b)分别表示 H 面及 E 面扇形喇叭的几何参数，下面来计算口面场上的相位偏移。

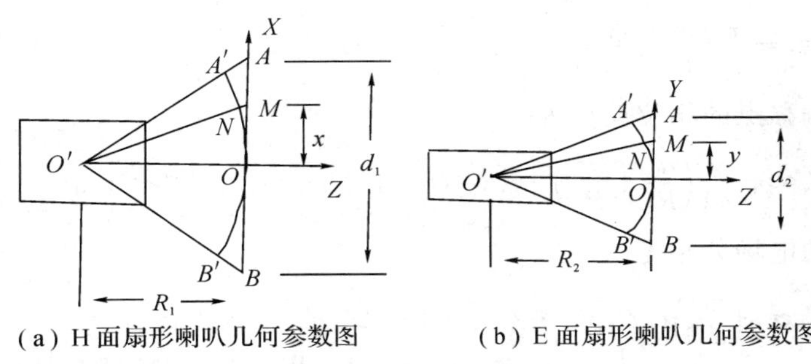

(a) H 面扇形喇叭几何参数图　　(b) E 面扇形喇叭几何参数图

图 8.2　H 面、E 面扇形喇叭几何参数图

如图 8.2(a)所示，到口面上 M 点的波程比到口面中心处 O 点的波程长 MN 的距离。设口面中心处 O 点的相位偏移为 0，则口面上任一点 M 的相位偏移表示为

$$\phi_x = -k \cdot MN = -\frac{2\pi}{\lambda}MN = -\frac{2\pi}{\lambda}\left(\sqrt{R_1^2+x^2}-R_1\right) \tag{8-1}$$

一般 $d_1<R_1$，所以 $x<R_1$，因此有

$$\sqrt{R_1^2+x^2} = R_1\sqrt{1+\left(\frac{x}{R_1}\right)^2} \approx R_1+\frac{1}{2}\frac{x^2}{R_1}-\frac{1}{8}\frac{x^4}{R_1^3}+\cdots \tag{8-2}$$

把式(8-2)代入式(8-1)，得到 ϕ_x 的无穷级数展开式为

$$\phi_x = -\frac{2\pi}{\lambda}\left(\frac{1}{2}\frac{x^2}{R_1}-\frac{1}{8}\frac{x^4}{R_1^3}+\cdots\right) \tag{8-3}$$

由于 $\left|\frac{x}{R_1}\right| \ll 1$，则沿口径面上任意点 M 的相位偏移近似地取第一项为

$$\phi_x = -\frac{\pi}{\lambda}\frac{x^2}{R_1} \tag{8-4}$$

$x=d_1/2$ 时，边缘上 A 点的相位偏移最大为

$$\phi_{x\max} = -\frac{\pi}{\lambda}\frac{d_1^2}{4R_1} \tag{8-5}$$

与喇叭相连的矩形波导内通常传输主模为 TE_{10} 模，场的振幅沿宽边为余弦分布。因而，喇叭口面的电场分布为

$$E_y \approx E_0 \cos\left(\frac{\pi x}{d_1}\right) e^{-j\frac{\pi}{\lambda}\frac{x^2}{R_1}} \tag{8-6}$$

同理，对于E面扇形喇叭，口面沿 y 轴向上任意点的相位偏移为

$$\phi_y = -\frac{\pi}{\lambda}\frac{y^2}{R_2} \tag{8-7}$$

$y=d_2/2$ 时，边缘上最大位移偏移点的相位偏移为

$$\phi_{y\max} = -\frac{\pi}{\lambda}\frac{d_2^2}{4R_2} \tag{8-8}$$

喇叭口面的电场分布为

$$E_y \approx E_0 \cos\left(\frac{\pi x}{d_1}\right) e^{-j\frac{\pi}{\lambda}\frac{y^2}{R_2}} \tag{8-9}$$

对于角锥喇叭来说，当中心点相位为0时，口面上任意点的相位偏移为

$$\phi \approx -\frac{\pi}{\lambda}\left(\frac{x^2}{R_1}+\frac{y^2}{R_2}\right) \tag{8-10}$$

顶角处最大相位偏移点的相位偏移为

$$\phi_{\max} \approx -\frac{\pi}{4\lambda}\left(\frac{d_1^2}{R_1}+\frac{d_2^2}{R_2}\right) \tag{8-11}$$

喇叭口面上的电场分布为

$$E_y \approx E_0 \cos\left(\frac{\pi x}{d_1}\right) e^{-j\frac{\pi}{\lambda}\left(\frac{x^2}{R_1}+\frac{y^2}{R_2}\right)} \tag{8-12}$$

角锥喇叭随尺寸方向图变化动画如图8.3所示。

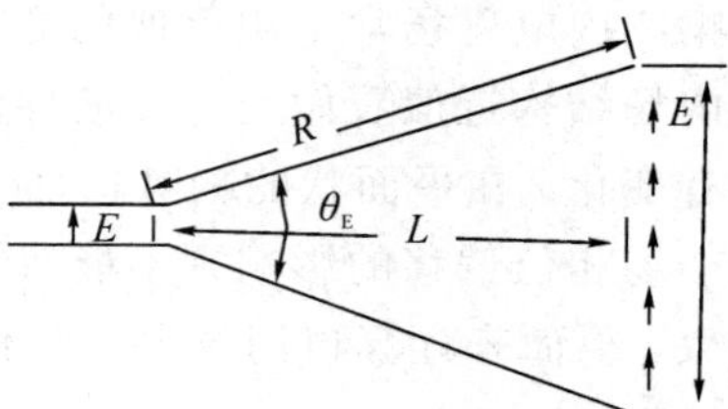

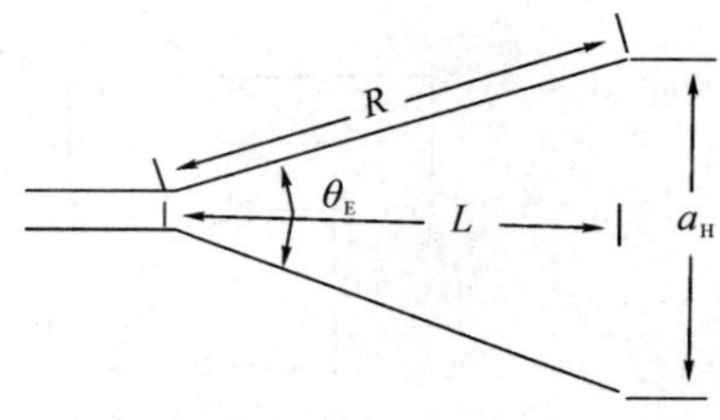

图8.3 角锥喇叭随尺寸方向图变化动画

3. 矩形喇叭的最佳尺寸

在矩形喇叭的E面，口面场的振幅为均匀，相位按平方率变化的情况下，当 $\phi_{y\max} \approx \frac{\pi}{\lambda}\frac{d_2^2}{4R_2} = \frac{\pi}{2}$ 时，相位偏移对方向性影响不大；相位偏移进一步增大，当 $\phi_{y\max} > \frac{\pi}{2}$ 时，主瓣明显展宽，甚至在主辐射方向形成凹陷。所以，由 $\phi_{y\max} \approx \frac{\pi}{\lambda}\frac{d_2^2}{4R_2} = \frac{\pi}{2}$，可以得到 d_2 的最佳尺寸为

$$d_2 = \sqrt{2\lambda R_2} \tag{8-13}$$

在矩形喇叭的H面，口面场振幅按照余弦分布，相位按平方率变化的情况下，由于口面场边缘相位偏移最大处的振幅很小，相位偏移对方向性影响减弱，因而允许边缘相位偏移较大，可达 $\frac{3\pi}{4}$。由 $\phi_{y\max} \approx \frac{\pi}{\lambda}\frac{d_1^2}{4R_1} = \frac{3\pi}{4}$，可得到 d_1 的最佳尺寸为

$$d_1 = \sqrt{3\lambda R_1} \tag{8-14}$$

在最佳尺寸关系下，E面和H面扇形喇叭的方向系数均近似为

$$D = 0.64\,\frac{4\pi A}{\lambda^2} \tag{8-15}$$

口径效率 $\eta_a=0.64$。此时，口面场的最大相位差为

$$\phi_{\max}=\left(\frac{1}{2}\sim\frac{3}{4}\right)\pi \tag{8-16}$$

在最佳尺寸关系下，角锥喇叭天线的方向系数及口径效率分别为

$$D=0.51\,\frac{4\pi A}{\lambda^2},\ \eta_a=0.51 \tag{8-17}$$

喇叭天线的效率很高，$\eta\approx1$。由 $G\approx\eta D$，可近似认为它的增益和方向系数相等。

4. 角锥喇叭天线

矩形喇叭天线最流行的形式就是角锥喇叭天线，如图 8.4 所示。这种结构会导致两个主平面内波束变窄而形成笔形波束。角锥喇叭天线的口径电场为

$$E_{ay}=E_0\cos\frac{\pi x}{A}\mathrm{e}^{-\mathrm{j}(\beta/2)(x^2/R_1+y^2/R_2)} \tag{8-18}$$

其中：R_1 表示喇叭 E 面顶点到口径面的距离；R_2 表示喇叭 H 面顶点到口径面的距离。

按照扇形喇叭使用的通用程序，可以得到一个辐射场的普遍表示式。主平面方向图和扇形喇叭所得结果一样，因为口径分布是可分离的，所以角锥喇叭的 E 面和 H 面方向图分别等于 E 面扇形喇叭的 E 面方向图和 H 面扇形喇叭的 H 面方向图。

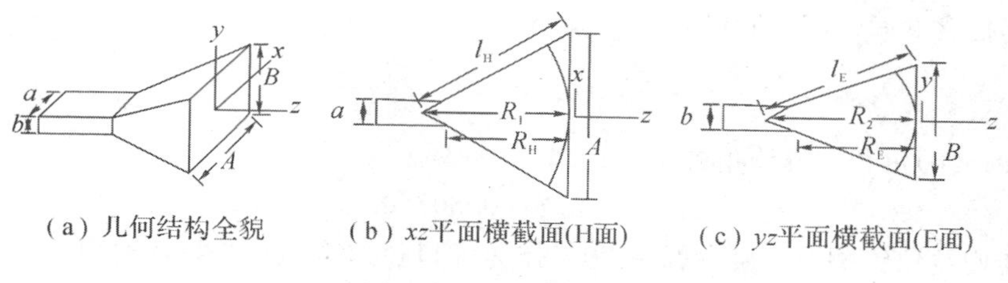

图 8.4　角锥喇叭天线

由于角锥喇叭用作微波频段的增益标准，因此精确的增益计算是重要的。角锥喇叭的方向性可以从下式较简单地求得：

$$D_{\mathrm{p}}=\frac{\pi}{32}\left(\frac{\lambda}{a}D_{\mathrm{E}}\right)\left(\frac{\lambda}{b}D_{\mathrm{H}}\right) \tag{8-19}$$

喇叭辐射效率 e_{r} 接近于 1，所以取增益等于方向性。还必须考虑两个效率，即口径渐削振幅效率 ε_{t} 和相位效率 $\varepsilon_{\mathrm{ph}}$。

$$\varepsilon_{\mathrm{ap}}=\varepsilon_{\mathrm{t}}\varepsilon_{\mathrm{ph}}=\varepsilon_{\mathrm{t}}\varepsilon_{\mathrm{ph}}^{\mathrm{E}}\varepsilon_{\mathrm{ph}}^{\mathrm{H}} \tag{8-20}$$

其中，$\varepsilon_{\mathrm{ap}}$ 为 E 面和 H 面扇形喇叭天线的口径效率，把总相位效率分解为分别由 E 面和 H 面相位误差引起的两个因子，则可将增益表示为

$$G=\frac{4\pi}{\lambda^2}\varepsilon_{\mathrm{ap}}AB=\frac{4\pi}{\lambda^2}\varepsilon_{\mathrm{t}}AB\varepsilon_{\mathrm{ph}}^{\mathrm{E}}\varepsilon_{\mathrm{ph}}^{\mathrm{H}}=G_0\varepsilon_{\mathrm{ph}}^{\mathrm{E}}\varepsilon_{\mathrm{ph}}^{\mathrm{H}} \tag{8-21}$$

其中 G_0 表示没有误差影响，但包含口径渐削效率的增益。通过计算扇形喇叭的方向性并扣除已知的渐削效率，就能得到相位误差效率。这样处理的结果，作为误差参数 s 和 t 的函数，如图 8.5 所示。对最佳扇形喇叭，$s=0.25$ 和 $t=0.375$，口径效率是最佳的。

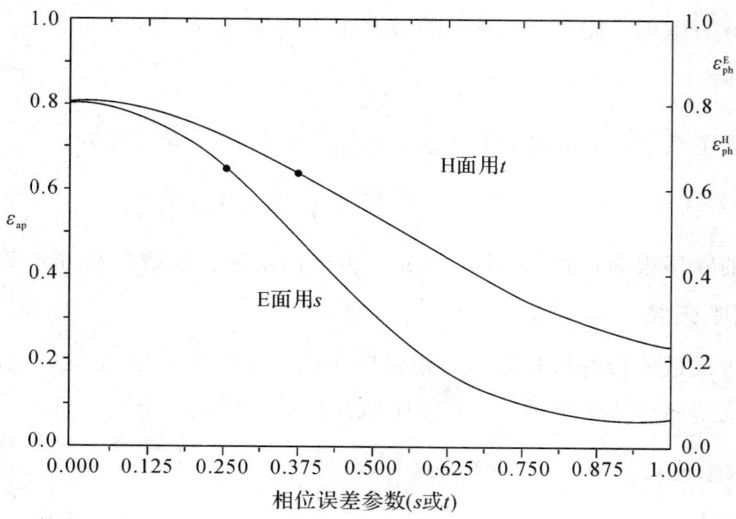

图 8.5　E 面和 H 面扇形喇叭天线的口径效率(左边坐标)，以及与 E 面和 H 面扩展关联的相位效率(右边坐标)

由图 8.6 可知：

$$\varepsilon_{ap}^{E}=0.649,\ \varepsilon_{ap}^{H}=0.643 \tag{8-22}$$

两者都包含 $\varepsilon_t=0.81$，所以

$$\varepsilon_{ph}^{E}=\frac{\varepsilon_{ap}^{E}}{\varepsilon_t}=0.80,\ \varepsilon_{ph}^{H}=\frac{\varepsilon_{ap}^{H}}{\varepsilon_t}=0.79 \tag{8-23}$$

由式(8-20)可得，最佳角锥喇叭的口径效率是

$$\varepsilon_{ap}^{p}=\varepsilon_t\varepsilon_{ph}^{E}\varepsilon_{ph}^{H}=0.81(0.80)(0.79)=0.51 \tag{8-24}$$

对最佳增益角锥喇叭，通常都是50%作为其口径效率值，增益表示为

$$G=0.51\frac{4\pi}{\lambda^2}AB \tag{8-25}$$

通常对式(8-21)取对数，以 dB 的形式表示喇叭的增益：

$$G_{dB}=G_{0,\,dB}+\varepsilon_{ph,\,dB}^{E}(s)+\varepsilon_{ph,\,dB}^{H}(t) \tag{8-26}$$

最后两项是与相位误差有关的增益减弱因子。在取对数之前，这些相位效率可以近似为简单公式：

$$\varepsilon_{ph}^{E}(s)=\frac{1}{4s}[C^2(2\sqrt{s})+S^2(2\sqrt{s})]\approx1.003\,29-0.119\,11s-2.752\,24s^2 \tag{8-27}$$

$$\varepsilon_{ph}^{H}(t)=\frac{\pi^2}{64t}\{[C(p_1)-C(p_2)]^2+[S(p_1)-S(p_2)]^2\}\approx1.003\,23-0.087\,84t-1.270\,48t^2 \tag{8-28}$$

至少从零到 $s=0\sim0.262$ 和 $t=0\sim0.397$，这些近似公式都有效。例如，在近似公式中若 $s=0.25$ 和 $t=0.375$，则可由图 8.5 给出 ε_{ap}^{E} 与 ε_{ap}^{H} 的值。

喇叭天线的许多应用，要求在某已知工作频率实现规定的增益。通常使用最佳增益设计方法，因为对于给定的增益，它会给出最短的轴向长度。下面推导单个设计方程，可以由它确定给定增益的最佳喇叭结构。该步骤包括连接波导内尺寸 a 和 b 以及喇叭尺寸。有三个条件必须满足：第一、二个条件是 E 面和 H 面的相位误差必须与最佳性能关联；第三个

条件是角锥喇叭的结构在物理上是可实现的，并与所连接的波导相配。这由图 8.5 可看出

$$R_E = R_H = R_p \tag{8-29}$$

由图 8.5 中的相似三角形可得

$$\frac{R_1}{R_H} = \frac{A/2}{A/2 - a/2} = \frac{A}{A-a} \tag{8-30}$$

$$\frac{R_2}{R_E} = \frac{B/2}{B/2 - b/2} = \frac{B}{B-b} \tag{8-31}$$

当取 E 面最佳性能时，将其代入式(8-31)，得到

$$B = \sqrt{\frac{2\lambda R_E B}{B-b}} \quad 或 \quad B^2 - bB - 2\lambda R_E = 0 \tag{8-32}$$

它是一个二次式，具有以下一个解：

$$B = \frac{1}{2}(b + \sqrt{b^2 + 8\lambda R_E}) \tag{8-33}$$

第二个解因产生 B 是负值的不合理情况，所以略去不计。同样的，H 面的最佳性能条件和式(8-30)一起产生：

$$R_H = \frac{A-a}{A} R_1 = \frac{A-a}{A}\left(\frac{A^2}{3\lambda}\right) = \frac{A-a}{3\lambda} A \tag{8-34}$$

在式(8-33)中代入式(8-29)的物理显示条件以及式(8-34)，得出

$$B = \frac{1}{2}\left(b + \sqrt{b^2 + \frac{8A(A-a)}{3}}\right) \tag{8-35}$$

与该式规定的增益 G 联系起来有

$$G = \frac{4\pi}{\lambda^2}\varepsilon_{ap} AB = \frac{4\pi}{\lambda^2}\varepsilon_{ap} A \frac{1}{2}\left(b + \sqrt{b^2 + \frac{8A(A-a)}{3}}\right) \tag{8-36}$$

展开以形式 A 的四阶方程，得出预期的最佳角锥喇叭设计方程

$$A^4 - aA^3 + \frac{3bG\lambda^2}{8\pi\varepsilon_{ap}} A = \frac{3G^2\lambda^4}{32\pi^2\varepsilon_{ap}^2} \tag{8-37}$$

求该方程的根相当复杂，而用数值解方程软件很容易得到解。也可以用试错法求解，第一近似解为

$$A_1 = 0.45\lambda\sqrt{G} \tag{8-38}$$

现在来归纳最佳喇叭的设计步骤：

(1) 规定在工作波长 λ 处预期的增益 G，并规定连接波导的尺寸 a 和 b。

(2) 采用 $\varepsilon_{ap}=0.51$ 解出式(8-37)中的 A。

(3) 求出喇叭的其余尺寸：由式(8-25)求出 B；由式(8-30)求出 R_H；由式(8-31)求出 R_E；由图 8.5 知 $l_H^2 = R_1^2 + (A/2)^2$，可解出 l_H。

(4) 通过检验 R_E 是否等于 R_H，看是否 $s=0.25$ 和 $t=0.375$。

喇叭天线能在大约超过 50%的带宽上良好地工作，不过仅在某个设计好的频率上具有最佳性能。图 8.6 所示是在 8.28～12.4 GHz 频段上“标准增益喇叭”的增益曲线。注意，增益随频率而增加，这是口径天线的特征。该天线方向性随频率变化的曲线不是一根直线，它明显地依赖于频率的平方。这是由于相位误差的增加，使口径效率随频率降低，所以，最佳增益喇叭仅在其设计频率处“最佳”。

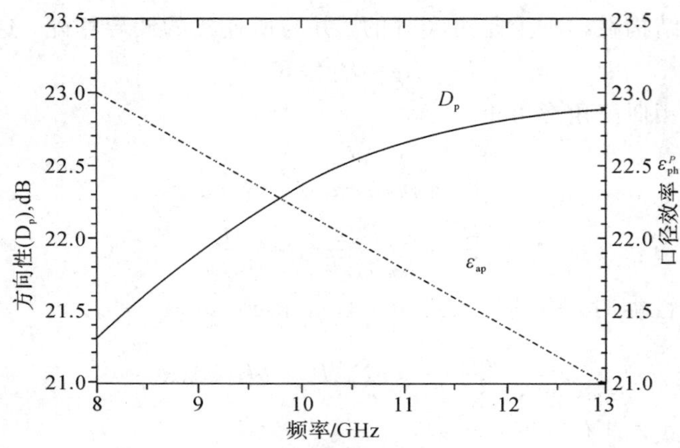

图 8.6 标准增益矩形喇叭的方向性和口径效率

5. 波纹喇叭天线

波纹喇叭天线是为了进一步改善天线特性而提出的。以图 8.7 所示的普通的圆锥喇叭天线为例，由于其在终端开口处同外空间不连续，喇叭内 E 面的传导电流绕过喇叭口径流到喇叭外壁上，因而导致较大的副瓣，使方向图很粗糙。但是 H 面因为边缘场强较小，传导电流是横向的，不会沿纵向绕到喇叭外壁上，因此 H 面边缘的绕射现象不严重，如图 8.8 所示。为了阻止电流向外壁流出，人们在喇叭内部加入传统的 λ/4 扼流槽，通过抑制喇叭内的这种有害的纵向电流来降低 E 面的边缘场强，结果使 E 面的方向图特性几乎和 H 面的完全一样，最终等化了方向图且降低了副瓣。圆口波纹喇叭即口径面为圆形的波纹喇叭天线，由于性能优异，辐射方向图理论上可以做到轴对称和无交叉极化，且副瓣极低，效率很高，因此，用它作为圆口抛物面天线的馈源时，效率几乎可以达到 100%。

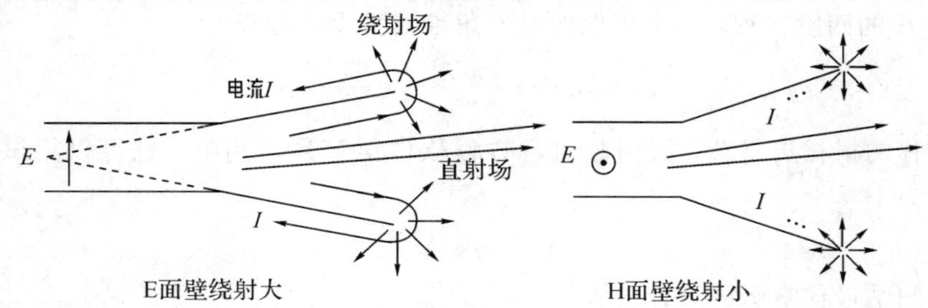

图 8.7 光壁圆锥喇叭的边缘绕射

圆口波纹喇叭的张角和开槽方向也可以进行适当的调整，见图 8.8(a)、(b)、(c)，与图 8.8(d)所示的轴向槽波纹圆锥喇叭相比而言加工较容易。

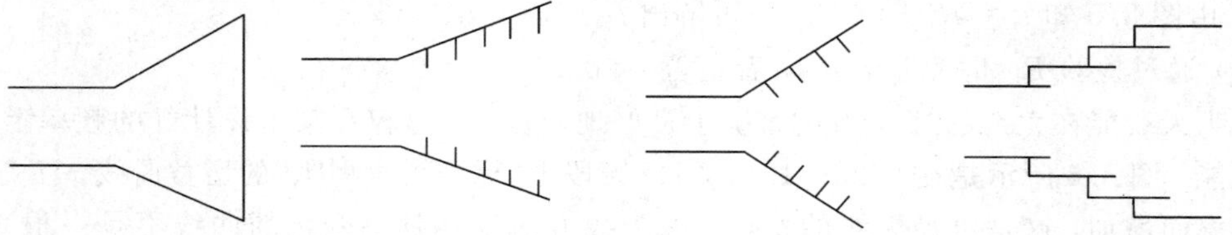

(a) 光壁圆锥喇叭 (b) 小张角波纹圆锥喇叭 (c) 大张角波纹圆锥喇叭 (d) 轴向槽波纹圆锥喇叭

图 8.8 几种圆锥喇叭

波纹喇叭的主要结构一般包括两种：四段结构和两段结构。两段结构的波纹喇叭实际上是四段结构的各种融合，主要包括模转换匹配段和喇叭辐射段，采用这种方案的最高和最低频率比小于 1.75。下面主要介绍宽带波纹喇叭四段结构中的每段功能。

如图 8.9 所示的四段结构一般由输入锥削段、模变换器段、过渡段(包括变频段和变角段)、辐射段所组成。

输入锥削段：主要目的是将光壁圆波导的输出半径渐变到模变换器所需的半径，以此来实现模变换器与光壁波导之间的匹配。

模变换器段：主要功能是把光壁圆波导中的 TE_{11} 模转换为波纹圆波导中的 HE_{11} 模。此段是波纹喇叭设计的关键段，它使模式在转换的过程中不会引起显著的失配，同时也不会造成非必要模的显著激励，尤其是对于高频端不会激励起 EH_{12} 模，低频端不会激励起慢波 EH_{11} 模。通过合理选择槽深、槽宽和张角来得到 EH_{12} 和 HE_{11} 的合适模比，这样可以使 EH_{12} 产生的交叉极化与主模非平衡混合后产生的交叉极化相抵消，从而提高喇叭的性能。

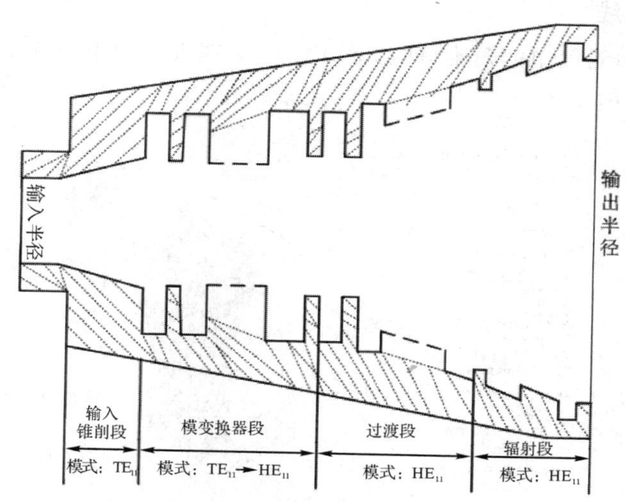

图 8.9　波纹圆锥喇叭四段结构方案

过渡段：主要用来实现模变换器与辐射段之间的张角变换、槽深变换以及槽距变换等。

辐射段：用来确定波纹圆锥喇叭的主模 HE_{11} 的主极化特性，实现馈源对反射面的边沿照射电平。

下面设计了一种工作在 Ku 频段的波纹圆锥喇叭。这里简单给出其主要设计步骤。

(1) 首先需要选择圆波导作为馈源的传输段。为了保证圆波导主模 TE_{11} 的传输，要合理选择圆波导的半径。图 8.10 给出了圆波导中各模式截止波长的分布图。根据图 8.10 可知，在圆波导中，截止波长最长的是主模 TE_{11}，其截止波长 $\lambda_{cTE_{11}}=3.41R$；其次为 TM_{01} 模，截止波长 $\lambda_{cTM_{01}}=2.62R$。输入圆波导的半径取值范围如下：

$$\frac{\lambda}{3.41}<R<\frac{\lambda}{2.62} \tag{8-39}$$

(2) 由于最高与最低频率比小于 1.75，采用简单的两段结构方案。将输入锥削段与模变换器段融为一段，采用阶梯渐变来完成模式的匹配。输出半径由喇叭到抛物面的边缘照射电平下降 −10 dB 而定。本节喇叭采用轴向开槽的方式，开槽数为 4，槽深约为 $\lambda/4$。

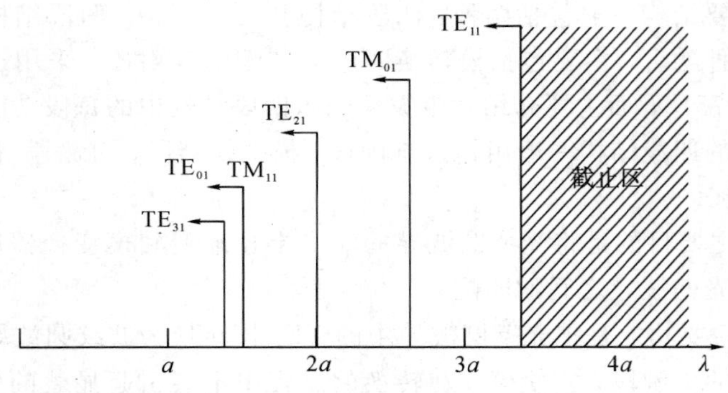

图 8.10　圆波导中各模式截止波长的分布图

8.1.2　喇叭天线设计实例

1. 角锥喇叭天线

首先建立一个较为简单的角锥喇叭天线模型。天线设计的中心频率为 10 GHz。天线具体尺寸如图 8.11 所示。

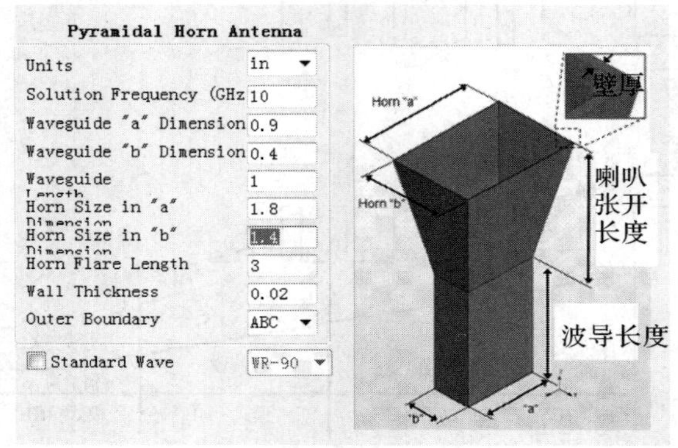

图 8.11　天线具体尺寸

天线模型如图 8.12 所示，采用波导集总端口馈电。图 8.13 所示为天线输入驻波比，由图可以看出在整个仿真频带内天线的输入阻抗匹配良好。图 8.14 所示为中心频率处天线的 E 面和 H 面辐射方向图。由图可以看出，天线的副瓣电平低于－20 dB。从图 8.15 给出的天线在各个频点的辐射方向图中可以看出，天线在 8～11.5 GHz 的频带范围内方向图和增益保持良好的一致性。

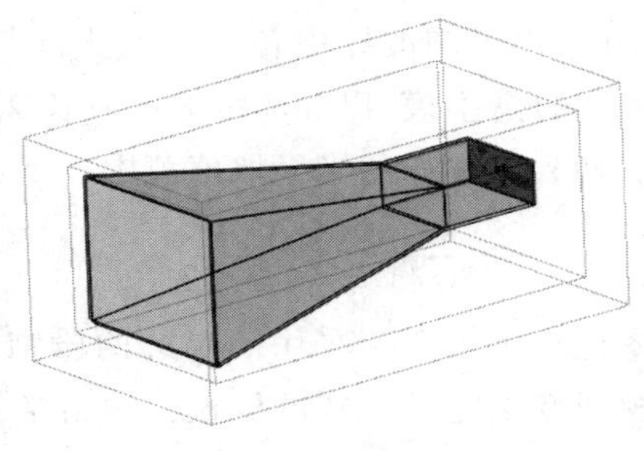

图 8.12　天线模型

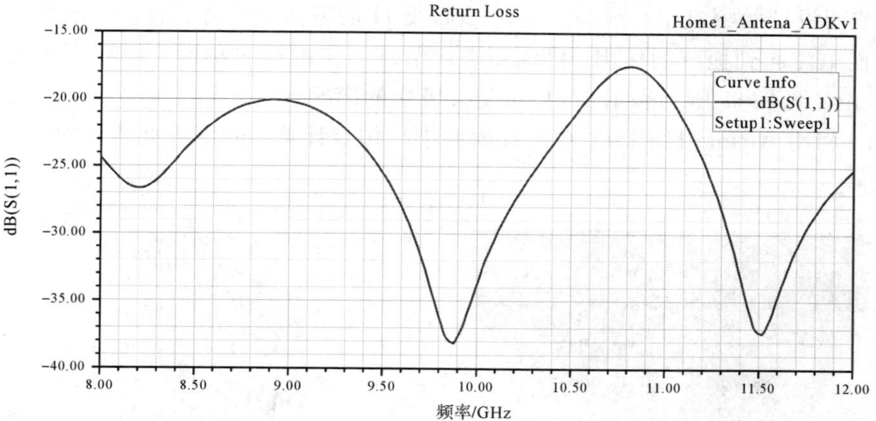

图 8.13　天线输入驻波比

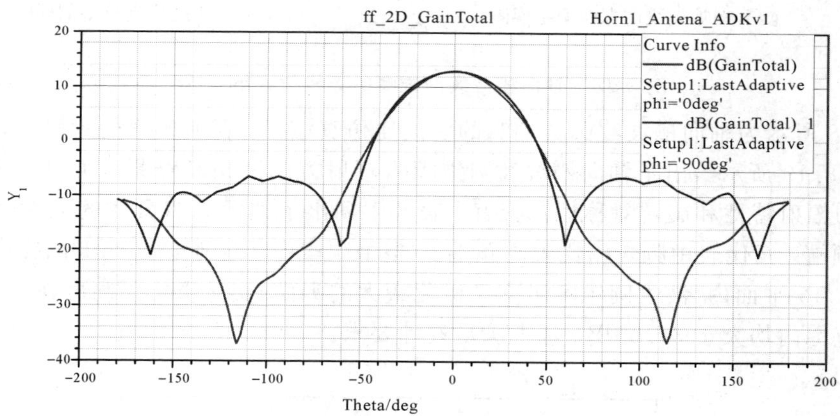

图 8.14　天线 E 面和 H 面辐射方向图

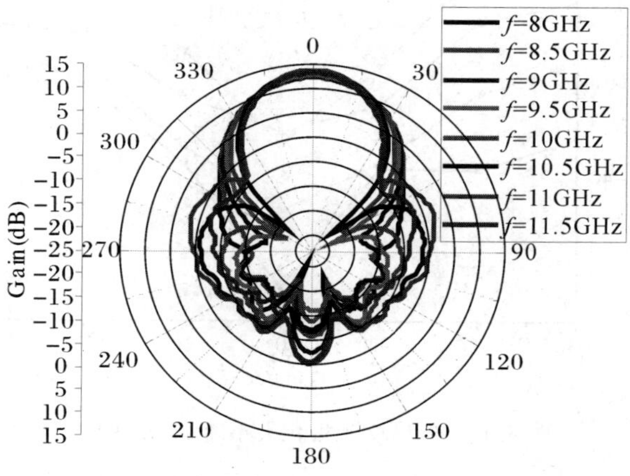

图 8.15　天线在多个频点的辐射极化方向图

2. 波纹喇叭天线

在本节所设计的喇叭中，槽的深度对 E 面及 H 面方向图的等化性影响较大，这是由于开槽对 E 面电流起到扼流的作用，槽深用来调节方向图的圆对称性。喇叭天线仿真结构如图 8.16 所示。图 8.17 所示表示 H/L 对交叉极化的影响，H 相当于喇叭槽的宽度，在此取 $H=0.16\lambda$。利用 Ansoft HFSS12.0 仿真软件进行仿真计算，最终仿真结果如下。

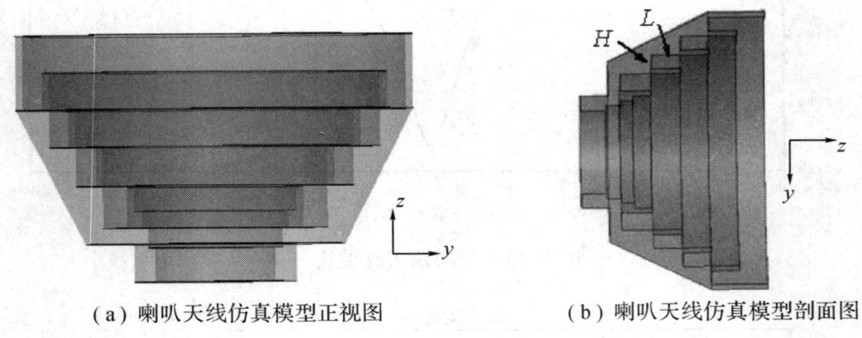

(a) 喇叭天线仿真模型正视图　　(b) 喇叭天线仿真模型剖面图

图 8.16　轴向槽波纹圆锥喇叭天线仿真结构图

图 8.18 所示为轴向槽波纹圆锥喇叭的驻波比仿真结果。在所要求的频段内，驻波比小于 1.1。图 8.19 所示给出了轴向槽波纹圆锥喇叭辐射方向图仿真结果，可以看出在 Ku 频段内喇叭的辐射特性和旋转对称性都很好。表 8.1 列出了馈源喇叭具体的辐射性能(表中，f_L代表低频端，f_0代表中频，f_H代表高频端)，整个频段内，锥削角度±31°的锥削电平均达到−10 dB，45°平面内(波纹圆锥喇叭交叉极化最大的平面)交叉极化隔离度在−10 dB 锥削电平角度范围内均大于 31.5 dB，基本满足设计要求。

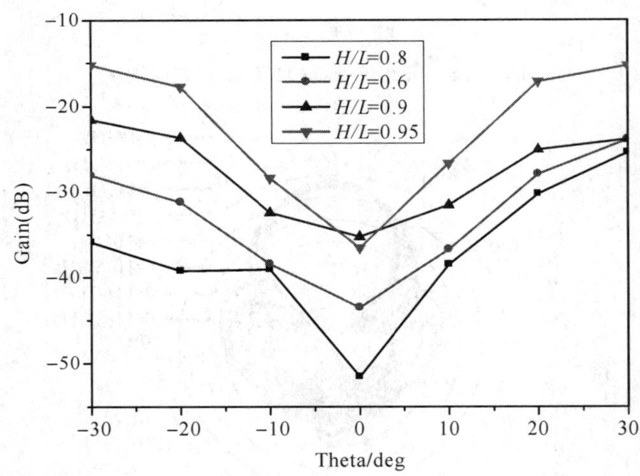

图 8.17　喇叭交叉极化大小随 H/L 变化

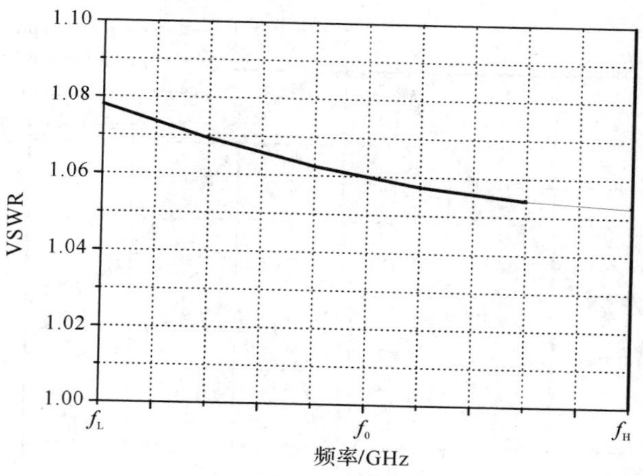

图 8.18 轴向槽波纹圆锥喇叭驻波比

表 8.1 轴向槽波纹圆锥喇叭辐射性能

频率/GHz 性能/dB	f_L	f_0	f_H
±31°下降电平	−10.1	−10.3	−10.5
轴向交叉极化电平	−53.03	−53.57	−52.09
增益	15.19	15.31	15.47

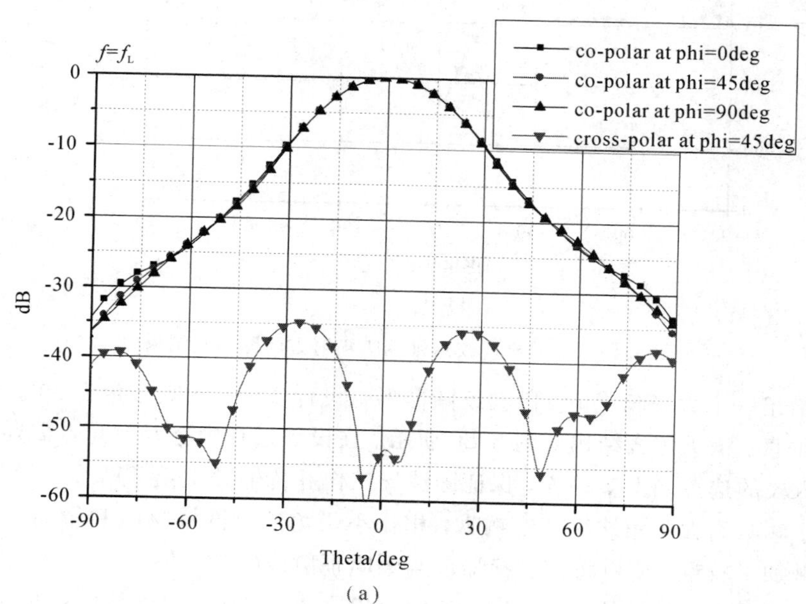

(a)

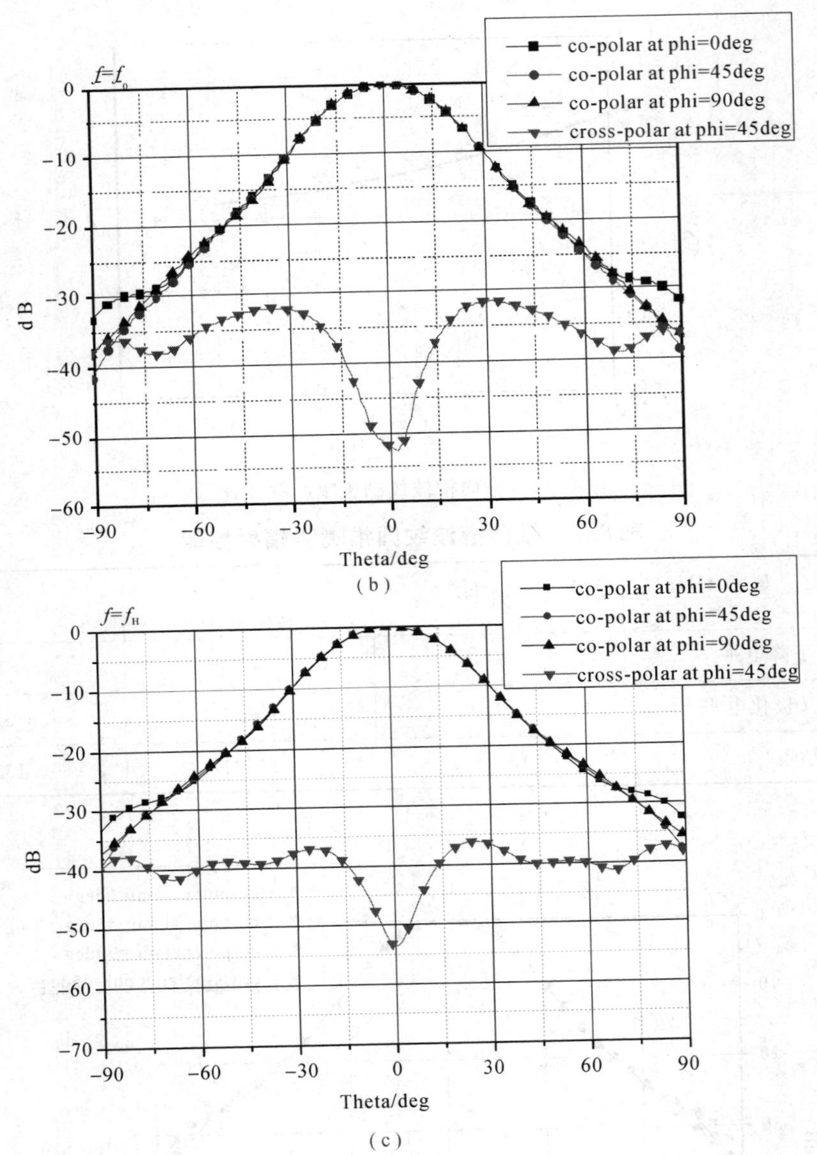

(b)

(c)

图 8.19　轴向槽波纹圆锥喇叭辐射方向图仿真结果

这里再给出一个大张角 Ku 波段波纹圆锥喇叭设计实例。喇叭张角为 30°，开槽数为 5，槽与喇叭壁垂直。喇叭仿真结构如图 8.20 所示。在设计过程中有以下几点需要注意：

(1) 输入段的选择同上节一样，保证圆波导工作并传输其主模 TE_{11}。

(2) 由于喇叭为大张角波纹圆锥喇叭，相比小张角波纹圆锥喇叭和轴向槽波纹圆锥喇叭而言，机械加工较难，所以将模变换器段与喇叭辐射段融为一体。

(3) 采用槽数为 4 的稀槽形式，调节槽深可以完成对 HE_{11} 平衡混合模的调节。波纹槽深约为 $\lambda/4$。为了改善匹配，喇叭颈部附近的槽深约为 $\lambda/2$。图 8.21 给出了所设计的喇叭驻波比随颈部槽深的变化情况。由图可以看出，为了更好地改善驻波匹配，喇叭颈部的槽深应大于 $\lambda/4$。

(4) 大张角波纹圆锥喇叭的喇叭口径大小对喇叭的波瓣宽度影响较小，喇叭波瓣宽度直接受张角大小的影响较大，故选用大张角波纹圆锥喇叭可尽量减小口面直径。

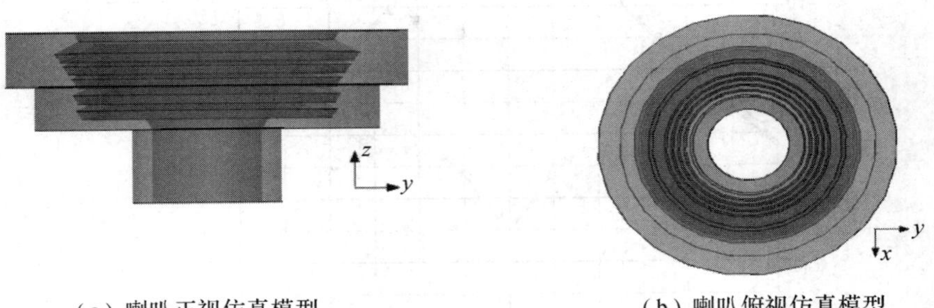

图 8.20　大张角波纹圆锥喇叭仿真结构图

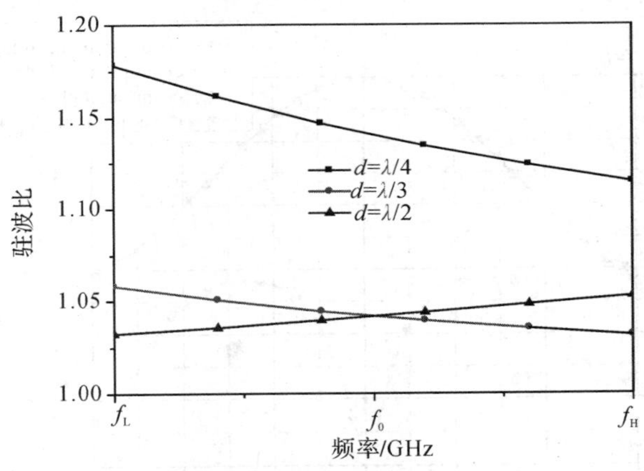

图 8.21　喇叭颈部槽深对驻波比的影响

利用 Ansoft HFSS12.0 仿真软件进行优化与仿真，最终仿真结果如图 8.22、图 8.23 和表 8.2 所示。

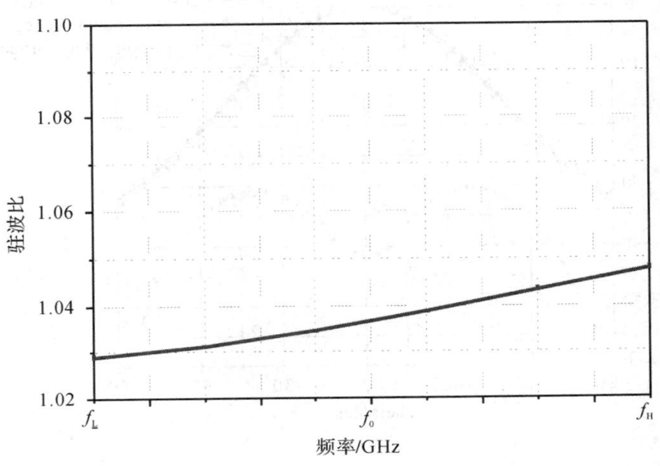

图 8.22　大张角波纹圆锥喇叭驻波比仿真结果

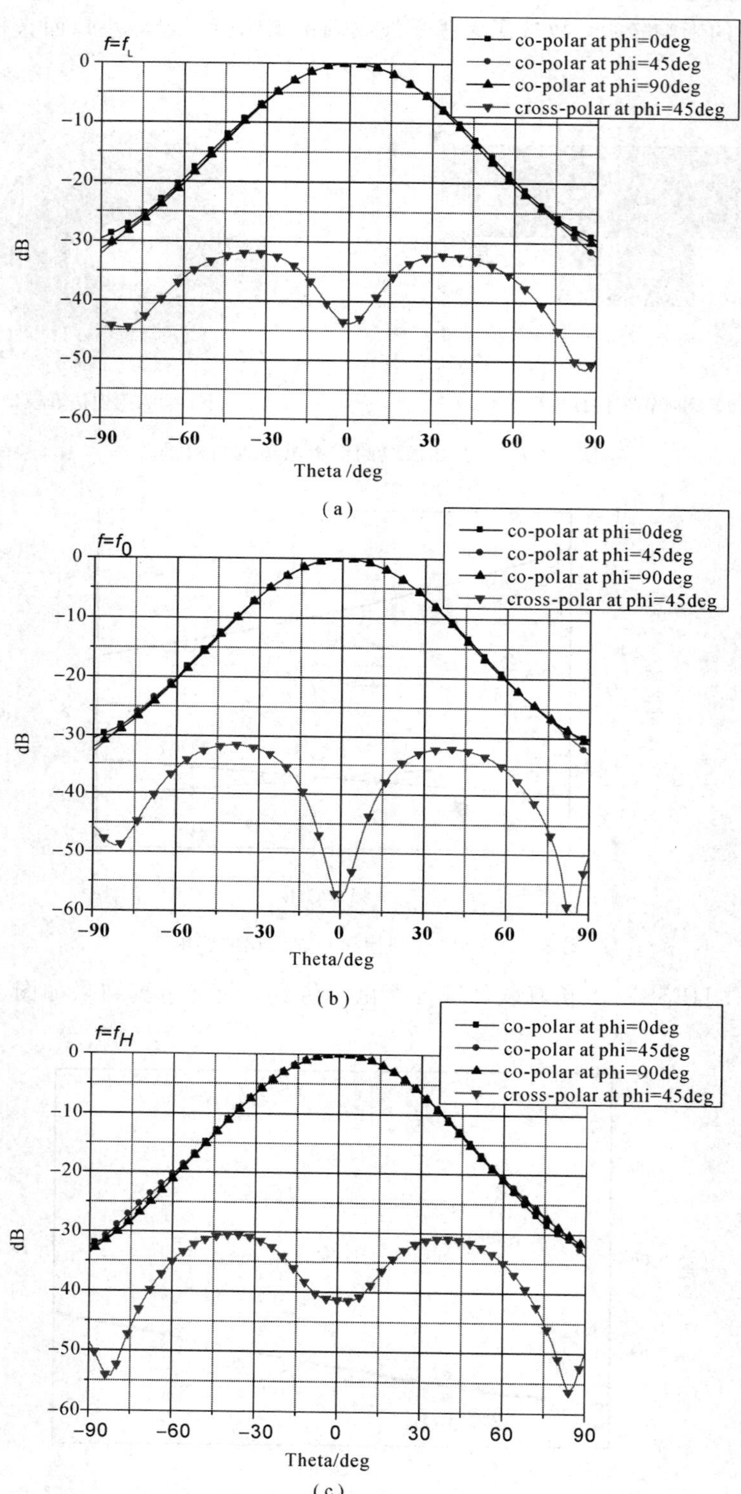

(a)

(b)

(c)

图 8.23　大张角波纹圆锥喇叭辐射方向图仿真结果

表 8.2 大张角波纹圆锥喇叭辐射性能

性能/dB \ 频率/GHz	f_L	f_0	f_H
±40°下降电平	−10.2	−10.3	−10.3
轴向交叉极化电平	−43.75	−57.86	−41.36
增益	284	13.53	13.55

图 8.22 所示为大张角波纹圆锥喇叭的电压驻波比仿真结果，在所要求的频段内，电压驻波比小于 1.05。图 8.23 给出了大张角波纹圆锥喇叭辐射方向图仿真结果，可以看出在 Ku 频段内喇叭的辐射特性和旋转对称性都很好。在整个频段内，锥削角度±40°的锥削电平均达到−10 dB，45°平面内(波纹圆锥喇叭交叉极化最大的平面)交叉极化隔离度在−10 dB 锥削电平角度范围内均大于 30.5 dB，基本满足设计的要求。

若喇叭天线用作馈源，喇叭天线的设计还要参照整个天线的其他要求开展。

8.2 反射面天线

反射面天线是带有一个或多个反射面结构以形成高增益波束的一种强定向天线。反射面天线按馈电方式划分，可分为正馈反射面天线和偏馈反射面天线等；按反射面的形状划分，可分为平板反射面天线和曲面反射面天线等；按曲面形式划分，可分为标准曲面(曲面由解析方程给出)天线和赋形(Shaped)反射面(曲面由数值给出)天线等；按照其结构划分，可分为单反射面天线、双反射面天线和多反射面天线等。双反射面天线是应用最为广泛的一类天线。在双反射面天线中，按主副反射面的曲面类型划分，可以分为：卡塞格伦天线——主反射面母线为抛物线，副反射面母线为双叶双曲线的一支；格里高利天线——主反射面母线为抛物线，副反射面母线为椭圆；环焦天线——主反射面母线为抛物线，副反射面母线为椭圆，但都不以各自对称轴为旋转轴；双抛物面天线——主、副反射面母线都是抛物线。反射面天线由于其高增益特性得到广泛应用，如微波通信、各种雷达探测系统、射电天文(如图 8.24 所示)，甚至是高功率微波武器等。其最重要的应用之一是作为卫星天线使用。常用的分析反射面特性的方法包括几何光学法(GO)和基于表面感应电流积分的物理光学法(PO)。

图 8.24 反射面天线举例

8.2.1 反射面天线工作原理

最简单的单反射面天线为图 8.25 所示的旋转抛物面天线。天线由馈源和反射面两部分构成。馈源常采用喇叭天线。假设馈源产生的辐射场具有等效的相位中心，且位于 F 点。以馈源的相位中心 F 为焦点，以馈源的最大辐射方向的反方向 Z 方向为轴线，选用合适的焦距产生一条抛物线，进而绕 Z 轴旋转产生如图 8.25 所示的旋转对称抛物反射面，即由馈源发出的球面波经过反射面的反射后变为沿 Z 轴方向传播的平面波。图 8.25 所示在垂直于传播方向的合适位置取一个口面进行截断，则根据抛物面的性质可知，从 F 点发出的每一条射线到达口面时都经历相同的路径长度，即有相同的相位。根据基尔霍夫等效定理，天线的远区辐射可以看做由口面上的辐射场的等效源产生，由于这些等效源具有相同的相位，其在 OZ 方向的辐射相互叠加，可以在远区产生沿该方向的最大的辐射场。

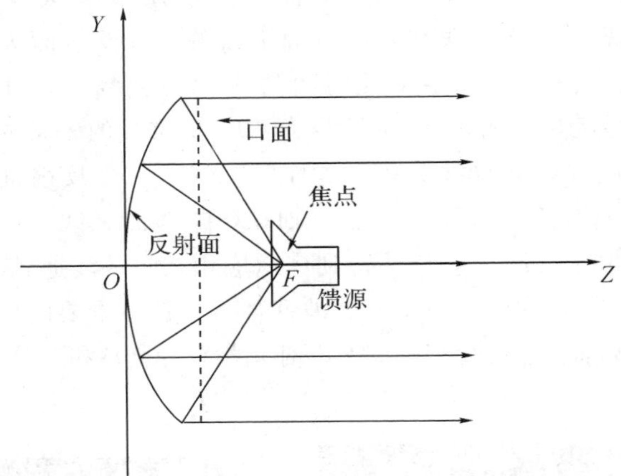

图 8.25 旋转抛物面天线

常见的双反射面天线有格里高利天线和卡塞格伦天线两种。双反射面天线由馈源、副反射面和主反射面构成。图 8.26(a)所示的为格里高利天线，其馈源也经常采用喇叭天线。假设喇叭馈源产生的辐射波具有统一的相位中心，位于 F_1。格里高利天线的副反射面由旋转对称的椭球面的一部分构成。椭球的轴线与喇叭天线辐射轴线重合，一个焦点与馈源相位中心 F_1 重合，另一个焦点 F_2 位于轴 OZ 上。格里高利天线的主反射面的构成过程与单反射面天线类似。所不同的是，这里要以旋转椭球面的焦点 F_2 为焦点，通过焦点位于 F_2 的抛物线沿 OZ 轴的旋转构成反射面。下面分析其工作原理：由椭球面具有的几何特性可以看出，

由 F_1 发出的球面波通过副反射面的反射首先回到 F_2 点，形成由 F_2 点发出的球面波，而由 F_2 发出的球面波经过主反射面的反射可以与单反射面类似的方式产生远区的定向辐射。

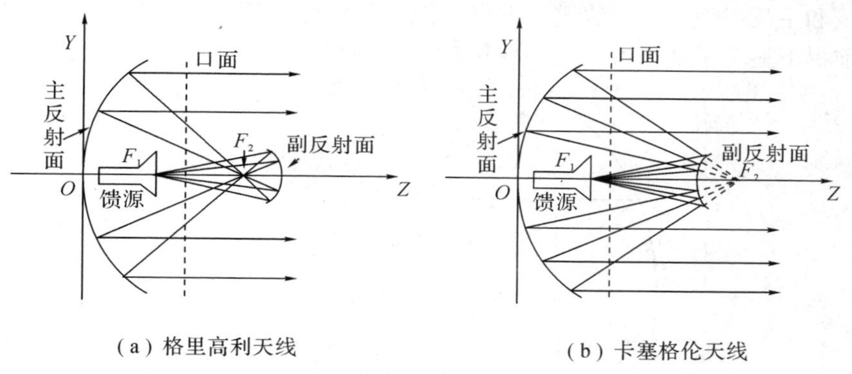

(a) 格里高利天线　　(b) 卡塞格伦天线

图 8.26　双反射面天线

图 8.26(b)所示为卡塞格伦天线示意图。其馈源也经常采用喇叭天线，相位中心位于 F_1。卡塞格伦天线的副反射面由旋转对称的双曲面的一部分构成。双曲面的轴线与喇叭天线辐射轴线重合，一个焦点与馈源相位中心 F_1 重合，另一个焦点 F_2 位于轴 OZ 上。卡塞格伦天线的主反射面的构成过程与格里高利天线类似。所不同的是，这里要以旋转双曲面的焦点 F_2 为焦点，通过焦点位于 F_2 的抛物线沿 OZ 轴的旋转构成反射面。下面分析其工作原理：由双曲面具有的几何特性可以看出，由 F_1 发出的球面波通过副反射面的反射形成球面波，此球面波可看做由 F_2 点发出，而由 F_2 发出的球面波经过主反射面的反射后可以与单反射面类似的方式产生远区的定向辐射。

由上述的两种天线的工作原理可以看出，这类双反射面天线结构造成了两种遮挡。第一种遮挡为由副反射面反射的电磁波到达主面之前受馈源的遮挡；第二种遮挡为经过主面反射后的电磁波辐射出去之前会受到副反射面的遮挡。这两种遮挡和带来的能量的反射都会对馈源的匹配和副瓣的控制带来很大的困难。为了克服这种遮挡效果，发展出了对应的改进型天线，如偏置双反射面天线和环焦天线。

如图 8.27 所示，偏置格里高利天线是通过对图 8.26(a)所示的格里高利反射面天线的改进发展出来的。其主要的构成过程如下，首先令喇叭馈源的相位中心点位于 F_1，喇叭的最大轴线辐射方向为沿 F_1-Q 构成的方向。在与 F_1-Q 夹角为 Φ_0 的方向上构成 F_1-F_2 射线方向。以该方向为轴线，以 F_1、F_2 为焦点构成旋转椭球面。以 F_1 为顶点、以喇叭轴线 F_1-Q 为轴线、顶角为 Φ_* 的锥面与上述的椭球面相交，该交线所包围的旋转椭球面的一部分构成了如图 8.28 所示的副反射面。同时，馈源的轴线经过副反射面上 Q 点的反射构成了经过 F_2 点的射线 $Q-F_2$，在与 $Q-F_2$ 夹角为 θ_0 的方向建立轴线 F_2-Z' 轴，并以 F_2 为焦点，以 F_2-Z' 轴建立一个旋转对称抛物面。馈源发出的电磁波以与 Φ_* 经过副反射面反射后形成如图所示的锥面，此锥面以 F_2 为顶点，以 Φ_* 为顶角并且与上述抛物面相交，该交线所包围的旋转抛物面的一部分构成了如图 8.27 所示的主反射面。其工作的基本原理是：由位于喇叭馈源相位中心，同时也是椭球面一个焦点的 F_1 发出的以 Φ_* 为顶角的部分球面波经过由部分椭球面构成的副反射面的反射汇聚到椭球面的另一个焦点 F_2，经过 F_2 后的球面波被以 F_2 为焦点的由部分抛物面构成的主面的反射变为平面波到达口面。由几何结构可以看出，因为所有射线经过了相同的路径长度，所以在口面上同样为等相位，这样就可以在远区形成定向辐射。同时还可以看出，偏置格里高利天线通过将喇叭轴线、副反射面对称轴线和主反射面对称轴线进行偏离，利用部分旋转面来反射电磁波，在保持电磁波等波程的前提下避开了前面所提到的两种遮挡，因此可以大大改善天线的特性。

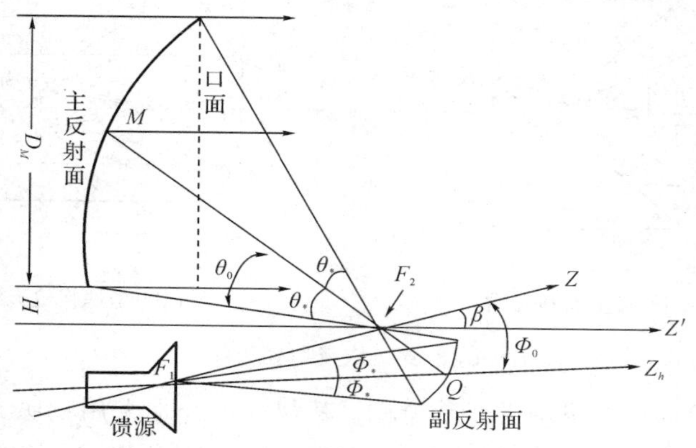

图 8.27　偏置格里高利天线

如图 8.28 所示，环焦格里高利天线是通过对图 8.26(a)所示的格里高利反射面天线的改进发展出来的。环焦天线以一个截面绕轴旋转而成。首先在一个平面内研究其切面结构。令喇叭馈源的相位中心点位于 F_1，最大辐射方向沿 Z 轴方向，在偏离 Z 轴线方向引入射线 F_1-F_2，以该方向为轴线，以 F_1、F_2 为焦点构成椭圆(注意此处不再构成椭球面)，再以 F_2 为焦点，在该平面构成抛物线。以喇叭的轴线和上照射边缘为边界，对椭圆进行截断得到一段曲线，再以这段曲线两边对应的射线轨迹截断抛物线得到主反射面的截断曲线。将从椭圆上截断得到的曲线段绕 Z 轴旋转得到副反射面，同时对从抛物线上截断得到曲线段也绕 Z 轴旋转得到主反射面。这样就构成了如图 8.28 所示的环焦双反射面天线。可以看出，作为截面上椭圆和抛物线的公共焦点，F_2 经旋转后变为圆，因此这种天线的公共焦点变为一个环线，故称为环焦天线。由馈源发射的电磁波经过相同的光程到达口面上，形成环形的辐射口面，并在远区形成定向辐射。环焦天线同样可以避免馈源和副面的遮挡。

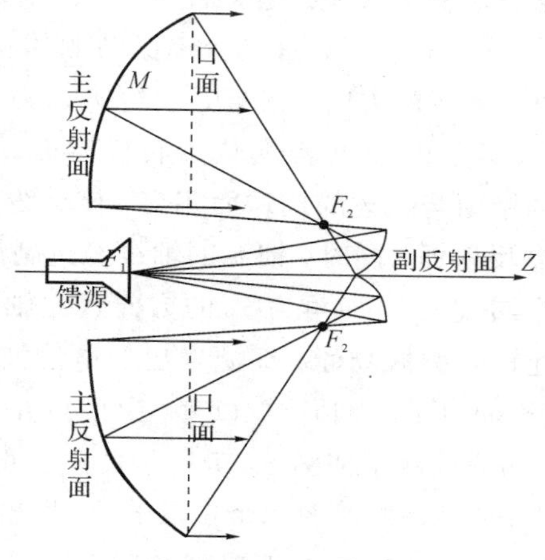

图 8.28　环焦格里高利天线图

偏置和环焦格里高利天线均可避免遮挡带来的影响。相对而言，偏置天线拥有更高的口径效率，但由于环焦天线具有旋转对称特性，它的设计和分析以及加工要较为容易。在移动通信设备中，由于尺寸的限制，展开式偏置格里高利天线得到广泛应用。

8.2.2　反射面天线的电参数

1. 旋转抛物面天线的几何参数及辐射特性

1）抛物线方程

以旋转抛物面为例，它是由抛物线绕其对称轴 OZ 旋转而成的。选取抛物面在 YOZ 平面内的截线（抛物线）进行分析。抛物线在直角坐标内的方程为

$$y^2 = 4fz \tag{8-40}$$

式中，f 为焦距。其坐标选取如图 8.30 所示。

在 YOZ 面内建立坐标系（$\rho-\psi$），极坐标的原点取在焦点 F 处。F 到抛物面上任意点 P 的距离为 ρ，FP 与负 Z 轴夹角为 ψ。由图 8.29 所示可得极坐标系中变量（ρ,ψ）与直角坐标系中的变量（y,z）的关系为

$$\begin{cases} y=\rho\sin\psi \\ x=f-\rho\cos\psi \end{cases} \tag{8-41}$$

将上式带入式（8-40），得到极坐标下抛物线方程为

$$\rho=\frac{2f}{1+\cos\psi}=f\sec^2\frac{\psi}{2} \tag{8-42}$$

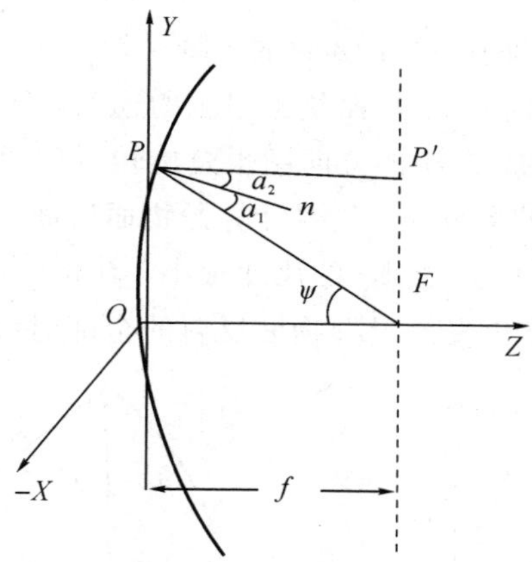

图 8.29　抛物面几何关系

2）焦径比

设抛物面的口面直径为 $2a$，定义 $f/2a$ 为焦径比，可得：

$$\frac{f}{2a}=\frac{f}{2y_{\max}}=\frac{f}{2\rho\sin\Psi}=\frac{f}{2f\sec^2\dfrac{\Psi}{2}\sin\Psi}=0.25\cot\frac{\Psi}{2} \tag{8-43}$$

式中，Ψ 为抛物面的半张角，则 2Ψ 为抛物面的张角。

当$\frac{f}{2a}>0.25$时，$2\Psi<180°$，称为长焦距抛物面；当$\frac{f}{2a}<0.25$时，$2\Psi>180°$，称为短焦距抛物面；当$\frac{f}{2a}=0.25$，$2\Psi=180°$，称为中焦距抛物面。不同焦距的抛物面如图 8.30 所示。

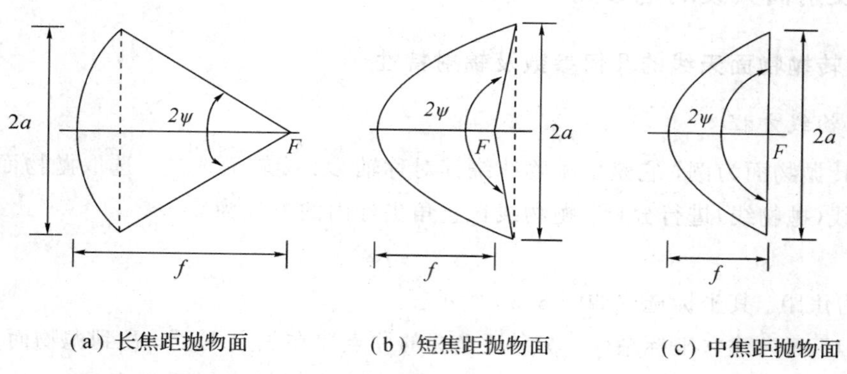

图 8.30　不同焦距的抛物面

3）口面场分布

抛物面的分析设计一般采用几何光学和物理光学的方法导出口径场面上的场分布，然后依据口径场分布，求出辐射场。利用这种方法计算口面上的场分布时，为了使求解简单，需要做以下假定：

(1) 馈源辐射为理想球面波，即它有一个确定的相位中心，并与抛物面焦点 F 重合，否则口面场就不是同相场。

(2) 馈源后向辐射为 0，即在 $\psi>\pi/2$ 时的区域中辐射为 0。

(3) 抛物面焦距远大于波长，抛物面位于馈源的远区，且对馈源的影响可忽略。

(4) 抛物面是旋转对称的，馈源的方向图也是旋转对称的，即它们只是 ψ 的函数。

下面计算抛物面口面上的场分布。先要计算抛物面口面 A 上的场强分布。

如图 8.31 所示，假设辐射器(馈源)的尺寸很小，其相位中心位于抛物面的焦点上。根据抛物面的几何特性，从焦点出发经过抛物面反射的全部射线都是平行的，且在与 Z 轴垂

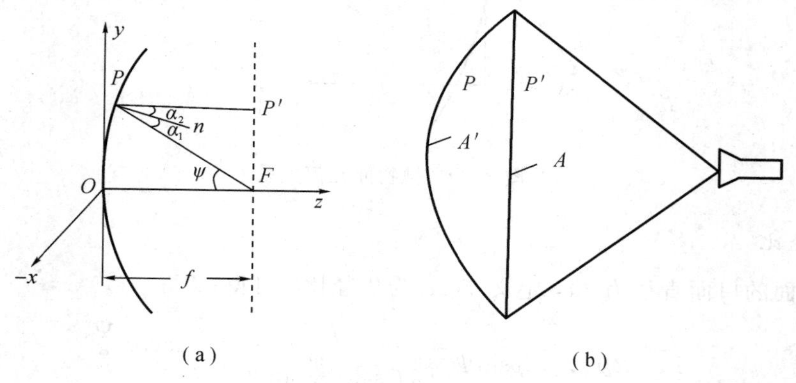

图 8.31　抛物面天线

直的平面上是同相的。由于从抛物面表面 A' 到口面 A 的路程中，平行反射波的能量密度不变，因此口面 A 上场的振幅与 A' 上的相同。即图 8.31 所示的 P 点与 P' 点的场强相同。从馈源到抛物面表面的过程中，电磁波为球面波，由于能量的扩散，场强的振幅与距离成反比，随着离开馈源距离的增大，场强减小。

设馈源归一化功率方向性函数为 $F_1(\psi)$，则根据式 $|E(\theta,\ \phi)|=\frac{\sqrt{60P_r}}{r}F(\theta,\ \phi)$，可得天线口面 P 点场的振幅为

$$E_P=\frac{\sqrt{60D_1P_r}}{\rho}F_1(\psi) \tag{8-44}$$

式中：D_1 是馈源最大辐射方向的方向系数；P_r 是馈源辐射功率；ρ 是馈源到抛物面的镜像距离。将式(8－42)带入式(8－44)，得

$$E_P=\frac{\sqrt{60D_1P_r}}{2f}(1+\cos\psi)F_1(\psi) \tag{8-45}$$

由式(8－45)可以看出，口面上的场分布是角度 ψ 的函数，因此口面上的场分布是不均匀的。口面场分布的不均匀性，一方面是由馈源辐射不均匀引起的，体现为 $F_1(\psi)$；另一方面是由于馈源到抛物面上各点的行程不同，因而是由球面波的扩散衰减不同引起的，体现为 $1+\cos\psi$。

当馈源均匀照射时，$F_1(\psi)=1$，口面上的场分布为 $E_P=\frac{\sqrt{60D_1P_r}}{2f}(1+\cos\psi)F_1(\psi)$。在抛物面上的中心点，$\psi=0$，$1+\cos\psi=2$，口面场在此处具有最大值；在抛物面口面的边缘，$\psi=\Psi$，$1+\cos\psi=1+\cos\Psi$。可见，$\Psi$ 越小，口面上中心点的场与边缘的场的差值越小，口面场分布越均匀。而由前面分析可知，Ψ 越小，$f/2a$ 越大，抛物面的焦距越长。因此，为了得到更均匀的口面场分布，宜采用长焦距的抛物面。

2. 旋转抛物面天线的特性参数

反射面天线因具有复杂性和特殊性，所以引入了许多参数来描述其反射过程特性。

天线效率，对发射天线来说，是来衡量天线将导波能量或高频电流转换为无线电波的有效程度。所谓的反射面天线效率，是指电磁波从其本身的馈源进入反射面系统中，然后再辐射到空间中去这一过程中的损耗程度。损耗越少，天线效率越高，表示其性能也就越好。反射面的效率主要包含截获效率、口径效率、透明效率、交叉极化效率和主面公差效率。这五个效率因子的乘积就代表反射面总效率的近似值。由于其他的效率因子不易于分析计算，而且不是决定性的因素，在此暂时忽略不计。

(1) 截获效率，即馈源照射效率，指馈源辐射出的所有能量中，有多少被反射面所截获。这是由于馈源照射抛物面时，有一部分能量会越过抛物面边缘而直接辐射到空间中去。若是单反射面，则为主面截获效率；若是双反射面，则为副面截获效率。

(2) 口径效率，即口径利用效率，是指不均匀分布的口径面积可以等效为多大的均匀分布的口径，由抛物面表面电流密度和口径场分布形式决定，与馈源形式和抛物面的形状有关。当馈源给定，即馈源的方向图确定后，抛物面张角越小，照射在抛物面上形成的口径场分布越均匀，口径效率越大。计算与实践表明，抛物面会存在一个最优张角，当抛物面口径边缘场比口径中心场低大约 10～11 dB 时所对应的张角即为最优张角。

(3) 透明效率，是指反射面所截获并反射的所有能量中，有多少没有遇到遮挡，到达口面。

(4) 交叉极化效率，是指口面所辐射的所有能量中，有多少是由主极化分量辐射的。因为口径场的交叉极化分量辐射会造成一部分能量损失。

(5) 主面公差效率，指因主面制造偏差引起的效率损失。对于有副面的双反射面天线来说，副面较小且加工精度较高，副面的偏差可忽略不计。高增益天线的反射面表面通常很大，制造时不可避免地会产生误差。

8.2.3 反射面天线设计实例

反射面天线的设计过程较为复杂，通常情况下先依据增益、副瓣电平、波束宽度等要求结合天线的尺寸、重量、成本等要求来确定采用哪种类型的天线形式，然后再对馈源、反射面等结构逐步进行精细设计，最终结合结构设计来给出天线的整体设计方案。下面给出反射面天线的主要设计流程。

1. 单偏置抛物面天线

Ku 波段接收频段上的单偏置反射面天线设计：首先根据要求确定所设计的反射面天线的投影口径直径 D；其次确定截取高度；最后是焦距 F 的选取，以不增大反射面天线的纵向尺寸为依据来选取。根据以上确定的参数可以推导出馈源的照射角度，然后对馈源进行仿真与设计。

最终各优化参数选取如下：

(1) 馈源为大张角喇叭，喇叭锥削角度为±40°，锥削电平为－10 dB。

(2) 反射面焦距 $F=14.9\lambda_0$，投影直径 $D=21.7\lambda_0$。

(3) 截取高度 $H=1.08\lambda_0$。

馈源的相位中心放置在反射面的焦点处，馈源的轴线对准反射面的中心放置。

图 8.32 分别给出了天线整体系统的剖面示意图及在 FEKO 中的仿真模型。

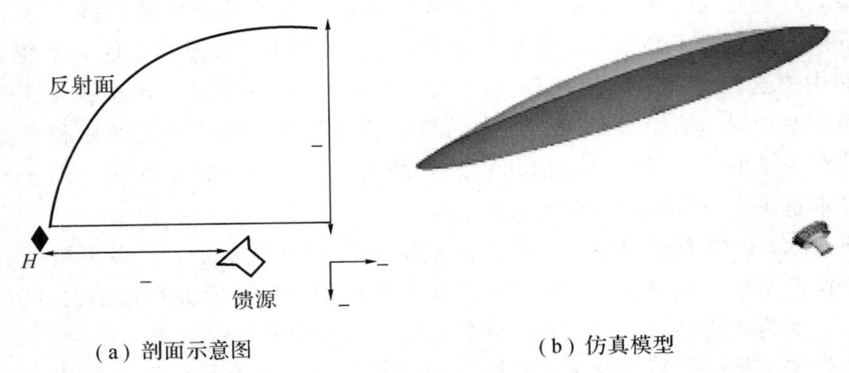

(a) 剖面示意图　　(b) 仿真模型

图 8.32　馈源应用于单偏置反射面天线系统整体仿真

远场的归一化方向图如图 8.33 所示，分别给出了 E 面和 H 面在各个频点上的主极化和交叉极化方向图。表 8.3 所示为 Ku 波段反射面天线远场仿真结果。(注：以下图表中，f_L代表低频端，f_0代表中频，f_H代表高频端，相对带宽为 4%)。

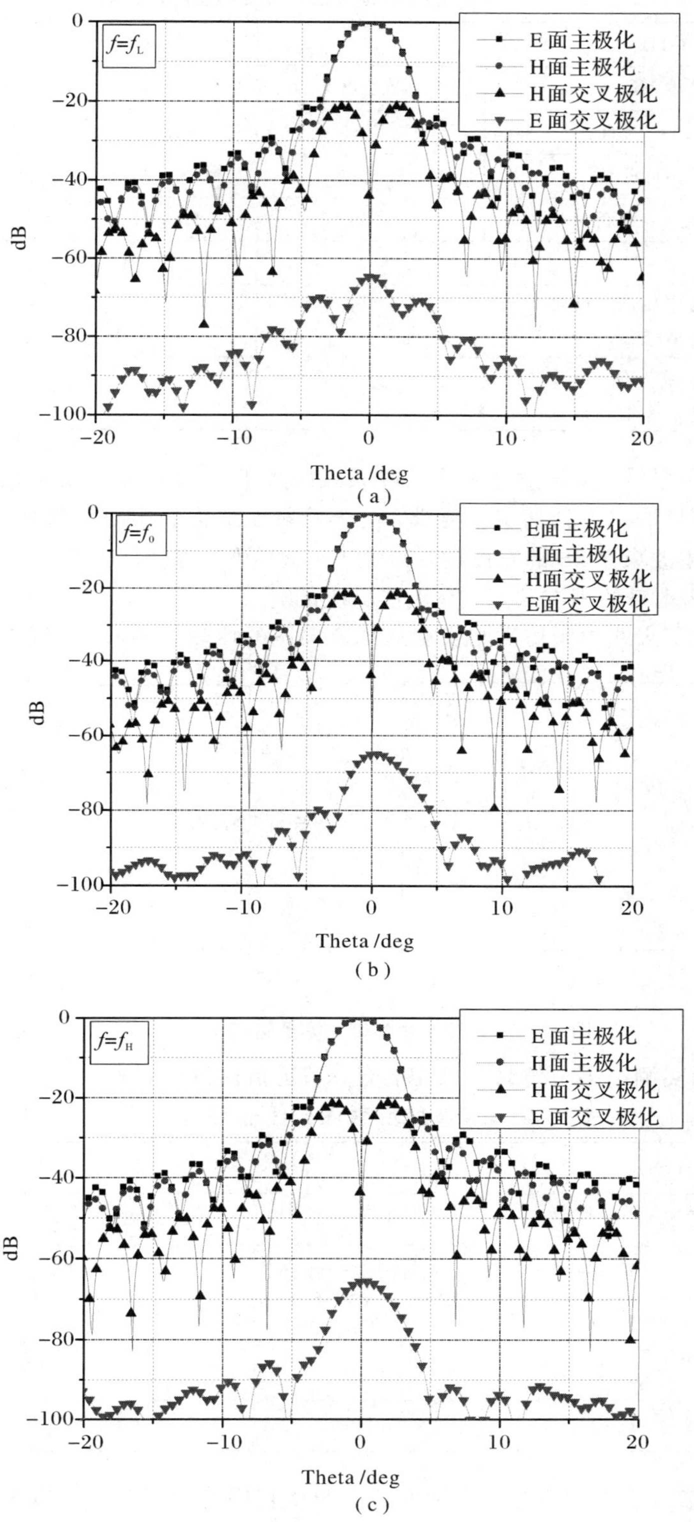

图 8.33　单偏置反射面天线远场仿真归一化方向图

表 8.3 Ku 波段反射面天线远场仿真结果

频率/GHz		f_L	f_0	f_H
主瓣增益/dB		35.52	35.7	35.89
副瓣电平/dB	E 面	−21.7/−24.7	−22.1/−24.8	−22.3/−24.7
	H 面	−25.5	−26.1	−26.3
HPBW/deg	E 面	3.14	3.12	3.10
	H 面	3.08	3.01	2.96
主波束 1 dB 的宽度内，H 面交叉极化电平峰值/dB		−24.54	−24.67	−24.75
主波束 3 dB 的宽度内，H 面交叉极化电平峰值/dB		−21.6	−21.7	−21.8

从以上结果可以看出，增益在整个接收频段内大于 35 dB，轴向交叉极化比在整个频段内大于 64 dB，可以满足设计的基本要求。由于反射面结构的不对称性所引起的 H 面交叉极化电平峰值在主波束 1 dB 的宽度内始终大于−30 dB，这也是由单偏置天线结构本身所引起的，是其结构本身的固有缺点，是无法克服的。

图 8.34 给出了天线中频仿真与实测远场方向图的比较。表 8.4 所示为天线实测结果。

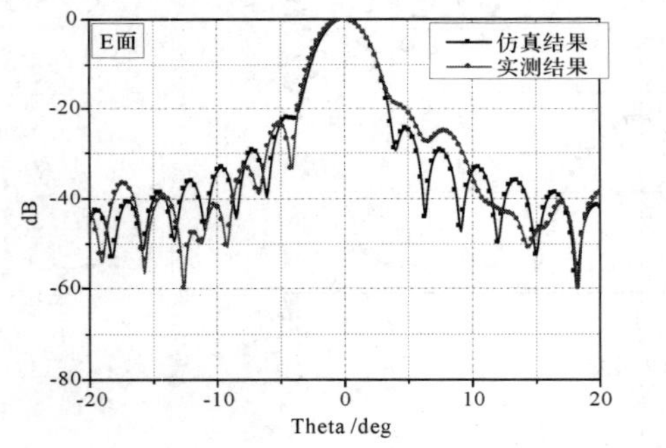

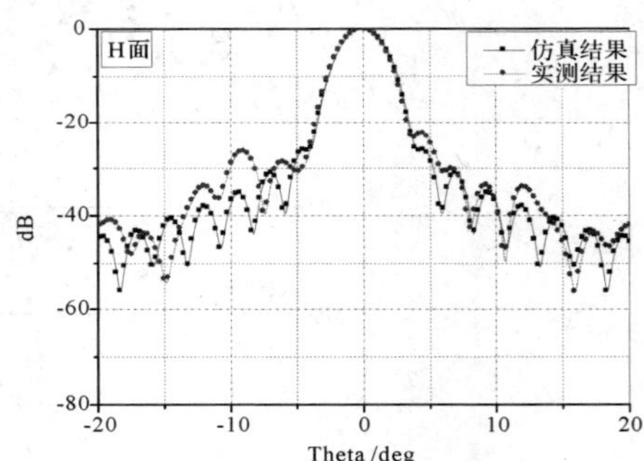

图 8.34 天线中频仿真与实测远场方向图对比

图 8.34 说明实测结果与仿真结果相吻合，满足指标设计要求。

表 8.4 Ku 波段反射面天线远场测试结果

频率/GHz		f_L	f_0	f_H
主瓣增益/dB		34.77	34.85	34.97
副瓣电平/dB	E 面	−21.07/−24.66	−25.22/−23.05	−23.49/−27.43
	H 面	−26.8	−22.4	−25.3
HPBW/deg	E 面	3.19	3.17	3.14
	H 面	3.0	2.92	2.87

从表 8.3 与表 8.4 可以看出，实测增益小于仿真增益约 0.8 dB。这是由于仿真计算为理想馈电形式，而实际测试中加入了一段馈线，馈线的引入会带来一部分的损耗。另外，实

际加工误差及反射面表面的光滑度等也会造成天线效率的降低。

2. 双反射面环焦天线

环焦天线的特性决定了其广阔的发展前景，它在中小型卫星通信地球站中具有独特的位置。它可以克服初级馈源所引起的遮挡大于副镜造成的次级遮挡的缺点，从而开辟了中小型天线低旁瓣化和高极化鉴别率的新途径。图 8.35 所示给出了环焦天线及其坐标。

首先，按照以下指标设计一个环焦天线，然后进行分析，得出其方向图特性。环焦天线工作频率 $f_0=12.5$ GHz，抛物面口面直径 $D_0=0.6$ m，副镜直径 $d=0.06$ m。按以下步骤来进行设计：

（1）选焦距直径比 $\tau=0.32$，喇叭口面相差 $\phi_m=\pi$，可求得

$$F=0.32(D_0-d)=0.173\text{m},\ \psi_0=2\arctan\frac{1}{4\tau}=76°$$

（2）选馈源喇叭对副镜边缘的照射锥削为 -10 dB，喇叭内半径为 0.18 m，可求得喇叭口面中心到副镜边缘连线与轴的夹角 $\theta_m=27.8°$。

（3）从副镜边缘到喇叭口面中心的斜距 $R_0=\dfrac{d}{2\sin\theta_m}=0.0625$ m，由副镜边缘到喇叭相位中心的距离 $R_1=0.146$ m。

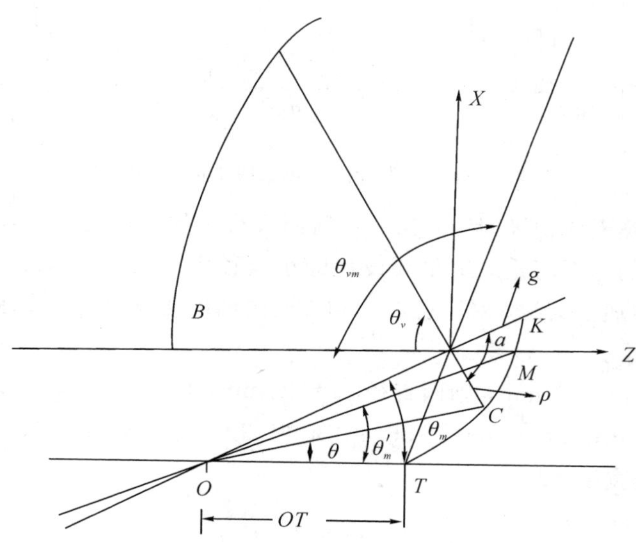

图 8.35　环焦天线及其坐标

（4）轴与椭圆交线之间的夹角 $\phi_1=20.4°$。

（5）由图 8.35 可知：

$$e=\frac{\sin\dfrac{\psi_0}{2}}{\sin\left(\phi_1+\dfrac{\psi_0}{2}\right)}=0.852$$

$$M=\frac{e+1}{1-e}=7.609$$

$$OT=\frac{d}{2}(\cot\phi_1+\cot\psi_0)=0.0881\text{ m}$$

$$OO'=\frac{d}{2}\frac{1}{\sin\phi_1}=0.0861\ \text{m}$$

副面母线椭圆的长轴为

$$2a=\frac{d}{2}\left(\cot\phi_1+\cot\frac{\psi_0}{2}\right)=0.119\ \text{m}$$

用物理光学方法对此环焦天线进行分析，得到旋转对称的主面方向图如图 8.36 所示。

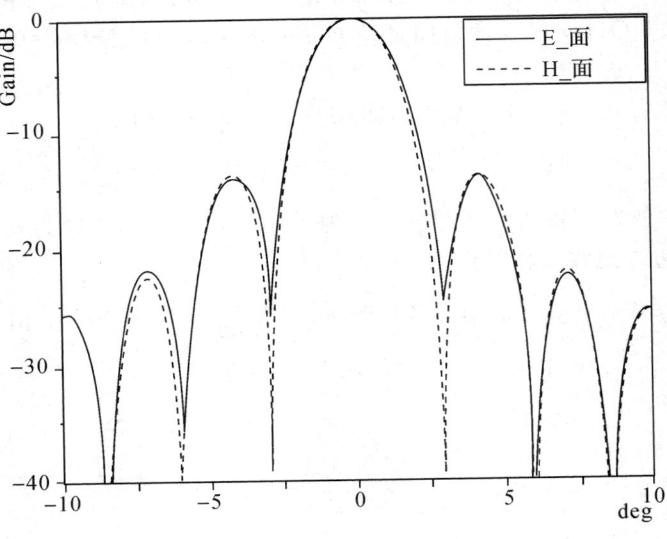

图 8.36　所设计的环焦天线主面方向图

下面对上述环焦天线初级馈源和第一反射面进行一种特殊的设计，来演示如何在实际工程中进行全方位的综合考虑。这里要设计的小口径天线用于微波中继通信，工作在 Ku 频段(作为微波中继通信天线，对于驻波比和方向图前后比有很高的要求)。

其设计指标如下：

- 主面直径 $\phi_D=600$ mm，副面直径 $\phi_d=60$ mm，焦径比 $\tau=0.35$；
- 增益：36.4 dBi(14.2 GHz)，36.8 dBi(14.8 GHz)，37.1 dBi(15.4 GHz)；
- 半功率波瓣宽度：2.4°；
- 驻波比：1.5；
- 前后比：66 dBi(180°±80°)；
- 交叉极化鉴别率：30 dBi。

一般双反射面天线，我们总希望馈源满足远场条件，但是这里我们要设计的小型化天线由于结构尺寸的限制，使得我们在讨论它的各项性能时是在近场条件下得出的，这是我们设计时必须考虑的难点所在。在这里利用高频电磁结构仿真软件 HFSS 基于有限元法(FEM)计算馈源及副面在近场条件下的电磁特性。

考虑到在双反射面天线中，环焦天线结构有一较低的驻波比。对于双反射面，我们从传统环焦天线设计思路入手，得到满足要求的几何参数情况下的副面的结构参数。考虑到主副面小口径带来的副面尺寸减小问题，我们对得到的副面结构进行调整，运用溅散板天线设计思路，对于馈源和副面采用一体化设计。

所谓的一体化设计思想，是指把馈源与小口径副面作为一个整体来考虑，把双反射面天线当作一个前馈抛物面天线来设计。知道了主面的尺寸和焦径比，也就知道了需要的覆盖主面波束的要求。下一步的工作就是使从馈源辐射出来的电磁波在经过副面反射以后，到达主面照射范围内时尽量满足等幅同相球面波的性质。这样在经过主面反射以后，由于主面是标准抛物面，就可以实现口径效率的最大化。但是实际运用过程中，由于馈源的性质以及副面尺寸过小带来的漏射问题，使我们很难达到均匀球面波的性质。我们只能在尽可能宽的照射范围内实现近似等幅同相球面波来提高口径效率，从而提高主瓣电平。总之，这种设计思路是对考虑同类型问题进行的大胆尝试。

对于提高前后比，我们可以从两个方面来考虑：一方面我们要尽量提高主瓣增益，另一方面我们要尽量降低后瓣增益。对于前者，我们主要是运用上面提到的方法来提高口径效率，从而达到提高主瓣增益的效果。对于后者，我们考虑在主面边缘加装环形金属围边，由于边缘照射电平激励起来的主反射面电流是影响后瓣的一个主要因素，因此通过在围边内侧涂上吸波材料，就能达到降低边缘照射电平的目的。

馈源副面一体化设计出来的虚拟前馈在三个频点：14.2 GHz、14.8 GHz、15.4 GHz，其 E 面和 H 面方向图分别如图 8.37～图 8.39 所示。

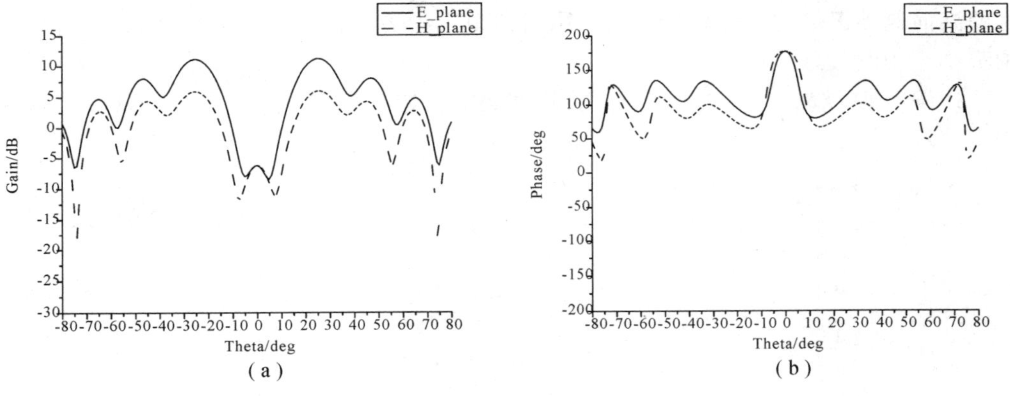

图 8.37　14.2 GHz 的 E 面、H 面增益方向图和相位方向图

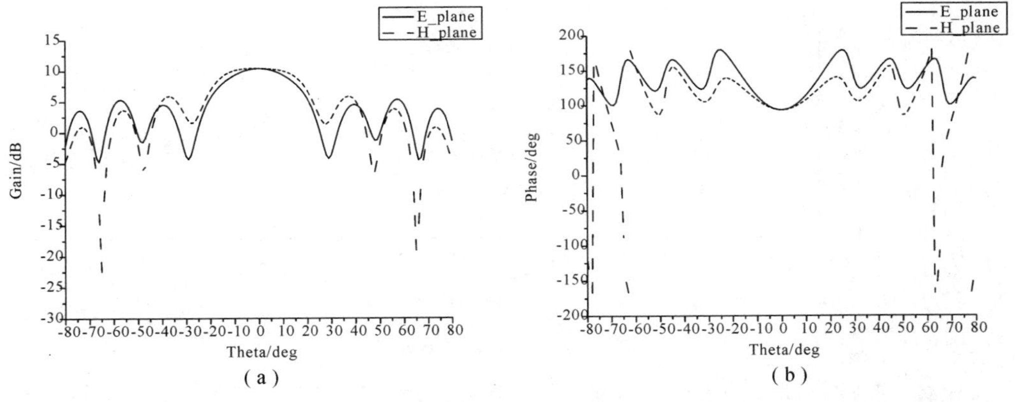

图 8.38　14.8 GHz 的 E 面、H 面增益方向图和相位方向图

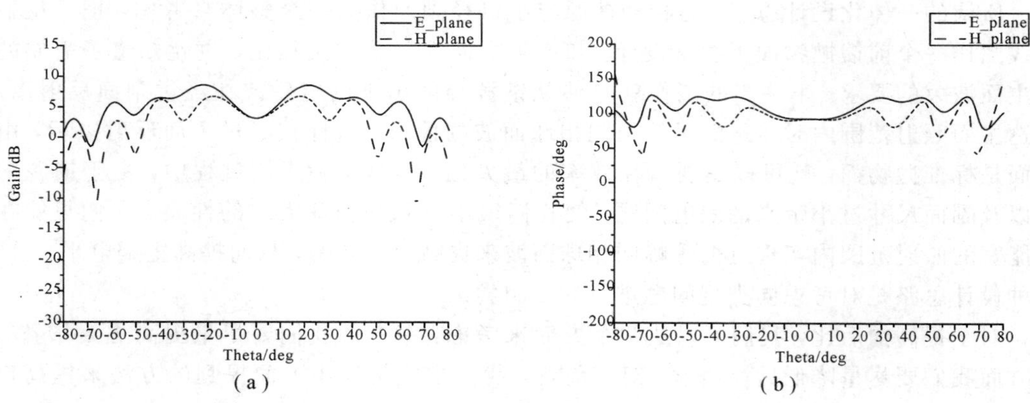

图 8.39　15.4 GHz 的 E 面、H 面增益方向图和相位方向图

以上是方向图的最终优化结果，从中可以看出：在低频点 14.2 GHz，照射角为 70°时满足 10 dB 锥削，小角度的副面遮挡区域增益低，相位波动范围都小于 50°；在 14.8 GHz，E 面、H 面方向图都不是很理想，遮挡区域增益较高，但是在照射角为 70°时仍满足 10 dB 锥削，相位波动范围在 70°以内；在高频点 15.4 GHz，照射角为 70°时满足 10 dB 锥削，小角度的副面遮挡区域增益比较低，且在照射角范围内方向图更平滑，波动较小，相位波动范围都小于 40°。

VSWR 仿真结果如图 8.40 所示。由图可见，工作频带在 14.2～15.4 GHz 范围内时，VSWR$<$1.5。

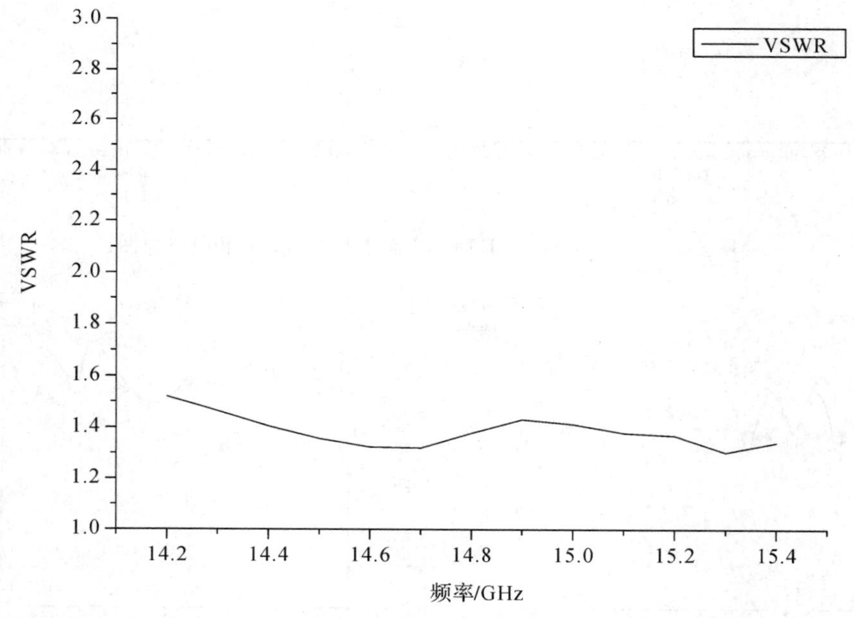

图 8.40　VSWR 仿真结果

为比较，我们在同样的馈源、副面结构尺寸下，对不采用全介质填充支撑结构，而是采用传统的支撑结构(也即介质填充部分由空气代替)的天线进行了仿真。如图 8.41～图 8.43 所示即为这种情况下三个频点的 E 面、H 面辐射方向图和相位方向图。

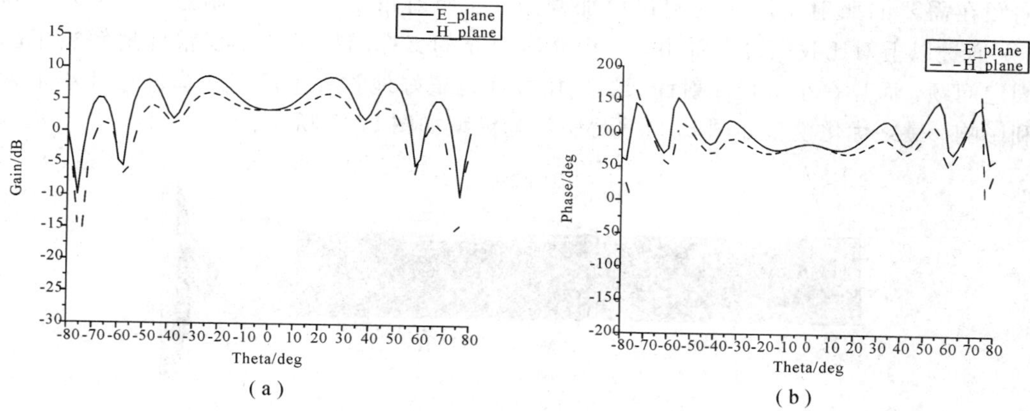

图 8.41 14.2 GHz 的 E 面、H 面增益方向图和相位方向图

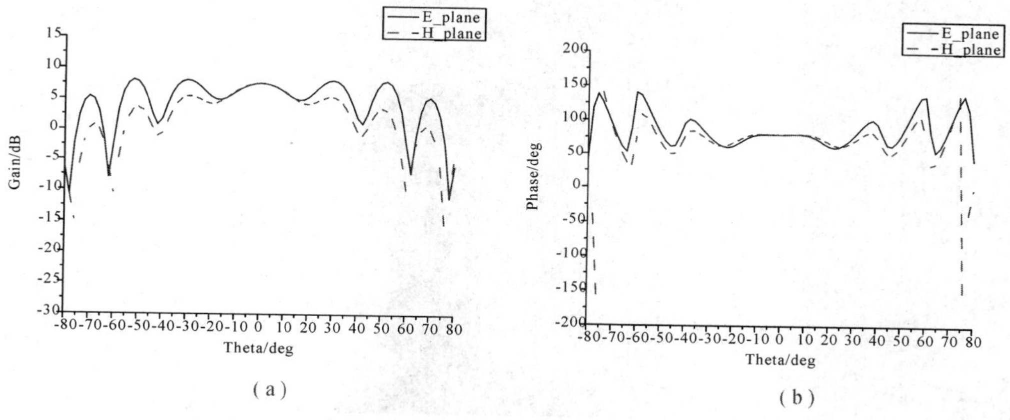

图 8.42 14.8 GHz 的 E 面、H 面增益方向图和相位方向图

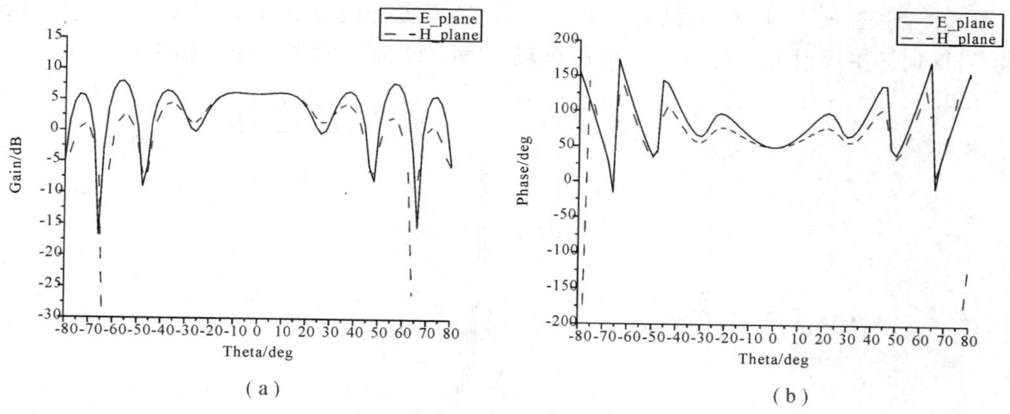

图 8.43 15.4 GHz 的 E 面、H 面增益方向图和相位方向图(空气)

将图 8.37～图 8.39 与图 8.41～图 8.43 比较可以看出，采用介质支撑结构使方向图在照射角度内更加平缓，而且明显地降低了小角度范围内的增益，减小了副面的遮挡带来的对方向图和馈源的影响；另一方面，当使用传统的支撑形式即用空气代替介质体时，相位

方向图在需要的照射角度之内起伏更加剧烈，在照射角度 50°～70°附近，相位差达到了100°。通过以上对比我们可以看出，采用介质填充的支撑结构形式不仅很好地解决了副面的固定问题，而且在小口径反射面天线应用方面也很好地弥补了反射面横向尺寸小带来的不利影响。最终优化模型如图 8.44 所示，实物模型如图 8.45 所示。

图 8.44　最终优化模型

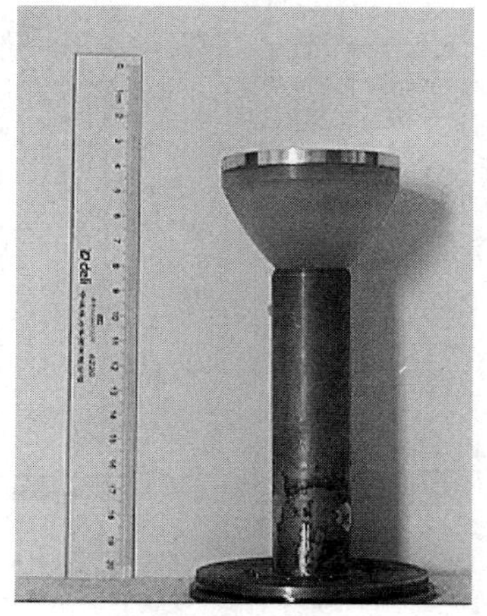

图 8.45　实物模型

图 8.46～图 8.48 所示是该介质填充虚拟馈源实物模型在 14.2 GHz、14.8 GHz 和 15.4 GHz 时，主反射面为标准抛物面的远场 E 面、H 面方向图的测试结果。

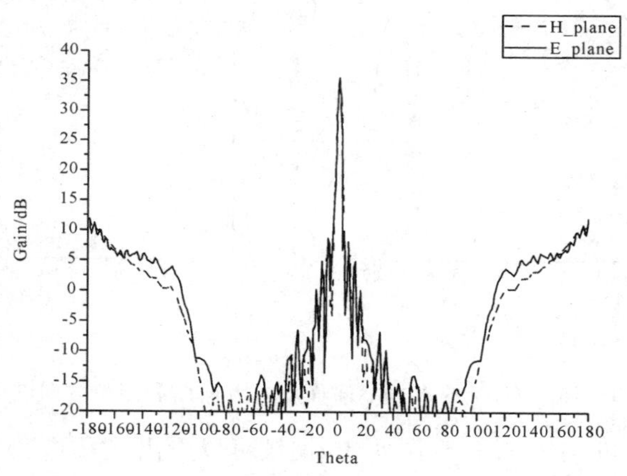

图 8.46　14.2 GHz 的主反射面 E 面、H 面远场方向图

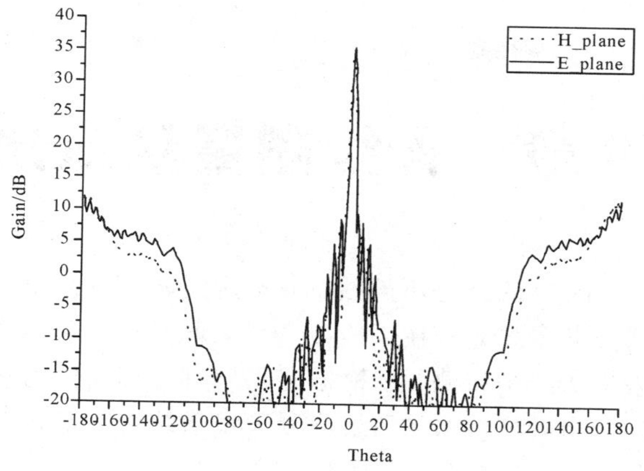

图 8.47　14.8 GHz 的主反射面 E 面、H 面远场方向图

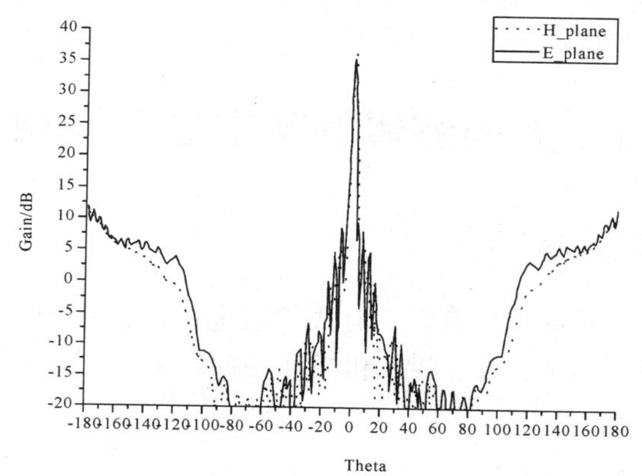

图 8.48　15.4 GHz 的主反射面 E 面、H 面远场方向图

三个频率的主瓣增益分别为 36.7 dB(14.2 GHz)、35.9 dB(14.8 GHz)和 37.1 dB(15.4 GHz)。由于我们在设计时优先考虑的是满足主瓣增益，从上面三个远场方向图可以看出，前后比还远远不能满足条件，这是因为虚拟馈源照射锥削不够，主反射面边缘电平只有－10 dB，远大于 E_g($E_g \leqslant -32.2$ dB)。我们下一步需要做的工作就是在主反射面边缘加装金属围边，并在围边内测涂抹吸波材料，降低主反射面边缘照射锥削 E_g。

驻波测试结果如图 8.49 所示，天线整体结构实物图如图 8.50 所示。

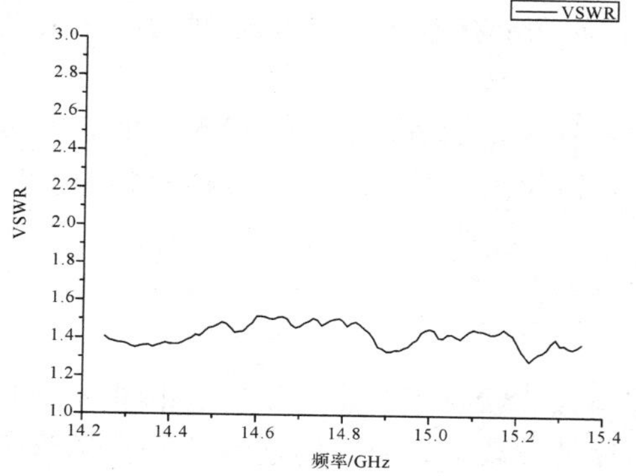

图 8.49　驻波测试结果

图 8.50　天线整体结构实物图

第 9 章　天线测量基本知识

在天线技术中，不只限于理论分析天线的电性能，测量天线的电性能参数也很重要。天线的实际电性能要通过测量鉴定。在天线测量中，可根据测量设备、场地条件等选择待测天线为接收天线或发射天线进行测量。根据互易定理，天线作为接收天线所得电性能参数即为作为发射天线时的电性能参数。如果待测天线系统含有晶体管匹配网络和铁氧体等有源元件或非线性元件，那就只能在指定工作状态下测量。

本章简述天线测量的基本内容，使读者对天线测量有个整体的了解，同时介绍课程中涉及的天线理论方面的知识。

9.1　天线测量的基本概念及意义

9.1.1　天线的定义和功能

在无线电发射和接收系统中，用来发射或接收电磁波的元件，被称为天线。天线在无线电设备中的主要功能有两个：能量转换功能和定向辐射(或接收)功能。天线在系统中的作用如图 9.1 所示。

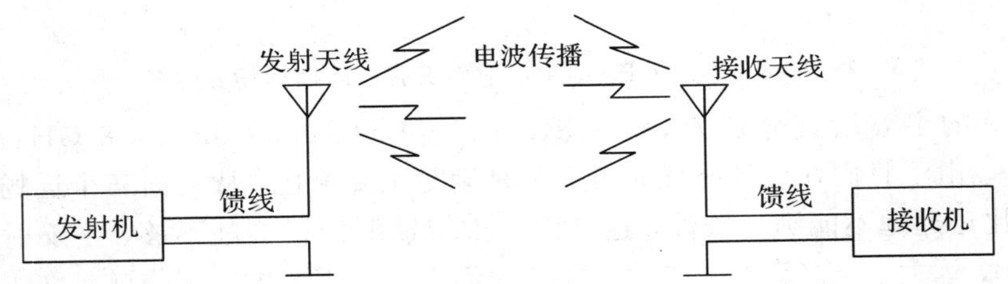

图 9.1　天线在收发系统的作用

能量转换功能是指导行波与自由空间波之间的转换。发射天线是将馈线引导的电磁波(高频电流)转换为向空间辐射的电磁波，传向远方；接收天线是将空间的电磁波转换为馈线引导的电磁波(高频电流)，送给接收机。

定义辐射功能指天线辐射或接收电磁波具有一定的方向性。根据无线电系统设备的要求，发射天线可把电磁波能量集中在一定方向辐射出去，接收天线只接收特定方向传来的电磁波。

9.1.2　天线测量中的互易性

互易原理说的是天线(无源)在发射状态与接收状态下，其电参数是相同的。也就是说，无论待测天线在接收或发射时，测得的电参数是一致的。天线的这种特性给测量带来了很大的机动性，但必须注意以下几点：

(1) 互易测量是针对天线的远场参数的，如方向图、增益、极化等，不是发射状态下所有的参数都可在接收状态下测量。

(2) 天线上的电流或电场分布不互易。

(3) 有源天线不能利用互易定理进行测量，其原因是有非线性的元件存在，只能在指定的工作状态测量。

(4) 若把待测天线与辅助天线的工作状态互换，并保持接收信号的相位、幅度不变，则要求信号源、检波器必须与馈线匹配。

为了证明发射和接收方向图是相同的，需要讨论互易定理。用于电磁场问题的互易定理有几种形式。我们考虑用于天线问题的两种形式。先讨论 Lorentz 互易定理。设源 J_a 和 M_a 产生场 $\boldsymbol{E}_a$ 和 $\boldsymbol{H}_a$，源 J_b 和 M_b 产生场 $\boldsymbol{E}_b$ 和 $\boldsymbol{H}_b$，如图 9.2 所示，所有量的频率都相同。对于各向同性媒质可从麦克斯韦方程推导的 Lorentz 互易定理来说明：

$$\iiint_{v_a}(\boldsymbol{E}_b \cdot J_a - \boldsymbol{H}_b \cdot M_a)\mathrm{d}v' = \iiint_{v_b}(\boldsymbol{E}_a \cdot J_b - \boldsymbol{H}_a \cdot M_b)\mathrm{d}v' \tag{9-1}$$

上式左边是源 b 的场在源 a 的反应(一种耦合的测度)，而右边是源 a 的场在源 b 的反应。这是一个非常普遍的表达式，但它可设置成一个更有用的形式。设源 b 仅为理想电偶极子，其矢量长度为 p，位于点(x_p, y_p, z_p)。因为理想偶极子可表示为无限小的源，而等于零，式(9－1)变为

$$\boldsymbol{E}_a(x_p, y_p, z_p) \cdot p = \iiint_{v_a}(\boldsymbol{E}_b \cdot J_a - \boldsymbol{H}_b \cdot M_a)\mathrm{d}v' \tag{9-2}$$

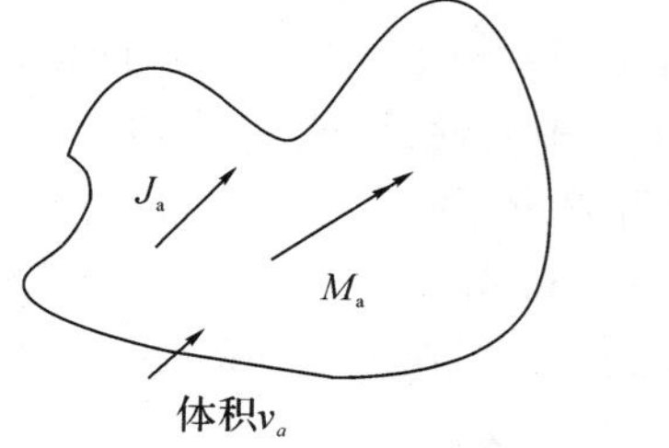

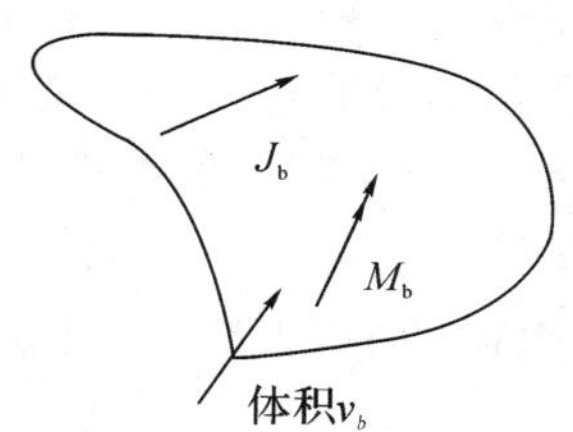

图 9.2　Lorentz 互易定理的源结构

该表达式允许在源 a 位置通过用已知源 J_a 和 M_a 与已知理想电偶极子场 $\boldsymbol{E}_b$ 和 $\boldsymbol{H}_b$ 积分来计算源 a 的电场。这可以通过理想电偶极子 P 的各种方位来进行，其作用如同一个场的探针。

Lorentz 互易定理还可以用来推导用终端电压和电流表示的第二个互易定理。假设源 a 和 b 是用理想(无穷大阻抗)电流源 I_a 和 I_b 激励的天线。由于不存在磁流源，式(9－1)简化为

$$\iiint_{v_a}\boldsymbol{E}_b \cdot J_a\mathrm{d}v' = \iiint_{v_b}\boldsymbol{E}_a \cdot J_b\mathrm{d}v' \tag{9-3}$$

对于完全导电的天线，电场在天线上将为零，但在跨越天线的激励端将产生电压。取端口区的电压为常数，应用概念 $\int \boldsymbol{E} \cdot \mathrm{d}l = -V$，我们看到式(9－2)变为

$$V_a^{oc} I_a = V_b^{oc} I_b \tag{9-4}$$

式中，V_a^{oc} 是由天线 b 产生的电场 $\boldsymbol{E}_b$ 在天线 a 端口的开路电压，同样的，V_b^{oc} 是因天线 a 在天线 b 产生的开路电压。由于用了无限大阻抗的源，所以这里应用了开路电压。重新安排式(9-4)，导出电路形式的互易性表达式为

$$\frac{V_a^{oc}}{I_b}=\frac{V_b^{oc}}{I_a} \tag{9-5}$$

两天线间媒质中可能存在的其他物体，以及天线的相对方向。我们可完全用以下电路参数来表示普遍的情况，它适于任何线性无源网络：

$$V_a=Z_{aa}I_a+Z_{ab}I_b \tag{9-6a}$$

$$V_b=Z_{ba}I_a+Z_{bb}I_b \tag{9-6b}$$

式中，V_a，V_b，I_a和 I_b为天线 a 和 b 的终端电压和电流。如果天线 a 用电流源 I_a激励，在天线 b 终端出现的开路电压为 $V_b|_{I_b=0}$。根据式(9-6b)在 I_b为零时的转移阻抗 Z_{ba}为

$$Z_{ba}=\frac{V_b}{I_a}\bigg|_{I_b=0} \tag{9-7}$$

如果天线 b 用电流源 I_b激励，则在天线 a 终端出现的开路电压为 $V_a|_{I_a=0}$。根据式(9-6a)在 I_a 为零时的转移阻抗 Z_{ab}为

$$Z_{ab}=\frac{V_a}{I_b}\bigg|_{I_a=0} \tag{9-8}$$

将式(9-7)和式(9-8)与式(9-5)比较，我们看到

$$Z_{ab}=Z_{ba}=Z_m \tag{9-9}$$

式中，Z_m是天线间的转移(或互)阻抗。如果各自的阻抗是线性、无源和双向的，这也可以通过式(9-7)的电路表达式来证明。如果媒质是线性、无源和各向同性的，这也是正确的。

现在用图 9.3 所示的模型解释这些结果的重要性。如果一个电流为 I 的理想电流源激励天线 a，根据式(9-7)在天线 b 的终端的开路电压是

$$V_b|_{I_b=0}=IZ_{ba} \tag{9-10}$$

如果同样的源现在作用于天线 b，根据式(9-8)在天线 a 的终端出现的开路电压为

$$V_a|_{I_a=0}=IZ_{ab} \tag{9-11}$$

但 $Z_{ab}=Z_{ba}$，所以式(9-10)和式(9-11)产生了

$$V_a|_{I_a=0}=V_b|_{I_b=0}=V \tag{9-12}$$

这样，同样的激励电流将产生同样的终端电压，它并不依赖于是哪个端口激励，如图 9.3 所示。

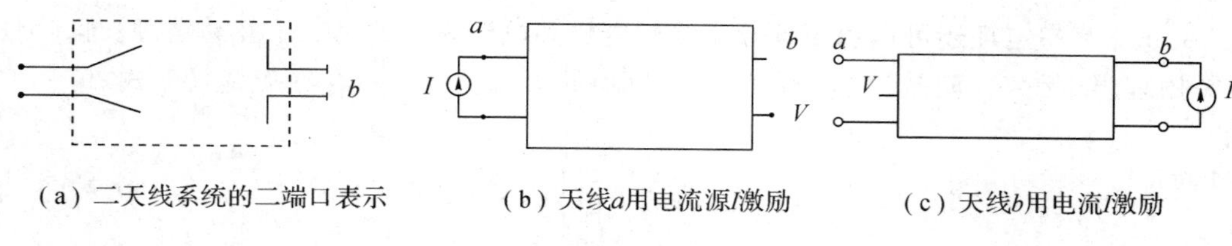

(a) 二天线系统的二端口表示　(b) 天线a用电流源I激励　(c) 天线b用电流I激励

图 9.3　天线的互易性

换句话说，互易性说明源和测量仪表可以互换而不改变系统的响应。对于理想电压源和短路终端电流的情况也是这样。这样的结果与网络理论相同。对于相同的输入电流 I 在图 9.3(b)和图 9.3(c)的输出电压 V 相同。

根据式(9－6)，天线的自阻抗为

$$Z_{aa}=\left.\frac{V_a}{I_a}\right|_{I_b=0} \tag{9-13}$$

$$Z_{bb}=\left.\frac{V_b}{I_b}\right|_{I_a=0} \tag{9-14}$$

通常的工作情形下如果天线 a 和 b 相距很远，Z_{aa} 和 Z_{bb} 比 $Z_{ab}=Z_{ba}=Z_m$ 大得多。举例来说，对天线 a 的输入阻抗，根据式(9－6a)得

$$Z_a=\frac{V_a}{I_a}=Z_{aa}+Z_{ab}\frac{I_b}{I_a}\approx Z_{aa} \tag{9-15}$$

这样，如果天线 a 是孤立的，与包括其他天线在内的所有物体都离得很远，并且天线是无耗的，则天线的自阻抗等于它的输入阻抗。

假定天线 a 被激励(即作为发射天线)，在天线 b 终端产生的电压用一个理想的电压表来测量。如果两天线被分离，使它们各自处于对方的远场区，如天线 b 以固定的半径围绕天线 a 移动，转移阻抗 Z_{ba} 实际上就是天线 a 的远场(或辐射)方向图，如图 9.4(a)所示。在天线 b 移动时，它保持同样的相对于天线 a 的方向和极化状态。天线 b 的输出电压作为绕天线 a 角度的函数给出天线 a 辐射的相对角度变化，即它的辐射方向图。检查式(9－7)，我们看到，作为角度函数的 Z_{ba} 实际(I_a 为常数)是天线 a 的辐射方向图。如果现在天线 b 被激励，天线 a 作为接收机，当天线 b 再次围绕天线 a 以固定距离移动时，天线 a 的终端电压是其接收方向图，如图 9.4(b)所示。这样，作为角度函数的 Z_{ab} 是天线 a 的接收方向图。由于转移阻抗是相同的，即 $Z_{ab}(\theta,\ \phi)=Z_{ba}(\theta,\ \phi)=Z_m(\theta,\ \phi)$，所以我们可以得出结论，天线的辐射方向图和接收方向图是相同的。这是互易性的一个重要结果。

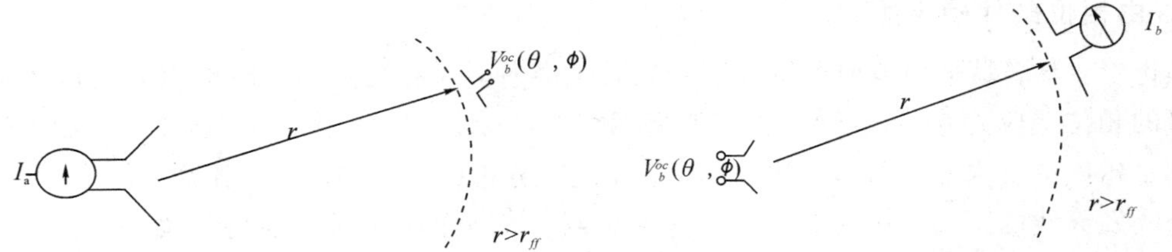

(a) 天线 a 的辐射方向图是 $Z_{ba}(\theta,\phi)=V^{oc}{}_b(\theta,\phi)/I_a$　(b) 天线 a 的接收方向图是 $Z_{ab}(\theta,\phi)=V^{oc}{}_a(\theta,\phi)/I_b$

图 9.4　天线方向图互易性

天线的辐射方向图和接收方向图的等同性并不是一个非预期的结果。这可以通过式(9－16)来看出，式(9－16)对角度(θ，ϕ)的入射波的天线接收特性 $A_e(\theta,\ \phi)$和天线发射时在方向(θ，ϕ)的增益方向图值 $G(\theta,\ \phi)$有联系。互易性在实际上是很重要的，它允许测试天线在方向图测量时既可用作接收模式，又可用作发射模式。实际上，通常方向图测量时测试天线是用作接收的。

$$G(\theta,\ \phi)=\frac{4\pi}{\lambda^2}A_e(\theta,\ \phi) \tag{9-16}$$

注意这一点很重要。如图 9.3 所示或者根据式(9－9)可知，互易性是一个普遍的结果。另外，当两天线离得很远时，$Z_m(\theta,\ \phi)$是远场方向图。当然，如果天线含有任何非互易元件时，互易性将不再保持，如天线系统中含有铁氧体隔离器。

9.2 天线测试场的设计

天线测试场是测试和鉴定天线参数的空间区域。由于通信、雷达等用途的天线参数都是在远区条件下给出的，因此要对它们进行测量必须满足远区条件，即用一个理想均匀平面波照射待测天线，该条件也就是天线测试场设计和鉴定的基本思想。

理想的远区条件在实际工程中做不到，也不必要做到。实际工作中要根据测量精度的要求选择近似于理想条件的测试场。前人们研制出了各种形式的天线测试场，按照原理一般把它们分为自由空间测试场和地面反射测试场。

天线测试场的设计思想是要形成准平面波照射待测天线。其中需要考虑的工程因素有距离 R、宽度 W 和高度 H 等。

(1) 收发天线之间的距离应满足远场条件；收发天线间的互耦应小到可以忽略。这两条是天线测试场长度(测试距离)设计的依据。

(2) 测试场的环境不应影响测量的结果。这是天线测试场天线架设高度、源天线选择以及测试场宽度选择的准则。

9.2.1 天线测试场的最小测试距离

当辅助天线是点源或弱方向性天线时，从相位条件求出的最小测试距离 $R=\frac{2D^2}{\lambda}$ 是正确的，因为满足了相位条件自然就满足了其他条件。但当收发天线均为强方向性天线时，除考虑相位条件外，还必须考虑幅度和天线间互耦的影响。

1. 由相位条件确定的 $R_{\min}$

理论上，要满足平面波照射待测天线口径的条件，对相位而言，即待测天线口径中心和边缘的相位差应为0，这就要求测试距离无穷大，显然在实际中是不可能的，一般工程中根据测量精度的要求而进行 $R_{\min}$ 的选择。下面就来分析由精度如何确定距离。

当收发天线的距离有限时，入射到待测天线口面上的相位并不同相，如图 9.5 所示，最大相差为

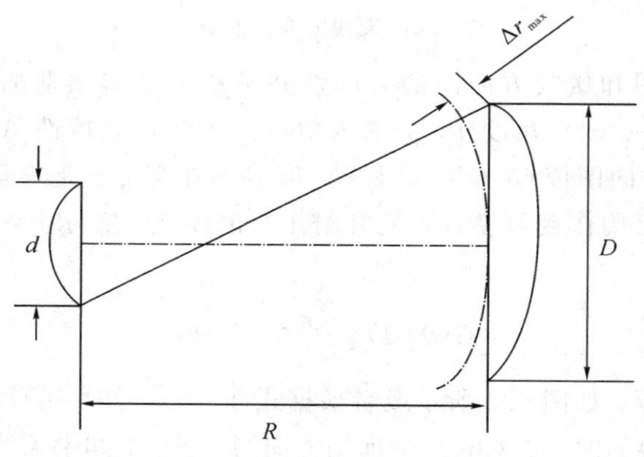

图 9.5 待测天线的最大口面相差

$$\Delta\phi_{\max}=\frac{2\pi}{\lambda}\Delta r_{\max} \tag{9-17}$$

$$\Delta r_{\max}=\sqrt{R^2+\left(\frac{d+D}{2}\right)^2}-R \tag{9-18}$$

式中：

d——辅助发射天线的最大口径的线尺寸；

D——待测天线的最大口径的线尺寸；

R——收发天线间的距离。

化简式(9－17)得：

$$R=\frac{\pi(d+D)^2}{4\lambda\Delta\phi_{\max}} \tag{9-19}$$

当 $\Delta\phi_{\max}=\frac{\pi}{8}$时，

$$R_{\min}=\frac{2(d+D)^2}{\lambda} \tag{9-20}$$

对于大多数实用锥削幅度分布的圆口径天线，由于口面边缘场的幅度比较小，所以相位条件可以放宽，常取 $\Delta\phi_{\max}=\frac{\pi}{4}$。

当 $D\gg d$ 时，由式(9－20)就可得出理想条件下的表达式。

注意：

(1) 入射场相位不均匀会给方向图测量带来误差：零点变浅，副瓣电平抬高。

(2) 入射场相位不均匀还会带来增益测量误差。表 9.1 列出了由于口面相差引起的增益测量误差。

表 9.1　口面相差引起的口径天线的增益测量误差

$\Delta\phi$		π	$\pi/2$	$\pi/4$	$\pi/8$
R		D^2/λ	$2D^2/\lambda$	$4D^2/\lambda$	$8D^2/\lambda$
ΔG/dB	均匀	1.6	0.4	0.1	0.02
	余弦	0.58	0.14	0.038	0.01

2. 由振幅条件确定的 $R_{\min}$

振幅条件是指入射场在待测天线口面上的均匀性(理想情况下幅度的等幅面为平面)，它包括横向、纵向幅度锥削(不均匀)的影响。

1) 入射场横向幅度锥削的影响

在待测天线口面上，如果入射场幅度不均匀，不仅使实测的增益减小，在测天线方向图时，还会造成近副瓣测量误差。这种影响取决于待测天线的口面激励函数。图 9.6 为不同锥削幅度的入射场造成不同副瓣电平的测量误差。

通常要求入射场的幅度在待测天线口面边缘处相对中心锥削在－0.25 dB 以下，为使入射场横向幅度均匀，要求发射天线中心向待测天线口面边缘的张角 $2\alpha_D$ 远小于辅助发射天线的半功率波束宽度 $2\theta_{3\text{ dB}}$，如图 9.7 所示。

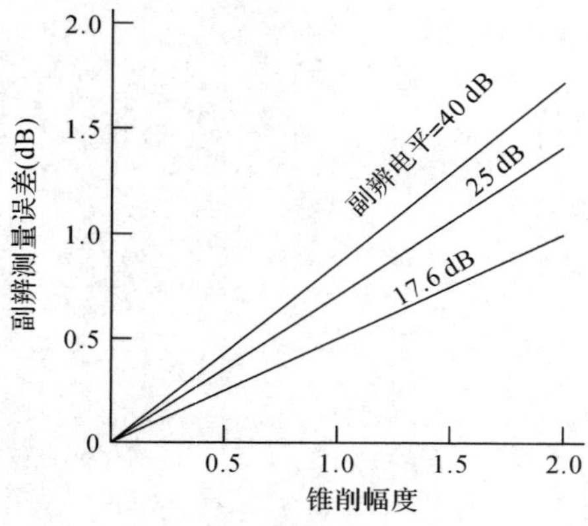

图 9.6 入射场不同锥削幅度造成的副瓣测量误差

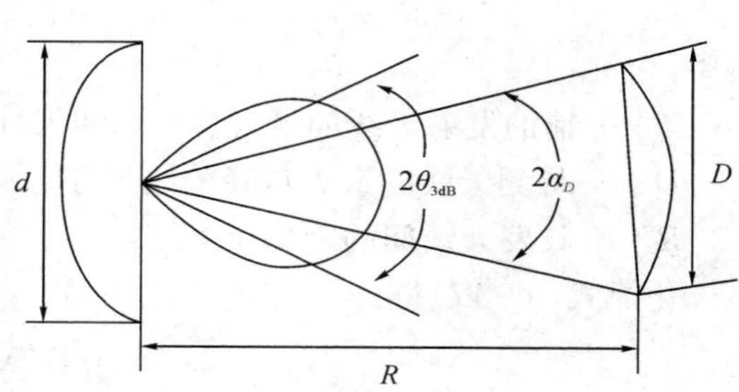

图 9.7 入射场横向幅度不均匀

由图可见，

$$2\alpha_D = 2\arctan\frac{D/2}{R} \tag{9-21}$$

通常，$R \geqslant D$，故 $2\alpha_D \approx D/R$。

即要求

$$\frac{D}{R} \ll 2\theta_{3\ \mathrm{dB}} \tag{9-22}$$

对方向函数为 $\sin x/x$ 的辅助发射天线，可以求得 0.25 dB 的波束宽度为

$$2\theta_{0.25\ \mathrm{dB}} \approx 0.25\frac{\lambda}{d} \tag{9-23}$$

令 $2\theta_{0.25\ \mathrm{dB}} = 2\alpha_D$，可以求得

$$R = \frac{4dD}{\lambda} \tag{9-24}$$

利用求解一般天线远区场的方法，可以求出由于入射场横向幅度不均匀造成天线轴向接收功率的相对误差

$$\delta = 0.05\left(\frac{1}{\lambda R}\right)^2 = (d^4 + 6d^2D^2 + D^4) \tag{9-25}$$

如果 $d = D/2$，$R = 2D^2/\lambda$，则

$$\delta_p = 0.05\left(\frac{\lambda}{2\lambda D^2}\right)^2\left[\left(\frac{D}{2}\right)^4 + 6\left(\frac{D}{2}\right)^2 D^2 + D^4\right] = 0.033 \text{ 或 } \delta_p = 0.14\ \mathrm{dB}$$

其中：$D = d$；$R = 4D^2/\lambda$；$\delta_p = 0.11$ dB。

这表明，在待测天线口面上入射场横向锥削幅度为 −0.25 dB，这就使实测增益减小 0.1 dB。如果横向锥削幅度为 −0.5 dB，这就使实测增益减小 0.15 dB。

2）入射场纵向锥削幅度的影响

假定沿场轴线方向端射天线的最大尺寸为 L，发射天线到待测天线中心的距离为 R_0，则最近功率密度与最远功率密度之比为(参看图 9.8)

$$10\ \lg\rho_p = 20\ \lg\frac{R_0 + \frac{L}{2}}{R_0 - \frac{L}{2}}\mathrm{dB} \tag{9-26}$$

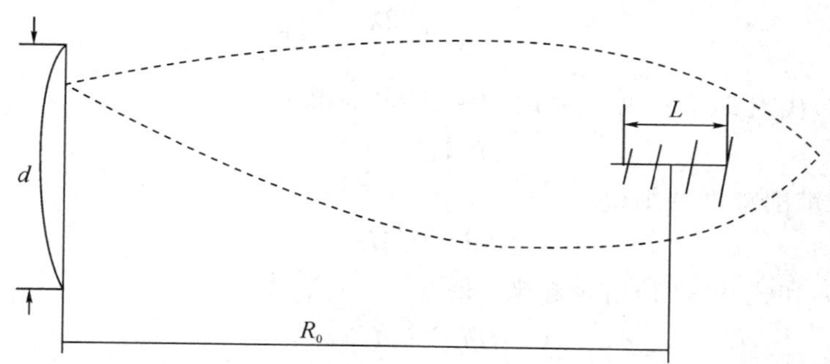

图 9.8　入射场纵向幅度不均匀

如果在 L 区间功率密度变化小于 1 dB，就能忽略入射场纵向锥削幅度的影响。这个条件相当于限定 $R_0 \geqslant 10L$。

对于高增益行波天线，最小测试距离应大到互耦影响可以忽略不计，所以可以不考虑互耦条件。

9.2.2　自由空间测试场

自由空间测试场是及时能够设法消除或抑制地面和周围环境反射以及外来干扰等影响的一种测试场。它可以分为高架天线测试场，斜天线测试场，微波暗室等几类。

1. 高架天线测试场

为避免地面反射波的影响，可把收发天线架设在水泥塔或相邻高大建筑物的顶上，称为高架天线测试场。采用锐方向性辅助天线作为发射天线，使它垂直面方向图的第一个零值方向指向待测天线塔的底部，如图 9.9 所示。

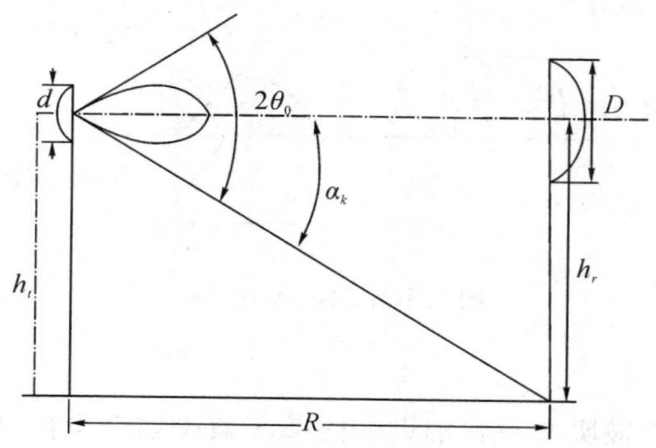

图 9.9　零点偏离地面的高架测试场

发射天线对架高度为 h_t，待测天线所张的平面角为

$$\alpha_k = \arctan\frac{h_r}{R},\ R \gg h_r \tag{9-27}$$

设发射天线主瓣波束宽度为 2，要有效抑制地面反射，应使：

$$\theta_0 \leqslant \alpha_k \quad 或 \quad \frac{h_r}{R} \leqslant \theta_0 \tag{9-28}$$

对方向函数为 $\sin x/x$ 的发射天线，主瓣波束宽度为

$$2\theta_0 \approx \frac{2\lambda}{d} \tag{9-29}$$

把式(9－28)代入式(9－29)，并取 $R=2D^2/\lambda$，得

$$h_r d \geqslant 2D^2 \tag{9-30}$$

由 0.25 dB 锥削幅度准则得

$$d \leqslant 0.5D \tag{9-31}$$

把式(9－30)和式(9－31)组合起来，得

$$0.5Dh_r \geqslant h_r d \geqslant 2D^2 \tag{9-32}$$

为了同时满足相位、幅度和有效抑制地面反射的准则，显然

$$h_r \geqslant \frac{2D^2}{0.5D} = 4D \tag{9-33}$$

式(9－33)为待测天线的架设高度，由此可知，架设高度与工作频率 f 无关。

2. 斜天线测试场

斜天线测试场就是收发天线架设高度相差悬殊的一种测试场。通常把待测天线架设在比较高的非金属塔上，且作接收天线使用，把辅助发射天线靠近地面架设，由于发射天线相对待测天线有一定仰角，适当调整它的高度，使自由空间方向图的主瓣指向待测天线口面中心，零值方向对准地面，就能有效抑制地面反射。如图 9.10 所示是一实用斜天线测试场。其实，斜天线测试场就是高度不等的高架天线测试场，在地面测量距离给定的情况下，斜天线测试场需要的地面距离比高架测试场小。

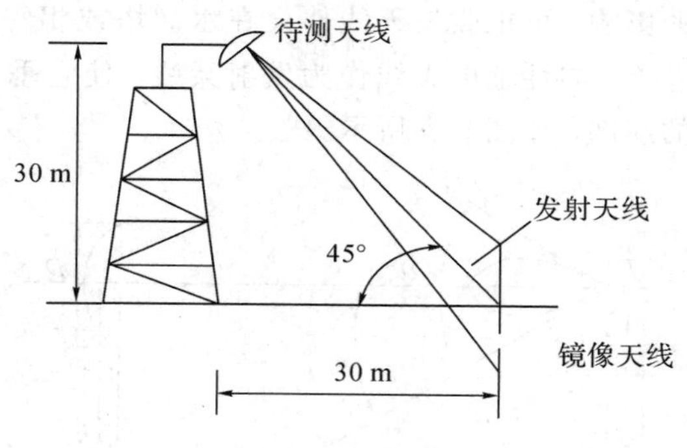

图 9.10　斜天线测试场

3. 微波暗室

微波暗室是通过把微波吸收材料铺设在内壁来减少墙壁电磁波反射的，在其内部某一区域形成一个接近“自由空间”的无反射波区的房间。在微波暗室中几乎可以进行所有类型的无线电测试，尤其是天线参数的测试，可以缩短实验时间，无论白天黑夜或者任何环境都不受限制，而且测量设备容易实现自动化，测试精度大大提高。

吸波材料是建造微波暗室的关键，是保证微波暗室技术指标的主要材料。它的作用是降低电磁辐射源及各杂波在暗室反射墙壁上的反射系数，使各个面在静区反射波功率的总和不影响暗室实验的精度。吸波材料应具有表面反射小、内部损耗大的特性，使电磁波在材料内得到充分衰减。微波暗室的性能主要由反射电平、场幅度均匀性、交叉极化和通路损耗均匀性、屏蔽隔离度、频率宽度等参数来描述。

微波暗室可按其用途、形状、吸波材料粘贴方式、尺寸大小以及移动性进行分类。

微波暗室按用途可分为天线测量暗室、雷达截面测试暗室、电磁兼容测试暗室和电子战(对抗)测试暗室。

微波暗室在发展过程中，曾出现以下几种主要形状：喇叭形、矩形、锥形、纵向隔板形、横向隔板形、孔径形、半圆形、扇形与复合形等。每一种形状的微波暗室都有其优点与不足。早期由于人们的认识水平与技术水平有限，吸波材料品种单一且吸波性能差，在设计微波暗室时往往采取改变暗室几何形状来实现较好的电性能要求。随着科学技术的发展以及吸波材料性能的提高，目前微波暗室主要为矩形、锥形与喇叭形三种形状。尤其是使用频率向高、低两端扩展，促进了矩形、锥形暗室的发展，并得到了广泛的应用。

9.2.3　地面反射测试场

对于很难消除地面反射影响或由于天线架设高度无法在工程上实现的情况，可以尝试利用地面来控制反射波与直射波干涉，这种测试场即为地面反射测试场。该法是把收发天线低架在光滑平坦的地面上，用直射波与地面反射波产生干涉方向图，第一个波瓣的最大方向对准待测天线口面中心，在待测天线口面上同样可以近似得到一个等幅同相入射场。建立待测天线口面垂直方向入射场锥削幅度分布的准则，必须考虑地面反射的影响。

为了分析简单，把直射信号在发射天线处的相位作为基准，不计直射和反射路径损耗造成的微小差别。根据矢量合成原理，在待测天线口面垂直方向上，任一点的合成场 $\boldsymbol{E}(h)$ 为(如图 9.11 所示)

$$\boldsymbol{E}(h)=\boldsymbol{E}_D \mathrm{e}^{-\mathrm{j}kR_D}+|\Gamma|\boldsymbol{E}_D \mathrm{e}^{-\mathrm{j}kR_R-\mathrm{j}\phi} \tag{9-34}$$

式中：$\boldsymbol{E}_D$ 为直射场的场强，$k=\dfrac{2\pi}{\lambda}$；$R_D=\sqrt{R^2+(h-h_t)^2}$；$|\Gamma|\mathrm{e}^{\mathrm{j}\phi}$ 为地面反射系数。由于 $R\gg h$，所以：

$$R_R-R_D\approx\frac{2hh_r}{R} \tag{9-35}$$

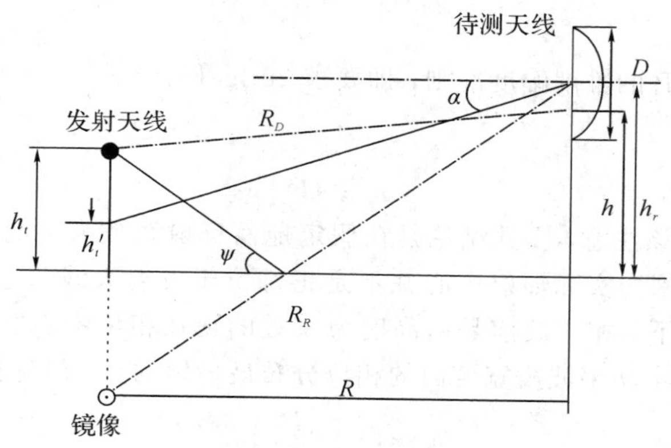

图 9.11　地面反射测试场的几何关系

对典型的地面反射测试场，不管是水平极化波还是垂直极化波，都希望 $\phi\approx\pi$，为满足这个要求，必须使擦地角 ψ 小于布鲁斯特角 ψ_b(对海平面，$\psi_b=4^\circ$；对陆地，$\psi_b=10^\circ\sim17^\circ$)。在此情况下，式(9-34)变为

$$\boldsymbol{E}(h)=\boldsymbol{E}_D\mathrm{e}^{-\mathrm{j}kR_D}+[1-|\Gamma|\mathrm{e}^{-\mathrm{j}k(R_R-R_D)}] \tag{9-36}$$

可见，口面上的合成图形是以 h 为函数的周期干涉方向图。在 $R_R-R_D=(2N-1)\dfrac{\lambda}{2}$ 的高度上，干涉方向图具有最大值。在 $h=h_r$ 时，如果让干涉方向图第一个最大值照射待测天线口面中心，那么必须把发射天线架设在由式(9-37)确定的高度上

$$h_t\approx\frac{\lambda R}{4h_r} \tag{9-37}$$

第一个干涉瓣的振幅为

$$\boldsymbol{E}(h_r)\approx\boldsymbol{E}_D(1+|\Gamma|) \tag{9-38}$$

口面中心场的幅度归一后的干涉场的幅度为

$$e(h)\frac{\boldsymbol{E}(h)}{\boldsymbol{E}(h_r)}=\frac{1+\Gamma^2-2|\Gamma|\cos k(R_R-R_D)}{1+\Gamma} \tag{9-39}$$

实际使用时，应用 $|\Gamma|\approx1$ 来设计反射测试场。在这个条件下，利用式(9-35)，则式(9-39)可变为

$$e(h)=\sin\left(k\frac{hh_t}{R}\right) \tag{9-40}$$

当 $h=h_r$，$e(h)=\sin(kh_rh_t/R)$ 时，接收点的场强为

$$\boldsymbol{E}(h_r)=2\boldsymbol{E}_D\sin\left(k\frac{h_rh_t}{R}\right) \tag{9-41}$$

由式(9-41)看出，当 R 为定值时，改变 h_r 的取值，接收点的场强是以 h_t 为参量按正弦函数规律进行变化的。把式(9-37)代入式(9-40)，得

$$e(h)=\sin\left(\frac{\pi h}{2h_r}\right) \tag{9-42}$$

在口面垂直方向两个边缘处 $\left(h=h_r\pm\dfrac{D}{2}\right)$，归一场的幅度值为

$$e\left(h_r\pm\frac{D}{2}\right)=\sin\left[\frac{\pi\left(h_r\pm\frac{D}{2}\right)}{2h_r}\right]=\cos\frac{\pi D}{4h_r} \tag{9-43}$$

仍然采用 0.25 dB 的锥削幅度准则，即要求 $20\ \lg e\left(h_r\pm\dfrac{D}{2}\right)=-0.25$ dB，由此可以求得 $h_r>3.3D$，通常取

$$h_r\geqslant4D \tag{9-44}$$

在工程实践中应该注意，上述结论是在假定地面反射系数为 1 的情况下得出的，实际情况不一定是这样，因为实际辐射中心并不是正好位于发射天线与它镜像连线的中点上。在 $R>2D^2/\lambda$ 的情况下，相应波前是由高度为 h_t' 处的视在相位中心发出的。视在相位中心指可使天线远场主瓣半功率波瓣宽度内的相位分布最平坦的点，简称视在相心。h_t' 的值为

$$h_t'\approx\left(\frac{1-|\Gamma|}{1+|\Gamma|}\right)h_t \tag{9-45}$$

要使待测天线口面上的相位和幅度变化基本对称，待测天线应指向视在相心，即要求口面偏离垂线 α 角

$$\alpha=\operatorname{arccot}\left(\frac{h_t-h_t'}{R}\right) \tag{9-46}$$

9.3　天线远场测量的设备

天线远场测量系统由辅助发射天线与支架、天线测试转台(X、Y、方位)、信号接收机、数据采集处理及控制器、天线远场测量软件及计算机组成，如图 9.12 所示。测试系统的频率范围可覆盖 30 MHz～40 GHz。该系统可应用于天线测量的远场幅度方向图、相位方向图和相位中心的位置、正交极化方向图、增益、波束宽度、旁瓣电平等，并可自动生成测试报告。

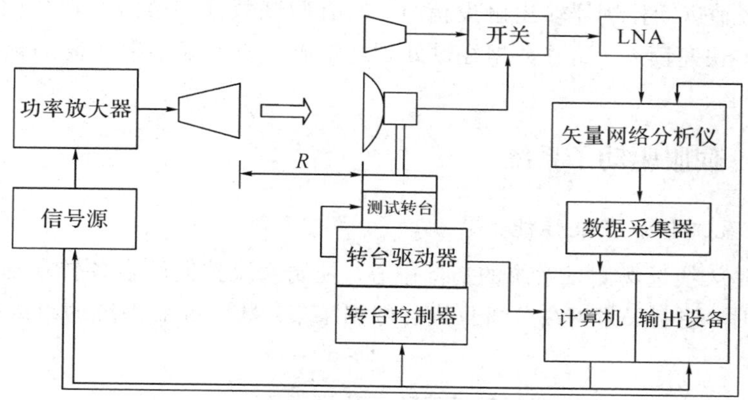

图 9.12　天线远场测量系统

辅助发射部分包括信号源、功率放大器(远距离时备用)、发射天线、天线支架；测试部分由被测天线、标准增益天线、电缆(开关备用)、测试转台、接收机(矢量网络分析仪、幅相测量接收机)、LNA(下变频器毫米波测量备用)、数据采集器、数据处理软件和系统控制计算机组成。

天线远场测量系统按功能可分为六个子系统：接收转台子系统，发射端子系统，信号收发子系统，控制、伺服驱动子系统，计算机系统和控制机柜子系统。

9.3.1　接收转台子系统

接收转台子系统主要由方位转台、立柱、导电滑环、高频旋转关节等组成。方位转台是天线远场测量系统的关键部件。在测量中，待测天线就安装固定在转台上，通过改变其转角能精确改变天线在空间的机械指向，并能随时调整天线与转轴的相对位置，使其相位中心与测试转台的旋转轴尽量重合。

9.3.2　发射端子系统

发射端子系统主要由发射支架和辅助天线等组成。测试中要求发射端辅助天线口面中心应与接收端天线口面中心同轴。

测试中，将辅助天线安装在发射端极化转台法兰盘上，在计算机控制下带动辅助天线做±360°内任意角度的旋转运动。极化转台采用蜗轮蜗杆传动机构，其主轴后面配有同轴高频旋转关节，保证极化器旋转时天线转动而连接的高频电缆不动。

9.3.3 信号收发子系统——矢量网络分析仪

在天线远场测量系统中矢量网络分析仪的作用是一个高性能的信号收发部件。该仪器除了具有快速、高精度等特点还具备丰富的编程指令，其所有的人工操作功能都可由计算机程序来控制，实现了测量系统的自动化，并提高了处理数据的实时性和运行效率。计算机与它通过 GPIB 接口电路实现通信，矢量网络分析仪的各种数据信息通过该接口电路输入到计算机，计算机对矢网的各种控制信号也是通过该接口电路实现传输的。

在远场实际测试中，矢量网络分析仪工作于扫频或连续波模式。此时，矢网处于触发模式，测试中多轴运动控制器输出触发信号，所有测试数据都暂时存在矢网内存里，之后计算机通过接口快速读入，这些数据经过处理，变成分析天线参数所需的幅度相位或实虚部数据格式。

9.3.4 控制、伺服驱动子系统

1）控制系统工作原理及性能

控制部分是天线远场测量系统的指挥中心。控制系统控制转台各转动轴按照预定轨迹进行运动的同时，控制矢量网络分析仪进行数据采集。数字控制系统的组成框图如图 9.13 所示。

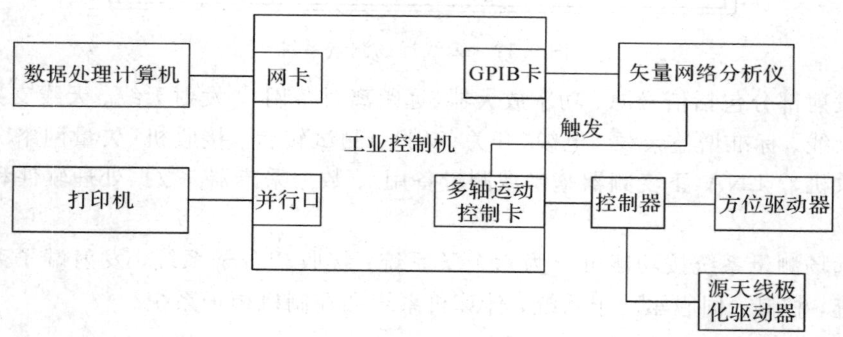

图 9.13 数字控制系统框图

转台的伺候驱动控制方式是按闭环反馈工作的，其驱动电机采用交流伺服电机，电机同时配备速度反馈和位置反馈。在测试中，随时监测转台转动速度和实际位置，位置信息及时反馈给控制卡中的比较器，并与插补运算所得的指令信号进行比较，其差值又作为伺服驱动的控制信号，然后驱动转台以消除位置误差。

2）伺服系统

如果说控制系统是远场测量的指挥中心，是发布命令的机构，那么伺服驱动便是系统的执行机构，能忠实而准确地执行运动命令。伺服系统是连接数控与各转台的枢纽，主要由驱动控制系统、伺服电机和反馈装置组成。驱动控制系统为伺服电机提供动力，伺服电机是执行机构，反馈装置为数控系统提供速度与位置反馈信号；位置检测反馈信号与数控系统发出的指令信号进行比较后发出位移指令，经过驱动控制系统功率放大后，驱动电机工作，并通过传动位置带动各轴的运动。

根据其是否检测位置反馈信息，伺服系统控制方式可分为开环控制、闭环控制和半闭环控制。开环驱动采用步进电机，数控系统发出的指令信号不经过反馈校正，直接对电机进行驱动，其优点是运行时比较稳定，但由于没有经过误差校正，运行精度一般不高。而闭环控制在轴运动的过程中，实时监测探头的实际位移量，将位置信息及时反馈给数控系统的比较器，与插补运算所得的指令信号进行比较，差值又作为伺服驱动的控制信号，进而消除其位移误差。半闭环控制位置反馈末端包含大部分机械传动环节，机械转动误差不在闭环环路内，其采用增量旋转编码器安装在交流伺服电机轴上，其优点是控制特性比较稳定，机械传动如齿轮之间的传动误差无法通过反馈进行实时校正，但可以使用软件定时补偿的方法来提高精度。

9.3.5　计算机系统

计算机系统由一台工业控制机、一台处理计算机和一台打印机组成。工业控制机主要用来进行测试控制，通过运动控制器、驱动器、交流伺服电机完成对被测天线的方位、极化轴的控制，使其在测试过程中按预定的要求自动完成信号的发射、接收、数据采集和传输。

处理计算机则对从矢量网络分析仪接收来的信号进行数据处理，获得天线远场特性信息，并对远场信息进行数据分析处理，得到远场的平面方向图、方向图主瓣宽度、副瓣电平、单脉冲天线的零深及差斜率等一系列特性参数，并且将图或数据在屏幕显示或打印输出。

9.3.6　控制机柜子系统

控制机柜子系统包括控制箱、电源供给系统和驱动器系统。

计算机的控制信号进入控制箱，此信号经控制箱分配到各个控制轴，以完成各轴的位置控制及位置信号的反馈。驱动器系统由方位转台驱动器、接收极化驱动器和发射极化驱动器组成。每个驱动器的输入电压为三相 200 V，在测试过程中，按预定的程序将相应的指令送至相应的驱动器，驱动器通过连接电缆输出驱动功率到相应伺服电机来控制相应轴的运动。同时，电机通过编码器将该轴的位置信息反馈到驱动器及运动控制器，进行半闭环定位。

9.4　天线辐射特性测量

9.4.1　方向图测量

1. 方向图的概述

1）方向图的定义

方向性函数的图形称为方向图。方向图是用图示法表示天线辐射特性空间分布的方法。

2）方向图的分类

从电特性观点进行分类，方向图分为场强方向图、功率方向图、相位方向图和极化方向图。完整的方向图是一个空间立体图形。

3）*方向图与方向系数*

天线的方向性除了用方向图表示之外，还用方向系数来表示。方向图的特点是能够直接反映天线辐射特性空间分布规律的细节，因此便于天线的研究工作。方向系数是天线辐射能量在空间特定方向上(一般为最大辐射方向)集束程度的一个定量量度，因此它便于天线间方向性的比较。

2. 方向图的测量

常用旋转天线法和固定天线法测量天线方向图，前者是待测天线绕自己的轴旋转而辅助天线不动；后者是待测天线不动，辅助天线绕待测天线转动。

1）*旋转天线法*

高频或微波波段的天线或其他频段的模型天线，一般都用旋转天线法测量天线的方向图。天线方向图是以天线固定距离作为方向函数的场幅度的图形来表示。当天线位于球坐标系原点，辐射场 $\boldsymbol{E}$ 和 $\boldsymbol{H}$ 相互垂直，并都垂直于传播方向 $\hat{r}$。场强按 r^{-1} 变化。在天线方向图的讨论中应用了电场，但天线磁场的行为可直接得到，因为磁场强度正比于电场强度，而其方向垂直于 $\boldsymbol{E}$ 和 $\hat{r}$。

辐射电场既是矢量又是相量。一般来说，它有两个正交的分量 $\boldsymbol{E}_\theta$ 和 $\boldsymbol{E}_\phi$。这些分量的值是复数，它们的相对幅度和相位决定了场的极化。对于简单天线仅存在一个分量。例如，平行于 z 轴的理想电偶极子仅有一个 $\boldsymbol{E}_\theta$ 分量。在此情况下辐射方向图的测量可概念化为以固定距离 r 绕一个发射恒定信号的天线移动接收探针。探针的方向保持与 $\hat{r}$ 平行，如图 9.14 所示。探针的输出正比于来自$(\theta,\ \phi)$方向的接收场分量的强度。理想电偶极子的方向图是 $\sin\theta$。一般情况下，天线将有两个分量 $\boldsymbol{E}_\theta$ 和 $\boldsymbol{E}_f$，方向图被切割两次，一次探针平行于 $\boldsymbol{E}_\theta$，一次平行于 $\boldsymbol{E}_f$。

虽然我们已通过在固定半径的球上移动接收机来概念化辐射方向图的测量，但这明显不是一种实际可行的方法，重要的是保持收发天线间固定的大距离并改变观察角。这可以通过旋转测试天线或测量状态的天线(AUT)来实现，如图 9.15 所示。其中，天线 a 的方向图正比于终端电压 V_a，而 V_a 是天线 a 在旋转中的位置角的函数。根据互易性，测试天线工

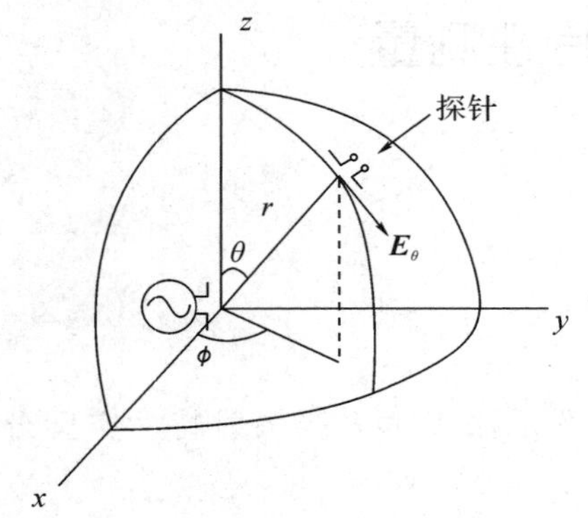

图 9.14　方向图测量的概念化——在天线远场的球面上移动探测天线

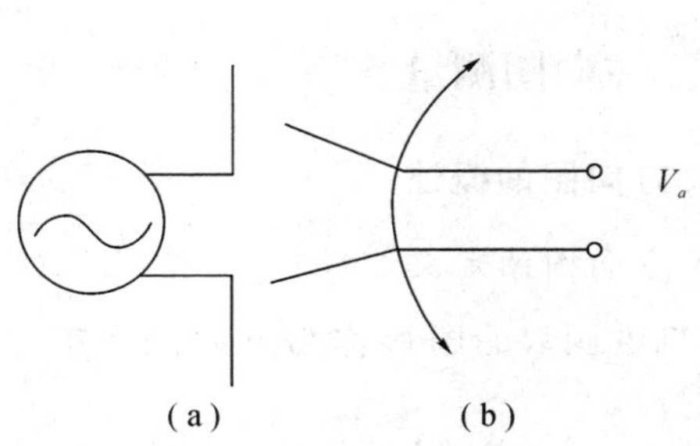

图 9.15　辐射方向图测量

作于接收状态或发射状态没有差别，但通常测试天线用作接收天线，而我们采取了这个传统。固定的源天线的场给测试天线提供了一个恒定的照射，测试天线的输出随它的角度位置而变化。这产生了它是测试旋转天线的方向图的规则。

当然，天线辐射特性的完全表示需要测量所有可能角度(θ, ϕ)的辐射。对于大多数应用，主平面方向图已足够了。

波束宽度、波瓣图形状、旁瓣电平及其方向、零辐射方向、前后比和交叉极化比等都是易从测出的波瓣图中获得的参量。天线的定向性 D 却均未直接测量，只能由归一化的功率波瓣图 $P_n(\theta, \phi)$ 计算得出，如下：

$$D = \frac{4\pi}{\iint P_n(\theta, \phi)\sin\theta \mathrm{d}\theta \mathrm{d}\phi} \tag{9-47}$$

2) 固定天线法

固定天线法的适用对象如下：

(1) 固定在地面上的大型天线。

(2) 结构庞大、笨重(如长、中、短波广播发射天线，干线通信天线，电视发射天线等)，不便搬动、运输的天线。

(3) 天线方向图特性受放置天线场地的影响很大，而实际使用又必须包括这些影响(如一些机载、舰载、车载)的天线。

当被测天线(AUT)无法用旋转 AUT 的方法来测量方向图的时候，可以选择将 AUT 固定，然后以旋转源天线的方法来测量。固定天线法的测量方法如下：

(1) 地面测试法。地面测试法通常只限于测绘天线的水平面方向图主瓣。待测天线作发射，且固定不动。在离开天线中心距离为 r(满足远场辐射条件)的一个预定的扇形区域内，用经纬仪在 r 为半径的圆弧上选定一系列方位角测试点，然后在各点进行相对场强测量，从而得到地平面的主瓣特性，如图 9.16 所示。

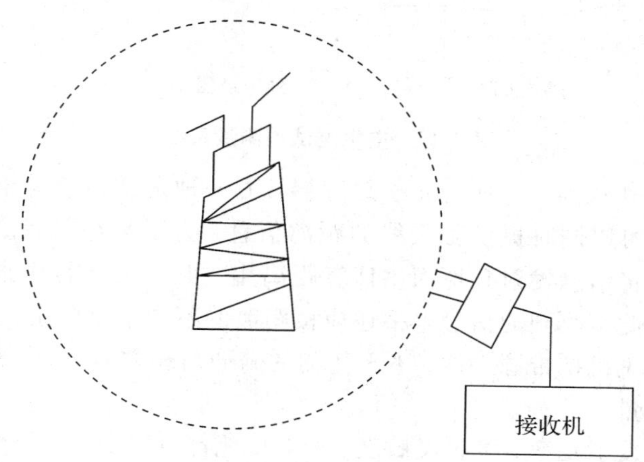

图 9.16　地面测试法的测量方法示意图

这种测量方法的缺点是：

① 准确性差。一方面是由于在测量区域内地面不平坦，很难保证所有测量点均在同一水平面内及等距离 r 处；另一方面由于地面附近的波前畸变而引起场的极化和电平失真。

② 只能测得地面方向图。在现场进行测试的天线主瓣往往不完全在水平面内，它有一定的仰角，因此难以获得真实的主瓣特性。

③ 测量工作复杂而费事。例如，事先要进行选择环行路线和测量点方位定标等准备工作，测量时耗费的精力和时间也很多。

(2) 空中测试法。这种方法仍是固定待测天线不动，一般作为接收天线。辅助源天线由普通飞机、直升机、小型飞船、气球等运载工具携带，绕待测天线在所需测试的平面内做圆弧运动，据不同角位置时待测天线接收到的相对场强大小，就得到了该平面内(水平面、垂直面或其他平面)的方向图特性。

当沿着要求路线飞行的飞行器所运载的源天线姿态相对于待测天线改变时，待测天线接收到的信号也将显著改变。为了将这种改变减至最小，源天线的波前最大值应始终对准待测天线，且源天线方向图的有用部分应尽可能均匀(即弱方向性或全方向性天线)，飞行器的航向应选择其姿态改变最小。由于源天线的方向图会受到携带它的飞行器的形状影响，因此设计和安装源天线时必须将环境影响因素考虑进去。

图 9.17 就是空中测试法的一个系统模型示例。图中的跟踪装置用来确定源天线所在方向。当然，由于跟踪装置与待测天线之间有一定的距离，所确定的方向必须用视线误差来修正。但若源天线到两者的距离远远大于两者之间的距离时，这种视线误差可以忽略。

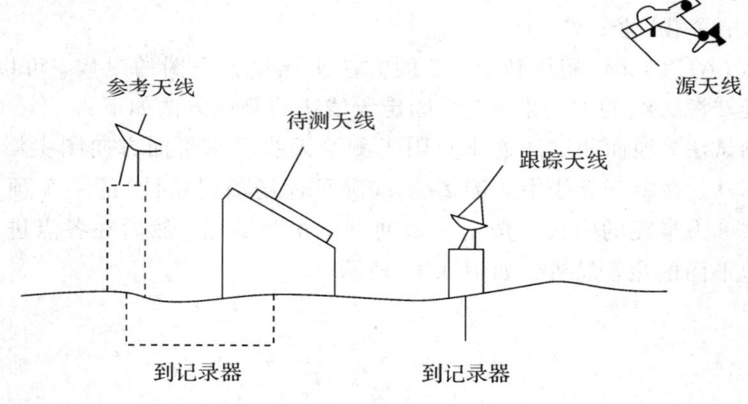

图 9.17 空中测试法测量系统

可以采用两类工作仪器：一种是光学跟踪器，另一种是雷达跟踪器。前者仅提供源天线方向信息，后者还可以同时提供源天线的距离信息。为了弥补前者之不足，可以在飞机上安装测试发射机，将信息发射到地面供计算距离用。由于飞行器并非完全绕待测天线的理想圆周上飞行，因此接收到的信号电平还应按距离的不同予以修正。

在测量过程中，飞机携带源天线，飞至待测的俯仰角和方向角上，地面 AUT 和参考天线记录数据，完成测量。

在测量中，由于发射功率、接收灵敏度、相对极化都可能变化，因而需引入一个参考天线，参考天线应尽可能靠近待测天线。把接收信号与参考天线归一就能基本消除各种变化因素的影响。参考天线还用作测量增益和极化的设备。用固定天线法需要精心设计，紧密配合，否则会引入较大误差。

3）方向图表示方法

有许多方式表示天线方向图。例如，主平面方向图可以画成极坐标或直角坐标形式。极坐标表示法直观，简单，从方向图可以直接看出天线辐射场的空间分布特性；缺点为当天线方向图的主瓣比较窄或副瓣电平比较低时(小于－30 dB)，这种表示法就不易分辨出场强与方向角之间的定量关系，因此适用宽波带天线。直角坐标法可以克服极坐标表示法的缺点。

由于表示角度的横坐标与表示场强幅度的纵坐标可以任意放大，所以它能把来波小于1°天线的主瓣宽度、副瓣位置及极低副瓣的电平值等方向图参数的细节清晰地表现出来。因此，直角坐标法适用于高增益天线。

一般绘制方向图时都是经过归一化的，即径向长度(极坐标)或纵坐标值(直角坐标)是以相对场强 $E(\theta, \phi)/E$ 表示。这里 $E(\theta, \phi)$ 是任一方向的场强值，E 是最大辐射方向的场强值。因此，归一化的最大值是 1。对于极低副瓣电平天线的方向图，大都采用分贝值表示，归一化最大值取为零分贝。

尺度可以是线性的，也可以是对数的(分贝)。作图形式和尺度形式的所有组合都得到了应用：极坐标——线性、极坐标——对数、直角坐标——线性和直角坐标——对数。图 9.18 所示是用这四种方式画出的同样辐射方向图。一般来说，对数图通常用于高增益、低旁瓣方向图，而线性图在主瓣细节为主要信息时应用。这些天线方向图表示可用商用测量或记录设备直接记录。当需要更详细的信息时，几个平面截图的结果可以放在一起形成等值线图。正确评价所测方向图是重要的，通常即使天线结构是对称的，测量方向图也不一定是理想对称的，而且天线的零点常常是会部分填充的。

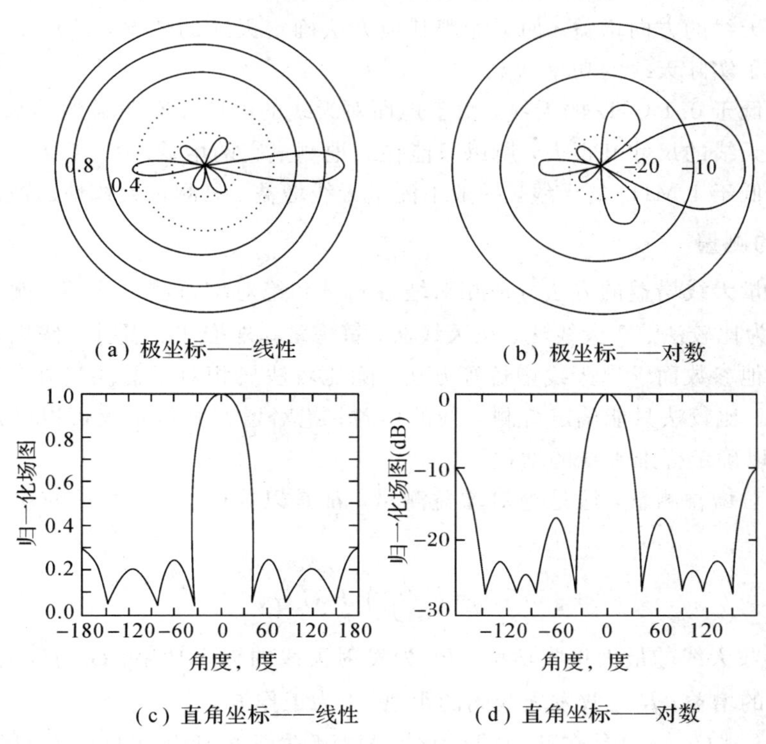

图 9.18　用同一方向图的四种天线方向图类型说明

9.4.2 增益测量

1. 增益的概述

1）增益的定义

增益是天线极为重要的一个参数，用它可以衡量天线辐射能量的集中程度和能量转换效率的总效益。天线增益分为方向增益和功率增益。方向增益也称方向系数；天线的功率增益等于天线的效率乘以方向增益。可见，天线的功率增益更加完整地给出了天线的辐射特性，它不仅表征了天线辐射能量的集中程度，而且考虑到了天线本身由于损耗引起的辐射能量的减小。

2）测量增益的方法

用什么方法确定天线增益在很大程度上取决于天线的工作频率。工作在 1 GHz 以上频段上的天线，常用自由空间测试场地，把喇叭作为标准增益天线，用比较法测量天线增益。

工作在 0.1～1 GHz 频段上的天线，由于很难或者无法模拟自由空间测试条件，故常用地面反射测试场来确定天线的增益。

对飞行器(如飞机、导弹、卫星、火箭等)天线，由于飞行器往往是天线辐射体的一部分，在此情况下多采用模型天线理论。按照天线模型理论，除要求按比例选择天线的电尺寸、几何形状及它的工作环境外，还必须按比例改变天线和飞行器导体的电导率，而后者在实际中却无法实现，故一般只用模型天线模拟实际天线的方向图，再由实测方向图用积分法确定实际天线的方向增益。如果能用其他方法确定天线的效率，然后把方向增益与效率相乘就得到了实际天线的功率增益。

工作频率低于 0.1 GHz 的天线，由于地面对天线的电性能有明显的影响，加之工作在该频段上定向天线的尺寸又很大，所以只能在原地测量它的增益。

工作频率低于 1 MHz 的天线，一般不测量天线增益，只测量天线地面波的场强。

2. 增益的测量

一般把测量天线增益的方法分成相对增益测量和绝对增益测量两类，就具体测量方法而言，又可分为比较法、双天线法、三天线法、镜像法、外推法、辐射计法以及通过测量与增益有关的其他参数而求出天线增益等方法。除比较法属相对增益测量外，其余方法都属绝对增益测量。比较法只能确定待测天线的增益；绝对增益测量不仅可以确定待测天线的增益，而且可以确定标准天线的增益。

不管是相对增益测量，还是绝对增益测量，都是以式(9-48)所示的功率传输公式为基础。

$$P_r=\left(\frac{\lambda}{4\pi R}\right)^2 P_0 G_t G_r \tag{9-48}$$

式中：P_r 为接收天线的最大接收功率；P_0 为发射天线的输入功率；G_t 为发射天线的增益；G_r 为接收天线的增益；R 为收发天线间的距离；λ 为工作波长。

必须指出，式(9-48)是在两天线极化匹配，无失配损耗并在自由空间传输条件下得出的。

1）增益比较法

在上一节讨论的方向图测量是给出测试天线辐射角度变化的相对测量。还需要天线增益来完全表征测试天线的辐射特性。增益是一个绝对量，因此更难测量。无需先验知识测量测试天线增益的技术是存在的。可是，大多数增益测量是用一个已知增益的天线进行的，该天线叫做标准增益天线，这个技术称为增益比较（或增益传递）法。一个固定输入功率 P_t 的发射机连接到一个合适的源天线，其方向图最大值对准测试天线。如图 9.19 所示，分别将测试天线放置于测试位置，对准源天线以达到最大输出，并记录接收功率电平。测得测试天线 G_S 接收功率为 P_T，测得标准天线接收功率为 P_s。于是，测试天线的增益可轻松地由标准增益天线的增益乘以接收功率的比值来计算：

$$G_T=\frac{P_T}{P_s}G_S \tag{9-49}$$

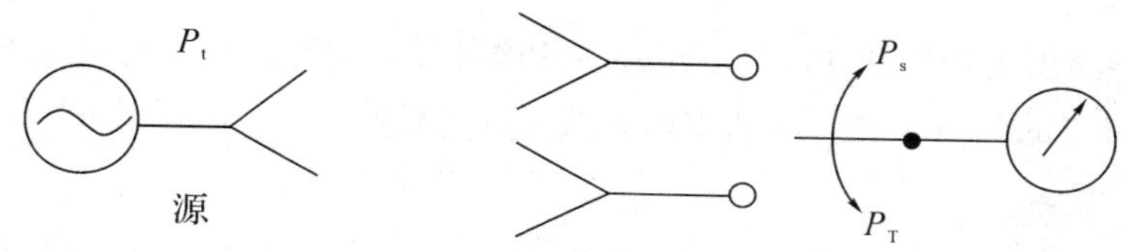

图 9.19　用增益比较法测量测试天线增益 G_T

这个关系式用分贝表示更方便：

$$G_T(\mathrm{dB})=P_T(\mathrm{dBm})-P_s(\mathrm{dBm})+G_S(\mathrm{dB}) \tag{9-50}$$

该结果是直观的，简单地说出了测试天线的增益与标准天线的增益差别为测试天线接收功率与标准天线接收功率的差别。一个特殊情况是当接收功率相等（$P_T=P_s$）时，测试天线增益等于标准天线增益。

根据式（9－50）可知，准确的增益测量需要准确的功率测量，用现代的接收机是可做到的。一个不依赖于接收机线性的方法是射频替代法，在此方法中用一个精密衰减器来建立功率电平的变化。即调节衰减器使接收机在两种情况下有相同的指示，则相应的衰减器设置的差等于 $P_T(\mathrm{dBm})-P_s(\mathrm{dBm})$。测量精度还直接取决于对标准增益天线增益的了解。常用的标准增益天线对 UHF 频率和低于 UHF 频率是半波振子天线，而对于 UHF 频率和高于 UHF 频率则是角锥喇叭天线。半波振子的增益是 2.15 dB，而标准增益喇叭的制造商会提供工作频率范围内的增益数据。

注意：增益项与绝对增益或最高增益同义。增益和方向图数据可通过将增益与归一化方向图相乘而合并成增益方向图：

$$G(\theta,\ \phi)=GP(\theta,\ \phi)=G|F(\theta,\ \phi)|^2 \tag{9-51}$$

用分贝表示（取 10 log），常用 dBi 单位，表明该方向图针对各向同性天线。

下面给出用增益比较法测量天线增益的示例：

假定标准增益天线增益为 63 dB 或 18 dB，根据图 9.19 所示的测量技术，测得的功率

为 $P_s=3.16$ mW 或 5 dBm(比 1 mW 高 5 dB)，$P_T=31.6$ mW 或 15 dBm。于是，测试天线增益为 $G_T=(31.6/3.16)63=630$，或用分贝表示：

$$G_T(\text{dB})=P_T(\text{dBm})-P_s(\text{dBm})+G_S(\text{dB})=15-5+18=28(\text{dB}) \tag{9-52}$$

2) 两相同天线法

假定两天线 AB 的极化和阻抗均匹配，且满足远区条件，由传输公式得

$$P_r=\left(\frac{\lambda}{4\pi R}\right)P_0G_AG_B \tag{9-53}$$

把式(9-53)用 dB 表示：

$$G_A(\text{dB})+G_B(\text{dB})=20\ \lg\left(\frac{4\pi R}{\lambda}\right)-10\ \lg\left(\frac{P_0}{P_r}\right) \tag{9-54}$$

假定 AB 天线完全相同，即 $G_A=G_B=G$，

则
$$G(\text{dB})=\frac{1}{2}\left[20\lg\left(\frac{4\pi R}{\lambda}\right)-10\lg\left(\frac{P_0}{P_r}\right)\right] \tag{9-55}$$

可见，只要测出了功率比 P_0/P_r、距离 R 和波长 λ，就能计算出待测天线的增益。为了消除由于加工引起的测量误差，可把收发天线互换，另测一遍，取平均值。

3) 部分增益法

如果有高品质的圆极化(CP)源和标准增益天线，可应用图 9.19 表示的增益比较法。但是椭圆极化天线的增益常用两个正交的线极化(LP)天线或者通常用一个线极化天线在两个正交方向来测量。假定对垂直和水平线极化状态测量了增益，这两个部分增益 G_{Tv} 和 G_{Th} 结合起来得出总增益：

$$G_T(\text{dB})=10\log(G_{Tv}+G_{Th})(\text{dBic}) \tag{9-56}$$

这称为部分增益法。可用任何两个垂直的方向，因为椭圆极化波的功率包含在任何两个正交分量的和之中。我们观察到圆极化天线瞬时地执行该求和，因此式(9-56)中的增益是相对于理想圆极化天线的。单位 dBic 表明增益是相对于各向同性，理想圆极化天线的。天线增益测量精度取决于源天线极化的纯度。一个标准增益线极化天线具有的轴比为 40 dB，这并不会引起很大的增益误差。

下面给出用部分增益法计算天线增益的示例。

如图 9.20 所示，用一个线极化源天线测量的两个方向图，测试天线是一个名义上的圆极化天线，它是一个背腔螺旋天线，工作频率为 1054 MHz。同时还给出了标准增益喇叭的方向图，根据生产商的增益曲线，该喇叭在 1054 MHz 时增益为 14.15 dB。在测量期间接收机增益设置和源功率保持不变。对垂直和水平极化的最大增益为

$$G_{Tv}(\text{dB})=14.15-16.1=-1.95,\ G_{Th}(\text{dB})=14.15-13.25=0.9 \tag{9-57}$$

由于垂直和水平线极化方向图最大值分别为 13.25 dB 和 16.1 dB，低于标准增益喇叭，于是

$$G_{Tv}=10^{-1.95/10}=0.64,\ G_{Th}=10^{0.9/10}=1.23 \tag{9-58}$$

式(9-56)给出

$$G_T(\text{dB})=10\ \log(0.64+1.23)=2.71(\text{dBic}) \tag{9-59}$$

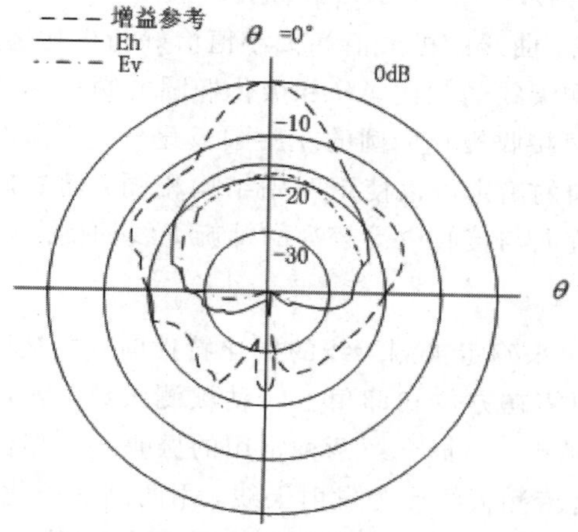

图 9.20　用部分增益法测量圆极化天线增益

注：方向图为线极化标准增益天线（长虚线），名义上的圆极化天线用垂直极化源激励（实线）。

3. 减少地面反射的方法

同测量天线的其他辐射特性一样，测量天线增益也必须在专用的天线测试场上完成。特别是精测天线增益，对场地的要求更严。常用的天线测试场地要用高架天线测试场地和地面反射测试场地。实际测量中可以根据天线的工作频率及对增益的要求，确定相应的测试场地，为了减小地面及周围环境引起的多路径干涉造成的增益测量误差，须采取利用高架天线法或利用地面发射测试场的方法，来消除或利用地面及周围环境的反射。

9.4.3　轴比测量

1. 极化图法

极化图法是一种最简便、直接而常用的方法，该法通常用线极化辅助天线测出轴比 AR 和倾角，用两副反旋圆极化天线（比如螺旋天线）来确定旋向。

测量方法是将待测天线某一方向对准辅助天线，并使待测天线沿辅助天线的机械轴转动，记下与转动角度相应的各电压值，并绘于极坐标图上，即得待测天线在某特定方向上的极化图。

线极化辅助天线绕 ϕ 平面旋转的轨迹一般为“哑铃型”曲线，如图 9.21(a)所示，对应的待测天线为椭圆极化天线。若待测天线为线极化天线（AR→∞），其极化图形为 8 字形，如图 9.21(b)所示；若待测天线为圆极化天线（AR＝1），此时无论辅助天线转至任何位置均接

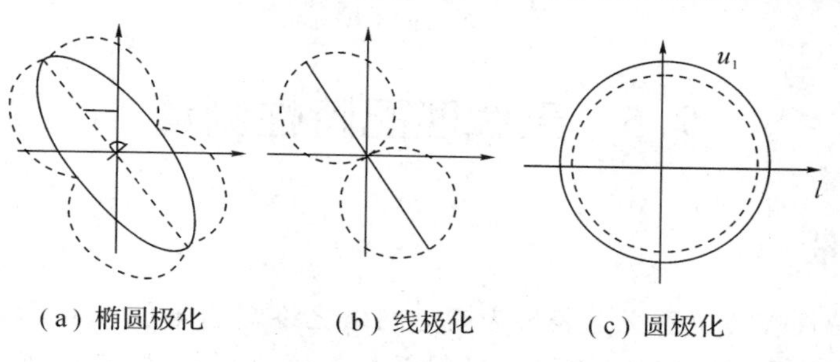

（a）椭圆极化　　（b）线极化　　（c）圆极化

图 9.21　极化图

收一半功率，其极化图为圆形，如图 9.21(c)所示。

从图 9.21(a)可以发现，曲线的极大值和极小值恰好与极化椭圆的长轴和短轴相对应，所以这种方法可以确定待测天线的轴比 AR 和极化椭圆的倾角 τ，但不能确定天线的旋向。

因为左旋圆极化天线只接收极化椭圆的左旋圆极化分量，而右旋圆极化天线只接收右旋分量，所以待测天线旋向的确定可以使用两副结构相同，而螺旋反绕的圆极化天线作为辅助天线，则待测天线的旋向与接收电平较高的螺旋天线的旋向一致。

2. 振幅——相位法

用测量波的振幅和相位来确定被测天线的极化特性时，把被测天线作为发射天线最方便，辅助天线可以不动，只需在方位和仰角上转动被测天线，就可以用矢量网络分析仪一次取得各方向上全部极化数据。下面介绍两种常用的振幅——相位法。

(1) 线极化分量法。将待测天线作为发射天线，用两副线极化天线作为接收天线，一副水平极化，一副垂直极化，分别用两副接收天线接收来自待测天线的信号。假设水平极化天线接收的信号强度为 E_{xm}，垂直极化天线接收的信号强度为 E_{ym}，则这两个信号合成的波在 xy 两个方向的分量可以分别表示为

$$E_x(t)=E_{xm}\cos\omega t \tag{9-60}$$

$$E_y(t)=E_{ym}\cos(\omega t+\Delta\phi) \tag{9-61}$$

式中，$\Delta\phi=\phi_y-\phi_x$，可以用测量线法或电桥法来测取。通过 $\Delta\phi$ 的值就能确定极化的旋向，$-180°<\Delta\phi<0°$时，为右旋圆极化；当 $0°<\Delta\phi<180°$时，为左旋圆极化。椭圆极化的倾角为

$$\tau=\frac{1}{2}\arctan\frac{2E_{xm}E_{ym}\cos\Delta\phi}{E_{xm}^2-E_{ym}^2} \tag{9-62}$$

椭圆极化的轴比为

$$\mathrm{AR}=\sqrt{\frac{E_{xm}^2\cos^2\tau+E_{xm}E_{ym}\sin2\tau\cos\Delta\phi+E_{ym}^2\sin^2\tau}{E_{xm}^2\sin^2\tau-E_{xm}E_{ym}\sin2\tau\cos\Delta\phi+E_{ym}^2\cos^2\tau}} \tag{9-63}$$

为保证测量精度，用两个分开的正交线极化天线作为辅助天线时，必须使两天线相位中心之间的距离和收发天线相位中心之间的距离之比的正切角远小于发射天线的半功率波束宽度。因为待测天线在半功率宽度范围内的极化状态可能不一样，不同方向上分别接收的场分量将不代表同一方向上的场分量。

(2) 圆极化分量法。待测天线作为发射天线，用两幅旋向相反、结构相同的圆极化天线作为接收天线。设左旋圆极化天线接收到的相对场强为 E_{LHCP}，右旋圆极化天线接收得到的相对场强为 $\boldsymbol{E}_{\mathrm{RHCP}}$，根据轴比的定义，待测天线的轴比可用下式计算：

$$\mathrm{AR}=\frac{\boldsymbol{E}_{\mathrm{RHCP}}+\boldsymbol{E}_{\mathrm{LHCP}}}{\boldsymbol{E}_{\mathrm{RHCP}}-\boldsymbol{E}_{\mathrm{LHCP}}} \tag{9-64}$$

9.5 天线匹配特性测量

9.5.1 阻抗测量

天线的阻抗特性在传统意义上表现为馈电网络之终端的角色，其所含的主要信息是待测天线的电压驻波比 VSWR(回波损失，反射系数的幅值)作为频率的函数。因此，天线匹

配特性可通过研究阻抗特性来表示。

天线阻抗对测试环境的要求往往不像测试辐射特性那么严格。对于阻抗初步检测的准确性要求，通常可以在常规实验室内测量阻抗，只需要保持待测天线附近不存在强散射物体。若在待测天线辐射近场区的主要辐射方向上放置吸波材料，就可以显著改进测量的准确性。测试辐射特性的远场条件并不是必须满足的。对具有宽波瓣图的待测小天线，可将它置于周围保留若干波长自由空间的无反射空间内，还可以将待测天线就近移动位置，重复测出阻抗数据并取平均值。然而，最准确的阻抗测量应该在吸波室中与辐射波瓣图的测量联合进行。

对于测量多单元天线系统中单个天线单元的阻抗，要求有专门的布局。典型的例子是，测量天线阵单元在所有单元都被正常馈电的情况下包含了互耦效应的有源阻抗。对于小阵列或多馈端天线(如四绕螺旋)，各单元或馈端之间的所有耦合系数都能测得。综合这些耦合对受激单元的反射贡献，便能得到所有馈端的有源阻抗。对 N 单元天线系统，可得：

$$\rho_{有源}=\frac{V_N^-}{V_N^+} \tag{9-65}$$

$$V_N^- = \sum_{m=1}^{N} S_{mn} V_m^+ \tag{9-66}$$

式中：$\rho_{有源}$ 为单元 n 的复数有源反射系数，对应了归一化有源阻抗；$z_{(有源)n}$ 为 $(1+\rho_{(有源)n})$ 与 $(1-\rho_{(有源)n})$ 之比；V^+ 为向内行波的电压；V^- 为向外行波的电压；S_{mn} 为单元 m 和单元 n 的参考面处电压波之间的 S 参数($S_{mn}=V_m^-/V_n^+$)，无量纲。

图 9.22 所示的是某多单元天线阵阻抗测量的例子。对于大阵列要计算所有 $N\times N$ 个 S 参量是很烦琐的，因此通常采用具有金属侧壁盖住一部分阵面的专用仿真器，以减少阵元数，借助测试确定的馈电组合来求出各有源阻抗。五元阵中第 3 单元有源阻抗的测量如图 9.23 所示。

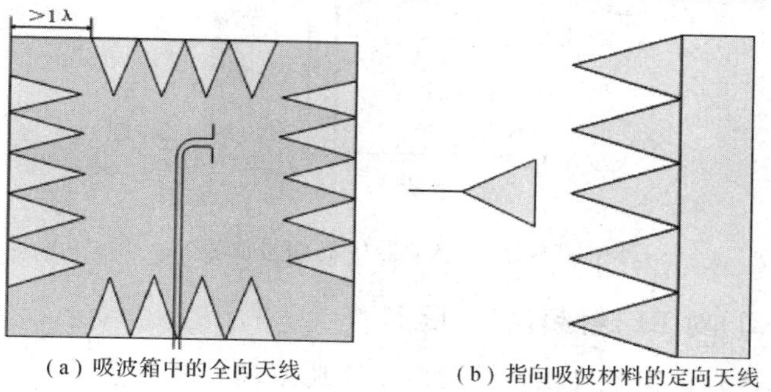

(a) 吸波箱中的全向天线　　(b) 指向吸波材料的定向天线

图 9.22　实验室内的阻抗测量

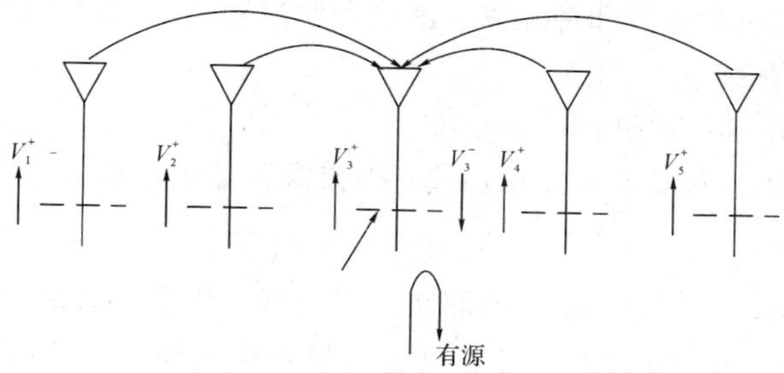

图 9.23　五元阵中第 3 单元有源阻抗的测量

(为简洁起见，只标出单元 3 的向外行波电压)

9.5.2 驻波测量

用矢量网络分析仪测试被测天线驻波比，测试方法如图 9.24 所示。

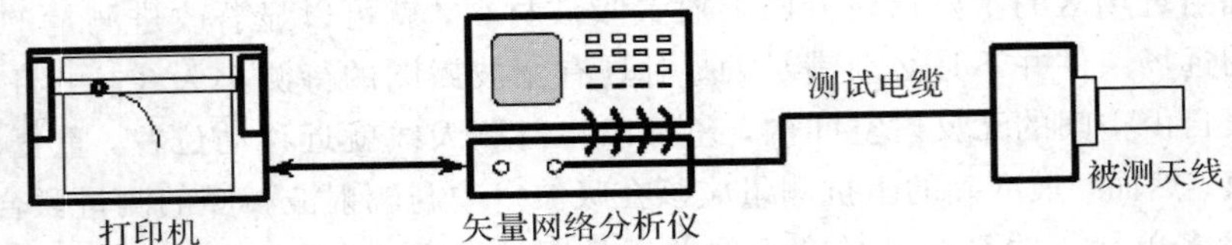

图 9.24 电压驻波测试示意图

(1) 按图 9.24 所示架设好被测天线，连接好仪器。

(2) 调整矢量网络分析仪状态参数，并进行定标(校准)。

(3) 连接好被测天线，可得到设定带宽内天线的驻波比曲线，并打印。

9.5.3 隔离测量

隔离测量是测量混频器中信号的泄漏，尤其是信号对 IF 端口(中频端口)的正向泄漏。高度隔离意味着混频器端口之间的信号泄漏的量非常小。隔离测量不使用频率偏移模式。图 9.25 所示解释了混频器中的信号流程。

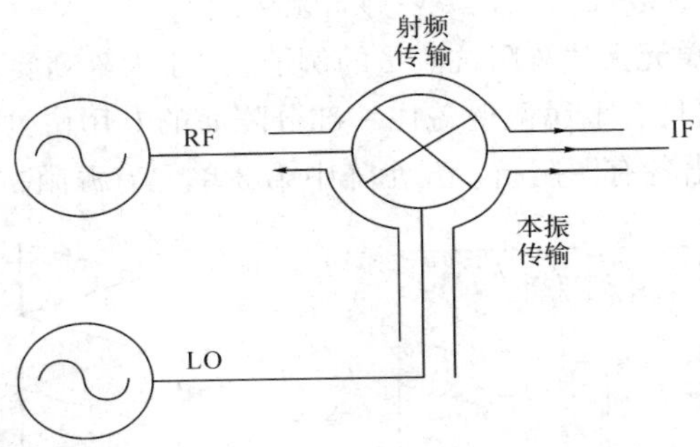

图 9.25 混频器中的信号流程

1. LO(本振端口)对 RF(射频端口)隔离

LO 对 RF 隔离是直接出现在 RF 端口的 LO 功率被衰减的总量。

(1) 初始化分析仪。

(2) 选择分析仪的频率范围和源功率，该信号源激励混频器的 LO 端口。

(3) 选择 B/R 比值测量。

(4) 如图 9.26 所示连接，执行响应校准。

(5) 如图 9.27 所示连接，调节显示标尺，得出混频器 LO 对 RF 的隔离测量。

2. RF 直通

测量设备和步骤与 LO 对 RF 隔离的测量几乎一样，只是当测量 RF 直通时增加了一个外部信号源以驱动混频器的 LO 端口。RF 直通测量不使用频率偏移模式。

(1) 在外部信号源的前面板上选择 CWLO 频率和信号源频率，初始化矢量网络分析仪。

(2) 选择矢量网络分析仪频域和信号源功率，该信号源激励混频器的 LO 端口。

(3) 选择一个 B/R 的比值测量。

(4) 如图 9.26 所示连接，进行一次响应校准。

(5) 如图 9.28 所示连接，把外部 LO 信号源连接到混频器的 LO 端口，测量结果显示混频器的 RF 直通。

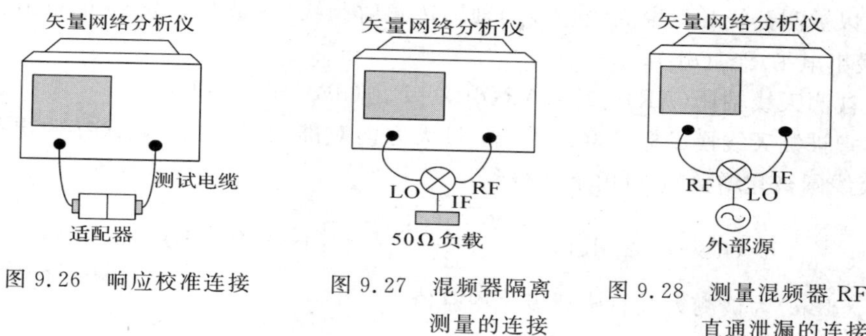

图 9.26　响应校准连接　　图 9.27　混频器隔离测量的连接　　图 9.28　测量混频器 RF 直通泄漏的连接

9.6　天线特性测量举例

9.6.1　天线测试步骤

1. 天线方向图测量

测量步骤如下：

(1) 按图 9.29 所示在测试场地架设天线，指示天线与被测天线间距满足远场条件(比如：大于 8.8 m)；指示天线和被测天线极化相同。

(2) 按图 9.29 所示连接仪器设备，所有仪器在计量有效范围内。

(3) 转台转动旋转被测天线，同时记下接收电平和天线旋转的方位角。

(4) 以接收电平为纵轴，方位角为横轴，绘成曲线即得被测天线方向图。从图中可读出波瓣宽度和前后辐射比。

(5) 被测天线绕轴向旋转 90°，重复(3)步骤，可得被测天线正交切面方向图。同样，从图中可读出波瓣宽度和前后辐射比。

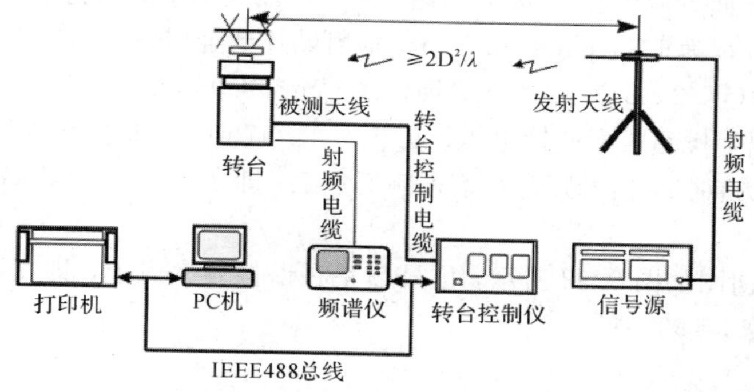

图 9.29　天线方向图测试框图

2. 增益和轴比测量

测量步骤如下：

(1) 在图 9.29 中，把发射天线换成线极化天线，调整被测天线和发射天线最大方向共轴并相向。

(2) 以被测天线和发射天线连线为轴旋转发射天线(或被测天线)，记录最大电平 P_{max}(dB)和最小电平 P_{min}(dB)。

(3) 被测天线轴比(AR)计算：AR(dB)＝P_{max}(dB)－P_{min}(dB)

(4) 把被测天线换成标准增益天线，最大方向对准发射天线，记录接收电平 P_s(dB)，则被测天线圆极化增益 G_x 可由下式得到：

$$G_x(\text{dBic})=20\lg\left[\frac{10^{\frac{P_{max}(\text{dB})}{20}}+10^{\frac{P_{min}(\text{dB})}{20}}}{2}\right]+3-P_s(\text{dB})+G(\text{dB}) \tag{9-67}$$

式中：G_x(dBic)为被测天线右旋圆极化增益值。

9.6.2 测量实例

【例 9.1】 对图 9.30 所示结构的天线进行测量，该天线是充气的薄膜介质结构的矩形贴片单元天线：在两层聚酯薄膜之间是空气介质；上下敷设矩形贴片和金属底板，贴片材料是铜，金属底板是铝制薄；在金属底板上用木制框架固定聚酯薄膜和上面的贴片；用 SMA 的插座馈电。

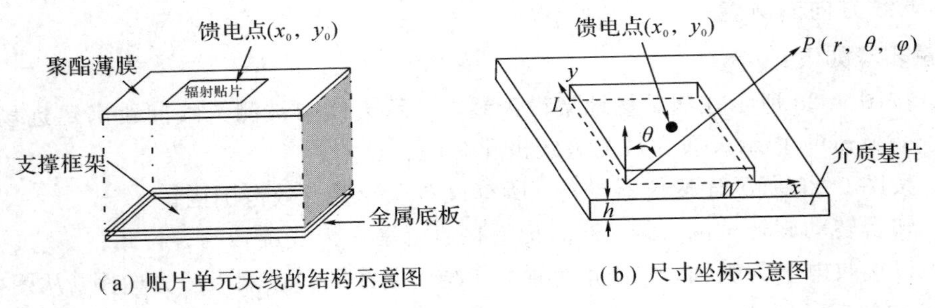

(a) 贴片单元天线的结构示意图　　(b) 尺寸坐标示意图

图 9.30　贴片单元天线示意图

利用网络分析仪测量贴片天线的电路特性参数；在微波暗室中，采用远场测量法测量所制作的天线的 E 面方向图和 H 面方向图；利用比较法测量其增益。

贴片尺寸 $W\times L$ 为 10.7 cm×10.7 cm，辐射贴片到金属底板的厚度 h 为 0.8 cm，馈电点位置(x_0, y_0)为$(W/2, L/2-2.4$ cm)即(5.35 cm, 2.95 cm)。

经过多次测试，找到匹配的馈电点。在 $f_r=1.2475$ GHz 时，输入阻抗 $Z_{in}\approx 50\ \Omega$。图 9.31 为天线 E 面方向图，信号频率在谐振频率点上，即 $f=f_r=1.247$ GHz，波束半功率宽度 $\theta_{BE}=49.5°$。

天线 H 面方向图如图 9.32 所示，信号频率在谐振频率点上，即 $f=f_r=1.247$ GHz，波束半功率宽度 $\theta_{BH}=69.8°$。

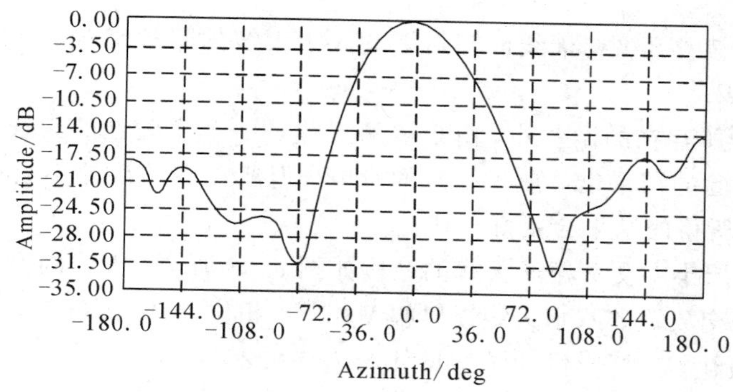

图 9.31　天线 E 面方向图

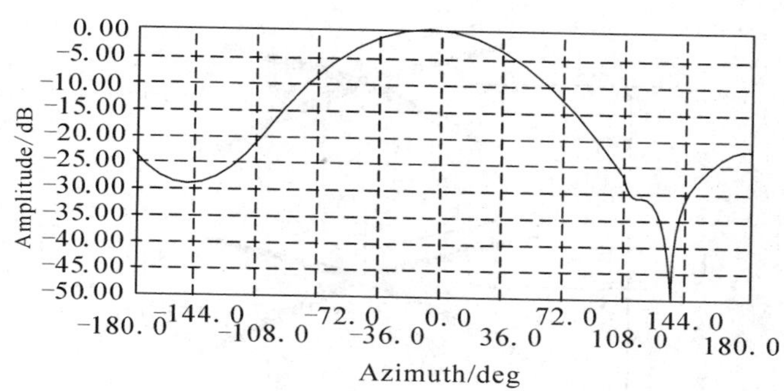

图 9.32　天线 H 面方向图

天线增益的测量是通过与标准的喇叭天线比较接收到的功率来得到的。表 9.2 和表 9.3 分别给出两次测量的数据和结果。

根据增益公式 $G(\mathrm{dB})=A_1(\mathrm{dBm})-A_2(\mathrm{dBm})+G_2(\mathrm{dB})$，计算出被测天线的增益。

表 9.2　第一次测量数据和结果

信号频率/GHz	接收功率/dB（被测功率）A_1	接收功率/dB（标准天线）A_2	增益/dB（标准天线）G_2	增益/dB（被测天线）G
1.220	−54.73	−49.10	15.0	9.37
1.248	−54.28	−50.18	15.3	11.20
1.250	−54.56	−50.49	15.1	11.03
1.270	−55.63	−50.90	15.3	10.57

表 9.3　第二次测量数据和结果

信号频率/GHz	接收功率/dB（被测功率）A_1	接收功率/dB（标准天线）A_2	增益/dB（标准天线）G_2	增益/dB（被测天线）G
1.220	−54.9	−49.6	15.0	9.7
1.248	−54.4	−50.5	15.1	11.2
1.250	−54.8	−50.9	15.1	11.2
1.270	−56.1	−51.1	15.3	10.3

通过上面两个表格可见，天线的辐射带宽大于天线的阻抗带宽。天线的增益在谐振频率点上 $G=11.2$ dB。

除了测量本身所存在的误差外，由于被测天线是一个实验性的天线，没有精确找准匹配的馈电点，对实验的结果也造成了一定的影响。但所存在的误差不会影响到上面所得到的结论，实际上，所得的结果会更好一些。

【例 9.2】 三层十字交叉振子天线的结构如图 9.33 所示。天线的设计参考了二元八木天线的结构，对正交放置的八木天线馈以幅度相等、相位差 90°的电流，可以使天线在最大辐射方向实现圆极化。三层天线的结构尺寸为 $l_1=0.231\lambda$，$l_2=0.204\lambda$，$l_3=0.184\lambda$，$h_1=0.233\lambda$，$h_2=0.148\lambda$。

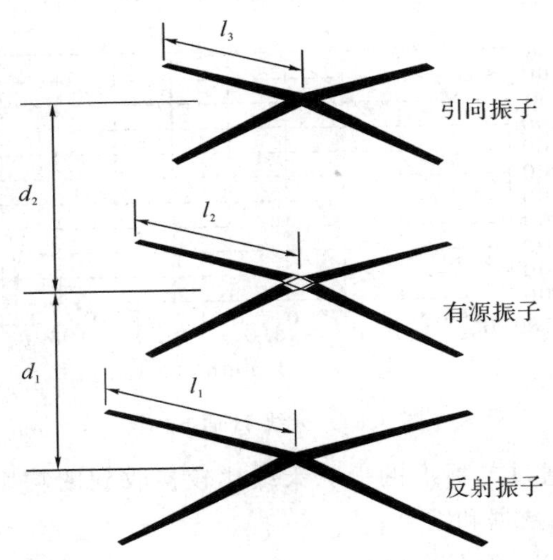

图 9.33　三层十字交叉振子天线结构

天线的馈电网络如图 9.34 所示，四个端口的特性阻抗均选取为 50 Ω，支线特性阻抗取值与输入端口特性阻抗相同均为 50 Ω；主线特性阻抗取值为输入端口特性阻抗的 $1/\sqrt{2}$，即 35 Ω；介质板 ε_r，厚度为 0.5 mm。

图 9.34　天线的馈电网络结构

◆ 增益与轴比测量

按图 9.35 所示在测试场地架设天线，指示天线（发射天线）与待测天线（接收天线）间距满足远场条件；指示天线为垂直极化的对数周期天线。

(1) 指示天线连接信号发生器，待测天线连接频谱分析仪。

(2) 以待测天线和指示天线连线为轴旋转待测天线 360°，记录最大电平 P_{max}(dB)和最小电平 P_{min}(dB)。

待测天线轴比(AR)计算：

$$AR(dB)=P_{max}(dB)-P_{min}(dB) \tag{9-68}$$

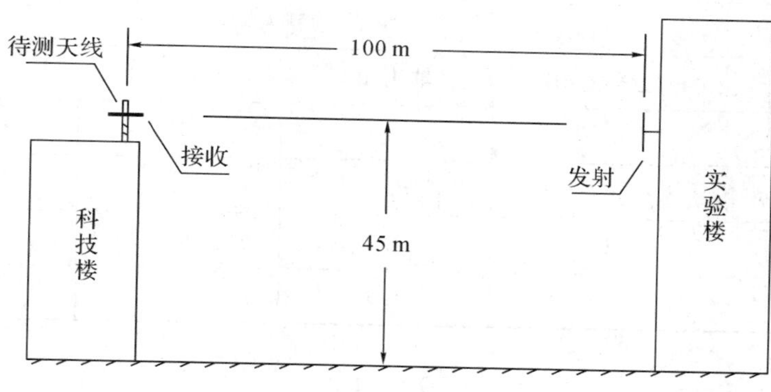

图 9.35　测试场地示意图

（3）把待测天线换成标准增益天线（带反射板半波对称振子），最大方向对准指示天线，记录接收电平 P_s(dB)，则待测天线圆极化增益 G_x 可由下式得到：

$$G_x(dBic)=20\lg\left[\frac{10^{\frac{P_{max}(dB)}{2}}+10^{\frac{P_{min}(dB)}{2}}}{2}\right]+3-P_s(dB)+G(dB) \tag{9-69}$$

式中：G_x(dBic)为待测天线右旋圆极化增益值；G(dB)为标准天线增益值。

表 9.4 所示为天线各指标实测结果。

表 9.4　天线实测数据记录

频率/MHz	标准天线		待测天线		
	电平/dB	增益/dB	电平/dB	电平/dB	后向电平/前向电平/dB
f_1	−53.1	7.35	−54.3	−57.1	−69.0/−52.0
f_2	−52.4	7.54	−54.4	−56.6	−84.5/−51.9
f_3	−52.2	7.54	−55.1	−56.6	−72.4/−51.4
f_4	−54.4	7.44	−56.6	−58.0	−80.0/−53.5
f_5	−54.7	7.34	−56.7	−58.2	−82.9/−53.4
f_6	−55.3	7.25	−58.2	−59.8	−79.8/−56.4

根据表 9.4 中的测试数据，整理后可以得出本次设计的天线的主极化增益、轴比和 3 dB 波束宽度及前后比，如表 9.5 所示。

表 9.5　天线各指标实测结果

频率/MHz	待测天线			
	主极化增益/dB	轴比/dB	前后比/dB	3 dB 波束宽度
f_1	7.86	2.8	17	85°
f_2	7.51	2.2	32.6	80°

续表

频率/MHz	待测天线			
	主极化增益/dB	轴比/dB	前后比/dB	3 dB 波束宽度
f_3	6.92	1.5	21	80°
f_4	7.57	1.4	26.5	83°
f_5	7.62	1.5	29.5	80°
f_6	6.59	1.6	23.4	90°

9.7 小　　结

天线理论分析的正确性与精确程度要用实验检验。测试是研究天线(特别是理论尚不成熟的天线)的一项重要手段，测试的主要参数为方向图、增益、极化、阻抗等，测试过程中要考虑架设条件、天线机械性能及工作环境等因素。

本章主要讲了天线测量的基本知识，从测量天线基本参数的实用性和便于学习的角度出发，论述了天线基本参数的测量原理和方法，讲述了天线测试场的设计、天线远场测量的设备、天线辐射特性和匹配特性的测量，最后从几个测量实例进一步介绍天线的测量方法。同时，对天线测量的研究也能增强对天线方向图、增益和极化这些参数的理解。本章要求掌握天线测量的基本理论和方法；利用现有的条件组成合乎要求的测量装置进行天线参数的测量；能够正确地分析、排除测量中产生的误差，以便实现必要的测量精度。

第10章　新型天线

在介绍了目前工程上常用的天线类型及其仿真设计之后，本教材的最后一部分将对目前新出现的一些新概念、新形式天线作进一步的介绍，以期待读者对天线领域的进展和未来的发展方向有一定的了解。如同其他工程领域一样，新形式天线的出现主要受需求的牵引，新材料、新技术的推动而产生。在需求方面，近年来备受关注的隐身飞行器和隐身舰船对天线系统提出了多功能、小型化、低雷达截面的设计要求。这就促使可重构天线、等离子体天线甚至是智能蒙皮天线的产生和发展。在材料方面由于左手媒质技术及概念的应用，产生了各种基于左手媒质技术的新型天线设计；受超导技术、纳米技术的推动产生了超导天线和碳纳米管天线。除此之外，还有许多其他的新形式天线，这里就不一一列举。下面重点对可重构天线、等离子体天线、左手媒质天线、超导天线、纳米天线进行介绍。

10.1　可重构天线

可重构天线是通过开关或者物理变化重新分配天线上的电流分布，从而改变天线的有效孔径的电磁场，以实现天线的频率、方向图、极化等性质的重构。可重构天线由于灵活的可改变特性使其具备很多传统天线不具备的优点：实现孔径复用，减小了天线系统的体积要求，提高了系统的集成度；可灵活适应多种应用需求，即随着任务的改变而改变功能。但可重构天线同时在设计上也面临许多难点：① 用于开关元件的偏置网络增加了天线结构的复杂性；② 由于开关等器件的加入加大了所需的功耗，并限制了功率容量，从而增加了系统的成本；③ 产生高次谐波和互调制产品；④ 天线的辐射特性需快速调谐以保证系统的正确运行。但随着技术和工艺的进步，这些缺点正逐步被克服。目前，可重构天线正逐步应用到各种领域：认知无线电(CR)、MIMO 系统、卫星通信以及机载舰载通信等。

10.1.1　可重构天线的分类

可重构天线按照其重构参数和重构目标可以分为以下几类：

(1) 频率可重构天线：通过上述重构方法可使天线在不同的工作频带上切换。

(2) 辐射方向图可重构天线：通过上述重构方法使天线辐射方向图的形状、最大辐射方向(θ, ϕ)、增益、副瓣等发生改变以适应不同的需求。

(3) 极化可重构天线：通过上述重构方法使天线在线极化(水平/垂直、45°)、左旋/右旋圆极化之间、等极化方式之间切换。

(4) 多重组合重构天线：通过上述重构方法的综合和合理应用，使频率、辐射方向图、极化特性有两者以上可以进行切换重构。

可重构天线按照其重构的实现方式和发展的先后程度可以分为以下几类：

(1) 物理结构可重构天线：通过合理设计天线的导电结构，以辅助的机电系统或者其他机械方式强迫天线物理结构改变来实现天线性能的重构。例如，物理旋转为早期的重构方式，其缺陷较为明显，即物理结构改变较为缓慢导致天线的重构过程也缓慢。

(2) 电可重构天线：在天线的导电连接上使用 RF - MEMS、PIN 二极管、变容二极管等，通过偏压控制开关的通断来实现天线性能重构。这种重构方式是目前的主要重构方式，其优点在于重构速度很快，可以实现特性和工作模式的快速切换；其缺点在于需要对直流控制结构和射频信号进行隔离和双通道设计，且要处理直流电流对射频信号的影响。

RF - MEMS：以机械运动(力可以是静电、静磁、压电、热)的方式使天线的表面电流路径产生开路或短路；MEMS 开关有 Radant SPST - RMSW100。PIN 二极管：二极管给以前向偏置电压，开关导通(一般相当于 1～3 Ω 的小电阻)，否则开关断开(一般相当于一个大电阻(几 KΩ)和一个小电容并联(0.1～0.3PF))；PIN 二极管有 Microsemi MPP4203、Aeroflex Metelics MPN7310、Metelics MBP - 1030、GMP - 4201、MACOM 4P461、Skyworks SMP1345 - 079LF、HSMP - 3864、Alpha DSG6405 - 000、MA4P789 和 Infineon BAR89 - 02L。变容二极管：P - N 功能的二极管，通过改变变容二极管两边的偏置电压来改变电容值(几十～几百 PF)，从而使天线的特性发生改变；变容二极管有 MV34003 - 150A、MACOM MA46416、MWBV3102 和 Infineon BB833。

(3) 光可重构天线：使用光电导元件实现天线性能重构的天线，即通过光控开关代替原来的电控二极管。这种重构方式克服了需要引入直流控制器带来的设计复杂度和缺点，但是该类元器件目前面临着价格昂贵、功率容量过小的问题，同时精准的激光校准和控制系统以及对其他干扰光的滤除同样给系统设计带来了很大的挑战。

一般由合适波长的激光二极管产生光，照射开关，电子从价带到导带，开关状态由“off”到“on”。这种光电导元件一般为硅片和砷化镓，这种技术的优点是无直流偏置线，对天线的性能影响不大。

(4) 智能材料可重构天线：通过设定合适的外界条件来改变材料的特性，从而实现天线性能的重构。这种材料一般为铁氧体和液晶，通常改变材料的介电常数和磁通特性。该类天线目前尚处于探索研究阶段。

10.1.2 几种可重构天线介绍

1. 频率可重构天线

频率重构是目前各种可重构天线中研究较为成熟和应用最多的可重构天线。文献《Frequency - Reconfigurable Antennas for Multi - radio Wireless Platforms》给出了应用在无线平台上的频率可重构天线一般分为贴片天线：通过开缝的方式(缝可开在天线上或地板上)，利用开关元件改变缝隙的长度来改变天线的谐振频率；线天线：通过改变天线的长度、周长(环形)来改变天线的频率；PIFA 天线：可以通过改变馈电点和地面的位置来改变天线的工作频率，如图 10.1 所示。关于直流偏置线的设计：在辐射元件的附近会改变天线的谐振特性，设计时要注意合理布局；另外，当 $f>5$ GHz(或地平面很大)时，用 $\lambda/4$ 的 DC 线来隔离射频信号比较适合，或者可以利用电感来实现。

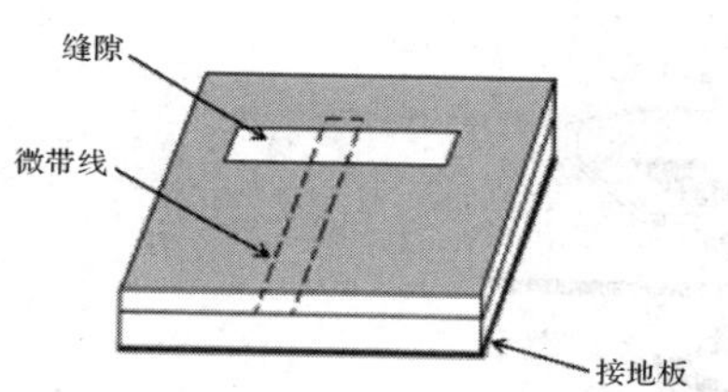

(a) 贴片开缝

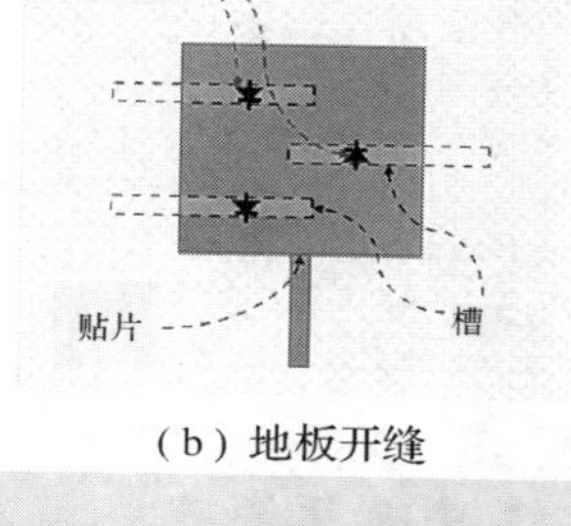

(b) 地板开缝

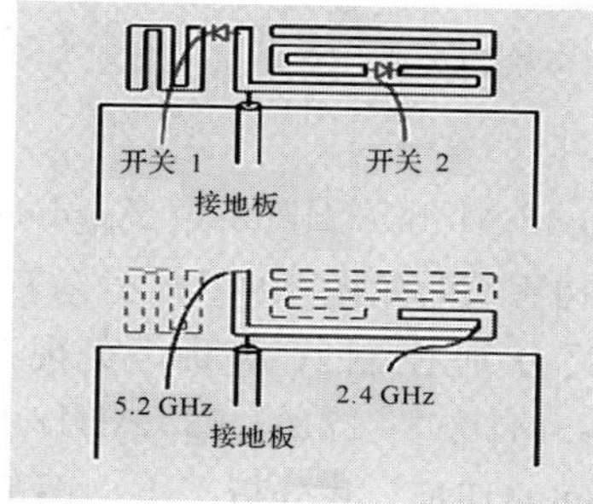

(c) 蜿蜒的单极子天线

(d) 改变长度(巴伦：圆环外是开路，CPW-CPS的设计)

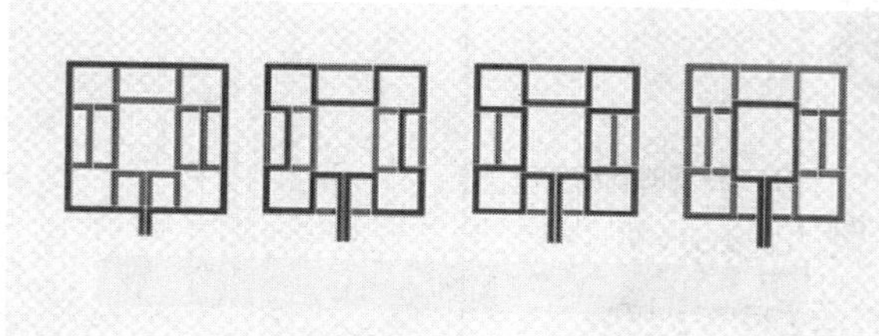
(e) 改变环的周长

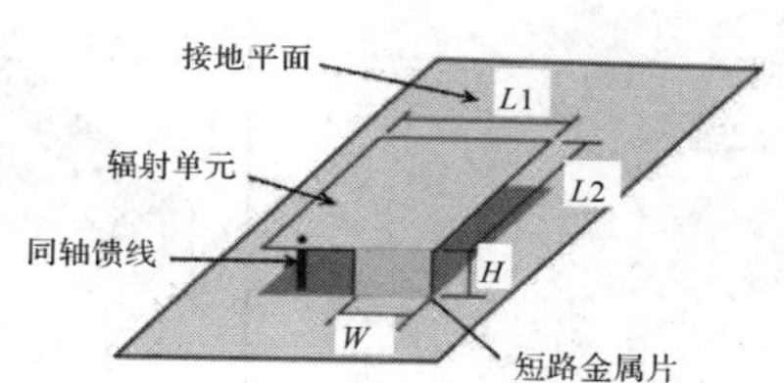

(f) PIFA频率重构

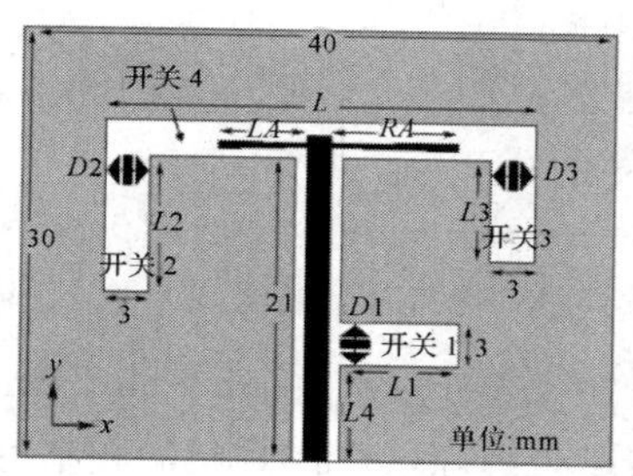

(g) 折叠槽天线实现频率重构

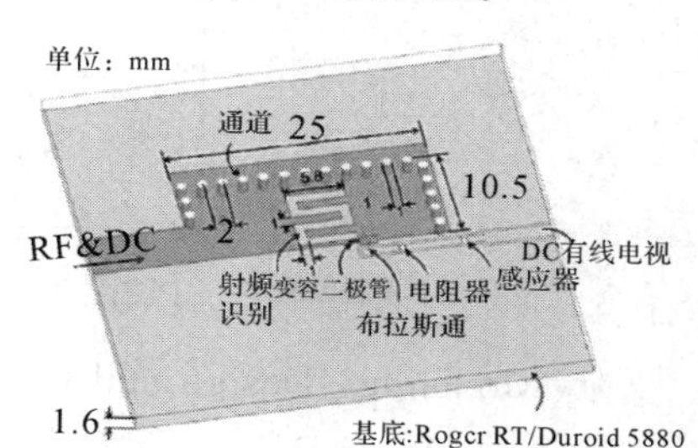

(h) 变容二极管实现频率重构

图 10.1 频率可重构天线分类

频率可重构天线按照其实现方式有以下几种：

(1) RF - MEMS 开关实现。

文献《Design, Fabrication, and Measurements of an RF - MEMS - Based Self - Similar Reconfigurable Antenna》给出了一种自相似(分形)结构的频率可重构天线，如图 10.2 所示。文章中设计一种 RF - MEMS 开关，用于天线的实际加工设计，使天线能够工作在三个不

同的频率段(关时 8.5 GHz，开时 14 GHz，双频 25.75 GHz)，并使天线的辐射方向图基本保持不变(和偶极子的方向图相似)。

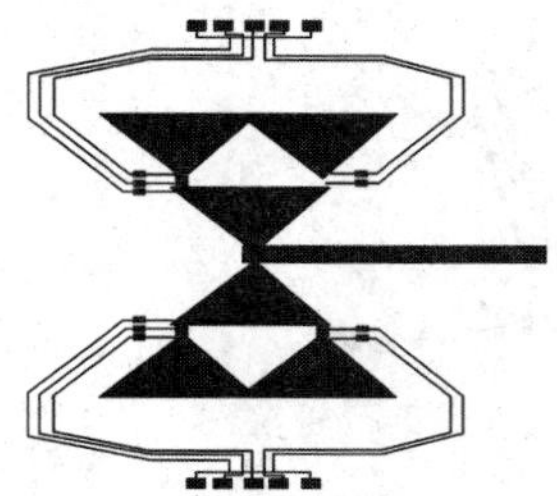

图 10.2　分形结构的频率可重构天线

(2) PIN 管实现。

文献《A Reconfigurable Antenna for Quad - Band Mobile Handset Applications》给出了一种 PIFA 和 LOOP(环形)模式切换的频率可重构天线，如图 10.3 所示。文章使用两个(Skyworks SMP 1345 - 079LF) PIN 二极管开关分别控制其开断，实现 PIFA 模式(GSM900 (880 960 MHz) band)和 LOOP 模式(GSM1800 (1710 1880 MHz)、GSM1900 (1850 1990 MHz)和 UMTS (1920 2170 MHz))之间的切换，并分析了方向图的特性(偶极子型的、全向、平均增益等)。

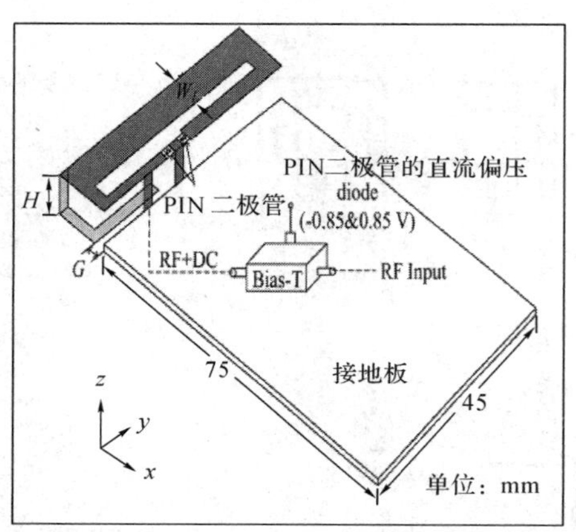

10.3　PIFA 和 LOOP(环形)模式切换的频率可重构天线

文献《Modeling, Design and Characterization of a Very Wideband Slot Antenna With Reconfigurable Band Rejection》给出了一种宽频带微带缝隙(频带抑制)的频率可重构天线，如图 10.4 所示。文章使用三对(Aeroflex - Metelics MPN7310) PIN 二极管开关控制 ABC 的工作状态，实现频带的抑制，并分析了天线的方向图、增益和滤波性能。

(3) 变容二极管实现。

文献《A Frequency Reconfigurable Printed Yagi-Uda Dipole Antenna for Cognitive Radio Applications》给出了一种印刷八木的频率可重构天线，如图 10.5 所示。文章使用变容二极管(Infineon BB833)改变天线的谐振频率，使其在 477～744 MHz 的频段范围内实现频率的重构，实际制作添加反射板来增加天线的增益，改变天线的方向性，并分析了天线方向图(前后比、副瓣、极化(主，交叉)、P - 1、IIP3)，将其应用在认知无线电(CR)上。

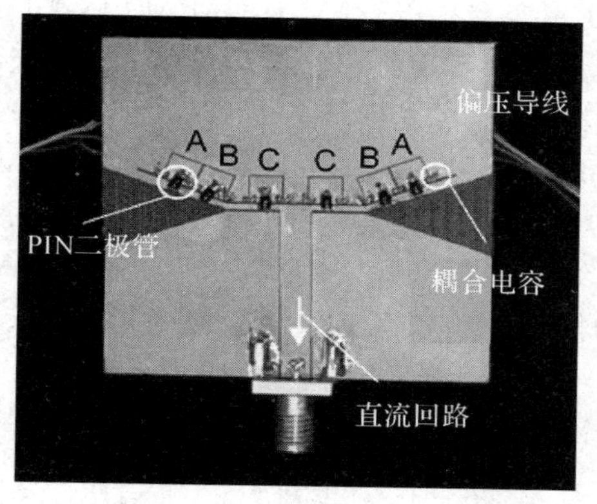

图 10.4 宽频带微带缝隙(频带抑制)的频率可重构天线

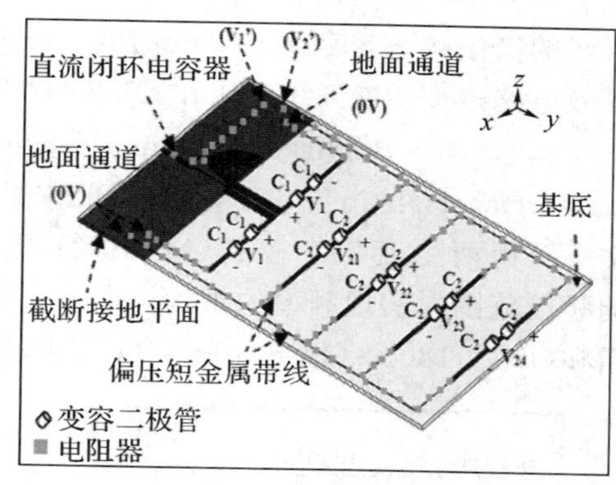

图 10.5 印刷八木的频率可重构天线

文献《An Electrically Small Frequency Reconfigurable Antenna With a Wide Tuning Range》给出了一种宽频带调节的电小天线的频率可重构天线，如图 10.6 所示。文章使用三个变容二极管改变天线的谐振频率，使其在 457.5～894.4 MHz 的频段范围内实现频率的重构，通过改变馈电结构增加耦合，并以等效电路理论分析了可调频带的增加。该天线可用在雷达和 UHF 频段通信。

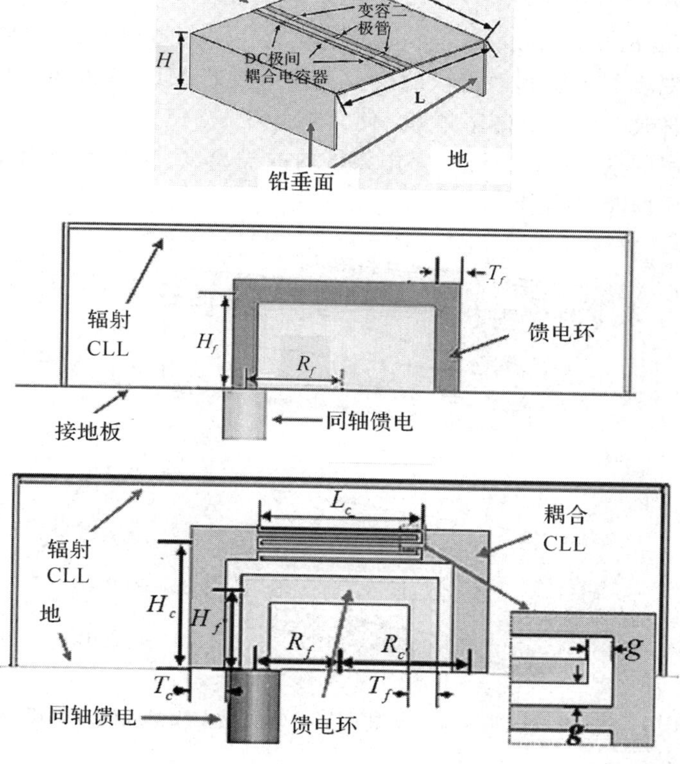

图 10.6 电小天线的频率可重构天线及其馈电结构

文献《Frequency Reconfigurable Antenna For DVB-H Applications》给出了一种折叠单

极子的频率可重构天线，如图 10.7 所示。文章使用变容二极管(MACOM MA46416)改变天线的谐振频率，使其在 470～720 MHz 的频段范围内实现频率的重构，并给出了天线的等效电路模型。该天线可用在 DVB-H(手持电视)上。

文献《Reconfigurable antenna design for mobile handsets including harmonic radiation measurements》给出了一种类似于 PIFA 的平面贴片的频率可重构天线，实物如图 10.8 所示。文章使用两个变容二极管(MMBV3102)改变天线的谐振频率，使其在 1700～2040 MHz 的频段范围内实现频率的重构，并分析了天线的极化(主，交叉)、谐波、增益等。该天线可用在(DCS)1800、(PCS)1900、(UMTS)上。

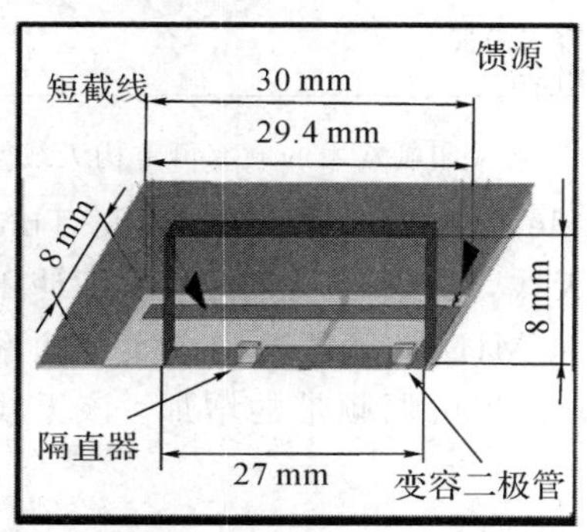

图 10.7 折叠单极子的频率可重构天线

图 10.8 类似于 PIFA 的平面贴片的频率可重构天线实物图

文献《Reconfigurable dipole-chassis antennas for small terminal MIMO applications》给出了一种可重构偶极子天线和两端口的底盘天线组成的 MIMO 天线，如图 10.9 所示。文章使用变容二极管改变天线的谐振频率，使其在 646 ～848 MHz、1648 ～2074 MHz 的频段范围内实现频率的重构，并分析了工作频带内的隔离度。该天线可用在 LTE700、GPS、GSM1800 和 PCS 1900 频段上。

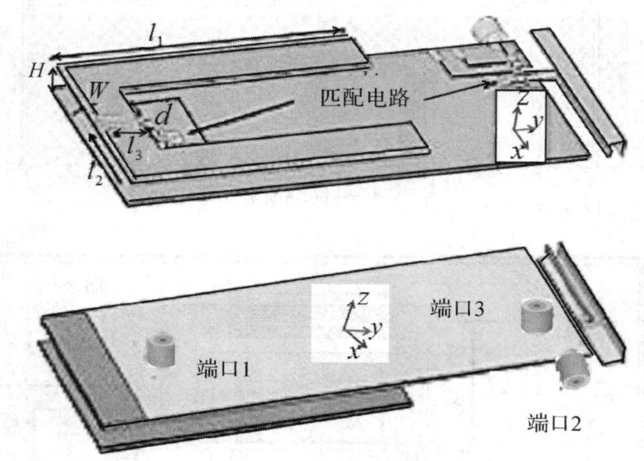

图 10.9 可重构偶极子天线和两端口的底盘天线组成的 MIMO 天线

(4) 光电导元件实现。

文献《Optically Pumped Frequency Reconfigurable Antenna Design》给出了一种圆环形频率可重构天线，实物如图 10.10 所示。文章使用光电硅片开关元件改变天线的工作频率，随着光电元件所给功率的变化，由开始的一个频段 18～19 GHz，到两个工作频段 18～19 GHz、12 GHz，并单独分析了光电硅片的特性以及天线方向图。通过调节频率，该天线可用在 GSM、CDMA、WiMAX 等无线通信频段。

文献《Reconfigurable front-end antennas for cognitive radio applications》给出了一种用于认知无线电的频率可重构天线。天线包括两种结构：一种是用于信道感知的超宽带天线(3～11 GHz)，另一种是用于通信的可重构天线(3.2～4.3 GHz、4.15～5.1 GHz、4.8～5.7 GHz)，如图 10.11 所示。该天线的重构通过光电开关来实现。

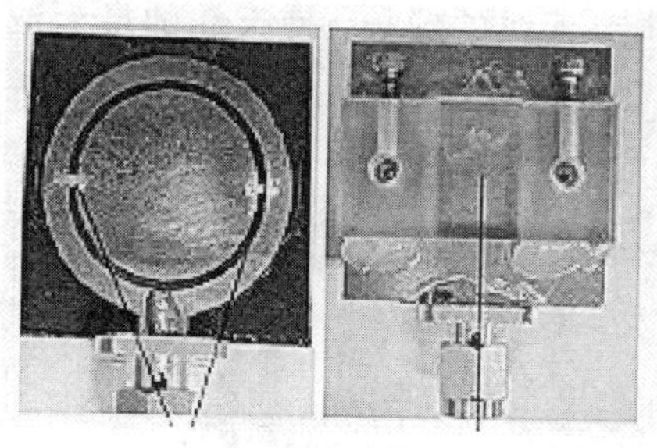

图 10.10　圆环形频率可重构天线实物图

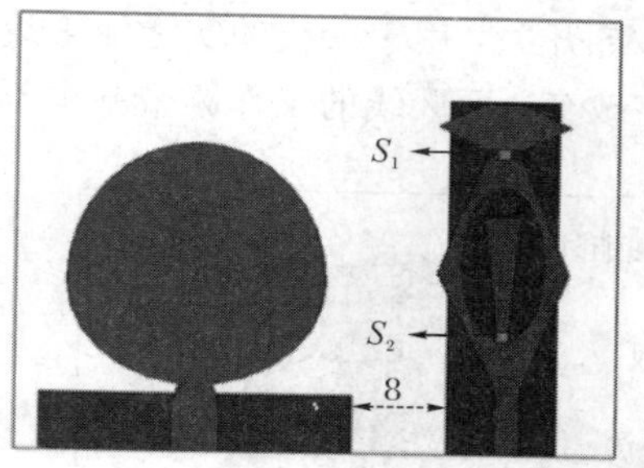

图 10.11　光电开关控制的认知无线电频率可重构天线

(5) 物理改变实现。

文献《A New Reconfigurable Antenna Design for Cognitive Radio》给出了一种用于认知无线电的频率可重构天线。天线包括两种结构：一种是用于信道感知的超宽带天线(3.1 GHz～11 GHz)，另一种是用于通信的可重构三角形贴片天线(3.4～4.85 GHz、5.3～9.15 GHz)，如图 10.12 所示。该天线使用部分地馈电，以保证天线全向辐射；该天线的重构通过物理旋转来实现。

文献《Implementation of a Cognitive Radio Front-End Using Rotatable Controlled Reconfigurable Antennas》给出了一种用于认知无线电的频率可重构天线。天线包括两种结构：一种是用于信道感知的超宽带天线(3 ～11 GHz)，另一种是用于通信的可重构贴片天线(2.1～3 GHz、3～3.4 GHz、3.4～5.56 GHz、5.4～6.2 GHz、6.3～10 GHz)，实物如图 10.13 所示。该天线的重构通过步进器来实现，并分析了天线的方向图特性。

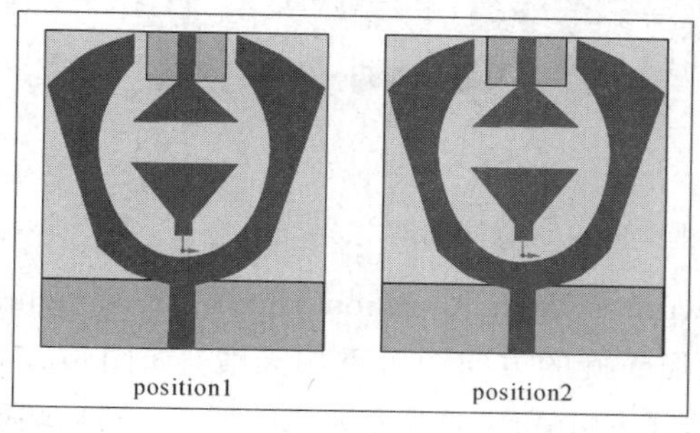

图 10.12　物理旋转的认知无线电频率可重构天线

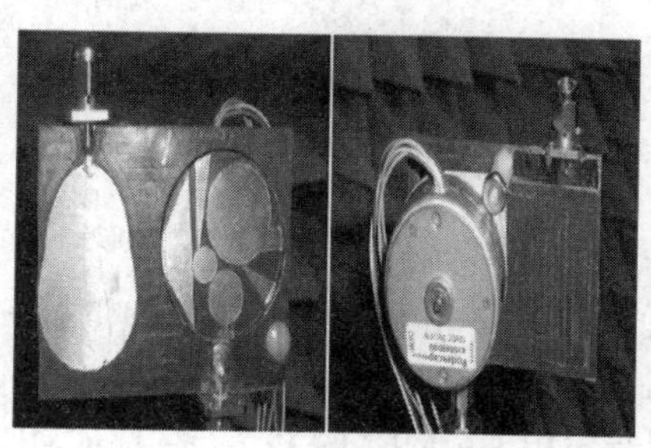

图 10.13　步进器旋转的认知无线电频率可重构天线实物图

文献《A Frequency Reconfigurable Dielectric Resonator Antenna Using Colloidal Dispersions》给出了一种介质谐振的频率可重构天线，如图 10.14 所示。通过改变介质材料

(胶状分散体)的高度来改变天线的阻抗特性，使该天线在 2.5～4.5 GHz 的频段内实现频率重构。

2. 方向图可重构天线

下面按照其实现方式依次介绍各种方向图可重构天线。

(1) RF-MEMS 开关实现。

文献《In-Line RF-MEMS Series Switches For Reconfigurable Antenna Applications》给出了一种方形螺旋的方向图可重构天线(微带馈电)，如图 10.15 所示。文章设计了一种 RF-MEMS 开关，用于天线的实际加工设计，并通过调节天线的臂长，使天线的最大波束方向发生改变，而天线的工作频带基本不变。

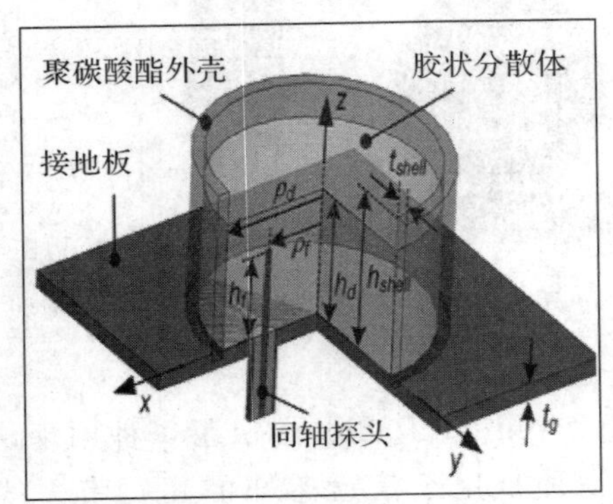

图 10.14 介质谐振的频率可重构天线

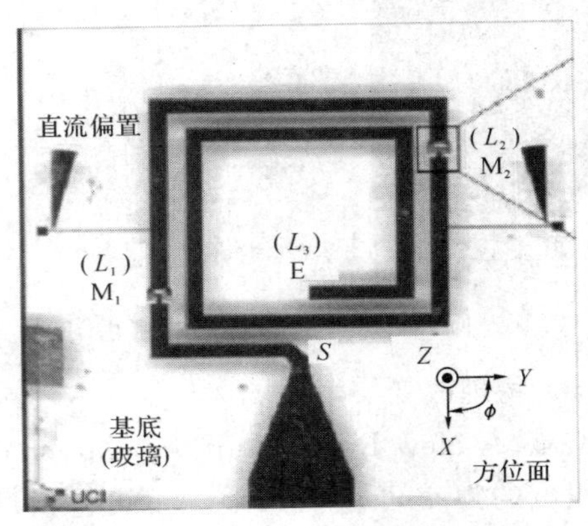

图 10.15 方形螺旋的方向图可重构天线(微带馈电)

文献《Reconfigurable Scan-Beam Single-Arm Spiral Antenna Integrated With RF-MEMS Switches》给出了一种方形螺旋的方向图可重构天线(同轴馈电)，如图 10.16 所示。文章设计了一种基于两种材料的 RF-MEMS 开关，用于天线的实际加工设计，并通过调节天线的臂长(频率发生改变，覆盖于 X 波段)改变天线的最大波束方向、轴比、增益，且分析了天线的 HPBW。该天线应用于 X 波段。

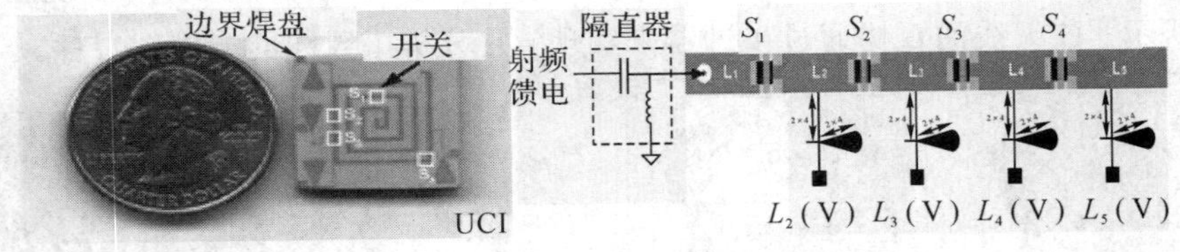

图 10.16 方形螺旋的方向图可重构天线(同轴馈电)

文献《Integration of Packaged RF MEMS Switches With Radiation Pattern Reconfigurable Square Spiral Microstrip Antennas》给出了一种方形螺旋的方向图可重构天线，如图 10.17 所示。文章使用 RF-MEMS 开关(Radant MEMS SPST-RMSW100)改变天线的臂长，实现端射和宽边辐射之间的重构，并在末端放置一开路匹配段使天线在端射状态下匹配。同时，文章给出了天线的等效电路模型，并分析了两种状态下的 θ 和 ϕ 方向的辐射方向图。

文献《Reconfigurable Slot-Array Antenna With RF-MEMS》给出了一种波导缝隙的方向图可重构天线，如图 10.18 所示。文章使用 Radant RF-MEMS 开关，改变波导缝隙的工作状态，使天线的近场辐射方向图发生改变，(椭圆形环提高带宽，但有更高的交叉极化；相位差用在椭圆环上提高匹配，但方向图非宽边辐射；远离最后缝隙 $1/4\lambda_g$ 的短路段使无需设计理想的匹配负载，而使能量反射并循环利用；另外，开关电路另放一层介质上避免缝隙一直被看做短路)。该天线用在柱形近场天线测量系统中。

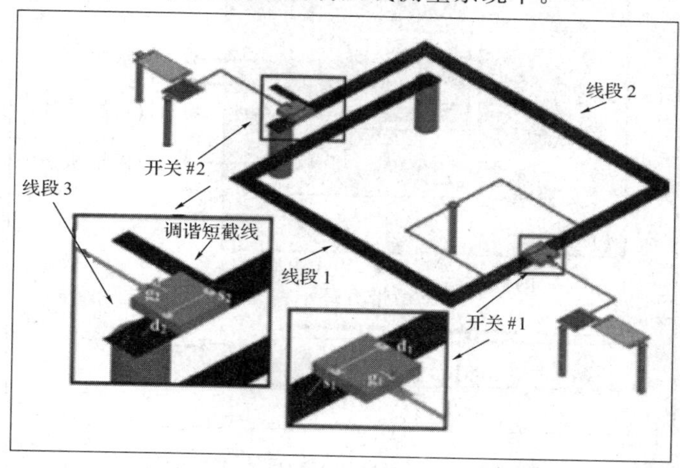

图 10.17 方形螺旋的方向图可重构天线

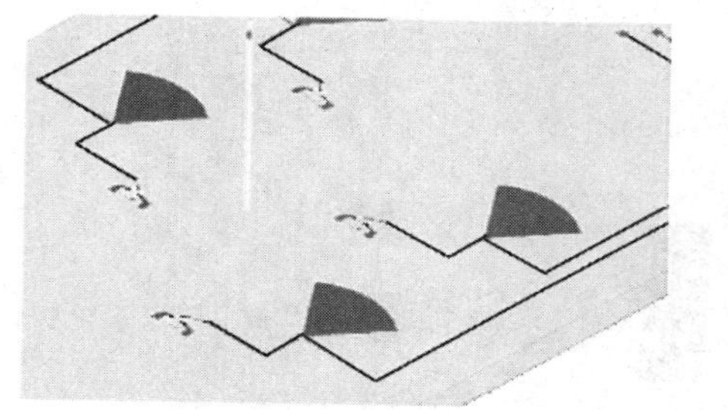
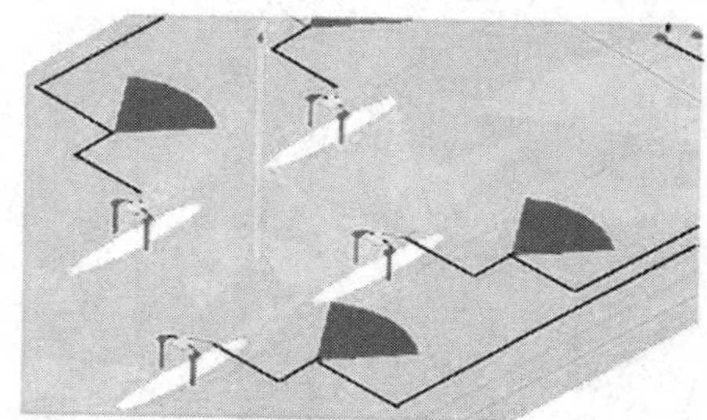

图 10.18 波导缝隙的方向图可重构天线

(2) PIN 管实现。

文献《Reconfigurable Antenna With Elevation and Azimuth Beam Switching》给出了一种方向环的方向图可重构天线，如图 10.19 所示。文章使用 PIN 二极管开关控制天线的工作状态，使其在仰角和方位角(60°和 45°)实现方向图的重构(提出将直流偏置电路和电池放在地板下)。该天线可用于自适应波束转换的室内无线通信。

文献《High-Gain Reconfigurable Sectoral Antenna Using an Active Cylindrical FSS Structure》给出了一种柱形 FSS 结构的方向图可重构天线，实物如图 10.20 所示。文章使用 PIN 二极管开关控制天线结构的工作部分，来实现方向图的重构，并分析了天线的输入阻抗、工作频率、增益、波瓣宽度和归一化方向图。该天线可用于基站通信(高增益)。

文献《Simple reconfigurable antenna with radiation pattern》给出了一种单极子天线和偶极子天线切换的方向图可重构天线，如图 10.21 所示。文章使用三个 PIN 二极管(Alpha DSG6405-000 /0.02PF 0.15dB)来实现单极子天线(全向辐射方向图)和有反射板的偶极子天线(定向辐射方向图)之间的切换。该天线可应用于 USN 系统，并根据环境选择所需要的辐射方向图。

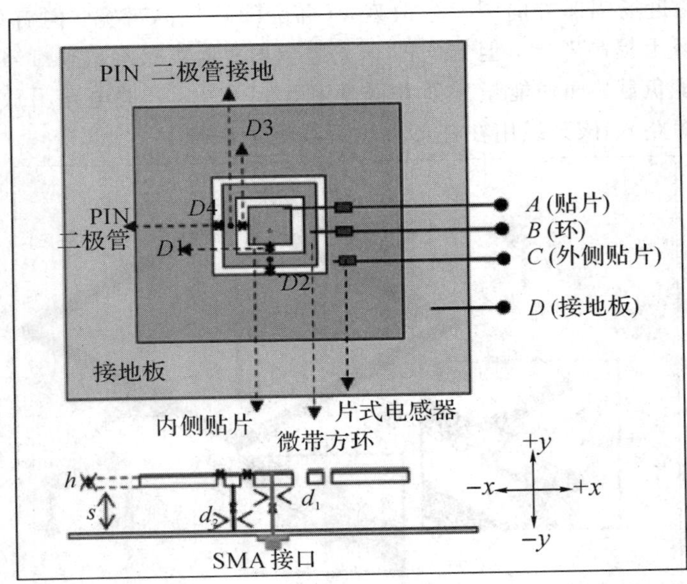

图 10.19　方向环的方向图可重构天线

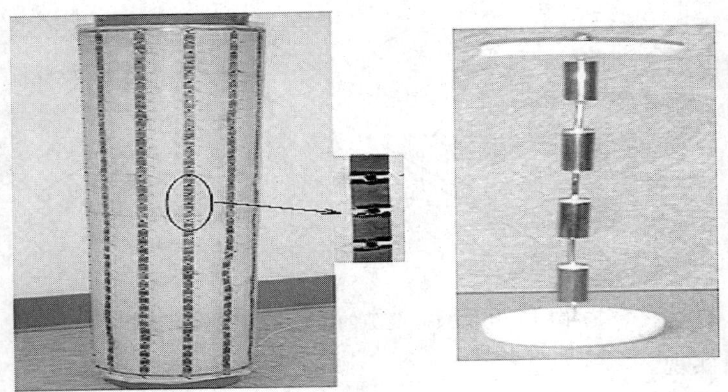

图 10.20　柱形 FSS 结构的方向图可重构天线实物图

文献《A Pattern-Reconfigurable Antenna Using Pin Diodes》给出了一种环形的方向图可重构天线，实物如图 10.22 所示。文章使用两个 PIN 二极管(Microsemi MPP4203)来实现方向图的重构，并分析了天线的输入阻抗(频率不变 2.4 GHz)、方向图及增益。该天线可被更有效地用在基站天线(非移动终端)。

文献《Design and Evaluation of a Reconfigurable Antenna Array for MIMO Systems》给出了一种偶极子 MIMO 天线阵的方向图可重构天线，如图 10.23 所示。文章使用 PIN 二极管(MA4P789/36dB、0.7dB)来改变天线单元的长度，天线 1、2(相距 1/4λ)处于不同的工作状态(长，短)，从而实现天线方向图的改变。文章里设计了 1/4λ 的微带巴伦(同轴线到偶极子带线)的馈电结构，并分析了其工作频率、方向图、信道容量、SNR 等指标。该天线可用于手持设备，以提高信道容量。

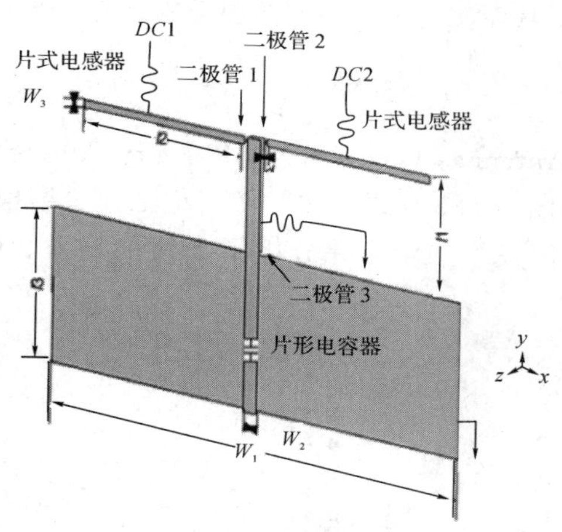

图 10.21　单极子天线和偶极子天线切换的方向图可重构天线

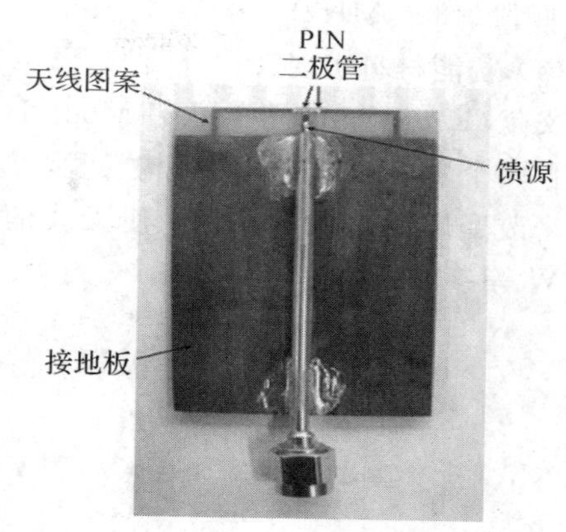

图 10.22　环形的方向图可重构天线实物图

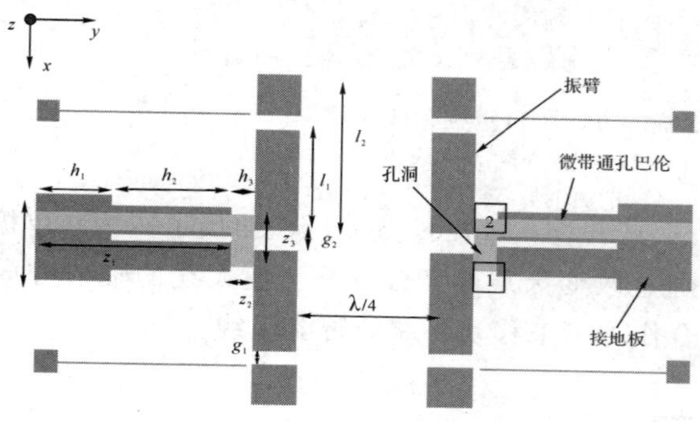

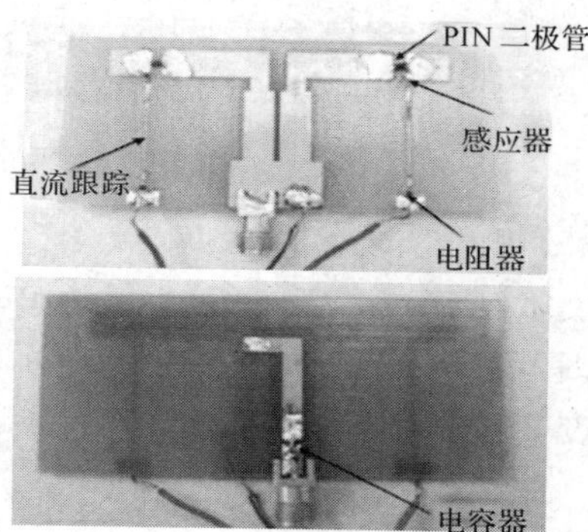

图 10.23　偶极子 MIMO 天线阵的方向图可重构天线

（3）物理改变实现。

文献《Circular Beam-Steering Reconfigurable Antenna With Liquid Metal Parasitics》给出了一种圆形八木阵的方向图可重构天线，实物如图 10.24 所示。文章通过一个压电微泵

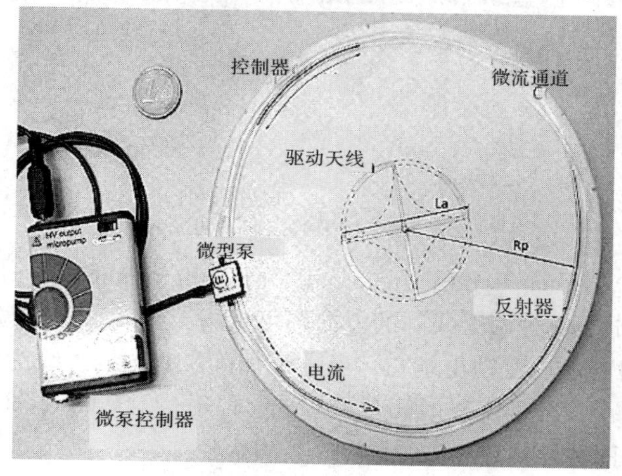

图 10.24　圆形八木阵的方向图可重构天线实物图

来控制反射器和引向器(液态 Hg)的工作位置，从而实现天线的方向图重构。该天线工作于 LTE 频段(1800 MHz)。

(4) 智能材料实现。

文献《Reconfigurable Axial-Mode Helix Antennas Using Shape Memory Alloys》给出了一种两个螺旋的方向图可重构天线，实物如图 10.25 所示。文章使用记忆弹簧结构的执行器来改变螺旋天线的高度，使天线的方向图发生改变，并分析了天线的增益、轴比、HPBW 等参数指标。

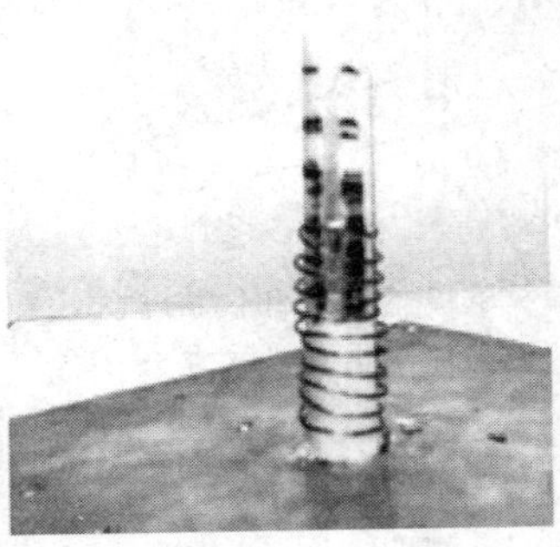

图 10.25　两个螺旋的方向图可重构天线实物图

(5) 概念实现。

文献《Pattern reconfigurable antenna with wide angle coverage》给出了一种八单极子的方向图可重构天线，如图 10.26 所示。通过改变天线的工作状态，使天线的辐射方向图发生改变，可覆盖整个水平面。该天线适合作为未来移动终端的智能天线。

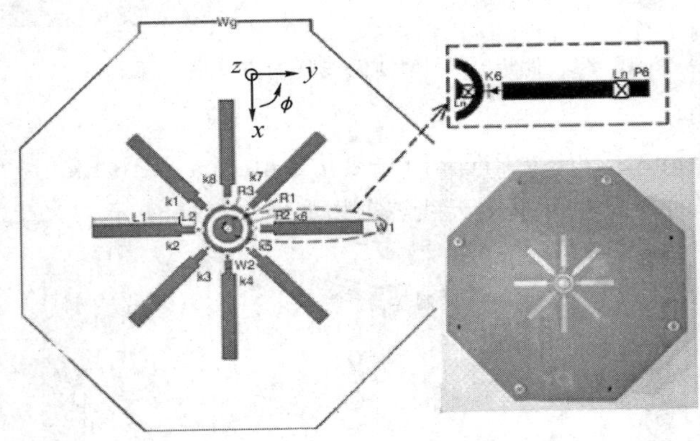

图 10.26　八单极子的方向图可重构天线

文献《A High-Gain Dual-Band Directional/Omnidirectional Reconfigurable Antenna for WLAN Systems》给出了一种两个线阵的方向图可重构天线，如图 10.27 所示。每个线阵都以一个两路功分器馈电来改变馈电端口，当一个线阵工作时，天线为定向辐射(2.45 GHz 和 5.25 GHz)；当两个线阵都工作时，天线为全向辐射(2.45 GHz 和 5.25 GHz)，并分析了天线的增益、方向图和隔离度。

文献《Reconfigurable beam-steering antenna using double loops》给出了一种双环形的

方向图可重构天线，如图 10.28 所示。文章使用了三个开关，通过改变开关的工作状态，使天线的方向图发生改变，并分析了回波损耗和 2D/3D 方向图。

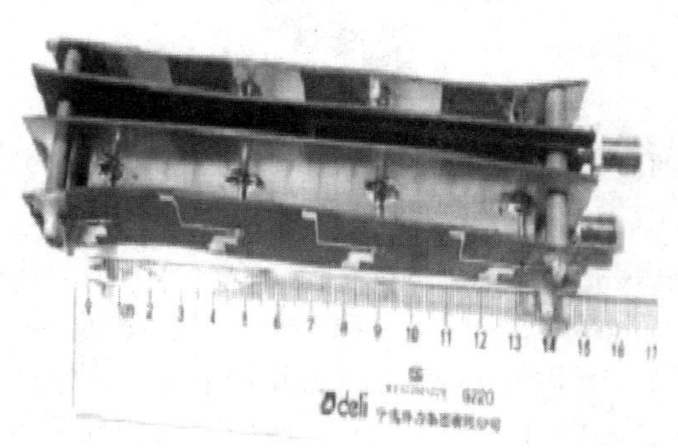

图 10.27 两个线阵的方向图可重构天线

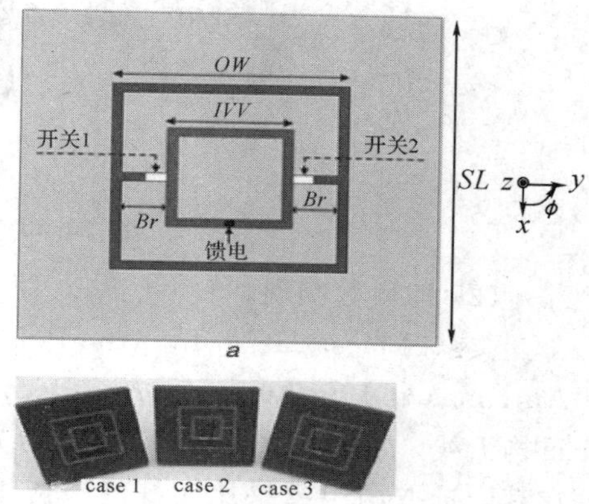

图 10.28 双环形的方向图可重构天线

3. 极化可重构天线

下面按照其实现方式依次介绍各种极化可重构天线。

(1) RF-MEMS 开关实现。

文献《Radiofrequency MEMS-Enabled Polarization-Reconfigurable Antenna Arrays On Multilayer Liquid Crystal Polymer》给出了一种多层贴片天线的极化可重构天线，如图 10.29 所示。文章使用四个 RF-MEMS 开关改变天线的工作贴片，使天线的工作频率(14 GHz 和 35 GHz)和极化(线性正交)发生改变。文中考虑了扇形位置的放置和方向，并且缝隙馈电使辐射贴片和馈电网络的干扰减小了，最后分析了天线的回波损耗、主极化和交叉极化的方向图。

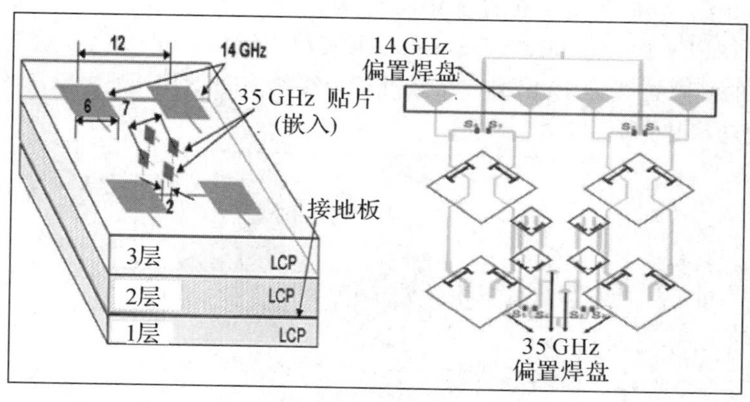

图 10.29 多层贴片天线的极化可重构天线

文献《Waveguide Antenna Feeders With Integrated Reconfigurable Dual Circular Polarization》给出了一种极化可重构的波导天线馈线，如图 10.30 所示。文章提出将压电马达或 RF-MEMS 开关集成在波导结构中，以实现极化的重构(LP、LHCP、RHCP)。

图 10.30　极化可重构的波导天线馈线

(2) PIN 管实现。

文献《Investigation Into the Polarization of Asymmetrical-Feed Triangular Micro-strip Antennas and its Application to Reconfigurable Antennas》给出了一种三角形贴片的极化可重构天线，如图 10.31 所示。文章首先分析了三角形贴片不同切角时天线极化的变化，并在其中选取两组结果比较好的来使用 PIN 管(HSMP－3864)，从而实现天线的极化重构(LP 和 RHCP)。另外，天线的馈电是通过平行微带线耦合馈电(DC 偏置电路200 nH隔射频信号，47 pF 馈电端隔直流，100 pF 地板隔直流(通过过孔穿过地板))。

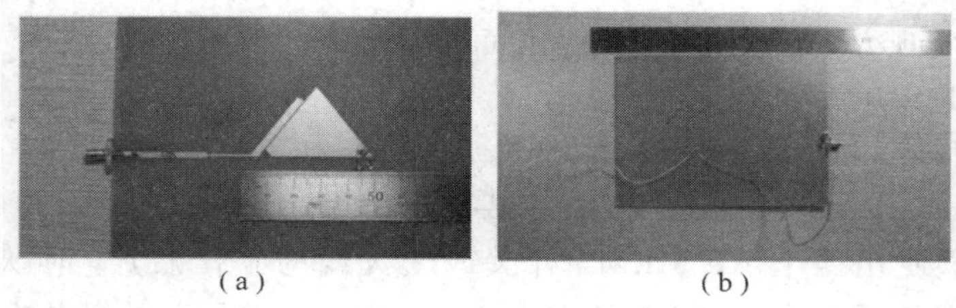

图 10.31　三角形贴片的极化可重构天线

文献《Diversity Gain Measurements Of A Reconfigurable Antenna With Switchable Polarization》给出了一种缝隙馈电的极化可重构贴片天线，如图 10.32 所示。天线用一SPDT 开关(两个 PIN 管 Metelics MBP-1030)来实现天线的水平极化和垂直极化之间的切换，文中 $1/4\lambda$ 的高阻抗线为 150 μm，并分析了天线的 CDF、ECF、MEG(平均有效增益)、XPR(交叉极化功率比)和 DG。

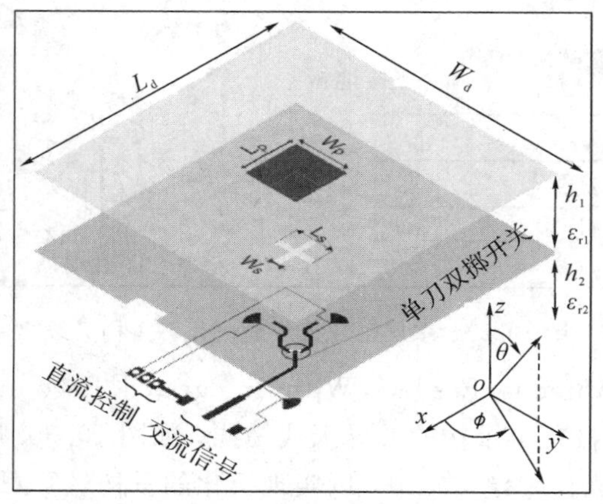

图 10.32　缝隙馈电的极化可重构贴片天线

文献《Reconfigurable Annular Ring Slot Antenna with Circular Polarization Diversity》给出了一种环形缝隙极化可重构天线，如图 10.33 所示。文章使用四个 PIN 二极管(Infineon BAR89-02L(3 Ω，0.19PF))实现 LHCP 和 RHCP 的切换，通过调节开路匹配段(感性加载)的长度来改变辐射阻抗的虚部。该天线可用于 SDMB(2.605～2.655 GHz))系统，或是需求极化不同的卫星通信系统。

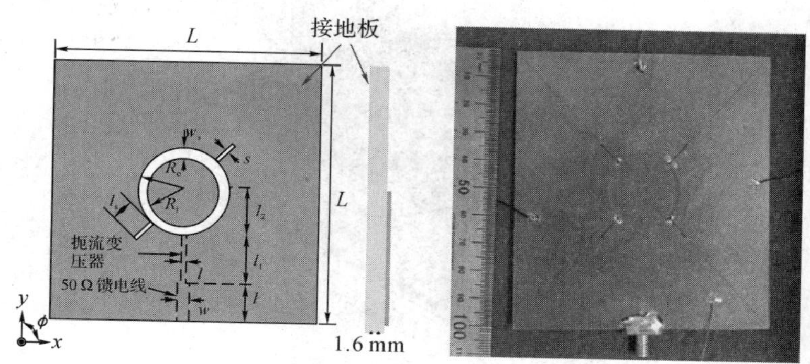

图 10.33 环形缝隙极化可重构天线

4. 双重或者三重可重构天线

双重或者三重可重构天线往往是两种技术的叠加，其主要的难点在于兼容性。

(1) 频率和方向图可重构天线。

文献《Frequency and Beam Reconfigurable Antenna Using Photo-conducting Switches》给出了一种偶极子频率和方向图可重构天线，如图 10.34 所示。文章使用两个光电元件开关控制偶极子的工作状态(四种状态)，发现天线的工作频率(2.26 GHz、2.7 GHz、3.15 GHz)和方向图(最大增益方向，方向图零点)发生了改变。文中设计了 CPW-CPS 的不平衡到平衡的巴伦，圆形端开路，阻抗非归一，宽频段匹配。

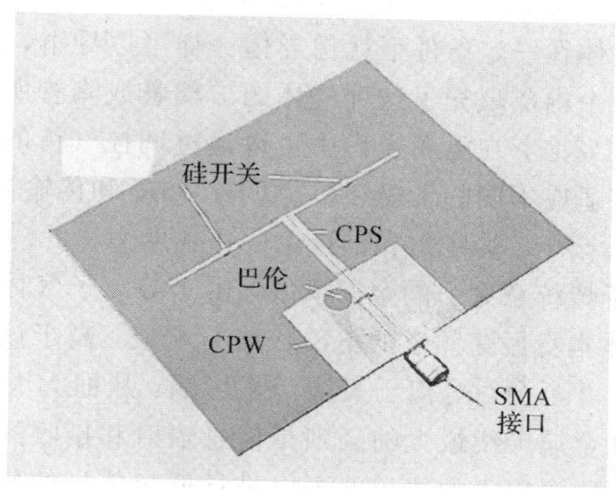

图 10.34 偶极子频率和方向图可重构天线

(2) 极化和方向图可重构天线。

文献《Diversity Measurements of a Reconfigurable Antenna With Switched Polarizations and Patterns》给出了一种缝隙馈电的极化和方向图可重构天线阵，如图 10.35 所示。文章使用六个 PIN 二极管(MBP-1030)实现天线的极化重构(水平和垂直)，通过另外两个 PIN

二极管改变开路段的长度，使天线的各个极化状态下的方向图重构，并在室内环境下测量了其相关因子和方向增益。

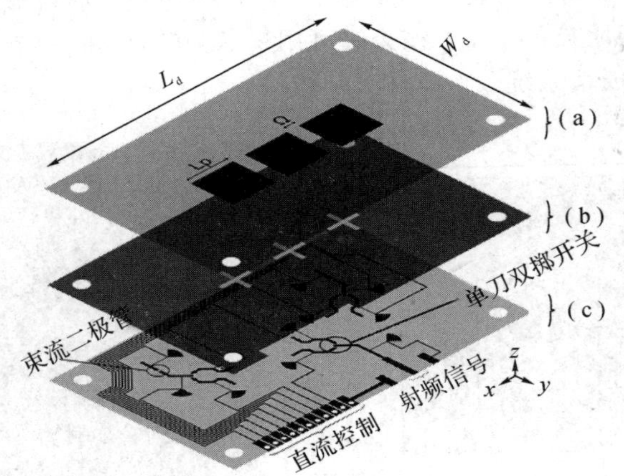

图 10.35　缝隙馈电的极化和方向图可重构天线阵

10.2　等离子体天线

10.2.1　等离子体天线基本原理

通常，等离子体天线包括两种类型：一类是指利用等离子体的电磁波放射特性，构成一个电磁波的反射面。另一类是将等离子发生器放电管作为天线元件，通电时，管内的惰性气体电离并成为导体，可发射和接收电磁波信号；断电时，成为绝缘体，不会反射电磁波。

一般来说，等离子气体在一定条件下就像导体一样可以导电，且可以发射和接收无线电信号。等离子体天线是由内部填充了这种气体的玻璃管或陶管所组成，通过将其内部的气体电离使天线处于工作状态，在电离过程中可以通过调控气体的密度，控制电磁场对其结构进行动态重构，使其适应不同的传输频率、方向、增益和传输带宽等，因此使组建天线阵列所需的天线数量大大减小，其体积和重量也一并减少。

等离子体天线不同于传统意义上的金属天线。由于等离子气体的性质，等离子天线只会对低于或等于等离子体本身振荡频率的电磁波进行响应，高于该频率的电磁波，将可以自由穿过等离子体天线，并不会对等离子天线产生影响，从而大大降低了等离子天线之间的干扰。等离子体天线和金属天线最大的区别是信息辐射和接收的媒介不同，相对于金属天线，等离子天线可以不需要很大的体积就可以进行低频信号的传输。金属天线依靠金属导体辐射和接收电磁信号，而等离子体天线中的导电媒介为离化后产生的电子—离子对，它在不工作时不向外发射电磁波，故它的雷达散射截面(RCS)比金属天线小很多，等同于天线玻璃管的(RCS)，在不工作时较难被雷达发现，可以应用于隐身领域；而且等离子体天线有一个约束腔体，该约束腔体不仅能够约束等离子体的范围，同时还具有防腐蚀、防氧化等功能。对于组建同样的天线阵列，由于一个等离子体天线可以承担几个不同金属天线的功能，因此等离子天线需要的天线数量较少，从而使天线阵列的体积和重量大大降低，容易应用在移动设备之上。下面对两类天线进行介绍。

1. 单极表面波驱动等离子体天线

等离子体天线的电气性能和等离子体的密度有关而不是与温度有关。因此，等离子体天线比较容易供能，维持等离子体天线工作大约只需要普通日光灯 1/5 的能量。图 10.36 所示是一种单极表面波驱动等离子体天线结构。

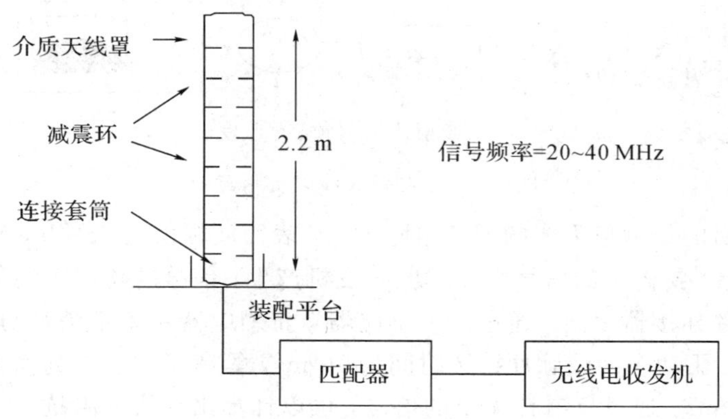

图 10.36 单极表面波驱动等离子体天线结构

当电磁波的频率 ω 大于等离子体频率 ω_p 的时候，等离子体就相当于介电常数 $\varepsilon_r<1$ 的电介质。在这种天线里，电磁波在等离子体中的频率 $\omega^2=\omega_{pe}^2+K^2c^2$，这里 ω_{pe} 为等离子频率(又称朗谬尔频率)，K 为传播向量。如果电磁波的频率低于等离子体频率，电磁波就不能在等离子体中传播。在等离子体介质的表面，有一种波可以沿着介质的表面传播，称为等离子体表面波。

很多试验已经验证了频率为 3 MHz～2.5 GHz 的表面波能激励气体产生等离子，当这种表面波在圆形等离子体柱中传播时，很多特性都和圆柱形金属导体做成的偶极子发射天线中的电磁波的特性相似。事实上，当表面波的频率远小于等离子频率时，这种表面波在等离子体中依然能够传播，犹如在金属介质表面传播一样，速度接近光速。当表面波的频率接近等离子频率时，其相速就会减小。波长和等离子的密度有关。

图 10.36 所示的天线中，天线罩的直径为 38 mm，天线长度为 2.2 m，用来驱动的表面波频率为 30 MHz，使用的气体为氩气，气压为 1 托，电中性粒子碰撞频率 v 为 $5\times10^8\ \mathrm{s}^{-1}$。产生等离子体密度为 $5\times10^{17}\ \mathrm{m}^{-3}$，等离子体频率 ω_{pe} 为 6.4 GHz，等离子体的传导率为 $\sigma=\varepsilon_0\omega_{pe}^2/v$。

图 10.37 所示的试验可以用来测量天线的阻抗，天线放在直径为 63 mm 的铜管中，铜管用来防止天线向外辐射电磁波。过程中同时向天线中的气体柱输入两种不同频率的波：一种频率为 140 MHz 的表面波，用来驱动气体产生等离子体；另一种是频率为 3～30 MHz 的信号。同时输入两种频率的波时，天线用作发射天线；当只输入驱动气体的表面波时，天线用作接收天线。

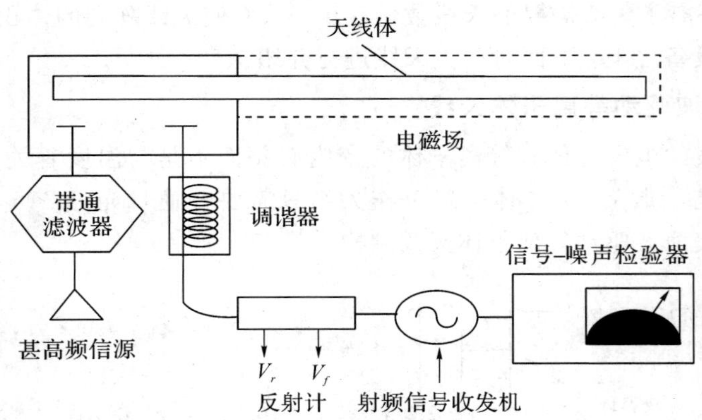

图 10.37 测量天线阻抗示意图

这里试验的目的是测量天线的损耗电阻 R_{loss}，表面波幅值为 250 V，频率为 140 MHz，持续时间为 10 ms。要传输的信号由无线电收发机产生，信号的功率大约为 1 W。信号在传到天线底部的容性连接器之前，通过一个感应器，而感应器用来抵消部分由天线和容性连接器产生的电抗。驱动表面波脉冲持续时间为 10 ms，等离子体衰减到消失大约持续 3 ms，测量大约持续 20 ms。通过反射计输出的信号，可以计算出天线的阻抗。

图 10.38 显示了测量到的阻抗值和计算出的理论值，其中粗线代表测量值，细线为理论值，包括了驱动脉冲持续时间和等离子体衰减时间。我们可以发现，在损耗电阻 R_{loss} 总是小于 100，而频率大于 30 MHz 时，天线的辐射电阻总是大于 36，所以天线的效率大于 25%。

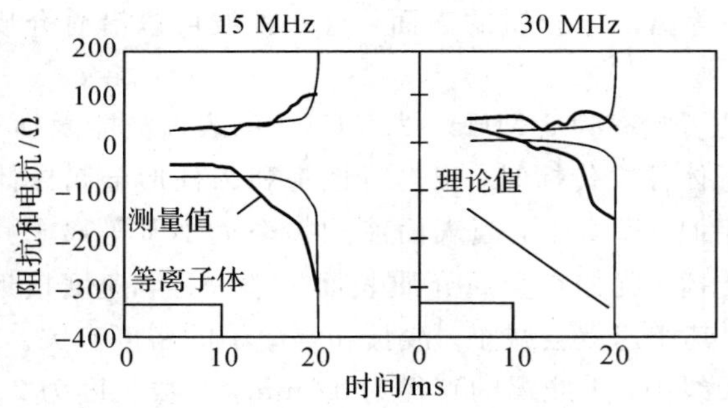

图 10.38 天线阻抗的测量值与理论值

2. 高压脉冲等离子体天线

随着微波技术的发展，给天线系统的设计带来了很多新问题，为了得到高功率脉冲源和更宽的工作频带(10 MHz～10 GHz)，天线辐射元件的尺寸和重量越来越大。天线辐射出的脉冲信号的功率主要由天线的输入电压决定，有时输入电压需要达到几兆伏，这样很容易直接导致天线和馈线烧毁，而且输出功率达到 10 MW 的电压源移动性能也较差。如果采用高压脉冲等离子体天线，在尺寸和重量上很容易满足要求，高压脉冲等离子体天线的工作原理就是把爆炸产生的能量转换为电磁能量。这种发生器产生的电压超过 30 kV，体积约为 0.5 m^3，重量约为 300 g。天线的结构如图 10.39 所示。

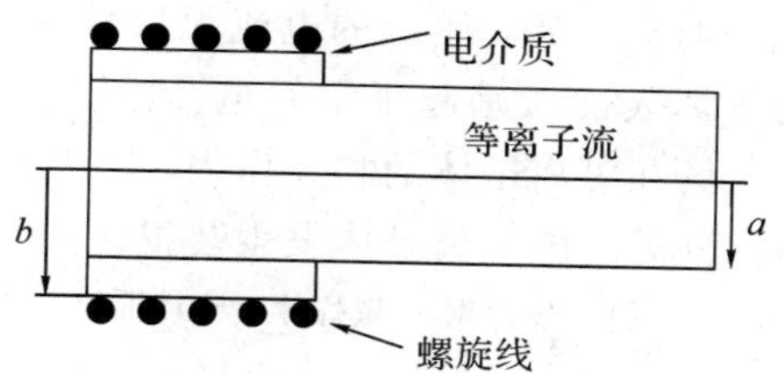

图 10.39　天线结构示意图

图 10.39 中等离子体柱的半径为 a，通过外半径为 b 的介质圆筒，圆筒的外部缠绕着线圈，线圈的螺距为 0.01 m，这样对于波长小于 0.1 m 的电磁振荡波，可以把线圈当作屏蔽挡板。根据 Trivepiece A. W. 和 Gould R. W. 的理论，当等离子的振荡频率比线圈挡板形成波导的截止频率小很多时，等离子体柱里就会产生空间电荷波。这时等离子体柱的表面电场强度最大，线圈所在等离子体里形成的空间电荷波就会沿着等离子体柱的表面传播。线圈的电场导致电荷密度变化，就会引起天线向外辐射频率为 f、相速为 V_ϕ 的电磁波。天线的辐射效率由空间电荷的浓度和等离子体的长度及其他性能决定。

这里线圈直径为 0.05 m，长度为 0.21 m，共有 21 圈，均匀绕在等离子体柱外的介质上。其中，电阻为天线的辐射电阻 R，电感为 Lsp，电容为 Csp。当等离子体进入天线体时，等离子体和线圈就会形成耦合电路。等效电路如图 10.40 所示。

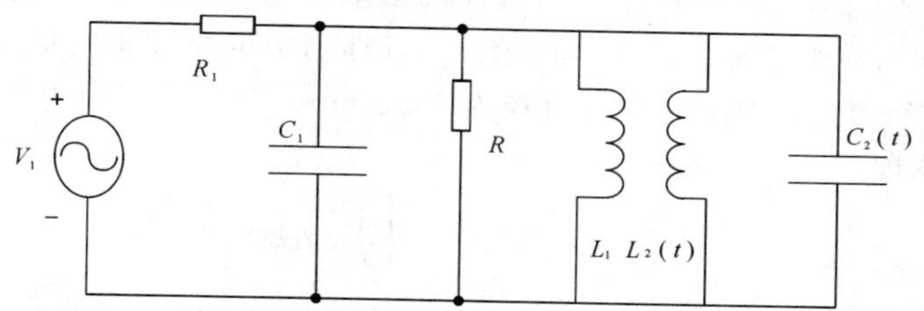

图 10.40　天线的等效电路图

图 10.40 所示中，$L_2(t)$和 $C_2(t)$组成的次级耦合电路就会受线圈中电流的影响，谐振频率与 $L_2(t)$和 $C_2(t)$的值有关，初始时刻线圈电流的变化率较大，因此次级电路的电流变化率也很大。电路里所有的电压和电流值都是随时间变化的。图 10.41 所示给出了螺旋线圈中电流的振荡情况，初始电流为 1 A。

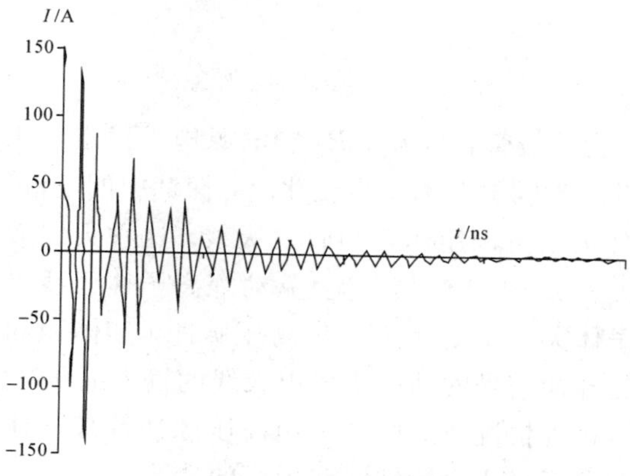

图 10.41　螺旋线圈中的电流

从等离子体流进入线圈的时刻开始，线圈的电流很快从 1 A 增加到 150 A，接着电流开始减小，这是因为在等离子体表面激励起了空间电荷波。初始时线圈电流的急剧变化，导致空间内电场迅速增大。电场和等离子体的相互作用，使天线的辐射功率急剧增大(大于 20 dB)。图 10.42 所示的是这种天线的等离子体发生装置。

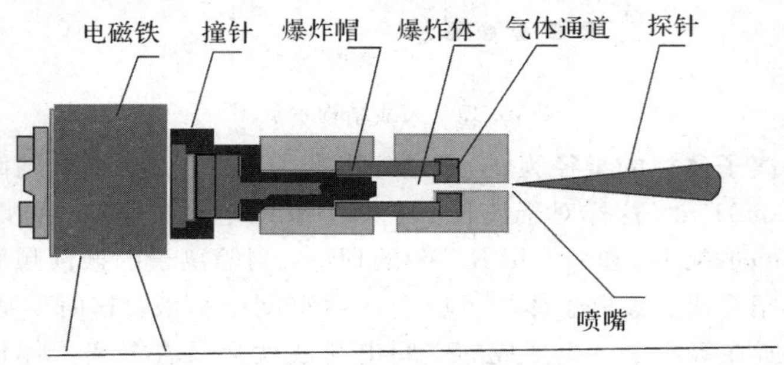

图 10.42　等离子体发生装置

这种方法产生等离子体的过程为：通过电磁铁来控制撞针，撞针撞击爆炸帽，引起爆炸体爆炸，爆炸的瞬间产生巨大的能量(1～3kJ)，使气体温度迅速升高，在这种高温情况下，导致气体电离，形成等离子体。等离子体经过气体通道，通过喷嘴向外喷射。这里使用探针来测试等离子的性能参数，产生等离子体的参数和爆炸体的材料有关。可以通过在爆炸材料中添加化学药品来增加等离子体的浓度，气体通道的尺寸也对等离子体参数产生影响。探针由两根平行导体组成，导体的直径为 0.35 mm，两导体间距为 6 mm。图 10.43 所示为探针的工作原理。

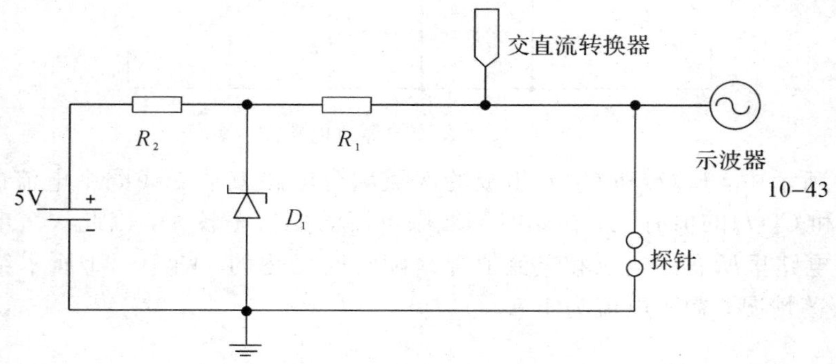

图 10.43　探针的工作原理

图 10.43 所示中 D_1 为二极管，与 R_1、R_2 和电源构成稳定电压输出源。示波器可以显示出探针中的电流。探针与喷嘴的距离发生变化时，探针中的电流就会发生变化。

表面波驱动等离子体天线可以用作射频收发天线，这种天线效率相对较高，而且天线的噪声性能较好；而双极直流(或者低频交流)驱动等离子体天线噪声性能差，其实用性非常有限。高压脉冲等离子体天线主要用来产生高压脉冲，其体积和重量都不大，移动性能好；而传统天线辐射出的脉冲信号的功率主要由天线的输入电压决定，当输入电压很高时，很容易烧毁馈线和天线。这种情况下，如果采用高压脉冲等离子体天线，在尺寸和重量上很容易满足要求，而且避免了高压烧毁馈线和天线的情况。

10.2.2　等离子体天线工程进展

利用等离子体来代替传统射频天线中的金属导体这一概念在 20 世纪 60 年代就已经得到了验证。但是由于等离子体天线固有的缺陷，这一技术的实用化进程直到最近才取得了较大的进步。

美国在 20 世纪 90 年代初进行了有关等离子体的试验。试验表明，应用等离子体技术，可使一个 13 cm 长的微波反射器的雷达截面在 4～14 GHz 频率范围内平均降低 20 dB，即雷达获取回波的信号强度减小到原来的 1%，达到隐身目的。此后，美国海军在 1997 年委托田纳西大学等单位发展等离子体隐身天线，初步演示显示了这种天线的接收功能和隐身特性。1999 年，美国科学家 G. G. Borg 提出将等离子柱作为天线应用的设想，并对这一现象进行了初步的研究。2000 年，G. G. Borg 发表了一篇关于等离子体天线理论、实验和应用的综合性文献，系统地介绍了等离子体天线的构造理论、实验研究系统的构成以及等离子天线在无线电通信中的应用问题。2004 年，John 、Phillip、Rayner 等人对等离子柱天线系统的物理特性进行了较详细的研究，建立了等离子天线的数学模型，并通过所建立的实际系统对所建立的理论模型进行验证；由美国三军资助的马可兰技术公司也完成了等离子体天线的概念演示研究工作。研究结果表明，利用等离子体天线可以有效地进行窄带高频(3～30 MHz)和超高频(30～300 MHz)无线通信。

最近的研究集中在天线工作频率的提高和噪声的控制。最新实验报道结果表明，等离子体天线的效果在 100 MHz～1 GHz 频率范围内与相同配置的金属天线的效果大体相同。而且等离子体天线的发射和接收的噪声电平与金属天线的噪声电平相当。美国海军研究实验室最新透露，他们正在研究一种可安装在潜望镜上的小型化、能够快速重新配置的等离子体天线，用于接收 1～45 GHz 的超宽频率范围内的无线信号。美国的一项专利介绍了一种用于传送预定频率短脉冲信号的增强性电话等离子体天线。这种天线可以消除天线的追尾振荡。天线由一根柔性或加保护的充气管、一个激励电源和一个与充气管相连的信号源构成。天线长度设为被传送信号的四分之一波长。美国田纳西大学物理学家西奥多·安德森在等离子物理年会上称，他们从事研究的等离子体天线技术已接近成熟。这种等离子体天线具有极强的抗干扰能力，而且耗电少，能够挤入密集的波段，接收发送多种频率电波，可用于军事和移动电话网络。在马萨诸塞州布鲁克菲尔德的哈雷卡拉研发公司的研究人员正在致力于将这项技术商业化。

除美国以外还有多个国家开展相关研究，澳大利亚国家大学物理科学研究学院等离子研究实验室、澳大利亚悉尼大学物理学院 Wills 等离子系和澳大利亚国防科学技术局等联合展开了对等离子体天线的研究实验工作。其最近的研究实验表明，采用等离子体天线发射 HF 和 VHF 信号，可以获得良好效果，可预先设定辐射方向图，且基带噪声也不高。澳大利亚还开展了等离子体天线在微波领域中的应用研究。科学工作人员正在研究开发一种小型化、频率可选的等离子体天线，希望能作为表面波雷达系统的船用天线使用。澳大利亚国家大学的捷达工程开发中心正在与两家公司合作，开展优化等离子管以及将等离子体天线用于通信或雷达系统的可行性研究等。澳大利亚的某个等离子实验室还对等离子的噪声特性进行了专门研究。研究的目的是要寻找一种稳定并有再现性的方法，测量等离子体天线的通信信道噪声，并通过实验弄清等离子天线噪声的生成机制。

法国航空航天研究院也成功地研制了完全隐身的等离子体雷达天线。这种等离子体天线将首先用于反导弹防御系统的预警及跟踪，海军则将其用于对远程超声速反舰导弹的防御。

除了军用领域，在民用领域，世界上许多大公司都在积极地研究和开发等离子体天线，希望将这种新概念应用于各个不同领域。摩托罗拉公司正在研究如何将等离子体天线用于移动电话；CSIRO 公司正研究将等离子体天线用于射电望远镜天线阵；CEA 技术公司正在考虑将等离子体天线用于雷达系统；还有公司将等离子体天线用于海事通信天线阵和等离子透镜等。几种等离子体天线照片如图 10.44 所示。

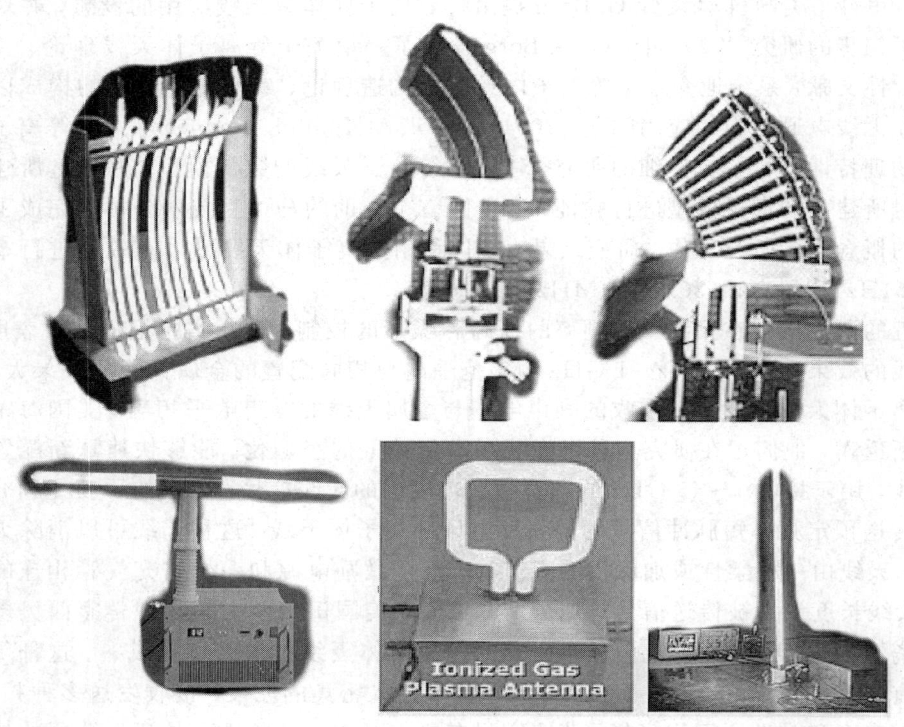

图 10.44　几种等离子体天线照片

10.3　左手媒质天线简介

左手媒质是指介电常数和磁导率同时小于零的媒质。在自然界中尚未发现天然的左手媒质，通常研究的左手媒质都是通过传统的右手媒质利用特殊结构来合成的，而电磁波在这种媒质中也是可以传播的，具体表现为后向波，并且具有负折射、倏逝波放大、逆多普勒效应、逆 Cerenkov 辐射效应、亚波长衍射等奇异特性。利用左手媒质的这些特性，能够实现平板聚焦、天线波束汇聚、完美透镜、后向波天线等功能。

左手媒质天线具有传统天线无法比拟的优点，以左手媒质基片微带天线为例，在左手媒质负介电常数的绝对值小于或等于负磁导率绝对值时，可以得到与传统右手媒质天线相类似的方向图；而在负介电常数的绝对值远大于负磁导率的绝对值时，所得到的方向图具有主瓣宽度窄，仰角低的特点，实现了天线的波束汇聚，故这种天线可以作为高指向性天线应用。其结构如图 10.45 所示。

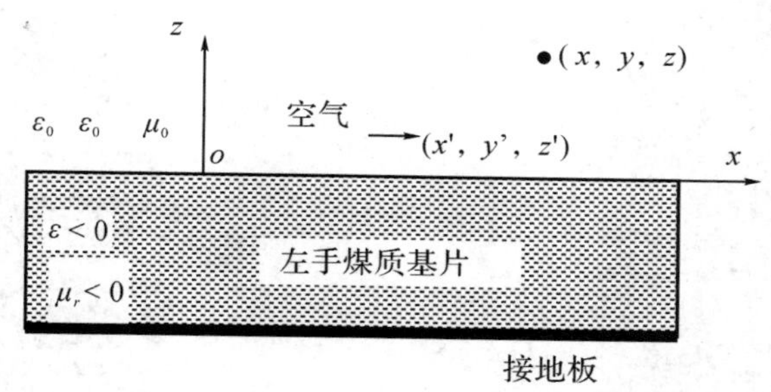

图 10.45 开放式左手媒质基片微带天线

左手媒质可以提高天线的方向性系数和增益，增大天线辐射效率，增加天线带宽，减少天线系统尺寸等。利用左手媒质奇异的电磁特性可以实现左手媒质平板透镜聚焦效应，从而可以改善天线辐射特性，提高天线的方向性，进而增大辐射增益；在微带天线中，把左手媒质作为微带天线的基板，可以抑制表面波的传输，有效地减少边缘辐射，增强天线耦合到空间电磁波的辐射功率，增大其辐射效率；在传输线中，由于符合左右手传输线单元的相位常数随频率和等效电路参数的变化而变化，在不同的频率呈现负值或正值，而在一个非零频率点上的频率为常数甚至可以为零，利用这种奇异的相位传播特性，再结合漏波天线频率扫描的工作原理，可以构造大角度微带漏波天线。

新型混合左右手传输线结构如图 10.46(a)所示，结构紧凑，且为对称结构。该结构同样基于微带线结构，通过交指结构实现串联电容 C_L，通过交指电容最外两指处接地来实现并联电感 L_L，同样，交指结构对地存在寄生电容 C_R，交指上电流会产生寄生电感 L_R，因此该结构也是混合左右手传输线结构。图 10.46(b)所示为该结构的等效电路图，等效电路中的电容电感值同样可以通过调整结构参数，例如交指对数、长度、间距、接地点位置等来设计，从而可以自由设计相位传播常数 β。

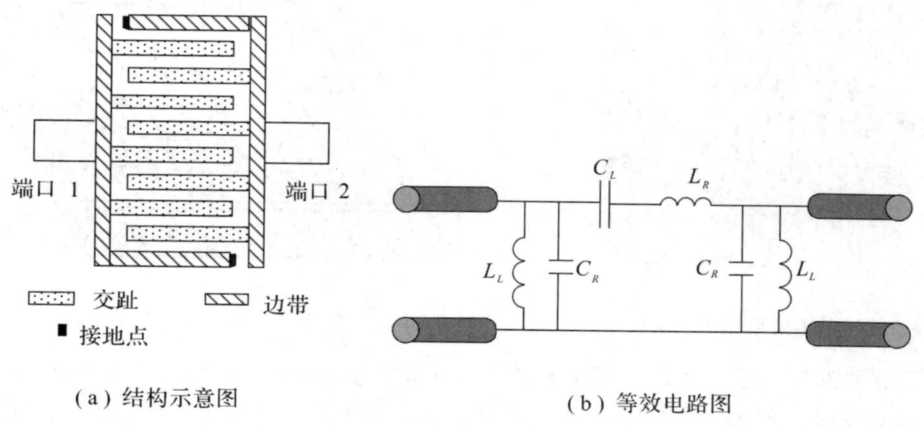

(a) 结构示意图　　(b) 等效电路图

图 10.46 新型混合左右手传输结构

基于图 10.46 所示的新型混合左右手传输线结构，同样进行了一系列微波无源器件方面的研究应用，包括左手滤波器(如图 10.47 所示)、左手巴伦(如图 10.48 所示)、左手馈电结构和左手天线等。

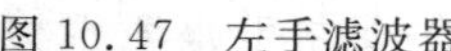

图 10.47 左手滤波器

图 10.48 左手巴伦

左手微带天线由混合左右手传输线来构建。相对于传统传输线，混合左右手传输线具有较大、可调的相位传播常数，可用较小的物理尺寸实现一定的电长度。因而理论上，预期利用混合左右手传输线构建的左手微带天线可以在面积小于传统微带天线的情况下，实现相同频率、相同增益的辐射。2004 年，Itoh 等人基于混合左右手零阶谐振器，设计了如图 10.49 所示的新型零阶谐振平面天线。该天线在特定频点相位传播常数 β 为 0，波导波长无限大，谐振频率与物理尺寸无关，只由单元结构中的电感电容决定，天线小于传统微带天线。但是，由于该类天线只能点频工作，没有带宽，且增益低，难以在实际中得到应用。

随后，Itoh 等人在 2005 年报道了如图 10.50 所示的双层左手天线。该结构利用双层金属平面和共面波导馈电方式增加左手电感和电容，减小了天线的尺寸，但其增益很低，只有 −13 dB，而且有较大的背向辐射，难以满足天线应用要求。

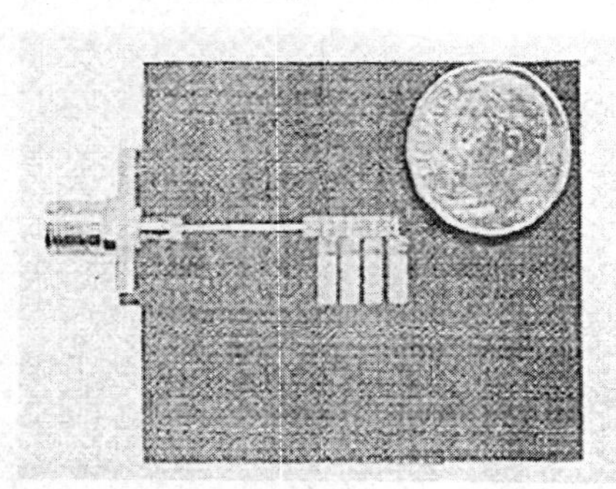

图 10.49 零阶谐振平面天线

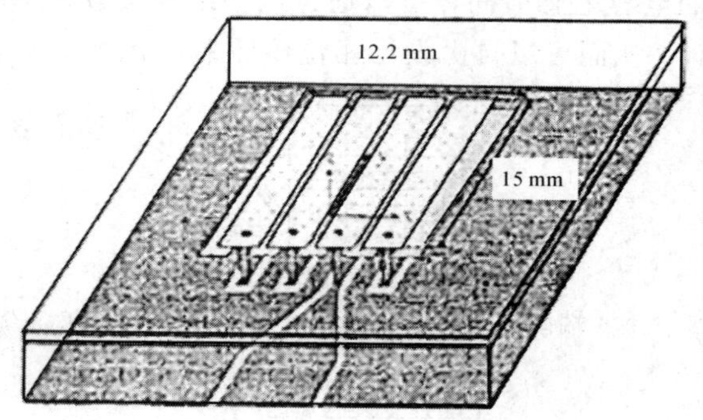

图 10.50 双层左手天线

为了克服双层左手天线增益低的缺陷，Itoh 等人于 2006 年又提出了如图 10.51 所示的增益加强型天线。该天线在 1.176 GHz 处辐射效率为 26%，增益为 0.6 dBi，比双层左手天线增益有所提高，但仍难以满足实际应用要求。

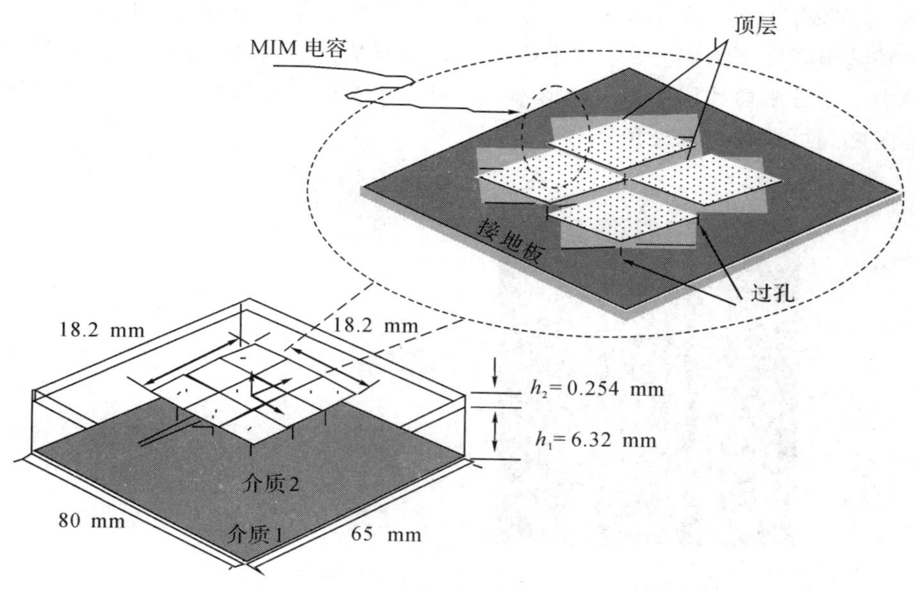

图 10.51　增益加强型天线

Zhu Q 和 Liao H 于 2005 年利用新型混合左右手传输线构建左手微带天线，如图 10.52(a)所示。该左手微带天线单元面积只有传统微带天线的一半，但存在辐射效率和增益低的缺点。图 10.52(b)所示是把单元天线进行二元组阵，虽然可以提高辐射增益，但天线面积也随之增大。

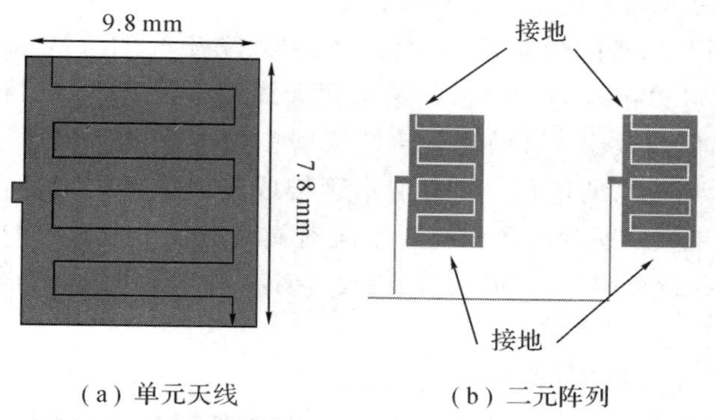

(a) 单元天线　　(b) 二元阵列

图 10.52　左手微带天线单元及其二元阵列

到目前为止，基于混合左右手传输线结构实现的左手微带天线虽然尺寸较小，但均存在辐射效率低、增益小的问题。

10.4　其他新概念天线简介

10.4.1　纳米天线

图 10.53 所示的碳纳米管可以认为是由碳原子形成的石墨烯片层卷曲而成的无缝、中

空的管体，其两端呈开口或封闭状，一般可以分为单壁碳纳米管和多壁碳纳米管。图中给出了三种碳纳米管微观构成方式。单壁碳纳米管可看成是石墨烯平面映射到圆柱体上，在映射过程中保持石墨烯片层中的六边形不变，因此在映射时石墨烯片层中六角形网格和碳纳米管轴向之间可能会出现夹角。

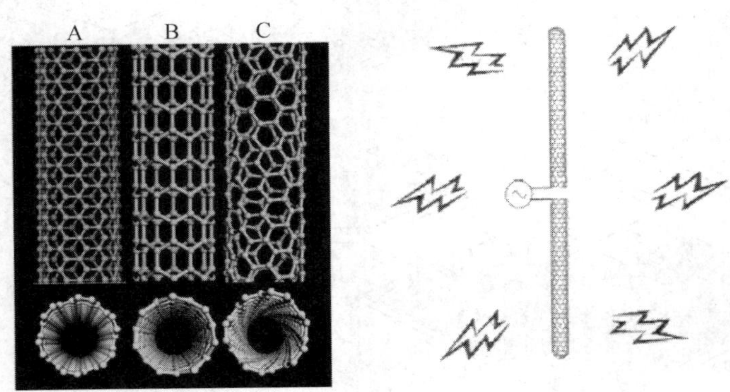

图 10.53　Peter Burke 等构想的碳纳米管天线模型

研究发现在碳纳米管电子输运过程中存在量子效应，即碳纳米管的电导是量子化的；量子化电导来自于细纳米线电子波的量子性质，当导体的长度小于电子平均自由程时，电子的输运过程是弹道式的；电子通过碳纳米管时，不与杂质或声子发生任何散射，即电子在运动过程中无能量散耗，而在普通的导体中电子通过时会产生焦耳热。即单壁碳纳米管具有超导特性。除此以外，碳纳米管的抗拉强度达到 50～200 GPa，是钢的 100 倍，密度却只有钢的 1/6，因此具有超强的韧性和很低的重量。

这些特性使利用纳米管阵列制备损耗低、辐射效率更高的天线成为可能。同时，由于纳米管体积非常小，可以依据需要将这些纳米管天线以多层阵列形式任意布排在介质表面和内部，以体效应取代面效应，进而克服传统天线中由于趋肤效应所带来的体积和面积浪费，以极小的体积达到很高的增益。而由纳米管构成的天线阵列中不需要传统微带天线的衬底金属，不存在微带天线贴片金属和衬底金属对衬底材料中电磁波的反射，因而在纳米管天线阵列中，不存在传统微带天线的表面波损耗。纳米天线阵列等效结构图如图 10.54 所示。

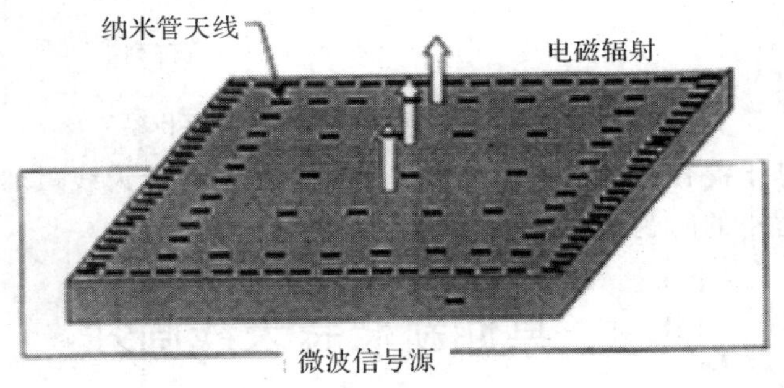

图 10.54　纳米天线阵列等效结构图

上述的优势随着电磁波频率的升高而变得更加明显，因此目前对纳米天线的研究集中在 THz 以及光波频段上。

1. 碳纳米管天线

这里设想利用多壁碳纳米管来制作 THz 波段的天线。利用图 10.55 所示的偶极子天线辐射示意图(由两个等量、异性且按瞬时间距为 L、最大间距为 L_0，上下简谐振荡运动的电荷组成的振荡偶极子)来说明产生 THz 辐射所需碳纳米管的最小长度。假设电磁波频率为 $f=1$ THz，波长 $=300\ \mu$m，周期 $T=1/f_s$，碳纳米管的长度为 L_0($L_0 \ll$波长)，电子周期简谐运动的平均速度为 V，加速度为 a。图 10.56 所示为由 CST 微波工作室仿真得到的碳纳米管天线辐射方向图。

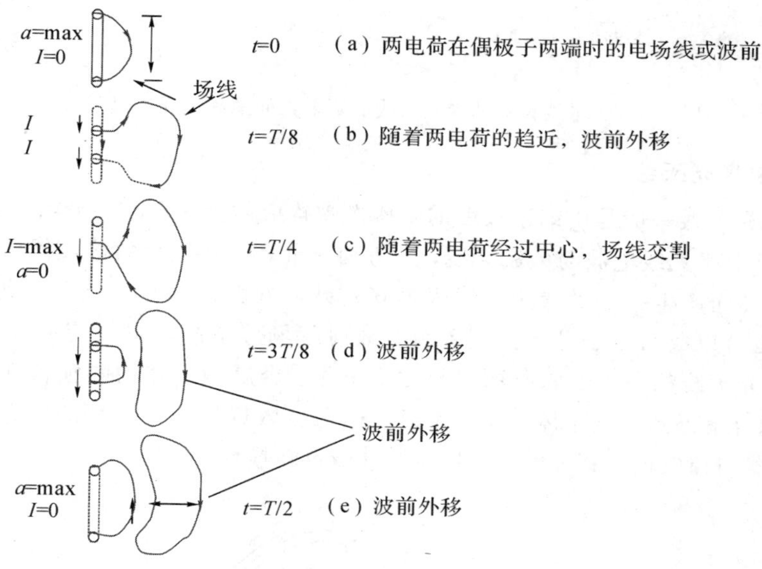

图 10.55　偶极子天线辐射示意图

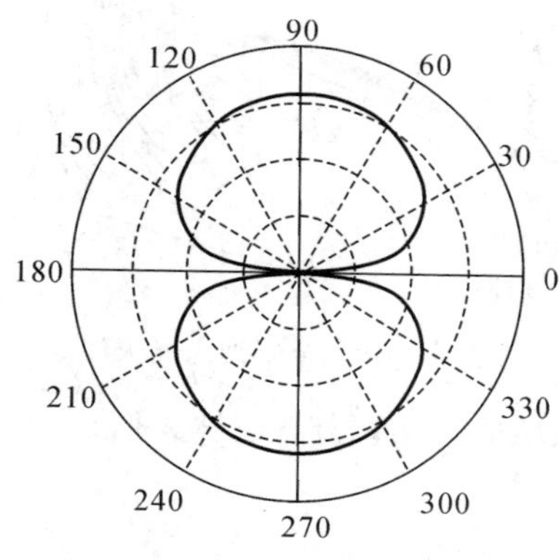

图 10.56　CST 微波工作室仿真得到的碳纳米管天线辐射方向图

当碳纳米管的电导率为 1000～2000 s/cm、密度为 1.6～1.79/cm^3、直径为 100 nm，要产生频率 $f=5$ THz 的辐射，即辐射波波长为 60 nm 时，通过 CST 微波工作室仿真，半波长单根碳纳米管天线的辐射方向图和表面电流分布如图 10.57 所示。由图可知，半波长碳纳米管天线的主瓣方向在 $\theta=90°$方向，半波长天线上的表面电流同相。

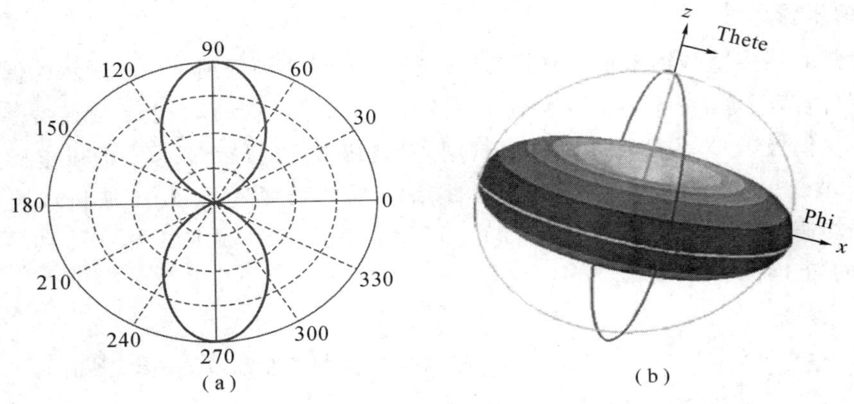

图 10.57　半波长碳纳米管天线的辐射方向图和表面电流分布

2. 金属纳米光天线

金属纳米光天线一般是由纳米尺度的金属微粒构成的金属/介质结构的天线(以下简称为光天线)。类似于无线电波与微波天线，一方面，作为一个优化的接收器，光天线通过接收、聚焦自由场而产生一个约束型、增强型场；另一方面，作为一个次级纳米光源(发射器)，光天线也可以成为分子源的散射元件，散射近场分子源的自由传播场与非自由传播场。金属纳米光天线如图 10.58 所示。光天线开发了金属纳米结构的独特性能，即能够在光频强烈的耦合下得到等离子体，这使光天线作为局域近场与传播场的中介接口，增强了发射器/接收器与辐射场的相互作用，从而使其能量转换更高效。

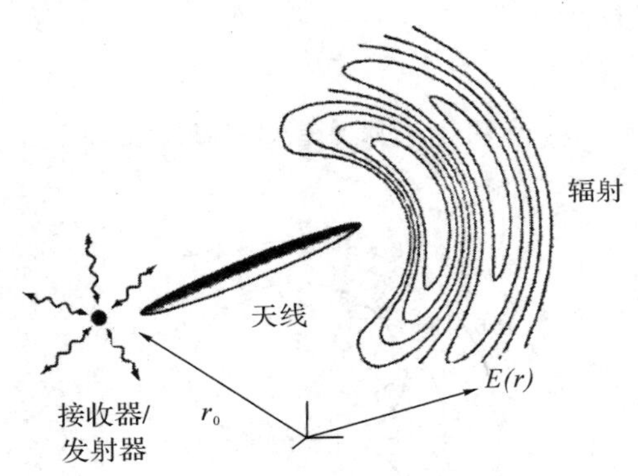

图 10.58　金属纳米光天线

这种特性除了在光通信领域的应用以外，还被人们认为很有潜力用于高效地接收太阳能来形成绿色能源。

10.4.2　超导天线

超导天线就是利用超导材料制成的天线，而超导材料导电率大，还存在约瑟夫逊效应(电流从零递增到某一值时仍不产生电压)。一方面，超导天线的欧姆损耗极小，从而最大限度地提高了天线的效率；另一方面，应用超导技术可以输入大功率信号，从而提高天线及其匹配网络的效率。

以超导材料制成的器件可因导体损耗的大幅度降低而获得高性能。高温超导材料是一种复杂的氧化物，具有许多与传统导体不同的特殊性质。它的相关特性与温度有很大的关系，其衬底具有高度的各向异性特性，而且衬底的介电特性还是频率、温度和晶体取向(对非立方体结构)的函数。超导体不同于常规导体的另一个重要特性是，它具有非线性特性。

在天线中，决定导体损耗功率的不是材料的直流电阻，而是它的表面电阻 R。普通金属的表面电阻与频率的平方根成正比，而超导材料的表面电阻与频率的平方成正比。在液氮温度(77K)下，对于极高的工作频率，超导材料的表面电阻大于普通金属的表面电阻，而对于绝大多数天线的工作频率，超导材料的表面电阻比普通金属的表面电阻低两个数量级以上，因而用超导材料制作天线，可以大大提高天线的工作效率。

在对高温超导微带天线进行实验研究的过程中，Dong-Chul hung 发现，原本不匹配的一副超导微带天线，当工作温度改变至某一特定值时会突然得到匹配。他虽然通过实验数据推断该现象是由于超导体的表面阻抗随着温度的变化而改变，而且表面阻抗的改变又会影响到天线的输入阻抗和谐振频率所导致的结果，但是他尚未对该现象进行具体的理论分析。

Dong-Chul hung 采用修正的传输线模型对一高温超导矩形贴片微带天线进行了分析，以期明确超导体的表面阻抗特性对天线输入阻抗和谐振频率的影响，从而为高温超导微带天线的研发提供必要的指导思想。计算中，天线的相关参数如下：天线的贴片尺寸为 $L=2.88$ mm，$W=3.0$ mm；介质的介电常数 $\varepsilon_r=25$，厚度 $h=0.25$ mm。制成贴片的超导薄膜的参数为：正常状态下的电导率 $\sigma_N=7.14\times10^6$ S/m；临界温度 $T_C=90$ K；绝对零度下的穿透深度为 0.22 μm；薄膜厚度 $t=0.3$ μm。

首先，研究表面电阻对天线的影响。假设表面电抗 $Xs=0$。图 10.59 所示给出了这种情况下矩形贴片分别为超导体(77K)和理想导体($Rs=0$)时天线的输入阻抗随工作频率的变化关系。由图可以看出，当超导薄膜的 $Rs\neq0$，$Xs=0$ 时，超导微带天线的输入阻抗和谐振频率与理想导体微带天线基本相同。这主要是由于高温超导体的表面电阻非常小，由几乎可以近似为零的原因造成的。

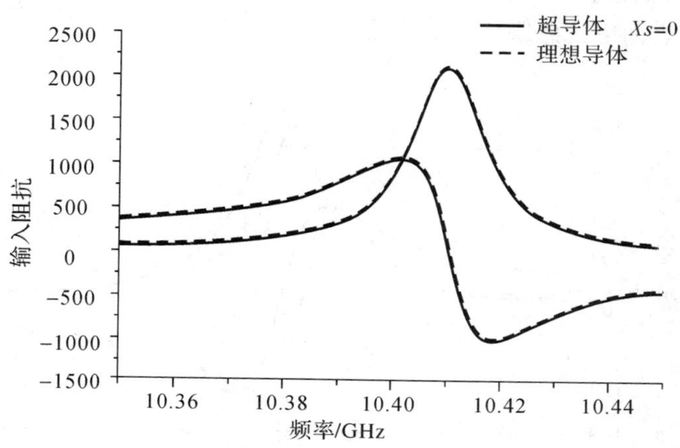

图 10.59　$Xs=0$ 时，超导体微带天线的输入阻抗

然后，研究表面电抗对天线的影响。假设超导薄膜的表面电阻 $Rs=0$，而其表面电抗 Xs 由第 2 章中给出的公式计算。图 10.60 所示给出了这时的矩形贴片分别为超导体和理想

导体时天线的输入阻抗随工作频率的变化关系。由图可以看出，当超导薄膜的 $Rs=0$，$Xs\neq 0$ 时，超导微带天线的输入阻抗曲线相对于理想导体微带天线的输入阻抗曲线在工作频率上做了平移，其谐振点发生了改变。

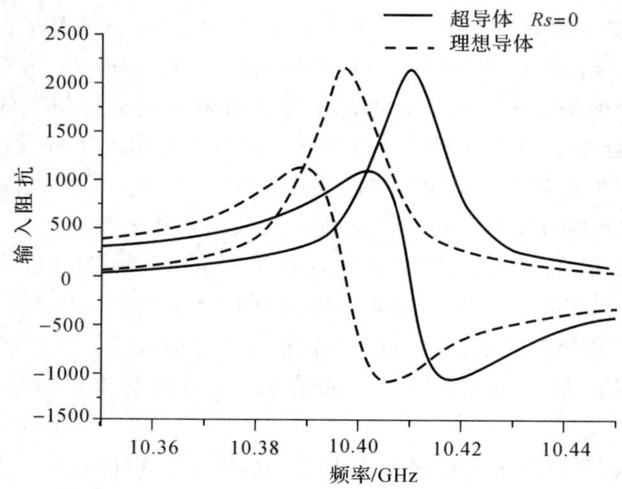

图 10.60　$Rs=0$ 时，理想导体微带天线和超导体微带天线的输入阻抗

于是，由图 10.59 和图 10.60 所示可得出以下结论：高温超导体的表面电阻对超导微带天线的谐振特性影响甚微，但超导体表面电抗的存在会使超导微带天线的输入阻抗曲线在频率轴上发生平移，从而导致天线的谐振点发生改变，谐振频率降低。

最后，由于超导体的表面电抗是温度 r 的函数，我们计算了不同温度下，超导微带天线的输入阻抗，如图 10.61 所示。图中曲线是温度分别为 77 K 和 10 K 时天线的输入阻抗。从图中可以看出，不同温度下天线的谐振频率不同，而输入阻抗的变化也不大。图 10.62 所示给出了谐振频率随温度的变化曲线。通过观察可以发现，当工作温度远低于其临界温度 r 时，天线的谐振频率随着温度的升高会有所下降，但变化非常小；而当温度逐渐接近其临界温度 r 时，天线的谐振频率发生了“突降”。通过分析，我们认为这是因为在接近临界温度时高温超导体的表面电抗急剧增大的缘故。

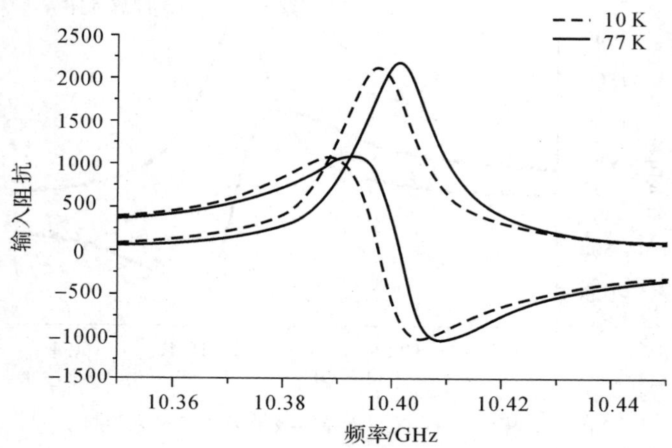

图 10.61　温度分别为 10 K 和 77 K 时，超导微带天线的输入阻抗

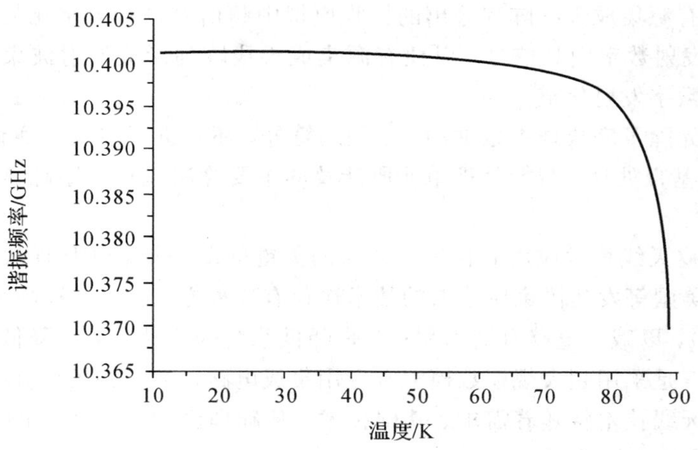

图 10.62 超导贴片天线的谐振频率随着温度的变化

10.4.3 智能蒙皮天线

严格来说，智能蒙皮天线并不是借助于哪一种材料或者理论而产生的新形式天线，然而却是所有现有最尖端技术的综合运用，包括材料技术。因此这里仅对其基本概念进行介绍。

传统的天线系统由天线/阵列结构、伺服系统、馈电系统等构成。对于以高隐身和高机动性为目标的新一代先进战斗机或者无人机而言，这样的系统构成将严重制约载体平台的隐身性和气动性。为此，经过共形阵列技术的发展，人们提出了智能蒙皮天线概念，主要应用在高速飞行器上。镶嵌在“智能蒙皮”上的“综合孔径”内的“共形天线”，国际上流行的缩写符为 CLAS(Comformal Load-bearing Antenna Structures)，即“共形加载天线结构”。其设计概念是：将现代飞机上数量激增的航空电子设备收发天线，按频段、功能、模式等分类成为数有限的“综合孔径”(integrated aperture)，并镶嵌(embed)在飞机的“智能蒙皮”上，构成与飞机的气动外形一致的“共形天线”。

智能蒙皮天线技术是在飞机制造期间将天线、发射/接收信号调理电路、信息处理单元、电源以及连接电缆等嵌入飞机的机体表面。由飞机表面的一层蒙皮来代替传统的天线辐射器而构成智能蒙皮天线。其核心包含蒙皮天线、数字信道和智能处理单元等部分。

蒙皮天线将共形阵列和有源集成天线技术相结合，构成飞机智能蒙皮天线的辐射器。共形阵列通过将天线与飞机载体表面结构集成，使天线阵列对飞机载体的外观、动力学特性、电磁散射特性不造成明显的改变或恶化。其基本设计原则是对结构形状的要求超过对电磁特性的要求，为了最大程度使载体表面光滑，一般采用不规则布阵方法。有源集成天线将辐射器与有源电路(包括射频电路和数字电路)进行一体化设计，辐射器与有源电路构建在相同的基片/衬底材料上，包括绝缘介质材料(如陶瓷材料、复合材料等)或半导体材料(如砷化钾、硅等)。在高频段(20 GHz 以上)，由于利用很小的有效面积便能得到较高的天线增益，同时有源电路的尺寸也很小，因而能够与辐射器、射频前端以及信号处理电路一起集成为一个片上系统(SOIC)；在低频段，由于辐射器及有源电路的相对尺寸较大，难以实现较大规模的单片集成，通常将单元辐射器与射频前端进行集成。

数字信道将有源集成天线阵列输出的接收模拟中频信号进行数字化处理，以便形成接收波束；或提供发射数字中频信号，以便有源集成天线阵列形成发射波束。数字信道包括数字接收信道和数字发射信道。

智能处理单元除了完成样本数据的乘、加运算外，还要进行多用户通信信号的解调/解码、编码/调制等基带处理。智能处理单元所涉及的主要算法包括自跟踪、自适应波束形成算法等。

飞机智能蒙皮天线技术应用面临三个方面的关键问题，即柔性化模块、分布式数据互联及智能处理。美国等发达国家所采取的技术途径有三种方式：一是提高系统工作频率(如工作在毫米波段)，以减小电路有效面积；二是降低系统采样速率，以降低数据流量、增大数据传输距离；三是采用超大规模数模混合专用集成电路，以减少互联引线数量。

整体而言，天线技术将随着需求、基础技术、基础理论和工艺水平的发展而向更加智能、集成、轻型化的方向发展。

参考文献

[1] 王元坤，李玉权. 线天线宽频带技术[M]. 西安：西安电子科技大学出版社，1995.

[2] 张钧，刘克诚，张贤铎，等. 微带天线理论与工程[M]. 北京：国防工业出版社，1988.

[3] 魏文元，宫德明，陈必森. 天线原理[M]. 北京：国防工业出版社，1995.

[4] 马汉炎. 天线技术[M]. 哈尔滨：哈尔滨工业大学出版社，1997.

[5] 林昌禄，陈海，吴为公. 近代天线设计[M]. 北京：人民邮电出版社，1990.

[6] I. J. 鲍尔，P 布哈蒂亚. 微带天线[M]. 北京：电子工业出版社，1984.

[7] Ramesh Garg，Prakash Bhartia，Idder Bahl，Microstrip Antanna Design Handbook，Artech House，2001.

[8] KATEHI PISTI B，and HSIA I Y. A Bandwidth Enhancement Method for Microstrip Antennas. IEEE Trans. on Antennas and Propagation，1987，AP-35：5-12.

[9] 钟顺时. 微带天线理论与应用[M]. 西安：西安电子科技大学出版社，1991.

[10] 梁昌洪，谢拥军，官伯然. 简明微波[M]. 北京：高等教育出版社，2006.

[11] Weiland，T.：Time domain electromagnetic field computation with finite difference methods. International Journal of Numerical Modelling. 1966，9：295-319.

[12] 吴振森，李海英. 微波仿真技术[M]. 西安：西安电子科技大学出版社，2007.

[13] 张敏编. CST 微波工作室用户全书(卷一/卷二)[M]. 成都：电子科技大学出版社，2004.

[14] CST MWS 培训教程[M]. 上海微系统所，2004.

[15] 张文勋. 天线(上册)[M]. 3 版. 译. 北京：电子工业出版社，2005.

[16] Kin-Lu Wong. Broad-Band Single-Patch Circularly Polarized Microstrip Antenna with Dual Capacitively Coupled Feeds. IEEE Transactions On Antennas And Propagation，2001，49(1)：41-44.

[17] Targonki Stephen D and Pozar David M，Fellow，Design of wideband Circularly Polarized Aperture-coupled Microstrip Antennas. IEEE Trans. Antennas Propagat，1993，41(2)：214-220.

[18] HOWELL JOHN Q，Microstrip Antennas. IEEE Trans. Antennas Propagat. ，1999，47(5)：933-940.

[19] Gardiol F E and Zuercher J F. Broad-band patch antennas—A SSFIP update. IEEE AP-S Int. Symp. Dig.，1996：2-5.

[20] 刘其中，宫德明. 天线的计算机辅助设计[M]. 西安：西安电子科技大学出版社，1988.

[21] 张钧. 电磁场边值问题的积分方程乘法[M]. 北京：高等教育出版社，1989.

[22] 钟顺时. 微带天线技术综述[J]. 通信学报，1987，8(2)：40-48.

[23] 黄立伟，金志天. 反射面天线[M]. 西安：西北电讯工程学院出版社，1986.

[24] [美]S·西尔弗，江贤祚，刘永华，译. 微波天线理论与设计[M]. 北京：北京航空航天大学出版社，1989.

[25] 章日荣，刘刚. 论天线及馈源的相位中心[J]. 无线电通信技术，1990，16(1)：17-22.

[26] 杨可忠，杨智友. 口面场分布函数[J]. 无线电通信技术，1990，16(4)：1-10.

[27] 林昌禄，聂在平，等. 天线工程手册[M]. 北京：电子工程出版社，2002.

[28] Scottm Craig. Modern Methods of Reflector Antenna Analysis and Design. Boston. London. Artech

House, 1990.

[29] Dah - Weih Duan, Yahya Rahmat - Sammii. A generalized diffraction synthesis technique for high performance reflector antennas. IEEE Trans. 1995 AP - S 43: 27 - 40.

[30] Integrated reflector antenna design and analysis, Final report, NASA - CR - 195164, 1993: 43 - 66.

[31] Wood P J. Reflector Antenna Analysis and Design. Peter Peregrinus, Stevenage, 1980.

[32] Galindo V. Design of dual-reflector antennas with arbitrary phase and amplitude distributions. IEEE Trans. July 1964, AP - 12(4): 403 - 406.

[33] Narasimhan M S, Christopher S. A new method of analysis of the new near and far fields of paraboloidal reflectors. IEEE Trans. Jan. 1984 AP - 32(1): 13 - 19.

[34] Johnson R C. Antenna engineering handbook . 3rd ed. McGraw - Hill, 1993.

[35] Rudge A W, et al. The handbook of antenna design (Vol. 1, Vol. 2). London: Peter Peregrinus Ltd, 1982.

[36] Wang CS, Duan BY, Qiu YY. On distorted surface analysis and multidisciplinary structural optimization of large reflector antennas[J]. Structural and Multidisciplinary Optimization, 2007, 33(6): 519 - 528.

[37] Lee T H. A new approach for shaping of dual-reflector antennas. TheOhio State University, 1987.

[38] Xu Shenheng, Rajagopalan H, Rahmat-samii Y, et at. A novel reflector surface distortion compensating technique using a sub-reflectarray[C]. 2007 IEEE Antennas and Propagation International Symposium, Toki Messe, Niigata, Japan, Aug. 20 - 24, 2007, 5315 - 5318.

[39] 冯强. 毫米波极化正交变换倒置卡塞格伦天线研究[D]. 东南大学硕士学位论文, 2006.

[40] 李明洋. HFSS天线设计[M]. 北京: 电子工业出版社, 2011.

[41] 汪茂光, 吕善伟, 刘瑞祥. 阵列天线分析与综合[M]. 成都: 电子科技大学出版社, 1989.

[42] 丁晓磊. 对数周期偶极天线扇形阵的特性分析及其软件实现[D]. 电子科技大学博士学位论文, 2002.

[43] 钟顺时. 卫星通信天线技术的新进展[J]. 西北电讯工程学院学报, 1983.

[44] 王家勇, 王昌复, 梁旭文, 等. 低轨道小卫星通信中谐振式四臂螺旋天线的应用研究[J]. 电子学报, 2002, 12. 30(12): 1865 - 1866.

[45] 藤本共荣, JR 詹姆斯. 移动天线系统手册[M]. 北京: 人民邮电出版社, 1997.

[46] 葛德彪, 阎玉波. 电磁场时域有限差分方法[M]. 西安: 西安电子科技大学出版社, 2002.

[47] 张光义. 相控阵雷达系统[M]. 北京: 国防工业出版社, 1994.

[48] 翟孟云, 严玉林. 阵列天线理论导引[M]. 北京: 国防工业出版社, 1980.

[49] 宋铮, 张建华, 黄冶. 天线与电波传播[M]. 西安: 西安电子科技大学出版社, 2003.

[50] 毛小莲. 波导缝隙相控阵天线的设计研究[D]. 西安电子科技大学硕士学位论文, 2010.

[51] 束咸荣, 何炳发, 高铁. 相控阵雷达天线[M]. 北京: 国防工业出版社, 2007.

[52] 谢拥军, 王鹏, 李磊, 等. Ansoft Hfss 基础及应用[M]. 西安: 西安电子科技大学出版社, 2007.

[53] 刘昊, 郑明, 樊德森, 等. 遗传算法在阵列天线赋形波束综合中的应用[J]. 电波科学学报, 2002, 17(5): 539 - 542.

[54] 刘其中, 孙保华, 等. 舰载 VHF/UHF 全向宽带小型化天线技术报告[R]. 西安电子科技大学, 2000.

[55] 纪奕才. 全向宽带小型化天线的研究[D]. 西安电子科技大学博士学位论文, 2004.

[56] 纪奕才，郭景丽，刘其中．加载法向模螺旋天线的研究[J]．电波科学学报，2002(6)．

[57] 周明，孙树栋．遗传算法原理及应用[M]．北京：国防工业出版社，1999．

[58] 纪奕才，田步宁，孙保华，等．VHF宽带小型化套筒天线的优化设计[J]．电波科学学报，2003，18(6)．

[59] 董玉良，田步宁，纪奕才．宽频带双层微带天线研究[J]．微波学报，2002，18(1)．

[60] 张福顺，张进民．天线测量[M]．西安：西安电子科技大学出版社．1995．

[61] 沈亮，钟顺时，许赛卿．小型化介质加载方形四臂螺旋天线[J]．无线通信技术，2007(2)．

[62] 应子罡，吕昕，高本庆．一种新型宽波束圆极化天线的设计[J]．电讯技术，2005(2)．

[63] 王家勇，王昌复，梁旭文，等．低轨道小卫星通信中谐振式四臂螺旋天线的应用研究[J]．电子学报，2002 12．30(12)：1865－1866．

[64] 林敏，杨水根，龚铮权．新型谐振式螺旋天线的设计[J]．无线通信技术，2000(2)．

[65] Shavit R，Israeli Y，Pazin L，et al. Dual frequency circularly polarized microstrip antenna. IEEE Proc.-Microw . Antennas Propag. 2005，152(4)：267－272.

[66] Kilgus C C. Shaped-conical Radiation Pattern Performance of The Backfire Quadrifilar Helix. IEEE Transactions on Antennas and Propagation，1975，23：392－397.

[67] M James，Tranquilla，Stevenr Best. A Study of The Quadrifilar Helix Antenna for Global Positioning System (GPS) Applications. IEEE Transactions on Antennas and Propagation. 1990，38(10)：1545－1550.

[68] 张涛，商远波，黄迎春，等．机载圆锥对数螺旋天线及两种馈电方式的研究[J]．微波学报，2009，(4)．

[69] NeSid A，Brankovid V and Radnovid I. Circularly Polarized Printed Antenna with Conical Beam，Electronics Letters，June 1998，34.

[70] Lamensdorf David，Massachusetts Bedford，Smolinski Michael A. Dual-Band Quadrifilar Helix Antenna. IEEE Trans. on Antennas and Propagation Society In－ternational Symposium，2002，3：16－21.

[71] Yoann Letestu，Ala Sharaiha. Broadband Folded Printed Quadrifilar Helical Antenna. IEEE Trans. On Antennas and Propagation. 2006，54.

[72] Yan Wai Chow，Edward Kai Ning Yung，and Hon Tat Hui. Quadrifilar Hellix Antenna with Parasitic Helical Strips. Microwave and Optical Technology Letters. 2001，30.

[73] Notter M，Keen K M. Impedance Matching Arrangement for Quadrifilar Helix Antennas. Electronics Letters，2002，38.

[74] 徐晓强．自适应抗干扰调零天线[D]．电子科技大学硕士学位论文，2008．

[75] 李军，龚耀寰．大型线阵自适应数字波束形成超低副瓣技术[J]．信号处理，2005(4)：397－401．

[76] 薛睿峰，钟顺时．微带天线圆极化技术概述与进展[J]．电波科学学报，2002，(4)：331－336．

[77] 周朝栋，王元坤，周良明．线天线理论与工程[M]．西安：西安电子科技大学出版社，1988．

[78] Ellingson Steven W，Simonetti John H，and Patterson Cameron D. Design and Evaluation of an Active Antenna for a 29－47 MHz Radio Telescope Array[J]. IEEE Transactions on Antennas and Propagation，2007，55(3)：826－831.

[79] 张飞飞．天线的宽带小型化技术研究[D]．西安电子科技大学硕士学位论文，2011．

[80] 谢拥军．Ansoft高级培训班教材：Ansoft HFSS的有限元理论基础．

[81] Grimes C A, liu G, Tefiku F , et al. Time domain measurement of antenna Q. Microwave and opticaltechnology Letters, 2000, 25: 95 - 100.

[82] Kin-Lu Wong, Kai-Ping Yang. Modified planar inverted F antenna. Electronics Letters Volume 34, Issue 1, 8 Jan. 1998 Page(s): 7 - 8.

[83] 洪波. 宽频带全向天线的设计与应用[D]. 哈尔滨工程大学硕士学位论文, 2005.

[84] 张安荣. 小型化宽频带平面单极天线的设计[D]. 北京交通大学硕士学位论文, 2007.

[85] 孙德敏. 工程最优化方法及应用(修订本)[M]. 合肥: 中国科学技术大学出版, 1997.

[86] 范瑜. 进化计算理论及其在阵列天线方向图综合中的应用[D]. 上海交通大学硕士学位论文, 2005.

[87] 玄光男, 程润伟. 遗传算法与工程设计[M]. 北京: 清华大学出版社, 2000.

[88] 胡明春, 陈志杰, 林幼权, 等, 译. 相控阵天线手册[M]. 北京: 电子工业出版社, 2007.

[89] 王琪. 天线的小型化技术与宽频带特性的研究[D]. 电子科技大学博士学位论文, 2004.

[90] 刘宏奏. 阵列方向图综合和自适应波束形成研究[D]. 西南交通大学硕士学位论文, 2006.

[91] Gerst C, Worden R A . Helix Antennas Take Turn For Better[J]. Electronic. 1966, 39(17): 100 - 110.

[92] Chew D K C, Saunders S R. Meander Line Technique for Size Reduction of Quadrifilar Helix Antenna[J]. Antennas and Wireless Propagation Letters. 2002, 1: 109 - 111.

[93] 周闯柱. 宽波束圆极化天线的研究与设计[D]. 西安电子科技大学硕士学位论文, 2009.

[94] Yu-Shin Wang , Shyh-Jong Chung . Design of A Dielectric-loaded Quadrifilar Helix Antenna[J]. Antenna Technology Small Antennas and Novel Metamaterials. IEEE International Workshop on March 6 - 8. 2006, 3: 229 - 232.

[95] 钟顺时. 波纹圆锥馈源辐射特性的计算与设计. 西北电讯工程学院, 1977.

[96] 毛乃宏, 郭渭盛. 天线测量[M]. 西安: 西北电讯工程学院出版社, 1983.

[97] 庄建楼. Ka 频段的高效率反射面天线[D]. 西安电子科技大学硕士学位论文, 2004.

[98] 杨可忠, 杨智友, 章日荣. 现代面天线新技术[M]. 北京: 人民邮电出版社, 1993.

[99] 胡明春, 杜小辉, 李建新. 宽带宽角圆极化微带贴片天线的设计[J]. 电波科学学报, 2001, 16(4): 441 - 446.

[100] Poggio, Mayes. Pattern Bandwidth Optimization of the Sleeve Monopole Antenna, IEEE Trans. on AP, Sep. 1966: 643 - 645.

[101] King R W P. The Theory of Linear Antennas. Cambridge, MA: Harvard Univ. Press, 1956.

[102] Wunsch A D. Fourier Series Treatment of the Sleeve Monopole Antenna, IEEE Proc H, Aug. 1988, 135(4): 217 - 225.

[103] Carlin Herbert J. A New Approach to Gain-Bandwidth Problems. IEEE Tran. on Circuits and systems, April 1977, CAS - 24(4): 170 - 175.

[104] Li Jian-Ying, Gan Yeow-Beng. Characteristics of broadband top-load open-sleeve monopole. Antennas and PropagationSociety International Symposium, IEEE, Jul. 2006: 635 - 638.

[105] 傅光, 等. 车载宽带天线[R]. 西安电子科技大学, 2004.

[106] 孙保华, 焦永昌, 刘其中. 快速精确分析套筒单极子天线的一种实用新方法[J]. 电子学报, 2000, 28(9): 16 - 18.

[107] 赵文利, 傅光. 一种新型套筒天线的研究[C]. 西安电子科技大学研究生电院学术年会论文集, 2006.

[108] 谢处方，邱文杰．天线原理与设计[M]．西安：西北电讯工程学院出版社，1987.

[109] 鲍家善．微波原理[M]．南京：南京大学出版社，1989.

[110] 邵余峰．宽带加脊喇叭天线的简化设计[J]．现代雷达，2004，26(5)：65－67.

[111] Elliott Roberts. An improved design procedure for small arrays of shunt slots. IEEE Trans，on AP，1983，31(1)：48－53.

[112] 吕善伟．天线阵综合[M]．北京：北京航空学院出版社，1988.

[113] 王乃彪．超宽频带锥削槽天线及阵列的设计与实现[D]．西安电子科技大学硕士学位论文，2009.

[114] Gibson P J. The Vivaldi aerial，9th Europe Microwave Conference. Brighton，U. K.，1979：101－105.

[115] Gazit E. Improved design of the Vivaldi antenna. IEEE proceedings：Microwaves，Antennas and Propagation，1988，135(2)：89－92.

[116] 朱莉，高向军，梁建刚．宽带圆极化微带天线的几种实现方法[J]．现代电子技术，2007，23：82－84.

[117] 魏宏亮，段文涛，李思敏．运用 Ansoft HFSS 设计圆极化微带天线阵[J]．现代电子技术，2008(1)：71－72.

[118] 郑会利，傅光，等．一种偏置喇叭抛物盒馈源的研究[J]．西安电子科技大学学报，1997，12.

[119] Caloz C，Itoh T. Application of the transmission line theory of left-handed(LH) materials to the realization of a microstrip “LH line” [C]. IEEE. Antennas and Propagation Society International Symposium，2002(2)：412－415.

[120] 王安国，张家杰，王鹏，等．可重构天线的研究现状与发展趋势[J]．电波科学学报，2008，23(5)：997－1003.

[121] 崔万照，马伟，邱乐得，等．电磁超介质及其应用[M]．北京：国防工业出版社，2008.

[122] 贺连星，关放，傅敏礼．基于复合左右手传输线技术的超小型终端天线[C]．2009 年全国天线年会论文集．成都：中国电子学会，2009：845－848.

[123] 徐善驾，朱旗．复合左右手传输线构成的异向介质及其应用[J]．中国科学技术大学学报，2008，38(7)：711－724.

[124] Altgilbers L L，Tracy E TkachYTkach S. Plasma antennas：theoretical and experimental considerations[C]. Plasmadynamics and Lasers Conference，29th，Albuquerque，NM，1998，AIAA. 1998－2567.

[125] Anderson T，Alexeff I. Theory of plasma antenna windowing[C]. IEEE International Conference on Plasma Science，2004：328.

[126] Anderson T，Alexeff I，Farshi E，et a1. An operating intelligent plasma antenna[C]. IEEE 34th International Conference on Plasma Science. ICOPS 2007(1)：294.

[127] 寇艳玲，刘志勇．等离子体天线发展概况[J]．测控与通信，2006，30(003)：56－64.

[128] 赵国伟，徐跃民，陈诚．等离子体天线色散关系和辐射场数值计算[J]．物理学报，2007，56(9)：5298－5303.

[129] 张颈，李红波，刘国强．等离子体天线的基本特性研究[J]．信息工程大学学报，2006，7(3)：241－243，250.

[130] 刘良涛，祝大军，刘盛刚．等离子体天线的原理与设计[J]．雷达与对抗，2004，(4)：26，30.

[131] 袁忠才，时家明，余桂芳．表面波激励等离子体天线的原理与实现[J]．电子信息对抗技术，2006，21(4)：38－41.

[132] 吴养曹. 等离子体天线及隐身技术[J]. 通信与测控，2005，29(2)：1-4.

[133] 李圣. 表面波等离子体天线物理特性的理论分析[J]. 南华大学学报：自然科学版，2007，21(2)：37-40.

[134] Steven Novack, et al. Nanoantennas to Harvest the Energy of the Sun [C]. Idaho National Laboratory, 8th January 2008.

[135] Zhou F, Lu L, Zhang D L, et al. Linear conductance of multiwalled carbon nanotubes at high temperatures. Solid State Communications, 2003.

[136] 赵建生. 超导天线研究[DB/OL]. www.zynet.com，2005，5.

[137] 田莳. 材料物理性能[M]. 北京：北京航空航天大学出版社，2004.

[138] 章立源. 超导理论[M]. 北京：科学出版社，2003.

[139] Hohenwarter G K G, Martens J S, McGinnis D P, et a1. Single superconducting thin film devices for applications in high material circuits. IEEE Trans. On Magnetics, 1989, 25(2): 954-956.

[140] Stutzman Warren L, Thiele Gary A. 天线理论与设计[M]. 2版. 朱守正，安同一，译. 北京：人民邮电出版社，2006.